绿色建筑理念与工程优化技术实施进展

主　编：韩选江

副主编：李延和　周　云　钟晓晖

知识产权出版社

全国百佳图书出版单位

内容提要

本书是第十八届全国现代结构工程与环境优化技术交流会论文集。本书内容广泛而深入，偏重贯穿绿色建筑理念与工程优化技术实施方面的最新进展成果，包括新材料、新结构、新工艺、新技术和新经验等最新成果。书中理论研究成果紧密围绕工程应用来展开，并突出成果的实际应用；书中介绍的新工艺技术成果紧密结合工程实例来展开，并突出应用产生的技术经济效益。全书共79篇文章，为便于读者阅读，将论文按以下6个部分进行编排：（一）专题综述；（二）工程设计优化与理论探讨；（三）工程防灾抗灾与加固技术；（四）绿色建材与灾后修复技术；（五）绿色建筑施工技术；（六）绿色建筑其他技术问题。本书还包含了去年11月15～18日在安徽省芜湖市召开的"全国工程病理事故分析防治技术研讨会"上宣讲的部分论文。

本书可供从事土木工程专业的勘察、设计、施工、监理、检测和管理工作的技术人员及科研和教学人员参考。

责任编辑：陆彩云

封面设计：智兴设计室·张国仓　　　　　　**责任出版：卢运霞**

图书在版编目（CIP）数据

绿色建筑理念与工程优化技术实施进展/韩选江主编.—北京：知识产权出版社，2012.12

ISBN 978-7-5130-1630-8

Ⅰ.①绿…　Ⅱ.①韩…　Ⅲ.①生态建筑-文集，Ⅳ.①TU18-53

中国版本图书馆CIP数据核字（2012）第249552号

第十八届全国现代结构工程与环境优化技术交流会论文集

绿色建筑理念与工程优化技术实施进展

主　编：韩选江

副主编：李延和　周　云　钟晓晖

出版发行：知识产权出版社				
社　　址：北京市海淀区马甸南村1号院		邮　　编：100088		
网　　址：http://www.ipph.cn		邮　　箱：bjb@cnipr.com		
发行电话：010-82000860转8101/8102		传　　真：010-82000733		
责编电话：010-82000860转8110		责编邮箱：lcy@cinpr.com		
印　　刷：北京中献拓方科技发展有限公司		经　　销：新华书店及相关销售网点		
开　　本：787mm×1092mm 1/16		印　　张：35.25		
版　　次：2012年12月第1版		印　　次：2012年12月第1次印刷		
字　　数：815千字		定　　价：98.00元		

ISBN 978-7-5130-1630-8/TU·300（4497）

热烈祝贺第十八届全国现代结构工程与环境优化技术交流会在广州市隆重召开

清平乐

南京工业大学　韩选江

【学习老学长】举旗震撼❶，学长人敬赞！勇于高瞻放眼看❷，艰辛组织会战！结构创新攀峰❸，理论堡垒难攻！优化技艺入手❹，何愁推浪英雄？

【永做创新人】紧跟实干❺，行动莫怠慢！中青领先齐呼唤❻，行知结合奋战！推陈出新冲锋❼，创意内涵其中。创新创业联手❽，喜看腾飞巨龙！

2012年10月10日于南京

注：❶有三位高举土木结构工程研究大旗的老学长，他们是中国建筑技术研究院的汪达尊教授、浙江天成预应力有限公司总工谢醒悔教授级高级工程师和全国中文核心期刊《建筑结构学报》原主编章天恩教授。三位老学长在退休之时，不畏艰难，高举现代结构研究大旗，组织浩浩荡荡的学术团队——全国现代结构研究会。这是一种老当益壮的爱国报国行为！他们的复出，在学术界也是一种震撼行动！

❷三位老学长具有高瞻远瞩的超前意识，要将传统的土木结构工程推进到适应时代进步的洪流中去发挥好创新作用，这也需要组织宏大的学术团队去积极参与会战并取得重大突破才行。

❸在土木结构工程上进行创新是一种攀登科技高峰的英勇行动，尤其是理论上的突破，更是很大的难关。只有理论概念体系的突破，才能全面指导施工工艺的技术革命。

❹研究工作从优化土木结构工程的工艺技术出发，由点到面，由表及里，然后进行分析归纳总结，最后形成完善的理论成果再反过来全面指导工程施工实践，这就使技术革命跃升到一个新的更高理论水平，这需要涌现一批批推浪前进的英雄。

❺紧跟老学长就是学术团队的广大会员听从学长召唤并开始脚踏实地的大干行动，且在每年的学术年会上均交出自己完成的创新成果答卷。

❻学术团队的研究工作仍以中青年为主，他们冲锋在前，发扬团队合作精神，进行联合攻关。

❼学术团队的目标明确，就是从创意创新出发，要对土木结构工程从概念理论体系上不断推陈出新，不断寻求新的解决途径，不断跃上新台阶。

❽我们的学术团队包括了设计、施工、科研、教学、监理、检测等部门的"产、学、研"生产实体，并将创新成果尽快与创业实体有机结合起来，形成一种强大的生产力，以促进建筑行业经济增长的巨龙。

第十八届全国现代结构工程与环境优化技术交流会

（2012年12月1～4日，广东省　广州市）

（一）主办单位

    中国基本建设优化研究会建设工程与环境优化技术专业委员会

    中国基本建设优化研究会重点工程专业委员会

（二）协办单位

中国工程设计期刊研究会	中冶集团《工业建筑》杂志社
广东省土木建筑学会	广东省空间结构学会
广东省基本建设优化研究会	广州大学土木工程学院
广东省建筑设计研究院	广东省建筑科学研究院
广东省基础工程公司	江苏省土建学会工程鉴定与加固专业委员会
广东省江门市土木建筑学会	广州市吉华岩土检测有限公司

（三）承办单位

    广东省基础工程公司

（四）名誉顾问

黄熙龄院士	陈肇元院士	周干恃院士	孙　钧院士	赵国藩院士
江欢成院士	周福霖院士	吕志涛院士	容柏生院士	缪昌文院士

（五）学术委员会

    主　任　委　员：高广通

    副主任委员：王仕统　　王离　　陈德文　　周云　　顾瑞南

    委　　　　员：（排名不分先后）

范锡盛	蔡绍怀	胡世德	包世华	施卫星	崔　杰
王安宝	范中暄	方鸿强	梁书亭	钟显奇	邓　浩

（六）组织委员会

    主　任　委　员：韩选江

    副主任委员：邱雅陆　　陈星　　虞文藉　　曾昭炎　　曹大燕　　钟晓晖

    委　　　　员：（排名不分先后）

梁柏源	李延和	陈礼建	杨太文	周　辉	项剑锋
宋金才	林英舜	张群江	宗　兰	彭炎华	

（七）大会秘书处

    秘　书　长：李延和

    副秘书长：邵孟新

    秘　　　书：李树林　　许　健

序　言

　　2012年，中华民族迎来了大吉"龙"年。中国人十分喜欢"龙"的活泼生气，如"生龙活虎"、"龙飞凤舞"、"龙腾虎跃"、"龙凤呈祥"等成语，都充分显示了"龙"的神采奕奕的奋力拼搏精神。

　　顶天立地的中国人就是"龙"的传人！中华民族五千多年的文明史，也充分显示了中国人具有根深蒂固在华夏儿女心灵中的"龙"的精神。

　　尤其是已经站起来了的中国人民，不断彰显出扬眉吐气、意气风发的精神和斗志昂扬的雄姿，正在改革开放的滚滚洪流中创造着一个又一个的世界奇迹！捷报频传、好事多多，让人倍受鼓舞！

　　今年，中国人取得了三项重大成就，在国际上产生了巨大而深远的影响！

　　一是6月16日18时37分，承载景海鹏、刘旺和刘洋三名航天员的神舟九号飞船（靠长征-2F遥九火箭发送）于6月18日14时许与天宫一号成功实现了自动对接，并形成组合体。后来又试验了手动对接，也十分成功。这标志着我国的载人航天技术又跨越了一个新的重要里程碑。

　　二是6月24日15时04分，我国"蛟龙"号载人潜水器（上载刘开周、叶聪、杨波三名试航员）下潜深度达到了7000m，25日9时15分再创深潜新纪录——至深潜海洋坐底达7020m。这就意味着"蛟龙"号载人潜水器可在占世界海洋面积99.8%的广阔海域中自由行动。这标志着我国载人潜水器已跃进到世界载人深潜海洋技术的行列先锋。

　　三是我国第一艘"辽宁舰"航母（舰长304m，舰宽70.5m）已于2012年9月25日上午正式交付海军，航母将搭载最新式的"歼-11"型舰载机。这标志着我国的海上航母防御系统装备已经取得了阶段性突破成就。中国人构建牢不可破的海上防御长城将为期不远了！

　　在这些振奋人心的重大科技成就的欢欣鼓舞下，第十八届全国现代结构工程与环境优化技术交流会在美丽富饶的南海之滨的羊城——广州市召开。群英聚会、群龙聚首，更加显现出"龙"的传人的巨龙腾飞的气质和力量！

　　本次会议主题及征文选题重点突出了绿色建筑理念与工程优化技术实施方面的最新进展与成果。本次学术年会共收到来自全国各地专家学者的论文110篇，限于篇幅，不得不忍痛割爱，只选了其中的79篇编印成册，正式出版，以供广大工程技术人员进行广泛交流。希望专业同仁能进一步学习和体会，深入理解并从中获益，进而能为推进绿色建筑理念的全面实施做出更大的贡献。

　　为便于读者阅读，本论文集将79篇论文分为6个部分，即专题综述、工程设计优化与理论探讨、工程防灾抗灾与加固技术、绿色建材与灾后修复技术、绿色建筑施工技术、绿色建筑其他技术问题。其中还包括了2011年11月15～18日在安徽省芜湖市召开的

"全国工程病理事故分析防治技术研讨会"上宣讲的部分论文。

本学术团队基本组成是原全国现代结构研究会会员。该研究会自1990年由汪达尊、谢醒悔和章天恩三位结构专家发起成立以来，学术队伍不断壮大，至今已发展到遍布全国31个省市3800多名会员。连续召开了17届全国现代结构工程技术成果交流会和4届专题研讨会，并组织著名专家教授讲学团赴全国各地巡回讲学60余次，同时为各地解决了多种疑难工程技术问题，为国家节约了数亿元建设资金。

现在，原学术团队的大部分会员已转入中国基本建设优化研究会，并组建为建设工程与环境优化技术专业委员会，组织领导和对外联络都加强了，可以更好地发挥好学术团队的凝聚力和研究能力，可以更好地服务于祖国的经济建设。

本学术团队还得到了全国一些著名学术期刊的支持，主要有《工业建筑》《建筑结构学报》《建筑勘察设计》《建筑技术》《建筑结构》《建筑知识》和《建筑技术开发》等，值此机会，再次诚表谢意。

由于时间仓促，限于编委会人员的水平，不当之处在所难免，敬请作者和读者提出批评意见，不吝指正。

论文编辑委员会主任
南京工业大学教授　韩选江
2012年9月30日

论文编辑委员会

目　　录

第一章　专题综述

第二章　工程设计优化与理论探讨

第三章　工程防灾抗灾与加固技术

第四章　绿色建材与灾后修复技术

第五章　绿色建筑施工技术

第六章　绿色建筑其他技术问题

第一章　　　　　　　　　　　　　　　　　专题综述　○

浅谈大力推进我国绿色建筑体系建设问题

韩选江

（南京工业大学，南京　210009）

[摘　要] 本文首先从绿色建筑的定义出发，阐述了推行绿色建筑的起因及绿色建筑理念的内涵意义，进而阐明了绿色建筑体系的概念、构建方法及其评价标准。最后，通过对几个绿色建筑典型事例的分析，为同行们提供应用的实物参考。作者呼吁：大力推进我国绿色建筑体系建设，已成为刻不容缓的紧迫问题！

[关键词] 绿色建筑；生态建筑；可持续性建筑；绿色建筑体系；生物多样性；建筑水循环设计；建筑围护结构节能设计；绿化量；绿地生态质量；绿色建筑评价标准

我国的"十一五规划（2006～2011）"中提出，将工作重点从经济增长转移至可持续性发展。在这一规划中，设定了将单位产值能耗降低 20%、污染物排放总量减少 10% 的发展目标。

为此，推广绿色建筑、促进节能减排已成为国家的战略重点。要实现节能减排的宏伟规划，各级政府已开始行动，迅速将"绿色建筑"提到政府工作的日程表上。但是，要尽快打破壁垒，迅速提高认识，全面贯彻执行各项政策标准，还需要全社会的通力合作和积极行动，方能达到可持续发展的各项指标。

1　绿色建筑理念

1.1　什么是绿色建筑

2005 年原建设部和科技部颁布了《绿色建筑技术导则》，明确给出了"绿色建筑"定义："绿色建筑是指在建筑的全寿命周期内，最大限度地节约资源（节能、节地、节水、节材）、保护环境和减少污染，为人们提供健康、适用和高效的使用空间，与自然和谐共生的建筑。"

这个比较完整的定义，包含了以下四方面内涵：

第一个方面就是强调建筑的"全寿命周期"的概念。"全寿命周期"包括了从原材料开采、运输与加工，到构件生产、施工建造、使用、维修、改造和拆除及建筑垃圾的自然降解或资源的回收再利用等各个环节。它主要强调从时间上去全面审视人类的建筑产品生产使用行为对生态、环境和资源的影响。

第二个方面就是强调"最大限度地节约资源、保护环境和减少污染"。《绿色建筑技术导则》明确提出了绿色建筑需达到"四节一环保"要求，即着重强调"节能、节地、节水、节材"和保护环境。这既是对绿色建筑的基本要求，也是对绿色建筑成品的基本评价标准。

第三个方面就是强调"提供健康、适用和高效的使用空间"。这是绿色建筑的根本功能要求。既要节约，又不能以牺牲人的健康为限度。强调"适用和高效"的使用空间，已满足了人们生产、生活、娱乐和休息的健康水平需要。如果使用空间过大、标准过高，其实是一种奢侈和浪费，也是我们技术水平差和技术含金量低的一种表现。

第四个方面就是强调绿色建筑要"与自然和谐共生"，犹如天工造物，与周围自然环境协调统一，实现天人合一，使人们温馨舒适地工作、学习和生活在大自然的环境中，这就是绿色建筑的最高价值目标。

"绿色"并不只是指一种颜色，它代表着山水、植物和地貌生气等美好的自然环境，象征着生机盎然的春天，象征着生生不息的生命运动，象征着人与自然的和谐共生。这实是一种环境文化内涵的最鲜明集中表现。

在绿色建筑的发展过程中，人们对绿色建筑（Green Building）的称谓颇多，如"生态建筑"（Ecological Building）、"可持续建筑"（Sustainable Building）、"共生建筑"（Symbiosis Building）、"自维持建筑"（Since Maintain Energy Balance Building）、"有机建筑"（Organic Architecture）、"仿生建筑"（Bionic Architecture）、"新乡土建筑"（The New Rural Regional Architecture）和"环境友好型建筑"（Environment Friendly Building）等。

但是，绿色建筑概念吸收和融汇了其他学派和思潮的合理内核，它具有很强的包容性和开放性。人们也通常将"生态建筑"和"可持续建筑"通称为"绿色建筑"，因为"绿色建筑"立足于生态原则，坚持了可持续发展的观念，强调了资源效益与生态原则，也与满足人们健康性能有机统一起来，这也是人类建筑文化的重大变革。这种变革，就是人类的建筑行为已由自发状态向自觉行动的转化过程。这是人类文明的重大进步。

1.2　为什么要推行绿色建筑

1.2.1　绿色建筑起源于能源危机

绿色建筑的思潮最早起源于 20 世纪 70 年代的两次世界能源危机，主要是石油大危机带给人类生存的恐慌。

在古希腊神话中曾有一种名叫欧伯罗斯（Ouroboros）的怪兽，它可吞食自己生长不停的尾巴而长生不死。古埃及与古希腊常以一对互吞尾巴的蛇纹形图腾来表现欧伯罗斯，如图 1 所示。

就在 1973 年第一次能源危机的第 2 年，在美国的明尼苏达州建造了一座标榜"生态建筑"的住宅，并以欧伯罗斯命名（参见图 2），就是希望能达到完全与环境共生的自给自足的住宅设计。

该住宅设有太阳能热水系统、风力发电、废弃物及废水再利用系统等生态设计；同时，也采用了草皮覆土屋顶、温室、浮力通风等自然诱发式设计，期求着人类追求的生生不息的住家梦想。

这类生态住宅（如图 3 所示）是一种追求生物循环系的梦想。对于住家生活必需的水与热能，可完全依靠雨水及太阳能来提供；烹食燃料可完全依靠人与动物排泄物产生的沼气供应；污水处理后的水可供养鱼及灌溉蔬菜农作物；该生长农作物及饲养动物可供人食用而形成一个独立自足的生态链。这种住宅如同自食尾巴而长生不死的欧伯罗斯一般，但设计人追求的这种最高境界的生态链住家，对于地球上现已生存的 68 亿人口来说，只能是望而生叹，不可能实现！

图1　自食尾巴而长生不死的欧伯罗斯

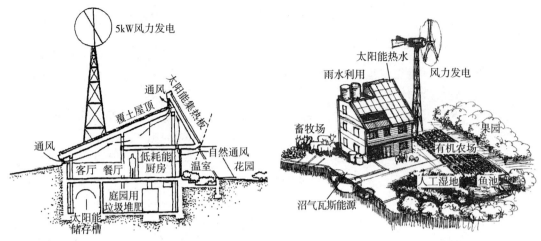

图2　美国明尼苏达州欧伯罗斯生态住宅　　　　图3　自给自足的生态住宅

1.2.2　传统建筑产业对环境的严重破坏

在地球环境危机中，传统建筑对环境产生的严重破坏是惊人的。

根据联合国环境规划署（UNEP）的估计（2006），全球的建筑产业消耗了地球能源的40%、水资源的20%、原材料的30%，同时产生38%的固体废弃物。

目前各国建筑产业的二氧化碳排放比例：在美国约为38%（2004）；在加拿大约为30%（2004）；在日本约为36%（1990）；在我国台湾地区约为28.8%（2003），在中国大陆约为30%。由此可看出，对建筑产业采用地球环保政策具有举足轻重的作用。

特别值得一提的是，建筑环保尤其在经济发展的亚洲具有重大意义。比如，新加坡为实施2004~2015年的海岸开垦工程，每年需从印度尼西亚进口3.21亿~3.37亿立方米的海砂，此举已导致该国尼帕岛（Nipah）消失。这个问题十分严重！

建筑砖窑产业造成了中国严重的农田损失。中国政府在推广RC建筑，但却埋下了另一种更为严重的国土破坏，因为滥采砂石导致严重破坏地表植被和大江大堤的崩岸等灾难。

目前我国每生产1t水泥，就要排放1t CO_2、0.74kgSO_2、130kg粉尘；每生产1t石灰，就会排放1.18t CO_2。仅此二项建材产品合计，每年排放CO_2之量就可达6亿吨；对于钢材、水泥、平板玻璃、建筑陶瓷、砖和砂石等建材，每年生产耗能达1.6亿多吨标准煤，占了中国能源总生产量的13%。这些都是构成建筑产业高耗能、高污染和高CO_2排放的原因。

另外，RC建筑物在施工、装修、改造及日后拆除过程中的污染（参见图4）是相当严重的。其粉尘和固体废弃物造成了河川及城市道路与堆场的严重污染，并将危及附近生活人群的健康。

根据台湾著名学者林宪德的研究，一幢RC结构的10层住宅大楼，

图4　建筑产业会产生庞大的粉尘及废弃物

所使用的建材的 CO_2 排放量约为 $300kg/m^2$。以每户面积为 $110m^2$ 计算，则每户约排放 CO_2 33t，而这些碳排放量需要 1 棵乔木在 40 年的光合作用中才能吸收完成。可叹现有的城市绿化水平怎么能够平衡住宅建设的碳排放量呢？

1.2.3 人类理性认识的转变

1.2.3.1 长时期束缚人思想的"人类中心主义"

长时期以来，人们只强调人是宇宙之灵、万物之主，一切都要从人的利益出发，一切都要为人的利益服务，这就是"人类中心主义"。

在这个思想指导下，就产生了人类对自然资源进行无限度、无休止、肆无忌惮地索取和掠夺。

20 世纪五、六十年代，西方发达国家的钢铁、机械制造（包括家电产品）、汽车和建筑业成为了国民经济的四大支柱产业，推动了经济的空前繁荣。市场鼓励消费，甚至打出"消费就是美德"的口号，也刺激了现代主义建筑的盛行。此时，建筑设计向全面机械化、设备化的模式发展。例如，全天候的中央空调、24 小时的热水供应系统、夜不熄灯的人工照明等设计充斥全世界，糟蹋着地球资源。

发达国家人口只占世界人口总数的 1/4，消耗掉的能源却占世界总量的 3/4、木材的85%、钢材的 72%，其人均消耗量是发展中国家的 9～12 倍。与此同时，他们的工业化过程严重地污染了地球环境。

发展中国家虽迈步工业化进程滞后于发达国家几十年甚至上百年，然而也迅速步入杀鸡取卵和竭泽而渔的开发途径，重走了发达国家"先污染后治理"的老路。

1.2.3.2 "人类中心主义"带来的恶果

在"人类中心主义"的指导下，人类无节制地开发利用地球资源，使大自然扭曲变形，地球的生态平衡被严重打破了，由此给人类带来了灾难恶果！

地球生物圈的失衡大致表现为以下七个方面：

（1）酸雨蔓延，"酸度"超常（由于人类大量消耗化石原料）。

（2）温室气体增加和全球变暖（由于人类目前的各种活动释放了大量的 CO_2、N_2O、CH_4、臭氧等温室气体）。

（3）同温层臭氧损耗加剧和紫外线辐射增强。1985 年第一次发现的南极臭氧层破洞不断扩大（见图5）。2000 年 9 月 NASA 观测到的南极臭氧层破洞范围已达 $2800km^2$，相当于美国国土的 3 倍。

（4）森林资源锐减，水土流失日趋严重。

（5）大面积土地退化和沙漠化。

（6）水资源匮乏和清新空气成为奢侈品。

（7）固体废物排放堆积与日俱增，地球表层不堪重负。

1.2.4 走出"人类中心主义"行动

（1）1972 年 6 月 5～16 日在瑞典斯德哥尔摩召开了 113 个国家和地区的 1300 多名

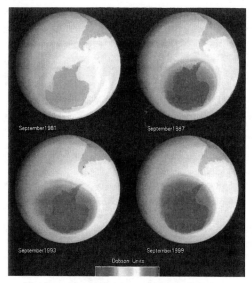

图5 1993～1999年NASA所测得的地球南极臭氧层破洞日渐扩大情景

图6　世界环境日图标

代表参加的人类环境会议。以此大会为标志，在世界范围内掀起了环境保护的高潮。此次大会上，通过了《人类环境宣言》。

此时，人类才清醒地认识到环境污染对人类和生态平衡产生的严重后果、人类生存的整体性危机以及地球资源的有限性。

当年联合国第27届大会通过决议，确定每年的6月5日为"世界环境日"。参见图6的世界环境日图标。

"只有一个地球"是世界环境日的永恒主题。《人类环境宣言》向当时世界上40多亿人发出呼吁："如果人类继续增殖人口，掠夺性地开发自然资源、肆意污染和破坏环境，人类赖以生存的地球，必将出现资源匮乏，污染泛滥，生态破坏的灾难。"

1980年，世界自然保护组织（IUCN）首次提出"可持续发展"（Sustainable Development）的口号，呼吁全球重视地球环保危机。

在此期间，罗马俱乐部提出的《增长的极限》和《人类处于转折点》的报告，提出了"有机发展"的概念，提醒人类树立协调发展的观念。

（2）1982年5月10～18日联合国环境规划署在肯尼亚首都内罗毕召开了国际人类环境问题特别大会，以纪念1972年联合国人类环境会议10周年。参加会议的有105个国家和149个国际组织的代表3000多人。

会上通过了具有全球意义的《内罗毕宣言》，表明了人类社会经济发展必须以保护全球环境为基础的鲜明观点，从而深刻认识到我们地球家园大自然的完整性和互相依存性。至此，世界各国环保组织迅速增加，并开展了多种有效的环保行动（参见图7）。

1983年第38届联合国大会通过了161号决议，成立了世界环境与发展委员会。该委员会于1987年召开世界环保与发展会议（WCED），发表了《我们共同的未来》的长

图7　世界环保组织的绿色行动

篇报告（参见图8）。该报告中的第一句话是："地球只有一个，但世界却不是。"该报告提出了人类可持续发展策略，获得了全球各地人民的共鸣。

（3）1992年6月3～14日在巴西里约热内卢召开了由183个国家代表团、102个国家元首或政府首脑出席的联合国环境与发展大会，通过了《里约环境与发展宣言》（又称《地球宪

章》）（Earth Charter）以及《森林原则》和《21世纪议程》等纲领性文件，标志着环境保护进入了全新的时期。我国前总理李鹏出席大会并签署文件。此次大会也是宣告"绿色建筑"时代来临的盛会。

（4）2002年8月19～23日，国际生态城市大会在我国深圳市召开，讨论通过了生态城市建设的《深圳宣言》，将城市建设全面纳入可持续发展轨道，对生态城市建设产生了深远影响。联合国还将该宣言纳入当年9月在南非召开的第三届世界环境与发展首脑会议的行动计划中。

正是在这样的历史环境背景下，张扬"绿色建筑"理念及构建绿色建筑体系家园就显得意义十分重大！全人类都在呵护地球，拯救地球！广大工程科技人员应在此领域有突出的作为（参见图9）。

图8　地球只有一个，关心我们共同的未来

图9　我们需要呵护地球家园

1.2.5　人类掀起建设"绿色建筑"家园浪潮

联合国于1993年成立了"可持续发展委员会"（United Nations Commission on Sustainable Development-UNCED），全面开展了拯救地球的环保运动。直到1998年的日本"京都环境会议"，就正式制定了各先进国的CO_2排放减量目标，显示出"可持续发展"已成为全人类最重要的国际任务。

1976年联合国在加拿大温哥华召开了"第一次世界人居环境会议"，讨论了住宅、基础设施建设、服务的可持续供给等问题。1981年第十四次国际建筑师大会，以"建筑、人口、环境"为主题，又提出经济发展失衡、人口增长、环境、自然资源及能源危机等问题。

1993年召开的第十八次国际建筑师大会上，发表了《芝加哥宣言》，以"处于十字路口的建筑——建设可持续的未来"为主题，号召全世界的建筑师以环境的可持续发展为职责，举起了"绿色建筑"的鲜明旗帜。

1996年6月，联合国在土耳其伊斯坦布尔召开了"第二次世界人居大会"。在会上签署了"人居问题议程"（Habital Ⅱ Agenda），呼吁全世界针对当今的都市危机研究对策。在地球环境严重危机的威胁下，追求"绿色建筑"以开启都市可持续发展的呼声四起，掀起了排山倒海之势的"绿色建筑"的浪潮。

1.3　绿色建筑理念的内涵

绿色在人们的心目中代表着植物，代表着山水、荒野和美好的自然环境；象征着生机勃勃的春天，象征着峥嵘不息的生命运动，象征着人与自然的协调共生。正是因为"绿色"包含着丰富的环境文化的内涵，所以人们喜欢用"绿色"来比喻、象征"可持续发展建筑"、"生态建筑"。

"绿色建筑"立足于生态原则，强调了"天人合一"法则，坚持了可持续发展的观念。分析其内涵，表现在以下四个方面。

1.3.1　绿色建筑强调了"天人和谐"与可持续发展（即生态性原则）

（1）人与自然的对立统一是"天人和谐"的前提。

人是地球生态大家庭中的一员，地球生态系统是人类赖以生存和发展的基础（资源与环境），人类及其人类社会是与大自然密不可分的有机整体。

人本身是自然界的产物，但它具有主观能动性。人类的实践能动性再大，仍然依赖于自然环境。地球经过46亿年的长期演化所形成的物理环境、生物环境和气候环境是人的实践活动得以进行的先决条件。

人与自然之间确实存在着矛盾和冲突的一面。人类改造自然的实践活动是解决人与自然之间矛盾与冲突的必然反映。我们不能过分夸大人与自然的对立，对自然界采取一种敌视态度；也不能妄自尊大，为所欲为，对自然资源进行掠夺式开发，对生态环境进行肆意破坏。我们只有一个选择，就是必须强调人与自然协同进化、和谐共生，使之达到共同的持续发展！

（2）"天人和谐"理念既肯定人的价值又承认自然的价值。

我们应该更好地理解和尊重自然界的创造性，尊重不同地貌、地质、气候条件的突出特点，尊重动植物和地球资源的多样性，尊重自然的威力，才能拯救自我、拯救自然、对自然价值的肯定与尊重，同时也是人类价值意识的深化。

（3）追求人与自然的和谐共生是"天人和谐"理念的核心内容。

"天人和谐"是人类的最高理想。人作为自然界进化的最高成就，一种高智慧的物种，有能力、有义务以尊重、友好的态度去对待大地母亲，自觉地改变自己的思维方式、生产和生活方式，去实现人与自然的"和谐共生"和"协同进化"，以促进整个生态系统繁荣的多样化和建立动态平衡的能动机制。

人与自然"和谐共生"，既不是人处于原生生存状态的简单延伸，也不是自然原有存在状态的单纯继续，而是增加了新的质量、新的内涵，是呈现优化进步的发展。一方面，人的生存状况得以改善，人得到高质量生活追求理想的全面发展；另一方面，自然环境也得以优化和美化，生态质量相应改善和提高，这又反过来有益于人的生活质量的提高。

总之，和谐共生意味着建立一种人与自然的互利共赢关系，使双方始终处于良性互动，协调共进和不断优化的过程之中。"天人和谐"是绿色建筑的最高理想。

（4）实现可持续发展是绿色建筑的价值目标。

在1987年联合国《我们共同的未来》的纲领性文件中，阐明了"可持续发展"的含义，即"既能满足当代人的需要，又不对后代人满足其需要的能力构成危害的发展"。

"可持续发展"强调了树立新的生产观、消费观，彻底纠正了那种依靠高消耗、高投入、高污染和高消费来带动和刺激经济高增长的发展模式。

"可持续发展"强调的是发展，只有发展才能为解决生态危机提供必要的物质基础，也才能最终摆脱贫困和愚昧。但"可持续发展"强调的是经济、社会和环境的协调发展,使当代人和后代人都能满足基本要求为总目标。这是一种人与自然的科学发展观的积极实践,是洁净、安全能源与资源的永续性。

基于环境的可持续性是绿色建筑健康发展的第一目标,因而建筑设计要考虑水、养分、资源与能源的循环利用,比如地下水、中水、净化水的循环,落叶、堆肥、种菜的循环,太阳能、电能、热能、生物能的循环等,以便为整个社会建立一个稳定、繁荣的优美环境家园。

1.3.2 绿色建筑强调了安全健康与经济适用(即科学性原则)

"安全"与"健康"是对绿色建筑最重要的质量要求,但我们不得不勇于面对严重的现实问题。

20 世纪八、九十年代以来,中国建筑的这个问题比较突出。据原建设部 20 世纪末有关统计,中国平均 4 天半垮塌一幢楼;每年因建筑质量导致的损失在 1000 亿元以上。2008 年 5 月 12 日发生在四川的汶川大地震,死亡人数超过 8 万,受伤人数更多,建筑的质量和抗震性也是造成这一惨剧的重要因素之一。

特别是一些中小学校舍的抗震性能太差,造成了大量的花季少年在地震中惨死。正当社会上一致的谴责声还未停息,2009 年的"楼歪歪"和"楼脆脆"事故接连不断。

绿色建筑的安全健康既包括工程安全,又包括建筑环境两大方面。至于"经济"原则则是培育绿色建筑市场的客观需要。

1.3.3 绿色建筑强调了地域制宜与节约高效(即民族性原则)

"地域制宜"是绿色建筑尊重自然、尊重民族、因地制宜去融入自然环境的基本设计原则,也是当代绿色建筑实践的成功经验。

"地域"反映生活在地球上若干个民族的不同建筑特色,它较全面地反映了该块土地范围内的气候特征、地理条件及民族文化传统所具有的明显相似性和连续性。

尊重"地域"特征,就是因地制宜地适应客观环境条件,就是尊重历史、尊重文化,也才能在传承建筑艺术与技术文化的基础上不断地得到创新发展。

"节约高效"强调的是节约资源的原则,这是绿色建筑的基本特征和评价的基本标准。

"高效"是绿色建筑追求的最终目标之一。就是通过最优绿色建筑方案实施,以最终获得最快的建设效率(Efficiency)和最佳的生态效益(Benefit),进而也将获得最好的社会效益和经济效益。

走循环经济之路是绿色建筑实现节约高效的基本模式。这就是将传统的由"资源—产品—废弃物排放"等环节的单向开式经济流程,转变为"资源—产品—再生资源—再生产品"的闭环式经济流程,从而以最少的资源投入和环境代价去获取最多的经济与环境效益。循环经济是人类经济发展方式的划时代变革,它是解决发展经济与节约资源和保护环境之间的两难问题的最佳途径。

1.3.4 绿色建筑强调了"以人为本"与温馨安居(即大众化原则)

"实现人人享有适当住房"是绿色建筑的根本目标之一。绿色建筑就是要老百姓共享绿色建筑的发展成果,解决"寒士有居所"的住房公平的"安居工程"问题。

坚持"以人为本",首先就必须尊重每一个人的生存权,而为每个人提供最基本的生存环境和生存条件,这是实现社会公平的最起码要求。

在解决人人享有适当住房(买得起)的基础上,同时建立可持续的人类居住区,务必使人们有权享受与大自然和谐的健康而充实的生活，这就是实现温馨安居。因而，绿色建筑也应当成为人生命情感的最佳寄寓场所，成为回归自然的、实现"物我同境"的最高境界；人类也将在绿色建筑环境中颐养千年，快乐而健康长寿地繁衍下去。

2　构建绿色建筑体系

2.1　什么是绿色建筑体系

为区别于传统建筑，业界提出了绿色建筑的概念。然而要建造绿色建筑，需要构建绿色建筑体系。绿色建筑体系包括以下几层含义：

2.1.1　绿色建筑结构构造体系

这是构建人居生存（生产、生活、休息、娱乐）的最基本的独立室内环境系统。这个体系由以下三个系统组成：

（1）绿色建筑结构系统。它是构成绿色建筑的结构骨架，以形成人居的室内生存安全空间。它由地基基础、梁、板、柱、墙及屋架结构组成，其构件的强度、刚度（变形）和稳定性等必须确保人们的起居活动安全。

（2）绿色建筑构造系统。它既包括绿色建筑的围护构件、屋面构件、遮阳屋檐、雨篷及间隔墙、分隔格栅等构件，又包括自然采光、自然通风、供电、供热及给排水系统等设施构造系统。它为人们提供了适应地域条件的适用生存空间环境。

（3）绿色建筑智能化系统。它是利用智能化的绿色建筑设备自动控制的人工光源、人工通风、设备供水、供电及电视、音响和垃圾处理等系统。它给人们提供了快捷、舒适和温馨的生活环境，反映了社会发展与科技进步给人类的造福成果。

2.1.2　绿色建筑庭院体系

这是指独立绿色建筑环境系统的组成，它包括以下几个部分：

（1）绿色建筑风水系统。中华民族讲究建筑风水观，其实质就是建筑的自然环境观。即让绿色建筑也像在自然环境中生长出来的一样，与之周围环境呼应一致，组成与环境匹配的整体。它强调的绿色建筑前有云雀（即河流或水池），后有玄武（即土丘或小山），左青龙右白虎（即房舍左右有大树或山丘延绵等山林依靠之托）。当然，这个小风水应该从周围呼应的大风水的环境中去看，强调个体建筑的朝向、采光与自然通风的聚气环境因素。

（2）绿色建筑庭院交通系统。包括进出车辆大道与人行通道及庭院逍遥小道。

（3）绿色建筑个体废物排疏系统。包括固体垃圾系统、中水利用系统和下水道排放系统。

2.1.3　绿色建筑片区体系

这是指绿色建筑群体组成的区划系统，是一个较大环境的绿色建筑群系统，它包括：

（1）绿色建筑群片区系统。这是一个区域的绿色建筑功能系统，它包括商业、学校、体育、娱乐等公共性建筑、办公建筑和居住建筑配套系统。它们的组合既适应地域风水自然环境特点，又能满足工作生活人群所需的功能匹配要求，且其组合更能体现节地和节能原则。

（2）绿色建筑片区交通系统。包括进出车辆主道、支道与人行通道和连通的绿地片区小道等，特别强调人、车分流不干扰人居风水的微环境。

（3）绿色建筑片区废物排放系统。包括垃圾集散地系统、中水集中利用系统和下水道排放系统。

2.2　如何构建绿色建筑体系

首先是对拟建地区及场地进行深入细致的调查，即从地理条件（所处寒温带位置）、气候条件（温、湿、雨、雪等季节变化情况）、居住人群（包括民族）生活历史、建筑传统风格及文化内涵的衍变发展等情况展开全面深入的调查了解，并在经过全面认真分析基础上做好以下规划设计工作。

2.2.1　风土美学造型设计

强调建筑美学与都市风格，这是时代不断进步的客观需求。其实，只要符合当地气候、生态和节能的绿色建筑设计就会是成功的设计。

（1）寒冷气候条件下的建筑，"保温文化"就是"墙面文化"。

因为寒冷气候条件下建筑物的最大气候挑战就是抵抗巨大的室内外温差，加强墙面保温能力至关重要，所以建筑外型上会呈现强烈的墙面元素，即"墙面文化"内涵。

一种是采取加重墙体厚度的办法，另一种是形成阳光透射温室效应的全玻璃大楼，参见图10、图11。

图10　温室建筑之原意乃在寒冷气候中创造热湿气候之用（1854年，英国伦敦大温室）　　图11　全玻璃建筑在寒带地区扩散的情形（加拿大温哥华的集合住宅）

（2）干燥气候条件下的建筑，"保温文化"是另一种"墙面文化"。

对于干热地区的保温措施是要抑制"由外向内的热传递"，因而建筑风格均以"墙面元素"为主，"屋顶元素"不突出，展现出"平整立面"与"明确量体"的造型特点，甚至还有将"墙面元素"扩大为无限厚度的黄土外墙，成为另一种掩土式的"墙面文化"。参见图12、图13。

（3）热带建筑的"遮阳文化"美学造型。

"保温文化"虽在寒冷、干热气候条件下有良好效益，但对于热湿气候环境却效果不佳，因为热湿气候并非很热，而是全年持续温暖而已。甚至在热带区，最高年平均温度约30℃，最低年平均温度约24℃，其室内外温差不大；且午后常有骤雨，可减缓酷暑；建筑围护结构的保温处理对耗能影响有限，因而该地区建筑的"遮阳文化"对热湿气候居住环境非常有益，对减低热辐射有绝对功效。

因此，热带传统民居具有大大的屋顶、深深的遮阳，甚至可以没有墙面，设置带顶的开口、亭台、露台等，呈现出鲜明的建筑"遮阳文化"。参见图14~图21。

不顾当地区域特点而乱学习其他地区气候风土文化不同的建筑造型风格，无疑是不切实

图12 干热气候的民居以小开窗高
外墙保温为特色

图13 土耳其cappadocia高原的窑洞民居

图14 开放式亭台玄关是热带建筑的表现
（印度阿格拉皇宫）

图15 马来西亚吉隆坡印度尼西亚大使馆
是热带遮阳文化的典范

图16 新加坡妇幼医院是热湿热带遮阳
文化的典范

图17 适中的开口、丰富的阴影是亚热带的
建筑美学（日本冲绳浦添市市政府）

际的耗能设计，将会受到众人指责。图22、图23是典型的不切实际的建筑作品。

2.2.2　绿色建筑通风设计

良好的建筑通风设计，是自然的建筑节能途径，也是绿色建筑最重要的调节气候对策。

图18　适中的开口、丰富的阴影是亚热带
的建筑美学（中国台湾台北）

图19　深度遮阳可以弥补大开窗的缺点
（美国迈阿密）

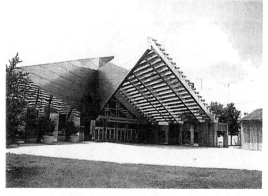

图20　在热湿气候下善用大遮阳造型创造大玻璃开
窗之阴影（美国佛罗里达州科学博物馆）

图21　深度遮阳、侧面采光的体育馆建筑最能展现出优
美的热湿气候风土（日本冲绳国际文化会馆）

图22　亚洲国家学习欧美绿色建筑技术的
窘境（印度尼西亚某住宅商店）

图23　全玻璃建筑连在热带区也泛滥成灾的
情形（马来西亚吉隆坡办公建筑）

　　古时候发生室内一氧化碳中毒，人们从不以开窗换气来解决问题，而误认为是瘟疫或神明的惩罚。直到 18 世纪之后，才有"必要换气量"理论的出现。发现人体消耗氧气而排出二氧化碳的法国化学家 Lavoisier，在 1786 年指出室内人体感觉不适是因为空气中的二氧化碳太多的缘故。

1905 年热环境学者 Frugge 也指出在高温高湿环境下会导致人体的不适感(斋藤,1974 年,P153)。以后,陆续还有许多科学家提出了尘埃、体臭、细菌、有毒气体导致人体不适的说法,由此产生了"必要换气量"的通风理论。

（1）"封闭型通风文化"设计。

对于北方寒冷地区,建筑物必须同时注重气密性与保温性,其通风设计只是维持人体生命安全的最小必要换气量即可。因而,北方"封闭型通风文化"最常利用热空气上升的"浮力"或"烟囱效应"来实现换气量。在建筑造型上利用浮力原理的烟囱、壁炉、通风塔等,以此通过诱引新鲜气流通过人群工作区,从而实现抽风换气功能,尤其像船舱、地下空间和矿井中,则必须有良好的烟囱管道通风设计一样。参见图 24、图 25。

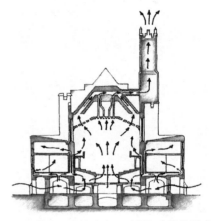

图24　精致的烟囱造型是北方烟囱文化的具体表现　　图25　英国国会议事堂以瓦斯灯来燃烧浮力通风的实例

（2）"开放型通风文化"设计。

对于南方湿热之地,理想的通风方式是将新风（靠风压）吹过人体,以达到直接蒸发冷却作用,这是属于"开放型通风文化"设计。参见图 26～图 29。

图26　太平洋萨摩亚民居是热带通风型住家的典型　　图27　日本开放通风型民居（日本关东）

在进行绿色建筑通风设计时,必须注意以下几点:

（1）善用季节风与地形风。

设计人要配合地形地物,进行导风与防风设计。

图28　中国西双版纳干栏民居（人、畜生活区上下分
　　　开，遮阳通风效果都极佳，既健康又安全）

图29　荷兰建筑学派建于印度尼西亚Semarang的热
　　　带通风型建筑（泥瓦简单悬挂的高屋顶、深遮
　　　阳、通风的花格砖形成巨大的浮力通风效果）

（2）善于解决浮力通风与空调的矛盾。

对于自然通风与空调混合设计的建筑物，必须严格做好空调分区弹性规划，以便在通风时享受自然之舒适，并在使用空调时兼顾节能之效益。

（3）妥善解决浮力通风设计与消防安全的矛盾。

在设计通风路径上要设置自动关闭装置，以防止烟囱效应与火灾窜烧。即浮力通风必须结合消防设计，要经过精确的实验模拟解析证明后，才能付诸实用。

（4）善于处理建筑物平面布局与开窗的匹配。

设计人员应小心翼翼地利用凹凸平面与中庭，把办公楼或高层住宅的空间纵深控制在以下范围内：单面开窗时不超过6m，双面开窗时不超过12m，否则不利于自然风力通风。

（5）热湿气候的多孔隙导风建筑文化。

这是属于建筑开口的导风设计，它包括"多孔隙围护结构"采用及应用"水平导风板与遮阳板"设计。参见图30、图31。

图30　导风性、多孔性、透气性的热湿气候建筑
　　　（日本琉球艺术大学）

图31　导风板与遮阳板所塑造的热湿气候建筑
　　　美学（中国台湾台东高中）

对于传统的"多孔隙围护结构"，均采用草、竹、木之类的植物性有机材料。现代建筑多采用气窗、栏杆、格栅、水泥空心砖、花格砖、穿孔钢板等耐久性材料，通常展现在阳台、台度、栏杆、楼梯、走廊、户外墙等中介空间，形成富有阴影变化的热带建筑风貌。

空调设备是近代人类环境科技最伟大的发明之一。但是，现代建筑师忘却了自然通风采光的设计能力，使建筑日趋巨型化、气密化、空调化，将会浪费大量地球资源。唯有善于运用"风力通风"与"浮力通风"之原理来进行建筑设计，才能成为最好的绿色建筑。

2.2.3　生物多样性环境设计

（1）认识"生态金字塔"。

所谓"生态金字塔"，就是由食物链关系看待生物界的组成活动空间。如图 32 所示，"生态金字塔"的底层是支撑万物的土壤，其上则由分解者、生产者及消费者等组成。

分解者是土壤中的生物，包括蚯蚓、蚁类、细菌和菌类等，以死亡生物为食，并将其生物尸体分解为土壤成分。生产者是指可直接吸取太阳能源，能创造有机物的绿色植物。它可生产有机能源，提供动物活动力的泉源。

消费者可分为一次、二次、三次消费者，它们都分别是以生产者和前一次消费者为对象。一次消费者，即是以直接从绿色植物中吸取食物为生的动物（如甲虫、蝴蝶等）。而依靠一次消费者为生的称做二次消费者（如螳螂、青蛙等）。依此类推，猛禽、鹰类是鸟类中的最高消费者（四次消费者），而虎、豹类则是走兽中的最高消费层，它们依赖飞禽、走兽等高级动物为生。

从"生态金字塔"的观点看，野生生物的数量与多样性，就是生态环境指数。尤其是最高级的野生猛禽，更是生态质量的最佳象征。不要认为砍一些森林或填掉一个水池对生态影响不大，这种小破坏会损及高级动物赖以维生的最小规模栖息环境，就意味着"生态金字塔"的基盘被挖掉一角而缩小规模，则居于"生态金字塔"最上层的高级动物可能就不复存在了。参见图 33。

图32　生态金字塔的组成与四大环境因子，它们建立有自然的生态平衡

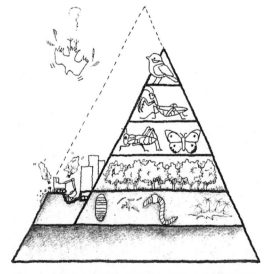

图33　小部分自然绿地开发有如生态金字塔底部被削减，因而伤及高级生物生存

（2）生物多样性环境设计第一步——绿化量设计。

大地"绿化"是一切生物多样性环境的基础，没有充足的绿化量，根本无从谈论生物多样性设计。尽管"绿化"的功能很多，如吸收 CO_2、调节气候、阻绝噪声和彰显生机等，然而植物对CO_2的固定量可能是最实用化的"绿化"指标。这个指标不仅可凸显地球气候高温化的防范措施，进而可彰显绿色建筑的时代意义。

以营造"绿化"来削减大气中CO_2的对策，已被证实是所有CO_2减量对策中最经济的方法。例如，靠能源生产技术进行碳素减量的成本约需20～120美元/公吨；以石化能源技术进行碳素减量成本约需100美元/公吨。

对于"绿化"的CO_2固定量指标，台湾学者林宪德以植物自幼苗成长至成树40年之间的CO_2总固定量来评估"绿化"的成效，参见表1。

各种植栽植物单位面积CO_2固定量Gi（2005年更新版） 表1

栽植类型		CO_2固定量Gi（kg/m^2）	覆土深度
生态复层	大小乔木、灌木、花草密植混种区（乔木间距3.0m以下）	1200	1.0m以上
乔木	阔叶大乔木	900	
	阔叶小乔木、针叶乔木、疏叶乔木	600	
	棕榈类	400	
灌木（每平方米至少栽植4株以上）		300	0.5m以上
多年生蔓藤		100	
草花花圃、自然野草地、水生植物、草坪		20	0.3m以上

须说明的是，真正的植物CO_2固定量会随物种、基因、地理环境与气候变化而有很大差距，表1中数据含有很大误差，只不过它是一种便于评估植物群落对环保贡献度的换算比重而已。

（3）生物多样性环境设计第二步——绿地生态质量设计。

绿地生态质量设计包含以下四项重点内容：①生态绿网；②小生物栖地；③植物多样性；④土壤生态。

所谓生态绿网，是由公园、绿地、溪流、池沼、树林、庭院、缘篱等绿地区域串连组成的生态绿地系统。此绿地网络可减少人为干扰与天敌伤害，让多样化生物得以安全生存、觅食、求偶、迁徙及繁衍，达到物种更新强化的目的。

"生态绿网"最重要的基础就是要确保都市充足的总绿地面积。根据许多生态学家研究，都市环境的绿覆率在20%以上时，野生鸟类才有明显增加趋势；当都市环境的绿覆率达到1/3～1/4左右时，才能保有良好的雨水涵养与气温调节之功能。

构建"生态绿网"，尤其要注意建造周边生态绿带的连贯；在不同功能区边界常需要绿篱以隔离污染和噪声等。美国加州戴维斯（Davis）市已建成了举世闻名的都市"生态绿网"，成为最负盛名的高级生态城市。

绿地生态质量设计的第二重点是创建小生物栖息地，包括"水域生物栖地"、"绿块生物栖地"和"多孔隙生物栖地"（提供小生物藏身、觅食、繁衍的小生物世界）。在不干扰人类生活与生命安全的条件下进行生物栖地设计，尤其要善于使用低地、坡地、畸零地、边坡围墙等去完善总体区域规划，将能创造充满生命活力的"浓缩自然"。参见图34、图35。

绿地生态质量设计的第三重点就是营造物种、生态系的多样性环境，以创造绿地的生命活力。可以采用"原生或诱鸟诱蝶植物绿化"或"复层绿化"来解决，不能乱引进外来的明星树种，或喜欢种植大面积观赏草花与草坪而扼杀了当地生物的多样性环境。

图34　充满湿地与水生植物的生态池塘（中国台湾
　　　高雄内惟埤美术馆公园）

图35　生态水池设计图例

绿色生态质量设计的第四重点就是进行"土壤生态设计"，即采取"表土保护"、"有机园艺"、"厨余堆肥"和"落叶堆肥"等措施来保护土壤内微小生物的分解功能，以提供万物生长的养分。

（4）生物多样环境设计第三步——生物共生建筑设计。

此项生物共生建筑设计主要是消极地减少生物生存的障碍。比如，建立"生物光害防制"，预防夜间户外照明对生物的伤害。尽量减少向上投射光以降低天空辉光，以及慎选遮光良好的照明灯具，并将照明光限制于受照目标面和采用防眩光的灯具等。

所谓"对鸟类友好设计"，就是避免采用反射玻璃以减少鸟类撞击建筑物的几率，以及减少有碍于动植物攀附、歇足、栖息的玻璃金属幕外墙设计。

所谓"对生物友善的建筑设计"，就是创造有利于生物迁徙、交流、筑巢、栖息的建筑立面绿化设计，突出建筑立体绿化的生态功能。特别是屋顶与阳台的立体绿色，则是弥补"生态绿网"缺陷的有效措施。

生物多样性环境设计的最高原则，就是要改变人类的霸权心态，不要把大自然恩赐享用殆尽，不要把其他生物的生存空间无限压缩。

2.2.4　绿色建筑水循环设计

水是人类文明的起源，水也是人类生存生活的基础物质。人类必须与水共生共荣，才能有永续的生活质量。

绿色建筑的水循环设计，应考虑三种水循环生态，即保水（防洪与生态）、节水（水资源利用）以及净水（污水处理利用）等一系列的水循环问题。

鉴于专业性强及篇幅所限，本文不予详细阐述。

2.2.5　绿色建筑围护结构节能设计

建筑节能对策应包括围护结构、空调、照明三部分，限于专性强及篇幅所限，本文在此也不予详细阐述。

2.3　如何评价绿色建筑体系

目前，国际上已出现以下一些著名的绿色建筑评估系统。

2.3.1　英国的 BREEAM 系统

1990～1993 年，共公布了 5 种适用评估版本。

2.3.2 加拿大 GBT001 系统

1998 年该系统提出了 6 大评估领域，并于 2002 年演变为 7 大评估领域。

2.3.3 美国 CEED 系统

该系统于 1996 年正式公布执行。该评估体系包括了 69 个绿色性能指标选项，其中 7 个指标是必选项。

2.3.4 中国台湾地区的 EEWH 系统

2003 年该系统成为 7 大指标系统，2005 年扩大为 9 大指标系统，并利用加权系数，建立了总分 100 分的综合评估法。

2.3.5 日本 CASBEE 评估法

该评估法是日本自行发展的绿色建筑评估法几个版本中最为权威的（2003 年），分为 6 大项指标，且各项都具有相对应的权重比例。

2.3.6 中国绿色建筑评价标准

2001 年清华大学研究团队就提出过绿色建筑评价蓝本以及后来出现过的"绿色奥运建筑评估系统"，但终因某些原因而未能具体执行。

直到 2006 年 3 月，原建设部以中国特殊环境课题，提出了"四节一环保"（"节地"、"节能"、"节水"、"节材"以及环境保护）为主轴的"绿色建筑评价标准"三等级评估法。

该评估法是先通过一些控制项（否决项）评估之后，再按 6 种一般项与 1 种优选项进行评分，然后依此 7 种项目得分后又分为 3 个等级进行评估。具体评估标准可参见表 2。

中国绿色建筑评价标准概要　　　　　　　　　　　　　　　　表 2

	等级	一般项数（共40项）						优选项数（共9项）
		节地与室外环境（共8项）	节能与能源利用（共6项）	节水与水资源利用（共6项）	节材与材料资源利用（共7项）	室内环境质量（共6项）	运营管理（共7项）	
住宅建筑	★	4	2	3	3	2	4	—
	★★	5	3	4	4	3	5	3
	★★★	6	4	5	5	4	6	5
	等级	一般项数（共43项）						优选项数（共14项）
		节地与室外环境（共6项）	节能与能源利用（共10项）	节水与水资源利用（共6项）	节材与材料资源利用（共8项）	室内环境质量（共6项）	运营管理（共7项）	
公共建筑	★	3	4	3	5	3	4	—
	★★	4	6	4	6	4	5	6
	★★★	5	8	5	7	5	6	10

3 绿色建筑实例分析

本节介绍以下三个获奖的绿色建筑成功实例。

3.1 上海生态办公示范楼——上海市建科院建筑环境研究中心办公楼

该楼于 2003 年 11 月动工，2004 年 9 月建成投入使用，总建筑面积 1194m²，是我国首幢绿色建筑示范楼。该楼主体采用钢混结构，南面 2 层，北面 3 层。西侧为建筑环境实验室，东侧为绿色建筑技术产品展示区和员工办公室，中部为采光中庭与天窗。参见图 36、图 37。

图36　上海市建科院建筑环境研究中心办公楼
正视图

图37　上海市建科院建筑环境研究中心办公楼
侧视图

　　该楼通过综合分析上海的地域气候特征、经济发展水平、场址环境特点和建筑使用功能，采用地域适用性被动生态设计手法，形成了"超低能耗、自然通风、天然采光、健康空调、再生能源、绿色建材、智能控制、（水）资源回用、生态绿化、舒适环境"十大技术体系，实现了总体技术目标：综合能耗比同类建筑节约75%；再生能源利用率占建筑使用能耗的20%；再生资源利用率达到60%；室内综合环境达到健康、舒适指标。

　　该项目获2005年建设部首届"全国绿色建筑创新奖"一等奖和"全国十大建设科技成果奖及2006年上海市科技进步一等奖等。自2004年10月开始向社会开放，成为我国绿色建筑科技示范、培训交流和后续技术研发平台，得到国内外同行广泛认同和赞许。

　　该绿色建筑创新成果很多，如：

　　（1）采用生态绿化植物群落配置技术，设计了9个屋顶花园、1个室内中庭绿化和西墙垂直绿化多种绿化形式，共计400多平方米。

　　（2）围护结构采用4种复合墙体保温体系、3种复合型屋面保温体系、节能门窗和多种遮阳技术。

　　（3）热湿独立空调系统与自然通风有机结合。

　　（4）太阳能光热技术及太阳能光电技术的研发应用。

　　（5）雨污水收集、处理与回用系统的研发运用等。

3.2　2010年世博会城市最佳实验区"沪上·生态家"

　　"沪上·生态家"是上海世博会最佳实践区上海案例。它是具有上海城市特色且高度生态科技集成的居住项目展馆。工程占地面积1300m²，建筑面积3147m²（包括地下部分面积779m²）。该主体结构采用RC框架结构。工程于2008年9月开工，2010年4月竣工运营。参见图38、图39。

　　该项目呼应"城市，让生活更美好"的主题，提出"生态建造、乐活人生"的全新生态居住理念，既具有浓郁的江南建筑韵味，又高度集成绿色科技。通过"生态"建造，展示了居家的"乐活人生"。该项目于2011年获全国绿色建筑创新奖一等奖。

　　该项目强调生态技术的建筑一体化设计，技术集成度高。该建筑本体应用的技术专项可参见图40。其重点突出有十大技术精华：自然通风强化技术、夏热冬冷气候适应性围护结构、天然采光和LED照明、燃料电池家庭能源中心、PC预制式多功能阳台、BIPV非晶硅薄膜光伏发电系统、固废再生轻质内隔墙、生活垃圾资源化、智能集成管理和家庭远程医疗、家用机器人服务系统等。

图38　"沪上·生态家"南面视图

图39　"沪上·生态家"北面视图

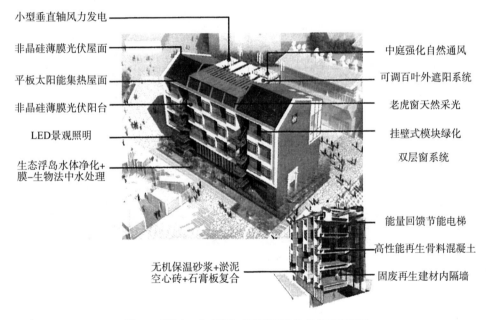

图40　"沪上·生态家"创新应用的技术专项解析图

（1）节能减排。采用无机保温砂浆复合保温墙体、双层窗体系、可调外遮阳等组成的气候适应性节能体系，江水源热泵区域供冷采暖系统，以及太阳能和风能的建筑一体应用等，实现建筑综合节能60%、可再生能源产生的热水量不低于建筑生活热水消耗量的50%、可再生能源发电量不低于建筑用电量的2%。

（2）资源回用。该建筑主体、结构材料全部采用城市固体废物再生材料，装饰材料全部采用3R材料，采用生活废水处理回用系统和雨水收集系统，减少建筑过程和运营过程中的资源消耗，实现可循环材料利用率10%、可再利用建筑材料使用率5%等。

（3）环境宜居。该项目建立多功能区域室内环境指标体系；采用被动设计实现自然通风和自然采光；通过建材控制和空调系统的高效运行营造健康舒适的室内热环境。其实现的室内环境参数达标率为 100%。

（4）智能高效。该项目建成集能源管理中心、设备监控中心、环境监测中心以及信息发布中心于一体的智能信息管理中心。

3.3　上海世博园区南市电厂主厂房和烟囱改造工程

上海南市电厂最初创建于 1897 年，是上海工业文明起源的代表作。在该厂退出历史舞台之时，政府决定保留其主厂房并进行再生性改建，体现了对历史遗产的保护与利用。而改建后的主厂房将主要用做世博会主题分馆"未来探索馆"及城市最佳实验区项目报告厅，以浓缩展示未来城市发展的美好愿望。

本次改建的主厂房建成于 1985 年，建筑三度尺寸为 129m×70m×50m。该改造工程在保留原厂房体形和高度不变的情况下进行内部加层，即由原来的 4 层增高至 8 层，建筑面积由原来的 23477m² 增加为 31088m²。建筑结构由带支撑的混凝土排架结构改建为带阻尼支撑的钢框架体系。该工程于 2006 年立项，2010 年 2 月竣工，同年 4 月即投入运营。

该工程获得建设部"可再生能源示范工程"，成为入选十一五国家科技支撑计划"城镇人居环境改善与保障综合科技示范工程"的唯一改建建筑项目。获得了 2011 年度全国绿色建筑创新奖一等奖。参见图 41、图 42。

图41　上海世博园区南市电厂主厂房及烟囱改建　　　　图42　上海世博园区南市电厂主厂房及烟囱改建
　　　　正视图　　　　　　　　　　　　　　　　　　　　　　　　侧视图

本项目通过研究室内环境即时监测技术、智能采光与照明控制技术、智能化通风、建筑用能分项计量技术、集成展示平台技术等新建筑技术，以及旧建筑结构加固应用技术等生态改造技术，将高污染、高能耗的燃煤电厂能源中心改造成低污染、低能耗的绿色能源中心，实现了传承建筑历史文化，提升建筑功能的建筑可持续利用的总目标。

通过江水源热泵系统应用技术、太阳能光伏发电系统集成关键技术的研究，在上海南市电厂主厂房改造工程中进行实施应用，满足了世博园区内 15 万平方米建筑的空调供热需求。

在世博运营期，其绿色能源中心系统累计节能量超过 2400MW·h，太阳能光伏发电项目年发电量约 480000kW·h，成功实现了"绿色能源中心"的功能定位。该项目成为国内首幢旧厂房改造的三星级绿色建筑，成为世博会低碳建筑的典型代表。它集中展示了 21 世纪上海在建筑改造领域内开创的国际前沿技术。

4 结 语

绿色建筑理念追寻的是生态、节能、减废和健康的安居乐业的建筑体系和生活方式。绿色建筑理念的内涵包含着生态性、科学性、民族性和大众化的四大基本原则。

迈步绿色建筑实践的行动就是创新和集成绿色建筑技术方法以构建绿色建筑体系。推进绿色建筑革命，这是人类从经历采猎文明、农业文明和工业文明后进入当代生态文明的必然选择，也是大力发展循环经济，建设资源节约型、环境友好型社会的必然要求。

许多人常存有"高科技终会拯救人类"的幻想，以为绿色建筑必须花更多的钱及投资更多设备，事实上正与绿色建筑的精神相背道而驰。

绿色建筑是优先考虑更便宜、更自然、更有效率、更无公害的"四倍数绿色建筑设计法"。这些方法通常只是"简朴无华的建筑设计、更有效率的材料力学、重复使用的家具建材、小巧别致的遮阳板、韵律变化的阴影和最少管理的自然庭园景观"而已。

当前，世界人口的快速增长，城市化进程的加速推进以及人类不断膨胀的物质需求，与自然资源的供给之间的矛盾已经越来越大；而工业生产技术创新的粗放模式已经超越了自然生态平衡的承载底线，人类所面临的生存危机已经越来越突出。揭示绿色建筑的生态理论，不断完善对绿地生态和生物友善的绿色建筑体系设计与建造，营造一种人与自然都能可持续发展的共赢机制，才能真正拯救人类自身，使之永续生存繁衍下去！

截至 2010 年年底为止，全国共有 114 个项目获得了绿色建筑评价标识，其中上海项目占了 33 个，建筑面积为 180 万平方米。本文介绍的 3 个绿色建筑获奖项目，更是获奖中的典型代表，值得同行们学习和效仿。

2010 年上海世博会的成功举办，显得异常精彩和鼓舞人心。我们应以此为契机，努力在我国更快地建成更多更好的资源节约型和环境友好型的宜居城市，让更多的人享受到城市的美好生活！

参 考 文 献

［1］ 住房和城乡建设部发展促进中心,西安建筑科技大学,西安交通大学.绿色建筑的人文理念［M］.
北京：中国建筑工业出版社,2010

［2］ 林宪德.绿色建筑［M］.2 版.北京：中国建筑工业出版社,2011

［3］ 韩选江.在城市化进程中完善生态城市建设新机制［A］,工程优化与防灾减灾技术原理及应用［C］.
北京：知识产权出版社,2010

［4］ 顾海波."以人为本"与可持续的人居发展观［N］.中国建设报,2004-7-30,第 12 版

［5］ 王阿敏,李丽静.节能住宅渐成热点［N］.中国建设报,2002-10-21,第 8 版

［6］ 韩继红,江天梅.上海绿色建筑成果集（2005-2010）［M］.北京：中国建筑工业出版社,2011

论现代钢结构建筑的结构特征

王仕统

（广东省空间结构学会，广州　510640）

[摘　要] 本文简论现代钢结构和绿色建筑的特征，点评国内外几个著名的高层全钢结构和大跨度屋盖钢结构工程，说明设计优良的钢结构才是绿色建筑。

[关键词] 现代钢结构；绿色建筑；屋盖弯矩结构；屋盖空间结构；索穹顶；高层全钢结构；巨型结构

关于现代结构，美国著名结构大师、康乃尔大学 L. C. Urquhart 教授有如下一段精彩论述："Modern structural engineering tends to progress toward more economic structures through gradually improved methods of design and the use of higher strength materials. This results in a reduction of cross-sectional dimensions and consequent weight savings."

由于钢材具有较高的强度和延性（见图1），因此，只要通过正确的钢结构设计，由型钢（含钢板）和高强钢丝等组合连接（焊接、高强螺栓）而成的钢结构骨架，就具有绿色建筑的节材特质。

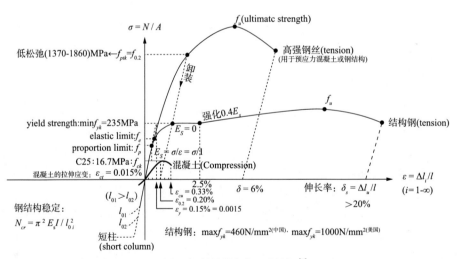

图1　钢材的强度高、延性好[1]

钢结构与绿色建筑特质的比较，如表1所示。

特质比较 表1

钢结构	绿色建筑
钢结构固有的三大核心价值[1] 最轻的结构：假想强度受压高度 　　$H = f_k/\gamma$（f_k——强度标准值，γ——重力密度）	绿色建筑：在建筑全寿命周期内，最大限度地节约资源（节能、节地、节水、节材），保护环境和减少污染，为人们提供健康、适应和高效的使用空间，与自然和谐共生的建筑。

（续表）

钢结构	绿色建筑
H_s=3051.6m（Steel） H_c=709.3m（Concrete） 最短的工期：工厂焊接、工地高强螺栓拼装 最好的延性：钢材伸长率 $\delta > 20\%$ 结构延性比 $\zeta = D_u / D_y$（D_u——极限位移） $\zeta_s = 7 \sim 8$　$\zeta_c = 3 \sim 4$	定义：绿色建筑为人类提供一个健康、舒适的活动空间，同时最高效率地利用能源、最低限度地影响环境的建筑物。 内容：①节约能源；②建筑适应气候；③材料资源的再生利用；④尊重用户；⑤尊重地理环境；⑥整体的设计观

　　1991年兰达·维尔和罗伯特·维尔合著《绿色建筑——为可持续发展而设计》。发达国家探索可持续建筑之路，名为"绿色建筑挑战"，即采用新材料、新技术、新设计方法、新设备、新工艺，实行综合化设计，使建筑在满足功能时所耗资源、能源最少。

　　伟大的美国建筑、结构大师富勒（Fuller）提出结构哲理：少（费）多（用）——以最少的结构提供最大的承载力（Doing the Most with the Least）[2]。

　　钢结构（骨架）节材是绿色建筑最重要的内容，是结构工程师一生追求的光荣事业。然而建设部工程质量安全监督与行业发展司推行的绿色建筑政策，只谈墙体节能，不谈钢骨架节材（见图2）。这样，就导致我国不少大型钢结构（鸟巢、中央电视台新楼、深圳大运会体育场、合肥创新展示馆等）的笨重和怪异。目前，我国设计与施工的现状是："设计"创造困难，"施工"也要上[3, 4]。

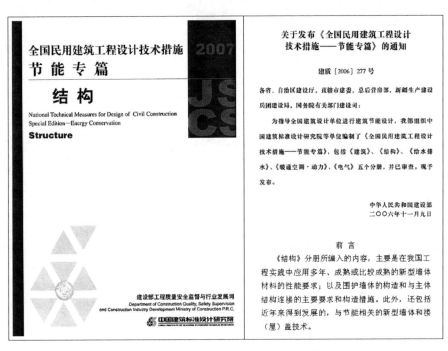

图2　节能专篇——结构

1　设计优良的钢结构才是绿色建筑

　　优良的钢结构必须是钢骨架节材，墙体节能，最大限度地满足功能，最低限度地影响环境，为人们提供健康、舒适的活动空间，并能在建筑全寿命周期内，满足可持续发展理念。

　　在高层全钢结构和大跨度屋盖钢结构中，100多年来，先进国家大量采用钢结构（日本的钢结构数量已超过 70%），并能基本上实现钢结构固有的三大核心价值（见表 1）。我国钢结构设计任重而道远！

世界高层全钢结构前三名都在美国[5~8]（见图 3a），其中，世界贸易中心（World Trade Center）的箱形柱截面仅 450mm×450mm，厚度 7.5~12.5mm（见图 3b）；下面柱距加大，未设转换层；吊装件高三层楼，现场采用高强螺栓拼装，与我国几乎 100% 的现场焊接拼装形成鲜明的对比。这种外框筒（密柱＋深梁）结构方案的剪力滞后效应比较严重。1974 年建成的西尔斯塔（Sears Tower）采用 9 个束框筒结构方案，剪力滞后效应明显降低。虽然，西

$n=110$，$H=443.179$m $n=110$，$H=416.966$m $n=102$，$H=381$m
161kg/m^2（束筒） 186.6 kg/m^2（框筒） 206 kg/m^2（框架）
Sears Tower（1974） World Trade Center（1973） Empire State Building（1931）

a）高层全钢结构前三名都在美国——科学发展观

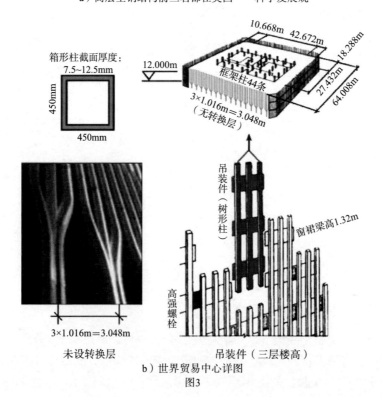

b）世界贸易中心详图

图3

尔斯塔比世界贸易中心高出 26.213m，用钢量却减小 26.5 kg/m²。

世界最先进的大跨度屋盖钢结构——美国乔治亚索穹顶（Georgia Dome）是 1996 年第 26 届奥运会主场馆（见图 4a），椭圆平面为 240.79m × 192.02m，屋顶与外环的用钢量[9]为（30+）kg/m²。

世界第 1 个索网结构是美国雷里竞技场（Raleigh Arena），用钢[10] 30 kg/m²（见图 4b）。

世界最大跨度开合钢网壳屋盖是日本福冈穹顶（Fukuoka Dome）（见图 4c，D=222m）。它由三块扇形可旋转球面网壳组成，可形成三种状态[11]：全封闭状态、半开启状态（1/3 穹顶露天）和全开启状态（2/3 穹顶露天）。由于屋盖装了减震阻尼器，并采取巧妙的构造，扇形球面的跨厚比为 106.4/3.5=30.4。

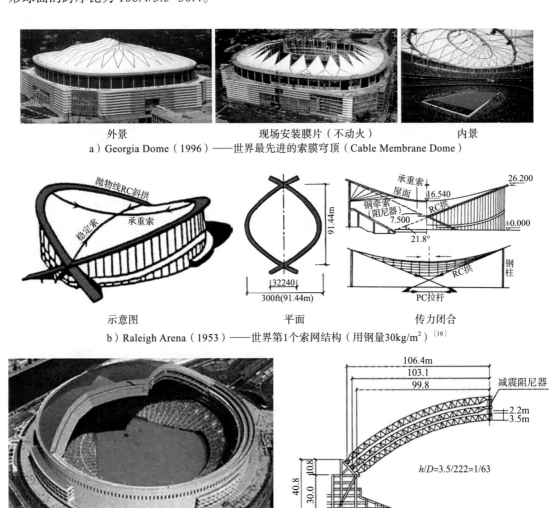

外景　　　　　现场安装膜片（不动火）　　　　内景
a）Georgia Dome（1996）——世界最先进的索膜穹顶（Cable Membrane Dome）

示意图　　　　　平面　　　　　传力闭合
b）Raleigh Arena（1953）——世界第1个索网结构（用钢量30kg/m²）[10]

全开启实景　　　　　剖面
c）Fukuoka Dome（1993）——世界最大球网壳开合结构（D=222m）

图4　世界之最

改革开放以来，我国钢结构建筑发展迅速。由于设计理念问题，产生了不少著名的笨重、怪异钢结构，与绿色建筑相左。

沈祖炎院士在《影响中国——第二届中国钢结构产业高峰论坛》主题报告中严厉批评了

下面 5 个钢结构工程（见图 5），并严正指出："近年来涌现的与轻、快、好、省理念背道而驰的技术现状令人担扰"[12, 13]。

中国建筑金属结构协会姚兵会长在《高峰论坛》大会上的讲话也指出："钢结构不是说体量有多大，或者说要多用钢，而是说要合理用钢，并不是把钢结构建成钢结构碉堡"[14]。

中央电视台新楼（"大裤衩"）（见图 5a），$n=53$ 层，高 $H=234m$，顶上外悬挑 75m，严重违背抗震规范强制性条文，用钢量[15]为 14.2 万吨 /47 万平方米 $=302kg/m^2$，创造了世界高层钢结构悬挑最大的建筑奇迹。

鸟巢（Brid's Nest）（见图 5b）是 2008 年第 29 届奥运会主场馆，设计理念是无序就是艺术。主结构采用平面桁架系结构[16]，次结构布置无序。结构平面为椭圆 332.3m × 297.3m，中央开洞 185.3m × 127.5m，总用钢为 4.1875 万吨[17]，实际用钢 5.2 万吨，从而，用钢量高达 710～881kg/m²，成为世界屋盖钢结构用钢量最大的建筑奇迹。

合肥创新展示馆（见图 5c），成为最杂乱的创新奇迹。违背结构是支承作用（Actions——荷载、地震）的骨架；建筑功能与空间也很杂乱；施工时的空间定位极为复杂。

深圳大运会体育场（见图 5d），是 2011 年第 26 届世界大学生运动会的主场馆，多折面格栅刚架结构，用钢量 226kg/m²。铸钢结点分 7 类，每类 20 个，共 140 个结点，总重量 0.42 万吨[17]。20 个最大的肩谷铸钢结点，每个铸件外形尺寸为 5400mm × 4600mm × 3400mm（10 管相交），壁厚 400mm，单件重 98.6t[18]，与锻打钢管 $\phi 1400 \times 200$ 对接焊。

水立方（Water Cube）（见图 5e），平面 176.5389m × 176.5389m，高 29m，结构跨度 $l=117m$，屋盖厚 $h=7.211m$，墙体厚 3.472m 和 5.876m。根据 L. Kelvin "泡沫"（"Foam"）理论命题：将三维空间细分为若干小部分，要求每个部分体积相同，且接触表面积最小，这些细小部分应该是什么形状？这种命题与结构受力毫无共同之处。"水立方"由 6 个 14 面体和 2 个 12 面体合成基本单元体，经旋转、切割等复杂计算后成为屋盖和墙体，是简单问题复杂化的建筑奇迹。笔者曾建议：按平板网架设计，在现场用高强螺栓拼装网架和"泡沫"单元体，则可节约大量钢材和施工（制造、安装）费用，且便于"泡沫"单元折换。很遗憾，建议未被采用。

荷兰库哈斯与"大裤衩"　　　工厂焊接（板厚130mm）　　巨型构件运到工地，全焊接拼装

a）中央电视台新楼（2008）

 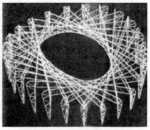 

外观（无序就是艺术）　　　主结构（平面桁架系结构）　　　施工现场

b）鸟巢（2008）

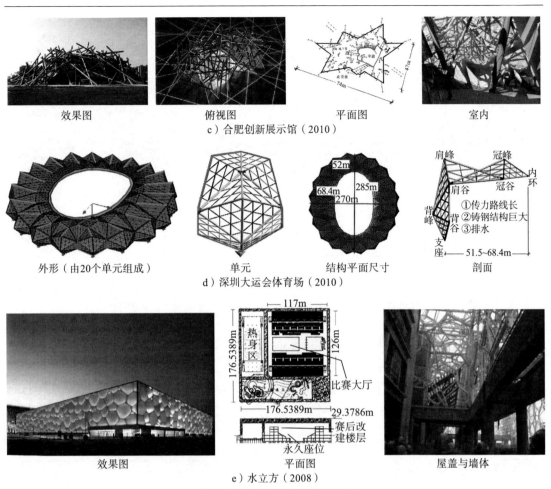

c）合肥创新展示馆（2010）

d）深圳大运会体育场（2010）

e）水立方（2008）

图5　中国几个标志性钢结构工程

必须指出，上海浦东机场（见图6a）是一座优秀的钢结构建筑，张弦梁（String beam）属于屋盖弯矩结构（Moment-Resisting Structures）范畴（见表2），机场1、2期工程张弦梁的跨度都未超过100m，说明结构工程师选结构方案非常合理。机场钢屋盖建筑的造型是：把结构力度与建筑的空间艺术美有机地结合起来，即袒露具有美学价值的结构部分——自然地显示结构，达到巧夺天工的震撼效果。

成都双流国际机场（见图6b），屋盖结构方案——网架也很成功。旅客置身其中，感到轻快、温馨。转角处理简洁。

实景

室内：腾空魔棒——凝固的音乐

a）上海浦东机场（屋盖弯矩结构——张弦梁结构）

b）成都双流国际机场（屋盖空间结构——网壳结构）

图6　两个成功作品

2　现代钢结构设计最关键的两大步骤——正确选择结构方案和正确估计结构的截面高度

钢结构精心设计的四大步骤[1, 2, 19]：

（1）结构方案（概念设计）；

（2）结构截面高度；

（3）构件布局（短程传力、形态学与拓扑原理）；

（4）结点（node）小型化。

其中，第1、2步极为重要。为了正确选择结构方案（概念设计），首先必须进行结构分类（见表2）。

结构分类[2]　　　　　　　　　　　　　　　　　　　　　表2

轴力结构 （Axial Force-Resisting Stru.）	弯矩结构 （Moment-Resisting Structures）	
屋盖空间结构（形效结构） （大跨度$L>100$m）	屋盖弯矩结构 （中、小跨度）	高层空间结构（三维体结构） （H/B、L/B之比为同一数量级）
一	板梁、桁架、张弦梁、门式刚架	
二	格栅、网架、张弦梁	
三	刚性结构，如网壳 柔性结构，如索穹顶 杂交结构，如弦支穹顶	高层抗侧力体系 框架：框架–支撑（钢板剪力墙）； 框筒：单筒、筒中筒、束筒； 巨型体系：巨型框架、巨型支撑、巨型筒；杂交体系

注：在进行结构分类时，必须严格区分结构（structures）与构件（structural members）。

表2所示的屋盖空间结构是一种由形状而产生效益的结构，也叫形效结构（Formative Structures），图7曲线a所示的索穹顶结构用钢量很少，因此，大跨度屋盖（直径D或跨度$L \geq 100$m时）钢结构必须采用屋盖空间结构；桁架结构（屋盖弯矩结构）的用钢量则按跨度的平方成正比快速增加（见图7中曲线b），只能用于中、小跨度中。

正确选择结构方案是钢结构精心设计的第1步，第2步就是结构工程师使用电子计算机计算前，必须正确估计结构截面高度（见表3）。

下面对一些钢结构工程进行点评。

实例1 深圳宝安体育馆[20]

宝安体育馆（见图8a）采用径向管桁架结构（相贯节点），跨度 D=101.4m，最大外悬48.295m（见图8d），实现了中央节点小型化（见图8c）。法国建筑师（方案中标者）认为：桁架悬挑处的高度取5m（=L/10）才美观。经过作者力争，最后采用6.5m，它是悬臂长度的1/7.43＞1/7.5，用钢量仅为68kg/m²。

为了发挥万向支座的作用，取刚度系数3kN/mm；支座圈内的下弦杆起拱，受力更合理（见图8c）。

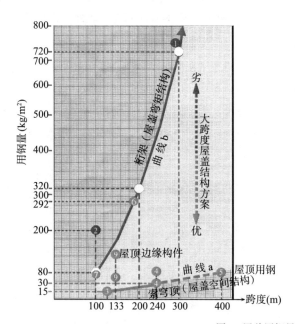

图7 屋盖用钢量比较

序号	工程	用钢量（kg/m²）（屋顶+外环）
①	鸟巢（平面桁架系结构）[16]，图4b）椭圆平面：332.3m×297.3m	710～881（屋盖弯矩结构）
②	广东奥林匹克体育场（桁架）悬臂52.4m	200（屋盖弯矩结构）
③	汉城体育馆（索穹顶，D=120m）	15+（屋盖空间结构）
④	美国乔治亚体育馆（索穹顶，图7曲线a）椭圆240.79m×192.02m	30+（屋盖空间结构）
⑤	理论分析：索穹顶的max$L$=400m[10]	
⑥	国家大剧院（网壳）椭圆平面212m×143m	292[21]（屋盖空间结构）
⑦	深圳宝安体育馆[20]辐射桁架，D=101.4m，悬臂48.295m	68（屋盖弯矩结构）
⑧	湛江电厂干煤棚[22]（四柱支承平板网架，柱距79.8m）	70.3（屋盖弯矩结构）
⑨	老山自行车馆（四角锥网壳）D=133m	60+40（屋盖空间结构）

结构截面高度的合理范围 表3

维参数	一			二			三		
	实腹梁	桁架	张弦梁	格栅	网架	张弦梁	球面网壳	索穹顶	悬支穹顶
L或D（m）	20～40	40～80	50～100	10～30	20～100	50～100	单层 D≤100m	D_{max}=250	D_{max}=150
h	$\frac{L}{15}～\frac{L}{20}$	$\frac{L}{10}～\frac{L}{14}$	$\frac{L}{10}$	$\frac{L}{25}～\frac{L}{30}$	$\frac{L}{12}～\frac{L}{16}$	$\frac{L}{12}$	双层$\frac{D}{30}～\frac{D}{60}$		

a）外景

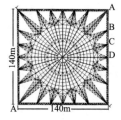

b）平面

c）内景（节点小型化）

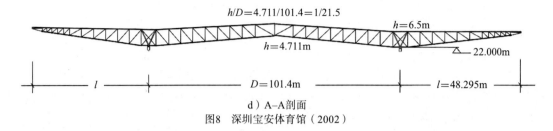

d）A–A剖面

图8 深圳宝安体育馆（2002）

实例 2　国家大剧院

国家大剧院（见图 9a），椭圆平面为 212m×143m，跨度＞100m，结构方案选屋盖空间结构——网壳（见表 2）。但在上机前，结构师把结构的截面高度选得太大，用钢量[21]高达 292 kg/m²。根据 1963 年美国教授司密斯（Smith M.G.）对 166 个已建大跨度屋盖（11 种）进行回归分析[23]，这种跨度的网壳结构用钢量不超过 80 kg/m²（见图 9b）。

a）外景

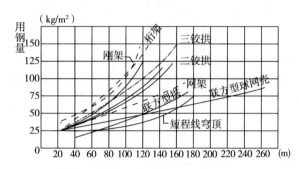

b）美国 M. G. Smith 统计 166 个工程

图9 国家大剧院

实例 3　广东奥林匹克体育场

广东奥林匹克体育场的建筑理念是珠江的水、波涛滚滚（见图 10a），美国 Nixon Ellerbe Racket 公司中标。主桁架 MT 悬臂 L=52.4m（见图 10c），用钢量高达 200kg/m²。为了减少桁架弦杆的应力：$\sigma=N/(\varphi A)$，笔者认为[24]：

（1）将原主桁架 MT 的等高度 h=5.2m（见图 10c）改为变高度：h=3～7m 桁架；

（2）将 MT 弦杆开口型 H 截面 570×450×125×125 改为闭口圆钢管，有效提高 φ 值；

（3）用弱支撑连接两片"波涛"，以满足抗震的两阶段设计："小震"时弱支撑不坏，整体刚度好；"大震"时，支撑坏，刚度降低，地震力减小，整个结构不倒；

（4）拉索由 2-337ϕ7 改为 2-150ϕ7，把索的安全系数控制在 2.5～3[25]。

通过上述四点改进[24]，用钢量可由原 200 kg/m² 降低到约 80 kg/m²。

实例 4　北京某客站

北京某客站一个结构跨度 L=45.6m＜100m，选择用预应力钢桁架方案是正确的，但桁架高度 h=8m=L/5.7 就选得不对。预应力钢桁架的合理高度取 h=L/18～L/15=2.53～3.04m。即使普通钢桁架，高度取 h=L/12～L/10=3.80～4.56m 即可。可见，设计是硬道理，"硬"设计就没有道理！硬道理在哪里？就是结构工程师要利用力学功底和结构理论正确选择结构方案，并在使用电子计算机计算前，正确估计结构截面高度（见表 3）。否则，后续的所谓优化几乎是无用的[1, 2, 4]!

a）实景——珠江的水，波涛滚滚

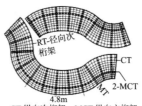
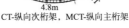

RT-径向次桁架
CT
MT
2-MCT
4.8m
CT-纵向次桁架，MCT-纵向主桁架

b）结构平面

l=52.4m　4.8　17.9　36-56m
h=5.2m　空位
2-337Φ97
8m
MT径向主桁架

c）MT径向主桁架

图10　广东奥林匹克体育场

小结：为了实现钢结构固有的三大核心价值（见表1），钢结构精心设计的最关键的两大步骤，对结构工程师来说极为重要！

参 考 文 献

[1] 王仕统.提高全钢结构的结构效率，实现钢结构的三大核心价值[J].钢结构，2010（9）

[2] 王仕统.简论空间结构新分类[J].空间结构，2008（3）

[3] 王仕统.现有钢结构设计之反思[J].钢结构进展与市场，2012（1）

[4] 王仕统.大跨度空间钢结构的概念设计与结构哲理.中国工程院.论大型公共建筑工程建设——问题与建议[M].北京：中国建筑工业出版社，2006

[5] 刘大海，杨翠如.高楼钢结构设计（钢结构、钢—混凝土混合结构）[M].北京：中国建筑工业出版社，2003

[6] 陈富生，邱国桦，范重.高层建筑钢结构设计[M].2版.北京：中国建筑工业出版社，2004

[7] 罗福午，张惠英，杨军.建筑结构概念设计及案例[M].北京：清华大学出版社，2003

[8] F Hartet. Multi-Storey Building in Steel, Second Edition. Collins Professional and Technical Books, 1985

[9] 刘锡良.现代空间结构[M].天津：天津大学出版社，2003

[10] 沈世钊，徐崇宝，赵臣，武岳.悬索结构设计[M].2版.北京：中国建筑工业出版社，2006

[11] 王仕统.大跨度空间结构的进展[J].华南理工大学学报，1996（10）

[12] 沈祖炎.必须还钢结构轻、快、好、省的本来面目[J].钢结构与建筑业，2010（1）

[13] 沈祖炎.必须还钢结构轻、快、好、省的本来面目[J].中国建设报，2011-3-14，2011-4-11，2011-4-25，2011-5-9，2011-5-30

[14] 金石.钢结构热现象背后的冷思考（影响中国——第二届中国钢结构产业高峰论坛）[J].钢构之窗，2011（2）

[15] 冠达尔贺明玄总工提供

[16] 董石麟，陈兴刚.鸟巢形网架的构形、受力特性和简化计算方法[J].建筑结构，2003（10）

[17] 范重，刘先明，范学伟，胡天兵，王喆.国家体育场钢结构设计中的优化技术[C].第五届全国现代结构工程学术研讨会（工业建筑，2005年增刊）

[18] 曹富荣.深圳大运会主体育场铸钢结点制作新技术[J].钢结构与建筑业，2009

[19] 王仕统.浅谈钢结构的精心设计（特邀报告）[C].工业建筑2003年增刊

［20］　王仕统，姜正荣.宝安体育馆钢屋盖（140m×140m）结构设计［J］.钢结构，2003

［21］　江苏沪宁钢机股份有限公司提供

［22］　王仕统,肖展朋,杨叔庸,李焜鸿.湛江电厂干煤棚四柱支承（113.4m×113.4m）屋盖网架结构［J］.空间结构，1996

［23］　尹德钰，刘善维，钱若军.网壳结构设计［M］.北京：中国建筑工业出版社，1996

［24］　王仕统，姜正荣.点评国际中标方案——广东奥林匹克体育场的结构设计。第四届全国现代工程学术研讨会,《工业建筑》增刊，2004

［25］　董石麟.空间结构［M］.北京：中国计划出版社，2003

火灾后结构损伤初步查勘与应急鉴定技术

李延和

（南京工业大学，南京　210009）

［摘　要］本文对火灾后工程结构损伤初步调查和应急鉴定中的工作安排、调查方法、结构构件损伤评级、应危鉴定分区及安全措施等进行了详细讨论和研究。文中给出了相关表格及填表要求、调查图示方法及要求评级标准和详细鉴定工作方案示例等，供火灾鉴定加固工作参考。

［关键词］工程结构；火灾；损伤；初步调查；应急鉴定

1　概　述

1.1　初步查勘与鉴定工作小组

1.1.1　选择技术服务单位

火灾扑灭后，受灾单位（业主）或保险公司进行相关善后处理并配合消防部门进行消防调查工作的同时，应了解本省范围内具备火灾后结构损伤检测鉴定、加固设计与加固处理施工能力的技术服务单位，从中优选技术力量强、火灾处理经验丰富、服务信誉好的单位进行商榷。受灾单位（业主）应先介绍火灾及损失的基本情况，提供一些初步资料和照片等。技术服务单位经过研究，选派技术水平高、有丰富火灾处理工程经验的高级工程师作为技术负责人组成工作小组。受灾单位（业主）或保险公司认同并选定技术服务单位后应出具"初步查勘应急鉴定委托书"，委托书中应表明工作内容，要求应急鉴定结论、详细工作的计划及费用等。另外，针对某些比较大的火灾事故，若有多家技术服务单位符合要求时，可以采用招标来选择技术服务单位。

1.1.2　组织工作小组

根据受灾单位（业主）或保险公司的委托书要求，技术服务单位应立即组织"初步查勘与应急鉴定工作小组"。

工作小组技术负责人应是委托单位认同的具有丰富的火灾鉴定加固处理经验、工作认真负责的具有高级工程师及以上职称的专家。

工作小组成员中应包括委托单位认同的具有相关经验的工程师和一定数量的辅助技术人员。

工作小组的技术负责人应主持初步查勘应急鉴定、详细鉴定和指导加固设计到加固施工的全过程，确保工作的连续性。

1.1.3　对人员的要求

该项工作既要做到高效快速又要做到基本反映现场情况。因此要求调查小组人员要具有从事过火灾调查的丰富经验；掌握火灾现场调查的方法、特点和技巧；能够在火灾现场调查中准确判断火灾现场的危险区域并保护自己调查工作的安全，能够准确判断和快速记录结构外观损伤的关键部位和损伤特征参数，能够使用简易方法确定结构外伤损伤程度。

1.2　初步查勘的工作内容

火灾后结构损伤鉴定的首要工作是火灾现场初步查勘。在初步查勘阶段要做到抓主要特征、抓主要损伤记录、抓关键信息及资料。此阶段的主要工作内容包括：

（1）收集受灾建筑物的工程资料（图纸等）和使用过程及情况。

（2）通过询问、目测、观察、掌握和记录工程结构火灾损伤的基本信息。

（3）对火灾现场中能够反映火灾作用程度及火灾温度情况的残留物进行取样并分类保存。

（4）通过摄影、摄像及绘图等方式记录火灾现场工程结构损伤的初始状态。

1.3　应急鉴定与简易火灾鉴定

1.3.1　鉴定的分类

火灾后结构损伤鉴定分为应急鉴定和详细鉴定两种。当火灾及结构的损伤较小时，通过初步的查勘和简单的分析即可提供出鉴定意见时，在应急鉴定的基础上进行结构受损分析可给出简易火灾鉴定报告。当然，作为简易火灾鉴定应当包括基本情况描述和中度受损结构的处理建议。

1.3.2　应急鉴定的内容

火灾结构应急鉴定主要是要求快速、直观、简单地对受灾结构进行现场调查，必要时采用简单工具进行勘验，进而依据鉴定人员的技术水平和经验进行受损分析，及时对火灾后工程结构的损伤定性提出鉴定意见和处理建议。具体而言通过应急鉴定给出如下三类结果：

（1）判断确定基本完好构件。对此类构件提出简单维修或恢复即可使用的建议。

（2）判断和确定处理危险状态的构件或结构，作出立即采取安全措施或立即撤除的决定。对需要立即采取安全措施的构件或结构要给出具体的安全措施方案及建议。

（3）对应急鉴定中介于基本完好和危险状态的构件和结构，需待详细鉴定时给出鉴定意见。

1.3.3　应急鉴定与详细鉴定的关系

应急鉴定从速度上要求及时，结论为定性结果。通过鉴定结果可以判定结构及构件为安全的或处于危险状态。详细鉴定是对介于中间的无法定性给出判断结果进行深入调查检测和计算分析，最终提出鉴定意见。

应急鉴定是详细鉴定的基础，经过应急鉴定初步了解建筑物火灾后的损坏概况，进而提出详细鉴定的工作方案。详细鉴定是应急鉴定工作的延续和深入。

本节的应急鉴定比《火灾后建筑结构鉴定校准》CECS252：2009 中的初步鉴定要简单，本节的详细鉴定相当于对 CECS252：2009 的初步鉴定与详细鉴定的综合，本节的鉴定分类更便于实际工程的应用。

2　受灾结构基本情况调查

2.1　调查的主要内容

基本情况调查的主要内容：

（1）火灾前工程基本情况。

①工程名称、地点、业主单位、结构使用功能；

②工程建造单位、结构形式、结构层数、层高、跨度；

③原结构工程资料（设计施工图、竣工资料、使用变更记录、装修或改造图。

（2）火灾燃烧及灭火过程情况。

①火灾原因、起火点、火灾持续时间、火灾蔓延途径、通风排烟情况、灭火方式及灭火过程；

②火灾影响到范围、楼层、面积。

2.2　初步调查的方式

技术服务单位接受委托后，组成初步查勘及应急鉴定工作小组进场工作。

（1）听取受灾单位（业主）介绍工程情况、火灾发生情况及灭火情况，初步填写"调查表"（见表1）。

（2）收集相关工程资料（图纸、竣工验收资料等），对照图纸初步了解火灾影响情况。

（3）在受灾单位（业主）的人员带领下巡视一遍受灾现场，对现场情况有初步认识，对严重损坏明显处于危险状态的构件和区域提出安全保护措施并督促其实施，以防出现新的安全事故。

（4）继续向受灾单位（业主）代表了解情况并详细填写"调查表"。

2.3　受灾工程基本情况调查表及填写方法

2.3.1　调查表的格式（见表1）

受灾工程基本情况调查表　　　　　　　　　　　　　　　　　表1

工程名称			工程地点			
产　权 （业　主）			工程用途			
设计单位			施工单位			
结构情况	建造时间	结构类型	层高	跨度	建筑面积	其他
火灾情况	起火原因					
	起火点位置					
	起火时间及持续时间					
	火灾蔓延途径及通风情况					
	灭火方式及过程					
	过火楼层及面积					
资料情况	建筑设计图		结构设计图		竣工资料	使用变更情况
其　他						

记录人 ＿＿＿＿＿＿＿＿＿＿＿　　　　　　　　　　　调查时间：＿＿＿年＿＿＿月＿＿＿日

2.3.2 调查表的填写方法

在听取受灾单位介绍、收集相关工程资料和对受灾现场巡视一遍后，对受灾工程有了初步的了解，则可对表1中的内容逐项填写。

调查人员填写完成后应请受灾单位审核所填表格内容。由受灾单位确认或补充表格中各项内容，做到描述准确、数据可靠。

3 受损结构现场初步勘查

3.1 初步勘查的工作安排

初步勘查与鉴定工作组在完成基本情况调查（填写调查表）的同时，复制或绘制受火灾工程的平面示意图备用。其后，应再分为专项工作小组进行初步勘查工作。专项小组分组应根据受灾工程大小确定，通常情况下可分为如下两个小组开展工作：①火灾荷载及现场残留物调查组；②构件损伤外观调查组。

3.2 火灾荷载及现场残留物调查

3.2.1 火灾前物品堆放等火灾荷载情况调查

在受灾单位（或业主）的相关人员陪同下深入火灾现场进行调查记录并将火灾前物品堆放情况、装饰情况及家具布置情况标注到平面示意图上，绘制火灾荷载示意图，必要时要将物品的数量记录并在图上标明。

3.2.2 火灾现场物品烧损残留物调查内容

调查人员深入现场收集物品烧损的残留物，做到对残留物进行编号拍照、在平面图上标注发现位置、对重要具有代表性的残留物进行取样带回分类保存。实际工程中经常会出现调查人员到现场时，火灾现场已经过清理，许多物理烧损残留物已被运走或集中堆放的情况，此时应注意调查记录还留在现场的固定残留物（如吊灯、灯座、吊扇、吊顶支架、铝合金门窗、钢门窗等）的情况，分别编号，拍照并记录在平面图中，绘制火灾现场残留物示意图。同时通过调查业主的知情人员和比对火灾前物品堆放情况，尽量从已集中堆放或运离现场的火灾损伤残留物中获得有效证据并记录（编号、拍照和标注在平面图上）。

3.3 火灾后结构外观损伤勘查

3.3.1 勘察的方法及要求

火灾后结构外观损伤情况勘察是初步调查和应急鉴定的主要现场工作。

在调查方法上应采取图上记录法和摄影记录法，有条件时可采用摄影记录进行补充。

在基本情况调查时应找到受灾工程的结构平面图并复制多份供外观损伤调查使用。若现有平面设计图图幅很大，复制困难或根本找不到结构平面图时，调查人员应先手绘结构平面示意图备用。

图上记录法即是指将所调查的内容和结果在结构平面图上标注的方法。若所调查的内容较多，图上无法作详细标注时，可采取编号注释的方法记录。

摄影记录法是采用照相机（或具有高像素的手机）将构件的外观损伤特征情况拍摄记录下来，此时应将照片编号并在结构平面图上标注此法所摄的位置和照相编号。

上述现场工作完成后应及时进行调查结果整理，绘制结构外观损伤勘查结果示意图。

应当指出，本文所列的初步调查工作是为应急鉴定提出依据和内容，或是为详细鉴定编制工作方案提出基础数据，进一步的调查和检测分析工作将在详细鉴定的工作中实施。

3.3.2 结构构件面层剥落及损坏情况调查

结构构件表面均有饰面面层或相应的保护面层，例如，钢筋混凝土梁、板、柱表面均有砂浆面层，砌体结构表面也有砂浆面层，钢结构、木结构则有油漆、防火涂料等保护层，这些面层对曾受火灾的结构构件具有一定防火保护作用。在火灾作用下，首先破坏的是构件表面面层，面层材料抗火性能的好坏，特别是对钢、木结构，防火涂料或防火漆的质量对结构抗火性能力有较大影响。

现场调查时，应在结构平面图上标注出分类构件（梁板柱、墙、屋盖体系等）的面层剥落及破坏情况，重要或特征部位应进行摄影或摄像记录。

3.3.3 混凝土结构外观损伤初步调查

（1）混凝土结构的爆裂露筋情况。

钢筋混凝土构件混凝土爆裂常常使构件断面减少，露筋则使钢筋与混凝土的黏结力受损及暴露的钢筋锈蚀，造成钢筋截面减少，对构件承载能力影响很大。

混凝土爆裂露筋的程度和部位是影响构件承载及变形能力的主要参数。少量的和构件表面表皮的混凝土爆裂对混凝土构件的受力及变形能力影响较小；若混凝土爆裂且出现露筋现象则使构件截面积减少较多。另一方面，梁的跨中、支柱部位，柱的上下端以及按板跨中板底等是混凝土爆裂露筋的最不利部位。上述情况在现场调查时应详细记录。

调查的方法是由调查小组成员逐构件的检查并标注到结构平面图上，具有典型意义的或严重的部位应采用摄影方法记录（对照法编号并在结构平面图上标注）。此图示标注法与上节所述的表层剥落记录合并为一张图。

（2）混凝土构件裂缝初步调查。

混凝土结构裂缝调查是火灾后结构损伤鉴定工作的主要内容之一。该项工作分为两大步骤。第一步是初步调查阶段，仅需进行目测、定性调查；第二步是详细调查阶段，需要检测裂缝深度，测量裂缝长度和对存在较多裂缝的构件绘出裂缝展开图。

本节初步调查阶段要求调查人员快速巡查整个火灾现场，通过目测和摄影方式描述具有典型和代表性的构件裂缝情况，按照没有或出现轻微裂缝、结构表面出现较多无规则裂缝、结构出现粗裂缝网以及结构出现断裂裂缝等几类情况分类记录在结构平面图上，对严重的具有代表性的裂缝应通过摄影方法用照片及编号标注结构平面图上。裂缝的初步调查阶段的重点调查部位是梁跨中、梁支座、柱上下部位、楼板跨中板底以及楼板支座板面。

（3）混凝土结构表面混凝土的颜色检查。

遭受火灾后工程结构混凝土表面的颜色，反映出混凝土结构受火温度大小、材料强度受损程度等信息。

一般情况下混凝土表面的颜色为本色、粉红色、土黄色或灰白色时，分别对应于轻微或基本未受损、轻度受损以及中度受损以上。

代表性构件的特征部位表面混凝土颜色应标注在结构平面图上。

应当指出，同一构件的不同部位受火温度不一致，其颜色也各不相同。在检查记录时要求标明清楚所检查的构件部位。

（4）砌体结构外观损伤初步调查。

①砌体结构裂缝概况调查。

砌体结构裂缝概况调查是与砌筑砂浆疏松和砂浆颜色调查同时进行的。

主要记录裂缝的状态（主要指砌体的块体与砌筑砂浆之间的裂缝），当砌体外粉刷没有剥落但粉刷面出现裂缝时，采用敲击听声，发出空腔声即可判断是粉刷层裂缝，可不记录；发出沉闷声即可初步判断为砌体块体及砌筑砂浆的裂缝。调查结果标注在平面示意图上。

②砌筑砂浆疏松调查。

砌筑砂浆疏松程度调查主要是检查砌体结构在火灾后粉刷层剥落区域内的砌筑砂浆是否被烧疏松。通常情况下被火烧面粉刷层剥落且砌筑砂浆疏松严重的砌体，其损伤属于较严重情况，应记录位置并拍照存档。

③火灾后砂浆颜色记录。

砂浆的颜色可反映砌体结构的受火温度，但是由于粉刷层的影响和砂浆品种的不同，能够准确记录砂浆颜色变化的情况仅针对受火烧较大的部位，其他部位的砂浆颜色的调查记录工作意义不大。

（5）钢结构构件损伤初步调查

钢结构损伤初步调查主要以主体钢结构变形状态围护结构损伤及破坏状态以及节点和连接件损伤调查等。

①主体钢结构变形及垮塌情况调查

钢结构是温度敏感结构，火灾中钢结构的破坏，特征是结构变形，严重情况下结构会垮塌。初步调查或应急鉴定阶段主要通过现场调查确定钢结构的垮塌或严重变形区域、中度变形区域、轻度变形区域或完好区域。

通过目测即可确定钢结构的严重变形或垮塌区域，将其标注在结构平面图上，同时采取摄影方式将严重变形或垮塌的现状（严重部位、垮塌部位等）拍照记录。对于中度以下变形区也应通过目测（必要时使用钢卷尺等）和摄影方式记录到结构平面图上。

②围护结构

钢结构体系的围护结构主要指屋面及墙体，特别是轻钢厂房的围护结构主要是彩钢板。围护结构抗火能力较差，火灾中过火范围内的围护结构几乎都会受到损伤，现场调查时通过目测将损伤情况标注到结构平面图上，同时通过摄影方式记录严重受损情况。

③节点及连接件检查

针对通过变形调查判断为中度变形的钢结构构件，选择具有代表性的部位通过目测和手持等观察钢结构的连接板处的残余变形或撕裂现象。对于采用螺栓连接构件，应检查螺栓是否松动、滑落。

4　火灾后结构损伤简易检测

在本节内容主要供需对火灾后结构损伤进行小型火灾鉴定的工程项目使用。

4.1　火灾后混凝土强度的敲击法检测（见表2）

混凝土强度的敲击发检测　　　　　　　　　　　　　　　　表2

混凝土抗压强度 f_{ct}（MPa）	检 测 方 法	
	锤	凿
<7	混凝土声音发闷，留下印狼，印痕边缘没有塌落	比较容易打入混凝土内，深度可达 10~15mm

（续表）

混凝土抗压强度 f_{ct}（MPa）	检测方法	
	锤	凿
7～10	混凝土声音稍闷，混凝土粉碎和塌落，留下印痕	陷入混凝土5mm左右深
10～20	在混凝土表面留下明显印痕，在混凝土周围打掉薄薄的碎片	从混凝土表面可凿下薄薄的碎片
>20	混凝土声音响亮，在混凝土表面下不明显的印痕	留下印痕不明显，表面无损坏，在印痕旁留下不明显的条文

4.2　火灾后砌筑砂浆强度的手捏法检测

火灾后砌体砂浆强度降低，严重情况下砌体砂浆烧疏，部分失去强度。火灾后砌体砂浆强度可以通过检测人员凭经验用手捏法估评。

采用手捏法检测的检测人员必须具有丰富经验，在进入现场检测前要求先到实验室进行手感试捏，见表3。

手捏法检测砂浆强度　　　　　表3

手捏程度	砂浆强度值
手捏无法捏碎	≥M2.5
手捏部分碎裂	M2.5～M1.0
手捏成粉末	<M1.0

5　应急鉴定报告与详细鉴定工作方案

5.1　初步评级分类与分区标准

火灾后初步评级与分区是既有联系又有区别的两个概念，初步评级指的是对遭受火灾后的结构构件进行逐个评定损伤等级。分区进行是根据典型构件的初步评级结果和现场调查的结构整体情况对结构的整体损伤进行分区。

5.1.1　构件初步评级分类

作为初步调查阶段的构件损伤评级是为后续的详细调查和鉴定制定工作方案提供参考依据，要求评级及分类判断基本准确，速度快。因此，构件损伤初步评级分类如下三类：

（1）危险构件。

危险构件是指遭受火灾已经垮塌或结构损伤严重，已不能承担荷载，变形过大并随时垮塌的构件。这类构件已无加固修复价值，同时，根据现场情况需采取安全支撑措施。

（2）结构受损构件。

受损构件是指遭受火灾后结构受损需采取加固修复措施的构件，其中的严重受损构件对后续的评级鉴定及加固处理工作存在安全隐患，应在应急鉴定报告中给出安全处理措施。

（3）轻度受损和不受损构件。

轻度受损构件是指构件表面存在一些表面损伤，不影响结构的承载力和正常使用功能，必要时仅需进行烧伤层或外装修处理。

不受损构件指未受火灾的构件，必要时仅需进行外装修处理。

5.1.2 分区标准

初步调和应急鉴定阶段的结构受损分区是在初步调查的基础上进行的。根据对整个结果的损伤情况进行综合分析，选取典型构件调查结果作为依据进行分区。

（1）危险区域。

危险区域是指该范围内的结构构件已垮塌或该区域的结构构件损伤严重不能承担荷载，变形过大并随时可能垮塌。该区域需立即采取隔离措施，设立禁行标志并对个别危险构件进行安全支撑以防垮塌带来新的灾害。

（2）结构受损区域。

结构受损区域是指受到火灾作用后结构损伤较重以上需要加固的区域。该区域的构件损伤程度需通过详细调查和受损分析给出详细鉴定结果。

当为小型火灾时，可将根据初步调查结果给出的结构构件损伤初步评定结果作为鉴定结果。

应当指出，结构受损区域内也会存在个别构件损坏延严重，变形过大或局部垮塌（属于危险构件），此时应立即对此类构件采取安全措施，确保后续工作的安全。

（3）轻度受损或未受损区域。

该区域的构件仅需进行表面维修处理或不处理。

5.2 结构构件损伤初步评级标准

结构构件火灾后损伤初步评级应在初步调查基础上进行，根据初步调查结果，分析比对下面表格的标准可得出构件损伤的评级结果。

5.2.1 钢筋混凝土结构

（1）火灾后梁板初步评级标准（见表4）。

火灾后混凝土梁板初步鉴定评级标准 表4

等级评级要素	各级损伤等级状态特征		
	轻微受损或不受损	结构受损构件	危险构件
油烟和烟灰	无或局部有	大面积或局部被烧光	大面积被烧光
混凝土颜色改变	基本未变或被黑色覆盖	粉红	土黄色或灰白色
火灾裂缝	无火灾裂缝或轻微裂缝网	表面轻微裂缝	存在粗裂缝或梁板断裂
锤击反应	声音响亮，混凝土表面不留下痕迹	声音较响或较闷，混凝土表面留下较明显痕迹或局部混凝土酥碎	声音发闷，混凝土粉碎或塌落
受力钢筋露筋	很少	有露筋，露筋长度小于20%板跨，且锚固区未露筋	大面积露筋，或锚固区露筋
变形	无明显变形	略有变形	较大变形

（2）火灾后柱墙初步鉴定评级标准（见表5）。

火灾后混凝土柱墙初步鉴定评级标准 表5

等级评级要素	各级损伤等级状态特征		
	轻微受损或不受损	结构受损构件	危险构件
油烟和烟灰	无或局部有	多处或局部烧光	大面积烧光
混凝土颜色改变	基本未变或被黑色覆盖	粉红	土黄色或灰白色

（续表）

等级评级要素	各级损伤等级状态特征		
	轻微受损或不受损	结构受损构件	危险构件
火灾裂缝宽度	无火灾裂缝或轻微裂缝网	表面较多裂缝	大量粗裂缝或柱断裂
锤击反应	声音响亮，混凝土表面不留下痕迹	声音较响或较闷，混凝土表面留下较明显痕迹或局部混凝土酥碎	声音发闷，混凝土粉碎或塌落
混凝土脱落	无	部分混凝土脱落	大部分混凝土脱落
受力钢筋外露	轻微露筋	严重露筋	大面积露筋，钢筋鼓出

5.2.2　砌体结构墙柱构件

（1）分层砌体结构墙柱评级标准（见表6）。

火灾后砌体结构基于外伤损伤和裂缝的初步鉴定评级标准　　表6

等级评定要素		各级损伤等级状态特征		
		轻微受损或不受损	结构受损构件	危险构件
外观损伤		无损伤、墙面或抹灰层有烟黑	抹灰层有局部脱落或脱落，灰缝砂浆无明显烧伤	抹灰层有大量脱落部砂浆烧伤严重
变形裂缝	墙、壁柱墙	无裂缝，略有灼烤痕迹	有裂痕	有大量裂缝，最大宽度w≥0.6mm
	独立柱	无裂缝，无灼烤痕迹	无裂缝，有灼烤痕迹	有大量裂痕，有变形
受压裂缝	墙、壁柱墙	无裂缝，略有灼烤痕迹	块材有裂缝	大量裂缝贯通
	独立柱	无裂缝，无灼烤痕迹	块材有裂缝	大量裂缝贯通

（2）砌体结构厂房评级（见表7）。

火灾后砌体结构侧向（水平）位移变形的初步鉴定评级标准（mm）　　表7

等级评定要素			轻微受损或不受损	结构受损构件	危险构件
多层房屋（包括多层厂房）	层间位移或倾斜		≤10	>20	严重变形，不能使用
	顶点位移或倾斜		≤20和2H/1000中的较大值	>20和2H/1000中的较大值	
单层房屋（包括单层厂房）	有吊车房屋墙、柱位移		>HT/1250，但不影响吊车运行	>HT/1250，影响吊车运行	
	无吊车房屋位移或倾斜	独立柱	≤10和1.0H/1000中的较大值	>10和1.0H/1000中的较大值	
		墙	≤20和2H/1000中的较大值	>20和2H/1000中的较大值	

5.2.3　钢结构构件

（1）火灾后钢结构构件的初步鉴定评级。

应根据构件防火保护受损、残余变形与撕裂、局部屈曲与扭曲、构件整体变形四个子项进行评定，并取按各子项所评定的损伤等级中的最严重级别作为构件损伤等级。

①火灾后钢构件的防火保护受损、残余变形与撕裂、局部屈曲与扭曲三个子项，按表8的规定评定损伤等级。

基于构造损伤的初步鉴定评级标准表　　表8

等级评定要素		各级损伤等级状态特征	
		无损伤或轻微构件	结构损伤构件
1	涂装与防火保护层	防腐涂装完好；防火涂装或防火保护层开裂但无脱落	防腐涂装碳化；防火涂装或防火保护层局部范围脱落

（续表）

等级评定要素		各级损伤等级状态特征	
		无损伤或轻微构件	结构损伤构件
2	残余变形与撕裂	局部轻度残余变形，对承载力无明显影响	局部残余变形，对承载力有一定的影响
3	局部屈曲与扭曲	轻度局部屈曲或扭曲，对承载力无明显影响	主要受力截面有局部屈曲或扭曲，对承载力无明显影响；非主要受力截面有明显局部屈曲或扭曲

注：有防火保护的钢构件按1、2、3项进行评定，无防火保护的钢构件按2、3项进行评定

②火灾后钢构件的整体变形子项，按表9的规定评定损伤等级。但构件火灾后严重烧灼损坏、出现过大的整体变形、严重残余变形、局部扭曲、扭曲或部分焊缝撕裂导致承载力丧失或大部分丧失，应采取安全支护、加固或拆除更换措施时评为危险级。

灾后钢构件基于整体变形的初步鉴定评级标准　　　　表9

等级评定要素	构件类别		各级变形损伤等级状态特征		
			无损伤或轻微构件	结构损伤构件	危险构件
挠度	屋架、网架		$>l_0/400$	$>l_0/200$	严重变形或垮塌
	主梁、托梁		$>l_0/400$	$>l_0/200$	
	吊车梁	电动	$>l_0/800$	$>l_0/400$	
		手动	$>l_0/500$	$>l_0/250$	
	次梁		$>l_0/250$	$>l_0/125$	
	檩条		$>l_0/200$	$>l_0/150$	
弯曲矢高	柱		$>l_0/1000$	$>l_0/500$	
	受压支撑		$>l_0/1000$	$>l_0/500$	
柱顶侧移	多高层框架的层间水平位移		$>h/400$	$>h/200$	
	单层厂房中柱倾斜		$>H/1000$	$>H/500$	

注：表中l_0为构件的计算跨度，h为框架层高，H为柱总高。

③对于格构式钢构件，还应按第10条对缀板、缀条与格构分肢之间的焊缝连接、螺栓连接进行评级。

④当火灾后钢结构构件严重破坏，难以加固修复，需要拆除或更换该构件初步鉴定可评为危险构件。

（2）火灾后钢结构连接的初步鉴定评级。

应根据防火保护受损、连接板残余变形与撕裂、焊缝撕裂与螺栓滑移及变形断裂三个子项进行评定，并取按各子项所评定的损伤等级中的最严重级别作为构件损伤等级。当火灾后钢结构连接大面积损坏、焊缝严重变形或撕裂、螺栓烧损或断裂脱落，需要拆除或更换时，该构件连接初步鉴定可评为危险级。

火灾后钢结构连接的初步鉴定评级标准　　　　表10

等级评级要素		各级损伤等级状态特征		
		无损伤或轻微构件	结构损伤构件	危险构件
1	涂装与防火保护层	防腐涂装完好；防火涂装或防火保护层开裂但无脱落	防腐涂装碳化；防火涂装或防火保护层局部范围脱落	破坏严重，无法修复
2	连接板残余变形与撕裂	轻度残余变形，对承载力无明显影响	主要受力节点板有一定的变形，或节点加劲肋有较明显的变形	破坏严重，无法修复
3	焊缝撕裂与螺栓滑移及变形断裂	个别连接螺栓松动	螺栓松动，有滑移；受拉区连接板之间脱开；个别焊缝撕裂	

5.3 应急安全处理技术

火灾后工程结构应急安全处理主要是指对经应急鉴定为危险区域及危险构件的安全处理措施，包括危险区隔离措施、危险区内危险构件和非危险区内个别受损严重的构件的安全支撑措施。

5.3.1 危险区域隔离措施

（1）标识带隔离。

在危险区域与非危险区域交界线上用标识带分隔，不具备标识带时可用绳索分隔。

在分割线上设置警示牌，标注危险符号，特别是通道位置要设置禁止通行警示牌，标注危险符号说明危险程度。

（2）封闭隔离措施。

对于闹市区、商业区、学校、区院、影院以及展览区等供流层比较大的区域内发生火灾时，应对火灾区域采用标识带隔离，对危险区域采取封闭隔离措施。

封闭措施可为彩条布隔离、安全网隔离以及钢丝隔离栏隔离等。

另外，在分界线上应设置警示牌和禁止通行牌。

5.3.2 安全支撑措施

（1）设置安全支撑的目的。

危险区域，一般是需拆除区域，对该区域采取安全支撑措施主要是为拆除施工服务，另外危险区域的个别危险构件是应拆换构件。由于是非危险区域内，大量构件需进行加固，则检测人员、加固施工人员等需在该区域内作业，因此应对非危险区域内的个别危险构件采取安全支撑措施，确保现场作业人员的安全。

（2）安全支撑的设计与搭设。

安全支撑主要采用脚手架钢筋搭设，其设计计算时需考虑危险构件失效后所承担的荷载。安全支撑搭设方案中要求做到支撑体系本身应为一翁定的承载体系。

安全支撑搭设过程中应首先保证搭设者自身的安全，搭设时应有现场专职安全员观察危险构件的状态。

5.4 应急鉴定报告

应急鉴定报告包括如下内容：
（1）受灾工程基本情况调查表；
（2）火灾荷载示意图；
（3）火灾现场残留物示意图；
（4）结构外观损伤示意图；
（5）结构损伤分区示意图；
（6）危险区域及危险构件安全支撑措施（建议稿）。

另外，对于小型火灾鉴定，应在上述结果基础上根据简易检测结果进行受损分析，给出受损构件具体的损伤程度评定，并给出加固处理建议。

5.5 详细鉴定工作计划、内容及报价

以某大厦三楼火灾后结构受损详细鉴定工作计划、内容及报价为例进行说明。

5.5.1 工作进度计划

火灾后结构受损鉴定共 8 天。其中，现场调查及检测 3 天，试验室测试、结构受损分析及鉴定报告 5 天。

5.5.2 工作内容

据现场初步查勘，该大厦为框架结构、楼面为预应力多孔板结构。三楼受火面积约为 750m²。三楼顶棚楼盖预应力多孔板板底大面积出现爆裂露筋，多出框架梁柱出现混凝土爆裂、裂缝、混凝土明显发黄和强度受损。鉴于以上因素，必须进行详细的检测工作。通过检测试验取得充分的数据后对盖楼的火灾受损挺狂进行分析鉴定，进而才能对症下药，给出科学合理的加固方案和设计。最后，依据加固设计完成加固施工。

（1）详细调查：

深入现场进行详细调查，确定火灾温度和各构件受火温度。

（2）现场检测：

①混凝土构件裂缝及爆裂情况检测：

检测数量：$125 \times 0.5 = 62$ 块的楼板及梁柱中的 35 个受损构件。

②主梁的变形测量：随即选取 12 根主梁。

③烧伤深度检测：分主梁、次梁、柱三类构件，每次构件按严重受损构件、中度受损构架两种情况，每种情况做三个构件共 $3 \times 2 \times 3 = 18$ 个构件。

④混凝土强度检测：

a. 多孔板爆裂露筋部分混凝土强度已损失，现主要采取钻芯法做板面迭浇层混凝土强度值的检测（三个芯样）。

b. 梁、柱混凝土强度检测：

i. 未受损区：

（i）采用回弹法做 – 根梁的混凝土强度检测。

（ii）采用钻芯法做 – 根柱的混凝土强度检测。

ii. 受损区：

（i）采用回弹法检测混凝土强度：6 根主梁、6 根次梁、6 根柱。

（ii）采用钻芯法：主梁、次梁各一根，柱 3 根。

（iii）采用敲击法检测其余梁柱构件混凝土强度：35 个构件。

⑤钢材强度分析检测：

主梁：3 个构件

次梁：3 个构件

多孔板：3 个构件

柱：3 个构件

（3）结构受损分析鉴定：

根据检测结构进行结构受损分析和验算，最后给出鉴定意见，出具鉴定报告。

5.5.3 报价（略）

参考文献

［1］ 闵明保，李延和，等 . 建筑物火灾后诊断与处理［M］. 南京：江苏科技出版社，1994

［2］ BS EN 1944-1-2：2005 Ewrocode 4：Design of composite steem and concrete structures-part 1. 2：General rutes-structural fire design［S］

［3］ （苏联）建筑物火灾后混凝土结构鉴定标准（1987）［S］

［4］ 李延和，等 . 火灾后建筑结构受损程度的诊断方法［J］. 南京建筑院学报，1995，349（3），7-14

［5］ 袁爱民，董利，戴航，李延和，等 . 无黏结预应力混凝土三跨连续板火灾试验研究［J］. 建筑结构学报，2006，27（6），60-66

［6］ 阎继红，等 . 高温作用后混凝土抗压强度的试验研究［J］. 土木工程学报，2002，35（2），17-29

［7］ 李延和，闵明保，卢锡鸿，等 . 火灾后钢筋混凝土受弯构件承载力计算［J］. 建筑结构，1991（4），56-60

［8］ 李延和，李树林，丁石，等 . 建筑物火灾后鉴定与加固技术发展［J］. 工程与环境优化，2009（1），30-42

高速公路混凝土梁式桥质量通病调查与分析

张宇峰 [1, 2, 3]　朱晓文 [1, 2, 3]

（1. 江苏省交通科学研究院股份有限公司，南京　211112；

2. 江苏省公路桥梁工程技术研究中心，南京　211112；

3. 长大桥梁健康检测与诊断交通行业重点实验室，南京　211112）

[摘　要] 高速公路梁式桥质量通病主要是指在高速公路梁式桥梁建设过程中出现的量大面广、普遍存在，且治理具有一定难度的典型病害与缺陷。其长期以来一直受到桥梁工程界的广泛关注，各级桥梁主管部门也均将典型缺陷的控制作为质量工作的重点之一。本文在沿江高速公路等 18 条路段（路线总里程达到江苏省省级高速公路总里程的 53%）的 1800 多座桥梁检测资料进行归纳统计的基础上，对预应力空心板梁桥及普通钢筋混凝土连续箱梁桥的主要质量通病成因进行了分析，并提出了控制措施建议。

[关键词] 高速公路；梁式桥；检测；质量通病

1 引 言

公路是交通基础设施的重要组成部分，是社会经济发展的物质基础。江苏省自 1996 年 11 月沪宁高速公路江苏段建成正式通车到 2010 年底，全省高速公路通车总里程达到了 4059km，密度居中国大陆第一位，到 2015 年，江苏省将建成 46 条共 5200km 高速公路，其中国家高速公路 14 条约 2900km，省级高速公路 32 条约 2300km。随着公路的飞速发展，桥梁建设也突飞猛进。根据最新统计资料，全国公路桥梁达 59.46 万座、2524.70 万延米。其中特大桥梁 1457 座、250.18 万延米，大桥 39381 座、884.37 万延米。我国的桥梁建设不论在建设数量、规模，还是技术难度上，都已位居世界桥梁建设强国之列，预计到 2020 年前，中国还将新建大中小桥梁 20 万座。

另一方面，目前桥梁的老化现象已经非常普遍，许多旧桥难以适应日趋增长的交通量需要，虽然改建了一部分危桥旧桥，但仍有相当大数量危桥还在使用中。江苏省交通统计年鉴显示，1998 年全省由公路部门管养的桥梁为 10936 座，其中危桥 131 座；2003 年全省由公路部门管养的桥梁为 21783 座，其中危桥 1307 座；5 年间由公路部门管养的桥梁总数增加了一倍，而危桥数量却增加了近十倍。桥梁与缺陷的发展速度惊人。我国最新统计数据显示，在 60 万座公路桥梁中，各类病桥的数量已逼近 10 万座，其中危桥近 2 万座。仅 2011 年 7 月份，引起重大轰动的中国桥梁倒塌事故就包括：7 月 11 日，江苏盐城通榆河桥坍塌；12 日，武汉黄陂一高架桥引桥严重开裂，并向两边倾斜；14 日，福建武夷山公馆大桥倒塌；15 日，杭州钱江三桥引桥坍塌；19 日，一辆严重超载货车通过北京怀柔宝山寺白河桥时，该桥发生坍塌。可见公路桥梁的混凝土工程由于设计、施工与养护过程中的缺陷而引发的病害正不断威胁到人民生命财产的安全，也对国民经济造成了巨大的浪费。这种状况已引起各方的重视。如何抓住重点有的放矢地开展典型缺陷控制工作，保证桥梁的完好工作状态，延长其使用寿命，这一新的课题已摆在各级公路管理部门的面前。

2 调研工作开展历程

高速公路梁式桥质量通病主要是指在高速公路梁式桥梁建设过程中出现的量大面广、普遍存在，且治理具有一定难度的典型病害与缺陷。其长期以来一直受到桥梁工程界的广泛关注，各级桥梁主管部门也均将典型缺陷的控制作为质量工作的重点之一。为更清晰地掌握全省高速公路梁式桥梁质量通病状况以更好采取相关防治措施，江苏省交通运输厅专门开展了"高速公路梁式桥梁质量通病调查成因分析及防治措施研究（06Y03）"课题研究。课题组收集了沿江高速公路等 18 条路段（路线总里程达到江苏省省级高速公路总里程的 53%）的 1800 多座桥梁检测资料进行归纳统计，对重点病害从数量、出现位置、形态、严重程度、发生发展时间、危害性等多个角度进行了统计分析。

3 主要调研统计结果

（1）江苏省高速公路梁桥主要以简支空心板梁桥（桥梁座数占桥梁总数约 56%，桥梁延米数占桥梁总延米数约 22%）、连续组合小箱梁桥（桥梁座数占桥梁总数约 13%，桥梁延米数占桥梁总延米数约 39%）、预应力连续箱梁桥（桥梁座数占桥梁总数约 20%，桥梁延米数占桥梁总延米数约 25%）、普通混凝土连续箱梁桥（桥梁座数占桥梁总数约 10%，桥梁延米数占桥梁总延米数约 13%）为主。调研统计结果见表 1。

调研路段桥梁类型统计表 表1

桥梁结构形式	简支空心板梁桥	简支实心板梁	简支T梁桥	连续组合小箱梁桥	预应力连续箱梁桥	普通混凝土连续箱梁桥
桥梁总座数	1085	18	9	257	385	199
桥梁总长度	70556	855	1667	123673	80578	43185

（2）从预应力空心板梁桥来看，其主要病害表现为：底板纵向裂缝（出现该病害桥梁座数为统计桥梁总座数的 13.73%、平均 2.46 延米出现一例）、底板横向裂缝（出现该病害桥梁座数为统计桥梁总座数的 4.15%、平均 0.19 延米出现一例）及铰缝病害（出现该病害桥梁座数为统计桥梁总座数的 20.74%、平均 1.2 延米出现一例），其纵向裂缝与横向裂缝出现位置通常都在桥跨的 $L/4$ 附近与 $L/2$ 附近。

（3）从混凝土箱梁桥的调研来看，目前以支架现浇预应力混凝土箱梁桥（桥梁座数占统计箱梁桥总数约 50%）、支架现浇普通混凝土箱梁桥（桥梁座数占统计箱梁桥总数约 42.2%）这两种结构形式最为普遍。混凝土开裂是连续箱梁桥最为普遍的一种典型缺陷，支架现浇的混凝土箱梁桥的腹板竖向裂缝、翼板横向裂缝和底板横向裂缝问题较为突出（出现该类病害的桥梁总数占所有统计支架现浇普通混凝土箱梁桥数量的百分比为 46%、40% 及 22%）；支架现浇的预应力箱梁桥出现腹板竖向裂缝和翼板横向裂缝的桥梁座数占所有统计支架现浇预应力箱梁桥数量的百分比达到了 25%、20%。统计结果显示：

① 对于支架现浇的普通混凝土箱梁桥，以腹板竖向裂缝、翼板横向裂缝以及底板横向裂缝为主，在出现腹板竖向裂缝的桥梁中 11% 的桥梁最大裂缝宽度超过 0.2mm、54% 的桥梁最大裂缝宽度超过 0.1mm，在出现翼板横向裂缝的桥梁中 4% 的桥梁最大裂缝宽度超过 0.2mm、52% 的桥梁最大裂缝宽度超过 0.1mm，而所有桥梁中均没有出现底板横向裂缝超过 0.2mm 的现象，在规范规定的容许范围内。鉴于此，对于支架现浇普通混凝土箱梁

桥主要应该针对翼板横向裂缝与腹板竖向裂缝展开防治。

② 对于支架现浇的预应力混凝土箱梁桥而言，尽管整体上裂缝出现的频率比支架现浇普通混凝土箱梁降低，但其出现的裂缝同样以腹板竖向裂缝、翼板横向裂缝为主。

（4）组合小箱梁的病害以支座剪切变形、支座发生开裂以及混凝土的破损露筋最为严重，这三种病害在 40% 以上的组合箱梁桥上均有出现，但对桥梁抗弯、抗剪能力影响较小。湿接头裂缝等出现的比例均在 30%～40% 之间。鉴于组合小箱梁湿接头、湿接缝裂缝的产生机理目前已有较成熟的研究成果，且其只对桥梁整体性稍有影响，对桥梁承载能力影响不大。

4 主要质量通病成因分析

4.1 预应力空心板梁病害成因分析

（1）底板纵向裂缝成因分析。

①部分文献资料认为钢筋锈蚀是桥梁产生纵向裂缝的一个重要因素，但本次调查未发现纵向裂缝与钢筋锈蚀间明显的相关关系。

②调研统计表明，底板纵向裂缝在跨径较大的预应力空心板梁桥中出现更为普遍，且情况也更严重。一般而言，跨径越大桥梁跨中产生弯矩越大，这时候需要更多的预应力束，预应力筋对混凝土产生的局部应力有可能造成纵向裂缝，包括劈裂效应（由于先张法预应力束放张时，钢束的回缩会给混凝土施加强大的预压力，除在集中力附近产生压应力外，在距离集中力一定距离时，截面在横向产生劈裂横向拉应力）以及预应力筋在张力作用下因有力图保持直线状态趋势而对反拱变形的空心板在预应力束下侧混凝土产生的向下作用力（或称下崩力）。施工过程中，如果预应力放张过早，混凝土强度尚低，会产生纵向开裂。另外预应力放张过快，梁体内部应变无法很快地达到平衡，发生应变滞后，也会导致横向拉应力超限而开裂。参见图 1、图 2。

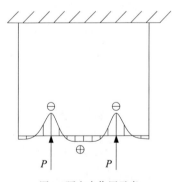

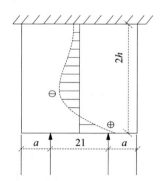

图1　预应力作用示意　　　　图2　预应力作用下截面横向应力分布

预应力钢绞线放张时，要求混凝土的立方体强度不低于设计标号的 80%，弹性模量也须达到设计值的 80%。根据这项要求，预应力钢绞线的放张时间至少为 6 天以后。但是，在很多工程中预应力混凝土空心板梁的拆模时间约为混凝土浇注后 2～3 天，3～4 天即放张。针对采用 C40 混凝土的 13m 标准空心板梁的分析表明，在采用正常 4 天拆模 10 天放张的情况下，梁底板的主拉应力分布很不均匀，大部分区域在 $-1.0～1.2$MPa 之间，出现的拉应力小于 A 类构件主拉应力允许值 $0.7f_{tk}=1.68$MPa，在板梁底板纵轴线附近区域的主拉应力达到 $-1.6～1.753$MPa，在梁端和梁中预应力筋截断的一些局部位置出现有较大的拉应力

（2.4～4.74MPa），但前期的调查中未发现空心板梁端部出现劈裂裂缝，说明在设计及施工中采取的构造措施起到了良好的效果；当采用5天放张时，分析表明，在距离梁的 $L/2$ 截面左右各1m范围内和距离梁 $L/4$ 截面左右各0.5m范围内混凝土几乎全部受拉，应力大小在1.25MPa左右，而5天后C40混凝土的抗拉强度一般仅在1.23MPa左右。因此，如果放张过早，预应力筋对底板局部混凝土作用在底板引起的主拉应力和对应时刻的混凝土抗拉强度值接近，易引起沿着预应力筋方向的纵向裂缝；同时，过早的放张还可能导致反拱过大，应引起注意。

③调研中发现：较多预应力空心板梁桥边梁及次边梁底板在运营期仍有纵向裂缝发展，分析表明，该类纵向裂缝与温度荷载具有较强相关性。当预应力空心板梁在运营过程中遭遇突然升降温10℃（相对于规范的计算限值15℃，这个取值并不极端）的自然条件下，在空心板梁的顶底板可产生较大的横向拉应力，可能引起混凝土纵向开裂，证明板梁承受温度荷载作用而出现纵向裂缝的可能性较高。参见图3。

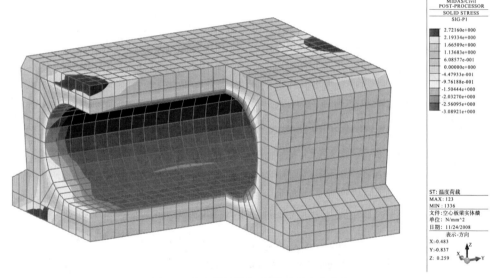

图3 运营阶段骤然降温梁体主拉应力分布

笔者认为预应力混凝土空心板梁桥出现纵向裂缝的主要原因是预应力劈裂效应、预应力筋绷直作用和温度荷载共同作用的结果。预应力筋对局部混凝土的作用使预应力混凝土空心板梁的主拉应力不够均匀，而温度荷载不利工况的作用使整个预应力混凝土空心板梁的安全储备降低，这两种荷载最不利工况的叠加，最终导致了底板纵向裂缝的出现。

（2）底板横向裂缝成因。

①超载作用：通过超载分析表明当汽车超载时，可能会在预应力空心板梁的底部出现超过规范允许的拉应力，从而产生横向裂缝。调研统计结果表明：横向裂缝和竖向裂缝出现的位置主要集中在空心板梁的跨中附近，也可说明横向裂缝的产生与车辆荷载有一定关系。另一方面，前期对连徐高速公路的统计结果反映底板横向裂缝多在桥梁施工期就出现，说明在桥梁施工期有必要控制重型机械碾压对桥梁造成的损害。

②单板受力：横向连接刚度的削弱，破坏了预应力空心板梁的整体性，也会导致单梁所承载的荷载增加，从而引起预应力空心板梁的横向裂缝。

③混凝土收缩：收缩分析表明混凝土在不同的阶段会发生塑性收缩、自生收缩和干燥

收缩，当收缩变形受到约束时，混凝土就有可能产生横向裂缝。

（3）铰缝病害成因。

①车辆荷载作用下的铰缝处横向应力分析表明，结构在自重和车辆荷载共同作用下，铰缝处出现较大横向拉应力，易形成纵向裂缝，从而导致绞缝的破坏。

②桥面铺装一旦发生破坏，就会加重铰缝的负担，从而诱发铰缝病害。桥面铺装层和梁板的联结方式、铺装层的不均匀性、超载以及铺装层和结构层之间的处理不妥均可能是引起桥面铺装破坏的主要原因。

③铰缝自身的构造和配筋存在问题是铰缝病害存在的另外一个原因。比较典型的例子是小铰缝构造的整体刚度与空心板的整体刚度相比相差甚远，无法承受在荷载反复作用下的变形和受力要求，易被破坏。

④调研结果表明：预应力空心板梁桥铰缝病害与支座脱空现象具有一定的关联性，分析其原因，可能是个别支座脱空，当有车辆通过时造成空心板的震动，使铰缝混凝土处于很不利的受力状态，久而久之，铰缝混凝土逐渐破碎脱落。由此可见，支座脱空也可能是铰缝病害出现的一个重要原因。

4.2 普通钢筋混凝土连续箱梁桥病害成因分析

对普通钢筋混凝土整体连续箱梁桥，其沿桥梁纵向均匀分布的腹板竖向裂缝与翼板横向裂缝问题非常突出，研究表明：

（1）无论是线路检测报告还是具体桥梁的跟踪监测，该类型腹板竖向裂缝与翼板横向裂缝一般在桥梁通车运营前出现，甚至个别桥梁的跟踪检测反映在模板拆除时就出现，在桥面铺装到通车运营期间裂缝数量与宽度快速发展，在运营很短时间内就趋于稳定。裂缝在出现时间上与荷载没有明显对应关系，且裂缝与地面成90°夹角、纵向均匀分布，既不是典型的局部斜向受剪裂缝，也不是跨中受弯裂缝向腹板的延伸，因此可以判断该类裂缝为变形裂缝，主要与混凝土收缩、桥梁结构的温度变化等因素有关。

（2）从典型桥梁的计算来看，浇筑期腹板中间与两侧的水化温度差会导致腹板出现较大拉应力，一旦混凝土水化热控制不当或遭遇恶劣天气（短时间的急剧降温）都会导致腹板在模板拆除时就出现开裂现象。

（3）拆除模板后混凝土收缩受到钢筋约束，腹板中间与两侧的混凝土收缩差均会导致腹板两侧出现拉应力，且这种拉应力随混凝土收缩量增加而增加，在混凝土收缩停止后也基本停止。这就充分解释了腹板裂缝在通车前（即混凝土收缩快速发展期）快速发展、通车一定时间后基本稳定的本质原因。

（4）上下分层浇筑导致的混凝土收缩差也会引发翼板下表面出现明显的拉应力，这种拉应力随浇筑时间差增加而增加，在浇筑时间差为7天的情况下，最大拉应力可以达到0.93MPa，可见单独的收缩差不足以导致翼板开裂，但是在与温差、收缩差等导致的应力叠加后也会导致翼板出现开裂现象。

5 主要控制措施建议

5.1 预应力空心板梁底板纵向裂缝控制措施

（1）防止预应力筋对局部混凝土的不利影响。一方面要保证预应力筋保护层厚度和线形的准确；另一方面要避免预应力张拉时间过早，控制张拉时预应力的大小。

设计方面：预应力空心板设计应认真考虑构造细节（如板梁锚固端防裂构造、底板厚度等），虽然结构的设计通过常规的受力验算，能够满足规范要求，但仍需要增加结构应对施工偏差的容错性，减少发生质量问题的几率。设计时应该考虑泊松效应和预应力绷直作用对底板横向拉应变的不利影响。后张预应力板梁在底板较薄时尽量不要在底板设置预应力筋，以便保证波纹管下混凝土的质量。设计时，预应力储备不要太大，留2～3MPa即可，避免由于预应力过大造成空心板有较大横向应变。

施工方面：安装模板时，为确保钢筋保护层厚度，应准确配置混凝土垫块或钢筋定位器等。施工时，预应力钢束波纹管定位要准确，适当加密定位钢筋，以保证预应力筋的顺直性，从而减少因施工误差而产生的钢束径向力和集中力。施工人员在张拉时必须严格掌握操作规程，对张拉油泵、油压表、千斤顶及时检查标定。预应力筋实际张拉力由主缸油压表读数控制，并以伸长值校核，必须保证实际张拉力与实际值相符。预应力筋伸长值的计算，应采用实测的弹性模量值，因理论与实测弹模值是有差异的。应改进混凝土施工工艺，保证混凝土的浇筑质量。预应力张拉时，混凝土应达到相应的强度，不小于80%的设计强度，并且规范预应力张拉工序的施工操作，严格按照规范要求，在混凝土强度达到要求后，对称、均衡、缓慢地放张，避免产生过大的横向拉应力，减少裂缝的发生几率。为避免张拉预应力筋后未灌浆孔道削弱截面并引起预应力筋附近混凝土应力过大，应及时进行压浆（通常以不超过24h为宜，最迟不超过3天）。

（2）控制内外温差。这主要要注意浇筑时的最高温度、入模温度和水化温度。构造上的措施是在预应力混凝土空心板梁的底部每隔一定的间距布置通风孔，对于边梁等可适当增强底板厚度或横向钢筋。

设计方面：目前，新的桥梁设计规范已增大了温差梯度对结构的影响，设计人员在设计时要按照新规范充分考虑温差效应的影响，以避免因温度变化而产生纵向裂缝。为解决空心板因外界温度急剧变化引起的底板纵向裂缝问题，可考虑在预应力空心板梁的底部或腹板每隔一定的间距布置孔洞，与外界连通，以保证室内室外的通风和温度一致。根据目前观察，预应力空心板梁底板纵向裂缝发生在桥梁边板或者次边板上比较多，对于这些部位的板梁，应充分考虑各种不利因素的影响，在设计时提高安全储备，针对底板纵向裂缝问题增强相关构造。对于已经出现的裂缝，鉴于对空心板的整体受力性能影响不大，应视其严重程度进行适当的处理，主要目的是封闭裂缝，减少构件受侵蚀的机会，消除裂缝对空心板使用寿命的影响。对于开裂较少的，可以采取注浆封闭措施；混凝土碎裂严重的，可清除碎渣，注浆封闭裂缝后，再贴碳纤维予以补强，或者换板，消除后患。

施工方面：浇筑温度直接影响混凝土的最高温度。在夏季浇筑混凝土时，对骨料进行喷水预冷却，拌制混凝土使用深井冷水或用适量的冰屑代替一部分拌合水，降低混凝土的浇筑温度。并设置简易防晒装置，防止结构侧面曝晒、水分蒸发。一般要求浇筑温度小于等于30℃，夏季可放宽至35℃。如果能通过预冷材料将其降低至10℃则就等于将混凝土工程的最高温度和内外温差各约降约15～20℃，可收到相当大的降低温裂的效果。减少混凝土发热量主要依靠合理选配材料，如低热水泥、低水泥量、掺合材料、外加剂等。冬期施工应根据不同的地区的温差、不同的部位，采取不同的加热保温等技术措施，避免因为温度应力产生裂缝。

（3）防止钢筋锈蚀。主要从施工方面着手，控制配合比，防止纵筋底部形成为钢筋锈蚀提供条件的间隙；对于加入早强剂的混凝土，应控制用量和搅拌时间；同时注意钢筋的连接、保护层厚度等因素。

（4）分析结果表明：后张法预应力空心板梁在防止底板纵向开裂方面优于先张法预应力空心板梁。

5.2 预应力空心板梁底板横向裂缝控制措施

（1）防止发生超载。这主要依靠在管理上采取措施，特别是要防范在施工期间重型机械的破坏。

（2）防止发生单板受力现象。具体措施：一是对预应力空心板梁的铰缝进行改造和优化配筋；二是在桥面铺装层中铺设钢筋层，使桥面铺装具有良好的强度和整体性；三是避免支座出现脱空、变形，从而导致受力不均匀。

（3）防止混凝土发生收缩裂缝。这主要从预应力混凝土空心板梁制作时混凝土的材料、混凝土的制备、混凝土的浇筑、混凝土的养护及模板的安装与拆除等方面采取措施。

从材料控制角度来看：宜采用水化热较低的水泥，不宜采用早强水泥，以降低早期温升。在混凝土配合比设计中，不要为了提高保证率而过多的增加水泥用量，在满足混凝土坍落度的前提下，尽量采用可靠的减水剂，合理调整配合比，降低水泥用量和用水量，每立方米混凝土中水泥用量不应过多。为了降低混凝土的水化温度和改善混凝土拌合物的工作性能，应掺加适量的粉煤灰等掺合物，粉煤灰应符合 II 级灰的要求，掺量为胶凝材料总量的 20%～25%。宜采用级配良好的中、粗砂，细度模数大于 2.6，砂率建议控制在 40% 左右。宜用级配良好的碎石或卵石。为了降低混凝土的早期温升，应采用缓凝型高效减水剂，掺量应根据工作度需要而定，并应注意其与水泥的相容性。为了降低混凝土收缩引起的裂缝，可考虑掺加具有补偿收缩、增强抗裂性能的膨胀剂，掺量为水泥用量的 10% 左右。为了降低收缩和减少混凝土拌合物的离析和泌水，在保证拌合物工作度满足施工的条件下用水量不宜过大。

从混凝土浇筑角度来看：混凝土工程内部缺陷或内在质量仅靠试件强度难以充分表达，所以浇筑混凝土要力求均匀、密实。为了获得匀质密实的混凝土，浇筑时要考虑结构的浇筑区域、构件类别、钢筋配置状况以及混凝土拌合物的品质，选用适当的机具与浇筑方法。浇筑之前要检查模板及其支架、钢筋及其保护层厚度、预埋件等的位置和尺寸，确认正确无误，且模板基础牢固可靠后方可进行浇筑。同时，还应检查对浇筑混凝土有无障碍（钢筋或预埋管线过密），必要时予以修改更正。混凝土的一次浇筑量要适应各环节的施工能力，以保证混凝土的连续浇筑。对现场浇筑的混凝土要进行监控，运抵现场的混凝土坍落度不能满足施工要求时，可采取经试验确认的可靠方法调整坍落度，严禁随意加水。浇筑时要防止钢筋、模板、定位筋等的移动和变形。浇筑的混凝土要填充到钢筋、埋设物周围及模板各个角落，要振捣密实，不得漏振，也不得过振，更不得用振捣器拖赶混凝土。滑模施工时应保持模板平整光滑，并严格控制混凝土的凝结时间与滑模速度匹配，防止混凝土被拉裂、塌陷。振捣不足部位混凝土构造比较疏松，拆模后易出现蜂窝、麻面，过振部位易由表及里发生塑性裂缝和干缩裂缝，故应选择恰当的振捣时间，同时应注意振捣器料易导致混凝土结构失匀、浆体多的部位易出现塑性裂缝和干缩裂缝。

从混凝土养护角度来看：混凝土浇筑完毕，在混凝土凝结后即须进行妥善的保温、保湿养护，尽量避免急剧干燥、温度急剧变化、振动以及外力的扰动。混凝土在初凝前往往会出现裂缝，这时应及时收浆二次抹平，这样处理一是增加了混凝土表面的密度，二是使混凝土表面产生的裂缝愈合，这是消除早期裂缝最有效的措施。浇筑后采用覆盖、洒水、喷雾或用薄膜保湿等养护措施；保温、保湿养护的时间，对硅酸盐水泥、普通硅酸盐水泥或矿渣硅酸盐水泥拌制的混凝土，不得少于 7 天；对掺用缓凝型外加剂或有抗渗要求的混凝土，不得少于 14 天；冬季施工不能向裸露部位的混凝土直接浇水养护，应用塑料薄膜和保温材料进行保温、保湿养护，保温材料的厚度应经热工计算确定；当混凝土外加剂对养护有特殊要求时，应严格按其要求进行养护。必要时建议采用顶底板蓄水养护：先浇筑的混凝土初凝后，立即覆盖湿麻袋养护，待混凝土全部初凝后蓄水养护 9 天，侧墙挂草帘或麻袋淋水养护，每隔 2~4h 淋一次水，养护时间应超过 1 周。尽量按架梁时间来安排预制梁的浇筑时间，避免过长的存梁期（一般不宜超过两个月）。当存梁期超过设计要求时，应及时在裸梁上加载。

5.3　预应力空心板梁铰缝病害控制措施

（1）为了防止铰缝病害的出现，必须防止桥面铺装发生破坏。这主要从以下几个方面着手：一是适当增加铺装层的厚度（建议混凝土铺装层厚度应不少于 10 cm，跨中厚度应不少于 8cm；建议设计时要充分考虑梁体的预拱度所造成的桥面铺装的不均匀性，以最薄处作为控制值进行铺装）；二是保证桥面铺装层的施工质量；三是提高混凝土强度，减少钢筋间距，掺入添加剂（随着车辆荷载的轴重和总重不断增加，桥面铺装层的厚度在增加的同时，混凝土的标号也应相应提高），增加双向配筋率（目前桥面铺装层钢筋通常采用直径为 $\phi8$、$\phi10$，网格间距为 10cm×10cm 的钢筋焊接网，建议改为纵横向均为 $\phi12$ 螺纹钢，网格间距仍为 10cm×10cm，或者设置两层钢筋网，上下钢筋最小净保护层为 3cm）。同时为了避免高标号水泥的水化热和抗折性，在混凝土中可以添加粉煤灰。它不仅改善混凝土的工作性能，提高混凝土的耐久性，而且降低混凝土出现拉应力的起始点温度，防止温度裂缝的产生。

（2）改进构造措施：铰缝破坏不仅是强度问题，也可能由于其本身结构尺寸所限而导致刚度太小，这才是铰缝无法耐久的根源。因此，对铰缝的尺寸必须进行改造，将原来的小铰缝形式设计成大铰缝形式和现浇湿接缝形式。另外，可增加预应力空心板梁侧边伸出联接钢筋的直径，亦可考虑采用一些新型连接构造以增强铰缝的力学性能，如 PBL 连接件。对于铰缝连接配筋也各有不同的加强方案。图 4 为可供选择的各种大铰缝及加强钢筋的连接形式。

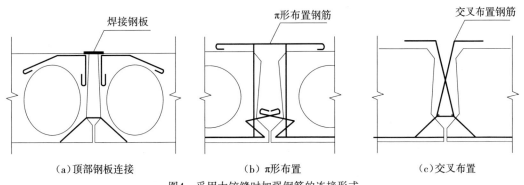

（a）顶部钢板连接　　　　（b）π形布置　　　　（c）交叉布置

图4　采用大铰缝时加强钢筋的连接形式

对于已有小铰缝的空心板梁桥，在老桥加固方案中，建议考虑在铰缝中灌浆密实并在小铰缝基础上加强钢板的设计方案（如图 5 所示）。

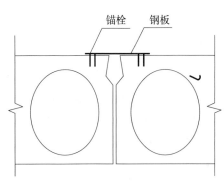

图5 小铰缝形式加强示意图（单位:mm）

除了对铰缝本身采取一些加强的构造措施以外，也可考虑设置横向预应力来提高桥梁的整体性。建议横向预应力在跨中设一道，支点端根据情况酌情设置。由于横向预应力需设横隔板，因而空心板的内腔被隔断，预制空心板时就需两个内模。横向预应力的设置为铰缝提供了横桥向的垂直压力，因而有效地防止铰缝开裂，并增大铰缝的摩阻力，且预应力筋本身也具有一定的抗剪能力，从而有效地提高了预应力空心板梁桥的整体性。

（3）铰缝混凝土材料试验结果表明：铰缝混凝土宜采用与上部结构相同的骨料粒径，不应采用细骨料混凝土；铰缝混凝土配合比优化过程中，宜增加自身收缩指标。

（4）混凝土试件凿毛试验结果表明：铰缝凿毛面积达到70%即可满足控制要求，凿毛深度应不低于6mm。另外，有的施工单位在板梁预制过程中由于立模误差等原因，造成板梁侧壁接近竖直，这样间接减小了铰缝的抗剪作用面，容易引发铰缝病害，应当注意杜绝这种情况。

5.4　等截面箱梁桥腹板竖向裂缝及翼板横向裂缝控制措施

（1）控制温差效应的影响：用改善骨料级配、降低水灰比、掺加混和料、掺加外加剂等方法减少水泥用量或采用水化热低的水泥。降低混凝土绝对温升以及总体收缩，亦可考虑采用补偿收缩混凝土。

（2）施工中重视细节，加快混凝土散热速度，实时控制混凝土内外温差不超过15℃，因此夏季高温浇筑混凝土时，应对混凝土采取适当的降温措施，如对骨料采用搭盖凉棚、泼洒井水或将碎冰块放入拌合水池中来降低水温，对模板洒水降温等。也可将浇筑工作安排在夜间最低温度时段或采取其他减小混凝土温度回升的有效措施。建议采用钢模板进行混凝土浇筑；并且在可能条件下将侧模拆除时间提前到1天左右，同时要注意养护。

（3）注意保湿养护，加强养生，防止早期干缩的影响。拆模后及时用土工布或麻袋、草帘等覆盖梁体表面，避免阳光直照，并洒水保持湿润状态，直至浇筑混凝土后两周。

（4）已有调研发现长度小于8m的桥梁极少出现开裂，因此建议对跨度较大的桥梁可以采用纵向分段浇筑的方法进行施工；配筋尽管无法控制裂缝发生，但是可以有效控制裂缝的扩展，因此建议在腹板高度较大的情况下可以在腹板上增加水平构造钢筋的密度，以改善腹板受力性能，增强梁体收缩的抗拉强度能力。

6　结　语

高速公路梁式桥质量通病主要是指在高速公路梁式桥梁建设过程中出现的量大面广，普遍存在，且治理具有一定难度的典型病害与缺陷。其长期以来一直受到桥梁工程界的广泛关注，各级桥梁主管部门也均将质量通病的控制作为质量工作的重点之一。江苏省交通运输厅专题召开了"高速公路梁式桥梁质量通病调查成因分析及防治措施研究（06Y03）"课题研究。课题组收集了沿江高速公路等18条路段（路线总里程达到江苏省省高速公路总里程53%）的1800多座桥梁检测资料进行归纳统计，对重点病害从数量、出现位置、形态、严重程度、发生发展时间、危害性等从多个角度进行了统计分析，明确了全省梁式桥梁质量通病的主要表现，分析了其产生的主要原因，为桥梁典型缺陷的控制技术研究打下了良好基础。当然，由于桥梁质量通病概念较广，问题复杂，仍存在较多关键问题有待继续深入解决完善。

参 考 文 献

［1］ 江苏省交通科学研究院.高速公路梁式桥梁质量通病调查成因分析及防治措施研究［R］.2009.12

［2］ 江苏省交通科学研究院.面向再利用的既有空心板梁检评技术研究［R］.2009.3

［3］ 裴昌红.现浇预应力连续空心板梁底横向裂缝分析及预防［J］.西部探矿工程,2006.10

［4］ 陈建华.空心板梁桥单片梁受力分析及预防措施［J］.中外公路,2007.6：118～121

［5］ 史建方.桥梁单板受力成因分析和控制对策［J］.公路,2004.10：71～73

［6］ 周均超.预制混凝土工形梁腹板裂缝的成因与安全评价［J］.浙江交通科技,2002（3）：29-32

［7］ 候景鹏,袁勇.干燥收缩混凝土内部相对湿度变化实验研究［J］.新型建筑材料

［8］ 唐国栋,季文玉,等.预应力混凝土箱形梁水化热试验分析

［9］ 宋冰泉.津滨轻轨预应力连续箱梁混凝土水化热温度试验

［10］ 汪剑,方志.混凝土箱梁桥的温度场分析［J］.湖南大学学报,2008,35（4）.

［11］ 罗小辉,陈宏兵等.在恶劣环境条件下大体积混凝土施工温控措施［J］.广东水利水电

［12］ 沪宁高速公路（江苏段）扩建工程指挥部,东南大学,等.沪宁高速公路（江苏段）扩建工程桥梁扩建关键技术研究总报告［R］.2007

矩形顶管工艺
在浅覆土砂层地下人行通道施工中的研究与应用

钟显奇　黎东辉　余剑锋

（广东省基础工程公司，广州　510620）

[摘　要] 本文结合我司采用矩形顶管工艺施工浅覆土砂层地下人行通道的工程实际应用，对矩形顶管设备性能和应用于地下人行通道的钢筋混凝土管节参数及细部构造进行了研究，总结出了实际工程运用的几个关键工序的实现方法，为今后矩形顶管设计和施工提供参考。

[关键词] 矩形顶管；泥水平衡；地下人行通道；浅覆土

1　前　言

目前国内城市化进程日益加快，地面交通压力逐步扩大，大型城市都推出限制车辆购置和加大地下空间建设的措施，兴建大量城市地铁、地下过街通道以缓解交通压力。同时，城市的扩展也使原来规划的各种民生管线满足不了需求，几十年不遇的暴雨往往使城市成为"泽国"，管线的往复翻修和新建促使了建设地下管廊的需求。发展城市管道共同沟，将管线共同敷设在预先施工好的沟内，则可降低路面开挖率，避免新修道路挖了又填、填了又挖的现象发生。城市地铁的出入口通道、地下过街通道和管道共同沟一般采用矩形断面，矩形断面管道具有更大的使用面积。为了避免装饰圆形管道成矩形断面浪费空间，促使发展矩形顶管工艺。

矩形顶管工艺较圆形顶管工艺需要克服的问题更多，像掘进时用的顶管机，其在切削能力、平衡精度、动力装备和纠偏功能等方面需具有更高的要求；矩形顶管在管节防水、顶管进出洞和注浆减摩方面要求也更高。本文结合我司采用矩形顶管工艺施工浅覆土砂层地下人行通道的工程实际应用，对泥水平衡式大截面矩形顶管设备性能和应用于地下人行通道的钢筋混凝土管节参数进行了研究，总结出了工程中几个关键工序的实现方法，为后续矩形顶管施工提供参考。

2　工程实例

佛山市南海区桂城地铁站过街通道长度为 43.5m，位于城市交通要道南桂东路下方，通道覆土深度为 5.2m，穿越地层主要为 <2-2> 淤泥质粉细砂层。南桂东路车流量大，地下管线较多，沿顶进方向依次有 2 孔电信光纤、1 孔路灯线、15 孔电信线、Φ600 混凝土排水管（前方 11.6m 位置、管底离顶管顶部仅 2.6m）、1 孔路灯线、2 孔 10kV 电力线 2 条、Φ600 铸铁给水管（前方 40.7m 位置、管底离顶管顶部 3.2m），地下稳定水位为 1.00～1.85m。经研究采用矩形顶管法施工，管节宽度为 6m，高度为 4.3m，管壁厚度 0.5m，顶进线路纵剖面图如图 1 所示。

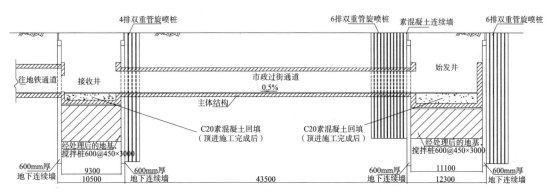

图1 顶管纵向剖面图

3 矩形顶管机性能研究

矩形顶管掘进机是在后座主顶千斤顶的推动下不断向前掘进，从而把矩形管道铺设在设计线路上。一般来说，当顶管管顶覆土深度小于 $1.0D$（D 为管道截面尺寸较大值）时称之为浅覆土顶管。在浅覆土砂层顶管时，为了能够实现注浆减阻和顶进控制，矩形顶管机必须具备全断面切削、偏差控制和扭转控制的功能。

3.1 矩形顶管机全断面切削功能的实现

为了满足矩形顶管断面模数、最大程度减少切削死角，顶管机采用两片矩形刀盘通过曲轴带动转动切割土体，矩形刀盘轨迹线覆盖整个掘进断面。且为了有利于触变减阻泥浆套成环，刀盘切削轨迹面尺寸比管节截面尺寸大 2～5cm，管节和土体间可预留一定的空隙。刀盘形式如图 2 所示。

图2 矩形顶管机刀盘图

3.2 矩形顶管机姿态控制的实现

顶管机分成前后两段，中间由纠偏油缸连接，前后段之间采用橡胶圈密封。掘进过程中可根据机体偏差方位及偏差量，对编好组的纠偏油缸进行伸缩量控制，使前、后壳体形成一夹角，从而改变机头方向，达到纠偏的目的。对矩形顶管机机头扭转现象，可用两个刀盘同时正转或反转的办法进行控制。并在壳体两侧装有可伸缩的翼板纠扭装置，可通过控制翼板的伸出量控制纠扭力的大小。

4　管节长度与构造

管节长度与构造既要满足使用功能，又要满足施工能力要求。使用功能上要求管节断面尺寸能满足行人行走高度要求，管节连接处不漏水，管节段整体变形小；施工能力上要求管节能够方便预制、运输和吊装。

4.1　管节长度

地下人行通道采用 500 mm 壁厚 6.0m×4.3m 截面的钢筋混凝土管节，管节长度为 1.5 m，相对重量达 35t。顶进管节如图 3 所示。

图3　1.5m规格管节实物图

4.2　管节构造与连接

管节尾端钢套环采用 16Mn 钢，钢套环与混凝土管结合处灌注密封膏。为了施工过程中能够实现注浆减阻，管节四周应设置注浆孔，注浆孔布置在管节前段，注浆孔应配有单向止回阀。同时为使顶进的预制管节与结构主体合成一个整体，增强通道的受力和变形性能及满足通道两端的防水构造需要，在第一节管节前端和最后一节管节末端预留钢筋连接套筒。

图4　楔形橡胶止水圈实物图

管节的连接质量关系到管节的整体刚度和管节防水性能。顶管管节连接是在地下逐节拼装后，再由千斤顶顶推压紧，成型后管节接头应不发生渗漏。对于钢筋混凝土管节一般采用"F"形承插式接头，接缝内设有楔形橡胶止水圈和双组分聚硫密封膏组成的两道防水装置，管节连接长度一般需 150mm 以上。管节楔形橡胶止水圈如图 4 所示。

顶管管节与主体结构连接在前后管节离洞口 300～400mm 时，将管节中钢筋通过预留连接套筒引至洞门口与嵌固在主体结构中的钢洞门焊接起来，再在这段距离浇筑细石混凝土，这样管节就与主体结构连成一体，增强了通道整体刚度和防水性能。

5 顶进过程关键工序的实现

顶管顶进过程中需重点解决防止机头进出洞涌砂涌水、防止机头出洞过加固区后"栽头"、确保开挖面土体平衡、顶进轴线控制和注浆减阻的实现等几个关键问题，矩形顶管顶进是通过以下方法来实现的。

5.1 矩形顶管机进出洞方法

为了防止顶管机出洞时发生涌砂涌水现象，顶管顶进前需对出洞门前方土体进行加固，并在顶管机出洞口处安装穿墙橡胶止水钢圈。矩形顶管断面尺寸较大，且在浅覆土砂层，一般地层加固方法难以达到加固效果。

经研究可用在井体连续墙外侧施工 800～1200mm 厚素混凝土连续墙进行洞口加固，素混凝土墙体上边高出洞口 3m，下边比洞口底边低 3m，左右侧均超出洞口边 2m；连续墙前方设置降水井，降水井深度离洞门底 5m 以上，破洞门时井点降水，可达到围护洞口土体稳定，防止涌水涌砂的效果。施工用混凝土强度控制在 4～8MPa，素混凝土墙与井体连续墙交界端部用旋喷桩封堵，防止地下水由接缝处渗入。在破除井体连续墙后安装橡胶止水钢圈，其上再安装单向活动止水压板，防止橡胶止水圈翻转。通过应用素混凝土连续墙加固、降水井降水、橡胶止水钢圈止水的方法，确保了矩形顶管机出洞时洞口处的防水质量。

矩形顶管机头前部集中了刀盘、电机和纠偏千斤顶等设备，比混凝土管节重得多，机头与后面混凝土管节一般是承插式连接。当机头掘进通过加固体后，前方较软土体使机头有下栽的趋势，俗称"磕头"。顶管机"磕头"会造成很大的轴线偏差，且由于刚刚始发，机头后方压重小，纠偏十分困难。为了防止顶管机"磕头"，可在前三节混凝土管内壁埋设预埋件，用钢筋或钢板将机头与其后的三节管焊接在一起，加大机头后方压重，使顶管机掘进通过加固体后不会产生磕头现象。

为了防止矩形顶管机到达接收井时地层地下水土喷涌，采用接收井前增设素混凝土墙和接收井水下接收的方法。素混凝土墙做法与始发井相同。水下到达接收的方法是在顶管机开始破除素混凝土墙时，为了部分平衡地下水土侧压力，在接收井内放置泥水，使其液面高度略大于地下水位，这样在顶管机磨穿素混凝土墙体后，地下水土在测压平衡下不会发生突涌。然后再采用注浆封堵管节与地层间的缝隙，抽干接收井中泥水，清理吊出矩形顶管机。

5.2 顶进时前方土体平衡控制

在矩形顶管掘进过程中，为了防止顶管机刀盘前方土体因受力不平衡向泥水舱坍塌，导致地面产生沉降，需调节进排泥浆量使泥水舱泥水压力与正面水土侧压力处于平衡状态。泥水平衡式顶管机采用循环泥水压力来平衡前方水土压力，先通过进浆管泵进去低浓度泥浆，密度为 $1.05～1.15g/cm^3$，泥浆黏度大于 25s，泥浆在机头前方泥水舱与切削下来的渣土混合，变成高浓度泥浆，密度介于 $1.35～1.43g/cm^3$，支护开挖面土体。通过调节进排浆速度、泥水粘度和顶进速度，可以控制机头前方泥水舱泥水压力。一般来说泥水舱泥水压力要比同位置水头压力大 2m 左右。

5.3 顶进时方向控制

矩形顶管施工时因地层不均匀等原因会出现偏离设计轴线的情况，因此每节管顶进后必须测量机头的姿态，发现顶进方向偏离设计轴线就需要进行纠偏。一般来说，顶进过程中每顶进 500mm 偏差超出 10mm 时必须开始纠偏，纠偏时一次性纠偏到位，纠偏量不宜过大，上下不超过 25mm，左右不超过 35mm。矩形顶管机的纠偏是通过前后节间安装的 10 组千斤顶来实现的，上下各 3 组，左右各 2 组，当顶管机刀盘位置偏左时，启动左、上、下三向纠偏千斤顶实现纠偏。

5.4 顶进时注浆减阻的实现

矩形顶管不同于圆形顶管的地方在于上部土体不会形成土拱，上部土体压力都作用在顶管机壳体上，顶管机容易产生"背土"现象。矩形顶管机刀盘切削断面比顶管机身大 2～5cm，施工时在管内通过注浆孔向空隙中压注触变泥浆，降低机身与周边土体间的摩擦力。顶管机和管节周边设计 8～10 个注浆孔，注浆时需在注浆孔内安装单向止回阀，防止压注的泥浆流回管内。顶进施工过程中，对管节四周压注触变泥浆形成泥浆套，减少周边土体对管壁的摩阻力，注浆压力应比周边水土压力大 20kPa 左右。顶进施工完成后，在注浆孔采用水泥浆进行置换，固结管节周围的土体。顶进施工中第一道触变泥浆环管必须连续，边顶边注压，触变泥浆粘度控制在 35～45s。

6 结 论

本文结合矩形顶管工艺施工浅覆土砂层地下人行通道的施工实例，对矩形顶管设备性能和应用于地下人行通道的钢筋混凝土管节参数及细部构造进行了研究，总结出了以下四个关键工序的实现方法，并在工程实例中得以成功实施。

图5 矩形顶管施工图

（1）矩形顶管机出洞时，可采用素混凝土连续墙加固、降水井降水、橡胶止水钢圈止水的方法，确保顶管机成功出洞；出洞过加固区后，可将机头与后续管节连接起来，防止机头"磕头"；进洞可采用水下到达的施工方法，有效平衡地下水土侧压力，防止水土突涌。

（2）矩形泥水平衡顶管机掘进时，其参数控制十分重要，泥水舱泥水压力要比同位置水头压力大 2m 左右，泥浆黏度需大于 25s。

（3）矩形顶管机截面尺寸大，纠偏反应灵敏度低，因此纠偏时机选择十分重要。一般来说，顶进过程中若出现每顶进 500mm 偏差超出 10mm 时必须开始纠偏，纠偏要做到随偏随纠，纠偏时一次性纠偏到位。

（4）矩形顶管机掘进施工过程中应对管节四周压注触变泥浆，注浆压力比周边水土压力大 20kPa 左右，注浆必须连续，边顶边注，触变泥浆黏度控制在 35~45s。

参 考 文 献

［1］ 吕建中，楼如岳.城市交通矩形地下通道掘进机的研究与应用［J］.非开挖技术，2002

［2］ 熊诚.大截面矩形顶管施工在城市地下人行通道中的应用［J］.建筑施工，2006，28（10）

［3］ 刘平，戴燕超.矩形顶管机的研究和设计［J］.市政技术，2005，23（2）

［4］ 周希圣，夏杰.高含水黏土层矩形顶管施工技术［J］.建井技术，2001，2（21）

［5］ 陶育，肖悦，李晴阳.某地下连通道工程矩形顶管施工技术［J］.地下工程与隧道，2001

［6］ 培智，王祺，卫鹤卿.昆山市某人行地道工程施工技术［J］.地下工程与隧道，2002

近几年我国频发特重大建设工程事故的教训及对策

韩选江[1]　陆海阳[2]

（1.南京工业大学，南京　210009；

2.招商局地产（南京）有限公司，南京　210005）

[摘　要] 本文针对近几年我国频繁发生的特重大建设工程事故现状，全面分析了这些事故产生的原因，并总结其事故教训，进而探讨了积极预防特重大建设工程事故的对策，提供给建设工程战线的各部门有关人员参考，以加强有效防范。

[关键词] 桥梁工程；建筑工程；施工技术；特重大工程事故；事故教训；预防对策

1　引　言

今年7月2日，国务院安全生产委员会办公室发出"明电（2011）28号"通知，通报了6月19日发生在江苏无锡市钱桥社区的坍塌事故，要求吸取事故教训，以防范类似事故发生。

该通报称，6月19日，江苏省无锡市惠山区钱桥镇钱桥街道的一座办公楼（3层半，约500m² 的老楼）在装修施工时发生坍塌，造成11人死亡，5人受伤（见图1、图2）。据初步调查，该办公楼装修施工没有办理相关手续，承包者及施工人员也没有相关资质。国务院将挂牌督办该起事故。

图1　江苏省无锡市惠山区一装修办公楼坍塌现场——抢险救人场面　　图2　江苏省无锡市惠山区一装修办公楼坍塌现场——清理废墟场面

图3　无锡惠山区在建的"华夏泉绅"小区内发生地下室坍塌事故

然而，就在发出通报当天，仍是无锡市惠山区的一在建工程——"华夏泉绅"楼盘工地在浇筑地下室顶板混凝土时发生坍塌，导致2人身亡（见图3）。在不到半个月时间内，同一个地方，接连发生两起惨重的工程坍塌事故！

国务院安全生产委员会办公室在7月23日又下发通知，要求各地区、各有关部门认真贯彻落实中央领导重要指示精神，有效防范和坚决遏制重特大事故发生。

中央领导的重要批示指出，最近生产、交通、建设等领域事故频发，要求各地区、各有关部门高度重视，采取有效措施，有效防范和坚决遏制重特大事故发生。

然而也就在该通知发出当天，北京南至福州 D301 次列车与杭州至福州南的 D3115 次列车发生追尾事故，导致 D301 次列车第 1～4 位脱线和 D3115 次列车的第 15 位、第 16 位脱线，造成死亡 40 人、100 多人受伤的特重大事故。

沉重的鲜活生命代价和巨大的经济财产损失，以及目不忍睹的惨痛事故现场，不能不勾起对往事的深思瞑想！参见图4～图7的事故场景。

图4 温州追尾事故时，紧邻两节车厢 相撞后的现场情景

图5 温州追尾事故的两列车撞停后所在位置

图6 温州追尾事故时，脱轨车厢掉下高架的情景

图7 温州追尾事故后，各节车厢平面所在位置

2 我国近几年发生特重大建设工程事故现状

近三年来，我国建设工程中发生了较多的特重大事故，归纳起来，可分为以下几类。

2.1 桥梁工程的垮塌与局部坍塌事故

这些桥梁既包括过江过河大桥，也包括公路与城市立交桥，还包括火车站及机场高架桥等。

大型交通桥梁工程是百年大计的重点设计项目。这样的工程，一般只能是在强烈地震时才会发生坍塌破坏。如 1976 年 7 月 28 日凌晨发生在唐山丰南一带的 7.8 级强震，将唐山市区夷为一片废墟。图 8 是地震时造成的市区桥梁坍塌而彻底中断交通的场景。

然而，在近些年来，全国一些重点桥梁工程却

图8 1976年7月28日凌晨发生7.8级强地震时造成的唐山市区桥梁坍塌破坏

接连发生坍塌或垮塌破坏事故。有的大桥建成使用时间不长，有的大桥在施工中就发生了坍塌破坏；更为甚者，正在拆除中的大桥也发生了垮塌事故。

2.1.1 使用中的桥梁损毁事故

（1）2001 年 8 月 4 日下午 1 时 30 分，辽宁营口盖州市双台镇的黄旗堡大桥在山洪冲刷下突然塌断，造成 25 人受伤，4 人死亡和 5 人下落不明的严重后果。图 9 是该桥断塌时官兵与村民抢险救人的情景。事发前桥上站有抗洪群众近 30 人。

图9 辽宁营口盖州市黄旗堡大桥塌断事故抢险现场

这座大桥长 150m、宽 6m，是 1986 年 9 月建成的钢筋混凝土大桥。事故发生时桥中的桥墩突然断裂倒塌，随即两端的桥体也向中间倒去。

（2）2010 年 11 月 7 日凌晨 4 时 30 分，随着几声巨响，横跨金沙江的四川宜宾市南门大桥两端发生断裂坍塌事故，中间桥面还挂在桥拱上。此次事故造成 2 辆客车和 1 辆货车坠入江中，致使客车中有 3 名驾乘人员死亡和失踪，货车的人员伤亡情况不明。

该桥于 1990 年 6 月竣工通车。桥长 384m、宽 13m，为单孔跨径 240m 的钢筋混凝土中承式公路拱桥，桥面上有 17 对钢缆吊杆凌空悬挂。此次事故是连接大桥拱体和桥面预制板的 4 对 8 根钢缆吊杆发生断裂，导致大桥北端长约 10m、南端长约 20m 的桥面预制板发生坍塌而造成（参见图 10、图 11）。

图10 坍塌的宜宾南门大桥现场，从桥下岸边看到坍塌的桥面

图11 坍塌的宜宾南门大桥现场，救援人员正打捞掉进江水里的客车

（3）2010 年 6 月 8 日连接塘沽与汉沽的天津市彩虹桥桥面塌陷事故。塌陷的第二、三桥拱连接处附近留下长约 3m 和宽 2m 的长方形塌陷处残迹。幸好这次事故在凌晨及时发现，未造成人员伤亡（参见图 12、图 13）。

图12 天津市彩虹桥桥面塌陷事故，塌陷一侧桥面已被围封起来

图13 天津市彩虹桥桥面塌陷事故，工人们正用木板覆盖塌陷的桥面

（4）2011年4月12日5时30分，新疆库尔勒市郊314国道上的孔雀河大桥发生部分桥面垮塌事故。在现场未发现人员伤亡，也未见车辆坠河。参见事故现场照片（图14）。

图14　新疆库尔勒市郊孔雀河大桥部分垮塌场景

（5）2011年7月11日凌晨，江苏盐城市境内328省道通榆河桥发生垮桥事故。该桥60m长，因遭行船撞击桥墩倒塌致使桥体垮塌。但腐败是导致"垮桥事故"的直接原因，该桥在4年前就已成危桥。相关部门多次提出拆除危桥重建，但因资金紧张而一直未得到实施（图15、图16）。

图15　江苏盐城通榆河桥垮塌现场

图16　江苏盐城通榆河桥垮塌后警戒场景

（6）2011年7月14日上午9时许，福建南平市武夷山公馆前的斜拉大桥有将近50m长的桥梁突然发生向下坍塌事故。桥上行驶的一辆旅游大巴车在事故中坠落，造成司机当场死亡，22人受伤（重伤1人，双腿折断）。该桥1999年11月20日开通，至今使用不足12年。参见图17、图18的事故现场。

图17　福建南平市武夷山公馆前的大桥坍塌现场全景

图18　福建南平市武夷山公馆前的大桥坍塌坠落旅游中巴车场景

（7）浙江杭州市钱江三桥（西兴大桥）南岸引桥部分发生桥面坍塌事故。一辆行驶货车当场坠落，司机跳车受伤送医院救治，幸好车内没有其他人员。事故现场见图19～图22。

（8）2011年2月22日凌晨2时20分左右，104国道浙江上虞春晖立交桥发生坍塌事故。桥体坍塌总长120m、宽7m。当时正好凌晨大雾，1辆货车抛锚停在桥上，后面紧接着3辆大货车要超车通过，引桥突然坍塌，造成4辆货车都侧翻，3人受伤。该桥是2006年4月才竣工通车的，使用还不到5年（见图23）。

图19 杭州钱江三桥南岸引桥桥面坍塌事故现场立面1

图20 杭州钱江三桥南岸引桥桥面坍塌现场景象

图21 杭州钱江三桥南岸引桥桥面坍塌现场立面2

图22 杭州钱江三桥南岸引桥桥面坍塌坠落货车

图23 浙江上虞市春晖立交桥行车坍塌示意图

2.1.2 正在施工中的桥梁工程事故

2010 年 1 月 3 日 14 时 20 分左右，在昆明新建机场立交桥混凝土浇筑过程中的支架垮塌。事故发生后出动了 28 辆消防车，调动了 5 个救援中队的 106 人和 3 只搜救犬。消防官兵与现场工人及时救出 41 人，其中 7 人死亡，重伤 5 人，轻伤 26 人。此次事故是由于浇筑混凝土过程中的支撑体系失稳所至（见图 24、图 25）。

图24 昆明机场立交桥支架垮塌现场

图25 昆明机场立交桥支架垮塌钢筋网

2.1.3 正在拆除中的危桥工程事故

2010年11月3日16时10分许，黑龙江绥化市绥棱县努敏河上废弃的218m跨的10孔桥（努敏河大桥旧桥）在拆除施工时发生坍塌事故。当时，桥上5名施工人员，除1人跳桥逃生外，其余4人被埋桥下，全部遇难。经调查，认定为安全生产事故（见图26）。

图26 黑龙江绥化市努敏河危桥拆除坍塌现场抢险情景

2.2 建筑工程垮塌与局部坍塌事故

在本文的引言中已经介绍了不到半个月时间里，发生在无锡市惠山区的两起塌楼事故，人员伤亡和财产损失都很大。下面要介绍的将是更加惊心动魄的倒楼惨重事故！

（1）2009年6月27日凌晨5时30分，上海闵行区莲花南路罗阳路口，一幢在建的13楼小区住宅发生整体倒塌事故。该大楼平躺在地，桩基础被整体折断，造成一名工人死亡（进楼取工具），无人受伤。大楼倒塌现场情况见图27～图29。

图27 上海闵行区一在建13层住宅楼整体倒塌现场全貌

图28 上海闵行区一在建13层住宅楼整体倒塌的屋顶一侧

事发前些日子，工人们正在该楼附近进行地下车库开挖施工。据了解，26日就发现了邻近的淀浦河防汛墙出现了70余米的塌方险情。这实是该事故的一种先兆。

（2）2010年3月15日湖北武汉东西湖新沟镇工业园内，武汉东立光伏电子有限公司一在建厂房，在浇筑混凝土横梁时发生垮塌事故，4名工人从二楼坠落，被混凝土埋住，其中1人死亡，3人重伤（见图30、图31）。

图29 上海闵行区一在建13层住宅楼整体倒塌的桩基础一侧

图30 武汉一在建厂房浇混凝土时横梁垮塌事故现场

图31 武汉一在建厂房横梁垮塌时消防官兵抢救出1名工人

（3）2010年8月10日下午广东肇庆封开县城江口镇原职工宿舍楼河岸路段发生滑坡地质灾害，导致该区域8幢居民楼倒塌。但人员撤离及时，没有造成人员伤亡。据悉10日上午9时左右，这8幢楼房就相继出现了裂缝、倾斜等情况。发现情况后，居民们相互转告，通报险情，马上从屋内搬离贵重物品，做好各种准备。从下午16时开始，这8幢宿舍楼终于在不断加剧的倾斜中重心偏离，然后一幢接一幢，陆续轰然地倒在江中。参见图32～图34。

图32　广东封开县倒楼入江现场1　　　　图33　广东封开县倒楼入江现场2

图34　广东封开县倒楼入江现场3

（4）2011年5月1日11:40左右，内蒙乌审旗在建第二实验小学报告厅发生支撑模板坍塌事故，造成6人死亡，5人受伤（其中骨折3人）。见图35、图36。该报告厅共一层，为井字梁楼盖结构，结构高度9m，最大跨度为30.4m，建筑面积678.40m²。该实验小学总建筑面积为28668.60m²。该报告厅属于超过一定规模的危险性较大工程。专家组分析后得出如下结论：造成事故的直接原因是施工单位未编制专项施工方案，擅自盲目施工；所采用的原材料、模板支撑体系不满足规范要求，且模板支撑体系搭设在松软砂土上，不满足承载力要求，因此导致模板支撑体系失稳。间接原因是监理单位未要求施工单位编制专项施工方案，未阻止其违规行为；该项目安全生产管理混乱，责任制落实不到位。

图35　内蒙某在建小学报告厅发生的坍塌事故　　图36　内蒙某在建小学报告厅坍塌事故场景

（5）2011 年 5 月 19 日下午 18 时许，湖北武汉市长丰大道一在建六层私人住宅发生垮塌事故，造成多人被埋，致使 1 死 7 伤（见图 37）。

图37 武汉市长丰大道一在建六层私人住宅发生垮塌事故

（6）2011 年 5 月 30 日上午 8 时许，武汉市黄陂区蔡榨街村一在建三层民房施工时发生现浇楼板断裂及外墙脚手架垮塌事故，造成 2 名工人从高处坠落，经抢救无效死亡（见图 38）。

（7）2011 年 6 月 7 日晨 7 时 25 分左右，江苏靖江市闹市区 568 快捷宾馆（四层楼）的部分开间突然产生错位并向后倾斜 20° 左右，随即疏散宾馆人员并拉上警戒线进行调查（见图 39）。

图38 武汉黄陂一在建三层民房发生现浇楼板断裂及外墙脚手架垮塌事故

图39 江苏靖江市闹市区某四层宾馆突发倾斜事故现场

（8）2011 年 7 月 21 日 4 时 20 分许，哈尔滨市南岗区联部街 58 号一栋居民楼部分墙体发生垮塌事故。该楼一侧从一楼到六楼的房间已基本全部垮塌，只剩下六楼房顶悬在空中。

据居民反映，在凌晨 3：30 左右，她从睡梦中惊醒，听到一阵阵好象黄豆爆裂声音，同时发现自家墙体出现明显裂痕。随即，打 110 报警，并发现墙体裂缝越来越大。赶紧通知住户撤离。住户居民刚跑出两三分钟时间，大楼一侧墙体的垮塌就发生了。见图 40～图 42。

图40 哈尔滨市南岗区联部街一栋居民楼部分墙体发生垮塌事故

图41 哈尔滨市南岗区联部街一栋居民楼
发生垮塌事故立面

图42 哈尔滨市南岗区联部街一栋居民楼
发生垮塌事故现场

（9）2010年4月7日凌晨4时许，新疆乌鲁木齐市一座大型钢结构厂房（两层，共25000m²）发生蹊跷的整体垮塌事故。原先高20m的由成千吨钢材施工联结组成的钢结构框架瞬间扭折倒地。400mm以上粗的立柱深埋在地下固定，但在厂房垮塌时已有许多钢立柱被折断，整个钢结构骨架几乎塌完了。见图43、图44。幸好事故发生在凌晨未起床前，无人伤亡。

图43 乌鲁木齐市一大型钢结构厂房发生
整体垮塌事故现场

图44 乌市一大型钢结构厂房整体垮塌时
构件屈服

图45 台湾南投县绮丽温泉饭店大楼在暴
雨山洪中倒在溪床里

（10）2010年8月12日台湾南投县庐山温泉区塔罗湾溪水发生暴雨山洪，冲刷掏空离溪最近的庐山宾馆，并被后面涌出的土石流淹没，导致该宾馆斜对面五层楼高的绮丽温泉饭店"轰"地一声倒在该溪床里。而玉池饭店的地基土也被洪水掏空、岌岌可危。27名游客及员工获救，1名宾馆女员工失踪。该宾馆大楼被冲塌的全过程有记者全程录像（见图45）。

2.3 建筑工程施工中的重大火灾事故

建筑工程重大火灾事故，一般都是毁灭性的灾难，往往造成人员生命财产的重大损失。下面介绍三起近年来发生的重特大火灾事故。

（1）2009年2月9日中央电视台新址北配楼发生的特重大火灾。

2009年2月9日20时27分许，北京朝阳区东三环中央电视台新址附属文化中心大楼（北配楼）及酒店工地发生火灾。该楼高159m，主楼为30层，裙楼为5层，早在2006年底该楼已结构封顶。火灾导火线是人为违规燃放花弹（A类烟花）引起的。

　　该配楼的外墙装修材料是火灾蔓延的主要原因。当花弹引起火灾后，该配楼的外墙保温层开始剧烈燃烧，熔化的保温层燃烧着流淌到比较低的楼层，使得低处的保温层也燃烧起来，最终大火将整栋北配楼吞没。见图46～图49。

图46 远眺央视大楼火灾

图47 近看央视大楼火灾

图48 央视大楼火灾时起火墙体

图49 央视大楼火灾后面目

　　当晚正在举行一台元宵节晚会。此次救灾动用了北京27个消防中心595名官兵，造成了1死8伤，且经济损失近亿元，十分惨重！

　　该北配楼豪华装修导致安全隐患，因外墙装修材料无检测报告，板材无合格证；且该摩天大楼尤如高耸的烟囱，是一个灾害放大器。

　　（2）2010年11月15日上海静安区胶州路发生的教师公寓特重大火灾。

　　2010年11月15日14时许，上海余姚路胶州路一幢28层教师公寓发生火灾。据附近居民讲，公寓内5～28层为住宅，住着不少退休教师（底层为商场，2～4层为办公用房）。

　　该火灾起火点位于10～12层之间，是由无证电焊工违章操作引起。事故现场违规使用大量尼龙网、聚氨脂泡沫等易燃材料。火灾一燃着，迅速包围整栋大楼。该装修工程违法违规，层层多次分包；且施工现场作业管理混乱，存在明显抢工现象；加之易燃材料不合格；以及有关部门安全监管不力等问题。

　　该火灾造成58人遇难，70余人受伤及40余人失踪。参见图50、图51。

图50 上海静安区教师公寓火灾发生位置

图51 上海静安区火灾公寓现场

（3）2010年11月5日吉林市吉林商业大厦发生特大火灾。

2010年11月5日9时08分左右，吉林市船营区珲春街的吉林商业大厦发生特大火灾。该火灾造成19人死亡，24人受伤和重大财产损失（家电、服装、鞋帽、家俱等）。

起火原因是该大厦一层二区斯舒郎精品店仓库起火点范围内的电气线路短路所致。此次事故吉林市投入69辆消防车和360名消防官兵，救出受困群众91人。见图52～图54。

图52　吉林商业大厦火灾抢救现场

图53　吉林商业大厦火灾后惨象

图54　吉林商业大厦内发现逃生通道改造
成了仓库

2.4　道路工程中所发生的特重大事故

本文开头引言中介绍的温州动车追尾交通事故，它同时也是一个铁路建设工程事故，暴露出动力信号处理指示系统的故障等质量原因，这就是铁路建设中的工程事故问题。

道路工程事故包括隧道、路基和路边设施等建设工程中所发生的事故。下面举一些近几年发生的事故实例供大家借鉴防范。

（1）2009年6月7日，海南三亚市绕城高速公路发生隧道塌方事故。该事故造成8名施工人员被埋，侥幸抢救及时得以生还。

（2）2010年1月21日中午，沪杭高铁嘉兴大桥段的一座大型施工井字梁突然发生倒塌，使

图55　嘉兴大桥段施工井字梁倒塌事故

得现场3名施工人员被压，其中1人伤势严重（见图55）。

（3）2010年2月23日浙江杭州市石大快速路由东向西的同协路出口处沪杭高铁杭州段发生了一起辅助墩倒塌事故，所幸无人员伤亡。

（4）2010年11月26日20时30分左右，在南京城市快速内环西线南延工程（纬八路—绕

城公路）四标段，即靠近雨花台小行地铁站附近，正当 7 名施工人员在 B17～B18 钢箱梁防撞墙施工时，突然发生钢箱梁倾复事故，导致 7 名作业人员随倾复钢箱梁一同坠落，经送医院抢救无效死亡。另外，当时桥下还有 3 人受伤。参见图56、图57。

 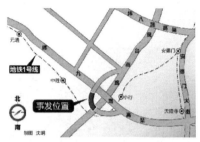

图56 南京城市快速南延线钢箱梁倾复事故现场 　　图57 南京城市快速南延线钢箱梁倾复事故发生位置

（5）2010 年 12 月 7 日凌晨 4 时许，湖南长沙市某工地施工时发生道路坍塌，导致紧邻的湖南电力学院 2 号宿舍楼局部塌陷，引发校舍开裂巨响，住在其中学生光身仓惶逃窜。记者有现场事故过程摄相。

（6）2011 年 4 月 20 日 4 时许，甘肃张掖市山丹县军民场境内的小平羌口隧道工程（兰新铁路线）出口掌子面发生坍塌事故，造成中铁二局 12 名现场作业人员被困。

（7）2011 年 4 月 25 日晚上 11 时许，北京市丰台石榴庄路段塌陷事故。事故导致一辆货车陷入坑中，司机已被救出，事故未造成人员伤亡。参见图 58、图59 事故现场。

图58 北京丰台塌陷路段抢险施工场面 　　图59 北京丰台塌陷路段抢险大型机械

（8）2011 年 5 月 18 日上午 9 点左右，北京朝阳区八里庄南里附近，地铁 6 号线工地隧道发生局部坍塌，1 名工人被埋，10 余名工友在消防队员赶到前，徒手刨出被埋者急送医院救治（见图 60）。

（9）2011 年 6 月 9 日下午 16 时许，大连市地铁山东路施工现场附近地面坍塌，出现直径超过 5m 的深坑，部分地下管线断裂，无人员伤亡（见图 61）。

图60 北京地铁6号线隧道坍塌现场 　　图61 大连市地铁施工路面塌陷现场

（10）2011年6月26日，云南玉溪市新平县城至三江口的二级公路（试通车的第二天）发生坍塌事故，导致一辆过路车翻下山崖，造成车上2人死亡，2人受伤，公路中断。网民质疑是"豆腐渣工程"，并称是"史上最短命公路"（见图62）。

（11）2011年7月10日，大连市胜利路附近正施工的一条隧道发生坍塌事故，12名施工人员被困隧道中（见图63）。随即，指挥部决定从另一平行隧道挖掘救援洞（见图64、图65）。

图62　云南"最短命公路"坍塌事故现场

图63　大连隧道坍塌事故，12名工人被困隧道中

图64　大连隧道坍塌事故组织工人开挖通道进行救援

图65　大连隧道坍塌事故的救援通道即将开通

7月19日16时10分许，在该隧道坍塌中被困的12人被全部救出。随即，早已等候在隧道外的医务人员及救援群众将他们迅速送往医院全面检查（图66～图68）。

图66　从隧道口接通送风道，为被困工人补充牛奶等食品

图67　坍塌事故中，被困12名工人经36小时挖开通道已全部获救

图68　事故发生时，医务与救援人员及时在隧道口做好迎接被困工人准备

2.5　建设工程项目发生的其他重大事故

除了以上四类建设工程特重大事故外，还有其他的重大事故，往往被人们所忽视，但却给人们带来沉重的生命财产损失，看看以下实例就使人们更加头脑清醒了！

（1）2009年6月10日晚上7时45分许，海南海口市白沙门污水处理厂二期扩建工程发生排海管道透水安全事故。5名施工人员被困在排海管道中，无缝管道中突然涌水满顶，导致作业人员几乎没有生还希望。经多名消防官兵与工友下海搜救，已确定全部遇难，至13日仅打捞出3具尸体。参见图69～图74现场搜救情况。

图69　海口污水处理厂发生透水事故现场

图70　重装潜水员准备下水搜救

图71　救援人员轮班不断进行作业

图72　救援人员正在接通抽水管道

图73　救援人员同时在海上寻找

图74　多人救援几天无果而失望

（2）2011年4月11日上午北京市朝阳区和平东街12区3号楼5单元居民楼发生爆燃、起火并坍塌。北京消防部门派出7个中队，29辆消防车和203名消防官兵到现场救援，还使用了搜救犬和仪器进行搜索。见图75、图76事故现场情景。

（3）2011年4月21日上午9时多，广东吴川市黄陂镇中山中学一个在建门楼发生横梁坍塌事故，4名施工人员在事故中受伤，其中1人伤势较重。

（4）2011年4月24日晚11时30分左右，福建晋江安海镇长安巷一住宅楼的停车场靠河一侧突然坍塌，8辆小车深陷其中。其中一辆黑色小车和一辆银色小车一头一尾深陷在坑中（见图77）。该住宅楼靠河一侧还有一排围墙，塌陷的区域约20m²，深2m多，底下的土层已呈中空状态。

图75　北京一居民楼爆燃坍塌现场之一

图76　北京一居民楼爆燃坍塌现场之二

图77　福建某住宅停车场坍塌事故现场

（5）2011年7月7日8时许，北京市第67中进行校舍加固的12号教学楼的外凹槽的外壁突然发生坍塌，导致2名工人当场被埋，经大批工友徒手挖掘营救出即送医院，但因伤势过重死亡（见图78）。

（6）2011年7月23日江苏徐州市铜山新建仅4个多月的1000多米长、1m宽和1m深的泄洪渠仅遇大雨冲洗就发生了多段坍塌，明显暴露出施工质量低劣（见图79）。

图78　北京市加固校舍坍塌现场抢救

图79　徐州新建泄洪渠遇大雨坍塌

（7）2011年7月28～29日，陕西秦岭深处洋县的千年古镇华阳遭山洪袭击。7月28日夜至29日凌晨洋县普降大到暴雨，华阳古镇的东河湘江水暴涨，引发山洪漫过河堤涌入古镇。该千年古镇街面房屋进水，294间房屋被冲垮，景区内29辆观光车被洪水冲走，奇石滩和十里亲水长廊等多处景点被冲毁。参见图80～图85。

图80　千年华阳古镇因暴雨造成洪灾

图81　千年古镇大桥被洪水冲毁

图82　千年古镇河岸被洪水严重冲刷

图83　千年古镇道路被洪水冲塌

图84　千年古镇房屋被洪水摧毁

图85　千年古镇石牌亭被洪水冲毁

（8）2011年7月29日下午，温州市鹿城区双井头新村发生一起灾难事故。正在温州12中教学楼施工的一台高达30m的塔吊突然拦腰截断，砸中了该村35～36号两栋居民楼，导致2人受重伤，塔吊工腰椎骨折，另一名宿舍电工被截肢。参见图86、图87事故现场。

图86　温州塔吊倒塌砸楼事故现场

图87　温州塔吊砸楼事故惨景

（9）2011年7月30日北京下了一场大雨，地铁13号线西二旗站的乘车大厅漏水，大厅内摆放了十几只接水桶，直至31日晚滴漏情况还未停止。该大厅的漏水与顶部防水层处理质量有关。参见图 88 事故现场。

（10）2011 年 7 月 30 日，江苏盐城射阳县城众兴路南侧，一栋包围高压电线杆的违法建筑被强拆。该楼南北长约 40m，东西宽约 7m 左右，层高 2 层。该建筑包围了 2 根高压电线杆，其中 1 根电杆上还有一台变压器。参见图 89。

图88　北京地铁13号线透水事故现场　　　　图89　江苏射阳强拆包围高压电杆违章建筑

（11）2011 年 7 月 31 日上午 11 时左右，重庆沙坪坝地铁一号线三峡广场出口附近的一处工地，发生吊车仰翻事故。该吊车是为三峡广场通风口施工。所幸无人员伤亡。参见图 90、图91。

图90　吊车开翻的重庆沙坪坝事故现场　　　　图91　重庆沙坪坝吊车开翻的险情

（12）2011 年 7 月 12 日上午 10 时许，湖南澄迈县桥头镇一居民拆旧房，由乡邻 6 人承包拆除施工。拆房过程中墙体突然坍塌，当场死亡 4 人，重伤 1 人。此系违章作业所造成的事故。参见图 92、图93。

图92　拆旧房时墙体坍塌现场搜救　　　　图93　拆旧房坍塌付出沉重代价的悲哀

（13）2011 年 7 月 29 日下午 14时30分，兰渝铁路和武罐高速公路施工队在甘肃省陇南市武都区因车辆占道问题引发聚众斗殴,后由兰渝铁路施工队民工引爆炸药,造成4人死亡,16人受伤。参见图94~图96。

图94　兰渝铁路与高速公路两施工队斗殴引爆炸药后惨景

图95　斗殴事故紧邻隧道洞口场景

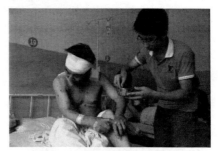

图96　斗殴事故中抢救受伤工人

（14）2011年7月20日人民日报记者采访报导,云南曲靖市马龙县统建房还没搬家墙就倒,混凝土像泥巴。记者采访时的那几天,该县阴晴不定,月望乡小海子村彭心国指着地上水对记者说:"下大雨能漏满几个小孩的洗澡盆。"

7月18日,村民王慧英提来一壶水给记者作演示。将水顺着楼板裂缝倒下去,记者马上跑到一楼,天花板上已渍出水珠来,不一会地上就滴下一滩水。居民反映,88天就建起392家新居,包工头太多了,鱼龙混杂,该工程使用的"混凝土就像泥巴"。参见图97、图98。

去年1月25日,马龙县突发洪水,小海子村457户1650人受灾,倒塌房屋1200间。今年春节前,村民们搬入新居,随之发现层出不穷的质量问题:地基下沉、楼板开裂、墙体空填、屋顶漏雨,甚至还未搬家院墙就倒了。记者在7月17、18日两天走访该村20户,每家新居都有严重的质量问题。

图97　云南马龙县灾后统建房小区质量问题多

图98　统建房漏水处居民舀水情景

（15）安徽太湖县龙安小区是该县最大的安置小区，建在过去的水塘和耕地上，总套数1100套，现入住安置户200户。自去年年底来，50多户居民的房屋陆续出现承重梁、屋面、外墙开裂和漏水等现象，部分住户甚至出现楼板踩穿和房屋沉降等严重现象。居民称该工程为"豆腐渣工程"，包工头的偷工减料很严重。

出现质量问题的主要是连排楼房。刘成旺家是质量问题最严重的一户。走进他家二楼的主卧室，石灰和混凝土散落一地，他们在晒腌菜时就踩穿了楼板。参见图99、图100。

 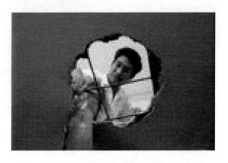

图99　太湖县某安置房被踩穿的楼板洞（开　　　图100　太湖县某安置房被踩穿的楼板洞口
　　　　出天窗）向下看到室内情景　　　　　　　　　　　往上看出去的漏洞情景

（16）2011年4月9日晚22时19分许，郑州市中州大道跨京广铁路大桥南端两个承重梁被两辆超载货车轧断，危及京广铁路车行安全。参见图101、图102。

图101　郑州两辆超载货车轧断跨铁路大桥　　　图102　郑州超载货车压坏桥面处于倾斜状
　　　　承重梁现场　　　　　　　　　　　　　　　　　态情景

（17）2011年7月8日凌晨2时许，山西长治市通往陕西方向的309国道上一座桥被一辆满载80余吨原煤（轴承重20t）的超载车压塌，使桥的两端车辆堵车数公里，长达10多小时，参见图103、图104。

图103　山西80t超载煤车压坏大桥使交通瘫　　　图104　正在处置80t超载煤车压坏大桥后的
　　　　痪场景　　　　　　　　　　　　　　　　　卸煤场景

（18）2011年7月19日零时40分，1辆重达160t的严重超载车，通过北京怀柔市宝山寺白河桥第一孔时就发生桥梁坍塌，随后四孔全部坍塌，无人员伤亡。

该桥长230余米，1987年始建，2006年又结构加固。该桥为4孔净跨50m的钢筋混凝土桥。根据交通运输部2000年第二号令——《超限运输车行驶公路管理规定》，货车总重超过46t不允许上路。而该车已经超过160t，属于严重超载。参见图105～图108。

图105 北京超载货车压垮大桥场景1

图106 北京超载货车压垮大桥场景2

图107 北京超载货车压垮大桥场景3

图108 北京超载货车压垮桥后的处理

3 发生特重大建设工程事故的原因分析

3.1 场地勘察方面原因

（1）对拟建场地勘探，仅从地形地貌特点加以初略判断，后就作为勘探工作量布置的依据，未做必要的大环境地质调查分析工作，尤其没有很好参考邻近工程勘探报告与施工验槽资料，把握不住拟建场地的工程地质特点。

（2）勘探点平面布置不合理。没有根据最初一些钻孔的土层变化特征进行加密调整控制补孔，遗漏了土层变化的交汇区域及突变点位的土质资料。

（3）勘探深度不够。尤其对于软弱土层地区，往往在堆积形成过程中多有变化分层。常常由于片面判断成较厚土层而漏掉了细划的夹层土土质资料。

（4）现场原位测试工作马虎，甚至敷衍了事，采用间隔插值乱补数据，更为恶劣的是对深部土层的测试工作省去不做，肆意伪造数据，凭经验去补充配齐本应该连续实测的完整数据，所提交勘探报告实际成了造假资料。

（5）有时简化了室内试验应做的必要试样试验工作，使土性指标的统计分析子样不足，从而导致对土性指标的判断不合实际。

（6）当任务较多时，对勘察的原位试验及室内土工试验资料未作深入细致分析就粗制滥造勘察报告，往往给设计施工人员进行了误导。

3.2　工程设计方面原因

（1）设计人员对荷载条件分析不足就盲目设计，尤其是对拟建场地的气象条件调查不多，在了解不够的情况下进行设计，往往出现设计上的疏漏、甚至判断错误的自我误导，造成脱离实际的设计方案。

（2）设计人员未细致阅读分析勘察报告资料反映的地质条件，尤其是土层变化区域的土质条件变化特征，就盲目进行施工图阶段设计，往往导致不切合实际的工程设计错误。

（3）结构计算过于相信计算机，对所得数据未作细致核对，甚至对有些错误数据也不加分析地作为设计依据，因而错误地配置了结构构件钢筋。

（4）刚从学校毕业的设计新手，仅重视计算，忽视构造措施，不加分析地照抄标准图或别人图纸，常常出现抄错的失误，甚至有时出现构造上的较大错误。

（5）设计人员老中青结合的传帮带未落到实处，年青设计人员自信固执，不尊重年长的有经验的设计人员；年长的设计人员又不愿真教年青的设计人员，担心他们学会就"跳槽"，教也白教。这使得设计院的设计水平呈现下降趋势，严重影响工程设计质量。

（6）对于设计方案出来的图纸会审环节，设计人员不尊重施工单位和监理单位技术人员意见，对较好的设计修改建议也不愿采纳，使设计方案的可操作性受到限制而往往脱离实际条件，必然影响工程设计质量。

3.3　材料选用方面原因

（1）建设单位有时因工期和材料紧缺等原因，要求设计单位进行材料变更或代换，往往出现以次充好的用材弊端，严重影响工程质量。

（2）材料供货单位往往以次充好，以低价中标和行贿腐败等手段，将劣质材料轻易进场用到工程上，造成工程质量低劣，埋下事故隐患。

（3）监理单位对进场材料把关不严，材料检测手续不全或检测批次不够也不加及时追究，由此导致大批不合格材料进场投入工程使用，造成工程质量低劣，埋下较多质量隐患。

（4）材料供货商进场的大宗材料批次差异过大，而监理及设计人员监管不严，未及时发现也未采取相应补救措施，往往造成工程质量的极大不稳定，埋下工程质量隐患。

（5）现场施工人员不严格掌握材料配比，对按施工批次所留试样也数量不够，导致按配比材料施工的构件质量难以达标，为工程质量埋下较多隐患。

3.4　施工技术及管理方面原因

（1）施工工序与环节必须进行的自检和互检往往流于形式，没有认真实施或轻易放行，从而也放过了形成工程质量的许多重要的中间环节过程，工程质量隐患将由此产生。

（2）施工人员对大宗材料往往不清除杂质异物就加以不负责的混用，导致工程质量的严重缺陷和低劣状况。

（3）施工人员对砂浆、混凝土等配比材料未严格计量，导致不同批次配比材料的质量出现较大差异，严重影响工程质量。尤其是悬挑或扭转构件，这将是导致工程事故的原因所在。

（4）施工技术及管理人员不认真进行技术交底，第一线农民工也不发问弄清分部分项工程技术标准及安全技术操作规程要求，盲目地进行施工，因而达不到各自相应工程的质量标准。

（5）施工单位层层转包，导致管理混乱、偷工减料和施工技术水平的严重差异等弊端，而造成工程质量低劣，甚至造成质量灾难惨重事故！

（6）施工单位利用行贿手段腐蚀工程监理及质量监督部门监管人员，使得层层质检把关环节流于形式，导致百年大计的工程产品在质量形成过程中留下了较多质量隐患。

3.5 使用维护方面的原因

（1）房屋用户进住前的装修阶段，不管结构受力情况，只按其个人所需空间布局要求任意撤墙或开洞，严重损坏房屋结构构件刚度及结构整体稳定性，容易造成坍塌事故发生。

（2）使用住户不懂结构构件的设计荷载标准要求，任意集中堆放荷载造成结构超载（装修施工工人的超载堆放也如此），这是造成房屋结构损坏的重要原因。

（3）房屋结构的维修保养应隔几年呈周期性地进行，经常性地堵漏和补缝是正常的房屋修缮维护环节，不能只顾使用而放任不管。

（4）房屋诊断、结构安全鉴定与结构加固措施目前还未形成制度，对使用多年且年久失修房屋仍听之任之，不去关心爱护，致使房屋病患到达总爆发时才如梦惊醒，为时已晚！

4 特重大建设工程事故带给人们的深刻教训

（1）不能急功近利，必须从长计议。

建设工程均系关系人民生命财产的百年大计大项目，不图质量地求快求多的急功近利行为，必然是低质量的建设工程产品！

（2）不能顾此失彼，必须权衡利弊。

政府官员的政绩行为不能单看一个地方的国民经济发展的 GDP 增长，更应确保生产产品的质量提高，尤其是建设工程大产品，从形成产品质量的规划、设计、选材、施工监理、检测和管理等阶段都要权衡利弊，统筹兼顾，认真抓好，并一抓到底！

（3）不能利令智昏，必须重急顾轻。

"土地财政"容易使一些政府官员利令智昏，商品房的增长能活生生地看到业绩，但城市中低收入人群的安置房、廉租房和解困房更应抓好工程质量；尤其是灾后重建的统建房，更应确保工程质量以安抚人心，这些建设工程才是最重要的民生工程！

（4）不能抓而无纲，必须健全法规。

建设工程的质量安全必须狠抓不放，应有纲可寻。尤其应制定和完善好相关的法规来加强执法所依的有序管理。建设工程产品是世界上最大的百年大计千年大计，是危及人类生命的民生产品，没有严格的法规约束，靠人治是治理不好的。

（5）不能管重避轻，必须全程监管。

不能只针对近几年出现的特重大工程事故来划分工作轻重去管重避轻，而应对带来工程质量安全隐患的产品生产的施工全过程均要加强全程管理，使之不遗漏任何一个生产施工环节，并确保监管的力度到位，才有可能消除工程质量隐患！

（6）不能迁就姑息，必须严肃果断。

为什么近几年我国接连出现这么多的特重大工程事故？一个原因是政府官员及工程管理人员片面地狠抓了建设速度和效益，而放松了工程质量和安全；另一个原因就是主管官员的迁就姑息作风弊病，闹出了重大质量安全事故，调动几个干部，抓几个小小责任人，让事件很快就轻描淡写地过去了，没有留下惨痛的深刻教训！

这样下去哪能行呢？必须遇事果断，查明责任人就得重拳出击，毫不手软！应该以法制的手段，必须严厉打击一小批、郑重处罚一中批、严厉教育一大批，使惩治—拯救—教育方式有机织成工程建设的"安全网"，迅速消除建设工程中的各种质量安全隐患！

5 积极预防特重大建设工程事故的对策

（1）积极探索预防特重大建设工程事故的有效机制。

对于处治特重大建设工程事故，必须坚持以"预防为主"的方针，积极探寻预防事故发生的有效机制，全面纳入法制化管理模式。

对于大小建设工程事故，虽然自然环境、天气和气候条件多变等外界干扰因素防不甚防，然而最主要的原因仍是人为因素。

人是万物之灵，应该发挥好人的主观能动性。"魔高一尺，道高一丈。"我们要积极探寻工程事故发生演变的内部规律，并探索出预防工程事故发生的有效机制来防范事故给人们带来的重大灾难。

（2）全面健全法规制度，实现循规蹈矩的法制化管理。

建设工程是百年大计千年大计的民生工程项目，耗资巨大，涉及单位部门多，生产施工周期长，且受外界自然因素干扰大，因而在管理上必须纳入健全的法规制度，全面纳入法制化管理模式，才能迅速减少并消除特重大建设工程事故的发生。

（3）大力坚持分层管理与层层把关，齐心协力地编织好防范工程建设事故发生的"质量安全网"。

导致特重大建设工程事故的原因多种多样，因而我们应采取保护性措施来防范特重大事故发生。根据建设工程的行业特点，靠几个单位或几个部门是管理不好这个世界上最大产品的生产过程，必须花大力气坚持政府、行业与工程单位分层协同管理的有效管理，层层把关，调动一切积极因素，编织成防范工程建设事故发生的"质量安全网"，才能防患于未然。

（4）优先完善教育机制，将技术教育与法制教育有机结合起来。

防范建设工程事故，应该开发人的智慧，让所有参与建设工程的建设者明白自己的工作内容和正确的工作方法，尤其是第一线的施工工人及管理人员，更要全面掌握安全施工技术规程及相应的建筑技术经济法规，以明智的聪明头脑和严谨的工作作风参加到建设工程项目中，目标明确，思路清晰，行动敏捷，有条不紊地完成好工程建设的各项施工任务。

6 结论

建设工程是关系着国计民生的百年大计、千年大计的民心工程，意义重大！它只能给人们带来温馨舒适的生产和生活环境以及出行的方便，绝不能带来质量安全事故灾难！

近几年我国接连不断，甚至在同一地区重复发生特重大工程事故，造成了人民生命财产的重大损失。灾难是触目惊心的！教训也是十分深刻的！要认真分析产生这些特重大工程事故的原因，由此找出问题的症结所在。

在此基础上，积极探寻预防特重大建设工程事故的对策尤为重要。深入探寻预防建设工程事故的有效机制；全面建立健全相关法规制度，实行法制化管理；大力抓好分层管理，实现齐心协力的层层把关，打掉麻痹思想堵住人为疏漏缺口，编织好建设工程事故防范的"质量安全网",认真做好万无一失的有效防范工作。

认真细致地做好对参与建设工程有关人员的技术教育和法制教育,齐抓共管,加强责任心,增强责任感,让特重大建设工程事故迅速消失,并将建设工程质量提高到一个新的更高水平!

参 考 文 献

[1] 韩选江.“予力平衡理论”原理和它的普遍应用[J].未来与发展,2010(11):16-21

[2] 韩选江.城市减灾的综合防治与灾后重建实例分析[J].未来与发展,2010(1):2-9

[3] 韩选江.在城市化进程中完善生态城市建设新机制[A],工程优化与防灾减灾技术原理及应用[C].北京:知识产权出版社,2010

第二章　　工程设计优化与理论探讨　○

超大高宽比复杂体型超高层建筑风致响应的分析与研究

方鸿强　张陈胜

（汉嘉设计集团股份有限公司，杭州　310005）

[摘　要] 风荷载是高层建筑结构承受的一种主要水平荷载，针对迪凯金座复杂超高层建筑，结合风洞试验，分析干扰效应下结构的风压分布特征，在此基础上进行顺风向、横风向和扭转向的风致振动响应分析；超高层建筑的风振舒适度分析至关重要，由于迪凯金座的复杂体型，考虑了扭转向、水平向和扭转向组合的舒适度分析；鉴于迪凯金座高宽比达8.7，对其进行气动弹性失稳验算分析，其稳定性满足要求。

[关键词] 高层建筑；风致振动；舒适度；气动弹性失稳

1　项目概况

迪凯金座位于杭州钱江新城中央商务区，钱塘江畔地形开阔，为 B 类地貌。大楼体型基本为矩形，为钢框架核心筒体系，高 200m，宽 23m，长 83m；高宽比 8.7，长宽比为 3.4；立面上开三个矩形洞，共设三个连体，如图 1 所示。

本工程设计基准期为 50 年，结构安全等级为二级，抗震设防烈度为 6 度，III 类场地，基本风压按 100 年重现期为 0.5kPa。由于其体形复杂，高宽比大，结构主体由风荷载起控制作用。《建筑结构荷载规范》[1]（简称《规范》）中建筑物体型系数是取迎风面和背风面的面平均值，且未能考虑不同高宽比和长宽比对风荷载的影响；文献 [2] 认为即使对于比较规则的单个矩形建筑，当高宽比较大、长宽比小于 1 或大于 1.59 时，《规范》方法与风洞

图1　迪凯金座效果图

试验方法的结果差别比较明显。因此，应考虑结构在干扰前提下的顺风向、横风向和绕竖轴扭转的静动力风荷载，采用风洞试验与准确的风振理论相结合的空间分析方法；同时，舒适度的控制也极其重要。

2　结构选型与结构布置

考虑到结构高宽比较大，整个结构非常柔，《高层民用建筑钢结构技术规程》[3]（简称《高钢规》）对钢框架核心筒的高宽比的限值为 5；作为希尔顿五星级酒店，对建筑空间的要求很高，且对舒适度的要求较严，因此选用侧向刚度大的钢框架核心筒体系;平面布置如图 2 所示，两个核心筒分别布置在建筑物的两端，距离较大，增加了 X 方向的抗侧刚度，核心筒剪力墙

厚为 800mm。立面开洞处的平面布置图如图 3 所示，为了提高结构的整体刚度，在中间连体层处设腰桁架和伸臂桁架，在风荷载作用下，设置加强层是一种减少结构水平位移的有效方法；在顶部连体层处设帽桁架，在增加结构抗侧刚度的同时也显著减少核心筒与周边构件的沉降差。

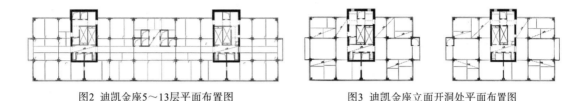

图2　迪凯金座5～13层平面布置图　　　　　　图3　迪凯金座立面开洞处平面布置图

3　风压分布特征分析

迪凯金座超高层建筑的风洞试验是在同济大学 TJ–2 大气边界层风洞中进行，100 年重现期对应的基本风速为 28.3m/s，梯度风高度为 350m，刚性模型的几何缩尺比为 1/250。考虑了该建筑物周边 600m 半径内的既有建筑的干扰效应的影响，风压参考点设在高度 1.4m 处。试验模型如图 4 所示。

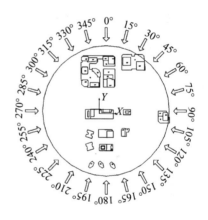

图4　迪凯金座风洞试验模型图　　　　图5　迪凯金座风洞试验模型方向角示意图

试验风向角间隔取为 15°，共有 24 个角度。风向角定义如图 5 所示。

根据试验测得的各测点的平均风压系数 $C_{pmean, i}$，可得各测点的点体型系数 μ_{si}，即

$$\mu_{si} = C_{pmean, i} \times (Z_G/Z)^{0.32} \tag{1}$$

式中　Z_G——梯度风高度，Z 在为测点高度。

图 6～图 9 分别给出了 0° 风向角下的迪凯金座正立面（迎风面）、背立面（背风面），中间开洞处，顶面点体型系数的分布。由图 6 可知迎风面底部风压很小，两边还出现了较大的负压区，说明底部气流缓慢且紊乱，两侧的负压区随着高度的增加而减小，负压的绝对值随高度的增加而减小；迎风面正压随着高度的增加先增加后减小，在顶部和洞口附近的正压明显偏小，三维流效应明显；虚线所围区域为点体型系数大于 0.8 的区域，最大值为 0.94，该区域占总的迎风面的面积比例不足 1/3，因此与《规范》的整个迎风面体型系数均为 0.8 的取值差别较大。

背风面全为负压，且体型系数绝对值介于 0.72～1.53 之间，全部大于 0.5，与《规范》差别很大；随着高度的增加，风压绝对值逐渐减小。

立面开洞处连体上下面的点体型系数在 –0.45～–1.19 之间，上表面风压绝对值略大，这对连体结构受力是有利的。

屋顶面的点体型系数分布较为均匀，介于 –0.93～–0.53 之间。

将整个建筑从上往下分成 11 个区块，表 1 列出了每个区块的层体型系数，只有顶部的层体型系数绝对值大于《规范》的 1.3。

从以上的分析可知，迪凯金座超高层建筑的风荷载是以负压为主，立面开洞对整个建筑的风压分布产生了极大的影响；整体而言，风洞试验的风荷载值小于《规范》的值。

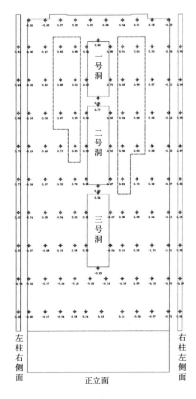

图6　迪凯金座正立面点体型系数图

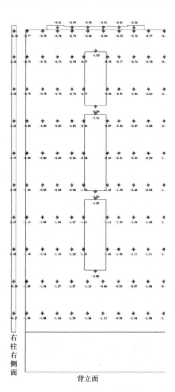

图7　迪凯金座背立面点体型系数图

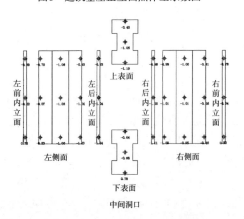

图8　中间洞口处点体型系数图

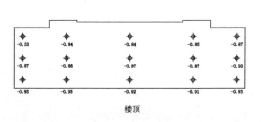

图9　迪凯金座顶面点体型系数图

迪凯金座层体型系数 表1

断面号	层体型系数	断面号	层体型系数
1	−1.45	7	−1.25
2	−1.15	8	−1.10
3	−1.14	9	−0.86
4	−1.22	10	−0.81
5	−1.20	11	−1.11
6	−1.23		

4 风致振动分析

由于迪凯金座高宽比达 8.7，体型复杂，雷诺数 $Re=69000VB=1.38 \times 10^8 > 3.5 \times 10^6$，处于跨临界范围，是工程中最注意的范围[5]；而《规范》的顺风向风振分析方法适用于高宽比小于 8，且外形和质量沿建筑高度分布比较均匀的结构，《规范》也没有给出矩形建筑横风向风振的计算公式，因此本工程采用"串联多质点系"力学模型来建立有限元模型和随机振动响应分析的 CQC 方法对结构进行随机风致振动响应分析。

风振分析时，《规范》中没有对混合结构的阻尼比作出明确规定，文献 [4] 认为钢混凝土组合结构的结构阻尼比应取 0.02～0.025，因此本工程取 0.02。

4.1 顺风向和横风向风致振动分析

顺风向风振是由风压脉动引起的，而横风向风振是由风的湍流和建筑物尾流中的漩涡共同引起的。

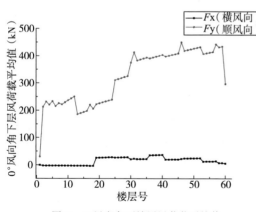

图10 0°风向角下楼层风荷载平均值

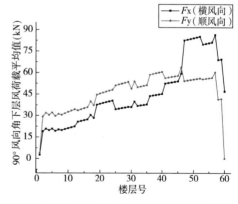

图11 90°风向角下楼层风荷载平均值

图 10、图 11 分别给出了 0° 风向角和 90° 风向角下楼层风荷载平均值，0° 风向角下顺风向楼层风荷载平均值明显大于横风向的值，而 90° 风向角下横风向楼层风荷载平均值略大于顺风向的值，45 层以上部分横风向值的小于顺风向的值。

图 12、图 13 分别给出了 0° 风向角和 90° 风向角下楼层位移峰值，0° 风向角下顺风向位移比横风向大达到 0.393m，而且差值随着高的的增加而增加；90° 风向角下的横风向的位移

峰值大于顺风向的,而且差值随着高度的增加而增加。横风向的位移峰值最大值达到 0.213m,顺风向位移峰值最大值为 0.081m,因此横风向风振大于顺风向风振。

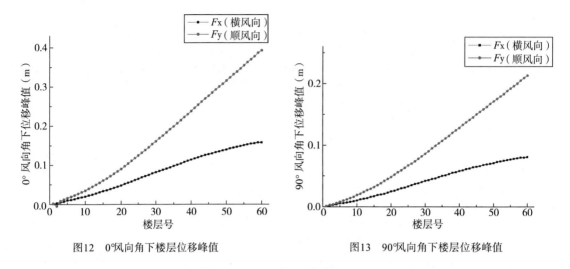

图12　0°风向角下楼层位移峰值　　　　　图13　90°风向角下楼层位移峰值

虽然 90°风向角下横风向风振效应大于顺风向风振效应;但整体而言,由于 0°风向角下迎风面面积是 90°风向角下迎风面面积的 3.6 倍,0°风向角工况下其顺风向风致振动效应起控制作用,因此整个结构还是以顺风向风致振动效应为主,但是横风向风致振动效应不容忽视,尤其是圆形或长宽比接近 1 的建筑物。

4.2　扭转向风致振动分析

高层建筑的风致扭转振动是由迎风面、侧风面和背风面的不对称风压分布引起的,与横风向振动相同的是,它也是由风的湍流和建筑物尾流中的漩涡共同作用产生的,对于质心和刚心偏离较大的高层建筑尤其显著。在高层建筑的设计中,扭转向的风致振动效应往往不被重视。

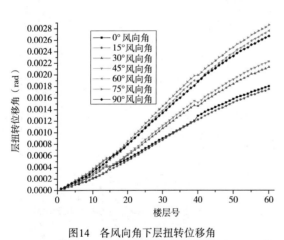

图14　各风向角下层扭转位移角

图 14 给出了 0°~90°风向角下的层扭转位移角峰值的比较曲线。

(1)扭转效应最大、最小分别发生在 75°风向角和 15°风向角下。

(2)扭转效应可以分为三个区域,0°和 15°为区域一,30°和 45°为区域二,60°、75°和 90°为区域三,扭转效应依次递增。

(3)90°风向角小的扭转效应较大,而其横风向风振效应也较大,因此横风向风振和扭转向振动往往同时发生。

5　舒适度分析

高层建筑,尤其是超高层钢结构建筑,由于高度迅速增加,阻尼比减小,人体舒适度上升为一个重要的控制指标。《高钢规》中规定高层建筑钢结构在风荷载作用下的顺风向和横风向定点最大加速度，应满足下列关系式要求：

公寓建筑　$a_w（a_{tr}）\leqslant 0.20 \text{ m/s}^2$

公共建筑　$a_w（a_{tr}）\leqslant 0.28 \text{ m/s}^2$

同时给出了顺风向顶点加速度的计算公式：

$$a_w = \varepsilon v \frac{\mu_s \mu_r \omega_o A}{m_{tot}} \tag{2}$$

式中　a_w—— 顺风向顶点最大加速度（m/s^2）；

μ_s—— 风荷载体型系数；

μ_r—— 重现期调整系数；

ω_o—— 基本风压（kN/m^2）；

$\varepsilon，v$—— 脉动增大系数和脉动影响系数；

A—— 建筑物总迎风面积（m^2）；

m_{tot}—— 建筑物总质量（t）。

和横风向加速度的计算公式：

$$a_{tr} = \frac{b_r}{T_t^2} \times \frac{\sqrt{BL}}{\gamma_B \sqrt{\xi_{t,cr}}} \tag{3}$$

式中　a_{tr}—— 横风向顶点最大加速度（m/s^2）；

γ_B—— 建筑物所受的平均重力（kN/m^3）；

$\xi_{t,cr}$—— 建筑物横风向的临界阻尼比值；

$B，L$—— 建筑物平面的宽度和长度（m）。

《高钢规》的以上公式主要参考了《加拿大国家建筑规范》[6]，单独考虑了顺风向和横风向的加速度。考虑顺风向、横风向和扭转向最大加速度响应的叠加时，可按以下两公式计算：

$$a_{ce} = 0.8\sqrt{a_d^2 + a_w^2} \tag{4}$$

$$a_{co} = 0.7\sqrt{a_d^2 + a_w^2 + a_\theta^2} \tag{5}$$

式中　$a_d，a_w，a_\theta$—— 顺风向、横风向、扭转向加速度。

图15、图16、图17分别给出了 X、Y、Z 向的风荷载作用下的各楼层加速度，按照《规范》考虑重现期为10年；

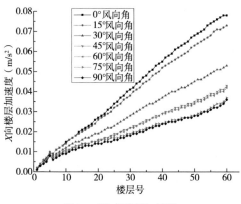

图15　X向各楼层加速度

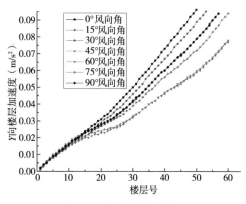

图16　Y向各楼层加速度

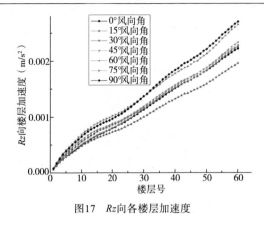

图17　Rz向各楼层加速度

虽然 X 向的风荷载作用面积较小，但 X 向侧向刚度并不大，因此最大加速度出现在 0° 风向角下即横向风振加速度起控制作用，顶层最大加速度为 0.078m/s²。Y 向的风荷载作用面积大，侧向刚度较大，最大加速度出现在 0° 风向角即顺风向加速度起控制作用，顶层最大加速度为 0.122 m/s²。Rz 向最大加速度为 0.0027 m/s²，出现在 90° 风向角工况，因为该方向建筑物侧面狭长，气流分离后再附着，尾流区两侧气流紊乱而不对称；《高钢规》没有给出扭转加速的限制，参考《加拿大国家建筑规范》，因扭转在边角上产生的水平加速度 a_θ 为：

$$a_\theta = \frac{\sqrt{B^2 + D^2}}{2} \ddot{\theta} \tag{6}$$

将最大扭转加速度代入，得 a_θ=0.1162m/s²。

图 18、图 19 分别给出了考虑式（4）、式（5）方向组合的各楼层加速度，其最大值分别为 0.116 m /s²，0.102 m/s²；两种组合下的加速度变化曲线基本一致，说明扭转向的加速度相对于水平方向的较小，且这一比值越小越好。

由以上分析可知，整个结构的舒适度完全满足《高钢规》的要求。

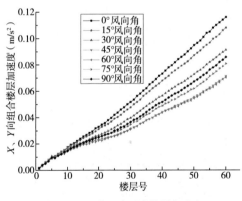

图18　X、Y向组合后各楼层加速度

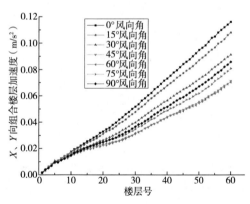

图19　X、Y、Z向组合后各楼层加速度

6　气动弹性失稳验算

《日本规范》[7]规定检验矩形建筑气动弹性失稳的条件：

$$\frac{H}{\sqrt{BD}} \geq 4 \text{ 和 } U_H > 0.83 U_{cr}^* n_o \sqrt{BD}$$

其中

$$U_{cr}^* = 4.5 \frac{\eta_f M}{3\rho BDH} + 6.7$$

式中　n_o —— 建筑物横风向第一水平振型的自振频率；

　　　　U_{cr}^* —— 气动弹性失稳的量纲为 1 的临界风速；

η_f—— 横风向第一水平振型的临界阻尼比；

M —— 结构总质量（kg）。

对于本工程：

$$\frac{H}{\sqrt{BD}} = 4.58 > 4$$

$$U_H < 0.83(4.5 \frac{\eta_f M}{3\rho BDH} + 6.7)n_o\sqrt{BD} = 111.9$$

因此不满足《日本规范》的条件，不需要进一步验算结构气动弹性失稳。

7 结 论

本文通过对迪凯金座超高层建筑的结构体型及布置、风致振动分析、舒适度分析和气动弹性失稳分析，得到如下结论：

（1）通过综合利用伸臂桁架、腰桁架和帽桁架，使得迪凯金座超高层建筑抗风性能大大提升。

（2）迪凯金座超高层建筑立面开洞对其本身的风荷载产生极大影响，主要以背风面的负压为控制荷载，但整体风荷载小于《规范》值。

（3）迪凯金座超高层建筑主要以顺风向风振为主，90°风向角下横风向风振明显大于顺风向风振，因此对于圆形或长宽比接近1的超高层建筑，其横风向风振不容忽视。

（4）舒适度分析是超高层建筑的一项重要内容，本工程除了分析顺风向、横风向和扭转向楼层加速度外，还考虑这三个方向的两种组合和由于扭转引起的水平向加速度，所有情形均满足《高钢规》要求。

（5）考虑到迪凯金座高宽比达8.7，因此参考《日本规范》对其进行气动弹性失稳分析，分析得出其气动弹性稳定性较好。

参 考 文 献

［1］ GB 5009—2001 建筑结构荷载规范（2006年版）［S］.北京：中国建筑工业出版社，2006

［2］ 黄本才，汪丛军.结构抗风分析原理及应用［M］.上海：同济大学出版社，2005

［3］ JGJ99—98 高层民用建筑钢结构技术规程［S］.北京：中国建筑工业出版社，1998

［4］ 徐培福，傅学怡，王翠坤，肖从真.复杂高层建筑结构设计［M］.北京：中国建筑工业出版社，2005

［5］ 张相庭.结构风工程［M］.北京：中国建筑工业出版社，2006

［6］ Boundary Layer Wind Tunnel Laboratory of Western Ontario, Canada. Preliminary Design Structural Engineering Report［S］. Book No. 4, 1997

［7］ AIJ recommendation for loads on buildings, Japan. 1996

抗剪连接程度
对钢—混凝土组合梁力学性能影响的研究

吴东岳[1]，　梁书亭[1]，　朱筱俊[2]，　王旭[3]

（1. 东南大学土木工程学院，　南京　210096；2. 东南大学建筑设计研究院，
南京　210096；3. 济南市城市规划展览馆管理中心，济南）

［摘　要］根据钢、混凝土的非线性本构关系和钢—混凝土组合梁的双重二分迭代方法，对不同抗剪连接程度和不同连接件布置的组合梁力学性能进行了系统研究，包括名义抗剪连接程度和抗剪连接程度的关系，组合梁的承载力、竖向变形刚度和变形延性系数的研究。得出了抗剪连接程度和抗剪连接件的间距对组合梁力学性能的影响规律，并提出了组合梁的合理抗剪连接程度和连接件合理布置间距。

［关键词］抗剪连接程度；抗剪连接件的布置；钢—混凝土组合梁；双重二分迭代方法

1　前　言

抗剪连接件是钢梁与混凝土翼板共同工作的关键，抗剪连接程度作为组合梁连接件抗剪能力的参数，是影响钢—混凝土组合梁力学性能的重要指标。

抗剪连接度 γ 是指在最大弯矩点与零弯矩点之间（剪跨内）叠合面上连接件提供的总的剪力与该剪跨内极限弯矩引起的界面纵向水平剪力 V_s 之比[1]。

由于抗剪连接件提供的剪力 V_r 与相对滑移量有关，并且相对滑移量的求解较为复杂，在分析组合梁力学性能时难以确定，因此通常取抗剪连接程度为：最大弯矩点与零弯矩点之间（剪跨内）叠合面上连接件提供的总的抗剪承载力 $n_r N_{vu}^c$ 与该剪跨内极限弯矩引起的界面纵向水平剪力为 V_s 之比，以此作为设计组合梁构件抗剪连接程度的定义[2]，并称此抗剪连接程度的定义为名义抗剪连接程度 γ_0[3]。

$$\gamma_0 = \frac{n_r N_{vu}^c}{V_s} \tag{1}$$

根据抗剪连接程度的定义，抗剪连接程度与组合梁剪跨内的抗剪连接件个数 n_r 及单个抗剪连接件的极限承载力 N_{vu}^c 有关。因此相同的抗剪连接程度可以通过多种抗剪连接件的配置方式来实现。抗剪连接件的个数直接与抗剪连接件的间距有关。在确定间距之后，单个抗剪连接件的承载力与名义抗剪连接程度为线性关系。因此可以将名义抗剪连接程度和抗剪连接件的间距作为变量来研究组合梁力学性能与抗剪连接件布置情况的关系。

2　钢—混凝土组合梁的计算方法

2.1　双重二分迭代方法计算组合梁的力学性能

目前考虑界面相对滑移的钢—混凝土组合梁的非线性力学性能的分析方法仍然存在很多与实际情况不符之处，而且大多数方法是把抗剪连接件提供的集中剪力简化为均布剪应力。

在塑性阶段，组合梁界面黏结破坏较为完全的情况下与实际相差较大，因此组合梁塑性阶段的力学性能的分析结果存在偏差[3]。

双重二分迭代方法可以用来计算任何已知轴力和弯矩的截面的力学参数。对于钢—混凝土组合梁而言，由于钢梁和混凝土之间通过连接件实现两种材料的相互作用，造成了钢—混凝土组合梁的受力复杂性。组合梁内任意截面所受的轴力与连接件的变形有关，即与连接件位置处的界面相对滑移量有关，并且为未知量[4]。但组合梁的相对滑移引起的轴向力在边界位置是已知的，因此，可以将组合梁截面力学参数的迭代过程与组合梁的整体边界条件进行嵌套。钢—混凝土组合梁的双重二分迭代方法采用如下四项基本假定：

（1）由于混凝土翼缘板与钢梁之间存在相对滑移，组合梁整个截面不再符合平截面假定，但钢和混凝土分别在各自的截面内仍然符合平截面假定，并且混凝土与钢梁的截面曲率相等[5]。

（2）认为混凝土为各项同性的均匀介质。为简化计算，暂时不考虑抗剪连接件引起的剪力集中所造成的纵向受剪开裂[6]。认为沿混凝土宽度方向，混凝土承受均匀的压应力，并且不考虑混凝土的抗拉强度。

（3）由于钢梁与混凝土本身的黏结作用受外界因素影响较大，造成钢梁与混凝土本身的黏结滑移关系不易确定，并且离散性很大，因此本文在分析中，偏于安全地忽略钢梁与混凝土本身的黏结作用。

（4）抗剪连接件的剪力–滑移曲线采用 Ollgaard 模型：

$$V = V_u \left(1 - e^{-ns}\right)^m \quad\quad\quad (2)$$

$$V_u = f_{yv} A_s \quad\quad\quad (3)$$

式中　V_u——栓钉的极限承载力；

　　　s——滑移量（mm）；

　　　f_{yv}——栓钉的屈服强度；

　　　A_s——栓钉截面面积。

　　　m，n——根据试验得到的参数，采用 Johnson. R. P 提出的 $m=0.989$，$n=1.535$[7]。

组合梁的嵌套双重二分迭代方法的截面计算方法框图和总体计算方法框图见图1、图2。根据前期的工作可以得到结论：钢—混凝土的双重二分迭代方法能够实现考虑相对滑移情况下对钢—混凝土组合梁的非线性力学性能进行分析，并且计算模型与实际情况接近，计算结果能够较为准确的与试验数据相符合[3]。

2.2　组合梁计算模型参数

本文的组合梁分析模型和截面尺寸如图3所示。

根据模型的跨度尺寸和抗剪连接程度的定义，并按照《钢结构设计规范》[8]GB 50017—2003对于抗剪连接件布置的构造要求，得出计算取用的 1m 剪跨内抗剪连接件的直径如表1所示。

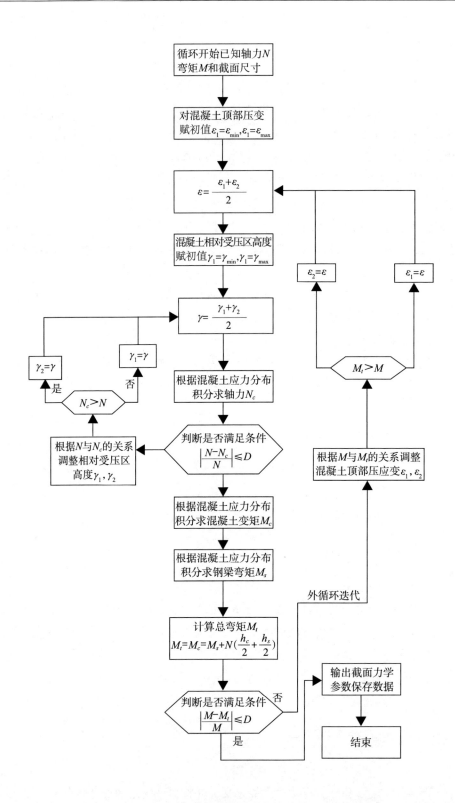

图1　嵌套双重二分迭代法的程序计算框图——截面计算方法框图

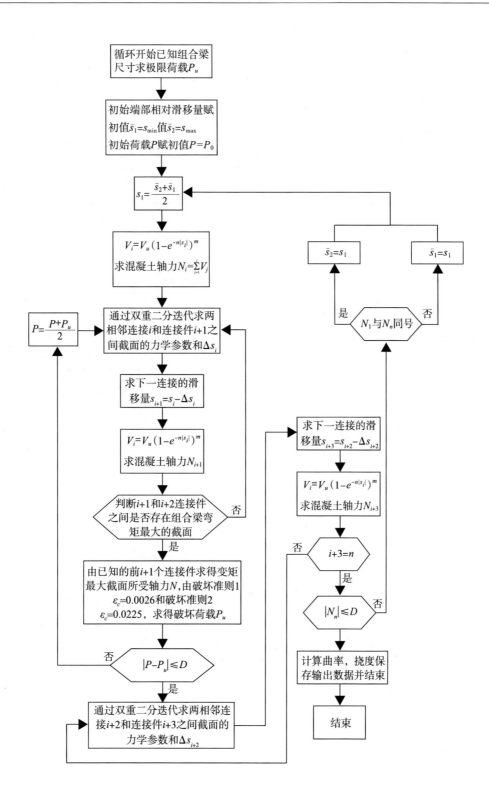

图2 嵌套双重二分迭代法的程序计算框图——整体计算方法框图

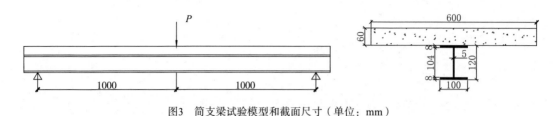

图3　简支梁试验模型和截面尺寸（单位：mm）

1m剪跨内名义抗剪连接件的直径（mm）　　　　　　　　　　　　　表1

抗剪连接件间距 s（mm）	抗剪连接件个数	名义抗剪连接程度 γ_0							
		1.10	1.00	0.90	0.80	0.70	0.60	0.50	0.40
60	16	12.94	12.34	11.71	11.04	10.33	9.56	8.73	7.81
70	14	13.84	13.19	12.52	11.80	11.04	10.22	9.33	8.34
80	12	14.95	14.25	13.52	12.75	11.92	11.04	10.08	9.01
90	11	15.61	14.89	14.12	13.31	12.45	11.53	10.53	9.41
100	10	16.37	15.61	14.81	13.96	13.06	12.09	11.04	9.87
125	8	18.31	17.45	16.56	15.61	14.60	13.52	12.34	11.04
165	6	21.14	20.16	19.12	18.03	16.86	15.61	14.25	12.75
200	5	23.16	22.08	20.95	19.75	18.47	17.10	15.61	13.96

3　数据及分析

3.1　名义抗剪连接程度和实际抗剪连接程度

　　组合梁名义抗剪连接程度 γ_0 与计算得到的抗剪连接程度 γ 对应关系如图4所示。由图可见，抗剪连接程度 γ 均小于名义抗剪连接程度 γ_0，且在名义连接程度较低时，两者相差较小；随着名义抗剪连接程度的提高，名义抗剪连接程度与抗剪连接程度的差别开始加大。这种差别是由于名义抗剪连接程度认为，极限状态下所有的连接件均达到其屈服承载力；而组合梁实际受力分析表明，组合梁端部的相对滑移量较大，靠近跨中的抗剪连接件则由于相对滑移量较小[9, 10]，因而靠近端部的抗剪连接件基本能达到甚至部分超过连接件的屈服承载力，未能达到屈服承载力，造成抗剪连接件承担的总剪力小于其总屈服承载力。并且名义抗剪连接程度越高，相对滑移量就越小，抗剪连接件承担的总剪力就越小，因此抗剪连接程度就越小。随着名义抗剪连接程度的提高，实际抗剪连接程度提高减弱，因此过高的名义抗剪连接程度难以发挥较大的连接作用。

3.2　承载力

　　抗剪连接件间距和抗剪连接程度对组合梁承载力影响见图5。

　　图4表明：随着抗剪连接件间距的增加，组合梁的承载力降低；但总体而言，抗剪连接件的间距对组合梁极限荷载的影响作用不大。例如抗剪连接件间距取为60mm和200mm时，组合梁的极限荷载相差为最大为7.96kN，相差不超过极限荷载的10%。

　　名义抗剪连接程度对组合梁承载力的影响：名义抗剪连接程度对组合梁承载力的影响较

为明显，抗剪连接程度较低时，曲线较陡，抗剪连接程度对组合梁的承载力影响较大，而随着抗剪连接程度的提高，曲线逐渐趋于平缓，抗剪连接程度对承载力的影响作用逐渐减小，抗剪连接程度反映了组合梁极限荷载的大小，抗剪连接程度越强，极限荷载越大。由此认为名义抗剪连接程度不宜小于 0.7，且不宜大于 1.0 较合适。

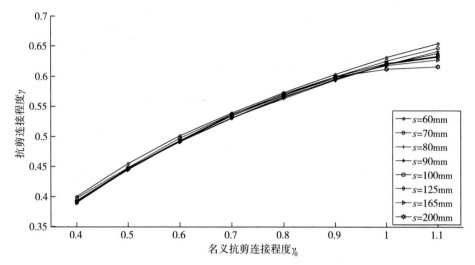

图4 名义抗剪连接程度与实际抗剪连接程度关系

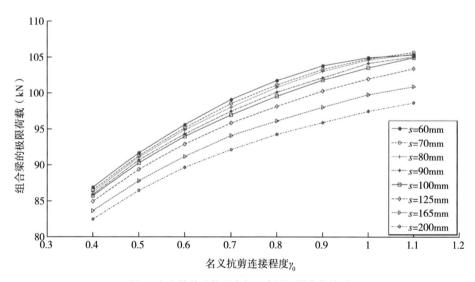

图5 名义抗剪连接程度与组合梁极限荷载关系

名义抗剪连接程度对组合梁承载能力的影响明显强于抗剪连接件间距，因此工程中为了保证组合梁具有足够承载力时，应当合理选取抗剪连接程度，认为名义抗剪连接程度应控制在 0.7～1.0 之间为宜；过高的抗剪连接程度不利于组合梁力学性能的充分发挥。

3.3 组合梁的变形性能

组合梁的变形能力主要包括竖向变形刚度和延性。竖向变形刚度采用组合梁的极限荷载与极限状态下的最大竖向挠度的比值；延性用延性系数来表征，采用组合梁的极限竖向位移与钢梁屈服时的竖向位移之比。

由图 6 可见，组合梁竖向变形刚度与名义抗剪连接程度的关系可以分为两类：①抗剪连接件间距大于 90mm 时，随着名义抗剪抗剪连接程度的提高，组合梁竖向变形刚度提高；而且名义抗剪连接程度较低时曲线较陡，随着名义抗剪连接程度的提高曲线趋于缓和，抗剪连接程度大于 0.7 之后，组合梁的竖向变形刚度与名义抗剪连接程度的关系为线性关系；②抗剪连接件间距小于 90mm 时，随着名义抗剪连接程度的提高组合梁的竖向变形刚度提高，并且当名义抗剪连接程度超过 0.9 之后，曲线变陡，出现明显的上扬段，说明组合梁的竖向变形刚度提高很快。

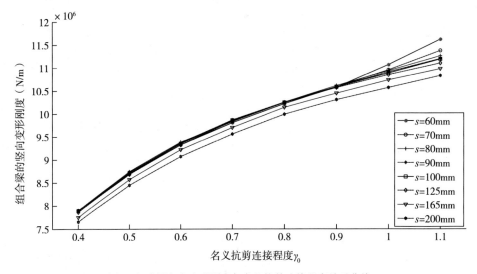

图6　组合梁竖向变形刚度与名义抗剪连接程度关系曲线

此外，相同抗剪抗剪连接程度下，抗剪连接件的间距对组合梁的竖向刚度影响不大。虽然间距为 165mm 和 200mm 时，组合梁的竖向刚度曲线较其他间距时下降较快；但是相对总体刚度而言变化量非常小，可以忽略。认为抗剪连接件的间距对组合梁竖向变形刚度的影响不大，名义抗剪连接程度对组合梁的竖向变形刚度影响较大。

组合梁的延性系数与名义抗剪连接程度的关系曲线如图 7 所示。图中各曲线随着名义抗剪连接程度的提高，延性系数提高，组合梁的延性提高，名义抗剪连接程度为 1.1 时的延性系数较名义抗剪连接程度为 0.4 时提高近 40%。另外，对于抗剪连接程度大于 1.0 时，抗剪连接件的间距对组合梁的延性影响较小；而低名义抗剪连接程度下（名义抗剪连接程度低于 0.6 时），较小抗剪连接件间距的组合梁延性反而低于较大抗剪连接件间距时的组合梁的延性。说明低抗剪连接程度下，过密的抗剪连接件布置不利于组合梁延性的提高。

综合以上可以得到以下结论：①名义抗剪连接程度对组合梁变形性能的影响强于抗剪连接件间距的影响；②高名义抗剪连接程度下（名义抗剪连接程度大于 0.9），较密集的布置抗剪连接件对组合梁的延性没有明显的影响；③低名义抗剪连接程度下（名义抗剪连接程度低于 0.6 时），抗剪连接件的间距加密不利于组合梁延性的提高。

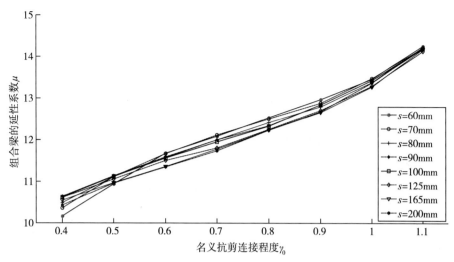

图7　组合梁的延性系数与名义抗剪连接程度的关系曲线

4　结　论

（1）对组合梁的力学性能中，抗剪连接程度起决定作用，而设计过程当中为了计算方便普遍采用名义抗剪连接程度作为设计依据。而过高的名义抗剪连接程度不利于组合梁连接件性能的充分发挥，因此建议名义抗剪连接程度的取值不宜大于1.0。

（2）抗剪连接程度对组合梁的承载力影响较大，抗剪连接件间距对组合梁承载力也有影响，但影响程度较小，由此应当优先考虑抗剪连接程度的选取以保证组合梁具有足够承载力。

（3）抗剪连接程度与连接件间距对组合梁极限变形能力均有影响，名义抗剪连接程度对组合梁变形能力的影响规律较为简单且规律明显；抗剪连接件间距对组合梁延性的影响规律较为复杂，并且随着名义抗剪连接程度的变化影响规律出现差异。因此认为名义抗剪连接程度的取值应满足不小于0.7，并且不大于1.0；在此名义抗剪连接程度之内，抗剪连接件的间距对组合梁的变形性能影响不明显，以此避免抗剪连接件间距不同引起的组合梁变形能力的差异。并且在此范围之内可以适当减小连接件的间距来提高组合梁的延性。

（4）综合名义抗剪连接程度以及抗剪连接件间距对组合梁抗剪连接程度、承载力和变形能力的关系，认为名义抗剪连接程度的取值不宜大于1.0，取值应在0.7～1.0之内。并建议抗剪连接件间距尽量取小，以提高组合梁的承载力和变形能力。

参 考 文 献

[1] G . Vasdravellis，M . Valente . http : //www. sciencedirect. com/science/article/pii/S0143974X09001151 -cor1#cor1，C. A. Castiglioni. Dynamic response of composite frames with different shear connection degree [J]. Journal of Constructional Steel Research，2009，65（2009）：2050～2061

[2] 朱聘儒 . 钢—混凝土组合梁设计原理 [M].北京：中国建筑工业出版社，2006.

[3] 吴东岳，张敏，凌志斌 .考虑界面相对滑移的钢—混凝土组合梁力学性能分析 [J].华东交通大学学报，2010，27（6）：27～35

［4］ E. J. Sapountzakis，J. T. Katsikadelis. A new model for the analysis of composite steel-concrete slab and beam structures with deformable connection［J］. Computational Mechanics，2003，31（2003）：340～349

［5］ Mohd Hanim Osman，Sarifuddin Saad，A. Aziz Saim，Goh Kee Keong. Structural performance of composite beam with trapezoid web steel section［J］. Malasian Journal of Civil Engineering，2007，19（2）：170～185

［6］ 孙飞飞，李国强. 考虑滑移、剪力滞后和剪切变形的钢—混凝土组合梁解析解［J］. 工程力学，2005，22（2）：96～103

［7］ Alessandro Zona，Michele Barbato，Joel P. Conte，M. Asce. Nonlinear seismic response analysis of steel-concrete composite frames［J］. Journal of Structural Engineering，2008，134（6）：986～997

［8］ GB 50017—2003 钢结构设计规范［S］. 北京：中国建筑工业出版社，2003

［9］ Shiming Chen，Zhibin Zhang. Effective width of a concrete slab in steel-concrete composite beams prestressed with external tendons［J］. Journal of Constructional Steel Research，2006，62（2006）：493～500

［10］ Pil-Goo Lee，Chang-Su Shim，Sung-Pil Chang. Static and fatigue behavior of large stud shearconnectors for steel-concrete composite bridges［J］. Journal of Constructional Steel Research，2005，61（2005）：1270～1285

无黏结预应力型钢混凝土梁的可行性分析

郑炜鋆[1]　熊学玉[1,2]

（1. 同济大学建筑工程系，上海，200092；

2. 同济大学先进土木工程材料教育部重点实验室，上海　200092）

[摘　要] 预应力型钢混凝土结构是一种新型组合结构，近年来广泛应用于大跨度、重荷载结构中。目前工程上主要采用有黏结的预应力型钢混凝土梁，而缺少有关无黏结预应力型钢混凝土梁的使用。鉴于现有的无黏结预应力混凝土结构和型钢混凝土结构理论都已经比较成熟，为无黏结预应力型钢混凝土梁的研究提供了可行性。本文将从技术背景、基本特点、关键研究内容这三大方面，对无黏结预应力型钢混凝土梁的可行性进行分析，以推广这种无黏结新型组合结构的研究和应用。

[关键词] 无黏结；预应力型钢混凝土；新型；可行性

1　引言

预应力型钢混凝土（Prestressed Steel Reinforced Conrete，PSRC）结构是在预应力混凝土内部配置轧制或焊接型钢的一种新型组合结构。作为一种兼具型钢混凝土结构和预应力混凝土结构的新型组合结构形式，它在大跨度、重载且对构件截面尺寸有严格要求以及抗震要求高的工程领域中有着非常广泛的应用前景。目前，国内学者主要集中在有黏结预应力型钢混凝土结构的研究方向上 [1,2]，而对无黏结预应力型钢混凝土结构的研究则很少。本文将探讨无黏结预应力型钢混凝土梁的可行性，以推广这种新型结构形式的研究和应用。

2　技术背景

型钢混凝土结构是型钢外包钢筋混凝土的一种组合结构，它克服了钢结构稳定、防火性能差和钢筋混凝土结构截面大、延性差的特点，是钢与钢筋混凝土的一种完美结合，在工程中已得到了广泛应用。然而由于其构件截面尺寸的减小，在一些对结构刚度要求较高的情况下，裂缝和变形控制往往难以满足要求。

预应力混凝土结构是指在外荷载作用之前，预先对结构的受拉区域施加压力，以改善使用性能的结构。它可以延缓混凝土构件的开裂，提高构件抗裂度和刚度，同时可以节约钢材，减轻构件自重，克服混凝土抗拉强度低的缺点 [3]。而当预应力筋为无黏结时，受外力时，预应力筋在塑料套管内变形，不直接与混凝土接触，比起有黏结预应力混凝土结构，它在施工中不需要预留孔道、穿筋和张拉后灌浆等工序，施工简便快速，抗腐蚀性能好 [4]。

因此，若是把无黏结预应力技术结合到型钢混凝土结构，则将弥补型钢混凝土结构的一些不足。这样无黏结预应力型钢混凝土梁应运而生，它是指在型钢混凝土中采用无黏结预应力钢筋，利用后张法张拉的一种新型混凝土梁。

3　无黏结预应力型钢混凝土梁的基本特点

目前在预应力型钢混凝土梁中普遍采用的是用有黏结预应力筋进行张拉。由于在施工过程中，需要预留孔道、穿筋、灌浆等工序，这导致施工复杂、速度慢，并且预应力筋容易锈蚀以致有断丝的危险。这些缺陷从经济上和技术上，阻碍了预应力型钢混凝土梁在工程中的推广和应用。

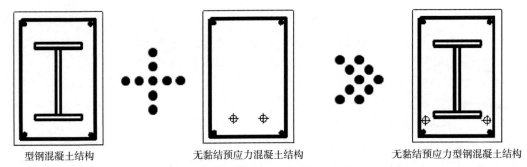

型钢混凝土结构　　　　　　无黏结预应力混凝土结构　　　　　无黏结预应力型钢混凝土结构

图1　无黏结预应力型钢混凝土结构示意图

通过试验研究证实，采用无黏结预应力型钢混凝土梁可以克服现有的有黏结预应力型钢混凝土梁的以下缺点：

（1）克服结构自重大。由于采用无黏结预应力筋，梁不需要预留孔道，减小尺寸，减轻自重，有利于减轻下部支承柱的荷载和降低造价。

（2）克服施工复杂，速度慢。施工时，无黏结预应力筋按设计要求铺设在模板内，然后浇筑混凝土，待混凝土达到一定强度后进行张拉、锚固、封堵端部。它无需预留孔道、穿筋、灌浆等复杂工序，简化了施工工艺，加快了施工进度。

（3）克服结构中预应力筋易腐蚀。由于无黏结预应力筋束涂有防腐油脂，并且外包塑料套管，具有双重防腐能力，降低发生断丝的危险。

（4）克服变形和延性差。由于无黏结预应力筋与周围混凝土不存在线变形协调关系，其应力基本沿全长均匀分布，使无黏结筋的应力保持在弹性阶段，结构的能量消散能力得到保证。

4　关键研究内容

4.1　考虑型钢影响的无黏结预应力筋应力增量

在无黏结梁中，由于无黏结筋的变形不服从变形的平截面假定，而与梁的整体变形有关，一般认为无黏结筋应力沿梁长相等，因此准确把握无黏结预应力筋在正常使用阶段的应力增长规律和极限应力增长规律，是研究无黏结预应力型钢混凝土梁的最核心部分。国内外的研究表明[5-7]，无黏结预应力筋的应力增量主要与综合配筋指标和跨高比成反比，同时也与加载形式、预应力钢筋布筋型式、预应力钢筋合力点至受压区边缘的距离等有联系。但缺乏在预应力型钢混凝土中的研究，即还从未考虑型钢对应力增量影响的研究，这需要进行进一步的试验研究。

4.2　无黏结预应力型钢混凝土梁的承载能力计算

在外荷载作用下，有黏结预应力型钢混凝土梁任意截面处预应力钢筋与周围混凝土的应变变化都是协调的。而无黏结预应力筋型钢混凝土梁，由于预应力钢筋与混凝土之间不存在黏结力，将和混凝土发生纵向的相对滑移，因此预应力钢筋与周围混凝土不存在线变形协调关系，其应力基本沿全长均匀分布[8]。这样，当受压区混凝土达到极限应变时，无黏结筋的应变增量比有黏结筋小，所以无黏结预应力筋的极限应力将低于有黏结预应力筋的极限应力。最终导致无黏结预应力型钢混凝土梁的抗弯性能相对降低，因此需要对抗弯承载力进行验算。

4.3 无黏结预应力型钢混凝土梁的正常使用性能计算

正常使用性能主要包括结构适用性和耐久性，当结构超过正常使用极限状态时，将失去了正常使用和耐久性。在外荷载作用下，如果梁达到消压状态后仍继续加载，那么当受拉区混凝土达到极限拉应变值时，混凝土处于即将开裂的状态。此时的外荷载称为抗裂承载力，对于一些严格要求不出现裂缝的结构，这是一个重要的指标。继续加载，裂缝将逐步开展，当达到一定的开展宽度，将影响结构耐久性和建筑观感。这个开展宽度叫做最大裂缝宽度，它跟所处环境类别和结构类别有关，且其计算值不超过《混凝土结构设计规范》[9]规定的允许值。与此同时构件截面将会弯曲，导致构件产生挠度，当挠度过大时，会降低结构使用性能和人类的安全感，因此必须对构件刚度进行验算。

4.4 无黏结预应力型钢混凝土梁考虑塑性内力重分布的弯矩调幅

次内力对结构的调幅有有利或不利的影响，次内力在结构梁端产生的弯矩包括次弯矩和次轴力弯矩，侧向约束大时，次轴力弯矩对结构调幅的影响变大。预应力型钢混凝土由于内部型钢的存在，使结构梁端的截面转动能力相对于普通预应力混凝土结构大大改善，结构的调幅能力增加。因此可研究截面相对受压区高度、预应力度、张拉控制应力、截面配筋特征等对无黏结预应力型钢混凝土梁塑性内力重分布规律的影响，进而提出考虑塑性内力重分布的弯矩调幅建议。

4.5 无黏结预应力型钢混凝土梁的抗震性能

国内外研究成果表明，在地震作用下，无黏结预应力筋应力变化幅度较小始终保持在弹性阶段，从受力的角度看，无黏结预应力筋的地震安全性要比有黏结预应力筋高。无黏结预应力混凝土结构具有良好的裂缝闭合性能和变形恢复性能，但能量耗散能力不如有黏结预应力混凝土结构。由于耗能能力强，当引入型钢后，无黏结预应力混凝土梁的抗震性能将大大提高。因此有必要对无黏结预应力型钢混凝土梁的抗震性能进行研究。

4.6 无黏结预应力型钢混凝土梁的有限元模拟

由于理论分析很难反映结构受力全过程，而试验工作又需要花费大量人力和财力，因此采用有限元软件进行分析已被认为是一种行之有效的重要分析方法。目前通用有限元软件主要有 ANSYS、ABAQUS、MSC. MARC 等，ABAQUS 凭借其出色的非线性处理能力及其简便的建模功能[10]，在众多有限元软件中脱颖而出，正逐步成为土木工程领域的最重要的分析软件。在 ABAQUS 中，由于无黏结预应力混凝土中的预应力筋与混凝土的接触关系不能按有黏结混凝土那样的常规方法建立，并且型钢与混凝土之间也会发生滑移，因此需要考虑如何正确模拟无黏结预应力型钢混凝土梁。

4.7 无黏结预应力型钢混凝土梁的构造措施

合理的构造对预应力型钢混凝土结构构件的受力性能，尤其是抗震性能影响很大，并且能够减少柱和墙等约束构件对梁、板预加应力效果的不利影响。《型钢混凝土组合结构技术规程》和《无黏结预应力结构技术规程》分别对型钢混凝土构件和无黏结预应力混凝土构件提出了详细的构造要求，包括构件的纵筋配置、预应力筋的布置、箍筋加密、保护层厚度、型钢的宽厚比以及型钢含钢率等[11, 12]。因此进一步通过理论分析和试验研究，可以完善无黏结预应力型钢混凝土梁的构造措施。

5 结语

近年来随着国家经济实力的快速增强，工程建设的蓬勃发展，大跨度且承受重荷载的结构日益突出，为解决该结构问题，新型组合结构形式——预应力型钢混凝土结构开始广泛应用，但目前工程上主要采用有黏结的预应力型钢混凝土梁。本文从技术背景、基本特点、关键研究内容这三大方面，探讨无黏结预应力型钢混凝土梁的可行性，推广这种无黏结新型组合结构的研究和应用。

参 考 文 献

[1] 傅传国,李玉莹,梁书亭.预应力型钢混凝土简支梁受弯性能试验研究[J].建筑结构学报.2007,28(3):62-73

[2] 王钧，邬丹，郑文忠.预应力H型钢混凝土简支梁正截面受力性能试验[J].哈尔滨工业大学学报.2009，41(6):22—27

[3] 王连广，刘莉.现代预应力结构设计[M].哈尔滨:哈尔滨工业大学出版社，2009

[4] 房贞政.无黏结与部分预应力结构[M].北京:人民交通出版社，1999

[5] Alkhairi F. M. ,Naaman A. E. Analysis of Beams Prestressed with Unbonded Internal or External Tendons[J]. Journal of Structural Engineering. 1993，119(9):2680-2701

[6] Ozkul O. A New Methodology for the Analysis of Concrete Beams Prestressed with Unbonded Tendons[D]. New Brunswick Rutgers : The State University of New Jersey，2007

[7] 王晓东,王英,郑文忠.混凝土梁板中无黏结筋应力增长规律[J].哈尔滨工业大学学报.2009,41(2):32—36

[8] 熊学玉.预应力结构原理与设计[M].北京:中国建筑工业出版社，2004

[9] GB50010—2010,混凝土结构设计规范[S].2011

[10] 石亦平，周玉蓉.ABAQUS有限元分析实例详解[M].北京:机械工业出版社，2006

[11] JGJ 138—2001 型钢混凝土组合结构技术规程[S].2002

[12] JGJ 92—2004 无黏结预应力结构技术规程[S].2005

碳化效应对钢筋锈蚀及混凝土结构破坏机理分析

洪延源　唐秋琴　唐国才

（江苏方建工程质量鉴定检测有限公司）

［摘　要］本文从混凝土中的物理化学的成分和物理化学的反应过程，论述了钢筋混凝土结构的碳化和钢筋锈蚀的机理。

［关键词］碳化效应；碳化过程；钢筋锈蚀；电化学腐蚀；氧化还原反应

1　碳化效应

自然工作状态下的钢筋混凝土结构，当混凝土碳化深度超过结构配筋的保护层时，钢筋就会产生锈蚀，而锈蚀层达到一定厚度时，锈层膨胀所产生的应力超过混凝土保护层内聚力时，则混凝土保护层就要发生爆裂，使得钢筋出现暴筋。一则爆裂处的混凝土丧失了握裹力而分离，使结构达不到共同作用；二则钢筋断面不断地削弱，致使结构处于承载能力不断下降的状态。混凝土碳化效应主要表现在以下几个方面：

（1）混凝土的碳化深度达到或超过钢筋的保护层厚度；

（2）结构表面初始出现沿钢筋走向方向展布的铁锈斑迹；

（3）结构出现点状、片（块）状和条（带）状的爆裂，并且其配筋断面有明显的削弱和露筋，随着时间的推移，这种状态将加速发展。

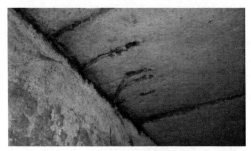

图1　梁底部箍筋露筋

图2　板底部预应力钢筋露筋

图3　板底部预应力钢筋露筋

图4　板底露筋

实践证明，上述任何情况的出现，均应及时采取维护措施，否则将进一步恶化，从而导致承载力下降和结构的失稳和破坏。

2 混凝土的碳化过程

由于胶结混凝土骨料的水泥浆中，含有相当数量分布较为均匀的游离氢氧化钙，呈碱性，其pH值为12～13。该碱性游离物，因空气中的二氧化碳气体渗透至混凝土内部，发生化学反应而生成碳酸钙和水，为中性盐类，这一变化过程，就是混凝土的碳化。其化学反应式如下：

图5 板底露筋

$$Ca(OH)_2+CO_2=CaCO_3\downarrow+H_2O$$

由于二氧化碳具有在常温下溶于水的性质，在混凝土的微孔中含有一定水分时，它又生成了碳酸。其化学反应式如下：

$$CO_2+H_2O=H_2CO_3$$

碳酸遇到氢氧化钙时，又可生成碳酸钙和水，其化学反应式如下：

$$H_2CO_3 + Ca(OH)_2 = CaCO_3+2(H_2O)$$

从以上的化学反应可以看出，无论是碳酸还是二氧化碳，它们与氢氧化钙作用，均呈酸化反应。所以，在工程中把这一现象又叫做酸化或酸性侵蚀作用。

对钢筋混凝土而言，碳化过程将钢筋所处的碱性环境改变成为酸性环境，这样就解除了结构中钢筋的防腐蚀能力。

另外混凝土构件在施工中，其表面不可避免地会出现或多或少的裂纹，这就使得不断有二氧化碳侵入到混凝土构件中，因此有足够数量的二氧化碳参与上述一系列的化学反应，造成钢筋保护层的碳化。

钢筋混凝土结构受到碳化后，其钢筋保护层强度变小，质地酥松，使空气与钢筋之间形成通道，空气与钢筋形成良好的接触，导致钢筋锈蚀。

3 钢筋锈蚀过程

在湿度和氧气得到满足的情况下，混凝土中的钢筋就会发生电化学腐蚀作用。电化学腐蚀的工作过程包括下述四个基本方面：

（1）阳极区铁原子离开晶格转变为表面吸附原子，然后超过双电层放电转变为阳离子（Fe^{2+}），并释放电子，这个过程称为阳极反应，其方程式为：$Fe \rightarrow Fe^{2+} \rightarrow 2e^-$

（2）电子传送过程，即阳极区释放的电子通过钢筋或周围介质向阴极区传送；

（3）阴极区由周围环境通过混凝土孔隙吸附、渗透、扩散作用，溶解于孔隙介质中的 O_2 吸收阳极区传来的电子，发生还原反应：$O_2+2H_2O+4e^- \rightarrow 4OH^-$

（4）阳极区生成的 Fe^{2+}，向周围介质扩散、迁移，阴极区生成的 OH^- 通过混凝土孔隙和钢筋与混凝土间界面的孔隙中的电解质扩散到阳极区，阳极附近的 Fe^{2+} 反应生成氢氧化亚铁。在富氧的条件下，$Fe(OH)_2$ 进一步氧化成 $Fe(OH)_3$，$Fe(OH)_3$ 脱水后变成疏松、多孔的铁锈 Fe_2O_3。导致钢筋表面遭到腐蚀疏松膨胀，从而导致破坏。

4 影响混凝土碳化速度的影响因素

（1）混凝土的密实性。密实性越高，也就是混凝土中的孔隙率越小，则混凝土抗碳化能力越强。而混凝土的密实性是与混凝土的捣固密实程度、水灰比大小、石渣和砂子的级配以及混凝土的配合比有关。

（2）与拌制混凝土所用的水泥品种及其用量有关。混凝土中游离的氢氧化钙含量越高，其碳化速度越快。

（3）与混凝土的施工质量及养护方法有关。施工质量越好、养护越充分，混凝土表面收缩的裂纹就越少，抗碳化的能力就越强。

（4）与构件表面是否有粉饰有关。

（5）与构件所处的环境有关。主要是与有害气体的种类、浓度、环境温度高低、温度高低和杂散电流的大小等因素有关。

5　结束语

根据混凝土碳化及钢筋锈蚀的机理与混凝土碳化速度的影响因素等关系的分析，在工程设计、选材、施工过程中就可以有针对性地采取预防措施，研究如何防止混凝土碳化的产生；一旦出现问题苗头时，就可以根据其基本原理和它自身的发生、发展和变化规律，进行检测、分析与判定；必要的时候，可以根据其规律研究当发现问题后尽快展开防止或减缓混凝土碳化以及对已遭受碳化的钢筋混凝土工程，制定出切实可行的措施，进行及时的修复。只有认识到混凝土碳化效应产生的原因及其生成条件，再对产生混凝土碳化的条件加以限制，就会收到良好的效果。

参 考 文 献

[1]　GB 5009—2001 建筑结构荷载规范（2006 年版）[S].北京：中国建筑工业出版社，2006

[2]　黄本才，汪丛军.结构抗风分析原理及应用 [M].同济大学出版社，2005

[3]　JGJ99—98 高层民用建筑钢结构技术规程 [S].北京：中国建筑工业出版社，1998

对称四极法测定钢筋混凝土视电阻率的检测方法

唐秋琴　唐国才

（江苏方建工程质量鉴定检测有限公司）

［摘　要］本文详细论述了人为地对混凝土供电后，能够在所需要的测量点位置产生电位差和钢筋锈蚀后能够使混凝土电阻率降低，在钢筋锈蚀位置出现电阻率异常的基本原理，并介绍了检测方法、仪器设备要求和有待进一步解决的问题。

［关键词］钢筋腐蚀速度；视电阻率；四极法；电极布置

混凝土钢筋腐蚀速度的检测，有多种方法技术，测定视电阻率的方法也有多种，有二极法、四极法等，实际测量装置多选择预埋电极法进行检测。这些检测方法不利于钢筋混凝土现场实际条件下的快速检测。相对而言，非预埋电极对称四极法，是比较稳定、可靠、实用的检测方法。这种方法不需要破损、不需要预埋电极、操作速度快、适用于现场条件的检测。

1　基本原理

在混凝土表面，如图 1 所示，A、M、N、B 四个电极，其中 A 和 B 是供电极，M 和 N 是测量电极。

当 A 和 B 极供一稳定电流，与混凝土形成闭合回路，这样，在 M 和 N 二点处必然会形成稳定的电位差。如果混凝土中钢筋没有锈蚀情况的产生，所测定的电阻率一定是有规律变化的。如果钢筋发生锈蚀作用，钢筋周围存在大量的铁离子晕，使钢筋周围的混凝土的导电性能变好，视电阻率肯定就会变小，所测定的视电阻率自然就出现了异常现象。通过对钢筋锈蚀处进行网格化测点的测量，就能根据所掌握的混凝土中钢筋周围电阻率的变化情况，得到判断钢筋锈蚀的基本信息。

2　对称四极法视电阻率的测量

2.1　电极布置

A 为正极，B 为负极，MN 为测量电极。

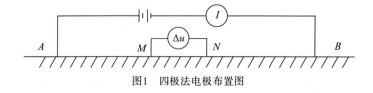

图1　四极法电极布置图

2.2　视电阻率的测量

（1）仪器设备：

①测量仪器应采用输入阻抗 ≥20MΩ 的自动电位补偿仪。

②测量电流与电压的精度≤0.5。

③测量电流的量程为：1μA～1000mA，测量电压的量程为：1μV～1000mV。

④测量电极必须采用不极化电极；避免铜棒等金属电极与混凝土接触时产生极化电流面影响电位的测量结果精确度。

（2）供电。

保持供电极 A 和 B 与混凝土形成良好的接触，利用稳定的直流电源，使所供 A 和 B 与混凝土回路中电流的稳定度控制在总电流值的 1% 以内。电源一般采用电流稳定的干电池。

（3）测量。

①将 MN 两个电极分别连接到测量仪器的相应接口，在供电的同时，测量 AB 极回路的供电电流和 MN 二个电极处的电位数值并实时记录测量数据。

②当一个测点测量完成以后，AMNB 四个电极同时沿网格的同一方向移动一个测量点的位置，继续进行下一个测点的电流和电位测量，当网格式化的一条测线全部测量完毕以后，换一条测线进行测量，直至预定的所有网格点均测量完成为至。

③每测点所测量的视电阻率结果所代表的位置，是在该电极系统中 AB 和 MN 的中间点，即 O 点位置。记录测量结果点位时，就应该记录这个 O 点所在网格结点的位置或编号。

3 视电阻率的计算

对称四极法视电阻率的计算：

根据图 1 所示，当 A 和 B 极供电时，M 和 N 点间的电位差 Δu 为

$$\Delta u = U_M - U_N = \frac{I\rho}{2\pi}\left(\frac{1}{AM} - \frac{1}{BM} - \frac{1}{AN} + \frac{1}{BN}\right) \tag{1}$$

式（1）经过变换可得

$$\rho_s = \frac{2\pi}{\dfrac{1}{AM} - \dfrac{1}{BM} - \dfrac{1}{AN} + \dfrac{1}{BM}} \cdot \frac{\Delta U_{MN}}{I} = K\frac{\Delta U_{MN}}{I} \tag{2}$$

式中　K——装置系数，单位：cm；

ρ_s——视电阻率，单位 kΩ/cm；

ΔU_{MN}——M 和 N 两点间的电位差，单位 mV；

I——AB 回路中的供电电流，单位 mA。

为了在实际工程中测定混凝土的电阻率，可按图 1 的布置。在供电回路中测量出供电电流强度 I，用测量仪器测量出 M、N 两点间的电位差，然后再根据 A、M、N、B 四个电极的分布位置及距离，计算出 K 系统，将以上三个数值（I、ΔU_{MN}、K）代入式（2）进行计算，便可以得到混凝土的电阻率值（以千欧姆厘米——kΩcm 为单位）。在实际测量中，为了工作简单方便，使 A、M、N、B 四个极位于一条直线上，并使 AM=BN，AN=BM（这就是对称四极装置），即 A、B、M、N 均对称于 AB 及 MN 的中点 O。这时装置系数 K 可以简化为式（3）：

$$K = \pi\frac{AM \cdot AN}{MN} \tag{3}$$

4 资料的整理

对于一个测区和网格密度的大小，需要根据工程中钢筋锈蚀的范围、程度等实际情况确定。

测量完成以后，将每一个测点的视电阻率值，绘制在相对应的网格节点中，根据平面数据的分布，按内插法绘制平面等值线图。

5　尚需进一步解决的问题

（1）在测量过程中，视电阻率的测量结果，与湿度的关系比较密切。所以，测量时应在空气湿度小于85%的条件下，并使混凝土表面保持的状态下进行。如果湿度太大或混凝土表面潮湿，视电阻率的结果就会偏小，注重检测环境条件，对确保检测结果的真实可靠是很重要的。

（2）对于不同混凝土厚度，选择最佳 AB 和 MN 极距最佳供电电流的选择。

（3）钢筋混凝土中钢筋的密度和粗细以及保护层厚度对检测结果的影响。

以上一些问题，有待实践中通过研究、总结，加以解决和提高。要将钢筋锈蚀的无损检测作为一种常用方法，还有许多工作要做，需要技术工作者的努力，更需要管理部门的重视。

参 考 文 献

[1]　GB 5009—2001 建筑结构荷载规范（2006 年版）[S].北京：中国建筑工业出版社，2006

[2]　黄本才，汪丛军.结构抗风分析原理及应用 [M].上海：同济大学出版社，2005

[3]　JGJ 99—98 高层民用建筑钢结构技术规程 [S].北京：中国建筑工业出版社，1998

SPCB 梁桥剪切性能研究现状及发展

程磊科[1]　徐宗义[2]　周元华[1]　吴闻秀[1]　程宏斌[1]

（1. 河海大学土木学院，南京　210098；

2. 安徽省滁州市虹信工程监理有限公司，　滁州　239000）

[摘　要] 节段预制预应力混凝土箱梁具有预制质量好、工期短、环境影响小等优点，与常规的现浇整体式混凝土桥梁相比，在某些方面具有突出的优势，近年来在一些大中型桥梁中不断推广运用。考虑到此类桥梁在构造上区别于整体浇筑混凝土梁桥，其相应的受力性能及工作状态情况也必将呈现自己的特有的特征。文章从 SPCB 梁体节段接缝局部构造力学性能方面和成桥整体受力状态下的梁体受力行为方面展开论述，并提出相应建议。

[关键词] 节段预制混凝土箱梁（SPCB）；剪切性能；试验研究；综述

0　引　言

与常规的现浇整体式混凝土桥梁相比，预制节段拼装桥梁的原理是借助预应力束施加于混凝土节段上的压力，使得节段间接触面紧密贴合，形成整体结构共同承担荷载。近几十年来，节段预制 PC 桥梁在大中型桥梁建设工程应用中突出的优势就是把桥梁梁体制作工作有组织、高质量地在预制场地与桥梁下部结构施工同期进行，此类桥梁施工方法明显缩短了工期、保证了质量、提高了施工效率。

1962 年，法国工程师在节段悬臂浇筑施工方法基础上形成了预制节段悬臂拼装施工方法，将节段预制与平衡悬臂施工相结合，在巴黎南部塞纳河上建成的 Choisy-Le-Roi 桥，是最早采用预制节段悬臂拼装施工的混凝土桥[1]。随后随着预应力的技术的发展和施工方法的改善，各国涌现出大量的节段预制桥梁。诸如法国采用预制节段平衡悬拼装方法施工的 Re 岛桥以及顶推法施工的 Poncin 桥；中国的苏通大桥引桥、南京第四长江大桥引桥、洛阳黄河公路大桥、凫洲大桥引桥、新滩綦江大桥、新浏河桥以及白马垄高架桥等。

但是，随着此类桥梁的蓬勃发展的同时，预制节段梁体节段接缝处的结构受力特性分析研究更加引起关注和重视。其中不同的接缝类型抗剪性能问题、接缝处的钢筋是否连续对承载力影响程度问题、剪力键的破坏模式问题等相继产生并值得研究，更为重要的是，现有的各国规范并没有给出较为清晰的指导意见。文章就有关 SPCB 抗剪试验研究发展、不同破坏形式下的计算理论进行分析和综述。

1　研究意义

正因为此类桥梁在构造上区别于整体浇筑混凝土梁桥，有关节段预制 PC 箱梁受力性能研究主要集中在节段接缝局部构造力学性能方面和成桥整体受力状态下的梁体受力行为方面。

节段接缝处细部构造是整体桥梁受力较为薄弱环节，其构造的优化设置对承载能力影响明显，特别是剪力键的尺寸设置、接缝类型（干、胶接缝）、界面预压应力大小等因素。

成桥整体受力状态下的梁体受力行为方面，梁体在施工阶段和正常运营阶段以及维修修护阶段以及承载能力极限状态下的梁体体内体外束比例优化设置问题、预应力变化规律、不同区段混凝土裂缝开展情况以及承载能力计算问题等相继出现。

通过对上述问题的进一步分析讨论，对指导节段预制混凝土梁桥设计和施工各个阶段具有很强的理论价值和现实意义。

2 国内外现状

2.1 抗剪构造形式

节段接缝处剪力键的构造形式主要经历了以下几点变化：

（1）单剪力键向密齿剪力键发展。

初期剪力键形式采用单键，如 1962 年在巴黎南部塞纳河上的 Choisy-Le-Roi 桥[1]、1966 年的法国 Oleron 大桥[2]，由于单键受剪应力较大、易损坏被复合剪力键（Multiple-key）取代，巴西 Rio-Niteroi 桥上首次采用了复合剪力键形式，且实践证明受力效果更佳。

图1 涂抹环氧树脂的胶接缝截面

（2）干接缝向胶接缝发展。

节段间剪力键接触处不涂任何黏结材料直接相拼的干接缝在起初的节段预制桥梁中被广泛应用，但是它在静力性能、抗震性能、混凝土耐久性等方面的缺陷较为明显，随后逐渐被环氧树脂胶接缝替代（图1所示），这种黏结剂强度的抗拉强度大于混凝土本身的抗拉强度，所以对接缝处密封连接效果较好。现在，新建的节段预制拼装预应力混凝土桥梁已不再使用干接缝，即使为全体外预应力也至少采用胶接缝[3, 4]。

（3）素剪力键向加强型剪力键发展。

现在的国内外的节段预制拼装桥梁的剪力键形式基本上大多采用《AASHTO 规范》[3]规定设计。随着工程实践的不断深入，剪力键形式总体趋势由素混凝土向加筋型剪力键转变，比如南京长江四桥的南北引桥的节段梁体在节段预制钢筋绑扎的时通过测量精确定位后电焊在钢筋网架上，然后浇筑混凝土，形成抗剪压性能更好的剪力键，如图2所示。

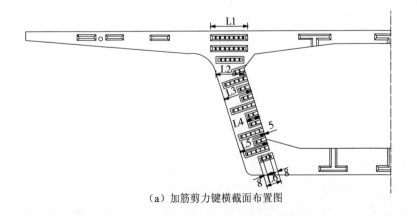

（a）加筋剪力键横截面布置图　　　　　　（b）剪力键内部钢筋位置

图2 加筋剪力键

另外，工程试验中出现了剪力键混凝土中加入纤维增强聚合物 FRP（Fiber Reinforced Polymer）[5]，这样一定程度上可以缓解剪压区的剪力键的应力集中问题，避免桥面荷载超重造成剪力键的局部破坏。这项技术尚在试验阶段，具体实际运用情况尚需检验。

2.2 抗剪试验

为了深入的了解键齿接缝的抗剪性能，从 20 世纪 50 年代起就有专家学者进行剪力键方面的试验研究工作，现按时间的先后顺序将其列表如下（见表1）：

按年代总结接缝抗剪试验一览表 表1

年份	试验人	试验概况	试验主要结论
1959年	Franz G. [6]	进行平面干接缝的试验研究，立方体试件施加体外预应力，对接缝施加剪切荷载	①接缝的抗剪强度约为所施加预应力的0.7倍；②抗剪强度与法向力的偏心距无关
1959年	Jones L. L. [7]	研究平面接缝、砂浆接缝和开裂状况下接缝的剪切性能	①接触面滑移导致了平面接缝的破坏；②灰浆接缝强度是灰浆黏结强度和摩擦力总和
1961年	Zelger C. &Rush H. [8]	研究接缝角度对接缝性能影响。试验采用水泥灰浆接缝和环氧接缝	建议环氧接缝抗剪公式：$\tau = 9.85+0.40\sigma_n$（psi）；其中，τ是抗剪强度；σ_n是破坏时的正应力
1963年	Base G. D. [9]	研究接缝表面处理方式、环氧涂抹方法和预应力水平对环氧接缝抗剪强度的影响	①混凝土开裂导致了最终破坏；②脱模会破坏环氧树脂与混凝土的黏结
1964年	Gaston J. R. & Kriz L. B. [10]	平面梯形剪力键干接缝抗剪试验。试验考虑因素有施加法向应力、键齿的角度等	①梯形剪力键通过增加摩擦面可提高抗剪作用；②接缝抗弯刚度效应大约会受键齿深度影响降低1/3
1968年	Sims F. A & Wood head S. [11]	主要研究了接缝表面处理方式对接缝抗剪强度的影响	①凿刻接缝表面，增大更明显；②试验观测到在环氧层内发生了破坏，这是第一次观察到这样的破坏现象
1974年	Finsterwalder U. [12]	对具有不同倾角接缝的混凝土棱柱体进行了单轴受压试验	认为接缝对受压试件强度没有任何影响
1974年	Moustafa S. E. [13]	对节段式施工的混凝土 I 型梁的研究	破坏出现在靠近环氧层的混凝土中，由此认为环氧接缝对节段式梁的强度无显著影响
1983年	J. E. Breen & Koseki [14]	进行了不同因素的剪力键接缝的试验。因素有：单个大剪力键、复剪力键和没有剪力键；采用环氧树脂与否等	①采用ACI或PCI规范设计类似牛腿的剪力键是保守的；②环氧接缝同整体浇筑试件强度相当；③环氧接缝与干接缝都表现出脆性，但后者能在峰值应力后承受更多的荷载
1984年	Nakazawa [15]	进行环氧接缝直接剪切试验，试验参数为接缝表面粗糙度、环氧层厚度和预应力水平	发现粗糙表面试件的抗剪强度比光滑表面试件的抗剪强度大
1990年	Mourad Michel Bakhoum [16]	对节段接缝进行试验研究。试验参数包括接缝类型、预应力水平、环氧层厚度以及加载方式	①给出自己的抗剪计算公式；②干接缝抗剪主要取决于正应力水平，两者在一定范围成正比关系；③胶接缝抗剪明显高于干接缝，除受正应力影响外，环氧涂层厚度影响甚微
1996年	汪双炎等人 [17]	研究五键和三键模型干接缝抗剪试验	①键齿多受力均匀程度好；②最终都为自上而下的压碎剪切破坏，三键的破坏严重；③极限破坏荷载相同，说明键齿的数量对抗剪破坏荷载影响甚微
2005年	Xiangming Zhou & Neil Mickleborough [18]	剪切试验参数包括：接缝类型（平面接缝和剪力键接缝，干接缝和环氧接缝,单剪力键接缝和复剪力键接缝），预应力水平和环氧层厚度	①环氧接缝抗剪强度一般大于干接缝，但环氧接缝破坏更具脆性；②发现AASHTO等规范总是倾向于低估单剪力键接缝和复剪力键环氧接缝的抗剪强度，而高估复剪力键干接缝的抗剪强度
2006年	A. C. Aparicio & J. Turmo [19]	多键齿干接缝试件的直剪试验，研究混凝土的界面摩擦、键齿内部摩擦和键齿本身抗剪对接缝抗剪承载力的贡献	①混凝土间摩擦系数会随着正应力增加而减少；②相比 Bakhoum[16] 公式，AASHTO规范较好预测干接缝直剪承载力，且理论解释合理；③多键齿承力与单键齿承力的代数和存在一个强度折减系数

以上有关节段预制 PC 箱梁受力性能试验研究，国内外学者主要关注在节段接缝局部构造力学性能方面。其中 Buyukozturk O. 等人[16]结合试验给出自己的抗剪计算公式，并认为干接缝抗剪主要取决于正应力水平，两者在一定范围成正比关系；汪双炎等人[17]研究认为键齿个数的增加有利剪力键界面均匀受力，但是键齿总抗剪力无明显增加；Zhou Xiangming 等人[18]发现环氧接缝抗剪强度一般大于干接缝，但环氧接缝破坏更具脆性。通过这些大量的试验研究结果表明[6-19]无论是单齿还是密齿剪力键，破坏形态均呈现脆性；接缝类型中，胶接缝比干接缝更有利于保护键齿、传递剪力，但同样的提高抗剪能力并不明显。

然而，在试验研究中，考察成桥整体受力状态下的梁体受力行为的研究，特别是实际情况中存在复杂的弯剪耦合作用下，梁体变形、薄弱截面裂缝开展以及体内体外预应力筋应力变化等方面的研究较少并且大都停留在数值模拟分析层面，国外学者 J. Turmo 等人[20-22]曾开展相应体外预应力节段梁体干接缝试验，并结合数值模型分析取得到一些有益的成果。他认为在指导节段预应力桥梁设计时，必须施加一定数值的界面预压应力以保证梁体在破坏极限状态下接缝界面仍应保证处于受压状态。国内方面，由李国平教授[23]开展的有关节段式体外预应力混凝土梁的剪切性能试验研究，考虑剪跨比、配箍率等参数设计制作简支模型梁试验；其研究表明此类混凝土梁体的剪切性能和整体式梁有很大差异，接缝决定着剪切破坏形态与破坏裂缝的形成、能很大程度的削弱梁的抗剪承载力，明显增大破坏裂缝的宽度和梁体破坏时的变形；配置体内束能有效改善体外预应力混凝土梁的剪切性能。另外由刘钊教授等人[24]开展的有关南京长江四桥节段预制拼装箱梁足尺模型试验方面的研究，结论是正常使用阶段，梁体受力行为基本符合平截面假定，在设计荷载组合下，试验梁处于全截面受压状态；在梁上运梁工况下，实测梁体下缘压应力仍距消压状态还有一定的安全储备。

3　结束语

从这将近半个多世纪的试验研究结果可看出：

（1）在一定范围内，提高接缝界面的预压应力水平，可以提高抗剪能力；键齿个数的增加有利均匀受力，保护键齿，但是键齿总的抗剪能力之和基本相同；

（2）接缝类型中，相比较于干接缝，胶接缝更有利于保护键齿、传递剪力，但提高抗剪性能并不明显；

（3）无论是单剪力键还是复式剪力键，破坏形态均呈现明显的脆性。至于加筋型剪力键的抗剪破坏形态，至今尚未看到相关试验研究；

（4）对抗剪计算公式的争议很大；对摩擦系数的选取、正应力的折算以及摩擦抗力与剪切抗力间的比例关系等问题尚无一致共识；

（5）试验仅是直剪试验，尚没有反应实际工程中遇到较多见的弯剪耦合效应作用下的抗剪试验。

迄今为止，从节段预制梁桥的抗剪形式、已有试验研究的发展情况看，仍存在以下几点值得关注的问题并值得进一步探讨：

（1）在今后的设计施工中，体内体外混合配束节段预制拼装梁体将更受青睐，因为它汲取了两者的优点于一身，但是体内束的抗腐蚀问题和体外束的预应力的松弛问题，渐成为这种桥梁类型的最大威胁。然而在已有报到的试验研究中未见考虑"体内体外混合配束配束"情况下节段试件接缝的抗剪性能的研究，这种新工艺所涉及的体内束的销栓作用的贡献程度如何和体内体外束的合理配束比的范围的确定值得研究；

（2）现有的抗剪承载力能力计算中所假定的键齿的破坏形式直剪破坏面，这与大多数实际试验中剪力键的破坏形式是不相符的，随着加筋剪力键的出现，剪切破坏形式更为复杂；

（3）基于 AASHTO 规范[3]建议的键齿尺寸设计，如何结合实际工程情况设计合理的剪力键尺寸，以达到受力合理、经济安全、施工方便的效果是尚需继续讨论；

（4）实际成桥节段梁体在跨中和支座处受力状态差异较大，相应的梁体在截面尺寸、配筋数量以及细部构造设置等方面需分别讨论设计。

参 考 文 献

［1］ Walter P. J. Muller J. M. Construction and Design of Prestressed Concrete Segmental Bridges，Wiley-Inter science Publication. 1982

［2］ Miller M. D.，Durability Survey of Segmental Concrete Bridges，PCI Journal n. 3 May-June 1995 pp. 110-114

［3］ AASHTO Guide Specifications for Design and Construction of Segmental Concrete Bridges［S］. 2nd ed. Washington D. C.，1999

［4］ 李国平. 干接缝节段式预应力混凝土桥梁的优势与缺陷［C］. 上海：上海市城市建设设计研究院，2007. 54-55

［5］ 王言磊，郝庆多，欧进萍. 带剪力键的 FRP 板与混凝土黏结性能研究［J］. 沈阳：沈阳建筑大学学报，2007，第 23 卷第 4 期：533-537

［6］ Franz G. Versuche über die Querkraftaufnahem in fugen von Spannebetontr? gern aus Fertigteien. Beton-und Stahlbetonbau，1959，54（6）：137-140

［7］ Jones L. L. Shear Tests on Joints between Precast Post-Tensioned Units. Magazine of Concrete Research，1959，11（31）：156-158

［8］ Zegler C. and Rush H. Der Einfuss von Fugen auf die Feistigkeitvon Fertigteilen. Beton-und Stahlbetonbau，1961（10）：234-237

［9］ Base G. D. Shearing Tests on Thin Epoxy-Resin Joints between Precast Concrete Units. Concrete and Construction Engineering，1963（7）：273-277

［10］ Gaston J. R. and Kriz L. B. Connections in Precast Concrete Structures［J］. Journal of the Prestressed Concrete Institute，1964，Vol. 9：37-59

［11］ Sims F. A. and Wood head S. Raw cliff Bridge in Yorkshire. Civil Engineering and Public Works Review，1968，63（741）：385-391

［12］ Finsterwalder U. Jungwith D. and Bauman T. Tragfahigkeit von Spannebeton balken aus Fertigtelien mit Trockenfugen quer zur Haupttragrichtung. Der Bauingernieur，1974（10）：1-10

［13］ Moustafa S. E. Ultimate Load Test of a segmentally Constructed Prestressed Concrete I-beam［J］. PCI Journal，1974，19（4）：54-75

［14］ Koseki，K. and Breen，J. E. Exploratory study of shear strength of joints for precast segmental bridges［J］. The Center of Austin，Tex. and Springfield，Va，1983，248（3）：35-41

［15］ Masatoshi Nakazawa，Shigeru Kuranishi，Futami Naganuma，and Tetsuo Iwakuma. Mechanical Behavior of Metal Contact Joint［J］. 1984，98（2）：12-26

［16］ Buyukozturk，O.，Bakhoum，M. M.，and Beattie，S. M. Shear behavior of joints in precast concrete segmental bridges［J］. ASCE Journal of Structural Engineering，1990，116（12）：3380-3401

［17］　汪双炎. 悬臂拼装节段梁剪力键模型试验研究［J］. 铁道建筑，1997（3）：23-28

［18］　Xiangming Zhou，N. Mickleborough，Zongjin Li. Shear Strength of Joints in Precast Concrete Segmental Bridges［J］. ACI Structural Journal，2005（2）：3-11

［19］　J. Turmo，G. Ramos，A. C. Aparicio. Shear Strength of Dry Joints of Concrete Panels with and without Steel Fibers Application to Precast Segmental Bridges［J］. Engineering Structures，2006：23-33

［20］　Rombach G. Precast Segmental Box Girder Bridges with External Prestressing Design and Construction［J］. Segmental Bridges. 2002，（2）：1-15

［21］　Turmo J，Ramos G，Aparicio A C. FEM Study on the Structural Behaviour of Segmental Concrete Bridges with Unbonded Prestressing and Dry Joints：Simply Supported Bridges［J］. Engineering Structures，2005，27（7）：1652-1661

［22］　Turmo J，Ramos G，Aparicio A C. FEM Modelling of Unbonded Post-Tensioned Segmental Beams with Dry Joints［J］. Engineering Structures. 2006，28（2）：1852-1863

［23］　李国平. 体外预应力混凝土简支梁剪切性能试验研究［J］. 土木工程学报，2007，40（2）：58-63

［24］　刘钊，武焕陵，等. 南京长江第四大桥节段预制拼装箱梁足尺模型试验［J］桥梁建设. 2011,4（3）：9-16

拉—压杆模型在工程结构中的应用

吴闻秀　程宏斌　程磊科　周元华　钱守龙　何　雨

（河海大学土木与交通学院，南京　210000）

［**摘　要**］拉—压杆模型能够应用于混凝土结构 D 区受力分析和配筋设计，能很好地解释结构受力情况，力流的分布，具有传力与结构受力吻合，计算简便，精度高等优点。本文阐述了拉—压杆模型的构成与建立步骤，以深梁、牛腿柱、框架节点区、桩基承台等常见的结构 D 区为例建立了拉—压杆模型，并在建立的拉—压杆模型基础上总结了 D 区的配筋设计，对拉—压杆模型的广泛应用进行了展望并指出了拉—压杆模型法存在的不足。

［**关键词**］拉压杆模型；深梁；牛腿柱；框架节点区；桩基承台

0　引　言

近年来，由于拉—压杆模型具有传力明确、计算简捷、精度较高等优点在国内外受到了很大的关注。美国规范、加拿大规范和欧洲规范已经将拉—压杆模型作为推荐使用的设计方法。而我国现行的规范依然用截面分析法和经验确定结构的内力，进行截面配筋设计，对于截面应变符合平截面假定即符合贝努力假定的区域（即 B 区）是合理的，但对于受到集中荷载处、几何构造上不连续、应变分布非线性、力流受到扰动的区域即 D 区就会产生较大误差、设计不准确，将导致一系列的工程问题。拉—压杆模型是一种与结构或构件实际受力较符合的设计方法，尤其是在处理如深梁、牛腿柱、框架节点区、桩基承台等传统的设计方法不能较好解决混凝土结构 D 区时具有较大的优势。

1　拉—压杆模型的提出

1.1　拉—压杆模型的构成

拉—压杆模型源于桁架模型，由拉杆、压杆和节点区组成来反应结构构件中力流的传递过程，拉杆作为模型的受拉构件，压杆作为受压构件。ACI318 对拉压杆的定义为[1]：拉—压杆模型是混凝土结构 D 区的桁架模型，由相交于节点的拉杆和压杆组成，能够把结构中所受到的荷载力传递到支座或相邻的 B 区。根据拉杆（T）和压杆（C）的类型可以分为 CCC、CCT、CTT、TTT 四种类型，如图 1。

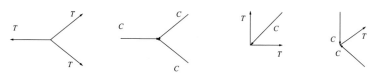

图1　节点区分类

1.2　拉—压杆模型的建立

拉—压杆模型建立前，先对结构或构件进行受力分析及 B 区和 D 区的划分，D 区一般为受到集中荷载、支座处和截面几何不连续处。确定 D 区后，根据其边界条件确定结构内力的传递路径，满足最短传递距离的要求。拉—压杆模型的建立主要有以下三种方法[2]：

（1）基于弹性有限元分析的应力分布法。

由弹性有限元分析得到的应力分布图，根据相应截面的应力分布图来建立拉—压杆模型。将主要的混凝土拉压应力区简化为直线型的拉杆和压杆，拉、压杆朝向应大致与主应力方向一致，且放置在相应截面的应力分布重心处，拉杆和压杆的交点为节点区。不同截面的应力分布重心不同，不同截面建立不同的拉—压杆模型，这样不同的设计者建立的拉—压杆模型并不唯一，但每一种方法都体现了结构或构件中真实力流的传递过程。

（2）基于荷载传力路径建模法。

根据结构的外荷载作用下力流情况，绘制出主拉应力迹线和主压应力迹线，主拉应力迹线为拉杆，主压应力迹线为压杆，两者的交点处为节点区，建立拉压杆模型。

（3）基于弹性有限元分析并结合荷载传力路径建模法。

2　拉—压杆模型在工程结构中的应用

对于钢筋混凝土结构用拉—压杆模型进行结构分析时，由于混凝土的抗压强度远大于抗拉强度，一般以混凝土充当压杆，而钢筋充当拉杆，拉杆与压杆交汇处为节点区来建立拉—压杆模型，配筋设计时在拉杆处布置受拉钢筋。

2.1　深梁

对于深梁由于跨高比较小，圣维南原理适用范围较小，梁跨截面受到支座反力的干扰较大，深受弯构件的截面设计是由受剪力控制，不再由受弯控制，抗剪理论处于研究阶段还不够成熟[3]。随着拉—压杆模型理论的研究，发现运用拉—压杆模型对深受弯构件进行研究设计时，能较好地符合实际精度要求，并能与试验结果很好吻合，且拉—压杆模型受力明确，计算简捷，因而拉—压杆模型运用于深梁构件中进行设计计算时是比较合理的[2]，如图 2 所示为深梁中建立的拉—压杆模型。

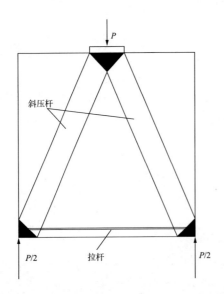

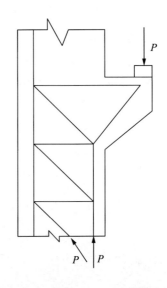

图2　深梁中的拉—压杆模型　　　　　图3　牛腿中的拉—压杆模型

2.2 牛腿柱

在实验室，厂房中牛腿柱应用较多，牛腿部分区域由于受到集中荷载大，应力复杂且不符合平截面假定，属于 D 区，根据牛腿柱的受力特征可以用顶部水平纵向受力钢筋形成的拉杆和牛腿内的混凝土斜压杆组成的桁架模型，如图 3 所示。拉—压杆模型对牛腿受力分析与牛腿实际传力较吻合，精度合理，计算简捷。国外已运用拉—压杆模型对牛腿进行研究设计，而国内研究甚少。

2.3 框架节点区

框架节点区指梁柱的节点核心区与邻近核心区的梁端和柱端。我国规范[4]的节点强度设计公式是建立在试验基础上的经验公式，设计主要依据各种构造要求进行配筋，而框架节点区受力复杂，力流紊乱，不符合平截面假定，属于 D 区，经验公式的局限性对节点区受力分析不够准确，概念模糊，按照构造配筋则过于保守。已有的数据表明拉压杆模型与试验结果符合较好，因此可以用拉—压杆模型来分析节点区的受力机制。节点核心区存在 3 种宏观传力机构[4]，即斜压杆、桁架和约束机构。如图 4 所示，将节点核心区离散为主斜压杆 ad、次压杆 ac 和拉杆 bc[5]。主斜压杆类似斜压杆机构，直接传递部分剪力，另一部分水平剪力由次斜压杆的水平分量传至拉杆节点，与拉杆拉力进行平衡。在框架节点配筋时，拉杆处布置受拉钢筋，节点传力可以通过布置箍筋。

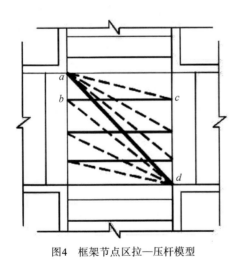

图4　框架节点区拉—压杆模型

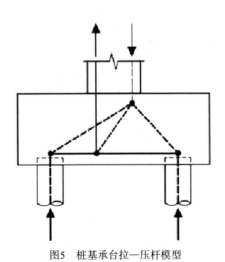

图5　桩基承台拉—压杆模型

2.4 桩基承台

桩基础在高层结构以及桥梁结构中被广泛运用，承台是桩基础的一个重要组成部分，应满足足够的强度和刚度要求，必须满足抗冲切、抗剪切、抗弯和构造要求以便把上部结构的荷载传递到各桩以及把各桩连接成整体参与受力。由于承台所受集中力较大，受力情况较复杂，对于承台的设计方法，还未有统一的理论模式，各国规范差别很大。我国规范的计算公式建立在试验统计的基础上，缺乏足够的理论依据；英国和加拿大规范依据承台应力分析结果，以桁架模型为基础，得出的计算结果更真实。Perry Adebar、Siao Wenbin 等[6-8]进行了桩承台的模型试验。研究表明：承台的变形在破坏之前很小，属脆性破坏；承台主要的抗剪机理是压杆效应而非梁效应；压杆的破坏不会是源于混凝土的受压破坏，而是由于压应力的扩散在压杆中引起横向拉力，使压杆纵向劈裂而破坏。如图 5 所示的承台拉—压杆模型，经过研究论证拉—压杆模型能较准确地反映承台的受力性能，可成为设计提供可靠的依据。

3 拉—压杆模型的研究展望

拉—压杆模型由于概念清晰、精度符合工程要求等优点，已经得到了国内外广泛认可，在国内外经过多年研究已取得了一定的进展，初步形成了完整的设计步骤与设计原则，国外一些规范已将拉—压杆模型进行 D 区结构受力分析与配筋设计，但我国至今在应用拉—压杆模型配筋设计方面还缺乏系统的研究。拉—压杆模型有其自身的局限性如对非弹性体构件的大变形等非线性影响的分析还不适用[9]等。虽然拉—压杆模型为 D 区的设计提供可靠的依据，想要将拉—压杆模型应用于工程实践还需更深入的研究，才能建立完善的、系统的受力模型与计算方法。随着有限元分析软件的推广，拉—压杆模型可以结合有限元分析基础对结构的实际传力过程进行研究，有限元软件与拉—压杆模型的结合可以使结构 D 区计算更准确与配筋设计更合理。

4 结 论

拉—压杆模型是一种与结构受力相符合的设计方法，尤其在处理深梁、牛腿柱、框架节点区、桩基承台等混凝土结构 D 区时具有较大的优势。能够很好地描述 D 区传力过程，所得结果与实际吻合，精度较高。拉—压杆模型的理论还不够完善，存在很多问题，需要深入研究形成完善的拉—压杆模型理论，并广泛运用于工程实践中，随着对拉—压杆模型研究的深入有望对工程结构设计的 B 区和 D 区相统一。

参 考 文 献

[1] ACI Committee 318. Building Code Requirements for Structural Concrete and Commentary（ACI 318M-05）[S]. American Concrete Institute，2005

[2] 中华人民共和国国家标准：GB 50010—2002 混凝土结构设计规范 [S]. 北京：中国建筑工业出版社，2002

[3] 梁田. 浅析拉—压杆模型在混凝土结构的应用 [J]. 建筑工程，2011，19：342，275

[4] 傅剑平. 钢筋混凝土框架节点抗震性能与设计方法研究 [D]. 重庆：重庆大学土木工程学院，2002，45-58

[5] 宋孟超. 钢筋混凝土梁柱节点核心区模型化方法研究 [D]. 重庆：重庆大学土木工程学院，2009，41-54

[6] A debar P，Zhou Luke. Design of Deep Pile Cap by Strut-and-Tie Model [J]. ACI Structural Journal，1996，93（4）：437-448

[7] Adebar P，Kuchma D，Collins M P. Strut-and-Tie Mode ls for Design of Pile Caps：An Experimental Study[J]. ACI Structural Journal，1990（1）

[8] Siao，Wen bin. Strut-and-Tie Model for Shear Behavior in Deep Beams and Pile Caps Failing in Diagonal Splitting [J]. ACI Structural Journal，1993（4）：356-363

[9] 郭卫民，赵学军. 利用拉—压杆模型进行结构的受力分析和设计 [J]. 东北公路，1999，22（3）：47-54

[10] 张元元、李继祥，等. 钢筋混凝土拉—压杆理论研究与应用探讨 [J]. 武汉工业学院学报，2005，24（3）：72-76

预应力混凝土箱梁孔道摩阻与喇叭口损失测试与分析

沈文升 胡 成

（合肥工业大学 土木与水利工程学院, 合肥 230009）

[摘 要]结合某三跨后张法预力混凝土连续箱梁的现场预应力摩阻损失试验，利用最小二乘法进行分析，从而得到该连续箱梁的实际预应力损失参数 μ、k 值，为该桥的预应力张拉施工提供依据，可为预应力混凝土桥梁设计和施工提供一定的参考。

[关键词]预应力箱梁；摩阻损失；最小二乘法；摩阻系数

预应力筋过长或弯曲过多都会加大预应力筋的孔道摩阻损失，特别是弯曲多、弯曲半径小、弯曲角度较大的预应力筋，两端张拉时，中间段的有效预应力损失较大[1]。

在工程实际中，由于施工工艺的影响，管道摩阻损失往往比设计计算值大，特别是对长束，这种影响更加严重，往往造成预应力施加时控制张拉伸长量达不到规范要求，其主要原因是实际孔道摩阻系数和偏差系数与规范所规定的数据不相符[2, 3]。

因此，在连续曲线梁桥采用"长束"方案时，非常有必要通过现场实测孔道摩阻系数 μ 和偏差系数 k，以便求得预应力孔道的实际摩阻损失，为施工中准确地确定张拉控制应力及钢束伸长量，充分发挥预应力钢束的作用提供可靠的依据。

1 概 述

新建铁路合福线某段设计为（32+48+32）m 连续梁，线路与规划路斜交，交角为 77°。连续梁桥面宽度为 12m，腹板底宽为 5.0～5.5m，梁高 3.05～4.05m，底板厚度 0.3～0.8m，顶板厚度 0.3m，腹板厚度 0.5～1.1m。采用满堂支架现浇施工。预应力采用高强度低松弛预应力钢绞线，抗拉强度标准值为 1860MPa，采用内径为 90mm 金属波纹管。设计要求对钢绞线在波纹管中的实际摩阻系数和喇叭口损失进行现场实验测定，通过测试值来调整张拉控制吨位。

2 预应力钢束摩阻损失理论计算

2.1 摩阻损失的组成分析

管道摩阻损失是指预应力筋与周围接触的混凝土或套管之间发生摩擦造成的应力损失。产生摩擦损失的摩擦力由两部分组成：一部分由孔道偏差等因素引起，它与预应力和孔道长度成正比，即偏差系数 k[4]；另一部分由曲线孔道壁对预应力筋产生的附加法向力引起，它与摩擦系数和附加法向力成正比，即摩阻系数 μ[5]。摩阻系数 μ 主要反映了管道和钢筋两种材料之间的力学性质，并在统计意义上兼顾到生锈、漏浆、挤扁等偶然发生的现象；而偏差系数 k 则反映了管道线形的施工质量和施工难度。

2.2 摩阻损失的理论公式

预应力筋与管道间的摩擦引起的应力损失按下式计算：

$$\sigma_{L1} = \sigma_{con}[1 - e^{-(kx+\mu\theta)}] \quad^{[6]} \tag{1}$$

式中　σ_{L1}——由管道摩擦引起的应力损失，MPa；

　　　σ_{con}——钢筋（锚下）控制应力，MPa；

　　　θ——从张拉端至计算截面的长度上钢筋弯起角之和，rad；

　　　x——从张拉端至计算截面的管道长度，m；

　　　μ——钢筋与管道之间的摩擦系数；

　　　k——考虑 1 m 管道对其设计位置的偏差系数。

2.3　参数 μ、k 分析

根据式（1）推导 k 和 μ 计算公式，设主动端压力测试值为 P，被动端为 P'，则孔道摩阻损失力为 ΔP：

$$\Delta P = P - P' = P[1 - e^{-(kx+\mu\theta)}] \tag{2}$$

经变换亦可得：

$$kl + \mu\theta = \ln(P / P') \tag{3}$$

对于整个主梁，将 $x = l$ 代入则得：

$$kl + \mu\theta = \ln(P / P') \tag{4}$$

令 $y_i = \ln(P_i / P_i')$，则利用最小二乘法原理可以得到摩擦系数 μ 和偏差系数 k 的求解公式为：

$$\begin{cases} \mu\sum\limits_{i=1}^{n}\theta_i^2 + k\sum\limits_{i=1}^{n}l_i\theta_i - \sum\limits_{i=1}^{n}y_i\theta_i = 0 \\ \mu\sum\limits_{i=1}^{n}\theta_i l_i + k\sum\limits_{i=1}^{n}l_i^2 - \sum\limits_{i=1}^{n}y_i l_i = 0 \end{cases} \tag{5}$$

将试验测试数值代入即可求得摩擦系数 μ 和偏差系数 k。

3　孔道摩阻损失试验

取某张拉钢束中的 3 根长束进行摩阻系数 μ 和偏差系数 k 的测试[7]。

（1）在测试预应力束两端依次安装千斤顶和张拉工具锚，如图 1。

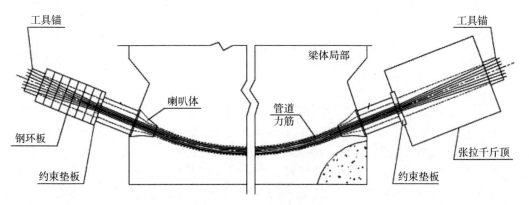

图1　管道摩阻试验测试示意图

（2）拖动钢绞线证实孔道内无阻碍物体，被动端千斤顶的油缸先伸出 6～8cm 以利褪锚。

（3）两端同时张拉至 $0.1\sigma_{con}$，记录油压表初始读数；将 B 端封闭作为被动端，A 端作为

主动端，分别张拉千斤顶至 $0.2\sigma_{con}$、$0.5\sigma_{con}$、$0.7\sigma_{con}$，持荷 2min 后记录两端油压表读数。之后千斤顶回油，放松钢束。

（4）同一预应力束的上述测试工作重复三次，然后调换主动端和被动端，再把上述测试工作同样进行三次。

（5）将千斤顶移至另一测试预应力束并安装，之后重复 1～4 中的操作内容直至各预应力筋束测试完毕。

（6）根据前述公式计算确定摩阻系数 μ 和偏差系数 k 值。

4　锚口与喇叭口损失试验

锚口和锚垫板摩阻损失试验具体测试步骤如下，见下图2：

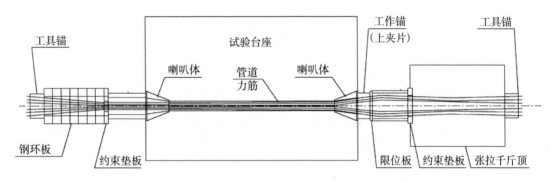

图2　锚口与喇叭口摩阻偏差测试示意图

（1）两端同时充油，油表读数值均保持 4MPa，然后将甲端封闭作为被动端，乙端作为主动端，张拉至控制吨位。设乙端读数为 N_z 时，甲端的相应读数为 N_b，则锚口和锚垫板摩阻损失为：

$$\triangle N = N_z - N_b \tag{6}$$

以张拉力的百分率表示的锚口和锚垫板摩阻损失为：

$$\eta = \frac{\triangle N}{N_z} \times 100\% \tag{7}$$

（2）乙端封闭，甲端张拉，同样按上述方法进行三次取平均值；

（3）两次的 $\triangle N$ 和 η 平均值，再予以平均，即为测定值。

5　试验结果及分析

5.1　孔道摩阻损失计算

本连续梁选取 1 束 F1、1 束 F4 和 1 束 T6 作为研究测试对象，见下图3。测试基本数据见表1。

5.2　锚口与喇叭口损失计算

考虑实际情况，此次锚口与喇叭口摩阻损失在直线束上进行，试验采用单端张拉方式，在两头分别安装千斤顶，被动端测试时首先张拉以利退锚。测试数据如表2所示。

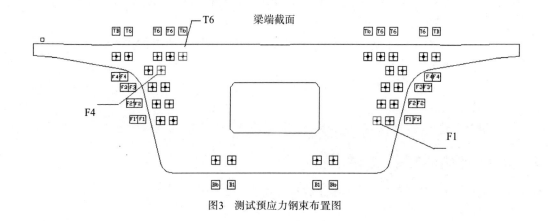

图3　测试预应力钢束布置图

测试基本数据　　　　　　　　　　　　　　　表1

测试项目	F1	F4	T6
长度（l/m）	115.68	115.24	115.42
包角（θ/rad）	5.061	3.944	0.14
$yi=\ln(P/P')$	1.926	1.57	0.367
μ	0.3166		
k	0.00279		

锚口和喇叭口摩阻损失计算表　　　　　　　表2

循环次数	锚口和喇叭口摩阻损失		锚具回缩量（mm）	
	总损失（%）	平均值（%）	回缩值（mm）	平均值（mm）
1	5.20		5.90	
2	5.40	5.3	6.10	6.0
3	5.40		6.10	

6　结　论

通过合福线该连续梁 3 束预应力筋孔道摩阻的实梁测试与理论分析，得到主要结论如下：

（1）实际测得孔道摩阻系数 μ=0.3166，偏差系数 k=0.00279。锚口与喇叭口摩阻损失为 5.3%；

（2）实测 μ、k 值比设计规范值的 0.25 和 0.0015 值都偏大，误差分别为 26.64% 和 86.0%，总体来看 μ 和 k 值仍处于正常范围。

参 考 文 献

[1]　王伟亚, 秦志云, 关函非. 后张箱梁预应力筋管道摩阻损失测试与分析, 公路交通科技（应用技术版），2008（10）：101-103

[2]　郭悬, 胡成, 金永妙, 虞明松, 丁键. 摩阻和孔道偏差系数对双向预应力混凝土连续梁桥线形控制的影响,

公路交通科技（应用技术版），2010（12）：234-236

[3] 张开银.预应力混凝土结构弯曲孔道预应力损失研究.固体力学学报，2008（29）：127-131

[4] JIGD62—2004公路钢筋混凝土及预应力混凝土桥涵设计规范.

[5] 孙广华.曲线梁桥计算［M］.北京：人民交通出版社，1995

[6] TB 10002.3-2005铁路桥涵钢筋混凝土和预应力混凝土结构设计规范［S］

[7] 郭振武，彭楠楠.预应力混凝土箱梁孔道摩阻损失测试.公路，2010（12）：61-67

对于羊山钢结构会所设计的几点思考

华 刚

（南京工业大学土木学院，南京 210009）

[摘 要] 仙林羊山钢结构会所为多层复杂钢结构，结构存在多项不规则，且建筑场地条件特殊。本文对羊山钢结构会所设计进行了几点思考。

[关键词] 钢框架不规则结构体系；因地制宜；边坡整体喷锚支护；节点优化设计

1 引言

钢结构具有强度高、自重轻、制作安装方便、施工周期短，商品化程度高，抗震性能好、环境污染少等特点。本工程结构形式复杂，抗震要求较高且工期紧。为满足抗震要求及工期要求，故采用钢结构形式。

2 工程概况

仙林羊山钢结构会所位于南京东郊仙林大学城羊山东北侧山顶附近，北侧山脚附近为羊山北路，东侧山脚下为羊山水库，水库对岸为九乡河西路。该项目总建筑面积 1546.5m²。该建筑主要分为门厅电梯间和会所主体两个单体，两单体之间由两个行人桁架连接（见图1）。

图1 项目效果图

本工程结构设计使用年限为50年，建筑结构安全等级为二级，基础安全等级为二级。抗震设防烈度为7度，场地土类别为Ⅱ类，设计地震分组第一组，地面粗糙度为B类，体形系数、风压高度变化系数等均按规范取值。

3　结构方案

3.1　结构体系

本工程根据山体的天然形态，与山体巧妙地结合起来。原本山体平面上有大块凹陷，经过挖掘机的修整因地制宜，将结构嵌入山体，与山体有机的结合起来。由于从立面上看，山体的原貌是底部小上部大，所以本建筑依附与山体逐渐放大，设计成下部小，上部大的结构，正立面呈倒三角形状（见图2a）。

图2a　项目立面效果图

基础嵌固标高位置也随着山体形态不同而不同，且在标高 11.0m、15.5m、17.5m、22.0m 处有多个大跨度悬挑平台。而顶层结构座落于山顶，与底部三层不在同一立面上，凹凸有致，结构体型较复杂。主体结构地上四层，室外地面至屋顶高度为 22.0m。采用钢框架结构体系，框架柱为钢管柱，主、次梁尽量采用 Q235 热轧 H 型钢梁，个别由于承载力要求选用焊接工字形梁。结构板采用 0.91 厚钢承板，上覆 C30 混凝土，标准楼板厚度 120mm。电梯间与门厅设置在主体结构的外部，两者通过两个桁架连接起来（见图2b）。

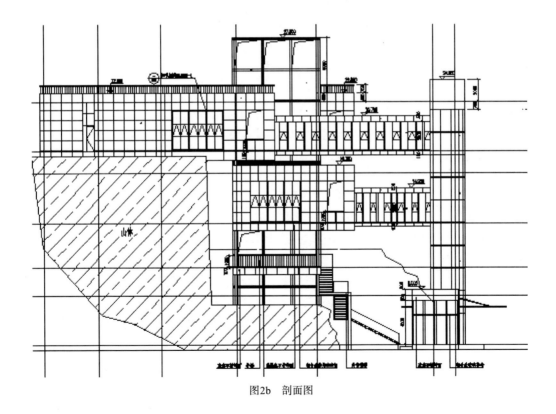

图2b　剖面图

为支撑起此结构，基础也必须随着上体的走势布置，基础大致布置在标高为 -1.0m、3.6m、8.6m、15.55m 四个平面上。

本工程层数较少，体量不大，基础所受荷载不大，若在普通天然地基上采用独立基础较为适宜。但由于本工程坐落于砂岩地基上，且山顶上还必须布置基础，所以若采用独立基础

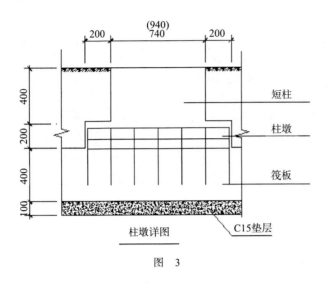

图　3

形式，则开挖基坑难度较大，所需工期较长，综合各方面因素，最终决定主要采用板式基础，采用 400 厚双层双向钢筋 14@150，混凝土强度等级 C30。但由于基础筏板较薄，为满足冲切验算，采取在筏板上二次浇注柱墩，增大冲切面积来解决冲切不满足要求的问题（见图 3）。

同时为了节省材料，降低造价，应灵活选择基础形式，在山顶处应根据实际情况采用条形基础，并且为了实现某些特殊功能，如为支撑外部三跑楼梯梯柱，基础采用独立基础。所以在基础的选型上，根据不同的地质条件、基础的特性、工期、造价等多方面因素，综合考虑，从而得出最适宜该工程的基础形式。

3.2　结构不规则加强措施

本工程造型独特复杂，按原先设计分析不满足《建筑抗震设计规范》GB 50011—2010 第 3.4.3 条中表 3.4.3-1 及表 3.4.3-2 规定：

（1）扭转不规则：在规定的水平力作用下，楼层的最大弹性水平位移（或层间位移），大于该楼层两端弹性水平位移（或层间位移）平均值的 1.2 倍。

（2）凹凸不规则：平面凹进的尺寸，大于相应投影方向总尺寸的 30%。

（3）侧向刚度不规则：该层的侧向刚度小于相邻上一层的 70%，或小于其上相邻三个楼层侧向刚度平均值的 80%；

（4）楼层承载力突变：抗侧力结构的层间受剪承载力小于相邻上一楼层的 80%。

本建筑应定义为特别不规则结构，按照《建筑抗震设计规范》GB 50011—2010 第 3.4.4 条规定建筑形体及其构件布置不规则时，应按要求进行地震作用计算和内力调整，并应对薄弱部位采取有效的抗震构造措施。

所以本工程在模型分析计算时，在使用 PKPM 软件的 SATWE 模块的地震信息时定义结构为不规则结构，同时考虑偶然偏心和双向地震作用；在调整信息中指定底部三层均为薄弱层。同时反复计算调整各层的刚度，使得各层的质心与刚心重合以减少扭转产生的不利影响。具体方法为增减某些梁柱截面的大小，某些柱子若改变了外部尺寸将会影响到建筑要求，则也可不变截面尺寸而只改变截面的钢号；为减小侧向刚度不规则和楼层承载力突变等问题，采取将底部三层钢柱钢号采用 Q345B，而上部钢柱采用钢号 Q235B 的措施。

经过不断调试，最大弹性层间位移及最大层间位移角（见表 1、表 2）均远小于规范限值，在《建筑抗震设计规范》GB 50011—2010 中第 3.4.4.1.1 条指出当最大层间位移远小于规范限值时，可适当放宽层间位移比。

部分工况下最大弹性层间位移 （mm） 表1

	工况1	工况2	工况3	X方向风荷载	Y方向风荷载
最大层间位移角	1/965	1/925	1/926	1/1488	1/1767

主要工况下最大弹性层间位移角 表2

层号	工况1	工况2	工况3	X方向风荷载	Y方向风荷载
1	0.77	0.63	0.79	0.17	0.86
2	0.73	0.68	0.74	0.32	0.94
3	0.88	1.07	0.75	0.41	0.89
4	1.79	1.49	1.84	0.41	0.94
5	1.89	1.83	1.90	1.20	0.96
6	2.40	2.33	2.51	1.69	1.96

注：多高层钢结构弹性层间位移角限值为1/250。

而各层位移比控制在1.5以下，故满足抗震规范的要求。

4 边坡加固处理

本工程由于依附山体而建，所以山体的稳定性对结构的稳定性而言起着至关重要的作用。而次处的地基经地质勘探部门勘探为砂岩地基，砂岩地基的特性为地下水活跃，砂土宜液化，所以为保证山坡的稳定性必须对山体进行加固处理。本工程边坡整体采用喷锚支护。坡面用8@200钢筋网挂壁，喷射200mm厚细石混凝土面层，面层采用锚杆固定，以防止边坡浅层土体滑动；锚杆孔径110倾角20°，水平间距2000、1500；锚杆采用28、32钢筋，锚杆连接采用套筒连接，锚杆每隔1.5~2.0m应设对中定位支架；锚杆采用二次浇注；注浆时，注浆管应插至距孔底100~200m处，孔口部位设置止浆塞及排气管（锚杆平面布置见图4）。

图4 锚杆平面布置图

而且坡体的排水处理也是不容忽视的一个关键措施，它直接影响到建筑的正常使用、加固措施的耐久性以及坡面景观的效果。为避免遇上暴雨情况，山顶雨水沿坡面大量倾泄，所以在坡顶设置止水带，同时在坡顶、坡底设置截排水导流明沟，及时输排地表水和雨水，坡体设置泄水孔，及时排水（见图5）。

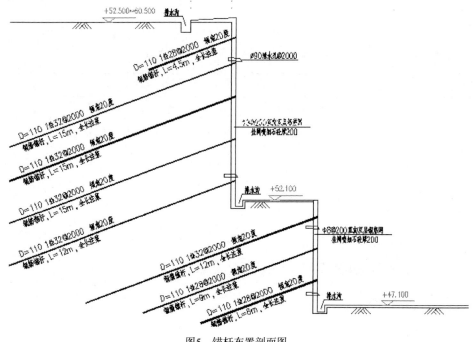

图5　锚杆布置剖面图

5　节点优化设计

在钢结构的设计中，主体框架的构件截面设计是一项重要工作，同时连接节点的设计同样至关重要。同样的两个构件，采用不同的节点形式连接会产生不同的连接效果。在不影响建筑为前提的条件下，做到施工简单、造价经济、结构安全适用，而且要与计算模型中假设的节点一致，不能把刚接与铰接混淆。

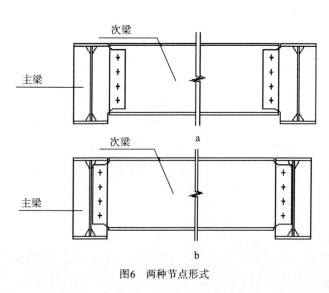

图6　两种节点形式

5.1　主次梁连接节点

次梁与主梁的连接节点形式对施工方便性和结构经济性有着重要影响。见图6a、图6b两种节点形式。

对比两种节点，区别就在于节点板的设计上，图6a的连接形式是要优于图6b的接连形式的，虽然两者都是铰接连接，力学性能上并没差异，但是由于实际施工时是先安装好主梁然后安装次梁，图6a的节点板伸入次梁，这样次梁可以垂直或稍微转过一定角度就能吊装进两主梁之间，进行定位安装；而

图 6b 中次梁腹板需要伸入主梁，这样次梁的长度就增长了，吊装时次梁需转过很大角度才能塞入两主梁间，有时还会由于某些原因无法吊装，这会给现场施工造成比较大的困难，所以一般情况下，梁梁连接时建议采用图 6 的节点连接。

5.2　边梁节点的优化

本工程中有多个悬挑观景平台，而其中边梁节点的设计也是很有讲究的，下面先看两幅图（图 7a、图 7b）。

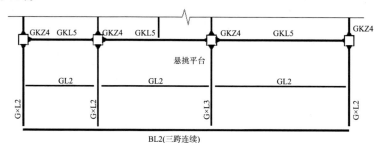

图7a　悬挑平台平面结构示意图

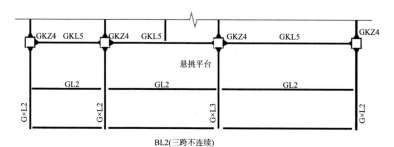

图7b　悬挑平台平面结构示意图

通过图 7 来进行对比分析发现，区别在于两者的边梁 BL2 形式不同，图 7a 的 BL2 的设计节点设计要优于图 7b，图 7a 中 BL2 只有 4 个连接节点，而图 7b 中有 6 个节点，这不仅省下了节点板的材料费，最重要的是减少了工厂制作的费用以及现场施工的难度，一举多得。所以边梁跨数在两跨及两跨以上时，建议采用图 7a 中的节点连接形式。两者虽然受力性能一致，但在细节上的微妙处理可达到意想不到的效果！

当结构与建筑相冲突时，结构应尽量满足建筑的要求（见图 8）。图 8 中 9–10 轴间由于内力计算要求，得出两侧框架梁梁高不同（一侧梁高 600，另一侧梁高 500），梁对柱有集中力作用，为减小其不利作用，在柱中添加加劲肋，同时将梁高小的梁加腋，使其翼缘也于加劲肋对奇。但是由于加腋产生，使梁底部不平整，正好建筑要求在 9–10 轴内要做整面的落地大窗，窗顶要抵到梁底，此时由于不平整就达不到建筑的要求，此时可采取以下措施来解决此问题。

措施 1：梁高不变，将底部做平，在 500 高梁下翼缘对应柱中位置再做一块加劲肋！（此种方法计算量小，但施工时难度较大）

措施 2：可将两侧梁梁高做成相同，可以改变一层梁腹板和翼缘的厚度还有钢号来控制承载力，此处就体现出了钢结构比混凝土结构的优势。若假设通过改变混凝土强度来控制承载力，但是实际工程中梁板柱都是整浇的，而且现在越来越多要求使用商品混凝土，不可能为了某几根梁或柱而采用不同等级的混凝土，这是不现实的。而钢结构不一样，钢结构梁柱属于先在工厂预制好后，到现场拼装，对于某些特殊部位可以在加工厂里特殊制作，可行性较大。

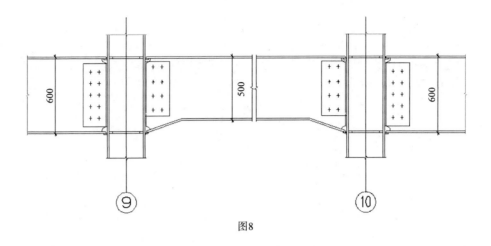

图8

6　结　语

本工程为多层复杂钢结构，通过改变局部层柱子钢号和调整局部梁截面大小能使刚心与质心尽量重合，减小扭转带来的不利影响。灵活采用基础形式和对节点的优化设计能使结构得以顺利施工以及达到一个较理想的经济性。对设计经过以上思考，因地制宜，使建筑与周围环境有机的结合，融为一体。

7　致　谢

本工程是在李靖高工的指导下才得以攻克了结构上的一个又一个难关而在论文的撰写是在董军院长的悉心指导下完成的。他们都提出了有建设性的建议，笔者在此对董院长和李靖高工表示由衷的感谢和深深的敬意！

参 考 文 献

[1]　GB 50011—2011 建筑抗震设计规范 [S].北京：中国建筑工业出版社，2011

[2]　GB 50017—2003 钢结构设计规范 [S].北京：中国建筑工业出版社，2002

[3]　GB 50017—2002 建筑地基基础设计规范 [S].北京：中国建筑工业出版社，2002

[4]　董军、曹平周，等.钢结构原理与设计 [M].北京：中国建筑工业出版，2008

[5]　林同炎，S.D.斯多台斯伯利.结构概念与体系 [M].北京：中国建筑工业出版，1998

双腹板吊车梁在实际工程中的应用

杜 勇

（山西省机械设计院 太钢设计院，太原 030009）

［摘 要］工业厂房中的双腹板吊车梁经过合理的计算可以应用在大吨位吊车下，以便增加吊车梁下的空间，有利于车间生产的使用。

［关键词］双腹板；计算；吊车梁；应用

1 前 言

目前含有吊车的工业厂房中所采用吊车梁有钢吊车梁和混凝土吊车梁。因混凝土吊梁重量大截面大，逐渐由钢吊车梁代替。钢吊梁的优越性很大，不足处是由于腹板薄、高度大，占用立面空间较大。吊梁高度一般为1.5m，高的可达2.5～3m。这样在有限高度的厂房内，使吊梁下翼缘至地面的空间减少，直接影响生产。若提高牛腿高度，吊梁上部空间减少，桁车无法运行。因此要解决此问题只能减少吊梁的腹板高度。在即不减少吊车的起重量又要降低腹板高度的情况下，那只有改为双腹板吊车梁。

2 双腹板吊车梁的理论计算

双腹板吊车梁的理论计算与单腹板的计算法基本相同，所不同的双腹板形成的箱形吊车梁的稳定性以及上翼缘板的受力计算法不同，故须先了解单腹板吊车梁的理论计算。

2.1 焊接式单腹板吊车梁的理论计算

单腹板吊车梁的计算可按一般常规进行。根据作用到吊车梁上的各种最大轮压值及相应的横向水平荷载求出在梁上的最大竖向弯矩、水平弯矩和剪力值，然后再根据梁的承载力和型号选出腹板和翼缘规格。最后核算各构件的强度、刚度、稳定性满足规范即可。

2.1.1 吊车梁上的最大内力值

（1）吊车梁竖向内力。

常用的吊车有两轮、四轮、六轮。这里以四轮为例进行阐述。四轮吊车作用到简支梁上最大弯矩所在点（C点）（见图1）。

C点位置可由（1）式求出。

$$a_4 = \frac{1}{8}(2a_2 + a_3 - a_1) \tag{1}$$

最大弯矩值 M_{max}^c：

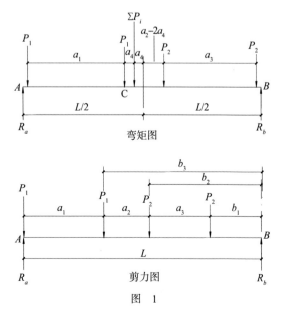

图 1

$$M_{\max}^c = \frac{1}{L}\sum p(\frac{1}{2}-a_4)^2 - pa_1 \qquad (2)$$

相应剪力 V^c：

$$V_c = \frac{1}{L}\sum P\left(\frac{L}{2}-a_4\right)-P \qquad (3)$$

（2）横向水平力作用下的内力。

横向水荷载产生的弯矩可由图 1 所示位置由下式求出：

$$H = 0.1(Q+g)/4 \qquad M_H = HM_{\max}^c/p \qquad (4)$$

式中 H——水平力。

剪力：

$$Q_H = \sum(b_i H/l) + H \qquad (5)$$

2.1.2 截面选择

（1）简支焊接工字梁的腹板高度可根据经济高度、允许挠度及静空条件确定。

①高度 h_{w1}：

$$h_w \approx 7\sqrt[3]{w} - 300 \qquad (6)$$

式中 W——吊梁的毛截；

　面模量——$w=1.2M/f$。

②按允许挠度计算 h_{w2}：

$$h_w \approx 0.6fl(1/[v])\times10^6 \qquad (7)$$

式中 $1/v$——允许，挠度值（按 mm 计）。

（2）吊车梁的腹板厚度 t_w。

①按经验计算 t_{w1}：

$$t_{w1} = \frac{1}{3.5}\sqrt{h_0} \qquad (8)$$

②按剪力计算 t_{w2}：

$$t_{w2} = \frac{1.2v_{\max}}{h_0 f_v} \qquad (9)$$

（3）吊车梁的翼缘尺寸 b：

吊车梁的翼缘面积可按下式近似写出：

$$A_{\pm} = \frac{w}{h_0} - \frac{1}{6}h_0 t_w \qquad (10)$$

$b = \left(\frac{1}{3}\sim\frac{1}{5}\right)h_0$，但应大于 200mm。翼缘厚度 t 应满足下式：

$$b \leq 15t\sqrt{\frac{235}{f_y}} \qquad (11)$$

式中 $b=A/t$

2.1.3 强度计算

（1）最大弯矩处的正应力。

①上翼缘的正应力，无制动结构：

$$\sigma = \frac{M_{max}}{W^{上}_{nx}} + \frac{M_H}{W_{ny}} \leqslant f \tag{12}$$

②下翼缘的正应力：

$$\sigma = \frac{M_{max}}{W^{下}_{nx}} \leqslant f \tag{13}$$

式中　$W^{上}_{nx}$，$W^{下}_{nx}$——梁截面对中性轴上、下部的截面模量

　　　　W_{ny}——上翼缘对 y 轴的截面模量

（2）吊车梁支座处截面的剪应力。

①支座处的剪应力可按下式计算：

$$\tau = \frac{V_{max}S}{It_w} \leqslant f_y \tag{14}$$

②突缘支座的剪应力：

$$\tau = \frac{1.2V_{max}}{h_0t_w} \leqslant f_v \tag{15}$$

（3）腹板局部压应力：

$$\sigma_c = \frac{\psi F}{t_w l_z} \leqslant f \tag{16}$$

式中　$L_z = a + 5h + 2h_R$

（4）腹板边缘处的折算应力：

$$\sigma_{折} = \sqrt{\sigma^2 + \sigma_c^2 - \sigma\sigma_c + 3\tau^2} \leqslant \beta_1 f \tag{17}$$

式中　σ、σ_c、τ——吊车腹板区格边内缘处同一点的正应力、压局部压应力、剪应力。

2.1.4　稳定计算

（1）整体稳定计算。

计算公式见（18）式：

$$\frac{M_{max}}{\phi_b W_x} + \frac{M_y}{W_y} \leqslant f \tag{18}$$

这里 ϕ_b 为整体稳定系数。

$$\phi_b = \beta_b \frac{4200}{\lambda_y^2} \frac{Ah}{W_x} \left[\sqrt{1 + \left(\frac{\lambda_1 t_1}{4.4h}\right)^2} \eta_b \right] \frac{235}{f_y}$$

当 $\frac{L_1}{b_1} \leqslant 13\sqrt{\frac{235}{f_y}}$ 时，可不计算梁的整体稳定性。

（2）腹板的局部稳定。

当 $\frac{h_0}{t_w} \leqslant 80\sqrt{\frac{235}{f_y}}$ 时可按构造配横向加劲肋，当超过上述时应按计算配。

计算公式应按（19）式：

$$\left(\frac{\sigma}{\sigma_{cr}}\right)^2 + \left(\frac{\tau}{\tau_{cr}}\right)^2 + \frac{\sigma_c}{\sigma_{c.cr}} \leqslant 1 \tag{19}$$

各种符号见《钢结构设计规范》4.3.3 节有关规定。

（3）支座及重工作制的腹板两侧必须配制加劲肋。

加劲肋宽：

$$b_s \geqslant \frac{h_0}{30} + 40(且 \geqslant 90mm)$$

板厚度：

$$t_s \geqslant \frac{b_s}{15} (\text{且} \geqslant 6mm)$$

（4）支座加劲肋在平面外的稳定应 $\frac{R_{max}}{\varphi A} \leqslant f$，端部承压力 $\sigma_{ce} \leqslant \frac{R_{max}}{A_{ce}} \leqslant f_{ce}$

式中　A_{ce}——支座端部承压面积。

2.1.5　挠度计算

吊车梁的竖向挠度（可按简支梁计）：

等截面简支梁：

$$v = \frac{M_{max}L^2}{10EI_x} \leqslant [v] \tag{20}$$

式中　M_{max}——为全部竖荷产最大弯矩值；

I_x——为跨中毛截面惯性矩。

2.2　焊接式双腹板吊车梁的理论计算

2.2.1　说明

双腹板吊车梁的理论计算基本上与单腹板相同，不同点是梁的强度计算、稳定计算和挠度计算上有局部的不同点。这里为说明其原理，作用到吊梁上的外部荷载及所产生的内力与单腹板相同，所有构件的选型也相同，不同点是将高度一块单腹板由两块等高的腹板组成，受压翼缘由较厚的宽钢板代替，受拉翼缘由一块原单腹板下翼缘代替，但宽度 b 大于两腹板间距，形成"箱形"式。

2.2.2　双腹板的折算高度

（1）单腹板吊车梁的腹板高度 h_0

根据前面式（6）～（7）知 $h_0 = max |h_{w1} \quad h_{w2}|$

（2）单腹板吊车梁的腹板厚度 t_w

根据前面式（8）～（9）知 $t_w = max |t_{w1} \quad t_{w2}|$

（3）上下翼缘宽度及厚度。

a）说明：吊车梁在吊车的最大轮压下，上翼缘受压，下翼缘受拉，根据前面（18）式的

说明 $\frac{L_1}{b_1} \leqslant 13\sqrt{235/f_y}$ 时，可不计算梁的整体稳定性。根据"钢结构设计规范"下翼缘的宽度 b_2 小于上翼缘 b_1。所以 $b_{1下} = 0.5b_{1上}$，为计算方便，取 $A_上 = 2b_1t = b_上 t$。

b）吊车梁的上翼缘宽 $b_上$

设吊车梁的翼缘型号为 Q235，其厚度 $t_1 \approx b_1/15$，则根据中和轴的求法和惯性矩与截面模量的关系可求出翼缘的面积 A 及中性轴距上翼缘的位置。

$$h_0 t_w h_1 + 1.5Ah_1 - \frac{h_0}{2}A = \frac{h_0^2}{2}t_w \tag{21}$$

$$1.5Ah_1^2 - h_0Ah_1 + W_下h_1 + \frac{h_0^2}{2}A = h_0W_下 - \frac{h_0^3 t_w}{12} \tag{22}$$

联解（21）式、（22）式便求出翼缘的面积和中性轴位置。

上式　h_1——中和轴到上翼缘中心距；

$W_{下}$——吊车梁对下翼缘的截面模量；

A——上翼缘的面积

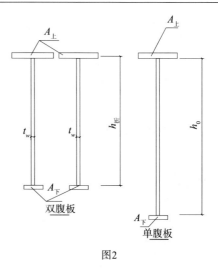

$$b_{上}= \sqrt{30\sqrt{\frac{235}{f_y}}}\sqrt{A} =4.975\sqrt{A}$$

所以 $b_{上}=\max\left|0.183\sqrt{A}\quad 200\right|$

（4）双腹板的折算高度

①折算原理：作用到两种腹板上的外部效应不变；吊梁对受拉翼缘的截面模量相同；两种上、下翼缘的宽度、厚度相同。腹板的厚度相同,不同点是高度不同,即两个单腹板吊车梁一拼在一起（见图2）。

②折算高度 $h_{折}$。

原吊梁对下翼缘截面模量 $W_{0下}$、折算后的腹板上翼缘面积为 $2A$、下翼缘为 A、折算后的中和轴距上翼缘距为 $h_{折上}$、距下翼缘为（$h_{折}-h_{折上}$），于是可从式（23）、（24）两式中求出 $h_{折}$、$h_{折上}$。

图2

$$h_{折上}(3A+h_{折}t_w)=2A\times0+Ah_{折}+0.5h_{折}^2t_w \tag{23}$$

$$W_0=\frac{2Ah_{折上}^2+A(h_{折}-h_{折上})^2+\frac{1}{12}h_{折}^3t_w}{(h_{折}-h_{折上})} \tag{24}$$

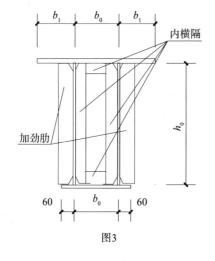

图3

2.2.3　双腹板吊车梁的截面特征

（1）双腹板翼缘尺寸的改变

吊车轮压作用到双腹板吊车梁上必然要作用到两腹板之间的上翼缘板中央,这样翼缘板不仅要承受吊车的压力值,而且还的承受吊车作用到板上的弯矩,此时该梁的侧向刚度加大。而上翼缘板可视为一块宽厚的钢板盖到双腹板上,下翼缘板可视为一块窄钢板焊接到腹板下端,形成窄箱形吊车梁,内加横隔板（即加劲肋）（见图3）。根据窄箱形吊车梁的构造要求,$b_0\geq h_0/6$, $b_1\leq t_1/15$, $b_{2下}=60$, 横隔板间距 $a=L/10$, 隔板尺寸可按加劲肋构造确定。

外伸宽度可改变,但翼缘面积不变。

（2）各焊接件尺寸

a）腹板高、厚度：$h_w=h_{折}$, $t_w=t_{w0}$

b）上翼缘宽、厚度：当两腹板间距 $b_0\geq h_{折}/6$, $b_0\geq L_1/95$ 时, 可不计算梁的整体稳定。由于上翼缘的面积不变,其宽、厚不定,只能根据外部荷载确定。

c）下翼缘宽、厚度：下翼缘的面积为 $0.5A$, 根据其外伸宽度与其厚度比 <13, 可求出其宽度 $b_{1下}=2.55\sqrt{A}$, $t=0.196\sqrt{A}$。

（3）截面特征

确定该种吊车梁的截面特征,首先应确定出双腹板的间距,而间距的大小是和板的厚度及荷载效应有关。这些因素确定后,其他的面积、惯性矩、回转半径、截面模量相应求出。

2.2.4　焊接式双腹板吊车梁的内力计算

（1）强度计算。

①上、下翼缘正应。

上翼缘由（12）式求出，下翼缘由（13）式求出。

②支座剪应力：剪应力由（14）式求出。

③吊车轮压对上翼缘板的局部压力：

$$\sigma_c = \frac{\varphi F}{t_b L_x} \leqslant [\sigma_c]$$

式中　t_b——吊车轨道下翼缘宽。

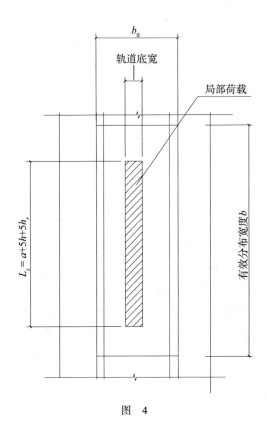

图　4

$$L_x = a + 5h_y + 2h_r$$

④吊车轮压对双腹板的局部压力

对双腹板上局部压力可根据局部荷载作用单向板产生的等效均布活载及有效分布宽度来计算（见图 4）。有效分布宽度 b 可根据"建筑荷载规范"中附录 B 中有关公式求出。再根据 b 求出等效荷载 q_e，根据 q_e 便可求出作用到腹板上的局部压力及弯矩（见 25 式）。

局部压力：$\sigma_c = \dfrac{1}{2} q_e b_0$，板上的端弯矩：

$$M_c = \frac{1}{12} q_e b_0^2 \qquad （25）$$

腹板边缘的最大压力 σ_{cmax}：

$$\sigma_{cmax} = \sigma_c + 6M_c / t_w^2 \leqslant [\sigma_c] \qquad （26）$$

上翼缘板端最大拉应力 σ_{1max}：

$$\sigma_{1max} = 6M_c / t_1^2 \leqslant [\sigma_1] \qquad （27）$$

（2）稳定计算。

这里的稳定计算公式可由（18）式求出。当 $b_0 > h_折 / 6$ 可不计算该梁的整体稳定。腹板的局部稳定和支座平面外的稳定可由前面的（19）式求出。

（3）挠度计算：该种梁的挠度计算可由等截面简支梁的（20）式求出。

这里的 $I = 2Ah^2_{折上} + A(h_折 - h_{折上})^2 + \dfrac{1}{12} h^3_折 t_w$

3　双腹板吊车梁的构造要求

双腹板吊车梁基本上都是焊接式构造要求与焊接式的单腹板吊车梁的构造相同。焊接前要选好各板件的规格和型号，最好采用 Q345 号钢材。要经过计算来确定腹板的间距，且符合规范要求。翼缘外伸宽度 b_1 要尽量满足 $b_1 = (b - b_0)/2 \geqslant L/13$，满足 $b_1 = （180 \sim 200）$。上盖板与腹板的联接处应采用双面自动 T 坡口焊。腹板与下盖板可单面坡口焊等强焊。焊缝应达二级。先焊接上盖板，再用同样法焊接下盖板。上下盖板必须是整块板。下盖板的外伸宽度

$b_{1\text{下}} \geqslant 60$，这里 L_1 是内隔板间距。在支座处下翼缘的缀板应整块支承到牛脚面上。

4　双腹板吊车梁的实例计算

4.1　设计条件

某车间跨度 24m，柱距 12m。轨顶标高 9.50m 处有 Q_1=50t 和 Q_2=32t 的两部吊车，A5 级。最大轮压分别为 P_{01}=404kN、P_{02}=289 kN，小车重 g_1=15.425t，g_2=10.877t。轮距 a_1=4.8m，a_3=4.7m，吊车宽 B_1=6.824m，B_2=6.62m。该厂房的吊车下净空要求 8m，钢材选 Q345，设计该吊车梁。

4.2　作用到梁上的最大弯矩及最大剪力计算

吊车的竖荷的动力系数及分项系数为 μ=1.1　γ_Q=1.4，P_1=404×1.1×1.4=622kN，P_2=289×1.1×1.4=446 kN。

横向荷载标准值 $H_{\max}$、设计值 H_1、H_2：

$H_{1\max}$=0.1×($Q+g$)/4=0.1×(500+154.2)/4=12.9 kN，$H_{1\max}$=10.7kN

H_1= 12.9×1.1×1.4 =19.9 kN，H_2=16.5 kN

根据公式（1）、（2）由图 5 可求出最大弯矩的位置。

$$a_4 = \frac{1}{8}(2a_2 + a_3 - a_1) = \frac{1}{8}(2\times2.472 + 4.7 - 4.8) = 0.6055\,\text{m}$$

最大弯矩：

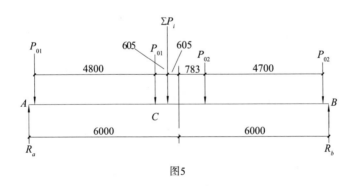

图5

$$M_{\max} = \beta\frac{\sum P\left(\dfrac{L}{2}-a_4\right)^2}{L} - \beta P_{01}a_1 = 1.05\left(\frac{2134(6-0.6055)^2}{12} - 622\times4.8\right) = 2300\,\text{kN·m}$$

最大剪力 V：

$$V_{\max}^{c} = \sum\frac{b_ip_i}{L} + P_{01} = \frac{622\times7.2 + 446\times4.728 + 446\times0.028}{12} + 622 = 1172\,\text{kN}$$

4.3　截面选择

（1）梁的毛截面模量 W_0：

$$W_0 = \frac{1.2M_{\max}}{[f_L]} = \frac{1.2\times2300}{0.295} = 9356\times10^3\,\text{mm}^3$$

（2）经济高度 h_{w1}：

$$h_{w1} \approx 7\sqrt[3]{W} - 300 = 7\sqrt[3]{9356 \times 10^3} - 300 = 1175mm$$

（3）允许挠度 h_{w2}：

$$h_{w2} = 0.6[f_L]L\left(\frac{L}{[v]}\right) \times 10^{-6} = 0.6 \times 295 \times 12000\left(\frac{12000}{10}\right) \times 10^{-6} = 2549mm$$

这里取 h_w=1400mm。

（4）腹板厚度 t_w：

$$t_{w1} = \frac{1}{3.5}\sqrt{h_0} = \frac{1}{3.5}\sqrt{1400} = 10.7mm$$

$$t_{w2} = \frac{1.2V_{max}}{h_0 f_v} = \frac{1.2 \times 1172}{1400 \times 0.170} = 5.91mm \quad 选用 \ t_w=12mm$$

$$\frac{h_0}{t_w} = \frac{1400}{12} = 110 \leq 140.3 \ 应配加劲肋$$

（5）上翼缘面积 $A_{上}$：上翼缘面积可由（25）、（26）组成的方程组求出。

将 h_0、t_w、$W_{下}$的数值代入方程组化解得：

$$1.96 \times 10^6 h_1 + 1.5Ah_1 - 700A = 13.76 \times 10^6$$

$$1.5Ah_1^2 + 98 \times 10^4 A + 9356 \times 10^3 h_1 - 1400h_1A = 9897 \times 10^6$$

该方程组的解法烦，原因是上、下翼缘面积不等。可设两面积各为 A。

于是 $A = \dfrac{W}{h_0} - \dfrac{h_0 t_w}{6} = \dfrac{9356 \times 10^3}{1400} - \dfrac{1400 \times 12}{6} = 3882.8mm^2$

翼缘板宽 $b = 4.975\sqrt{A} = 4.975\sqrt{3882.8} = 311.56mm$，板厚 $t = 12.46mm$。

这里取 $b_{上}$=400mm，t=14mm。

（6）下翼缘面积 $A_{下}$：取 $A_{下}$=300×14=4800mm²，$b_{下}$=300mm，t=14mm。

4.4 改成双腹板后的折算高度及翼缘宽度

因 $h_w + h_{轨}$=1400+140=1540mm>1500mm，故改为双腹板。

（1）将 $A_{上}$、$A_{下}$、W_0、t_w 的数值代（27）、（28）式后，其计算仍然繁锁，为计算方便可将上、下翼缘相等，完后再缩减下翼缘宽度。

即：

$$W_0 = \frac{2\left[2A_{上}\dfrac{h_{折}^2}{4} + \dfrac{h_{折}^3 t_w}{12}\right]}{0.5h_{折}} = 2Ah_{折} + 0.67h_{折}^2 t_w$$

将 t_w、W_0 值代入上式化解得： $h_{折}^2 + 2800h_{折} - 2339 \times 10^3 = 0$

解之得：$h_{折}$=673.5mm，因缩减下翼缘宽度而不减少总截面模量须加高折算高度中，故取 $h_{折}$=800mm，改后的吊车梁总高度为 h=828mm，加入轨道高为 968mm<1500mm。

（2）折算后的上翼缘为：400×14，下翼缘为：250×14，将上下翼缘的两块板各合为一块盖板，即 800×14、400×14。

（3）按箱形吊车梁的构造要求，腹板间距 $b_0 \geq h_0/6$=133，取 b_0=250mm。

4.5 双腹板吊车梁的截面特征

（1）截面积：$A_{总}$=800×14+500×14+800×24=37400mm²

（2）中性轴距上翼缘距 $h_{上}$：

$$h_{上} = \frac{A_{上} \times 0 + 2A_{下}h_w + 0.5h_w^2 t_w}{A_{上} + 2A_{下} + h_w t_w} = \frac{800 \times 14 \times 0 + 2 \times 250 \times 14 \times 800 + 0.5 \times 800^2 \times 12}{14 \times 1300 + 800 \times 12} = 340$$

（3）平面内惯性矩 I_x：

$$I_x = A_{上}h_{上}^2 + 2A_{下} \times (h_w - h_{上})^2 + \frac{1}{12}h_w^3 t_w = (8 \times 14 \times 34^2 + 5 \times 14 \times 46^2 + 2 \times 8^3 \times 100) \times 10^4$$

$$= 379992 \times 10^4 \, \text{mm}^4$$

（4）平面外的惯性矩 I_y：

$$I_y = 2h_w t_w \frac{b^2}{4} + 2b_{下}t_{下} \times \frac{b^2}{4} + \frac{1}{12}b^3 t_{上} = (2 \times 800 \times 12 \times 2^2 + 2 \times 250 \times 14 \times 2^2 + \frac{1}{12} \times 8^3 \times 1400) \times 10^4$$

$$= 164533 \times 10^4 \, \text{mm}^4$$

（5）回转半径 i_x、i_y：

$$i_x = \sqrt{\frac{I_x}{A_{总}}} = \sqrt{\frac{379992}{37400}} \times 100 = 318.4 \, \text{mm} \qquad i_y = \sqrt{\frac{I_y}{A_{总}}} = \sqrt{\frac{164533}{37400}} \times 100 = 209.7 \, \text{mm}$$

（6）截面模量 $W_{x上}$、$W_{x下}$、W_y：

$$W_{x上} = \frac{I_x}{h_{上}} = \frac{379992}{340} \times 10^4 = 11176.2 \times 10^3 \, \text{mm}^3 \qquad W_{x下} = \frac{I_x}{h_{下}} = \frac{379992}{460} \times 10^4 = 8260.7 \times 10^3 \, \text{mm}^3$$

$$W_y = \frac{I_y}{\dfrac{b_{上}}{4} + \dfrac{b_{下}}{2}} = \frac{164533}{325} \times 10^4 = 5062.5 \times 10^3 \, \text{mm}^3$$

（7）内隔板间距 a：由《钢结构设计规范手册》知 $a \approx L_1/10$。

$\dfrac{L_1}{b_1} < 13$ 时可不计算梁的整体稳定，故 $L_1 < 13b_{下1} = 13 \times 125 = 1625$，取 $L_1 = 1200$；

$$b_1 = \frac{h_0}{30} + 40 = 66, \ b_1 取 80; \ t = b_1/15 = 5.3, \ 取 t = 6。$$

4.6　强度计算

（1）正应力：上翼缘。

$$\sigma_{压} = \frac{M_{max}}{W_{nx}^{上}} + \frac{M_H}{W_{ny}} = \frac{2300}{11176.2 \times 10^3} + \frac{2300 \times \dfrac{19.9}{662}}{5062.5 \times 10^3} = 0.205 + 0.0136 = 0.219 \leqslant 0.295$$

下翼缘：$\sigma_{拉} = \dfrac{M_{max}}{W_{nx}^{下}} = \dfrac{2300}{8260.7 \times 10^3} = 0.278 \leqslant 0.295$

（2）剪应力：$\tau = \dfrac{V_{max}S}{It_w} = \dfrac{1172 \times (800 \times 14 + 24 \times 340)150}{379992 \times 24 \times 10^4} = 0.037 \leqslant 0.17$

$$\tau = \frac{1.2V_{max}}{h_0 t_w} = \frac{1.2 \times 1172}{800 \times 24} = 0.0733 \leqslant 0.17$$

（3）腹板的局部压力。

①轮压对上翼缘板的压力：由 $L_z = a + 5h + 2h_R$ 知 $L_z = 50 + 5 \times 0 + 2 \times 140 = 330$

轨道底宽 $b_{轨} = 114$，于是 $\sigma_{板压} = \dfrac{\psi F}{b_{板}l_z} = \dfrac{1.35 \times 622}{114 \times 330} = 0.023 \leqslant 0.295$

②荷载作用到盖板上的有效分布宽度 $b_{效}$。

∵长边垂直板跨：$b_{板} = \dfrac{2}{3}l_z + 0.73b_0 = 220 + 0.73 \times 250 = 403$

③等效荷载 q_c : $q_c = \dfrac{8M_{max}}{bl^2} = \dfrac{8 \times \frac{1}{4} \times 622 \times 0.25}{0.403 \times 0.25^2} = 12347 \text{kN} / \text{m}^2$

④作用到腹板上线荷载：$q_{线} = 0.125q_c = 1543$ kN/m

⑤作用到腹板上局部压力：$\sigma_c = \dfrac{1543}{12 \times 1000} = 0.128 < 0.295$

⑥盖板边缘应力：$\sigma_l = \dfrac{6M_{max}}{l_z t^2} = \dfrac{6 \times 622 \times 0.25/8}{0.33 \times 14^2} = 1.80 \geqslant 0.3 \text{kN} / \text{mm}^2$

故上翼缘板厚改 30，腹板间距为 250，于是 $\sigma_l = 0.39 \approx 0.3 \text{kN/mm}^2$

⑦上盖板的截面改变。因为 $t_1 = 30$，所以 $b = (800 \times 14)/30 = 373$，取 $b = 500$。

4.7 稳定计算

（1）整体稳定。

由于 $h_{折}/b_0 = 800/250 = 3.2 < 6$，故可不计算吊车梁的整体稳定。

（2）腹板的局部稳定。

a）$h_{折}/t_w = 800/12 = 66.7 < 80\sqrt{\dfrac{235}{345}} = 66.02$ 应在每块腹板两侧配制横向加劲肋，加劲肋间距取 $a = L/10 = 1200$，按（19）式计算满足要求。

b）横向加劲肋的计算：$bs \geqslant \dfrac{h_0}{30} + 40 = \dfrac{800}{30} + 40 = 66.7$，取 $b_s = 80$，$t_s = b_s/15 = 80/15 = 5.3$，取 $t_s = 8$，采用 -80×8 内侧加劲肋形成内横隔板，上下各加一块，截面与侧横隔板相同（见图 6）。

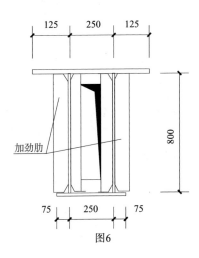

图6

c）支座加劲肋的计算。

在支座的中心位置上，在两腹板之间加一块 $800 \times 288 \times 12$ 肋板，焊接在腹板间。在肋板的两侧加两块小肋板 100×8，侧承压面积为 $A_{ce} = 288 \times 12 + 200 \times 8 = 5056 \text{mm}^2$，支座稳定计算为：

$\dfrac{V_{max}}{A_{ce}} = \dfrac{1172}{5056} = 0.2318 \leqslant 0.295 \text{kN} / \text{mm}^2$。

4.8 挠度计算

由吊车荷载标准值可求出该梁的挠度值。

$$v = \frac{M_x L^2}{10EI_x} = \frac{2300 \div 1.4 \div 1.1 \times 12^2}{10 \times 205 \times 379992 \times 10^4} \times 10^6 = 1.92 \text{mm} \leqslant 10$$

5 结束语

对于大吨位的吊车梁通过上式计算可以将单腹板改成双腹板，其高度可降低30%，可满足净空的使用要求。但是根据以上例题计算，单腹板用钢量是22170mm²/m，折算后的双腹板用钢量是32388mm²/m，增量为46%，将近50%。权衡下来还是值得，但施工有难度。主要是上盖板与腹板连接处的焊缝，上盖板较厚，而腹板较薄，不易焊透。

但只要施工好，保证质量，双腹板吊车梁完全可在工业建筑中加以推广，充分满足工业生产的需要。

深基坑组合支护的研究与应用

汪小健 吴 亮

（无锡市大筑岩土技术有限公司；江苏地基工程有限公司）

［摘 要］针对地质条件、基坑开挖深度、周边环境条件和工程自身的特点要求，对各种可能方案进行了对比研究，提出了桩锚＋坑底斜抛撑＋局部角撑组合支护型式。采用了补打桩＋承台作为坑底斜抛撑支座，避免了底板的二次浇筑。改进了传统的斜抛撑结构，将格构式柱作为斜抛撑杆件，以便于底板及外墙钢筋施工。

［关键词］桩锚支护；斜抛撑；组合支护；局部角撑

1 工程概况

江阴幸福里工程项目位于江阴市公园路以东、钢绳小区以北、黄山公园以南，基坑性状不规则，大体呈长方形，平面尺寸为 151.6m×62.7m，由 3 栋高层公寓和 2～3 层裙房组成，设置二层地下室，基础采用桩筏基础，基坑开挖深度 9.3～10.1m，局部电梯井挖深 12.1m。

本工程基坑开挖深度深，面积大、周边管线建筑物纵多，施工场地紧张，施工阶段控制变形要求高，基坑围护工程的顺利与否直接影响整个工程的工期进度，因此对基坑围护工程的选型和布置提出了较高要求。

2 工程地质条件

按照工程地质勘察报告，本工程地基土层主要由上部杂填土、中部粉质黏土及下部粉质黏土夹粉土组成，表层杂填土厚度约 1.2m，其下为 15m 厚的粉质黏土，粉质黏土层上部为硬塑，下部为可塑，局部夹粉土，典型地质剖面见图 1，表 1 为基坑影响深度范围内的土层物理力学指标。

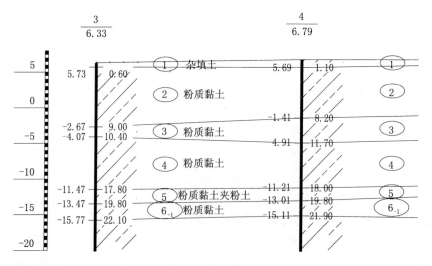

图1 典型地质剖面

各土层物理力学指标 表1

土层	层厚（m）	含水量 ω（%）	密度（kN/m³）	液性指数	孔隙比 e	固快直剪 C（kPa）	固快直剪 φ（度）	承载力（kPa）
1层杂填土	0.3～2.5							
2层粉质黏土	4.6～8.8	24.4	19.8	0.24	0.681	65	18.5	250
3层粉质黏土	1.40～5.2	28.1	19.3	0.45	0.773	42	17.2	150
4层粉质黏土	4.50～7.8	30.8	19.0	0.71	0.839	28	14.5	130
5层粉质黏土夹粉土	0.0～3.8	26.1	19.3	0.62	0.744	29	19.4	150
6$_{-1}$层粉质黏土	1.9～6.1	24.2	19.8	0.39	0.675	41	17.2	190

3 基坑周边环境情况

基坑周边环境见图2，基坑南侧及西南侧紧邻钢绳小区，坑边距离建筑物仅5.6～11.3m，建筑物为混合结构型式，对变形敏感；东侧也紧靠公园路住宅小区，坑边到建筑物的距离也只有7.2～12.0m，混合结构型式；基坑西侧为公园路，该侧市政管线较多，北侧为公共停车场，有部分管线从场地穿过。

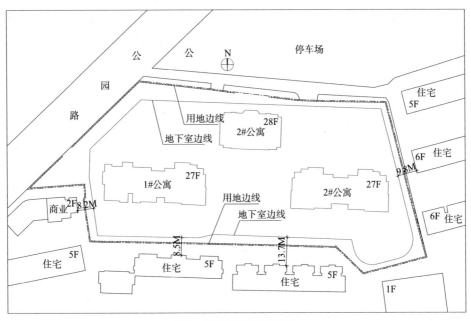

图2 基坑周边环境平面图

4 围护方案分析

基于上述工程地质条件及地下室基坑开挖深度、周边环境条件和本工程自身的特点要求，经过与建设单位和施工单位进行多次深入分析，本工程考虑以下两个方案。

4.1 排桩＋水平内支撑型式

水平支撑的布置可采用南北对撑并结合角撑的型式布置，该方案对周边环境影响较小，但该方案有二个问题不利,一是没有施工场地。本工程施工场地太过紧张,若按该方案实施的话则基坑无法分块施工,周边安排好办公、工人食宿等基本临设后,已无任何施工场地;二是施工工期延长。内支撑的浇筑、养护、土方开挖及后期拆撑等施工工序均增加施工周期,建设单位无法接受。

4.2 桩锚+坑底斜抛撑+局部角撑组合支护型式

该方案在基坑外没有建筑物的北侧和东侧采用桩锚型式,紧邻建筑物的东侧和南侧采用排桩+坑底斜抛撑支护,东北角和西南角采用钢筋混凝土角撑支护型式过渡。该方案可根据建筑设计的后浇带的位置分块开挖施工,则场地有足够的施工作业面,该方案不利的一点是斜抛撑的施工对挖土施工和土建施工造成一定的影响,需要坑边留土,待斜抛撑基础到设计强度并安装好斜抛撑后才能挖掉该处留土。

由上述两种方案分析并结合现场实际情况,决定采用第二种方案实施。

5 基坑设计

图3为基坑支护最终设计平面布置图,为有效控制基坑的变形,锚杆和斜抛撑均施加预应力。桩锚支护设置二排预应力锚杆,围护桩为 ϕ 800 的灌注桩,水平变形控制在 15mm 以内。斜抛撑采用格构式钢撑,斜撑下支点布置在坑底的斜撑基础处,上支点布置在地下一层楼板上方位置的围护桩腰梁处,便于后期换撑施工,斜撑安装时施加 300kN 预加力后与上下支座焊死固定,为更好的控制支护结构的水平和竖向位移变形,该部位的围护桩均采用 ϕ 900 的灌注桩,水平变形控制在 15mm 以内。

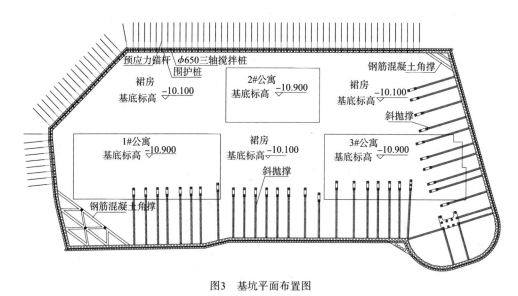

图3 基坑平面布置图

桩锚支护、斜抛撑支护及角撑支护设计剖面见图4a、4b、4c,在围护桩外侧均布置 ϕ 650 三轴搅拌桩作止水帷幕。

6 斜抛撑桩、基础的设计

斜抛撑抵抗水平推力由斜抛撑桩、斜抛撑基础及坑底土共同作用来提供。斜抛撑桩型采用 800 的灌注桩，桩长 10m，每榀斜抛撑布置 2～3 根桩，基础采用截面为 800×700 的钢筋混凝土结构，把桩内纵向钢筋与基础内钢筋互相锚固并整浇在一起，类似于埋置在土体里的双排桩结构型式，坑底土对桩和基础的约束作用通过对桩长范围设置附加弹簧来体现，弹簧刚度采用 m 法确定，如图 4 所示。

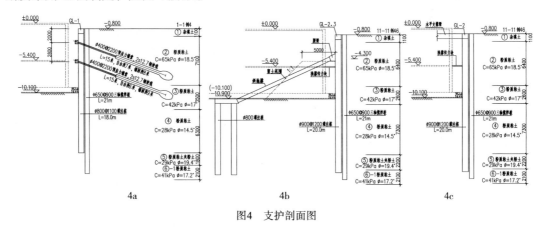

图4 支护剖面图

由图 5 可看出斜撑桩和基础在土弹簧的约束作用下产生共同作用，以提供足够的抵抗水平力刚度，最大水平位移出现在斜撑基础部位约 16mm，与基坑剖面模型计算的结果基本相协调。

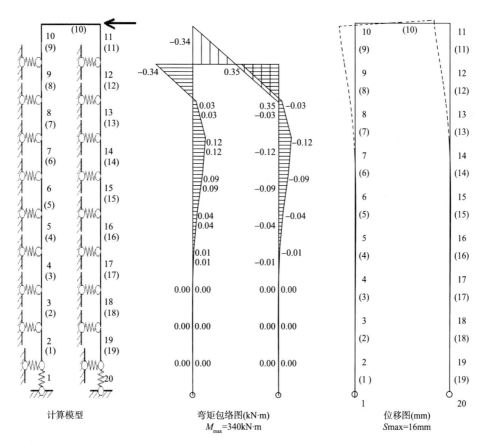

图5 坑底斜抛撑桩、基础计算结果

7 土建施工及挖土工况的考虑

基坑工程设计的合理与否跟土建和挖土施工能否顺利进行密不可分，本工程基坑施工与土建、挖土施工按如下考虑。

土建分三个区域分块施工，施工场地安排随工程进度相应变化，施工工况分析如图6所示：

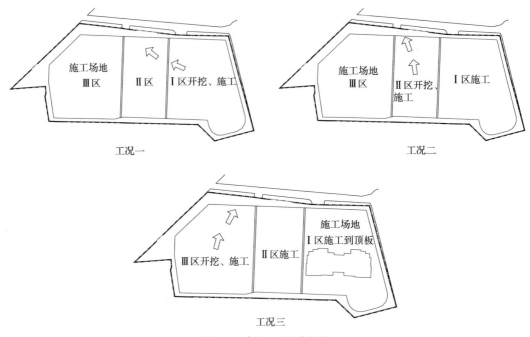

图6 土建施工工况分析图

图6中箭头表示出土方向。整个基坑由东往西并结合施工后浇带位置分成Ⅰ、Ⅱ、Ⅲ三个区域，工况一：先进行Ⅰ区施工，Ⅲ区做为施工场地，Ⅱ区北侧为出土坡道；工况二：待Ⅰ区坑底垫层施工完毕后开始Ⅱ区施工，Ⅲ区做为施工场地，Ⅰ区施工底板和地下一层；工况三：待Ⅱ区垫层和Ⅰ区顶板施工完毕后开始Ⅲ区施工，施工场地移到Ⅰ区地下室顶板；其后按正常施工工序要求施工。

8 结 语

本基坑工程开挖深度深，周边环境复杂，场地狭小，对基坑设计及施工提出了很高要求，针对场地各个部位不同的条件提出了桩锚＋坑底斜抛撑＋局部角撑的组合支护型式，并取得较好的经济效益。

本工程对土建施工场地的安排也做了较详细的分析，有利于基坑工程与土建工程的顺利衔接，合理安排建设周期。

参 考 文 献

[1] 龚晓南.基坑工程实例.北京：中国建筑工业出版社，2006
[2] 刘建航.基坑工程手册.北京：中国建筑工业出版社，1997

HRBF500 级钢筋混凝土墩柱抗震性能试验研究

付倩[1]，　梁书亭[1]，　朱筱俊[2]

（1. 东南大学土木工程学院；2. 东南大学建筑设计研究院，南京　210096）

[摘　要] 本文通过对 6 个分别配置 HRBF500 级钢筋和普通钢筋的混凝土墩柱进行低周反复加载试验，对其抗震性能进行研究，得到混凝土圆形墩柱的破坏形态、滞回曲线和骨架曲线。分析纵筋强度、纵筋配筋率、轴压比等因素对其滞回特性、承载能力、延性、刚度退化和耗能性能等的影响。试验结果表明：配置 HRBF500 级钢筋的混凝土墩柱与普通钢筋的混凝土墩柱破坏过程相似；试件承载力随纵筋强度的增大而增大；试件在水平反复荷载作用下滞回曲线呈梭形，为弯曲型破坏；轴压比对试件的位移延性影响较大。

[关键词] HRBF500；混凝土墩柱；低周反复加载；抗震性能

0　前　言

近年来，在国家创建节约型社会的倡导下，作为高强高性能材料推广应用中的重要一环，高强度细晶粒钢筋的研制和推广应用得到广泛的重视和关注。然而，随材料强度的提高，往往引起变形能力下降，抗震性能有所降低[1-3]。因此，如何通过合理的配置使钢筋混凝土结构或构件的延性满足抗震要求，将成为高强材料构件研究的一个重要方面。

目前《混凝土结构设计规范》GB 50010—2010[4] 及《建筑抗震设计规范》GB 50011—2010[5] 已将 500MPa 级细晶粒高强钢筋列入，并在全国范围内推广应用。对于配有 500MPa 级细晶粒高强钢筋混凝土柱的抗震性能在国内外尚缺乏系统研究，这给我国混凝土规范中对于高强钢筋方面的设计条目的制定及工程中高强钢筋的推广应用带来了不便。

500MPa 级细晶粒钢筋具有高屈服平台，其使用可以适当减小钢筋配置数量，不仅更加经济，而且利于施工，减少现场混凝土浇注过程中由于钢筋过密而造成的混凝土浇捣不密实的情况，有利于提高混凝土结构的耐久性。目前已经在公用、民用建筑的梁、柱等位置广泛应用，而桥梁基础桥墩中罕有应用。本文设计了 4 个配有 500MPa 细晶粒钢筋混凝土墩柱和 2 个 335MPa 普通钢筋混凝土墩柱的低周反复加载试验，探讨了纵筋强度、纵筋配筋率、轴压比对混凝土墩柱的滞回特性、骨架曲线、承载能力、位移延性的影响。

1　试件设计和制作

试验试件参数 表1

试件编号	直径（mm）	f_c（MPa）	L（mm）	纵筋	纵向配筋率	箍筋	轴压比	轴压力（kN）
ZH12-1	350	31.2	1700	8B12	0.940%	A6@100	0.2	321
ZHF12-2	350	31.2	1700	8B^{F}12	0.940%	A6@100	0.2	321
ZH16-3	350	31.2	1700	8B16	1.671%	A6@100	0.2	321
ZHF16-4	350	31.2	1700	8B^{F}16	1.671%	A6@100	0.2	321

（续表）

试件编号	直径 （mm）	f_c （MPa）	L （mm）	纵筋	纵向配筋率	箍筋	轴压比	轴压力 （kN）
ZHF8-5	350	31.2	1700	10B^{F}8	0.523%	A6@100	0.2	321
ZHF12-6	350	31.2	1700	8B^{F}12	0.940%	A6@100	0.4	642

注：实际轴力按轴压比确定，符号B^{F}代表500MPa细晶粒钢筋，符号B代表HRB335级钢筋，符号A代表HPB235级钢筋，以下同。

　　本次试验共制作6个钢筋混凝土桩头试件，桩头截面尺寸及高度参考有关桩基础设计规范及研究文献采用1/4缩尺，承台及加载头尺寸根据试验机和场地情况进行匹配设计。桩头截面设计为圆形，混凝土保护层厚度取25mm。本试验主要针对受力纵筋强度、配筋率、轴压比三个因素对钢筋混凝土桩头受力性能的影响进行研究。参数具体设置如下：受力纵筋：HRB335，HRBF500；配筋率：0.940%，0.418%，1.671%；轴压比：0.2，0.4，竖向轴力在大小偏压界限轴力以内设置。试件设计参数见表1，试件配筋见图1，钢筋材料力学性能见表2。

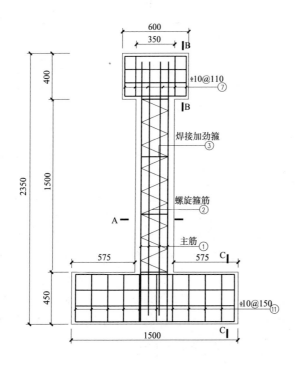
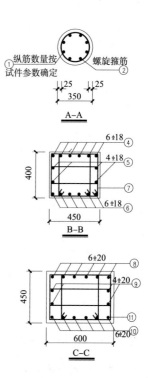

图1　试件配筋图

钢筋材料力学性能　　　　　　　　　　　　　　　　　　　　表2

钢筋直径 （mm）	强度等级	屈服力 （kN）	屈服强度 （MPa）	极限力 （kN）	极限强度 （MPa）	断后伸长率 （%）
12	HRB335	41.6	367.5	59.9	529.3	27.8
16	HRB335	73.8	367.1	108.5	539.6	25.7
8	HRBF500	26.6	528.8	35.2	700.1	20.9
12	HRBF500	61.0	539.5	77.7	687.2	20.0

（续表）

钢筋直径 （mm）	强度等级	屈服力 （kN）	屈服强度 （MPa）	极限力 （kN）	极限强度 （MPa）	断后伸长率 （%）
16	HRBF500	109.6	545.1	139.3	692.3	17.9

2 试验装置

试件与地梁通过一对地脚螺栓固定，柱顶利用50t油压千斤顶施加竖向荷载，并在试验中保持恒定，水平方向用一个150tMTS作动器施加低周反复荷载。MTS作动器加载中心到柱底（底座上表面）的竖向距离为1700mm，加载装置如图2所示。试验采用荷载—位移混合控制方法：屈服前，荷载控制加载，每级荷载循环一次，荷载这样级差为5kN；屈服后，以水平位移值控制加载，水平位移值取试件屈服位移值的整数倍等增量加载，每级循环三次，直至试件破坏。

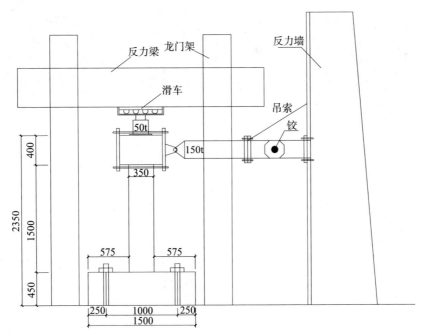

图2 加载装置示意图

3 试验现象和试验结果

3.1 试验现象

对墩柱施加的固定轴压力均在界限轴压力 N_b 以内，且配置了足够的抗剪箍筋，各试件最后均呈弯曲型受拉破坏。在荷载控制阶段加载时，试件在柱根部受拉区出现几条细微的水平裂缝，进入位移加载控制阶段后，原有裂缝继续发展，并出现新的水平裂缝，位置也逐渐增高。随着加载位移量的增大，裂缝增多，宽度也进一步发展，在达到试件极限水平荷载时，裂缝发展基本稳定，试件根部混凝土受压严重并出现剥落。加载后期，试件混凝土由根部向上逐渐剥落，纵筋和箍筋外露。最后柱底混凝土压碎，纵筋压曲，承载力下降到最大承载力的85%以下，判定为试件破坏停止试验，如图3。

|(a)ZH12-1|(b)ZHF12|(c)ZH16-3|
|(d)ZHF16-4|(e)ZHF8-5|(f)ZHF12-6|

图3　试件裂缝分布图

3.2　试验结果分析

3.2.1　滞回曲线

图4所示为各个试件的柱顶水平荷载与相应位移的滞回曲线。

从图中可以看出：① HRBF500级混凝土墩柱的滞回曲线形状与一般钢筋混凝土墩柱的滞回曲线形状相类似，具有刚度退化现象。构件加载随变形的增加而逐步降低，当水平荷载达最大值后，混凝土压碎明显，随水平位移的进一步增大，荷载下降幅度大，刚度退化严重；②各试件基本为弯曲型破坏，滞回环呈现梭形，滞回环包围面积较大，表现出良好的耗能能力；③配置500MPa细晶粒钢筋作为纵筋的试件滞回环面积较大；④在合理范围内提高试件的纵筋配筋率可以有助于提高桩头的延性和耗能能力；⑤随轴压比的提高，试件在达到峰值荷载后承载力迅速下降，延性随轴压比的增大而降低。

3.2.2　骨架曲线

骨架曲线是荷载—位移滞回曲线的外包络线，反映了构件的耗能能力、延性、强度、刚度退化等力学特性。一般情况下骨架曲线的形状与单调加载曲线相似，略低于单调加载曲线，在研究结构（或构件）在非弹性地震作用下的反应有重要意义。各试件的骨架曲线见图5。

按文献［6］中定义法，将最不利截面最外层受拉钢筋初次达到屈服或截面混凝土受压区最外层纤维初次达到峰值应变判定为构件屈服，确定的屈服荷载、屈服位移、极限荷载、极限位移见表3。记 Δ_y 为屈服位移，Δ_p 为峰值荷载点位移，Δ_u 为极限位移。试件的位移延性系数 μ 表示为 $\mu = \Delta_u / \Delta_y$。

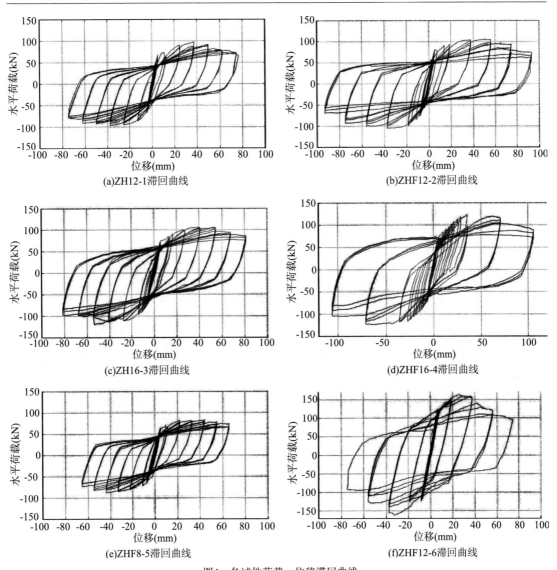

图4　各试件荷载—位移滞回曲线

骨架曲线特征点　　　　　　　　　　　　　　　　　　　　　　　　　表3

试件编号	F_y（kN）	F_p（kN）	F_u（kN）	Δ_y（mm）	Δ_p（mm）	Δ_u（mm）	μ
ZH12-1	73.58	96.86	82.33	11.45	37.38	67.87	5.93
ZHF12-2	90.37	104.20	88.56	14.94	36.42	78.69	5.27
ZH16-3	84.40	111.95	95.15	11.05	46.86	76.88	6.95
ZHF16-4	119.05	126.30	107.35	28.02	54.21	95.92	3.42
ZHF8-5	71.50	85.02	72.27	10.43	43.59	63.87	6.12
ZHF12-6	121.00	161.95	137.65	18.00	37.51	47.65	2.65

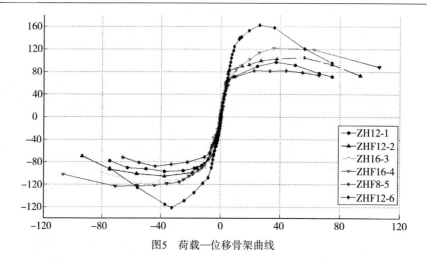

图5　荷载—位移骨架曲线

从图 5 的骨架曲线对比图可以看出：

（1）前五个试件的开裂荷载差距不大，主要由于各试件采用相同等级混凝土，开裂荷载主要由于混凝土的抗拉强度控制，ZHF12-6 试件由于轴压比较大，混凝土存在较大的压应变，造成开裂较晚；

（2）对比 ZH12-1，ZHF12-2 及 ZH16-3，ZHF16-4，配置 500MPa 细晶粒钢筋的构件屈服及极限荷载都有一定提高；

（3）对比 ZHF12-2，ZHF16-4 及 ZHF8-5，纵筋配筋率对构件的屈服及极限荷载有着很大的影响，在一定范围内合理提高纵筋配筋率，可以提高构件的承载能力；

（4）比较 ZHF12-2 和 ZHF16-6，适当提高轴压比有助于试件正截面承载能力的提高，但轴压比较小时，骨架曲线在峰值后期基本保持水平，不出现明显的下降段，轴压比大时，下降幅度明显，试件的延性随轴压比的增大而降低；

（5）构件的骨架曲线正反向不完全对称，主要是由于混凝土材料的离散型和加载装置的不对称性引起的。

4　结论与建议

（1）各试件基本为弯曲型破坏，滞回环呈现梭形，滞回环包围面积较大，表现出良好的耗能能力；

（2）配置 500MPa 细晶粒钢筋能提高构件的屈服荷载及极限荷载；

（3）对比 ZHF12-2，ZHF16-4 及 ZHF8-5，纵筋配筋率对构件的屈服及极限荷载有着很大的影响，在一定范围内合理提高纵筋配筋率，可以提高构件的承载能力；

（4）比较 ZHF12-2 和 ZHF16-6，适当提高轴压比有助于试件正截面承载能力的提高，但轴压比较小时，骨架曲线在峰值后期基本保持水平，不出现明显的下降段，轴压比大时，下降幅度明显，试件的延性随轴压比的增大而降低。

（5）根据试验结果，可得出 HRBF500 级钢筋可用于抗震结构设计。

参 考 文 献

［1］王信君 . 高强钢筋的研究及使用现状［J］. 四川建筑，29（3）：219-220

［2］ 刘立新，谢丽丽，于秋波 . 500MPa 级钢筋混凝土构件的受力性能及工程应用研究［J］. 建筑结构，
　　 2006（1）

［3］ 李空军，杨勇新，王希伟 . 高强钢筋在混凝土结构工程中的应用［J］. 广东土木与建筑，2008，5（5）：
　　 15-16

［4］ GB 50010—2010 混凝土结构设计规范［S］

［5］ GB 50011—2010 建筑抗震设计规范［S］

［6］ 肖雪莲 . 采用高强钢筋改善矩形桥墩抗震性能的试验研究：［硕士论文］. 北方工业大学，2010

500MPa 级超细晶粒钢筋在受压构件中的应用及研究进展

张涌泉　张治齐　潘　瑞　梁书亭

（东南大学土木工程学院，南京　210096）

[摘　要] 随着科学技术的发展，使用高强度、高性能材料必将成为时代的发展趋势。500MPa 级超细晶粒钢筋在受压构件中的性能、应用具有深刻的时代背景与现实意义。本文主要从受压构件的刚度裂缝、承载力、抗震性能及疲劳性能四个方面总结了目前我国在 500MPa 级超细晶粒钢筋领域的研究成果，并探讨了以后的研究发展方向。

[关键字] 500MPa 级超细晶粒钢筋；受压构件；刚度裂缝；承载力；抗震性能；疲劳性能

0　前　言

随着社会的发展与科学技术的进步，各行各业对钢筋、混凝土材料的需求越来越大，对其强度、性能的要求也越来越高。在此背景下，开发具有高强度、高韧性、耐腐蚀的钢筋具有深刻的现实意义。

细晶粒化处理[1]是提高钢材质量的一个重要而且有效的手段，它能够同时提高材料的强度与韧性，并在不添加或是少添加合金元素或稀土元素的条件下使钢筋具有较高的耐腐蚀能力。细晶粒钢筋与传统钢筋相比，其性能价格比有着明显提高，冶炼成本、性能密度比、加工难度，以及重复利用等方面有着突出优势，因此具有广阔的推广应用前景。

目前《混凝土结构设计规范》GB 50010—2010[2]及《建筑抗震设计规范》GB 50011—2010[3]已将 500MPa 级细晶粒高强钢筋列入，并在全国范围内推广应用。然而，随材料强度的提高，往往引起变形能力下降，抗震性能有所降低[4,5]。因此，HRBF500 钢筋混凝土构件的受力规律、破坏特点、如何通过合理的配置使钢筋混凝土结构或构件的延性满足抗震要求，将成为高强材料构件研究的一个重要方面。为了进一步了解 500MPa 细晶粒钢筋的性能，并获得配有 500MPa 细晶粒钢筋的构件在使用过程中各方面的性能指标，满足推广使用的需要，近年来，生产厂家及国家建筑钢材质量监督检验中心对各钢厂生产产品的化学成分及其基本力学性能进行了检测研究。同时，国内许多学校和科研机构对配有 500MPa 级细晶粒高强钢筋混凝土受压构件的刚度、裂缝、承载力、抗震性能、疲劳性能等方面进行试验研究及理论分析，获得了一系列数据与结论，为我国混凝土规范中对于高强钢筋方面的设计条目的制定及工程中高强钢筋的推广应用提供依据。

1　500MPa 级超细晶粒钢筋的应用现状

随着我国城镇化的快速发展，建筑规模不断增加，钢筋混凝土结构仍是我国建筑的主要结构形式，混凝土结构用钢筋是基本建设必不可少的原材料。

目前国内工程中普遍使用的主力受力钢筋为 HRB335，辅助钢筋大多为 HPB235，与发达国家相比其强度等级普遍要低1～2级。北美、日本、东南亚及中国香港，已基本淘汰400MPa以下级别钢筋，主要使用的强度级别主要有400MPa、460MPa、500MPa、550MPa及600MPa[6]。

2010年我国建筑钢筋用量已达1.3亿吨，并仍将呈上升趋势。近年来，在建设部及相关部门的大力宣传和推广下，高强钢筋使用量已达到建筑用钢筋总量的35%左右[7]。推广应用细晶高强钢筋可以节约钢筋用量，降低工程成本，获得巨大的直接或间接经济收益。通过对不同结构类型的建筑工程所采用不同强度等级的钢筋用量设计结果比较分析，可以得出采用400MPa级钢筋替代335MPa级钢筋可以节省钢筋量约12%～14%；用500MPa级钢筋替代400MPa级钢筋的可以节省钢筋量约5%～7%[8]。

2010年出台了新的《混凝土结构设计规范》GB 50010—2010[3]，新规范里淘汰了235MPa级低强钢筋，增加500MPa级高强钢筋，并明确将400MPa级钢筋作为主力钢筋。住房和城乡建设部、工业和信息化部的《关于加快应用高强钢筋的指导意见》，指出将在2013年底，在建筑工程中淘汰335MPa级螺旋钢筋，在应用400MPa级螺旋钢筋为主的基础上，对大型高层建筑和大跨度公共建筑，优先采用500MPa级螺旋钢筋，逐年提高500MPa级螺旋钢筋的生产和使用比例。高强度等级钢筋的研究应用进入了快速发展时期。

以下主要从受压构件的刚度裂缝、承载力、抗震性能及低周疲劳性能四个方面总结了目前我国在500MPa级超细晶粒钢筋领域的研究成果，并探讨了未来的研究发展方向。

2　受压构件的刚度裂缝

2008年，中冶建筑研究总院张伟等[9]完成了9根500MPa级细晶粒钢筋混凝土柱及1根HRB400钢筋混凝土柱的偏心受压受力性能试验，观察试件的裂缝发展过程和破坏形态。试验结果表明，《混凝土结构设计规范》GB 50010—2010中关于平均裂缝间距和最大裂缝宽度计算的相关公式对500MPa级细晶粒钢筋混凝土偏压构件适用，但规范公式计算结果远大试验实测值。通过与HRB400钢筋混凝土柱的对比，得到高强钢筋可能会引起平均裂缝宽度的增大。

青岛理工大学的王静等[10]通过9根HRBF500钢筋混凝土偏心受压柱和1根HRB400钢筋混凝土偏心受压柱进行单向加载试验研究分析，该文建议HRBF500钢筋在偏心受压柱中的强度设计值取为$f_y' = f_y = 420$MPa。将试验数据与受弯构件试验裂缝宽度情况进行对比，可知偏压构件的裂缝宽度试验值与实测值之比要相对小于受弯构件的比值，建议将规范公式中的钢筋混凝土偏压构件受力特征系数进行折减，并提出了偏压和受弯构件受力特征系数的建议值。

3　受压构件承载力

东南大学的梁书亭等[11]对HRBF500级钢筋混凝土受压柱承载能力进行了一系列的试验研究。2010年针对规范超细晶粒钢筋工程应用的需要，进行了10根HRBF400级钢筋混凝土受压柱和10根HRBF500级钢筋混凝土受压柱的静载试验，重点研究了轴向荷载偏心距、配筋率、长细比、钢筋及混凝土强度等级等参数对构件的荷载—挠度曲线、荷载—钢筋应变及荷载—混凝土应变曲线的影响，验证了试验构件符合平截面假定。在对国内外规范高强钢筋设计强度的取值对比分析和试验数据的基础上，该文对HRBF500级钢筋提出了设计强度建议取值$f_y' = f_y = 435$MPa。同时，通过试验结果与现行规范GB 50010—2010规定的受压构件的计算理论值对比，证实规范的受压构件设计计算方法能较好地适用于HRBF500级混凝土构件，受拉钢筋的最小配筋率可在 400MPa 级的基础上略有降低。

郑州大学的张艳丽等[12]通过对 9 根配有 500MPa 级钢筋的轴心受压短柱的受力性能试验得出了以下结论：混凝土的强度和纵向钢筋配筋率的合理提高有助于更好地发挥受压钢筋的强度，使构件在轴向荷载作用下能够更好的发挥自身的性能。同时发现，在承受轴心荷载作用的混凝土柱中，强度为 C60 的混凝土能与 HRBF500 很好的协同工作，钢筋和混凝土的强度均能得到较好发挥。

青岛理工大学的王艳、王命平等[13]也进行了混凝土柱的轴压试验研究。试验通过 8 根主筋采用 500MPa 级细晶粒钢筋和 1 根主筋采用 HRB400 级钢筋混凝土轴心受压构件的受力性能试验，得到了纵向受压构件荷载—应变曲线，更好的解释了构件受力过程及破坏模式。试验结果表明：随着混凝土强度、箍筋体积配箍率的提高，混凝土的受压峰值应变也会相应提高。

青岛理工大学的徐颖浩等[14]通过对 7 根 HRBF500 钢筋混凝土偏心受压柱和 1 根 HRB400 钢筋混凝土偏心受压柱的静载试验，分析了荷载—钢筋应变、荷载—混凝土应变曲线以及破坏形态的特点，对 500MPa 细晶粒钢筋混凝土偏压柱性能有了初步了解。试验结果表明：HRBF500 钢筋混凝土大偏心受压柱的破坏形态与普通钢筋混凝土大偏心受压柱的破坏形态较为一致，钢筋受力性能良好，最后该文通过对试验结果分析，给出了 HRBF500 钢筋在偏压构件中的设计强度建议值。

4 受压构件抗震性能

华侨大学的周博等[15]通过对 HRBF500 级细晶钢筋混凝土短柱进行的抗震性能试验研究和有限元数值分析，得出了如下结论：（1）配有细晶高强钢筋的混凝土短柱在低周反复荷载作用下呈现脆性破坏，破坏时承载力下降突然；（2）剪跨比对构件的抗震性能影响最为明显，剪跨比最小的构件，延性很差，但承载力有所提高；（3）轴压比对构件的延性影响明显，轴压比越大构件延性越差；（4）配箍率高的构件在破坏前循环次数多，有助于提高抗震性能，但由于箍筋未屈服，延性比较小。

郑济坤等[16]进行了 6 根配置 HRBF500 级细晶钢筋的混凝土柱的低周反复加载试验，根据试验结果计算得到不同轴压比、剪跨比和配箍率下构件的屈服位移和滞回耗能。研究表明：随着轴压比增大、剪跨比减小或配箍率的降低，构件的损伤程度有所增大。HRBF500 级钢筋混凝土柱在地震作用下的抗震性能和损伤趋势的规律与 HRB400 级钢筋混凝土柱相近，在设计中可以利用现有的理论和经验进行判断或计算。

王全凤等[17]以 HRBF500 级钢筋混凝土柱的拟静力试验为出发点，针对尚无合适于 HRBF500RC 柱的恢复力模型的现状，提出了 500MPa 超细晶粒高强钢筋混凝土柱的理论骨架曲线。运用理论及经验公式法确定各个阶段的特征点，并提出了卸载刚度的经验公式和滞回规则。经试验验证，所提出的骨架曲线模型与试验值吻合良好，具有一定的准确度和代表性。

2009 年，浙江省城乡规划设计研究院的刘金升和同济大学的苏小卒、赵勇[18]通过 6 个试件的低周反复加载试验，对配有 500MPa 细晶钢筋的混凝土柱的抗震性能进行了研究，包括破坏形态、滞回曲线、骨架曲线、位移延性等。试验研究表明，配有 500MPa 细晶钢筋的混凝土柱具有较高的承载力和良好的位移延性，抗震性能的变化规律与普通钢筋混凝土柱基本相同，能够用于抗震结构设计。

2011 年，东南大学梁书亭、徐文平等[19,20]以"高速铁路用钢筋混凝土"（2008AA030704）863 项目为背景，完成了 12 根配置 500MPa 细晶钢筋的混凝土圆柱试验的低周反复试验，分析了钢筋种类、纵筋配筋率、箍筋间距及轴压比等因素对其延性及抗震性能的影响。试验结果表明，所有试验最终呈弯曲型破坏，滞回曲线饱满呈现梭形，耗能能力强。配置 500MPa 细晶钢筋的混凝土圆柱的屈服荷载和峰值荷载均高于普通钢筋混凝土圆柱，抗震性能的变化规律也与普通钢筋混凝土圆柱基本相同，表现出良好的延性，HRBF500 级钢筋可用于低轴压比下大偏心受压构件的抗震结构设计。

5　受压构件的疲劳性能

目前，国内关于钢筋混凝土受压构件的疲劳损伤发展规律及疲劳寿命的研究较少，对于应用 HRBF500 级钢筋混凝土受压构件的低周疲劳研究更属起步阶段。

2011 年，东南大学梁书亭等[21]为研究桩头本身的低周疲劳性能，分别进行了 3 个试件的标准变幅疲劳加载试验和 4 个试件等幅疲劳加载试验。标准变幅加载试验考察试件在不同位移幅值下的受力特征及滞回特性，得到基本试件的承载力特征点，包括骨架曲线、屈服荷载屈服位移、极限荷载极限位移等；等幅疲劳加载工况通过等位移幅值往复加载作用，分析试件的积累滞回耗能和试件耗能能力的变化，以及试件刚度和强度随着疲劳荷载作用次数的积累而不断衰减的特征。试验结果分析表明：积累滞回耗能和试验的位移幅值及循环次数有关，随着侧移比增大，循环次数增加，滞回耗能不断积累增大。而破坏时刻极限积累耗能大小主要受位移幅值控制，位移幅值越大，极限积累耗能越小。对比 HRBF500 级钢筋混凝土试件与普通钢筋混凝土试件，其损伤积累过程基本一致，说明在强度提高的前提下，HRBF500 级钢筋混凝土试件的损伤指数随疲劳寿命的积累与普通钢筋混凝土类似，并能够改善构件抵抗常遇地震的能力。该文最后基于经典损伤模型提出了一种改进的双参数损伤模型。

6　总结

（1）随着科学技术的发展，使用高强度、高性能材料必将成为时代的发展趋势。目前，HRBF500 级钢筋正被大力推广应用，主要应用于公用及民用建筑的梁、柱及节点位置，其使用可明显减少钢筋用量，减少能源消耗，改善框架结构中梁、柱节点和框架柱中钢筋拥挤的现象，提高工程质量，取得较好的社会效益和经济效益。

（2）高强钢筋应用于实际工程中还有很多问题有待解决，特别是 HRBF500 级钢筋混凝土弯压构件的抗震及疲劳性能研究较少，火灾受力性能研究尚属空白阶段。

参 考 文 献

[1] 陆龙生，李军辉. 高强高韧耐蚀细晶粒特种钢筋生产技术研究概述 [J]. 现代制造工程，2012，6：139-143

[2] GB 50010—2010 混凝土结构设计规范 [S]

[3] GB 50011—2010 建筑抗震设计规范 [S]

[4] 刘立新，谢丽丽，于秋波. 500MPa 级钢筋混凝土构件的受力性能及工程应用研究 [J]. 建筑结构，2006（1）

[5] 李空军，杨勇新，王希伟. 高强钢筋在混凝土结构工程中的应用 [J]. 广东土木与建筑，2008，5（5）：15-16

[6] 胡玲. 推进 HRBF500 细晶高强钢筋在建筑中的应用 [J]. 福建建材，2012，3：22-24

［7］ 关于加快应用高强钢筋的指导意见［S］

［8］ 王信君.高强钢筋的研究及使用现状［J］.四川建筑，29（3）：219-220

［9］ 张伟，耿树江，朱建国等.HRBF500钢筋混凝土偏压柱裂缝宽度试验［J］.工业建筑，2009，39（11）：22-25

［10］ 王静，王命平，耿树江.高强钢筋混凝土偏压柱的裂缝宽度试验研究［J］.青岛理工大学报，2011，32（5）：17-22

［11］ 梁书亭，张继文，邹科官等.超细晶粒钢筋混凝土受压柱的试验研究［C］.第七届全国高强与高性能混凝土学术交流会论文集.2010：29-37

［12］ 张艳丽.500MPa级钢筋混凝土轴心受压短柱受力性能的试验研究［D］.郑州大学，2007

［13］ 王艳，王命平，耿树江等.500MPa级细晶粒钢筋混凝土构件轴压试验研究［J］.四川建筑科学研究，2010，36（4）：12-15

［14］ 徐颖浩，王命平，耿树江等.HRBF500钢筋混凝土大偏心受压柱承载力的试验研究［J］.青岛理工大学学报，2010，31（1）：48-53

［15］ 周博.500MPa级细晶钢筋混凝土短柱抗震性能试验研究［D］.华侨大学，2010

［16］ 郑济坤，王全凤.HRBF500 RC柱地震全过程损伤试验分析［J］.工业建筑，2010，40（12）：51-54

［17］ 王全凤，郑济坤.HRBF500级钢筋混凝土柱恢复力模型［J］.中国科技论文在线，2011，6（8）：585-589

［18］ 刘金升，苏小卒，赵勇.配500MPa细晶钢筋混凝土柱低周反复荷载试验［J］.结构工程师，2009，25（3）：135-140

［19］ 付倩.HRBF500级钢筋混凝土桩头抗震性能研究［D］.东南大学，2011

［20］ 钟华.水平荷载下细晶高强钢筋混凝土圆柱承载特性试验研究［D］.东南大学，2012

［21］ 郭昊伟.HRBF500级钢筋混凝土桩头低周疲劳性能研究［D］.东南大学，2012

碎砖类骨料再生混凝土的性能研究综述

宗兰[1]　余倩[2]　张士萍[1]

（1. 南京工程学院 建筑工程学院，南京　211100；

2. 南京林业大学 南京　210037）

［摘　要］本文介绍了再生混凝土的研究背景及目的。并针对碎砖类骨料再生混凝土的性能研究内容、步骤及部分成果综述。

［关键词］再生混凝土；碎砖骨料；研究内容；技术路线；应用前景

1　问题的提出

随着我国基本建设迅速发展，混凝土结构是目前我国建筑结构的主要形式。所以混凝土已经成为当代用量最大的人造建筑材料，我国每年的用量在 13 亿立方米^3 以上，居全球之冠，而在混凝土的几种原材料中，砂石骨料用量占混凝土总量的 70% 以上，也就是说每生产 1m^3 混凝土大约需要 1700～2000kg 骨料，用量十分巨大[1]。长期以来，人们习惯认为，我国砂石骨料来源广泛，好采易得，价格低廉，没有引起人们的足够重视，甚至被认为是取之不尽的原材料而随意浪费[2, 3]。随着我国混凝土用量的不断增大，人们环境意识的提高，因过度开采砂石骨料而造成的资源枯竭和环境破坏问题，已成为人们关注的焦点。

由于我国的城镇化建设步入高峰期，各种工程建设过程中产生的建筑垃圾数量也大幅增加。据有关统计资料可知，我国每年建筑工程产生的废旧物已达 1.95 亿吨，仅北京、上海、广州、天津、深圳等几个发展较快的城市建设垃圾日排放量就达 2.7 万吨[5]。据建设部预测，到 2020 年，我国仅住宅就将建成 300 亿平方米，因而如果不对建筑废弃物的产生与处理予以高度的重视和管理，不仅会给国家节能减排、资源开发、循环经济等政策的落实带来不利影响，而且必然会给中国建筑业的可持续发展造成阻碍和约束。

再从我国基本建设国情来看，城市改造和农村城镇化建设速度加快，既有建筑的拆迁量非常巨大。我国对既有建筑拆除物的处理多采用简单回收和少数利用的方法，拆除废弃物多作为垃圾倾倒在垃圾场或者是将其填埋地下，这样导致一些新的问题出现，如占用大量土地；造成严重的环境污染；破坏土壤结构、造成地表沉降。在既有建筑拆除物的有效利用方面，我国的科研投入不足，资源保护及其循环再利用还没有得到足够的重视，致使大量完全可再生利用的既有建筑拆除物当作垃圾被填埋或堆放，而没有得到有效的再生利用。

综合以上几方面，利用既有建筑拆除物制备再生混凝土，既能使部分的砂石骨料得以被替代，又避免了建筑垃圾直接填埋，减少了对环境的污染，同时建筑垃圾的循环利用是可持续发展，再生混凝土是一种可持续发展的绿色混凝土。

2　再生碎砖骨料的特点

2.1　再生碎砖骨料的堆积密度和表观密度

同天然砂石骨料相比，再生碎砖骨料表面包裹着相当数量的水泥砂浆，由于水泥砂浆的孔隙率大，棱角众多，所以再生骨料的表观密度和堆积密度比天然骨料低。再生骨料表观密度、堆积密度，还与废旧砖原始的强度等级、使用时间、使用环境及地域等因素有关。对一般利用废旧混凝土破碎制备再生骨料而言，再生骨料的密度随着母体混凝土强度的降低而降低，降低幅度达到7%，当再生骨料的压碎指标变大，骨料强度降低时，材料表观密度和堆积密度也随之变小。

2.2 再生碎砖骨料的吸水率

再生骨料的吸水率远高于天然骨料，影响再生骨料的吸水率的因素很多，主要有以下几方面：（1）影响再生骨料吸水率大于天然骨料的最主要原因是再生骨料表面包裹着一层砂浆，这层砂浆使得再生骨料表面比天然骨料表面更粗糙、棱角更多；且母体废旧砖在解体、破碎过程中的损伤累积，使再生骨料表面砂浆内部存在大量微裂纹，这些因素使再生骨料的吸水率和吸水速率大大提高；（2）再生骨料的吸水随着骨料粒径的减小而增大；（3）再生骨料的吸水率还受到母体废旧砖的强度、组成及使用环境的气候条件等因素的影响。再生骨料吸水率和压碎指标有密切联系，其吸水率随着压碎指标的增大而增大。

2.3 再生碎砖骨料的压碎指标

压碎指标是表征骨料强度的一个参数。中华人民共和国建筑用卵石、碎石国家标准GB/T 14658-2001规定：Ⅰ类骨料的压碎指标应小于10%，Ⅱ类应小于20%，Ⅲ类应小于30%。再生骨料比起天然骨料强度下降的主要原因为：（1）碎砖骨料表面包裹着水泥浆、砂浆和泥块等一些其他的杂物，由于这些包裹骨料表面杂物的较低强度以及破碎加工过程对废旧砖造成的损伤，使得再生骨料整体强度降低；（2）同时再生骨料的压碎指标还与再生骨料母体黏土砖的强度和加工破碎方法有关。再生骨料母体黏土砖的强度越高，再生骨料的压碎指标越小，加工过程中水泥浆体和砂浆脱落越多，再生骨料的压碎指标就越小。

3 试验内容

废旧砖再生碎砖原料取自苏中地区某一三层砖混住宅楼拆除的废旧烧结砖。对建筑拆除物中的碎砖，经过分拣、破碎、清洗、筛分等工艺，采用鄂氏破碎机，分别加工制成不同粒径的再生骨料，并对再生骨料进行预处理，以压碎指标、坚固性、表观密度以及吸水率为评价指标，对比天然碎石研究碎砖类再生骨料的性能。

3.1 原材料及基本性能

（1）水泥。胶凝材料用42.5普通硅酸盐水泥，密度为3.0g/cm³，存放地点干燥通风，经检验各项技术指标符合《通用硅酸盐水泥质量标准》GB 175—2007。

（2）粉煤灰。采用Ⅰ级粉煤灰，密度为2.4g/cm³，存放地点干燥通风，经检验各项技术指标符合《用于水泥和混凝土中的粉煤灰》GB/T 1596—2005。

（3）细骨料。该天然河砂为中砂。表观密度为2613kg/m³，堆积密度为1430 kg/m³，泥块含量0.2%，含泥量0.8%，含水率3%，细度模数为2.48。各项技术指标符合《建筑用砂》GB/T 14684—2001与《普通混凝土用砂、石质量及检验方法标准》JGJ 52—2006。

（4）粗骨料。再生碎砖粗骨料选自江苏如皋市某一三层砖混住宅楼，该楼建造于1998年，因市区规划需要拆除。在拆除的整砖中，随机选取了30块几何尺寸较完整的整砖，作为样品送检，经如皋市瑞利山河检测公司检验，抗压强度符合《烧结普通砖》GB 5101—2003 标准规定的 MU10 级砖的要求。对该建筑物的碎砖经过分拣、破碎、清洗、筛分等工艺，采用鄂氏破碎机，分别加工制成碎砖再生骨料。

天然粗骨料与再生碎砖骨料主要性能指标如表1。

天然粗骨料与再生碎砖骨料主要性能指标　　　　　　　表1

骨料种类	表观密度（kg/m³）	堆积密度（kg/m³）	泥块含量（%）	含泥量（%）	含水率（%）	针片状含量（%）	饱和面干吸水率(%)	压碎指标（%）
天然骨料	2860	1580	0.5	0.8	1	4	1.45	8.8
再生骨料	1650	830	0	0.1	0.6	9	16.58	29.5

（5）对经筛分后的粒径为 5～10mm、10～20mm 的天然碎石骨料、再生砖骨料进行二级配比例优化；天然碎石骨料（5～10mm：10～20mm）级配比例为 40：60，见表 2；再生砖骨料（5～10mm：10～20mm）级配比例为 33：67，见表 3。

二级碎石级配优化　　　　　　　　表2

项目	筛分试样质量(g)	筛分试样质量(g)	执行标准			
	4000	4000	《建设用卵石、碎石》GB/T 14685—2011			
筛孔尺寸（mm）	5～10mm	10～20mm	5～10mm	10～20mm	5～20 mm 连续	优化比例（5～10 mm：10～20 mm）
	筛余质量（g）	筛余质量（g）	累计筛余(%)	累计筛余(%)	标准值	40：60
26.5		0	0	0	0	0
19		54.5	0	1.37	0～10	1.37
16	0	16	0	1.76	—	1.76
9.5	313.5	3758	7.84	95.72	40～70	60.57
4.75	3633.5	161.5	98.68	99.75	90～100	99.32
2.36	16.5	7.5	99.08	99.94	95～100	99.60
盘底	6.5	2.5	100	100	—	100

二级再生碎砖骨料级配优化　　　　　　　　表3

项目	筛分试样质量(g)	筛分试样质量(g)	执行标准			
	4000	4000	《建设用卵石、碎石》GB/T 14685—2011			
筛孔尺寸（mm）	5～10mm	10～20mm	5～10mm	10～20mm	5～20 mm 连续	优化比例（5～10 mm：10～20 mm）
	筛余质量（g）	筛余质量（g）	累计筛余（%）	累计筛余（%）	标准值	40：60
26.5		0	0	0	0	0
19		158	0	3.9	0～10	2.34
16	0		0	—	—	
9.5	213.5	3676.5	5.3	95.87	40～70	59.64
4.75	3603.5	147	95.42	99.55	90～100	97.90
2.36	146.5	13	99.08	99.86	95～100	99.55
盘底	36.5	5.5	100	100	—	100

（6）减水剂。

本试验外加剂为聚羧酸系高效减水剂，减水率为25%。混凝土拌和与养护用水为南京市饮用自来水。

3.2 混凝土的性能试验

本研究试验主要包括再生混凝土的工作性，主要包括坍落度、保水性等；再生混凝土的力学性能，包括7d和28d抗压强度、7d和28d抗折强度。

试件在南京工程学院试验室制作，抗压强度、抗折强度试验试件的尺寸分别为150mm×150mm×150mm，150mm×150mm×450mm。搅拌机为HT-50型强制型混凝土搅拌机。抗压强度试验机为JYE-2000型数显压力试验机，抗折强度试验机为JYE—300型数显抗折抗压试验机。

4 目前研究内容及结果分析

以碎砖类再生骨料取代部分天然骨料，固定掺量掺入减水剂，制备再生混凝土。本试验采用对比试验，固定水灰比、砂率，改变碎砖骨料取代碎石骨料的百分率以及粉煤灰掺量，分析4个配合比参数对混凝土强度影响的显著程度。本试验共16组，每组约12个试块，共约200个试块。测定每组拌合物的坍落度，绘制出在不同水灰比、用水量和粉煤灰掺量的条件下，坍落度随着再生粗骨料掺量的关系图。对制作的16组混凝土试件采用机械搅拌、脱模、标准养护，测出试件的7d、28d抗压强度、抗折强度，则同时满足再生混凝土良好的和易性和强度要求的碎砖骨料再生混凝土的最佳配合比。

4.1 碎砖骨料再生混凝土配合比设计

基于自由水灰比的再生混凝土配合比设计，单位用水量按照普通混凝土的配合比设计方法。设计强度为C40，坍落度为30~180mm的混凝土配合比。查得水泥的强度标准差是$\sigma=6.0MPa$，所用普通硅酸盐水泥强度等级为42.5MPa，砂的密度为2.613×103 kg/m³，含水率3%；碎石为5~20mm的连续级配，密度为2.86×103 kg/m³，含水率为1%；再生砖骨料含水率0.6%；减水剂为SP；水为自来水。以下天然骨料记为G_Y，再生骨料记为G_Z，粉煤灰记为F，减水剂记为SP，附加水记为W_F。

各组粉煤灰的掺量及用水量的改变如表4。

各组粉煤灰的掺量及用水量的改变　　　　　　　　　　表4

组数	1~4	5~8	9~12	13~16
粉煤灰掺入方式	无掺入	取代水泥	取代砂	取代砂
粉煤灰掺量	0	10%	15%	20%
因粉煤灰掺入用水量改变	0	0	10~12组增加用水=粉煤灰质量×0.5	14~16组增加用水=粉煤灰质量×0.5

4.2 拌和物性能分析

拌和物的性能指的新拌再生混凝土的和易性，和易性是指混凝土拌合物能保持其组成成分均匀，不发生分层离析、泌水等现象，适于运输、浇注、捣实成型等施工作业，并能获得质量均匀、密实的混凝土的性能。它包括流动性、粘聚性和保水性三方面。

4.3 再生混凝土力学性能研究

（1）试件破坏形态。再生混凝土立方体抗压试件破坏形式与普通混凝土相似。对于28d龄期的混凝土，加载初期，试件表面未发现裂缝，随着荷载的增大，试块中开始出现裂缝，起初出现的裂缝靠近试块的侧表层，在试块高度中央出现垂直裂缝，接着同时沿斜向往上、下端发展，至加载面处转向试块角部，形成正倒相连的"八"字形。随着荷载的继续增加，裂缝向混凝土内部发展，最终混凝土的破坏形态均为正倒相连的四角锥。

再生混凝土抗折试件的破坏过程与破坏形态也与普通混凝土相似。试件在两个集中荷载作用下，位于两个集中荷载作用线之间的某个部位突然断裂，龄期7d时，破坏时的声音较为沉闷，而龄期28d时，断裂的声音十分清脆，这是因为28d时水化程度更高，抗折强度增强。从大量抗折试件破坏断面来看，随着再生砖骨料取代率的增加，断面越来越趋于平整，这是由于砖骨料的抗压强度远不及天然碎石，在受力时先于粗骨料和水泥凝胶体界面之间的黏结破坏。这也同时说明，混凝土的抗压抗折强度与再生骨料自身的强度有很大关系。

（2）力学性能测试结果及分析。经对分组试件力学性能检测，得到再生混凝土抗压强度与碎砖骨料取代率的关系如图1所示。

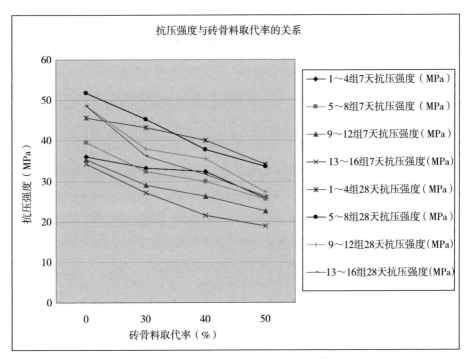

图1 抗压强度与碎砖骨料取代率的关系曲线

随着砖骨料取代率的增加，混凝土的抗压强度逐渐减小。分析认为主要是由于再生骨料的物理性能，如孔隙率大、抗压强度低；另外再生骨料与砂浆之间存在的黏结较为薄弱、再生骨料的强度较低，也可能是在混凝土拌和物初期，再生骨料的表面被水泥浆包住，吸水性减小，使得按原设计加入的附加水过多，导致水灰比增大，引起强度降低。

不掺粉煤灰时，碎砖骨料的取代率为30%、40%时，混凝土的28d抗压强度均大于

40MPa；而当掺入粉煤灰等量取代 10% 的水泥，砖骨料取代率为 30% 时，混凝土的 28 天抗压强度为 45.28MPa 提高幅度为 5%。这就说明利用再生骨料是完全可以配制出符合强度要求的再生混凝土，再生骨料可以部分和全部代替天然骨料来配制混凝土是可行的，其中再生骨料取代率为 30% 最佳。

5　结　论

（1）本文主要进行了废砖取代部分天然碎石骨料制备再生混凝土的研究，与同配比的天然骨料混凝土相比，天然骨料混凝土的强度高于碎砖骨料再生混凝土。但当砖骨料取代率为 30% 时，再生混凝土的强度大于 40MPa，满足设计要求；其余数据均大于 30MPa；这就说明利用再生骨料是完全可以配制出符合强度要求的再生混凝土，再生骨料可以部分和全部代替天然骨料来配制混凝土是可行的，由于该试验用水量过大，导致强度值有所下降，此时再生骨料取代率为 30% 最佳。这也说明水灰比混凝土强度是至关重要的，同时，减小用水量，使坍落度在合适的范围内，再生混凝土的强度指标会比现在更优。

（2）碎砖骨料再生混凝土立方体试块破坏形态与天然骨料混凝土相似，但由于碎砖骨料强度低，弹性模量小，很多时候骨料劈裂破坏要早于水泥浆与粗骨料的界面破坏。

参 考 文 献

[1]　冯乃谦，张智峰，马骁. 生态环境与混凝土技术 [J]. 混凝土，2005，（3）：3-8

[2]　王立久，汪振双，崔正龙，孟多. 再生混凝土抗冻耐久性试验研究 [J]. 低温建筑技术，2009，（7）：18-20

[3]　张金喜，张建华，邬长森. 再生混凝土性能和孔结构的研究 [J]. 建筑材料学报，2006，（4）：142-147

[4]　胡玉珊，邢振贤. 粉煤灰掺入方式对再生混凝土强度的影响 [J]. 新型建筑材料，2003，（5）：26-27

[5]　Ministry of Environment of Korea. The status of waste generation and treatment in 2001 [Z]

超长混凝土墙后浇带预连结设计方法

顾洪平[1]　万博[2]　王家春[2]　杜成林[2]　刘杰[2]　李树林[2]

（1. 江苏省建筑工程集团有限公司，南京　210029；

2. 江苏建华建设有限公司，南京　210037）

[摘　要] 采取合理可行的预连接设计方法，对地下室车库的超长混凝土墙后浇带提前进行"封闭"，为临近的小高层尽早进入施工创造条件，既达到了缩短工期，又满足了设计所要求的伸缩后浇带的作用。预连接的钢板承压经分析选取主动土压力进行计算，而非静止土压力，做到既经济又实用。

[关键词] 后浇带；主动土压力；预连接；封闭后浇带

1　工程概况

南京某学院教工宿舍住宅小区，由 5 栋小高层住宅楼和一层地下车库组成。一层地下室车库自北向南总长为 279.4m，呈狭长型，其外墙和顶板共设有 5 道 800mm 宽的后浇带；1#～5# 楼为 11 层的框剪结构，紧邻地下车库而建，见图 1。以 3# 楼为例，其与地下室车库的具体位置及伐板基础底标高见"详图 1"。

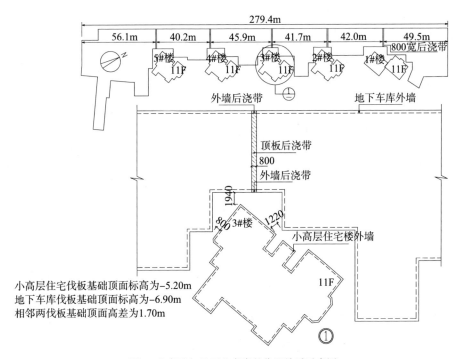

图1　小高层与地下室车库的位置关系示意图

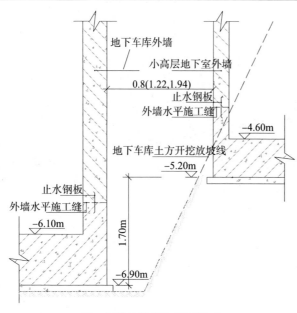

图2 相邻两基础断面位置关系

2 施工难点分析

由于建设场地的限制，5幢小高层紧邻地下车库而建，且两者的伐板基础底标高高差达1.7m，见图2。按照相邻基础先深后浅的施工原则，则需先行完成地下车库的基础及外墙，并待外围土方回填完成后，方可进行小高层的伐板基础结构施工。因此，小高层能否尽早开工主要取决于地下车库外墙的后浇带尽早封闭。

结构设计图纸要求，地下室车库外墙后浇带，需待其两侧混凝土龄期达到60d后方可进行封闭。即使不考虑地下室车库外墙后浇带的封闭及养护时间、外墙防水卷材及土方回填所需时间，小高层的基础结构施工至少需在地下车库外墙混凝土浇筑完成60d后才能进行。

因此，地下车库外墙后浇带何时封闭，将直接影响到小高层基础结构的开始施工时间。

3 预连接设计

3.1 设计方案

后浇带的留设作用主要分为沉降后浇带、收缩后浇带和温度后浇带，分别用于解决高层建筑主楼与多层裙房之间的不均匀沉降、超长结构收缩开裂和温度应力等问题。本项目地下室车库属于超长结构，后浇带的设置主要是为了防止混凝土在凝固过程中产生收缩而开裂。

经与结构设计师沟通并征得同意，拟在后浇带两侧的混凝土强度达到设计强度的100%后，即地下室车库外墙混凝土浇筑完成30d后，采取图3所示的后浇带预连接方案：在后浇带外侧设置通长钢板，以便于尽早完成防水卷材铺贴、土方回填，即可进行小高层基础结构施工。这样不但起到了收缩后浇带的设置作用，同时也将小高层基础结构施工的开始时间提前30d。

3.2 设计计算

（1）土方回填阶段。

土方回填产生的侧向土压力，对外置的钢板有一水平向的推力。为保证该推力不致于造成外置钢板过大变形而使外贴卷材拉裂破坏，以避免渗漏隐患，需对外置钢板的整体抗弯强度进行设计计算。

填土为黏土，且分层夯实，内聚力$c=25kN/m^3$，重度$\gamma=18kN/m^3$，内摩擦角$\varphi=30°$，地面活荷载汽车-15，$q=12kN/m^3$，墙高6m。

地下室外墙土的侧压力一般宜按静止土压力计算，而放置于混凝土墙洞口外侧的钢板在土压力的作用下，会产生微小变形。单元土体在水平方向有一定的伸展空间，单元土体水平

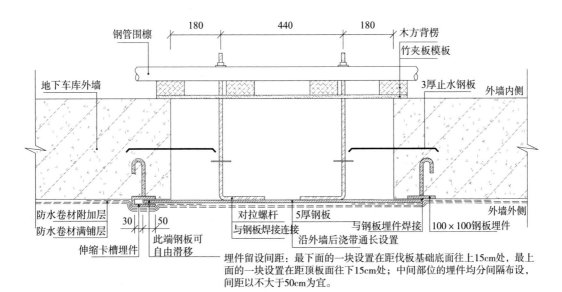

图3 外墙后浇带预连接设计

截面上的法向应力不变,而竖直截面上的法向应力却逐渐减少,直至满足极限平衡条件为止。这就构成了主动土压力的计算条件。换句话说,外置钢板仅作为挡土墙用,允许其变形。因此,钢板受到的土压力可采用主动土压力进行计算。

$$\sigma_a = (\gamma z + q)\tan^2(45° - \frac{\varphi}{2}) - 2c\tan^2(45° - \frac{\varphi}{2})$$

$$z_0 = \frac{2c}{\gamma\sqrt{k_a}} - \frac{q}{\gamma} = \frac{50}{18\tan 30°} - \frac{12}{18} = 4.145\text{m}$$

深度 6m 处主动土压力强度:

$$\sigma_a = (18 \times 6 + 12)\tan 30° - 2 \times 25 \times \tan 30° = 11.132\text{kN/m}^3$$

主动土压力强度分布图详图4。

取 6m 深处 1m 宽钢板进行计算,钢板为 5mm 厚,材质 Q235B。计算简图详图5。

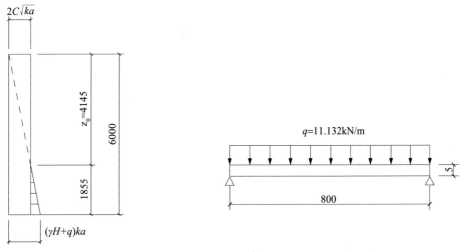

图4 主动土压力强度分布图　　　　图5 钢板受力简图

$$M = \frac{1}{8}ql^2 = 0.891\text{kN} \cdot \text{m}$$

$$w = \frac{1}{6}bh^2 = \frac{1}{6} \times 1000 \times 5^2 = 4166.67\text{mm}^3$$

$$\sigma = \frac{M}{\gamma w} = \frac{0.891 \times 10^6}{1.05 \times 4166.67} = 203.66 < 215\text{N}/\text{mm}^2$$

满足要求。

（2）后浇带混凝土浇筑阶段。

后浇带混凝土浇筑产生的侧向压力，与外围的既有土压力存在一压力差。为保证两者之间的压力差不致于造成外置钢板过大变形而使外贴卷材拉裂破坏，以避免渗漏隐患，需对浇筑后浇带所设的对拉螺杆强度进行设计计算。

按《建筑施工模板安全技术规范》JGJ 162—2008，新浇混凝土作用于模板的最大侧压力，按下列公式计算，并取其中的较小值：

$$F = 0.22\gamma_c t \beta_1 \beta_2 \sqrt{V}$$

$$F = \gamma H$$

式中　γ ——混凝土的重力密度，取 24.0kN/m³；

　　　t ——新浇混凝时土的初凝间，取 3h；

　　　T ——混凝土的入模温度，取 20℃；

　　　V ——混凝土的浇筑速度，取 6m/h；

　　　H ——模板计算高度，取 6m；

　　　β_1 ——外加剂影响修正系数，取 1.0；

　　　β_2 ——混凝土坍落度影响修正系数，取 1.0。

根据以上两个公式计算的新浇筑混凝土对模板的最大侧压力 F 分别为 38.80kN/m²、144.0kN/m²，取较小值 38.80kN/m² 作为本工程计算荷载。

对拉螺栓采用 M16，其有效面积 A=144mm²，其容许拉力为 170kN/mm² × 144mm²= 24.48kN。对拉螺栓所受的最大拉力 N=F × S=38.8 × 0.4 × 0.5=7.76kN<24.48 kN，满足要求。

4　施工方法

4.1　预埋件的留置

在地下车库底板、外墙的钢筋混凝土结构施工过程中，按照既定的位置，在外墙迎水面的后浇带两侧分别留置焊接固定外置通长钢板的预埋件和伸缩卡槽埋件。钢板埋件的锚固筋采用 φ14 的圆钢，末端设弯钩。安装是应将埋件的锚固筋与结构主筋绑扎牢固，不得焊接。

4.2　外置钢板的焊接安装

外置钢板选用 5mm 厚的 Q235，沿外墙后浇带的外侧通长设置。安装时，钢板的一侧插入伸缩卡槽内，满足后浇带的收缩变形功能；另一侧与预埋钢板埋件焊接固定。

4.3　防水卷材铺贴

外置钢板除锈去污后及时涂刷铁红防锈漆二度。待漆膜干透后，满挂玻纤网格布并批界面剂。网格布的上端翻边折入外置钢板内侧不少于20cm，以保证界面剂基层的粘接牢度。

外墙防水卷材为 3mm 厚"粘必定"BAC 双面自粘防水卷材。铺贴前，将外置钢板、混凝土墙表面清理干净后，用"粘必定"防水卷材相配套的基层处理剂涂刷。涂刷时要用力薄涂、厚薄均匀、不漏底、不堆积。基层处理剂晾放干燥后及时铺贴防水卷材，以免落上过多的灰尘等杂物。

鉴于防水卷材幅宽为 1m，在进行铺贴前的排版放样时，以后浇带外置钢板的两侧边为中心，即将外置钢板的边缘处于防水卷材幅宽的中间位置，避免卷材接缝设在外置钢板边缘以杜绝渗漏隐患。

防水卷材铺贴完毕并通过隐蔽验收后，及时粘贴 50mm 厚的聚苯板保护层及回填土方。

4.4 后浇带混凝土灌注

在外置钢板焊接安装前，应将后浇带两侧的混凝土面按照施工缝的要求进行凿毛处理，清除杂物、水泥薄膜、及表面松动的砂石，并用水冲洗干净。在灌注前应保持湿润，一般不少于 24h。

采用掺有适量微膨胀剂的无收缩细石混凝土，其强度比原构件混凝土强度提高一个等级。灌注时应精心振捣密实，避免振捣棒碰撞外置钢板。

5 结语

超长混凝土墙结构的浇筑施工，为了保证水泥的充分收缩量，设置后浇带是必须的。但这样的后浇带给相邻工程的施工形成了难以逾越的障碍。如何使后浇带能预先连接起来，为相邻施工创造条件，同时保证后浇带的封闭又有足够的延滞时间，这是值得我们广大的施工技术人员深入研究的。本工程采取的预连接方法，在征得业主、设计、监理等人员的同意后，得到了顺利实施，为相邻小高层建筑的基坑开挖赢得了宝贵的时间。为此，受到各方的赞誉。

参 考 文 献

[1] 冯乃谦，张智峰，马骁. 生态环境与混凝土技术 [J]. 混凝土，2005，（3）：3-8

[2] 王立久、汪振双、崔正龙、孟多. 再生混凝土抗冻耐久性试验研究 [J]. 低温建筑技术，2009，（7）：18-20

[3] 张金喜，张建华，邬长森. 再生混凝土性能和孔结构的研究 [J]. 建筑材料学报，2006，（4）：142-147

大跨钢筋混凝土井字梁楼屋盖结构设计关键技术

刘文坤　刘　巍

（东南大学混凝土及预应力混凝土结构教育部重点实验室，南京　210096）

[摘　要]本文从钢筋混凝土井字梁楼屋盖的平面布置原则、受力体系、构造要求、设计计算以及配筋施工图构造要求等方面，并结合所涉及的25.2m大跨实际工程探讨钢筋混凝土井字梁楼屋盖的结构设计关键技术，以供工程设计人员参考。

[关键词]大跨井字梁；平面布置；构造；位移协调；挠度控制；短期挠度；长期挠度

随着人们对建筑空间舒适性要求的不断提高，大跨建筑和层高受限建筑的需求越来越强烈。然而，井字梁楼屋盖完美的结合这两个优点，因而广泛应用于会议室、娱乐厅、礼堂、会所、宾馆及商场等公共建筑中。该结构为交叉梁系，美观舒适，传力途径明确，梁截面高度约为单跨梁的70%，故可明显降低层高，减少成本，经济效益显著。因此，工程设计人员有必要掌握此种结构的设计技术要点。下文就针对设计中几个常见的问题进行探讨。

1　常用钢筋混凝土井字梁的平面布置形式

常用的井字梁楼屋盖包括正交正放井字梁和正交斜放井字梁两种。对于纵横两个方向跨度接近或者长宽比小于1.5的楼屋盖，宜采用正交正放井字梁，且纵横两个方向跨度越接近，受力性能越好。对于长宽比位于1.5～2.0的楼屋盖，宜采用正交斜放井字梁，斜放井字梁可按对角线斜向布置。该布置的优点在于中部井字梁均为等长度等受力，不受矩形平面的长跨比的影响。对于长宽比大于2.0的楼屋盖，应在长向跨度中部增设大梁，按两个井字梁体系设计。

2　井字梁结构的受力体系分析

井字梁楼屋盖的本质其实是从钢筋混凝土双向板演变而来的。双向板是受弯构件，当双向板的跨度较大时，为了减轻板的自重，可以把板中区格内的下部受拉区的混凝土挖掉一部分，让受拉钢筋适当集中在几条线上，使钢筋与混凝土更加经济、合理地共同工作。这样双向板就在两个方向形成井字型的区格梁，通常情况下，两个方向的所有梁高均相同，无主次梁之分。当然，也有主次梁式的井字梁结构体系，其主梁截面较大，在各主梁之间布置截面较小的井字梁。具体视工程实际情况而定。

当井字梁与周边框架柱相连时，梁支座的负弯矩较大，需要与之相连的框架柱去平衡相应的弯矩，梁柱结点在荷载作用下，由于两者刚度相差悬殊而成为受力薄弱点以致首先破坏。因此，可将井字梁与框架柱避开以防止上述情况的发生。由于井字梁避开周边柱，靠近柱位的区格板需另作加强处理，增大板厚，板配筋双层双向，配筋率适当增大。

3　井字梁结构的构造要求

（1）井字梁楼屋盖网格尺寸划分原则。

井字梁楼屋盖区格尺寸的取值需综合考虑建筑和结构的受力要求，根据工程经验，考虑到井字梁楼屋盖的受力及变形行为类似于双向板，井字梁本身存在受扭，故宜将梁间距控制在 3m 以内一般取 1.2～3m 较经济。此外，井字梁两个方向的梁间距 a/b 宜位于 1.0～1.5 之间，应尽量接近 1.0。

（2）井字梁截面尺寸选取原则。

井字梁截面的高度主要以挠度控制为主。根据《混凝土结构设计规范》GB 50010—2010 第 3.4.3 条，对于使用上对挠度有较高要求的大跨井字梁（$L_0 > 9m$），其考虑长期荷载作用下的挠度限值为 $L_0/400$，L_0 为梁计算跨度。当楼面均布荷载设计值不大于 $10kN/m^2$ 时，截面高度可取 $L/15～L/20$（L 为短向跨度）。当楼面均布荷载设计值大于 $10kN/m^2$ 时，截面高度可适当提高。一般情况下，纵横两个方向梁的梁高应相等。

对于井字梁截面宽度的取值，一般介于 $h/4～h/3$（h 为井字梁高度）之间。当 h 较小时，取 $h/3$；当 h 较大时，取 $h/4$。

（3）支承边梁的构造要求。

考虑到井字梁在支座处传给支承边梁较大的集中力，所以，井字梁和边梁的结点宜采用铰接结点，边梁刚度应足够大以抵抗扭转，并采取相应的构造措施。若采用刚接结点，则边梁需进行抗扭强度和刚度计算，边梁截面高度宜比井字梁截面高度适当增高。

（4）井字梁的挠度控制。

对于大跨度井字梁中的钢筋的数量并非由跨中弯矩控制，而是由挠度和裂缝共同控制。当计算挠度过大而梁截面高度不在允许增加时，可以考率两种方法减小其挠度。其一为增大跨中底部受拉钢筋，但配筋率不宜大于 2.5%；其二为考虑施工起拱以满足其挠度限值。根据《混凝土结构工程施工质量验收规范》GB 50204—2002 第 2.3.3 条，对于跨度等于及大于 4m 的混凝土梁，施工模板应起拱，起拱高度宜为全跨长度的 1/1000～3/1000。起拱高度不宜过高，工程设计人员遇到此类问题应慎重对待。

（5）其他构造要求。

为避免和减小楼盖混凝上的收缩裂缝，井字梁楼屋盖的混凝土强度等级不宜过高，跨度较大时，一般应采用 C30。

4　井字梁结构配筋施工图的构造要求

井字梁的配筋和普通梁的配筋有几处不同之处，设计中须引起重视。

（1）在两个方向的交叉梁结点处，短跨方向梁的底筋应位于长跨方向梁底筋的下方。原理类似于单向板底部钢筋位于分布筋下方。

（2）虽然井字梁交叉结点处互为支座，但却不是真正意义上的刚性支座，而是弹性支座，真正的支座是与支承边梁交点处，故两个方向的梁在布置底部受拉钢筋时，梁下方的纵向受拉钢筋切不可在井字梁交叉点处断开，应直通满跨。若钢筋长度不够时，必须采用焊接，且应满足相关规范的要求。

（3）两方向的交叉结点处不必像主、次梁相交时设置附加横向钢筋。考虑到楼屋面荷载不均匀分布时可能产生的负弯矩，应在交叉结点的梁上部配置适量的构造负筋，且不宜少于 2Φ12 钢筋。在梁两端相应范围内，梁上纵筋构造配筋量建议不少于下部纵向受拉钢筋的 1/3。关于相应范围的长度取值，可取下列两种情况的较大值以确保安全：①梁计算跨度的 1/3；②按两端固结计算的支座负弯矩图对应的长度。

（4）在井字梁与边梁相交的结点处，在边梁结点的两边，要增设附加吊筋或吊箍，在一倍井字梁梁高的范围内需加密箍筋，且不宜少于 Φ8@100。

（5）支承边梁由于具有较大的刚度和扭矩，在弯剪扭复合作用下，受力复杂。井字梁最大扭矩的位置，根据结构力学分析，一般位于四角处梁端，其范围约为跨度的 1/5～1/4。因此建议在此范围内适当加强抗扭措施，同时在其两侧增设构造抗扭纵筋。其他部位除按计算配置箍筋和扭筋外，仍需适当加强。

5　工程实例分析

目前，有较多工程设计人员对于井字梁的计算仍采用 PKPM，然而在 PKPM 计算长期挠度时，尚有某些方面欠考虑，无法真实的体现井字梁的力学行为。本文将结合笔者曾经做过的某一工程实例，来具体说明井字梁楼盖的设计技术要点，从而提出相对简化的设计方法。

本工程为位于上海的某商业综合体，多塔结构，从地上二层开始分塔，一共有 7 个单体（R1～R7），其中 R4 单体（框架结构）的顶层由于作为娱乐餐厅，中部抽去四根柱子，内部形成大跨空旷结构（跨度 25.2m）。由于建筑功能要求：柱距较大，层高较高，屋盖采用现浇井字梁结构，混凝土的强度等级为 C30，井字梁的区格为 2800×2800mm，所有井字梁截面尺寸均为 450mm×1350mm，周边框梁截面尺寸为 700mm×1400mm。屋面恒载 7.0kN/m²，活载 2.0kN/m²。结构平面布置如图 1 所示。

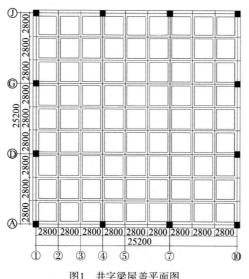

图1　井字梁屋盖平面图

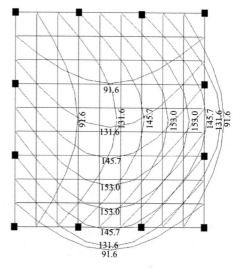

图2　PKPM计算井字梁长期挠度图

通过 PKPM（2010 年版本）对井字梁进行建模分析，为了便于说明问题，我们选取轴线②～⑤梁进行讨论。PKPM 长期挠度计算结果显示如图 2 所示，从图中可以看到轴线⑤梁的挠度为 153mm。然而《混凝土结构设计规范》GB 50010—2010 挠度限值 $L_0/400$，显然 153 > 25200/400=63mm，但是 PKPM 计算结果是欠考虑某些因素计算出来的，笔者认为其对井字梁的长期挠度计算是基于主次梁为前提，仅考虑静力平衡条件，而忽略了竖向位移变形协调条件，因为根据 PKPM 计算出来的长期挠度图可以发现，在位于同一交叉结点处梁各自的竖向位移根本不一致。所以 PKPM 在计算长期挠度时，没有考虑井字梁竖向位移变形协调条件。

然而，ETABS 却不同，根据 ETABS 软件中的井字梁模块建模计算（如图 3 所示），所有条件均同 PKPM 建模时一致，根据其计算出来的长期挠度图可以发现，在位于同一交叉结点处梁各自的竖向位移完全一致，这就说明 ETABS 中考虑了竖向位移变形协调条件。由于 ETABS 模块中的计算原理同文献[1]查表一致，计算出来的均为短期刚度下的挠度，未考虑长期刚度折减的影响，故根据《混凝土结构设计规范》GB 50010—2010 第 7.2.2 条及 7.2.5 条，不考虑受拉钢筋布置数量对短期刚度的影响，假设所有梁的跨中配筋均相等。这里为简单说明问题，荷载长期作用对挠度增大的影响系数取 θ=2.0，故考虑荷载长期作用的挠度为计算出来短期挠度的 2 倍。下面分别将轴线②～⑤井字梁 PKPM 中计算的长期挠度、ETABS 中计算的短期挠度和换算长期挠度分别列于表 1 中。

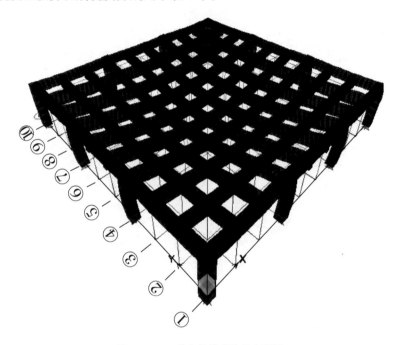

图3 ETABS井字梁模型挠度变形图

轴线②～⑤井字梁PKPM中计算的长期挠度和ETABS中计算的长、短期挠度一览表　　表1

梁编号	②轴梁	③轴梁	④轴梁	⑤轴梁
PKPM（长期挠度mm）	91.6	131.6	145.7	153
ETABS（短期挠度mm）	24.653	39.641	50.485	56.14
ETABS（长期挠度mm）	49.3	79.3	100.97	112.28
Δ=P（长）—E（长）（mm）	42.3	52.3	44.73	40.72
协调能力=Δ/P（长）	46.0%	39.7%	30.7%	26.6%

注：表1中的"协调能力"一词只是笔者为说明两种软件在计算挠度过程中是否考虑竖向位移协调条件而存在的误差临时定义的。

通过分析表 1 可以发现，从轴②至轴⑤，梁越来越远离支座，因而考虑竖向位移协调条件而产生的协调能力越来越弱，体现在表中的即为"协调能力"一栏逐渐减小，当位于跨中时，协调能力最弱，而靠近支座处为协调能力最强的部位。总结为一句话：梁跨越大，协调越弱；梁跨越小，协调越强。类似于双向板，短跨梁（跨度小、线刚度大）分配到的力大，长跨梁（跨度大、线刚度小）分配到的力小，然而，由于在井字梁体系中存在着相互支撑的作用，在遵守变形协调的前提下，最终使各梁的支座反力趋于一致。对于越不规则的井字梁楼屋盖体系，结点处计算出的竖向剪力突变越大，这就说明竖向位移协调发挥的作用越大，它使结构整体趋于受力均匀。

综上所述，PKPM 根据长期刚度计算出的井字梁挠度值存在误差，不应采用，而应通过查表、SAP2000 或者 ETABS 等有专门井字梁计算模块的计算方法设计实际工程，但是需要注意的是，计算时需将短期挠度换算成长期挠度（根据实际情况换算）。若按正确的计算方法计算出的挠度值仍不满足挠度限值要求，可先增大跨中配筋减小一部分挠度，然后再根据《混凝土结构工程施工质量验收规范》GB 50204-2002 第 2.3.3 条进行起拱，最终满足挠度限值的要求。本例中，⑤轴梁 112.28mm > 63mm，在实际设计时，本工程先通过增大梁底配筋（配筋率为 2.23%）来控制部分挠度，然后通过施工时模板起拱来控制最终挠度以满足要求。

6　结语

本文就五个方面对井字梁结构设计过程中经常遇到的问题进行了阐述。由于井字梁结构能给建筑提供更大的空间，所以在设计中经常遇到，设计人员应该充分注意到井字梁的受力特点，确保设计的合理性和安全性，因此，对于井字梁的设计应把握以下几点：

（1）井字梁平面布置时应遵循：优先采用偶数布置；优先采用双向相同的井字梁布置。

（2）井字梁是一个整体受力空间结构体系，宜将井字梁设置成等刚度梁，周围边梁受力较复杂，截面需要有足够的刚度。梁截面尺寸不够时，梁高不变，可适当加大梁宽。

（3）PKPM 考虑荷载长期作用影响计算出的井字梁挠度值存在误差，不应采用，而应通过查表、SAP2000 或者 ETABS 等有专门井字梁计算模块的计算方法设计实际工程。

（4）查表法、ETABS 等计算出的挠度均为短期挠度，需要根据实际情况换算成长期挠度。

（5）在考虑竖向位移协调条件时，梁跨越大，协调能力越弱；梁跨越小，协调能力越强。

（6）井字梁的挠度，由梁高、配筋和起拱三者共同控制。

参 考 文 献

［1］ 包福还 . 井字梁结构静力计算手册 ［M］. 北京：中国建筑工业出版社，1989

［2］ 混凝土结构设计规范 ［S］. 北京：中国建筑工业出版社，2010

［3］ 混凝土结构工程施工质量验收规范 ［S］. 北京：中国建筑工业出版社，2011

［4］ 徐归玉 . 钢筋混凝土井字梁楼盖设计的几点体会 ［J］- 科技资讯，2008（27）：63

［5］ 杜泽丽等 . 关于井字梁的计算方法 ［J］- 价值工程，2010（15）：99

［6］ 郭剑飞等 . 井字梁楼盖布置方案的技术经济分析 ［J］- 建筑技术，2010，41（3）：254-256

［7］ 中国建筑科学研究院 . 多层及高层建筑结构空间有限元分析与设计软件—SATWE ［M］

［8］ 北京金土木软件技术有限公司 . ETABS 中文版使用指南 ［M］. 北京：中国建筑工业出版社，2004

第三章　　　工程防灾抗灾与加固技术 。

铆粘钢加固方法及其应用

杨太文[1]　桑大勇[2]

（1. 鹤壁市住房和城乡建设局 458030；　2. 郑州长建工程技术有限公司　450000）

［摘　要］本文介绍了铆粘钢加固法在管城回族区文化馆加固工程上的应用，通过08PKPM 软件和本文探讨的计算公式进行了设计计算并得到了加固施工图，加固后的效果得到了甲方和监理的检验和好评，证明了铆粘钢加固法的实用性；根据应用该法进行实际工程加固的施工经验，还总结出铆粘钢加固法的详细施工工艺，使加固法在更多工程中能得以应用。

［关键词］混凝土结构加固；铆粘钢加固法；回族区文化馆；工程应用

1　铆粘钢加固法的原理和特点

1.1　铆粘钢加固法的原理

铆粘钢加固法是在粘钢加固法和锚钢加固法的基础上产生的，它是将传统的粘钢加固法和铆钢加固法相结合，通过在混凝土构件表面用专用异形铆钉将粘贴于混凝土构件表面的钢板再铆接于混凝土构件表面，从而将钢板与混凝土构件结合成一个牢固的整体，使其协同作用共同承载以达到加固原构件的目的。

该方法充分发挥了铆结的可靠性和黏结的均匀性的优点，特别适合重型承载结构加固，如桥梁、吊车梁等，图 1 为梁的典型铆粘钢加固方式：

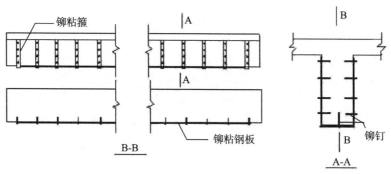

图1　典型的铆粘钢加固方式

该加固方法相当于增加了梁底受拉钢筋面积和梁侧受剪箍筋面积，其工作原理与钢—混凝土组合结构类似，粘胶和铆钉的加固作用主要是传递钢板与混凝土梁之间的纵向剪力以及防止钢板与混凝土梁的相对分离。

1.2　铆粘钢加固法的特点

粘钢法发展多年，由于其对粘胶和施工工艺要求较高，施工工序多、速度慢，钢板易剥离，图 2 中的对比试验显示了其易剥离性，在加固行业市场中呈现出被淘汰的趋势。而近年来兴起的与粘钢原理相似的粘纤加固法，由于其所用纤维有强度高、重量小、易剪裁等优点，粘纤加固法曾被视为加固行业中最看好的加固方法，然而它的产生本省就携带着粘钢加固法的弊病，应用过程中也逐渐暴露出其不足之处。为了克服粘胶固定效果不牢靠的缺点，锚栓固定钢板加固法应运而生，它以锚栓代替粘胶，将钢板锚固于混凝土构件表面，且施工简便快速。锚钢法虽是刚刚产生，但试验和应用都显示加固后的混凝土构件的锚栓处的应力集中严重，不能充分利用锚栓和钢板的强度，需要加以改进克服应力集中的不足。

图2 粘钢和锚钢的对比

铆粘钢加固法是将传统的粘钢加固法和锚钢加固法相结合的一种新加固方法，它集中了二者的优点，互补了二者的不足，它是用结构胶将事先钻好孔的钢板粘帖在需要加固的混凝土构件表面，然后用电锤以垂直于构件表面的角度对准钢板孔往构件中打孔，接着清理构件孔内灰尘并向孔内注胶，随后紧接着用手锤把特制的异型铆钉打入孔内以将钢板铆粘在构件上。

铆粘钢加固法虽然也有粘钢的施工步骤，但是其有铆钉锚固，对粘贴施工工艺要求不高，所以铆粘钢加固法施工也是非常简便快速，对混凝土构件表面难清理的情况非常适用，加之铆粘钢加固法特有的胶铆共同传力，特别适用于重型动载结构加固，如桥梁，吊车梁，很受加固设计人员和加固施工人员的欢迎。

铆粘钢加固法与粘钢、粘纤以及锚钢加固法的优缺点比较，如表1。

铆粘钢法与其他加固法的比较 表1

	铆 粘 钢	粘 钢	粘 纤	锚 钢
优点	钢板与混凝土构件之间的胶结使钢混凝土均匀传力，避免了应力集中且还可以防止钢板锈蚀；钢板和混凝土构件之间的铆接可靠，临近破坏时钢板不剥离，有明显预兆，延性好；粘钢时对粘贴工艺要求不高，施工简便快速	良好的粘帖工艺使钢板受力均匀，与粘胶接触的钢板面能得到抗腐蚀保护；加固后的构件表较平整，基本不改变原构件的外型；钢板和混凝土的均匀接触很好地限制了受裂缝的开展	加固所用的纤维抗拉强度高且体薄质轻，几乎不增加原构件重量和外观；纤维和混凝土之间的胶结使纤维受力均匀得到了很好地发挥；纤维剪裁方便，加固形式灵活	不用粘胶，有效避免了粘胶耐高温、耐久性的研究不足的缺点；锚固效果可靠，能有效防止构件临近破坏时钢板剥离；对钢板和构件表面处理工作少，施工快速
缺点	需要粘胶和锚固，工作量稍大；钻孔较多，要花费一定时间和劳动力；铆钉对构件表面美观有一定影响	对温度、湿度等环境条件和粘胶性能要求较高；临近破坏时，钢板易发生剥离，属于脆性破坏；粘胶前，需要对混凝土和钢板表面做严格处理	粘胶前，需要对混凝土和钢板表面做严格处理；对温湿度和粘胶性能要求较高；临近破坏时，钢板易发生剥离	在混凝土构件表面钻孔插锚栓，对梁截面有所削弱，钢板内表面易锈蚀；锚栓锚固会影响构件表面美观

2　影响铆粘钢加固效果的因素

同粘钢、锚钢加固法类似,影响铆粘钢加固效果的重要因素在于加固材料和原材料的连接,当连接材料不满足设计要求时,不仅加固材料不能充分发挥其加固性能造成浪费,更有可能加固后的构件达不到设计承载导致加固后的结构仍是危险结构;对于铆粘钢加固法而言,影响其加固效果的因素主要是粘胶和铆钉。

2.1　加固用粘胶

随着建筑加固市场的需要和化工技术的发展,利用建筑结构胶黏剂对受损建筑结构进行补强、加固是近年来在加固行业中十分受欢迎的的技术;该技术是把胶黏剂作为连接材料将加固钢材、纤维或原基材黏结在母体结构上,使外粘材料和母体结构一同工作而提高原来结构承载和耐久性。

粘胶在本文所探讨的铆粘钢加固法中的作用有两个方面:一是把加固用钢板黏贴在混凝土梁上;二是把加固用铆钉紧密地锚固在混凝土里,如图3。

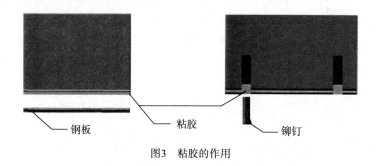

钢板　　　　　粘胶　　　　　铆钉

图3　粘胶的作用

比起机械锚固固定来说,通过粘胶连接钢板较机械锚、焊连接受力均匀,加固材料不会产生应力集中,如图4,增强了结构的抗疲劳性和抗分离性,从而提高了关系结构加固后受力和稳定效果的整体性。

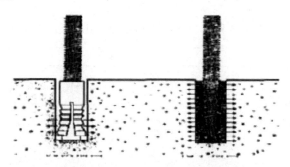

图4　机械锚栓和化学锚栓的比较

建筑结构胶按用途的不同分为黏结型胶、锚固型胶、纤维浸渍胶以及灌缝胶等种类,本文中的加固法所用粘胶为黏结锚固综合胶 CJC-Z 建筑结构胶。CJC-Z 型胶能用于粘钢、锚固连接,黏结效果好、抗剪强度高,技术指标满足《混凝土结构加固设计规范》GB 50367—2006 的 A 级胶的要求和《混凝土结构后锚固技术规程》JGJ 145—2004 要求;选择胶黏剂时,对于高分子化合物来说,分子量不能太大不利分子链的活动,否则会减弱黏结性能,分子量也不能太小，否则会降低内聚性能以及黏结性能。

铆粘钢加固用胶的黏结性能除了受到胶体自身材料的影响外，还受构件表面清洁度及粗糙度、构件表面水分及胶粘厚度、胶体固化温度及压力等因素的影响。

2.2 加固用铆钉

粘胶能够将钢板和铆钉固定，而对于铆粘钢加固法来说起着关键连接作用是铆钉；铆钉的作用一方面是固定钢板，防止钢板和混凝土梁的竖向分析，另一方面的作用也是关键的作用就是承载钢板和混凝土梁间的纵向剪力，如图5。

图5中左右分别为化学锚栓和膨胀锚栓，膨胀锚栓的原理是机械摩擦结合，使用时用扳手将锚栓螺帽拧到规定力矩，锥体被压入H型套筒挤开膨胀片，膨胀片与混凝土孔壁形成摩擦固定住了锚栓；而化学锚栓则是靠着粘胶的黏结作用将铆钉和混凝土紧密连接传递荷载；本文探讨的铆粘钢加固法所用锚栓即为长建公司研制的专用特制异形化学铆钉，见图6。

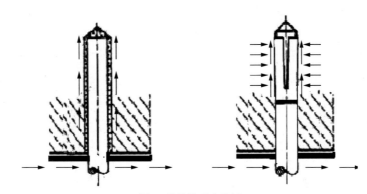

图5 锚栓的受力分析

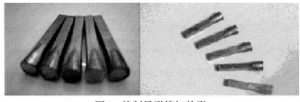

图6 特制异形铆钉外形

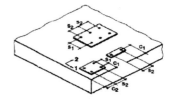

图7 锚栓边距和间距

铆钉边距是最外边缘铆钉轴心到被加固构件最近自由边的距离 C，铆钉间距是相互邻近的铆钉之间的轴心距离 S，见图7，根据《混凝土结构后锚固技术规程》JGJ145-2004要求，群锚锚栓的最小间距 S_{min} 和最小边距 C_{min} 应该由生产厂家通过国家授权的检测机构检验分析后给定，否则至少应满足下列数值：膨胀型锚栓 $S_{min} \geq 10d_{nom}$、$C_{min} \geq 12d_{nom}$，化学型锚栓 $S_{min} \geq 5d_{nom}$、$C_{min} \geq 5d_{nom}$。

采用铆钉进行的加固方式对原加固构件厚度有一定要求，根据规范要求混凝土基材的厚度 h 应满足规定：膨胀锚栓 $h \geq 1.5h_{ef}$ 且 $h \geq 100mm$，化学锚栓 $h \geq h_{ef}+2d_0$ 且 $h \geq 100mm$，其中 h_{ef} 为锚栓的埋置深度，d_0 为锚孔直径；此外，锚固深度对锚栓承载也有重要影响，膨胀锚栓的锚固深度是基材表面到膨胀片终点的距离，化学锚栓锚固深度是基材表面到栓顶的距离，见图8。

铆钉锚固深度一般要将铆钉全部埋入，对于有抗震要求的锚固连接，根据规范要求，锚栓的最小锚固深度 $h_{ef,min}$ 应满足 JGJ 145—2004 中对锚栓的规定的要求。

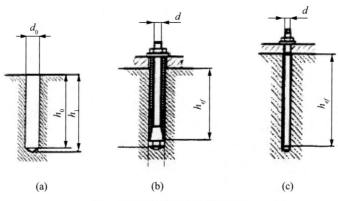

图8　锚栓的钻孔深度及锚固长度

3　铆粘钢加固法的工程应用

铆粘钢加固法是一种在粘钢和锚钢加固法基础上的新加固方法，目前应用尚不够广泛，该方法在郑州长建公司的推广下已应用到了多个实际工程，郑州管城回族区文化馆加固是其中的实例之一。

3.1　某文化馆加固

3.1.1　工程概况

该文化馆位于郑州市管城区货栈街 98 号，建筑面积 4000m²。因文化馆使用要求改变了原建筑用途，楼面荷载增加，需要对二、三层的局部的梁进行加固处理。

3.1.2　加固设计依据

根据原建筑结构的设计资料及 08PKPM-SATWE 计算结果，《混凝土结构加固设计规范》GB 50367—2006、《混凝土结构加固技术规范》CECS25：90 以及铆钉及粘胶使用说明进行加固设计。

3.1.3　加固方案选择

对于梁的加固，可以选择加大截面法，粘钢法和粘纤法，由于文化馆加固后对空间净空的要求和承受动荷载的情况，加大截面法不易保证新旧混凝土之间的连接质量且会减小整个房间的净空；动荷载作用下，采用粘钢或粘纤加固法不易保证钢板或纤维的黏贴质量，所以加固方案选定采用铆粘钢加固法进行加固。

二、三层结构布置相同，以二层为例对楼层需要加固的局部平面结构布置展示如图9。

3.1.4　加固设计计算和效果评价

收集原结构设计资料，对该结构采用 08PKPM-PMCAD 进行建模，几何模型和材料选择按照原结构设计资料输入，荷载按照文化馆加固后的活荷载要求 4.0kN/m² 来布置，经 PKPM-SATWE 计算得到二层梁的配筋面积，如图 10。

与原建筑结构施工图对比发现，二层梁中有些梁的配筋增大，原结构中的配筋不能满足改变用途后的荷载要求，对需要加固的梁作出标记，如图 11 所示。

根据 PKPM-SATWE 后处理结果中提供的所需加固梁的内力数据，按照铆粘钢加固梁的计算公式，对 JGL1～9 和 JGKL1～2 进行计算；在材料选取方面，钢板采用 Q235 且最大负

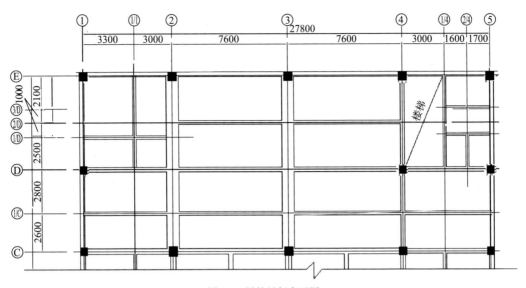

图9 二层的局部布置图

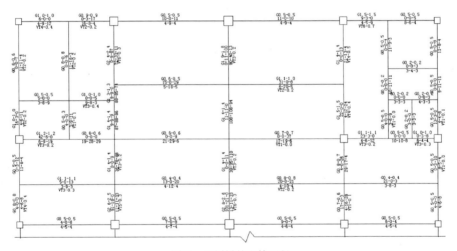

图10 二层梁的配筋面积

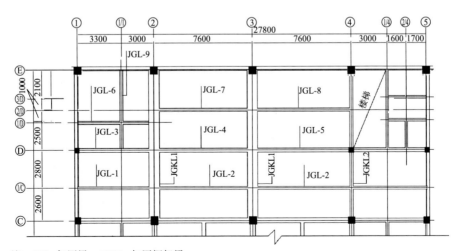

注：JGL-加固梁，JGKL-加固框架梁；

图11 需要加固的梁

差小于 5%，钢板黏结胶采用 CJC-Z 型无机黏结胶，铆钉采用郑州长建工程技术开发公司的
特制异形铆钉 D-14，某文化馆第二层的梁加固施工图 12。

　　管城区文化馆加固工程现已完工，加固施工过程中得到了甲方和监理方的认可和赞赏，
加固效果良好并已投入使用。

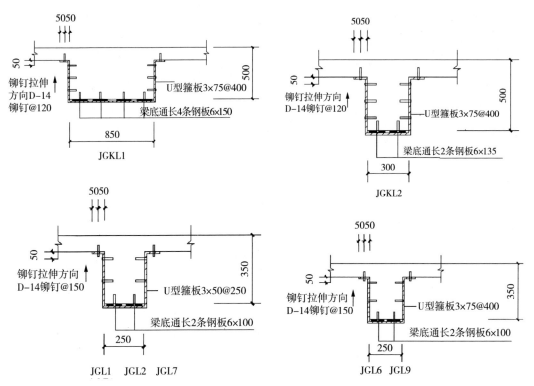

图12　二层梁的加固施工图

3.2　铆粘钢加固法的施工工艺

　　铆粘钢板在实际工程应用过程中展现出了施工简单快捷的优势，但在追求施工速度的同
时还要必须保证施工每一步的质量。根据郑州长建公司研究结构加固的过程以及施工人员在
该加固法上的施工经验，总结出铆粘钢加固法具体的施工工艺流程有以下六步。

3.2.1　钢板条的制作

　　按设计计算要求的规格和尺寸裁制钢板条，钢板条的宽度一般不应大于 150mm，厚度不
宜大 5mm（以免发生铆钉的弯曲破坏）。钢板条的裁制应尽可能使用冷轧方法加工且钢板条
的边要直，禁止使用火焰切割，以保证钢板条的力学性能不发生较大的变化。

3.2.2　钢板条表面处理和钻孔

　　为了钢板和混凝土更好地粘贴，先用钢丝刷除去钢板条上的锈迹，然后用砂轮角磨机打
磨出金属光泽，打磨纹路要与钢板受力方向垂直。按计算的铆钉数均匀分布沿钢板条中心线
钻孔，孔距一般为构件跨度的 1/20～1/15，但不应大于 350mm，孔径误差不能超过允许范围
±0.7mm；小于 4mm 厚的钢板一般用 D-12 铆钉和 ϕ12mm 的钻头，大于 4mm 厚的钢板用 D-14
铆钉和 ϕ14 的钻头。

3.2.3 混凝土表面处理和划线

按设计图纸在梁表面弹出钢板条安装线以方便钢板就位，人工凿去混凝土表面松散层至大致平整，然后用角磨机配金刚石砂轮片打磨粘贴面至露出混凝土新面；对于凹陷过大的部位，可用 CJC-B 混凝土修补剂将表面修补平整；重新弹出钢板条安装线，最后用空压机将粘贴面吹干净备用。

3.2.4 配胶涂于处理好的混凝土表面并粘贴钢板

钢板的粘贴常用无机黏结胶，分为粉剂和液剂两组份，应严格按照产品要求比例配制，尽可能用机械搅拌，确保搅拌器内清洁无油污和水。粘贴胶配制好以后，用摸刀将其涂抹在已处理好的混凝土表面上，厚度 1～3mm 为宜，中间厚两边薄，然后将钢板按弹好的墨线粘贴至预定位置，见图 13。

图13　粘帖钢板

3.2.5 对钢板打孔入混凝土内并注胶上钉

钢板粘贴于预定位置后，应立即用电锤对着钢板孔往混凝土面上打孔；打孔顺序采用从中间向两边对称打孔的方式，D-12 铆钉采用 ϕ10mm 的钻头，孔深 55mm，D-14 铆钉采用 ϕ12mm 的钻头，孔深 75mm；另外，每打完一个孔，须立即把孔吹干净，保证孔内没有灰尘和混凝土残渣，清完一孔后，注入黏结胶约至孔深的 60%，后将铆钉头锥面对准钢板受拉方向，用手锤将铆钉打入孔中，钉头露出钢板面 0～2mm，在锤入铆钉的过程中要有胶被从孔口和钢板边缘挤压出的现象，确保孔内黏结胶已填满，见图 14。

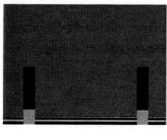

图14　打孔、注胶和打铆入栓钉

3.2.6 加固面的防护处理

表面防护处理应根据设计要求进行，如设计没有要求可按以下两种方式处理：

①清除钢板条和混凝土表面的松散物，用 CJC-B2 混凝土防护涂料进行喷涂。

②清除钢板条和混凝土表面的松散物并作钢板表面粗糙处理，用 CJC-J 混凝土界面处理剂处理钢板和混凝土表面，后做 1～2mm 厚的高标号砂浆外粉层，见图 15。

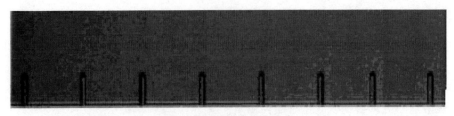

图15　表面防护处理后的梁

参 考 文 献

[1]　杨太文. 混凝土结构的植筋加固法 [D]. 河北工程学院硕士学位论文，2005.6～7

[2]　万墨林. 建筑结构胶应用中的若干问题及建议 [J]. 建筑结构，2006（9）22～23

[3]　GB 50367—2006 混凝土结构加固设计规范 [S]. 北京：中国建筑工业出版社，2006

[4]　JGJ 145—2004 混凝土结构后锚固技术规程 [S]. 北京：中国建筑工业出版社，2004

[5]　皮凤梅，颜华. 浅析粘钢加固混凝土结构中黏结性能的影响因素 [J]. 工程技术，2007（1）：612

[6]　贺学军，周朝阳. 粘钢加固钢筋混凝土结构黏结性能影响因素的研究 [J]. 建筑技术，2002（12）：
　　　892～893

[7]　刘立新，桑大勇，王仁义. 锚贴钢板加固钢筋混凝土梁受弯性能的试验研究 [J]. 建筑结构，2007（2）：
　　　41～45

[8]　陈伟，刘立新. 锚贴钢板加固钢筋混凝土梁受弯性能的研究 [D]. 郑州大学硕士学位论文，2006.
　　　30～31

外粘型钢与高效预应力综合加固法理论及应用

李延和[1, 2]　孙伟民[1]　秦　超[2]

（1. 南京工业大学，南京　210009；　2. 江苏建华建设有限公司，南京　210037）

［摘　要］本文就某省级文保的民国建筑的实际加固为例，分析多种加固方法，优化选择了外粘型钢与高效预应力综合加固法，并详细介绍了外粘型钢与高效预应力综合加固法的优点和计算方法。

［关键词］外粘型钢与高效预应力综合加固法；理论与应用；计算方法；方法选择

1　工程概况

某建筑物，建于 1933 年，该楼为省级文保的民国建筑，建成后一直作为宾馆使用。该楼原为三层（局部四层）框架结构，使用过程中经过多次改造与扩建，现为四层（局部五层）框架结构。

2012 年初，经检测鉴定单位现场查勘、检测结构验算和综合分析鉴定。鉴定结论为："该楼柱轴压比普遍超限，多数梁承载力不足且房屋存在抗震安全隐患。按照《民用建筑可靠性鉴定标准》GB 50292—1999 第 8.1.2 条款，综合评定该楼安全性等级为 C_{su} 级，安全性不满足鉴定标准要求，显著影响整体承载。"

根据检测鉴定结果，该楼框架柱轴压比超限，柱、梁尺寸偏小，材料强度过低，强度推定值普遍在 10～14MPa 之间，一层、三层、四层各有一根柱的混凝土强度推定值低于 10MPa。

2　加固方法选择

2.1　现有加固方法

在《混凝土结构加固设计规范》GB 50367—2006[1]中明确的加固方法有：增大截面加固法、置换混凝土加固法、粘贴钢板加固法、粘贴纤维复合材加固法、外包钢加固法、预应力加固法、改变结构传力土途径加固法和构件外部粘钢加固法等，这些加固方法存在各自的优缺点。

2.2　各种加固方法对混凝土强度的最低要求

（1）增大截面加固法，被加固构件混凝土强度等级不应低于 C10；

（2）粘贴钢板，粘贴碳纤维布以及钢丝绳网片—聚合物砂浆外加层加固法时被加固构件混凝土强度等级不应低于 C15；

（3）外贴型钢加固法对被加固构件混凝土强度等级没有要求；

（4）高效预应力加固法对低于 C15 的混凝土构件要求处理局部承压问题。

2.3　方法选择

根据鉴定结论，本工程的钢筋混凝土柱、梁及三层板均需加固，本文仅讨论梁的加固。

鉴于本工程的框架梁的混凝土强度在 C10～C14 之间，属于低强度混凝土梁加固，若采用增大截面法则湿作业量大、施工复杂、工期较长，粘贴碳纤维布法及粘钢板法以及钢丝绳网片—聚合物砂浆外加层加固法均要求混凝土强度≥C15；本工程采用以外贴型钢加固法为框架梁的加固方法。同时，考虑到外贴型钢加固法对梁支座负弯矩加固法构造做法困难且影响使用功能，我们采用了具有克服二次受力功能的高效预应力加固法。将外贴型钢加固法与高效预应力加固法组合，这是加固低强度混凝土框架梁的较优方案。对于跨中，由外粘型钢和高效预应力综合加固，由外粘型钢作为预应力筋转向传力构件，克服了低强度混凝土存在的局部承压问题，而预应力的作用，又增强了外粘型钢与原梁的黏结压力，促进了外粘型钢与混凝土的共同作用。对于支座负弯矩采用高效预应力加固梁、板面传力可解决局部承压问题，预应力加固方法可起到较好的加固作用。

3　框架梁的加固计算方法

梁的加固计算分为梁的抗弯（正截面承载力计算）、梁的抗剪（斜截面承载力计算）加固计算。

3.1　框架梁的抗弯（正截面承载力）加固计算

先按原截面和选定的型钢截面计算，原梁经外粘型钢加固后的承载力 M_1，与所需承载力比较，不足部分采用高效预应力加固法。

（1）原梁经外粘型钢加固法加固后的承载力 M_1 计算，根据规范[1]的方法：

$$M_1 = \alpha_1 f_{c0} b x_0 \left(h - \frac{x_0}{2}\right) - f_{y0} A_{s0}(h - h_0) \tag{1}$$

$$\alpha_1 f_{c0} bx = \varphi_{sp} f_{sp} A_{sp} + f_{y0} A_{s0} \tag{2}$$

$$\varphi_{sp} = \frac{0.8\varepsilon_{cu} h/x - \varepsilon_{cu} - \varepsilon_{sp,0}}{f_{sp}/E_{sp}} \tag{3}$$

$\varepsilon_{sp,0} = \dfrac{\alpha_{sp} M_{0k}}{E_s A_s h_0}$，不考虑二次受力影响取 0，

将 $\varepsilon_{cu}=0.0033$，$\varepsilon_{sp}=0$ 代入（3）得：

$$\varphi_{sp} = 0.00264 h E_{sp}/(x f_{sp}) - 0.0033 E_{sp}/f_{sp} \tag{4}$$

将（4）代入（2）得：

$$x_0 = \frac{0.00264 h E_{sp} A_{sp}}{\alpha_1 f_{c0} b x_0} - \frac{0.0033 E_{sp} A_{sp} - f_{y0} A_{s0}}{\alpha_1 f_{c0} b}$$

整理得：

$$x_0{}^2 + \frac{0.0033 E_{sp} A_{sp} - f_{y0} A_{s0}}{\alpha_1 f_{c0} b} x_0 - \frac{0.00264 h E_{sp} A_{sp}}{\alpha_1 f_{c0} b} = 0$$

令 $\dfrac{0.0033 E_{sp} A_{sp} - f_{y0} A_{s0}}{\alpha_1 f_{c0} b} = B$，$-\dfrac{0.00264 h E_{sp} A_{sp}}{\alpha_1 f_{c0} b} = C$

$$x_0 = \frac{-B \pm \sqrt{B^2 - 4C}}{2} \tag{5}$$

式中　E_{sp}——钢材弹性模量，取 $2.06 \times 10^5 \text{N/mm}^2$；

　　　A_{sp}——加固用角钢有效面积，为简化计算取角钢面积的一半。

（2）采用高效预应力加固法的加固量 ΔM 计算：

$$\Delta M = \eta M - M_1 \tag{6}$$

式中　M——梁所需的抗弯承载力；

　　　M_1——经外粘型钢加固法加固后的承载力。

（3）高效预应力加固法计算[2]。

$$H_{op} = c + \eta(h + a_p - c) - x_0 \tag{7a}$$

$$x_p = H_{op} - \sqrt{H_{op}^2 - 2\Delta M/(\alpha_1 f_c b)} \tag{7b}$$

式中　c——中性轴高度；

　　　a_p——加固材料受力合力点到原梁受拉边缘的距离；

　　　x_0——型钢加固后梁混凝土受压区高度，计算 M_1 时已算出。

$$N_t = \alpha_1 f_c b x_p$$

$$A_p = N_t/\sigma_{pu}$$

$$\sigma_{pu} = \sigma_{pe} + \Delta\sigma_p$$

计算过程如下：

a）σ_{pe} 的计算。

有效预应力

$$\sigma_{pe} = \sigma_{con} - (\sigma_{l1} + \sigma_{l2} + \sigma_{l5}) \tag{8}$$

式中　σ_{con}——张拉控制应力。

高效预应力加固时，由于钢绞线弯曲后产生内应力以及转向块对钢绞线的横向挤压作用会使钢绞线的极限强度降低。因此，取钢绞线强度标准值

$$f_{pk} = 0.80 f_{ptk}$$

$$0.5 f_{pk} \leqslant \sigma_{con} \leqslant 0.65 f_{pk}$$

式中　$\sigma_{l1} + \sigma_{l2} + \sigma_5$——预应力损失。

①锚固损失 σ_{l1} 的计算：

$$\sigma_{l1} = \frac{a}{l} E_p \tag{9}$$

式中　E_p——预应力钢绞线弹性模量；

　　　L——当用千斤顶在一端张拉时，L 表示预应力筋的有效长度；当在两端张拉时，L 表示预应力筋有效长度的一半；

　　　a——张拉处的锚具变形和钢筋的内缩值，夹片式锚具时，$a=5\text{mm}$。

②弯折点摩擦损失 σ_{l2} 的计算：

$$\sigma_{l2} = \sigma_{con}(1 - e^{-\mu\theta}) \tag{10}$$

式中　θ——预应力筋轴线之间的空间夹角 $\theta = \sqrt{\theta_x^2 + \theta_y^2}$ ；

　　　μ——摩擦系数。

③混凝土收缩，徐变损失 σ_{l5} 的计算：

对使用年限小于等于5年的混凝土构件进行加固时，其混凝土收缩与徐变损失可以按《混凝土结构设计规范》GB 50010—2002 中的规定采用。对具有一定使用年限（5年以上）的构件，由于在加固前构件混凝土收缩，徐变已基本完成，而加固后截面内混凝土的应力方向一般不会改变，因此 σ_{l5} 可以忽略不计。

b）预应力筋应力增量 $\Delta\sigma_p$ 的计算。

①简化计算：

$$\Delta\sigma_p = \begin{cases} 100\text{MPa（简支梁时）} \\ 70\text{MPa（梁抗剪情况时）} \\ 50\text{MPa（悬臂梁，连续梁，框架梁时）} \end{cases} \tag{11}$$

②精确计算：

$$\Delta\sigma_p = A\left[\beta_1\frac{h+a_p}{x_p+x_0}-1\right] \tag{12}$$

其中 x_p，x_0 可通过（7）（5）求得

$$A = 4k_1 E_p \varepsilon_{cu} L/L_p$$

取 ε_{cu}=0.0033，E_p=1.95×10⁵N/mm² 则 A=2.25×10³$k_1 L/L_p$

式中　L——梁计算跨度；

　　　L_p——预应力钢绞线原长度。

3.2　框架梁的抗剪（斜截面承载力）计算

（1）受弯构件加固后的斜截面应符合下列条件：

a）当 $h_w/b \leqslant 4$ 时

$$V \leqslant 0.25\beta_c f_{co} b h_0 \tag{13}$$

b）当 $h_w/b \geqslant 6$ 时

$$V \leqslant 0.20\beta_c b h_0 \tag{14}$$

式中　V——构件斜截面加固后的剪力设计值；

　　　h_w——腹板高度即矩形梁高度。

（2）采用 U 型箍（钢板箍）加固

$$\begin{cases} V \leqslant V_{bo} + V_{b,sp} \\ V_{b,sp} = \varphi_{vb} f_{sp} A_{sp} h_{sp}/s_{sp} \end{cases} \tag{15}$$

式中　V_{bo}——加固前梁有斜截面承载力，按现行国家规范[3]计算；

　　　$V_{b,sp}$——粘贴钢板加固后，对梁斜截面承载力的提高值；

　　　φ_{vb}——与钢板的粘贴方式方法及受力条件有关的抗剪强度折减系数，取 φ_{vb}=0.58；

　　　A_{sp}——配置在同一截面处箍板的全部截面面积：$A_{sp}=2b_{sp}t_{sp}$，此处 b_{sp} 和 t_{sp} 分别为箍板宽度和箍板厚度；

　　　h_{sp}——梁侧面粘贴箍板的竖向高；

　　　S_{sp}——箍板的间距。

4　算例及分析

4.1　框架梁的正截面承载力计算

以框梁 KL4 为例，截面尺寸为 300×600，原配 4 根 24 方钢，等效为 4φ20，$M_{\max,跨中}$=195kN·m，$M_{\max,支座}$=219kN·m，角钢选用 L50×5A=480mm²，混凝土等级 C10，f_{c0}=4.8N/mm²。

采用高效预应力与粘贴型钢综合加固法：

（1）用外粘型钢加固法加固后所能达到的承载力 M_1：

$$B = \frac{0.0033E_{sp}A_{sp} - f_{y0}A_{s0}}{\alpha_1 f_{c0}b} = \frac{0.0033 \times 2.06 \times 10^5 \times 480 - 210 \times 1256}{1.0 \times 4.8 \times 300} = 43$$

$$C = -\frac{0.00264hE_{sp}A_{sp}}{\alpha_1 f_{c0}b} = -\frac{0.00264 \times 600 \times 2.06 \times 10^5 \times 480}{1.0 \times 4.8 \times 300} = -108768$$

$$x_0 = \frac{-43 \pm \sqrt{43^2 + 4 \times 108768}}{2} = 309mm$$

对重要构件 $\quad\quad\quad\quad\quad\quad\quad \xi_{b,sp} = 0.9\xi_b$

对一般构架 $\quad\quad\quad\quad\quad\quad\quad \xi_{b,sp} = \xi_b$

按重要构件来计算 $x_0 \leqslant 0.9\xi_b h_0 = 0.9 \times 0.55 \times 570 = 282mm$

取 $x_0 = 282mm$

$$M_1 = \alpha_1 f_{c0}bx_0\left(h - \frac{x_0}{2}\right) - f_{y0}A_{s0}(h - h_0)$$

$$= 1.0 \times 4.8 \times 300 \times 282 \times \left(600 - \frac{282}{2}\right) - 210 \times 1256 \times (600 - 570)$$

$$= 178kN \cdot m \leqslant 195kN \cdot m$$

（2）高效预应力加固法所需钢绞线数量的计算：

$$\Delta M = \eta M - M_1 = 1.05 \times 195 - 178 = 27kN \cdot m$$

$$H_{op} = c + \eta(h + a_p - c) - x_0 = 300 + 1.05\left(600 + \frac{15.2}{2} - 300\right) - 282 = 341mm$$

$$x_p = H_{op} - \sqrt{H_{op}^2 - 2\Delta M/(\alpha_1 f_c b)} = 341 - \sqrt{341^2 - 2 \times 27 \times 1000000/(1.0 \times 4.8 \times 300)} = 60mm$$

$$N_t = \alpha_1 f_c b x_p = 1.0 \times 4.8 \times 300 \times 60 = 8.64 \times 10^4 N$$

计算有效预应力 σ_{pe}

$$\sigma_{con}: f_{pk} = 0.80f_{ptk}$$

梁取 $\quad \sigma_{con} = 0.55f_{pk} \quad \sigma_{l1} + \sigma_{l2} + \sigma_{l5} = 0.15f_{pk} \quad \sigma_{pe} = 0.4f_{pk} = 0.32f_{ptk}$

假设采用 1860 级高强低松弛钢绞线 $f_{ptk} = 1860N/mm^2$ $\sigma_{pe} = 595.2N/mm^2$

计算预应力筋应力增量 $\Delta\sigma_p$

这里采用简化计算，取连续梁，$\Delta\sigma_p = 50MPa$

计算极限应力 σ_{pu}

$$\sigma_{pu} = \sigma_{pe} + \Delta\sigma_p = 645.2N/mm^2$$

计算预应力筋截面积

$$A_p = N_t/\sigma_{pu} = 8.64 \times 10^4/645.2 = 134mm^2$$

计算预应力钢绞线根数

1860 级高强低松弛钢绞线 单根 $A_{p0} = 140mm^2$ $n = A_p/A_{p0} = 1$ 根，根据构造要求取 2 根。

4.2 框架梁的斜截面承载力计算

以 KL4 为例进行计算。

（1）参数：$V = 155kN$，$b \times h = 300 \times 600$，纵向受力筋配 4 □ 22，按 4 ϕ 20 算，$f_y = 260N/mm^2$，混凝土 C20，$f_{co} = 4.8N/mm^2$，$\beta_c = 1.0$，箍筋 ϕ 6@150，$f_{yv} = 210 \ N/mm^2$，$f_t = 0.71N/mm^2$，双肢

A_{sv}=57mm², 加固用箍板 A_{sp}=500mm², f_{sp}=210 N/mm²。

（2）截面尺寸复核：

$$[V] = 0.25\beta_c f_{co} bh_0$$

$$= 0.25 \times 1.0 \times 4.8 \times 300 \times 560$$

$$= 203400N=203.4kN>V=155kN，截面满足要求。$$

（3）抗剪加固计算：

$$V_{bo} = V_{cs} = \alpha_{cv} f_t bh_0 + f_{yv} \frac{A_{sv}}{s} h_0$$

$$= 0.7 \times 0.71 \times 300 \times 565 + 210 \times \frac{57}{150} \times 565$$

$$= 84241.5 + 45087$$

$$= 129328.5N=129.3kN<V=155kN \text{ 不满足要求，需采取加固措施。}$$

采用粘贴 U 型箍（钢板箍）加固

$$V_{b,sp} = \varphi_{vb} f_{sp} A_{sp} h_{sp} / s_{sp}$$

$$= 0.58 \times 210 \times 500 \times 600/150$$

$$= 121800N=243.6kN$$

则 $V_{b0}+V_{b,sp}$=129.3+243.6=372.9>V=155kN，满足要求。

参 考 文 献

［1］ GB 50367—2006 混凝土结构加固设计规范［S］

［2］ 李延和，陈贵，李树林．高效预应力加固法理论及应用［M］

［3］ GB 50010—2010 混凝土结构设计规范［S］

多层碳纤维布加固混凝土梁试验研究

陈　凯　徐文平　向　涛

（东南大学土木工程学院，南京　210096）

[摘　要] 本文进行了 8 根碳纤维布加固钢筋混凝土 T 梁的抗弯试验，重点研究了钉子的种类、碳纤维钢压板的位置、数量及间距等方面对纵向碳纤维布锚固性能的影响。通过试验结果表明，新型锚固方式能够有效防止碳纤维布剥离破坏。本文提出了新型锚固方式的承载力计算公式，为实际工程提供参考价值。

[关键词] 加固；碳纤维布；试验研究；新型锚固

1　前　言

FRP 用于结构加固的最常用方法为 FRP 片材黏结加固法，即将 FRP 片材直接黏结在被加固结构表面，使之与混凝土共同承受荷载，提高承载能力的一种加固方法。为了达到不同的加固强度，可以根据具体情况设计碳纤维片材所需要的层数。在该加固法中，FRP 高强度的张拉性能是通过 FRP- 混凝土的黏结界面传递给混凝土，因此 FRP- 混凝土界面的黏结性能是是决定加固效果的关键因素。然而，FRP- 混凝土界面是 FRP 加固结构中最薄弱的一个环节，因此容易发生 FRP- 混凝土界面的早期剥离破坏，从而导致该加固方法的加固效果受到了限制，而且亦无法充分利用 FRP 材料的强度。在目前实际加固工程中，为了获得较为理想的刚度和承载力要求，需要黏贴多层碳纤维布，然而，由于早期剥离破坏，导致 FRP 材料的强度利用率不到 20%，造成了很大的材料浪费。

为了解决 CFRP 的早期剥离破坏问题，研究更有效的锚固技术，确保 CFRP 片材黏结加固法的可靠性、提高其有效性，本文主要研究一种革新的 CFRP 黏结锚固技术，即基于摩擦 – 胶接机理的混杂锚固技术（Friction-Adhesion based Hybrid Bond Technique），即 FAHB 黏结锚固技术和新型 U 形钢箍板锚固技术。

本试验设计制作了 8 根试验梁，其中包括 1 根试验原梁、1 根传统 U 型箍锚固梁、4 根 FAHB 黏结锚固梁以及 2 根新型 U 型钢箍锚固梁，通过锚固梁在集中对称荷载下的试验，分析不同锚固方式下试验梁的抗裂性能、变形能力、裂缝分布形态、应变分布规律、破坏模式以及极限承载力等，并进行了横向对比。

2　试验内容

2.1　试验设计

为了开展各种加固梁的承载特性对比研究，各加固试验梁的原梁采用 8 根相同的 T 形截面简支梁，梁长 6m，梁底纵向受拉钢筋采用 HRB335 级钢筋，配筋情况为 4φ14，其余钢筋采用 R235 级钢筋，梁顶纵向受压配筋为 6φ10，架立钢筋为 φ8@200，箍筋为 φ8@150，受拉钢筋的截面配筋率为 0.316%。混凝土的强度等级设计为 C25，上下缘钢筋保护层厚度为 30mm。考虑到方便吊装，在梁两端各预埋一根 Φ18（HRB335）吊钩，如图 1 所示。

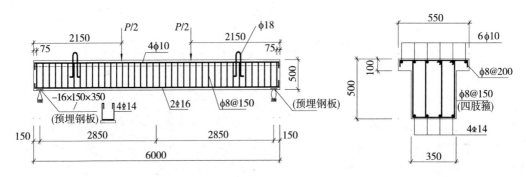

图1 试验梁的基本尺寸和配筋（单位：mm）

2.2 加固试验梁的设计

试验梁 YL1 为未加固梁，试验梁 YL2～YL8 为碳纤维加固试验梁，试验所用碳纤维厚度均为 0.111mm，宽 200mm，试验梁的加固粘贴长度为 5500mm，其中 YL2～YL4 粘贴 4 层碳纤维布，YL5～YL8 粘贴 5 层碳纤维布。碳纤维粘贴后采用不同的方法进行锚固，具体方法见表1 及图2～图6。

各梁锚固方法及编号   表1

编号	根数	梁的加固描述
YL1	1	未加固（原梁）
YL2	1	4层CFRP布（U形CFRP箍板）
YL3	1	4层CFRP布（钢压板两端间距150mm中间300mm+铆钉）
YL4	1	4层CFRP布（钢压板两端间距150mm中间300mm+化学锚栓）
YL5	1	5层CFRP布（两端间距150mm中间300mm+化学锚栓）
YL6	1	5层CFRP布（钢压板全长间距300mm+化学锚栓）
YL7	1	端头5道U形钢箍板+化学锚栓
YL8	1	端头3道U形钢箍板+角钢+钢压板

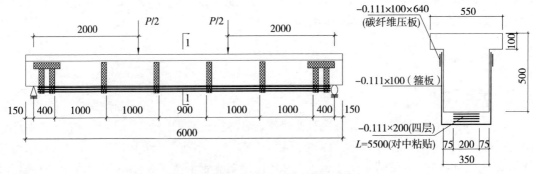

图2 试验梁YL2加固示意图（单位：mm）

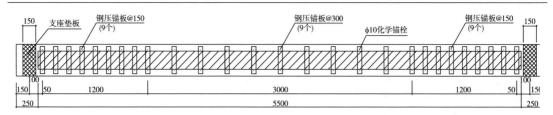

图3　YL3、YL4和YL5试验梁底面锚固图（单位：mm）

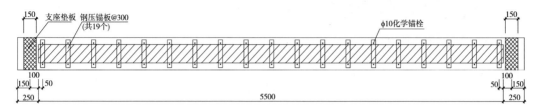

图4　YL6试验梁加固底面图（单位：mm）

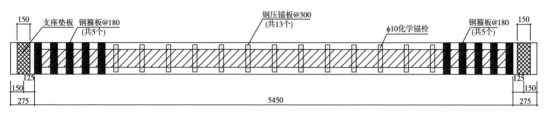

图5　试验梁YL7底面锚固示意图（单位：mm）

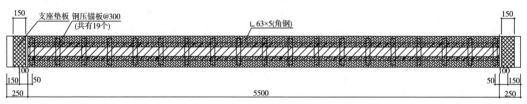

图6　试验梁YL8底面锚固示意图（单位：mm）

2.3　试验装置

梁两端支座采用简支，一端为固定铰支座，另一端为滚动铰支座，其水平方向可作适量移动。试验时采用千斤顶分级加载至分配梁，分配梁也做成简支梁形式，在跨度三分点施加两个集中荷载。试验现场照片见图7。

2.4　试验量测内容

试验量测的主要内容有：在加载过程中梁的两侧沿跨中截面高度上的混凝土压（拉）应变、沿梁长度方向上的碳纤维拉应变、跨中钢筋拉应变、支座及跨中的挠度。在试验进行的过程中还用裂缝观测仪观察裂缝的宽度并随时记录裂缝的开展情况。

2.5　试验加载方式

试验梁采用三分点加荷如图8。加荷采用分级加载制，每级加载量为5.0kN，当总荷载加至计算开裂荷载的80%～120%后，每级加载量为10.0 kN。每级荷载施加后稳定3 min左右再施加下一级荷载，数据采用 DH3815N 静态应变测试系统采集。

图7 现场加载试验装置图

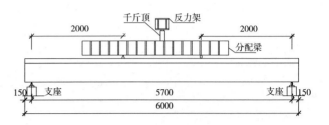

图8 试验梁加载示意图

3 试验结果及分析

3.1 试验结果

表2给出了各试验梁试验承载力、挠度、裂缝宽度值及最终破坏情况。

试验梁试验结果汇总 表2

试验梁编号		开裂荷载	屈服荷载	极限荷载	跨中挠度	裂缝最大宽度	破坏情况
传统黏结锚固	YL1	39.6	78.7	83.6	32.6	1.8	钢筋屈服后的低筋梁破坏
	YL2	42.5	93.4	127.6	41.55	2.2	U形箍剪坏，随即碳纤维布与混凝土之间发生剥离破坏
FAHB黏结锚固	YL3	43.2	105.5	147.2	48.9	2	端头铆钉被剪断后碳纤维滑移导致的剥离破坏
	YL4	44.3	108.1	157.0	55.6	1.7	跨中处碳纤维拉断，局部出现剥离，梁底碳纤维未发生滑移
	YL5	48.5	110.5	171.6	50.5	1.7	跨中碳纤维拉断，未发生剥离，碳纤维未发生滑移
	YL6	46.1	109.8	164.3	54.8	1.8	跨中碳纤维先断，然后发生滑移
新型U形钢箍锚固	YL7	47.8	108.7	176.5	53.2	1.6	跨中碳纤维拉断，碳纤维未发生滑移，两端完好
	YL8	83.6	306.6	345.0	42.5	1.4	跨中碳纤维拉断，碳纤维局部发生滑移，角钢屈服，端头完好

3.2 受弯承载力对比

通过 YL1~YL8 分析对比，试验梁的开裂荷载变化不大，说明碳纤维布在混凝土梁开裂之前发挥强度很小，对试验梁的开裂荷载影响不大。通过试验梁的屈服荷载对比发现，在混凝土开裂后碳纤维布发挥效应，加固梁的屈服荷载均较原梁的屈服荷载提高显著，同样粘贴 4 层碳纤维布的 YL2、YL3、YL4 较原梁提高了 1.19 倍、1.13 倍、1.37 倍；同样粘贴 5 层碳纤维布的 YL5、YL6、YL7、YL8 较原梁提高了 1.4 倍、1.4 倍、1.38 倍、3.89 倍。对于采用四层碳纤维加固及相同压板间距的梁 YL3 和 YL4，采用铆钉的梁 YL3 较原梁 YL1 极限承载力提高了 76.1%，而采用化学锚栓的梁 YL4 提高了 87.7%，对于采用五层碳纤维加固的梁 YL5、YL7 和 YL8，梁 YL5 的极限荷载较原梁增大 1.05 倍，梁 YL6 由于弯剪区斜裂缝发展对粘贴碳纤维锚固性能略有影响，极限承载力仅提高了 96.4%，梁 YL7 较原梁增大1.11 倍。见图9。

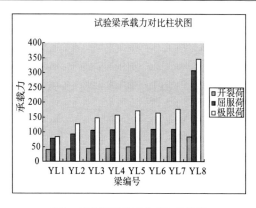

图9　试验梁承载能力对比柱状图

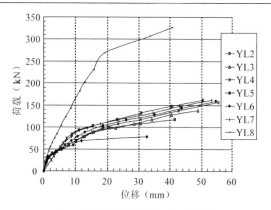

图10　试验梁跨中挠度对比柱状图

3.3　跨中挠度对比

图10为试验梁跨中位移－荷载试验全过程曲线。从图可见，无论是新型黏结锚固梁还是传统锚固梁，均分为弹性阶段、裂缝阶段和屈服阶段，各阶段基本保持直线：在弹性工作阶段，传统黏结锚固梁（梁YL2）和FAHB黏结锚固梁（梁YL4）所表现出来的性能大体相同，差异不明显；在裂缝阶段，两种锚固方式下的试验梁的差距开始体现，FAHB黏结锚固梁的斜率略高于传统黏结锚固梁；在屈服阶段，两种锚固方式下的试验梁斜率的差距非常明显，梁YL4极限挠度为55.6mm，而梁YL2的极限挠度仅为41.55mm，说明新型黏结锚固梁在承载力和延性方面均优于传统黏结锚固梁。

3.4　裂缝开展对比

各个试验梁在加载过程中的裂缝宽度发展对比曲线见图11。从图中可以看出：原梁YL1开裂荷载较低，开裂后裂缝宽度发展迅速；梁YL2较梁YL3～YL8斜率更大，开裂后裂缝宽度发展更快，说明新型黏结锚固技术在梁开裂后能更好地控制裂缝宽度发展；对比梁YL3～YL6，随着锚固措施的加强（采用化学锚栓及端头钢压板加密的方式），裂缝宽度发展受到一定程度的延缓，其中加密钢压板的锚

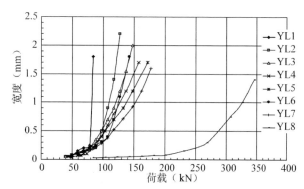

图11　试验梁跨中挠度对比柱状图

固方式效果更卓著；对比梁YL5、YL6和YL8，梁YL8从开裂到破坏裂缝宽度都保持在较小的数值。

4　有限元数值模拟

为了分析不同层数的加固效果和影响因素，采用有限元软件ANSYS进行仿真分析。本文选用了SOLID65单元模拟钢筋混凝土，用LINK8单元模拟普通钢筋，SHELL181单元模拟碳纤维布，钢筋与混凝土黏结滑移模拟用COMBIN39。见图12、图13。

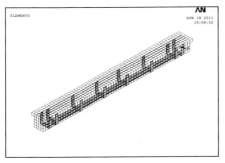
图12　新型U形钢箍板锚固梁模型

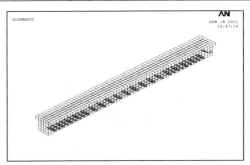
图13　FAHB锚固梁模型

4.1　不同黏结层数下试验梁荷载 - 位移曲线图

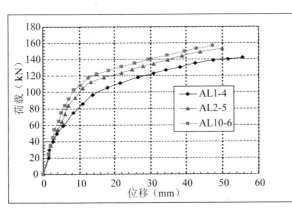
图14　荷载-位移曲线图

图 14 为采用不同黏结碳纤维布层数试验梁 AL1-4、AL2-5、AL10-6 的荷载－位移曲线图。图 14 中可知，随着碳纤维层数的增加，曲线走势向上发展，并且碳纤维布黏结层数越多，试验梁极限承载力越大，挠度越小。与粘贴四层碳纤维布相比，粘贴五层的梁的极限承载力提高了 7.53%，最大挠度降低了 9.3%，而粘贴六层碳纤维梁极限承载力仅提高了 10.3%，最大挠度降低了 14.5%，说明层数增大，单层碳纤维强度发挥效用越低，试验梁刚度越大。

由上可知，粘贴层数的增加虽然在一定程度上增大了加固梁的极限承载力，但其碳纤维布强度利用率却大大降低，并且表现出脆性破坏的趋势。因此，本文建议此种新型黏结锚固技术适用于 4～5 层的碳纤维布的粘贴加固。

5　新型钢压板 - 角钢锚固技术梁极限承载力计算

钢压板—角钢黏结锚固技术前期通过角钢和钢筋共同受力能够提高梁的开裂荷载和屈服荷载，同时角钢还能成为碳纤维的锚固措施，以至于碳纤维在前期不会发生剥离破坏，从而使得其在后期承载中发挥巨大的作用。这种新型黏结锚固技术能够充分发挥角钢和碳纤维的优势，使两者能够协同工作，梁的极限承载力得到大幅度提高。

钢压板—角钢黏结锚固梁的极限承载力计算除满足上节 FAHB 黏结锚固梁的基本假定外，近似认为角钢合力点中心距梁顶的距离与梁高相等。

对于前面采用的两种折剪系数，对本节依旧适用。角钢—压板体系固然能够起到很好的锚固作用，但在试验后期，由于角钢提供的竖向力有限，一旦压板和碳纤维布的胶层破坏就会发生局部滑移，但这滑移作用却使得碳纤维的应力重分布，更有助于碳纤维整体参与受力。因此，对于此种锚固系统，本文建议引入抗弯承载力增大系数 λ 来考虑滑移带来的有利影响。本文建议系数为 1～1.1 之间。

$(a)x>\xi_{bf}h$ 时；$(b)x\leqslant\xi_{bf}h$ 时，如图 15。

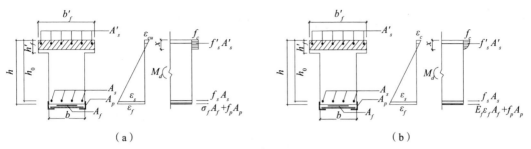

图15　新型U型钢箍—角钢联合锚固梁正截面受弯承载力计算

本节 T 型截面属于第一类 T 型截面。因此，正截面承载力按照以下步骤进行计算：

（1）首先按照下式计算混凝土受压区高度 x：

$$f_{cd}b'_f x = f_{sd}A_s + \psi_f E_f \varepsilon_{fu} A_{fe} + f_p A_p - f'_{sd}A'_s \tag{1}$$

（2）当混凝土受压区高度 $\xi_{bf}h < x < \xi_b h_0$ 时：

$$M_d \leqslant \lambda[f_{cd}b'_f x\left(h_0-\frac{x}{2}\right)+f'_{sd}A'_s(h_0-a')_s+\psi_f E_f \varepsilon_{fu}A_{fe}a_s+f_{sp}A_{sp}a_s] \tag{2}$$

（3）当受压区高度 $2a_s \leqslant x \leqslant \xi_{bf}h$ 时：

$$M_d \leqslant \lambda[f_{sd}A_s(h_0-0.5\xi_{bf}h)+\psi_f E_f \varepsilon_{fu}A_{fe}h(1-0.5\xi_{bf})+f_{sp}A_{sp}h(1-0.5\xi_{bf})] \tag{3}$$

（4）当受压区高度时 $x < 2a_s$：

$$M_d \leqslant \lambda[f_{sd}A_s(h_0-a'_s)+\psi_f E_f \varepsilon_{fu}A_{fe}(h-a'_s)+f_{sp}A_{sp}(h-a'_s)] \tag{4}$$

式中　f_{sp}——角钢的抗拉强度设计值；

　　　A_{sp}——角钢的截面面积；

　　　λ——抗弯承载力增大系数。

参 考 文 献

［1］赵彤，谢剑，戴自强．碳纤维布加固钢筋混凝土梁的受弯承载力试验研究［J］．建筑结构，2000，30（7）：11～15

［2］GB 50367—2006 混凝土结构加固设计规范［S］

［3］吴刚，安琳，吕志涛．碳纤维布用于钢筋混凝土梁抗弯加固的试验研究［J］．建筑结构，2000，7

［4］胡若邻，苏林王，王友元，等．不同层数 CFRP 布加固锈蚀 RC 梁抗弯承载能力试验研究［J］．水运工程，2010，10（10）：119-l23

［5］李厚海，艾军，潘建伍，钱江．基于摩擦 - 胶接机理的混合锚固技术的有限元分析［A］．土木工程结构安全与防灾学术会议论文集［C］，2009，12：75～78

基于震害的建筑结构加固方法探究

张程静

（浙江华展设计院有限公司，宁波 315000）

[摘 要] 阐述了现阶段震害下结构减震加固研究的现状，提出了震后混凝土结构加固面临的几个问题。通过分析加固受力及应力特点，详细介绍了国内外灾后震害下结构进行减震加固的几种设计方法，并列出了部分典型的减震加固工程实例。由此可见，震害下建筑物的加固具有现实意义。

[关键词] 震害；减震；措施；结构加固；耗能构件；碳纤维材料

1 混凝土结构减震加固技术的发展

1.1 结构加固研究现状

在地震多发国家和地区，很多老建筑或抗震能力达不到现行规范要求的建筑均面临抗震性能评估和加固问题。我国从 20 世纪 50 年代起就开始了混凝土结构的加固处理，几十年来，特别是近十年来，这门技术发展非常迅速。目前已相继颁布《混凝土结构加固技术规范》CECS 25—90、《建筑抗震加固技术规程》等规范，这些规程的制定，对促进我国混凝土结构加固技术的发展和应用起到了很大的推动作用。但是多年来，人们习惯于已有的加固经验，在混凝土结构加固实践中往往就事论事，缺乏深层次的理论研究与探索，加固水平提高不快。

我国传统的混凝土结构加固方法虽已形成了比较系统的、配套的工艺和技术，但总的来说，工艺仍然相对落后，技术含量偏低。具体表现在以碳纤维为代表的新型材料在加固工程中的应用还不普及，相关的设计、施工还存在很多问题。其次，检测设备技术水平低，与国外发达国家相比，在检测软件及设备系统方面，存在着较大的差距。文献[1]报道，目前在一些发达国家已开始采用一种智能化的检测监控分析系统，该系统能够对建筑结构进行持续和准确的检测和分析，目前国内尚未见采用。

1.2 震损结构减震加固研究现状

消能减震加固方法是在待加固结构的某些部位（如支撑、剪力墙、节点、连接缝或连接件、楼层空间、相邻建筑间、主附结构间等）安装消能（阻尼）装置（或元件）来吸收或消耗一部分输入能量，从而减小主体结构或构件的耗能要求值，并使可能的结构损坏降到最低程度。近年来，随着消能减震技术越来越多地用于震损结构抗震加固设计，对于该种减震加固技术方法的探索和研究也得到不断的发展。国内外许多学者针对消能减震加固技术用于震损结构抗震加固的可行性论证、设计计算方法、模型试验分析以及具体的加固方案等进行了大量研究和探讨，并取得了一些可供参考的成果：比如：Soong 和 Spencer（2002 年）[2]研究了通过附加被动能量耗散装置以提高结构物抗震性能的做法；Weng 等（2011 年）[3]结合震后某中学校园建筑抗震加固项目，从地震作用和抗震措施方面分析了学校建筑提高一度进行抗震设防加固的难点，并探讨了应用消能减震技术进行此类建筑加固的可行性。他们在推广之前进行大量的实验及工程分析充分验证其可行性和可靠性，以得出相对于传统方法的应用优势和技术特点。

对于消能减震加固方法，在震损结构加固设计中如何执行合理准确的分析计算并确定相应的减震参数设计，李洪泉等人也做了相应的研究。他们针对震损钢筋混凝土结构基于消能减震技术的修复加固方案，提出了相对应的修复设计准则、设计参数计算方法以及采用耗能器修复有损伤结构的设计方法；对震后受损的钢筋混凝土框架结构采用黏滞阻尼装置的加固方法进行了研究，提出了基于性能和需求的减震加固设计分析方法及其具体计算流程。

为进一步验证消能减震加固技术方法用于震损钢筋混凝土结构修复加固的可靠性，李洪泉和吕西林（2001 年）[4] 通过模型振动台试验，研究了结构地震损伤识别及采用耗能装置修复震损结构的可行性和效果，并基于试验结果说明采用 Pall 摩擦装置可以有效恢复震损结构的抗震能力，具有良好的减震效果。

由于消能减震加固方法涉及多种消能装置和加固形式，因此对于不同的结构也可依据实际情况采用不同的加固方案组合。除了先前 Diotallevi 和 Landi 等（2008 年）[5] 对某钢筋混凝土医院建筑采用黏滞阻尼器和剪力墙组合加固方案进行了分析研究；后有国外研究者 Wada、Sarno 和 Manfredi 以及国内研究者宋玮、周云等提出预应力混凝土摇摆墙和钢阻尼器的组合加固、防屈曲支撑进行结构抗震加固以及采用混合消能支撑体系加固等的方法进行了进一步分析研究。

2 震后混凝土结构加固面临的问题

"5·12"汶川大地震造成了大量房屋的严重破坏甚至垮塌，人员伤亡惨重。根据建设部的总体部署，由中国建筑科学研究院会同有关的设计、研究和教学单位对原《建筑工程抗震设防分类标准》GB50223-2004[6] 进行了修订，新标准《建筑工程抗震设防分类标准》GB50223-2008[7] 于 2008 年 7 月 30 日正式实施。

同时，根据建设部落实国务院《汶川地震灾后恢复重建条例》的要求，依据地震局修编的灾区地震动参数的第 1 号修改单，修订的《建筑抗震设计规范》（2008 年版）[8] 相应变更了汶川地震灾区的设防烈度，此次调整的还有陕西和甘肃的部分地区。由于抗震设防类别的调整和部分地区抗震设防水平的提高，汶川地震灾区面临大量既有建筑工程的抗震性能评估和抗震加固，提高其抗震性能，以满足现行相关规范和规定的要求，这是灾后恢复和重建所面临的艰巨任务中重要部分。震害结构减震加固设计中如何考虑结构地震损伤的影响，目前学界及工程界对此尚缺乏系统性研究，比如结构地震损伤与强度、刚度、延性等结构性能退化之间的映射关系如何定量对应？震损结构的修复加固设防标准如何确定？也没有明确规范限定。

3 混凝土加固结构的受力特点

对已建混凝土结构进行加固后，存在着二次受力的问题，有以下特点。

3.1 应力、应变的滞后性

加固前原结构有荷载作用，已存在着一定的弯曲和压缩变形，新加部分必须在新增荷载时才开始受力，导致新加部分的应力、应变滞后于原结构的应力、应变，新旧结构难以同时达到应力峰值川因此，对应力水平指标超过一定限值的结构进行加固时，必须采取有效的卸载措施，否则达不到理想的加固效果。

3.2　新旧部分的整体性

加固结构属于组合结构，新旧两部分存在着整体工作问题，而整体工作的关键在于结合面能否有效地传递剪力[9]。混凝土加固结构结合面受剪承载力，根据中国建筑科学研究院的实验研究，可按下式计算：

$$\tau \leqslant f_v + 0.56\rho_{sv}f_y$$

式中　τ——结合面剪应力设计值；

　　　f_v——结合面混凝土抗剪强度设计值；

　　　ρ_{sv}——横贯结合面的剪切—摩擦筋配筋率；

　　　f_y——剪切—摩擦筋抗拉强度设计值。

3.3　震害下结构减震加固设计方法

混凝土结构加固方法很多，常用的有 5 种：加大截面法、外包钢加固法、预应力加固法、增设支点加固法、粘钢加固法，除此以外，还有植筋加固法、焊接补筋加固法、喷射混凝土补强法及化学灌浆修补法，这些方法都有各自的特点和应用范围。

随着抗震原理的演变和发展，结构抗震设计方法也经历了静力法、反应谱法、延性设计法、能力设计法、基于能量设计法、基于损伤设计法以及基于性能/位移设计法等几个阶段。对于采用消能减震加固技术的震损结构而言，基于性能的抗震设计方法（Performance-Based Seismic Design，PBSD）无疑是一种更易于接受和执行的设计方法[10]，但其中最大的难点在于如何考虑和体现结构所受地震损伤对加固设计的影响。为此，许多学者针对灾后震损结构采用消能减震加固技术的设计方法进行了研究。如欧进萍，吴波等结合剪切型钢筋混凝土结构损伤试验研究，提出震后有损伤结构恢复力骨架曲线的建立方法[11]，并通过研究修复前后结构恢复力的变化，给出了震后有损伤结构减震加固设计的具体步骤[12]：

①设定震前完好结构的层恢复力骨架曲线；

②建立震后有损伤结构的层恢复力骨架曲线；

③利用上述两者层恢复力骨架曲线的差值，得到所需阻尼器系统的计算恢复力骨架曲线；

④对前述计算曲线进行适当调整得到实际恢复力骨架曲线，并由此求得屈服位移和屈服强度；

⑤依据上述参数，完成结构层阻尼器系统的设计。

其后，李洪泉等[13]（2001 年）结合实际工程算例验证了该减震加固设计方法的可行性和实用性。李洪泉等[14]（1996 年）通过地震模拟振动台试验，研究了用耗能减震装置修复震后有损伤钢筋混凝土框架的效果和可行性，并给出了明确的修复加固准则，由此结合地震损伤识别方法列出了震损结构减震加固的设计过程：

①按设计参数或识别方法计算结构完好时的各层刚度；

②依据损伤识别方法确定结构损伤后的各层刚度；

③通过测试反应确定结构的薄弱层位置；

④依据文中给出的相关公式计算结构加固所需附加耗能器的数量，并进一步确定阻尼器刚度和相应的设计参数。

周云等[15]（2008 年）针对地震后灾区建筑抗震加固，提出耗能减震腋撑加固、"美丽窗"

耗能减震加固和混合耗能减震加固等集中新型耗能减震加固方案，并列出减震加固的具体设计流程：

①依据《建筑抗震鉴定标准》对震后受损结构进行抗震性能鉴定；

②确定相应的耗能减震加固设防目标；

③通过初步方案论证确定耗能减震装置类型，并依据附加阻尼比粗略评估加固所需减震装置的数量；

④结合现场环境确定附加耗能减震装置的位置和布置形式；

⑤通过精细化模型的减震效果分析进行设计修正或确认。

翁大根等（2010年）结合汶川大地震后某震损建筑的加固实例，提出基于性能和需求的消能减震加固设计方法，其具体流程如下：

①对待加固结构进行抗震性能评估；

②建立加固前结构的三维空间计算模型（或采用拐把子层串简化模型）；

③依据中震下原结构的地震响应及加固目标计算结构楼层层间阻尼力，并由此确定附加阻尼器的类型、数量和设计参数；

④通过对附加阻尼器加固后的结构进行减震效果分析来调整阻尼器数量及支撑参数等；

⑤对减震加固结构实施阻尼器影响评估和抗震验算，以修正或完成最终的减震加固设计。

4 震损结构减震加固工程应用

消能减震加固方法因其安装简单、施工方便、加固效果好且对原结构影响小而获得国内外学者的关注和工程师的青睐，并在震损建筑加固工程中得到广泛应用。表2列出了震损钢筋混凝土结构应用消能减震技术进行加固的部分工程实例。

震损结构采用消能减震加固方法的部分工程实例　　　　表2

加固项目名称	结构类型	加固方式	加固年份	结构震害备注
加拿大蒙特利尔Ecole Poly-valante 学校建筑	预制钢筋混凝土结构	附加摩擦阻尼器加固	1990	建于1967年，在1988年Saguenay地震中遭到破坏
日本大阪市前门制造厂分店大楼	5层钢筋混凝土框架结构	附加粘弹性阻尼器加固	1999	建于1959年，在1995年阪神大地震中受损，按新规范加固
都江堰市北街小学实验外国语学校艺术大楼	5层钢筋混凝土框架结构	附加黏滞阻尼器加固	2008	建于2006年，在2008年汶川大地震中受损，按修订后规范加固
都江堰中学行政办公楼	6层钢筋混凝土框架结构	附加黏滞阻尼器加固	2010	建于2007年，在2008年汶川大地震中受损，按修订后规范加固

5 结语

混凝土结构加固的方法很多，各有利弊，加固方法的选择应根据可靠性鉴定的结果，结合结构特点，综合考虑加固效果、施工简便性及经济性等因素决定。现今，全球进入新一轮地震活跃期，针对震损结构的抗震（鉴定）加固工作获得了更广泛的关注和重视，大量抗震、减震、隔震加固方法得以涌现并用于工程实践。

其中，消能减震加固方法因其自身的技术特点和应用优势而备受青睐。然而，虽然针对震损结构减震加固技术在标准化建设、理论分析架构、设计方法发展和工程应用等方面的研究取得了上述进展，但仍存在诸多问题，有待于后续研究中进一步解决。

参 考 文 献

[1] 宋中南. 我国混凝土结构加固修复业技术现状与发展对策 [J]. 混凝土, 2002, (10): 10-11

[2] Soong T T, Spencer B F. Supplemental Energy Dissipation: State-of-the-art and State-of-the Practice [J]. Engineering Structures, 2002, 24 (3): 243~259

[3] Weng D G, Zhang C, Lu X L. Application of Energy Dissipation Technology to C-category Frame Structure of School Buildings for Seismic Retrofit of Increasing Precautionary Intensity [J]. Advanced Materials Research, 2011, 163-167: 3480-3487

[4] 李洪泉, 吕西林. 钢筋混凝土框架地震损伤识别与采用耗能装置修复的试验研究 [J]. 建筑结构学报, 2001, 22 (3): 9~14

[5] Diotallevi P P, Landi L, Busca A. Seismic Assessment of an Existing RC Hospital Building Study for the Rehabilitation with Supplemental Fluid Viscous Dampers [A]. Proceedings of 14th World Conference on Earthquake Engineering [C], Beijing, China, 2008

[6] GB 50223—2004 建筑工程抗震设防分类标准 [S]. 北京: 中国建筑工业出版社, 2004

[7] GB 50223—2008 建筑工程抗震设防分类标准 [S]. 北京: 中国建筑工业出版社, 2008

[8] GB 50011—2001 建筑抗震设计规范 [S]. 北京: 中国建筑工业出版社, 2008

[9] 万墨林, 韩继云. 建筑结构诊治技术 [M]. 北京: 中国建筑科学研究院. 2000

[10] 周云, 丁春花, 邓雪松. 基于性能的耗能减震加固设计理论框架[J]. 工程抗震与加固改造, 2005, 27(5): 45~49

[11] 欧进萍, 吴波. 压弯构件在主余震作用下的累积损伤试验研究 [J]. 地震工程与工程振动, 1994, 14 (3): 20~29

[12] 吴波, 李洪泉, 欧进萍. 地震后有损伤结构的耗能减震加固设计 [J]. 世界地震工程, 1995, (2): 1~7

[13] 李洪泉, 陈颖, 欧进萍, 等. 地震损伤钢筋混凝土结构耗能减震加固设计实用方法 [J]. 世界地震工程, 2001, 17 (4): 42-47

[14] 李洪泉, 欧进萍, 王光远. 地震后有损伤钢筋混凝土结构耗能减震加固试验分析 [J]. 南京建筑工程学院学报, 1996, 39 (4): 8~14

[15] 周云, 吴从晓. 灾后建筑加固耗能减震技术与方法 [A]. 汶川地震建筑震害调查与灾后重建分析报告 [C]. 北京: 中国建筑工业出版社, 2008

高层建筑抗震加固技术研究及应用

李延和　裔　博

（南京工业大学土木学院，南京　210009）

［摘　要］本文首先分析了高层建筑抗震加固的原因，进而针对高层建筑抗震加固的内容提出了采用干混自密实混凝土加大截面法，梁柱节点加固的斜向箍筋及扩大截面加固法。另外，本文还讨论了剪力墙结构约束边缘构件尺寸不足加固技术和框架结构纵向受力钢筋强屈比问题的处理方法。最后给出了相关工程实例。

［关键词］高层建筑；抗震加固；干混自密实混凝土；扩大截面法；约束边缘构件；框架结构；钢筋屈强比

1　概述

1.1　高层建筑抗震加固的原因分析

1.1.1　使用功能改变引起的结构抗震加固

高层建筑中的商业大厦，宾馆饭店及办公综合楼等，在使用过程中常常会由于经营业态的变化使用功能的升级等要涉及对原房屋结构的改造及抗震加固：

（1）因功能的改变造成使用荷载的增加；

（2）因使用功能的需要对结构布置进行使用空间改变（截柱，扩跨、拆改楼板、中庭补楼盖、增设电梯、扶梯等）。

1.1.2　工程续建或加层改造的结构抗震加固

近二十年来，城市建设中的烂尾楼现象屡见不鲜，这其中高层建筑占了较大的分量。

对烂尾楼进行续建时，重点解决续建结合处的新旧结构连接问题外，由于抗震设计规范的修订[1, 2]，抗震计算及抗震构造的要求提高后按旧规范设计及建造的原结构是满足不了新规范的要求的，需要进行抗震加固，同样对高层建筑的加层改造工程，抗震加固是必须做的工作。

1.1.3　设计失误引起的结构抗震加固

设计失误只要包括结构体系选择不当、结构抗震参数确定错误、结构计算错误以及抗震构造措施选择失误等，由此引起的抗震加固涉及结构抗震承载力加固及结构抗震变形能力改善以及抗震构造措施加固。

1.1.4　施工质量事故引起的结构抗震加固

施工质量事故包括材料质量问题，材料用量问题，结构构件尺寸问题以及结构构件成型的质量问题（例如混凝土构件的密实性、蜂窝麻面、裂缝）。

1.1.5　遭受地震、火灾、风灾、腐朽或结构构件老化等

高层建筑遭受灾害破坏，影响到结构承载能力和抗震能力需进行加固。高层建筑长期使用后材料老化或超载超期使用而损伤等影响到结构的承载能力和抗震能力需进行加固。

1.2 高层建筑抗震加固的主要内容

综上所述，高层建筑抗震加固的主要内容可分为如下几类：

1.2.1 钢筋混凝土柱的加固

柱的加固又可分为地震作用、受荷作用及结构自重作用下的承载力不足加固、轴压比超限加固以及柱端箍筋加密区配箍量不足的加固，通过加固计算来确定柱子承载力不足或轴压比超限的加固量。柱端配箍量不足则是通过对比抗震构造要求来确定。

1.2.2 钢筋混凝土剪力墙的加固

钢筋混凝土剪力墙在高层建筑抗震方面主要起到抵抗水平力的作用，其抗震加固内容分为承载力不足加固和剪力墙端柱（暗柱）配筋不足加固。

1.2.3 钢筋混凝土梁的加固

梁的加固分为梁跨中和支座受剪承载力加固，梁支座受剪承载力加固以及梁端箍筋加密区内箍筋量不足加固。仅以抗震加固的角度分析，梁的抗震加固主要有支座抗弯加固、抗剪加固以及支座加密区内箍筋不足加固。

1.2.4 梁柱节点加固

梁柱节点是高层框架结构抗震设计的关键部位，强节点弱构件是抗震设计原则之一。高层建筑抗震加固中经常遇到的问题是梁柱节点配箍率不满足抗震设计规范的构造要求而必须采取加固措施。

1.2.5 其他加固内容

高层建筑的抗震加固还可能涉及楼板刚度的增加，高层建筑水平加强层的补强和位置调整等。结合高层建筑改造的要求或抗震能力提高的要求，还可能涉及新增剪力墙结构，新增梁、板、柱结构以及采用消能减震措施等。

另外，对于震损及灾损高层建筑修复加固还需要先对损坏部位，损坏层进行置换处理。

2 高层建筑抗震加固方法选择及干混自密实混凝土的应用

2.1 常用加固法介绍

经验算，高层建筑出现的柱轴压比超限，剪力比超限，柱、墙、梁、板构件的承载力不足或抗震构造（柱、梁配箍率，剪力墙约束边缘构件的几何尺寸及墙的暗柱配箍率等）不满足要求等，应根据计算结果和结构现状选择合理的加固方案。

常用的加固方法有增大截面加固法，粘贴型钢加固法，外包型钢加固法，粘贴钢板或纤维复合材料加固法，高效预应力加固法，改变传力路径加固法等。

另外，对于原结构体型复杂，刚度偏心距大导致扭转效应加大或层间位移比大于 1.5 等，抗震性能较差的严重不规则结构，应采取在平面适当位置增设剪力墙或竖向调整剪力墙刚度等措施。

2.2 抗震加固方法选择

对高层建筑的钢筋混凝土柱、剪力墙等竖向受力构件的抗震加固中，增大截面加固法是较优的选择。新增剪力墙、柱及支持等也是调整高层建筑抗侧力体系，满足功能改造要求的常用方法。

上述加固方法用于柱的抗震加固时可解决柱的轴压比超限，柱承载力不足以及配箍率不足的问题，用于剪力墙抗震加固时可解决剪力墙承载力不足、约束边缘构件尺寸及墙的暗柱配筋、配箍率不足的问题。新增梁腋加固法，也是较好的选择之一。

对于框架梁节点配箍率不足的抗震加固，本研究团队提出了"斜向交叉箍筋—梁端加腋组合加固法"[3]，可较好的解决此类加固难点。

2.3 干混自密实混凝土应用的优越性

增大混凝土截面加固法，新增梁腋加固法，新增混凝土墙、柱、梁板加固法以及节点加固的"斜向交叉箍筋—梁端加腋组合加固法"等均采用到混凝土材料。传统的泵送混凝土用于结构加固工程中存在用量小、位置分散，不具备泵送条件，现场浇筑困难等不利因素，本研究团队研发的干混自密实混凝土有了用武之地[4]。

由于干混自密实混凝土具有强度高（可以配到 C60 以上），早强性能好（一天可达 C20 以上），流动度大和自密实性能等优点，应用于增大截面法等与普通泵送混凝土相比做到增加截面小（对使用功能影响小降低了因增大截面后提高承载力的同时刚度增加，从而增加地震作用有可能导致脆性破坏的风险）施工工期短，施工速度快等优点。值得指出的是，近年来许多加固单位为了克服泵送混凝土的缺点在增大截面法中采用了高强无收缩灌浆料。但是，由于高强无收缩 本身不是混凝土，纯灌浆料中的膨胀剂作用消失后很容易出现温度裂缝和收缩裂缝。因此，《混凝土结构加固施工质量验收规范》[5]中明确提出：（1）增大截面加固法中严禁使用纯灌浆料；（2）增大截面厚度在 60～100mm 中可以使用灌浆料 +30% 细石混凝土的混合料且混合料强度取细石混凝土的数值。

3 关于高层建筑抗震加固的几个计算问题

3.1 钢筋混凝土柱增大截面加固计算

3.1.1 加固结构的受力特征

增大截面加固柱属于二次受力和二次组合构件，加固前的原柱已受荷载作用，增加截面部分只有在原结构承受新的荷载（即二次加载）下才开始载荷作用，且新增截面分担荷载作用的程度与新旧结构的结合面的构造处理方法有关。

另一方面，增大截面后柱的刚度及重量加大，其荷载效应（地震效应）增加，在进行加固柱截面设计计算时应按增大截面后的尺寸重新计算柱的内力（地震及荷载效应）。

3.1.2 柱轴压比超限加固计算

$$\frac{N_k}{N_{ck}} \leq n \tag{1}$$

式中　N_k——按照增加截面后计算的柱的轴心压力；

　　　N_{ck}——按增加截面后计算的受压区混凝土的合压力；

　　　n——轴压比限值，当采用四面增大截面加固柱时可比规范限值提高 0.05～0.1[6]。

3.1.3 轴心受压柱扩大截面法加固

如图 1，采用干混自密实混凝土扩大截面尺寸不受限制，其计算方法如下：

$$N = 0.9\psi \left[f_{co}A_{co} + f'_{yo}A_{so} + \alpha_{cs}(f_{c1}A_{c1} + f'_{y1}A'_{s1}) \right] \tag{2}$$

式中　ψ——构件稳定系数，根据《混凝土结构设计规范》GB50010 的规定值采用；

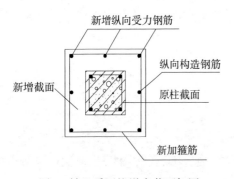

图1 轴心受压柱增大截面加固

α_{cs}——取值0.8，其余符合见文献［7］。

3.1.4 偏心受压柱扩大截面加固

对截面高度增加的钢筋混凝土偏心受压柱加固规范提出了正截面承载力计算公式，但在《混凝土结构加固施工质量验收规范》中21.21条规定当采用水泥基灌时，柱的新增截面应采用全围套的构造方式，因此，本文给出全围套扩大截面法加固偏心受压柱的计算公式。

如图2a所示截面，若将原柱截面按新增截面混凝土强度换算并考虑新旧结构作用系数为 $0.9 \times 0.9 \approx 0.81$，得到换算截面翼缘宽度计算公式如下（如图2b、图2c）：

$$h_f = h_f^{'} = \Delta h + 0.4h \frac{f_{co}}{f_{c1}} \tag{3}$$

式中　f_{co}——原混凝土轴心挤压强度设计值；

　　　f_{c1}——增大截面混凝土轴心抗压强度设计值。

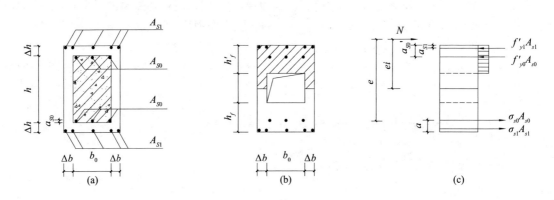

图2 偏心受压柱增大截面加固法

则加固后偏心受压柱区截面受压承载力计算可参照 GB 50010—2010 第6.2.18 的工形截面的计算方法进行。

其中的荷载效应 N，M 应按增大截面后尺寸进行结构分析得来，混凝土轴心抗压强度设计值取为 f_{c1}。实际加固设计时，主要采用先假定扩大截面尺寸 Δb、Δh 并进行结构分析计算出 N、M，然后用下列公式进行配筋计算或验算。

（1）计算 x 的试算值 x'

假定为大偏心，且取 $b=b_0+2\Delta b$

$$x^{'} = N / (\alpha_1 f_{c1} b) \tag{4}$$

（2）若 $x' < (h+2\Delta h-a) \cdot \xi_b$，且 $x' < \Delta h + 0.4h f_{c1}/f_{c0}$

用下式计算配筋

$$A_{s1}^{'} = [Ne - \alpha_1 f_c bx^{'}(h+2\Delta h - a - x^{'}/2) - f_{y0}^{'} A_{s0}^{'}(h+2\Delta h - a - a_{s0}^{'})] / f_{y1}^{'}(h+2\Delta h - a - a_{s1}^{'}) \tag{5}$$

（3）若 $x' > (h+2\Delta h - a) \cdot \xi_b$，或 $x' > \Delta h + 0.4h f_{c1}/f_{c0}$

调增 Δh 之值

$$\Delta h^{'} = \begin{cases} (x^{'}/\xi_b - h + a)/2 \\ x^{'} - 0.4h \cdot f_{c1}/f_{c0} \end{cases} \tag{6}$$

取上式计算值中的较大值为 Δh，代入式（5）进行配筋计算。

（4）若按式（6）计算出的 $\Delta h^{'}$ 太大，实际工程中无法做到，则选择合理 Δh 按小偏心受压构件计算。（本文给出 $x^{'} < \Delta h + 0.4hf_{c1}/f_{c0}$ 的计算公式，与 $x^{'} > \Delta h + 0.4hf_{c1}/f_{c0}$ 对应的计算公式按此类推）

取 $\Delta h \geq x^{'} - 0.4h \cdot f_{c1}/f_{c0}$

$$N \leq \alpha_1 f_{c1}bx + (f_{y1}^{'} - \sigma_{s1})A_{s1} + (\sigma_{s0}^{'} - \sigma_{s0})A_{s0} \tag{7}$$

$$Ne \leq \alpha_1 f_{c1}bx(h + 2\Delta h - a - x/2) + f_{y1}^{'}A_{s1}(h + 2\Delta h - a - a_{s1}^{'}) + \sigma_{s0}^{'}A_{s0}(h + 2\Delta h - a - a_{s0}^{'}) \tag{8}$$

$$\sigma_{so} = \varepsilon_{cu}E_s[0.8(h - a_{so})/x - 1] \leq f_{yo} \tag{9}$$

$$\sigma_{so}^{'} = \varepsilon_{cu}E_s[0.8a_{so}^{'}/x - 1] \leq f_{y0}^{'} \tag{10}$$

$$\sigma_{s1} = \varepsilon_{cu}E_s[0.8(h + 2\Delta h - a)/x - 1] \leq f_{y1} \tag{11}$$

式中 ε_{cu}——非均匀受压时的混凝土极限压应变，按 GB50010—2012 规定计算；

E_s——钢筋弹性质量；

其余符号见 GB 50010—2012。

3.2 框架梁柱节点加固方法及计算

3.2.1 方法简介

斜向交叉箍筋—梁端加腋组合加固方法加固节点具体做法为：在梁柱交界处的梁上口和下口加腋，采用干混自密实混凝土扩大节点核心区（图3），然后利用加腋部分配置斜向交叉箍筋，达到加固目的。其中需要注意的是：在加腋时，应该尽量减小上口尺寸，而以下口加腋为主，这是由于上口加腋太大可能会影响使用；还有一点就是应尽量选择直径较大的钢筋作为箍筋，这样有利于钢筋布置。

从以上整个处理过程可以看出，该方法只需凿除一定量的节点核心区附近梁柱混凝土保护层，就可以完成整个施工，整个施工过程对节点损伤很小，而且斜向箍筋和加腋部分都可以对节点进行加固，达到了两种方法复合加固的效果。

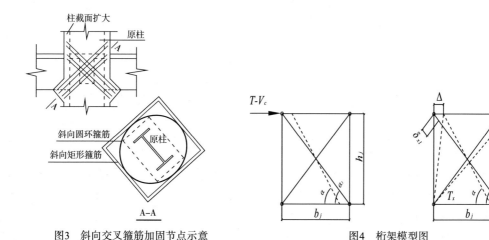

图3 斜向交叉箍筋加固节点示意　　　　图4 桁架模型图

3.2.2 加固计算

建立如图4桁架模型，模型基本假定如下：

（1）混凝土斜压杆的截面面积为 $b_c \times D_c$，其中 D_c 为斜压杆的等效宽度，b_c 为柱的宽度，假定在极限状态时，应为均匀并达到 $\zeta \cdot f_c$，则混凝土斜压杆的压力为：$C_c = \zeta b_c D_c f_c$；

（2）设增设斜向交叉圆环（矩形）箍筋的拉力达到屈服强度的 β（$\beta<1$）倍，则有

$$T_x = \beta A_x f_{xy} \tag{12}$$

式中　A_x——增设交叉圆环及矩形箍筋总截面积；

$\quad\quad f_{xy}$——为斜向交叉箍筋屈服强度。

（3）设桁架发生水平错动 Δ 后，C_c、T_x 方向上的变形分别为：$\delta_c = \Delta \cos\alpha$；$\delta_{x2} = \Delta \cos\alpha$。

利用虚功原理，有

$$(T - V_c)\Delta = V_j \Delta = \zeta b_c D_c f_c \Delta \cos\alpha + \beta A_x f_{xy} \Delta \cos\alpha \tag{13}$$

式中　T——梁上部传给节点的合力；

$\quad\quad V_c$——柱头荷载 P；

$\quad\quad V_j$——节点的水平剪力。

当水平错动不大时，有 $\alpha \approx \alpha_1$，故（13）式又可写成：

$$V_j = \alpha b_j h_j f_c + \beta A_x f_{xy} \tag{14}$$

式中　A_{xy}——箍筋的水平投影面积；

$\quad\quad$系数 $\alpha = D_c \zeta \cos\alpha / h_j$。

根据叠加原理，建立水平抗剪公式：

$$V_j = \alpha b_j h_j f_c + \beta A_x f_{xy} + \frac{f_{yv} A_{sv}}{S}(h_0 - a_s') \tag{15}$$

根据文献［1］确定 $\alpha = 0.12$，$\beta = 0.75$，代入上式得：

$$V_j = 0.12 b_j h_j f_c + 0.75 A_x f_{xy} + \frac{f_{yv} A_{sv}}{S}(h_0 - a_s') \tag{16}$$

再参考文献［2］考虑加腋影响，得到节点水平抗剪实用公式为：

$$V_j = 0.5 b_c a' f_c \cos\theta + 0.75 A_x f_{xy} + \frac{f_{yv} A_{sv}}{S}(h_0 - a_s') \tag{17}$$

式中　$a' = 0.3\sqrt{(h_{bo} - a_s')^2 + (h_{c0} + h_h - a_s')^2}$；

$\quad\quad h_h$——加腋区边长；

$\quad\quad \theta$——加腋区斜边与梁底面夹角；

$\quad\quad b_c$——柱截面宽度；

$\quad h_{b0}$，h_{c0}——梁、柱截面有效高度。

3.3　关于剪力墙约束边缘构件尺寸不足、暗柱配箍率不足的加固计算

3.1.1　原因分析

我们"2000"系列规范开始将剪力墙的端柱分为约束边缘构件和剪力墙端柱（暗柱）并提出了几何尺寸及配箍率的要求。那么部分按"89"系列规范设计的剪力墙架构的端柱就可能不满足约束边缘构件尺寸的要求和不能满足剪力墙端柱（暗柱）的配箍率的要求。

3.1.2　加固计算

（1）约束边缘构件尺寸不满足要求。

采用增加截面法　　　　　　　　$\Delta A \geqslant [A] - A_0$ 　　　　　　　　（18）

式中　ΔA——增大的截面面积；

　　[A]——规范规定的最小面积；

　　　A₀——原结构约束边缘构件的计算面积。

（2）配筋计算。

按照规范要求的最小配筋配在增大截面的范围内

$$A_s \geq [A_s] \tag{19}$$

式中　A_s——增大截面内的配筋量（包括箍筋）；

　　　[A_s]——规范要求的配筋量（包括箍筋）。

3.4　关于框架结构纵向受力筋的强屈比问题的讨论

3.4.1　存在问题

　　现行抗震设计规范,混凝土设计规范（2011版）均对框架结构的纵向受力普通钢筋的"强屈比"及"屈强比"的限值规定为强制性条文,原"89规范"及"2000规范"简称"旧规范"等。对比虽有规定,但不是强制性条文,且与"2000规范"相对应的材料试验标准也没有提出要求,以至于按"旧规范"设计的实际工程中,钢材试验结果中"强屈比""屈强比"超限,试验报告扔为合格钢材而运用到框架结构中,此类问题在近年来的既有建筑、续建工程甚至在建工程中屡屡出现。

3.4.2　解决方案

　　上述问题将影响到框架结构的抗震性能。规定"强屈比"不应小于1.25的目的是当构件某部位出现塑性铰以后,保证塑性铰处有足够的转动能力与耗能能力即钢筋在大变形条件下具有必要的强度潜力；规定"屈强比"不应大于1.3主要是为了保证"强柱弱梁""强剪弱弯"设计时内力调整措施固钢筋屈服强度离散性过大而难以奏效。

　　当出现"强屈比"和"屈强比"超限后,如何进行加固处理是本节要解决的问题。从上述的分析而知,提高塑性铰的转动耗能能力以及保证强柱弱梁,强剪弱弯的措施只能主要从构造上解决：

（1）梁的加固措施。

　　梁的塑性铰一般出现在支座处,对梁端2h范围内粘贴碳纤维布条箍以及在梁端中部粘贴纵向碳纤维布条。梁加固的最低构造要求见图5。

（2）柱的加固措施。

　　柱的加固部位位于柱端,考虑到柱的刚度应比梁的要大,因此采取钢板箍的办法,柱加固的最低构造要求见图5。

4　实例分析[8]

4.1　工程概况

　　南京某商业大厦原设计为地下3层,地上58层,总高度为210m,采用平面为同心圆的外框架—内核心筒结构系统,九层以下外框架柱距为9.0m,框架柱尺寸为1.2m×1.8m,柱内设"工"字型钢骨,形成劲性混凝土柱。九层以上外框架柱距为4.5m,框架柱尺寸为1.0m×1.4m,核心筒同八层以下,第九层为结构转换层,即由框架—核心筒结构过渡到筒中筒结构。基础采用直径1.2m的混凝土钻孔灌注桩,桩端持力层为中风化泥质砂岩,入岩5m左右,单桩承载力特征值为10000kN。桩承台采用3.0m厚板,并用作地下室底板。

原与塔楼相连的商业裙楼，地下二层，地上八层，总高度 39.6m，采用框架剪力墙结构，基础采用打入式预制桩，桩端持力层为⑤ –1 层强风化岩，单桩承载力特征值为 2800kN，此部分已竣工，并投入使用。

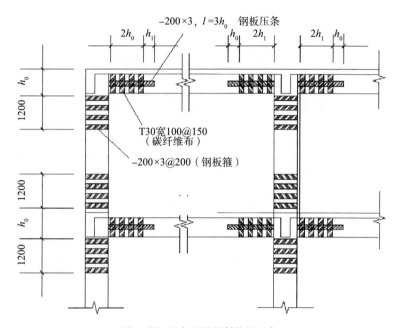

图5　梁、柱加固的最低构造要求

4.2　续建塔楼后抗震设计审查

续建塔楼后：建筑结构安全等级二级、抗震设防类别为 9 层以下乙类，9 层以上为丙类抗震，设防烈度 7 度，基本地震加速度 0.1g，设计地震分组为第一组，水平地震影响系数最大值 0.08，场地类别Ⅲ类。

续建塔楼为原设计塔楼的续建工程，9 层以下同原设计，9 层以上结构形式由原设计的筒中筒改为框架 – 核心筒结构，核心筒同原设计，框架柱为劲性混凝土柱，框架梁采用钢梁，外框架柱网同 8 层以下，拆除修改原转换层结构部分，实现在 9 层楼面上下柱连续对接，并利用 9 层作为过渡层，9 层楼面与 10 层楼面作加强，设为刚性层。

现设计塔楼地面以上 60 层，总高度为 249m，利用设备层，避难层设三个加强层：分别在 9 层、27 层、45 层设置伸臂桁架和环向腰桁架。由于外立面的要求建筑平面中有四根柱采用了斜柱，最大外斜 7.3m，斜率 3.5%，楼面面积由底部 1223m² 至 60 层增至 1550 m²，扩大了 300 多平方米 / 层。

原塔楼设计依据均为"89"系列国家和地方相关的规范和规程。塔楼续建设计依据均为"2000"系列国家和地方相关的规范和规程。国家超限高层抗震专项审查委员会的审查意见：

（1）该规程底部加强部位应延伸到裙房以上二层，底部加强部位，加强层伸臂桁架及相邻楼层的墙肢和框架柱的压弯、拉弯、受剪承载力均宜按中震不屈服复核，连续和框架梁构造的抗震等级应按一级采用。

（2）顶部若干楼层的承载力应按时程分析结果复核。

（3）伸臂桁架的弦杆应延伸到框架核心筒。

（4）斜柱的上下端的相关构件应考虑附加内力，采取相应的措施；屋顶与斜柱连接的楼面梁应按中震弹性复核承载力，并加强与核心筒的连接。

（5）本工程八层以上（主楼，功能为办公）部分按丙类建筑设计，八层及八层以下（含裙房，功能为商业）按乙类建筑设计。

（6）主、群楼设置防倒塌的第二道防线。

4.3 超限结构加强措施

针对工程的超限特点，采用了如下措施进行加强：

（1）设计中采用两种不同力学模型的三维空间分析软件进行整体内力和位移计算，同时补充多遇地震作用弹性时程分析，并进行弹塑性时程分析，以保证结构有足够的整体刚度和抗震性能，从而达到"小震不坏，中震可修，大震不倒"的要求。

（2）结构的抗震构造等级提高到特一级，采取比一级抗震等级等更严格的构造措施，为了提高结构构件的抗震能力和延性，设计中将核心筒剪力墙的轴压比控制在 0.5 以内，外框架劲劲性混凝土柱的轴压比控制在 0.65 以下。

（3）增加外框刚度，加强整体结构空间刚度，充分发挥框筒结构的受力特征。通过增加结构的抗侧力刚度，减小楼层水平位移，在保证结构竖向刚度，满足规范要求的条件下，加大了避难层结构构件的刚度，增加相应楼层楼板厚度。

（4）提高外框架梁的设计，加强和协调结构的整体作用。

（5）对于层高加高的楼层，加大钢梁的高度，增厚钢板，以尽量减少由于层高变化对结构刚度的影响，提高结构薄弱层的强度和延性。

（6）在设计基准周期内超越概率 10% 水平地震作用下，控制筒体剪力墙保持弹性，即"中震下不屈服"（性能目标 D，结构薄弱部位或重要部位构件不屈服）。

4.4 原结构抗震加固

4.4.1 框架柱加固

经过计算分析，原框架柱有三项需补强加固，以满足现行设计标准的要求：（1）轴压比；（2）截面纵向配筋率；（3）配箍率。

采用干混自密实混凝土加大断面的方法，配置纵向配筋和水平箍筋，由原 1200×1800 扩大为 1400×2000，则轴压比由 0.67 降低为 0.53。

4.1.2 原核心筒墙补强加固

中筒部分，采用原设计条件（此部分的实物及数据经检测能够达到原设计和现行相关规范要求），经过 SATWE 计算并采用 ETABS 校核，其结果基本满足强度和变形的要求，弹性时程分析及弹塑性时程分析的结果也表明符合现行规范的要求，仅是局部轴压比不满足特一级的要求。抗震性能分析在中震不屈服的条件下，底部加强区，核心筒外围局部剪力墙的抗拉强度不满足。按现行规范的要求，底部加强区约束边缘构件的几何尺寸和体积配箍率达不到高规的要求。

针对以上情况，实施了两个加固方法。

（1）中筒内部墙体。

这部分主要采用碳纤维布粘贴补充加强区约束边缘构件的体积配箍率和约束边缘构件的强度。

（2）核心筒外围剪力墙的加固。

核心筒外围剪力墙是本工程的关键部位，加固方法是经过多次计算确定核心筒外围剪力墙采用干混自密实混凝土加厚250，与原有700原墙结合形成950厚的一道外墙，增加墙体厚度的加固还起到扩大中筒的作用。对于原设计不足的纵筋，水平筋均在新增部分配足，同时考虑在新增的混凝土墙适当位置增加劲性暗柱和劲性暗梁，这个主要是在门洞口增加劲性暗柱，在门洞之上和楼层处增加环向劲性暗梁。在连梁位置新加混凝土部分增设交叉暗撑，一方面用于和上部结构的连接，另一方面也提高了在中震下剪力墙的抗弯和抗拉能力，提高延性。

新增墙采用C60干混自密实混凝土，核心筒剪力墙最大轴压比控制不大于0.5。

新老混凝土间界面凿毛，并植适量的剪力销作结合面抗剪钢筋，为使两者之间横好的结合，在剪力墙之间凿出250宽深的剪力槽，并在两界面之间加一层钢筋网片。

4.4.3 原梁柱节点加固

续建工程因结构规范升级，续建结构高度增加等原因抗震构造等级提高到特一级。其框架部分的梁柱节点配箍率不满足要求，本文采用了两个方案。其一为本文3.2节方案，采用干混自密实混凝土扩大梁柱节点区域，配置斜向箍筋满足规范要求。其二为在环梁和楼板上开孔，实钢板条上下贯通，横向焊接形成封闭环，俗称"钢马夹"。

5 结 语

本文结合"2010系列"结构设计规范修改后现有高层建筑结构存在的抗震承载力不足问题。分析了原因，确定了高层建筑抗震加固的主要内容，进而提出了高层建筑抗震加固的加固技术。

（1）干混自密实混凝土增大截面法。

全文提出采用干混自密实混凝土增大截面法对高层建筑的柱、墙以及梁柱节点等进行抗震加固。干混自密实混凝土具有的强度高、变形能力强、符合抗震结构要求以及自密实混凝土不须振捣，干混基料现场加水搅拌不须泵送可满足现有工程加固位置分散，对营业干扰小基本做到不停业施工等优点。本文还给出了相应的加固设计计算方法。

（2）框架结构纵向受力钢筋的强屈比问题分析。

框架结构纵向受力钢筋的强屈比和屈强比问题，是近年来开始出现的新问题。本文的讨论仅是初步的，有待深入研究。

（3）关于抗震构造措施。

关于剪力墙的约束边缘构件、节点配箍率等问题，本文均有论述。对于梁柱箍筋加密区范围扩大问题，已在"89规范"改"2000规范"时有大量讨论，本文不再论述。

（4）本文介绍了某续建高层建筑的抗震加固做法，说明高层建筑抗震加固的迫切性和重要性。

参 考 文 献

[1] GB 50011—2000 建筑抗震设计规范 [S]. 中国建筑工业出版社

[2] GB 50011—2010 建筑抗震设计规范 [S]. 中国建筑工业出版社

[3] 任利民，吴元. 某高层钢筋钢筋混凝土框架节点配箍率不足加固方法探讨 [J]. 建筑结构 2009（增刊）

［4］　吴元，李延和．干混自密实混凝土的基本力学性能研究［J］．工程结构鉴定与加固改造 2007（12）．
　　　14-15

［5］　GB 50500—2012 混凝土结构加固施工质量验收规范［S］.中国建筑工业出版社

［6］　全学友，等.抗震鉴定加固时参考纵筋对轴压比限制影响的分析研究［C］第七届全国建筑物鉴定加固
　　　改造学术会议论文集，重庆出版社 2004.11

［7］　GB 50367—2006 混凝土结构加固设计规范［S］.中国建筑工业出版社

［8］　左江，陶鹤进，等.某高层建筑续建工程抗震加固［J］.建筑结构 2009（增刊）

某工程桩断桩事故分析与处理

李宝剑[1]　郑志远[2]　任亚平[2, 3]

（1. 江苏省第一建筑安装有限公司，南京 210008；2. 南京工业大学土木工程学院，
南京 210009；3. 江苏建华建设有限公司，南京 210009）

［摘　要］静压预应力管桩在基坑开挖后桩基经检测出现大面积断桩，部分周边桩发生倾斜，若采用原施工方法则大型机械无法投入，经采用扩大承台，预留锚杆静压桩孔，待主体施工至三层时再施工锚杆静压桩，较好地解决了工期及大型机械无法施工的问题，为类似工程事故处理提供经验。

［关键词］软土；桩断裂；倾斜；锚杆静压桩

1　工程概况

某工程 8# 楼为一 15 层住宅楼，结构形式为框剪结构，地下室一层，基础埋深约 3m，基础采用采用预应力管桩，布置 260 根桩，桩径 Φ500，桩长 15～16m，桩顶绝对标高为 4.1m，单桩竖向承载力特征值均为 1400kN，单柱荷载 3000kN。

现场地为农田，上部为近期场地整平堆积填土，场地中部南北向分布一条沟渠，宽 13.50m，深约 3m，水深 1.10m，淤泥厚度 0.80m。现状地形除水沟外，总体较为平坦。

采用低应变法对桩身完整性进行检测，检测基桩 260 根，在测试有效桩长范围内 Ⅰ 类桩 165 根，所占比例 63.5%，Ⅱ 类桩 54 根，所占比例 20.8%，Ⅲ 类桩 41 根，所占比例 15.7%。

Ⅰ 类桩桩身完整，Ⅱ 类桩桩身有轻微的缺陷，Ⅲ 类桩身有严重缺陷，现状基坑已开挖至底标高，电梯井坑宽坑长坑高已开挖，其周边部分管桩严重倾斜。

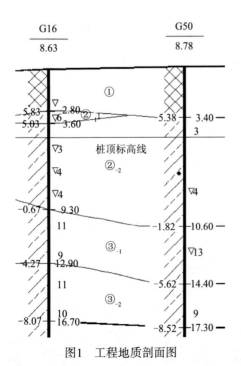

图1　工程地质剖面图

2　工程事故分析

根据工程勘察报告，该 Ⅲ 类桩区域勘察深度范围内岩土体划分为 8 个工程地质层，工程地质剖面图如图 1。

（1）压桩顺序及挖土顺序不合理造成土体应力释放不均匀，产生侧向挤土造成断桩。

（2）基坑周边道路重载车辆及不合理堆土造成基坑侧向土体压力增大，对桩身产生较大侧压力造成断桩。

（3）电梯井坑为坑中坑，深度较深，且无任何支护措施，造成软土深层土体滑移加大桩身侧向压力，部分已严重倾斜。

3　事故处理方案

3.1　Ⅱ类缺陷桩的加固方案

缺陷以下 2.0m 范围内采用 C20 素混凝土填并振捣密实，然后管内放置钢筋笼用 C40 混凝土浇筑。

3.2　Ⅲ类缺陷桩的加固方案

（1）桩孔内桩顶至缺陷以下 2.0m 范围内采用 C40 混凝土浇筑；

（2）桩孔内桩顶至缺陷以下 2.0m 设置钢筋笼。

经现场调查计算分析，可充分利用的桩占绝大部分，根据缺陷分布情况，Ⅲ类桩采用锚杆静压桩进行桩基补强，基础承台扩大，在承台上预留桩孔，预埋锚杆，桩型为钢管桩，封孔前向钢管里浇筑混凝土，由锚杆静压钢管桩来承担原桩基折减的承载能力。此类处理方法在桩基事故处理中得到较多应用。

4　锚杆静压桩加固设计计算

4.1　锚杆静压钢管桩单桩设计

锚杆静压钢管桩桩径 $\Phi219$，厚度 $t=5mm$。根据工程地质条件，确定选择③$_{-1}$层作为锚杆静压钢管桩的持力层。根据 08# 桩基设计参数汇总表列出的土层分布情况，由《建筑桩基技术规范》5.3.5 公式计算单桩极限承载力：

$$Q_{UK}=Q_{SK}+Q_{PK}=u\sum q_{sik}l_i+q_{pk}A_p$$

桩顶绝对标高为 4.1m，Ⅲ类桩全部分布在 41 轴和 54 轴之间，对应为工程地质剖面图 G16 与 C50 之间，土层厚度如表 1 所示。

土层厚度　　　　　　　　　　　　　　　　　　表1

土层类别	土层厚度（m）
②$_{-2}$粉质黏土	6.3
③$_{-1}$粉质黏土	5.0

当压入桩长为 11.3m 时桩单桩极限承载力标准值为：

$$Q_{UK}=Q_{SK}+Q_{PK}=u\sum q_{sik}l_i+q_{pk}A_p$$

$$=3.14\times0.219\times(6.3\times24+5\times78)+3.14\times0.219^2\times5000/4=560kN$$

取单桩极限承载力标准值为 453kN，承载力特征值为 280kN，压桩力取 400～500kN，桩长 10～12m。

4.2　锚杆静压桩桩数计算

（1）原桩基承载力折减计算。

按断桩后减少的桩侧摩阻力计算，断桩位置处于桩身②$_{-2}$与③$_{-1}$层土的交接处，根据工程地质剖面图，减少的侧摩阻力即是②$_{-2}$层土提供的侧摩阻力，按最大深度计算，桩顶标高为 4.1m，②$_{-2}$层土最深绝对标高为 –1.82m，减少的侧摩阻力为 $q_{sik}\times L=24\times（4.1+1.82）$

=142.08kN。相对于桩身极限承载力减少的侧摩阻力极少，故按桩身强度确定桩身承载力。

缺陷以下 2.0m 范围内采用 C20 素混凝土填并振捣密实，然后管内放置钢筋笼用 C40 混凝土浇筑，故缺陷以上按管内桩身强度确定桩身承载力，桩身承载力 $N=\sigma \times A=1014$kN，原单桩竖向承载力特征值均为 1400kN，不能满足设计强度要求，需补桩，补桩比例为（1–1014/1400）×100=27.6%，实际补桩时按按桩的原有设计承载力的 40% 考虑补偿，需补偿 41×1400×40%=22960kN。

（2）锚杆静压桩数计算与布桩。

按Ⅲ类桩的 40% 考虑补偿，共需 22960/280=82 根锚杆静压桩，故理论上需补桩 84 根，桩长取 10～12m ，桩端进入③$_{-1}$层不小于 2.0m，补桩的承载能力替换折减的承载能力，尤其是注浆后地基土承载力提高形成桩筏基础，可较好地发挥土的承载力。布桩平面图如图 2。

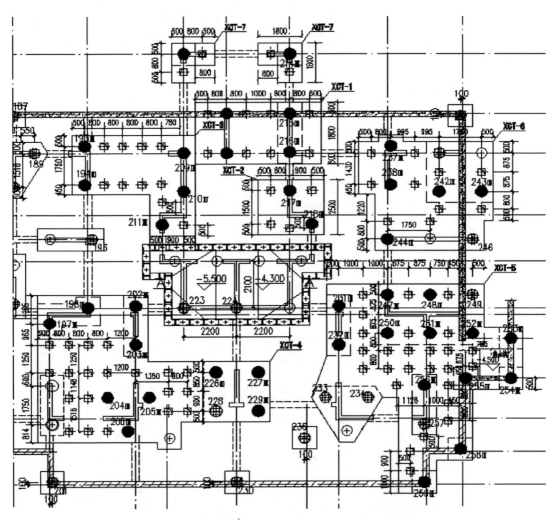

图2　布桩平面图（⊞表示锚杆静压桩；●表示Ⅲ类桩）

由于地下室底板与桩基承台为一体，故地下室底板厚度由 300 增加至 400 厚，增加了地下室底板下地基土的承载力的安全储备。

5 施工保证措施

（1）在扩大的承台预留桩孔，埋设锚杆，待承台达到28d强度及房屋建到三层时再压锚杆静压桩，故可以有效控制桩位和桩长。实行桩长和压桩力双控制原则，保证送桩到位以确保其补偿承载力及足够的安全储备。

（2）压密注浆设计。

在㊶轴至�554轴范围内的软土部分，为了减小填土对桩身负摩阻力的影响，需对该区域进行压密注浆。因②$_{-2}$层范围内土呈软～流塑状态，该层土需进行压密注浆，注浆孔深在2～4m，孔距@1500。

注浆压力是压密注浆的主要控制因素，应通过室内配比和现场注浆试验确定，为设计参数、施工方法及设备的选用提供依据。通常对注浆泵和注浆点的压力都进行监控，压力变化不能过大，控制原则是不允许压力上升太快，可以通过注浆速率进行调节。对于本工程，参照实践经验，注浆压力应控制在0.1～0.4MPa。压力过高，会破坏土层结构，造成土体隆起，耗浆量过大；压力过小，浆液扩散半径达不到要求，从而达不到加固地基的目的，通过对该区域压密注浆，可有效提高该区域地基土的承载力，减小与其他区域地基承载力的差异，进一步控制不均匀沉降。

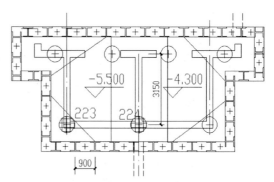

图3 电梯井坑中坑支护平面图

（3）对已挖电梯井坑进行回填，对坑中坑在开挖前进行必要的支护，以防止坑周土体的进一步变形而加剧桩的折断倾斜程度，电梯井坑中坑支护平面图如图3。

6 总 结

采用锚杆静压桩处理断桩等缺陷桩，不仅可较好地补偿由事故桩造成的承载力不足，而且也较好地解决了施工工期及大型施工机械无法展开的矛盾，是一技术可行，经济合理的较好方法。

参 考 文 献

[1] YBJ 227—1991 锚杆静压桩技术规程

[2] JGJ 94—2008 建筑桩基技术规范

[3] 李延和.建筑结构新技术及工程实践 [M].南京：河海大学出版社，2001

[4] 郑志远.锚杆静压桩在某房屋基础补强中的应用 [J].扬州大学学报，2011

[5] JGJ 123—2000 既有建筑地基基础加固技术规范

基坑工程事故的防治与处理方法

陈家冬　吴　亮

（无锡市大筑岩土技术有限公司；江苏地基工程有限公司）

[摘　要]分析了深基坑工程事故发生的原因，在深基坑工程事故发生概率较高的设计与施工方面，重点突出了设计与施工中的非常规原因，有些容易忽略，从而增加了事故发生的概率。提出了基坑工程事故的处理原则及处理通则，为防止基坑工程重大事故发生及基坑工程事故发生后防止进一步扩大起到了借鉴作用。

[关键词]深基坑工程；事故发生；防治处理；施工技术

1　概　述

随着国家基本建设的发展，深基坑工程在各个城市建设中正在逐步扩大规模，地下空间的开发利用从一层地下室逐步发展到多层地下室，在近期发展的城市综合体中，三层至四层地下室已为常见，各个城市的轨道交通及地铁工程大多是超深的地下建筑。基坑工程事故的发生，时有报道及披露，深大基坑工程事故的后果是及其严重的，造成了人民财产损失甚至危及生命。

目前基坑工程的设计规范及施工规范较为完善，各个城市对基坑工程采取了专家评审、质监安监备案等严格的管理制度，这些措施抑制与防止了基坑工程事故发生的频率与概率，对防止基坑工程重大事故的发生起到了很好的作用。同时基坑工程一般地理位置处于城市的中心地带，其周围道路、管线及建构筑物的距离都较近，复杂的环境造成工程事故的损失会加大，加之基坑工程实则是一个综合的工程，它涉及设计、施工、监测、监理、业主管理、建设主管部门管理等方面，所以防止基坑工程事故的发生显得尤为重要。我们的工作中心应放在"防止发生"这四个字上，重点是防止基坑工程事故的发生，其次是一旦事故发生了，及时迅速有效处理也可防止事故进一步的扩大发展。图1、图2是某基坑工程事故的现场图片。

图1　某基坑倒塌的现场照片　　　　图2　某基坑垮塌的现场图片

2　基坑工程事故发生的原因分析与防治

分析透基坑工程事故发生的原因，可以预防再次发生类似的工程事故，对于各种基坑工程事故分析与归类，是非常有必要的工作，从目前我国基坑工程事故发生的类别分析，设计方面占到总量的 39.9%，施工方面占到总量的 46.6%，天气及其他因素占到总量的 13.5%，故重点还是基坑工程的设计与施工原因。

2.1　设计方面基坑工程事故发生的原因与防治

勘察报告中土力学参数的失实。土力学中二个主要参数 c 值与 ϕ 值是计算土压力的关键参数，而土压力又是影响支护结构体内力值的重要因素，一旦失实支护结构体可能会产生较大的变形与强度破坏，故专业设计人员应分各种类别土收集当地较为正确的常规的 c 值与 ϕ 值的资料数据，设计选取时可作参考对照。

c 值与 ϕ 值的选取错误。因 c 值与 ϕ 值有快剪、固结快剪、慢剪等各种方法，设计人员在选取时有时不分基坑的开挖条件及土体在雨季等情况，仅选取一种方法的 c 值与 ϕ 值进行设计计算，故造成在特定条件与环境下基坑的坍塌，设计人员应分析基坑的开挖条件与土质情况选取 c 值与 ϕ 值。在基坑开挖速度较快的施工方法中，选取快剪指标较宜，这与土体来不及固结与土体应力来不及重分布接近。在正常挖土情况下可选取固快的 c 值与 ϕ 值指标。

勘察报告中承压含水土层承压水压力水头的失实。承压水头对深基坑降水起到至关重要的作用，一旦失实，降水设计会全盘错误，严重的情况下基坑工程会出现由于水治理不好的严重事故。勘察单位应非常认真踏实地做承压含水层水头压力的试验，方法与仪器设备都应正确，这样才能真实反映承压含水层的正确水头，达到设计上的正确性。

水土合算与分算的混淆。对于粘性土按合算进行计算，对于砂性土按分算进行计算，但对于粉土、粉土夹粉质黏土，就比较容易混淆，从偏安全角度三种土型按分算较为安全，但基坑周边较为空旷的区域周边环境条件不十分复杂的情况下，对于粉土夹粉质黏土可按合算进行计算。

设计方法上强度设计与变形控制设计的区别。一般情况下都是以强度控制为主，变形控制为辅，但对于建筑物离基坑很近或地下生命线管线离基坑很近时，设计上应以变形控制为主，或称为变形控制设计，否则容易引起基坑近旁建筑物的变形过大，或地下管线破裂等事故的发生，通过变形控制指标，确保周边建筑物及管线的变形在实际容许范围内。

对于深度超过 10m 的基坑工程，应采用两种以上理论模式的设计，除以传统的荷载 – 结构模型进行设计，还应按土 – 结构相互作用的连续介质模型，即有限单元和有限差分法作为校核，因为采用有限元分析软件更能体现出对土体的非线性特性，包括土体非线性变形，地下水渗流，土—结构的相互作用分析等。

重视设计中的反分析，当基坑监测数据达到或超过设计警戒值时，应对原设计方案进行反分析设计，对原设计参数进行适当调整，并预测下阶段施工状态的安全性。

2.2　施工方面基坑工程事发生的原因与防治

施工工艺与顺序的不合理。基坑工程涉及支护、挖土、降水、支撑、监测等多项工作，每项工作之间对基坑安全都是密切相关的，单一考虑问题，都会对整个基坑工程带来不利，严重情况下容易引起工程事故的发生。

特殊施工工况下的计算与复核不到位。一旦施工工况发生变化与调整，应进行计算复核该工况下基坑的安全性，尤其是支护体的内力与变形的变化，以及对基坑周边环境的变形与位移分析计算。

施工方案与关键施工技术合理性的缺失。施工方案与关键施工技术应该是针对本基坑的特定环境条件进行考虑与编制的，每个基坑工程都有它自身的工程特征与特性，对症下药编制的施工方案是对基坑施工安全的一个有力保障。目前存在的问题中有些施工方案是在网上或其他单位抄袭一下，这样的方案是缺乏针对性，如存在致命错误很容易发生工程事故。

施工单位项目经理对基坑工程缺乏必要的技术素质及基础知识。项目经理应具备较强的基坑工程基础知识，对容易引起工程事故的危险源要有敏感的意识及丰富的处理经验。

施工过程中节点细节处马虎随意，不按施工规程操作。由于施工操作人员认为基坑的使用时间较短，是一个临时工程，故在施工过程中比较马虎地施工，如钢支撑焊接节点焊接质量不到位，支撑围檩不填实，止水桩中水泥用量严重不足，支护桩体中钢筋连接焊缝极差，有锚杆的圈梁与桩体钢筋任意割断，形不成牢固的桩锚体系。

对地表水与地下水处理不当。基坑工程中有相当比例的工程事故是水的原因造成，到江南的梅雨季节，总有基坑工程倒塌事故的发生，所以对于基坑内地表水的抽干，不积在坑内，地下水有效降低到坑底下 1m 以上，止水系统严重渗漏的及时抢险三个方面正确的处理是保证基坑安全的一个重要举措。

基坑周边严重超载造成基坑支护体系失效。某些中心城区的基坑，由于场地十分狭小，把大量的钢材等建筑材料堆积到近基坑边侧的范围内，如钢材每堆高 1m，荷载就增加到每平方 7800kg，这种荷载相当于在基坑边立一个五层楼房，故在基坑边侧的堆载物荷重应严格进行控制。

对周边的地下管线等生命管道未采取有效的保护措施。由于基坑变形过大，自来水管、煤气管及上下水管断裂，造成基坑事故。在基坑开挖前，应对周边地下管线等生命线管道进行缜密调查，摸清其位置及埋深情况，在了解情况的前提下预先进行必要的控制。

施工时只注重本基坑内的施工事项，对基坑周边建筑物未作详细的调查。在基坑施工前应对基坑 2 倍深度范围内的所有有影响的建筑物详细进行调查，包括基础型式、基础埋深是否有桩基，在了解清楚后再作出相应的处理与应对，以确保周边建筑物的安全及对基坑构成安全的影响。

基坑施工挖土超挖，造成事故。挖土的超挖对围护体产生的变形很大，当结构体难以承受时，将会产生重大工程事故。超挖产生事故尤其在桩锚体系中，当上层锚杆未到强度时，即开挖下层土，此时支护体受力相当于悬臂结构，或相当于支护体的跨度增加，这样就造成支护体系强度的破坏或变形的增加，故开挖土方一定要待上道锚杆达到设计强度才能再次开挖下去。

2.3 管理方面基坑工程事故发生的原因与防治

在基坑工程施工中，业主参加施工管理所发表的意见对施工企业、设计方起到了决定性的作用，某些违背施工规范或较为冒进的意见施工企业不得不听，只可接受，故留下了事故的隐患，在规程规范的大前提下施工与设计方应坚持安全质量第一的观念，绝不应该迁就业主方的错误意见，以免重大工程事故的发生。

2.4　监测方面基坑工程事故发生的原因与防治

　　基坑监测是基坑工程信息化施工的重要依据，监测数据失实会延误基坑工程抢险的时间，并造成重大工程事故，故监测数据要真实可靠，监测方法要合理先进，监测仪器要精确完好，监测方案应根据基坑工程特点，把周边所有危险源点都监测到，并应及时分析与上传数据，特别对有人员活动的居所、生命线管线等应重点监测，对于一级基坑还应增设第三方监测。

3　基坑工程事故处理原则与方法

　　基坑工程事故一旦发生，后果十分严重，轻则产生一般的财产损失，重则造成人员及财产的重大损失。通过信息化施工与监测，是防止基坑重大事故最有效的措施之一。基坑工程重大事故发生后应及时进行处理，其基本原则为：采取快速处理事故，防止事故进一步扩大，及时正确合理分析事故原因，以便作针对性处理方案。紧急疏散现场人员及财产物资、切断水管、煤气管等管道的补给来源，防止次生灾害的发生，事故处理的框图见下表：

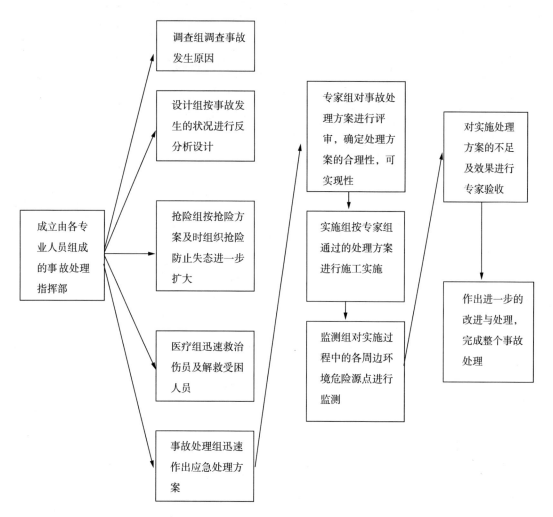

　　事故处理指挥部人员既要有经验丰富的设计工程师，施工工程师，监理工程师参加，还应有对基坑工程有丰富经验的工程管理师及操作工人参加，这样才能集思广益，达到较为完

美合理的处理效果。

4 基坑工程事故处理实例

无锡某工程设计采用二级放坡土钉墙，基坑深度9m，土钉锚杆最长为12m，由于靠基坑西侧有一条4m宽的小河，该小河呈丁字形直达基坑边，平常小河水不多，加上有泵站排水，基坑无大碍，连续几天大雨后，泵站来不及抽水，造成水直冲基坑引起坍方，且该侧基坑边有高压电线杆，燃气和自来水管，当时情况十分危急，险情出现后第一反映立即成立工程抢险指挥部，24h实行抢险。第一步分析塌方原因，第二步作出正确处理意见与方案，第三步

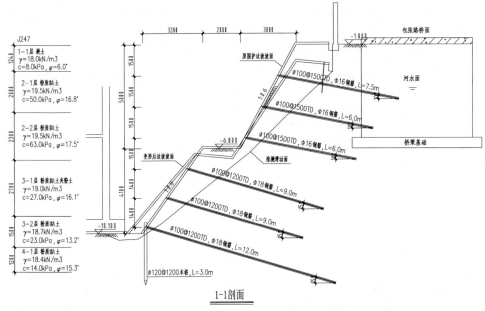

图3 边坡滑移原因分析示意图

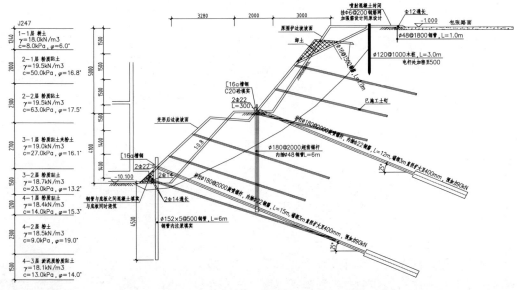

图4 边坡处理加固示意图

重点针对危险源作出重点处理。

本工程抢险的六条处理意见如下：

（1）立即切断水源，将原通往基坑的河道筑坝截流，并将坝处河流理解排干；

（2）对坑边高压电线杆进行基础加固，并适当进行拉结、固定；

（3）增加坡面排水通道，在基坑坡面排水；

（4）对基坑坡顶沉降产生的高差部位采用花管加固并喷锚封闭；

（5）两级坡脚均设置抗滑微型桩和旋喷锚桩，稳定坡脚；

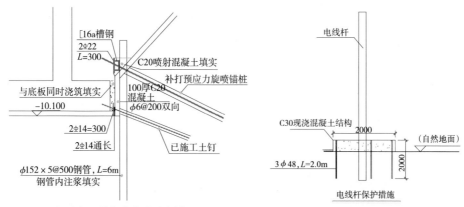

图5　坡脚节点处理大样　　　　　　图6　高压电线杆保护措施

图7　边坡塌方时的照片　　　　　　图8　坡脚处理的照片

图9　电杆加固后的照片　　　　　　图10　边坡修复后的照片

（6）将土钉锚杆头采用钢筋横向拉结锚至马路对面，不让滑体进一步下滑。

由于本工程塌方事故发生后，采取的措施得当，处理方法合理，故坑边电线杆及煤气自来水管均未发生其他事故，经处理后直到浇筑完底板及墙板包括基坑回填土，基坑边坡均处于稳定状态。

5　结　语

近几年来基坑的开挖深度越来越深，面积越来越大，随着深度的增加，地质土层条件变得复杂，地下水也更难以控制与处理，土地稀少，深基坑的周边环境越来越复杂，城市生命线管道近在咫尺，深基坑工程的风险源明显增加。深基坑工程事故的发生，预防是第一位的，在工程的各个环节中防止事故发生是工程参与人员的工作重点。在深基坑意外事故发生后，防止事故进一步扩大并及时处理是非常重要的。深基坑工程事故的处理应迅速及时，不得在处理过程中再留下任何新的事故隐患，事故处理方案应做到技术合理、方法得当，对周围环境的再破坏最小，同时在造价方面也要力求较为经济。

参 考 文 献

[1]　JGJ 120—99 建筑基坑支护技术规程 [S].北京：中国建筑工业出版社，1999
[2]　白云，肖晓春，胡向东.国内外重大地下工程事故与修复技术 [M].北京：中国建筑工业出版社，2012
[3]　罗福午，王毅红.土木工程质量缺陷事故分析及处理 [M].武汉：武汉理工大学出版社，2009
[4]　丛蔼森，杨晓东.深基坑防渗体的设计施工与应用 [M].北京：知识产权出版社，2012

深大基坑选型方案确定及设计计算的整体考虑

浦杰峰[1]　许金山[2]

（1. 无锡太湖美生态环保有限公司；2. 无锡大筑岩土技术有限公司）

[摘　要] 本工程为江阴市区深基坑支护，周边条件复杂，主要从技术性、经济性方面进行比较方案优劣性。本着以安全、经济为目的，通过对围护方案、体系分析、计算原理的阐述及细部处理的考虑，同时兼顾施工的方便及可控性，最终确定深基坑的设计选型方案。

[关键词] 深基坑支护；安全、经济；方便及可控；选型方案

1　工程简介及特点

本工程为办公楼项目，位于江阴市人民东路南侧，环城南路北侧，在建文定南路两侧。本工程基坑实际普遍开挖深度 8.2m，主楼部分开挖深度 9.0m，裙楼电梯井实际开挖深度 10.1m，主楼电梯井实际开挖深度 12.4m，自底板边缘向外预留 0.5～1.0m 作为施工空间，则确定基坑坡顶线尺寸约为 98m×77m，基坑总面积约 7546m²。

本工程位于江阴市城区，南临环城南路，北靠人民东路，在建文定路穿越该区，区内地势基本平坦，地内无重要地下管线，但基坑开挖影响范围内有居民住宅楼等重要建筑物，具体情况如表 1 所示。

基坑周边建构筑物情况分布表　　　　　　　　　　表1

方　位	建筑物层数	建筑物性质	基础形式及埋深	距离侧壁距离
基坑东侧壁	2～6层	综合用房	不详，预计采用小预制桩或者地基处理；埋深应在2m左右进入2层粉质黏土夹粉土	7.5m
	5层	办公综合用房		7.3m
	6～7层	住宅		10.5m
	6～7层	住宅		9.5m
	围墙			6.3m
基坑南侧壁	5层	住宅		11.5m
基坑西侧壁		拟建文定路		
基坑北侧壁	人民东路			23m

2　工程地质条件

根据勘查报告,场地地貌属长江南岸冲湖积平原,场地地层分布及各土层的特征描述如下:

（1）杂填土：杂色，松散，成分复杂，有老基础，顶部大部分地段为混凝土地坪，厚度 0.40～7.00m。

（2）粉质黏土夹粉土：灰褐色～灰黄色，软塑～稍密，无摇振反应，韧性低，具层理，上部以灰褐色软塑粉质黏土为主，下部以黄灰色稍密粉土为主，含极少量氧化铁成分，可见云母片，具中等压缩性，层厚较薄，0.00～3.40m。填土较深部位缺失。

（3-1）淤泥质粉土：灰色～深灰色，流塑状态，很湿，含少量有机质及腐殖质，局部夹薄层粉土或淤泥质粉质黏土，摇振反应中等，韧性及干强度低，无光泽，层厚 0.70～22.60m。

（3-2）粉土：青灰色，稍密，很湿，摇振反应迅速，干强度及韧性低，颗粒均匀，无光泽，层厚 0.00～11.30m。

（4）淤泥质粉质黏土：灰色，流塑状态，含少量有机质成分，无摇振反应，稍有光泽，干强度及韧性中等，层厚 2.10～31.20m。

（5）粉质黏土：灰黑色，软塑～可塑状态，含极少量有机质和铁锰质成分，局部粉粒含量高，无摇振反应，稍有光泽，韧性及干强度中等，具中等压缩性，层厚 1.90～15.40m。

地下水情况

拟建场地地下水主要有以下几层：

（1）场地地表水。

场内地表水不发育。场地南侧为澄塞河，河宽约 20m，水深 1.5m 左右。澄塞河与外界水有一定的水力联系。

（2）场地地下水。

场地地下水属潜水。由人工填土、软弱黏性土和粉土构成含水层。下部的可塑、硬塑粉质黏土为隔水底板。

（3）含水层富水性和透水性。

人工填土，尤其是杂填土，孔隙大，结构松散，连通性较好，有利于地下水汇集，透水性较好，但富水性与厚度及季节有关，一般雨季富水性较好。

软弱黏性土和粉土，包括（2）层粉质黏土夹粉土、（3-1）层淤泥质粉土和（3-2）层粉土，（4）层淤泥质粉质黏土，富水性良好，为场地主要含水层。但透水性较弱，根据渗透性试验属弱透水层，给水性较差。

下部的可塑、硬塑粉质黏土为隔水底板，属微透水～不透水地层。

（4）地下水稳定水位及变化幅度。

本区地下水水位最高一般在 7～8 月份，最低水位多出现在旱季 12 月份至翌年 3 月份。历史最高水位 3.5m 左右，近 3～5 年，最高地下水位 3.2m 左右，水位变化幅度一般在 2.20（冬春）～3.20m（夏秋）之间。

勘探期间在钻孔中量测的场地地下水初见水位埋深在地面下 0.6～1.0m，高程约 2.8～2.9 m 左右；稳定水位高程约 2.9～3.0m。

场地地下水的补给来源主要为大气降水入渗和澄塞河侧向补给，以蒸发和地下径流为主要排泄方式，水位受季节性变化影响，年变化幅度为 0.5～1.0m 左右。土层渗透性见表 2。

土层渗透性 表2

土层编号		2	3-1	3-2	4
土层名称		粉质黏土夹粉土	淤泥质粉土	粉土	淤泥质粉质黏土
渗透系数	水平（cm/s）	2.96×10^{-5}	1.12×10^{-4}	2.18×10^{-4}	3.63×10^{-6}
	垂直（cm/s）	1.77×10^{-5}	1.02×10^{-4}	2.61×10^{-4}	8.74×10^{-7}

3 基坑围护方案分析

3.1 基坑特点分析

根据工程实际情况，确定本基坑围护及降水设计有以下几个重点：

（1）本基坑范围较大，周长长，形状规则，空间效应比较明显，尤其应慎防侧壁中段变形过大；

（2）基坑开挖范围内土质相当差，具有很强的流变性，时间效应明显，基坑设计应留有足够的安全储备以防土体流变破坏；

（3）基坑周边条件各不相同，差异较大，如有的侧壁距离房屋很近，有的侧壁则比较空旷，基坑设计应根据不同的周边环境及地质条件进行设计，以实现"安全、经济、科学"的设计目标；

（4）基坑底部土质较差，采用圆弧滑动验算边坡稳定性时需对此予以注意，圆弧搜索范围应覆盖至该层；

（5）基坑开挖范围内存在渗透性大的粉土层，周边距离建筑物很近，需要采取封闭止水措施；同时坑内含水量很大，需要布置疏干井进行疏水以创造干作业施工条件。

3.2　围护结构方案分析

基坑围护方案的选定必须综合考虑工程的特点和周边的环境要求以及地质情况，在满足地下室结构施工以及确保周边建筑安全可靠的前提下尽可能的做到经济合理，方便施工以及提高工效。

目前常规的基坑围护方法一般包括土钉墙、复合土钉墙、围护桩以及 SMW 工法等形式。对于本基坑，由于土质很软且地下水位高，采用土钉墙或者复合土钉墙一方面由于土钉锚固力较低因此需要作的很长，另一方面深层土体较差，基坑极易发生整体滑动，特别是基坑东侧壁距离房屋很近，一旦发生破坏影响很大，所以本基坑应采用刚性支护体系。

刚性支护体系结构，对于本基坑，可采用围护桩或者劲性型钢水泥土搅拌桩作为侧壁刚性挡土体系；由于土压力较大，尚需采用一道支撑体系，可采用钢管或者混凝土支撑体系，因此初步考虑本基坑有如下四种方案选择：

（1）围护桩＋一道混凝土内支撑；

（2）围护桩＋一道钢支撑；

（3）SMW 工法＋一道混凝土内支撑；

（4）SMW 工法＋一道钢支撑。

3.3　各种围护体系的分析

3.3.1　围护桩方案分析

本基坑侧壁实际开挖深度 8.2m，根据试算结果，采用 φ700@950，混凝土强度等级 C25 的钻孔灌注桩可满足基坑的整体稳定性、抗倾覆、变形控制等安全要求。

桩长根据不同侧壁的土质、荷载以及变形控制要求各有不同；

在裙房电梯井落深位置，通过增加桩长和改变桩身配筋来满足基坑的安全要求。

同时，为实现经济、科学的目标，在围护桩配筋中，对于侧壁安全等级较低的基坑，采用了不均匀配筋的方式，同时，根据桩身弯矩分布，沿桩身钢筋笼配筋也有不同。根据经验，此种配筋形式充分利用钢筋的受力性能，可大大节约投资。

可见，采用围护桩形式进行基坑围护主要有如下优点：

（1）施工方便，机械灵活，对场地要求较低，无需大量平整工作；

（2）施工钻孔对周边地层及建筑物扰动很小；

（3）布置形式、长度等可根据基坑不同位置的不同需要灵活选择，数量多少不会引起机械进场、设备调整等额外费用；

（4）钻孔桩刚度大，抗水平变形能力强；

（5）施工经验丰富，监理、业主等易于控制；

（6）跟工程桩可同步施工，无需调整机械，也节约了养护时间；

（7）施工完毕，无需拔出回收，避免了后期额外的工序；

（8）投资可控，不存在租期问题；

（9）造价可通过调整配筋、桩长灵活降低，做到有的放矢。

本工程采用钻孔灌注桩方案，初步情况如表3。

采用钻孔灌注桩方案初步情况   表3

方案类别	围护侧壁	侧壁描述	围护形式	数量	配筋
钻孔灌注桩	东侧壁（1-1剖面）	靠近住宅	ϕ 700@950L=16m	106	均匀
	南侧壁（2-2剖面）	距离住宅较远	ϕ 700@950L=15/14m	81	不均匀
	西侧壁（3-3剖面）	场地空旷	ϕ 700@950L=15/14m	109	
	北侧壁（4-4剖面）	距离人民路远	ϕ 700@950L=15/14m	57	
	北侧壁（5-5剖面）	裙楼电梯井	ϕ 700@950L=18m	16	
合计				369	
备注：长度含冠梁					

3.3.2　SMW 工法方案分析

该工法雏形最早在美国产生，后经日本改进随后引进到我国。它通过在止水搅拌桩中插入型钢形成围护体系，可同时起到止水和挡土作用，型钢最后拔出回收。

如在强度和刚度满足要求情况下，且在租期内回收，那么其经济性是相当优越的。

本方案中，根据基坑土质分析，采用双轴搅拌桩即可保证质量和满足设计要求。型钢采用 600×300 工字钢。

由于搅拌桩兼起止水作用，因此要求搅拌桩保证进入 4 层淤泥质粉质黏土不少于 1m；同时，搅拌桩采取二喷三搅工艺提高搅拌均匀性；

型钢间距 1m，长度根据基坑周边的地质条件和变形控制要求来确定。

采用该工法，其优点是：

（1）止水效果好，水泥掺量大，很少漏水；

（2）施工工艺与传统搅拌桩不同，采用水泥浆将土体置换而非将水泥浆压入土体，施工对周边环境影响小；

（3）施工速度快，一台设备平均一天可施工 20 余延米；

（4）可回收，造价较低。

本工程采用 SMW 工法，初步情况如表4。

3.3.3　支撑体系分析

支撑体系是基坑围护设计的核心内容，为尽可能减小对周围环境的影响，需要一个强大可靠的支撑体系。为了做到经济合理，又必须实用尽可能少的支撑材料，要挖土方便，减小施工周期，支撑之间还要留出足够的挖土空间。

经综合考虑支护结构的内力分布，位移控制、结构施工期间的拆撑换撑，在纵向拟采用一道内支撑。考虑基坑开挖深度和基坑土质较差，如果支撑系统直接布置在自然地坪位置则坑底需要较长的插入深度才能避免踢脚破坏，故上部采用 2m 土钉墙放坡后，支撑标高降低至自然地坪以下 2m。这样经济指标较好且安全性更好。

采用SMW工法初步情况 表4

方案类别	围护侧壁	围护形式		数量	
		水泥土搅拌桩	型钢	搅拌桩	型钢
SMW 工法	东侧壁（1-1剖面）	ϕ 700@500L=18.7m	L=16m@1000	202	101
	南侧壁（2-2剖面）	ϕ 700@500L=16.2m	L=15m@1000	156	77
	西侧壁（3-3剖面）	ϕ 700@500L=16.2m	L=16m@1000	206	104
	北侧壁（4-4剖面）	ϕ 700@500L=17.7m	L=15m@1000	140	54
	北侧壁（5-5剖面）	ϕ 700@500L=18.7m	L=18m@1000	34	16
合计				738	352

本基坑平面形状规则，如果采用钢支撑则布置比较方便，受力也比较明确。但是考虑到：

（1）基坑宽度较大，采用钢支撑稳定性要求较高；

（2）钢支撑布置不能灵活选择形式，采用网格状挖土受到影响；

（3）基坑土质较差，流变性显著，钢支撑易于发生松弛导致内力损失，风险较大；

（4）钢支撑施工精度要求较高，对于本基坑容易发生偏心。

故确定选择混凝土支撑形式。

混凝土支撑主要有以下优点：

（1）刚度大，整体性好，安全性高；

（2）施工方便，可随冠梁同时浇筑；

（3）布置形式灵活，可给挖土创造足够的空间，从而加快施工速度。

本次混凝土支撑的规格如表 5。

混凝土支撑的规格 表5

类别	标号	尺寸	长度	备注
圈梁	C25	800×700	352	
ZC1	C25	700×600	629	主支撑
ZC2	C25	600×600	234	辅助支撑
ZC3	C25	600×600	528	联系支撑

3.3.4 格构柱及立柱桩分析

立柱采用钢结构格构柱。

立柱桩采用钻孔灌注桩，初步考虑采用工程桩作为立柱桩以节约资金。对于个别难以采用工程桩的位置，则增设立柱桩。

如果工程桩桩径偏小，则在工程桩上部 3m 范围采取扩径措施，格构柱插入立柱桩中不小于 4 倍格构柱宽度。

格构柱穿越底板位置焊接止水板，格构柱应避开主体结构的梁柱体系，具体布置方式需根据最终结构形式确定。

初步布置格构柱 36 个。

3.4 基坑细部处理

3.4.1 电梯井位置处理措施

本工程在主楼和裙楼位置各有电梯井分布。

其中裙楼的电梯井深度1.9m，靠近基坑侧壁。该位置电梯井落深对基坑围护结构的安全影响较大，因此采取在围护桩和电梯井之间布置搅拌桩加固坑底被动土压力，同时兼作电梯井开挖支护。如果基坑电梯井范围内全部布置搅拌桩则水泥浪费较多，因此在电梯井周围首先布置搅拌桩封闭后在内部采取高压劈裂注浆加固，其效果类似，但是在设备、材料上都比较节约。

对于主楼位置的电梯井，深度落深3.4m，坑底土质很差，需要采取合理的支护形式。

考虑到该电梯井平面尺寸不大，因此可以在电梯井外围布置环形水泥土搅拌桩形成支护体系，充分利用其抗压强度较高的特点。

在坑内，也采取劈裂注浆的方式。

3.4.2 基坑出土坡道

根据本基坑支撑布置形式，无论总包采取运土坡道形式出土还是栈桥形式都可满足。

如采取坡道运输，可在基坑每个侧壁均可设置出土坡道，总包单位可以根据需要和场地情况选择。

如不设坡道，则可将基坑中间位置的复合对撑设置为栈桥，使土方运输车辆直接在栈桥上运动，从而不设挖土坡道。

4 基坑围护设计计算

4.1 分段及计算模型

根据基坑侧壁土层情况及周边环境条件，需要对本基坑分段处理，这样才能更节约、安全、有针对性。

计算简图初步考虑5个剖面，待深化计算设计时进行计算。

4.2 侧壁安全等级

根据建筑基坑支护技术规程，确定该基坑侧壁安全等级为：东侧和南侧靠近住宅位置为一级；北侧电梯井位置安全等级也为一级，基坑重要性系数1.1；其余侧壁安全等级二级，基坑重要性系数1.0。

依据上述安全等级选取重要性系数进行设计计算。

4.3 土层参数调整

计算参数：根据岩土工程勘察报告提供的土层固结快剪数据作为基坑支护设计数据，基坑支护设计各土层的参数如表6。

基坑支护设计各土层的参数 　　　　　　表6

层号	土名	重度 （kN/m³）	粘聚力c （kPa）	内摩擦角φ （度）
1	杂填土	18	15	10

层号	土名	重度（kN/m³）	粘聚力c（kPa）	内摩擦角φ（度）
2	粉质黏土夹粉土	18.8	25	21.0
3-1	淤泥质粉土	17.8	19	25.0
3-2	粉土	18.4	20	27.6
4	淤泥质粉质黏土	17.8	19	13.4
5	粉质黏土	18.4	27.4	11.5

根据设计经验，对于本基坑的土质特点以及土工试验方法，对上述部分土层的力学参数应考虑一定的折扣比较合适，确定计算参数如表7。

计算参数　　　　　　　　　　　　　　　　　　　　　　　表7

层号	土名	重度（kN/m³）	黏聚力c（kPa）	内摩擦角φ（度）
1	杂填土	18	15.00	10.00
2	粉质黏土夹粉土	18.8	25.00	21.00
3-1	淤泥质粉土	17.8	13.30	17.50
3-2	粉土	18.4	16.00	22.00

4.4　超载与周边住宅荷载

（1）地面超载：取地面超载20kPa（注：见高大钊主编《深基坑工程》，机械工业出版社）满足施工要求；

（2）住宅荷载考虑装修并适当考虑一定的安全度，每层按20kPa计算，同时，考虑到住宅可能采用地基处理或者布置了一定桩基础，直接作用于基底位置土体的荷载可根据桩土分担比的经验参数选取。

4.5　工况设计

本基坑开挖共设计4个工况：

（1）工况1：基坑上部土方开挖至冠梁标高，浇筑冠梁及支撑；

（2）工况2：基坑土方分层、分块、对称、均匀，继续开挖至坑底，浇筑垫层及底板，周边浇筑换板带；

（3）待基础底板及传力带达到设计强度的70%后施工地下一层楼板及素混凝土传力带；

（4）待强度达到70%后拆除支撑，继续施工地下室顶板。

4.6　计算原理

计算内容包括：土钉墙支护结构计算、基坑的抗滑移稳定性、抗隆起稳定性和抗倾覆稳定性计算；围护墙的内力和变形计算；锚杆的内力和长度计算；周边环境变形预测。

（1）土钉墙支护的计算。

按国家规范《建筑基坑支护技术规程》JGJ 120—99进行整体稳定计算和土钉受力计算。滑动稳定采用圆弧滑动假定。

（2）基坑稳定性计算理论。

基坑抗隆起稳定性是基于普朗特等（Prandtl-Reissner）公式和太沙基公式。

（3）墙体内力与变形计算的杆系有限元计算理论。

围护墙施工阶段沿基坑周边取单位长度采用杆系有限元法计算。地层对墙体的作用采用等效弹簧进行模拟。围护墙划分为梁单元，支撑为仅承受轴力的杆单元，考虑各施工阶段施工参数变化、墙体位移的影响，满足强度及变形控制的安全稳定性要求。

5　两种方案技术经济指标比较

5.1　土体变形控制

不同剖面最大水平位移控制情况如表8。

可见，支撑刚度相同情况下，总体上二者在最大水平位移控制方面相差不大。两种围护形式均满足基坑安全控制要求。

不同剖面最大水平位移控制情况　　　　　　　　　表8

剖面编号	钻孔灌注桩（mm）	SMW工法（mm）
1-1	16.82	17.7
2-2	14.81	12.5
3-3	14.85	15.0
4-4	17.10	15.0
5-5	30.15	21.5
备注	北京理正分析	同济启明星计算

综上分析，SMW工法每延米抗弯刚度小于围护桩，后者在安全储备上略大。

5.2　基坑安全性比较

不同剖面基坑安全性比较如表9。

不同剖面基坑安全性比较　　　　　　　　　表9

剖面编号	计算项目	钻孔灌注桩	SMW工法
1-1	整体稳定性	1.745	1.615
2-2	整体稳定性	1.974	1.550
3-3	整体稳定性	1.807	1.964
4-4	整体稳定性	2.061	2.020
5-5	整体稳定性	1.668	1.675
备注		北京理正分析	同济启明星计算

可见，本次设计的两种方案在基坑安全性上也差别不大。

5.3　经济指标比较

二者经济指标比较如表10。

二者经济指标比较 **表10**

项目	钻孔灌注桩		SMW工法	
	工程量	参考单价（2008年）	工程量	参考单价（2008年）
双轴搅拌桩	4775方	110	4907	210
型钢			759吨	2100
钻孔灌注桩	2041方	1050		
合计		266万		263万
说明	1. 型钢考虑120天租赁价格； 2. 其余措施相同不再参与比较； 3. 型钢考虑全部完好拔出。			

可见，就经济指标而言，二者相差大约3万。但是，如果型钢未能全部完好拔出，按照5%～10%损失考虑，则需额外增加费用17万～35万左右。若SMW工法中型钢租期超过120天则SMW工法的工程造价的优势将会失去。

6 地下水处理

本基坑采取基坑周边封闭截水后在坑内采取深井降水措施。

坑内降水的主要目的是：

（1）加固基坑土体，提高坑底土体的强度，从而起到减少坑底隆起和围护变形量，防止坑外地表过量沉降；

（2）有利于边坡稳定，防止滑坡，进一步减小管涌可能性；

（3）疏干基坑内的存水，创造一个干作业施工环境。

本工程拟采取20口深井，降水深度为坑底以下0.5～1.0m。

7 结 论

根据上述技术经济分析，可见二者在变形控制、基坑安全以及经济指标上均相差不大。但是从以下几个方面来看：

（1）钻孔桩施工及应用经验非常成熟，易于业主和监理质量控制；

（2）钻孔桩对场地整平要求低，不需要大型设备进场；

（3）钻孔桩施工完毕无须考虑拔桩，而SMW工法需要考虑拔桩，型钢的租期及完好率难以掌控，同时对周边环境存在二次影响；

（4）钻孔桩无须考虑租期问题；

（5）钻孔桩在施工过程中可灵活调整，并与工程桩相结合。

因此，建议本工程采用钻孔灌注桩围护，支撑则采用混凝土支撑体系。

参 考 文 献

[1] 中国建筑科学研究院.GB 5007—2001建筑地基基础设计规范[S].北京：中国建筑工业出版社，2001

[2] 中国建筑科学研究院.JGJ 120—99建筑基坑支护技术规程[S].北京：中国建筑工业出版社，1999

[3] 刘建航，侯学渊.基坑工程手册[M].北京：中国建筑工业出版社，1997

多层砌体结构裂缝原因分析及防控措施

杨太文

（鹤壁市住房和城乡建设局，鹤壁 458030）

［摘　要］本文对砌体裂缝常见的几种形式，即材料收缩或温度变化裂缝、沉降裂缝和荷载裂缝产生的原因进行了分析，提出防控措施，给出了加固修复方法。

［关键词］砌体裂缝；产生原因；防控措施；加固补强

砌体结构的裂缝很普遍，裂缝的种类繁多，有斜裂缝、水平裂缝、竖向裂缝、X 向裂缝等。裂缝的宽度大者几厘米，小者几毫米。裂缝的原因也很复杂，造成的危害也十分严重，或影响建筑物美观造成渗漏，或降低和消弱建筑物的刚度、强度、稳定性、整体性、耐久性，或严重时造成建筑物的倒塌事故。因此对砖砌体裂缝的原因分析、防控措施以及加固补强具有很重要的现实意义。

1　砖砌体结构房屋常见的裂缝形式

砖砌体裂缝的形式主要有以下几种。

1.1　由材料收缩或温度变化引起的裂缝

1.1.1　顶层墙体裂缝

（1）顶层房屋纵墙端山墙附近外纵墙的窗角裂缝（常称八字缝）。

（2）顶层横墙上由垂直和水平灰缝中裂缝连结而成的阶梯缝。

（3）顶层楼梯间二侧、横墙上的水平缝或阶梯裂缝。

（4）顶层房屋端部第一开间内纵墙上的阶梯裂缝。

（5）顶层山墙端开间屋顶板底下或圈梁底下的水平裂缝。（参见图 1）

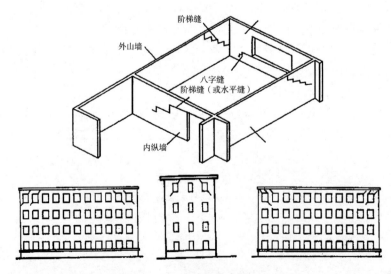

图　1

顶层墙体裂缝主要是由屋盖和墙体在温度作用下造成的。砌块顶层墙体裂缝和房屋的长度、屋面的构造、墙体的平面布置和墙体的构造措施有关。特别重要的是与当地气候和环境以及屋盖和墙体的保温、隔热措施有关。上述的墙体裂缝常在屋盖未设保温层或设置简单隔热措施和墙体抗裂构造措施不强或设置不当的砌块建筑中发生。采取合理和有效的防治墙体裂缝的构造措施，可使砌块墙体不出现裂缝、少出现裂缝或裂缝得到控制。

1.1.2　山墙墙体裂缝

东、西山墙墙面日照强度大墙体面积大，在太阳辐射热作用下加速了墙体材料的干缩、温度膨胀和材料发生裂缝。

1.1.3　底层墙体的裂缝

（1）底层窗台墙体上的垂直或阶梯裂缝：主要由墙体局部差异沉降引起的。是基础梁刚度不足，窗间墙受反向弯曲造成的。

（2）底层横墙上的垂直裂缝：主要由于墙体材料收缩引起。

1.2　地基不均匀沉降引起的裂缝

沉降裂缝主要有正八字形裂缝，常发生在一、二层两端纵墙上；倒八字形裂缝；斜裂缝；竖向裂缝，一般产生在底层大窗台下；水平裂缝。（参见图2）

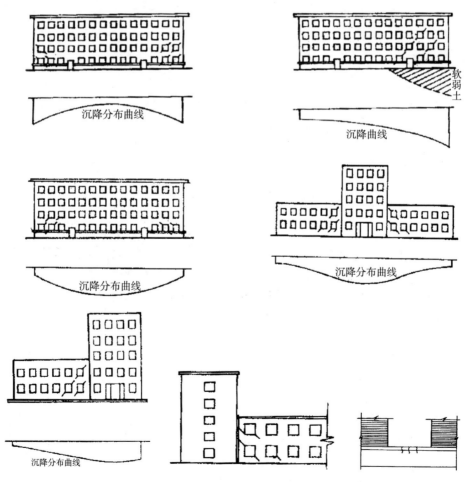

图　2

1.3　因承载力不足引起的裂缝

裂缝的走向与荷载的方向、位置相 AH 舾稍厥谴直向下作用，砌体的裂缝也是自作用点上下延伸；若荷载是水平力的作用，砌体裂缝也为水平方向。（参见图 3）

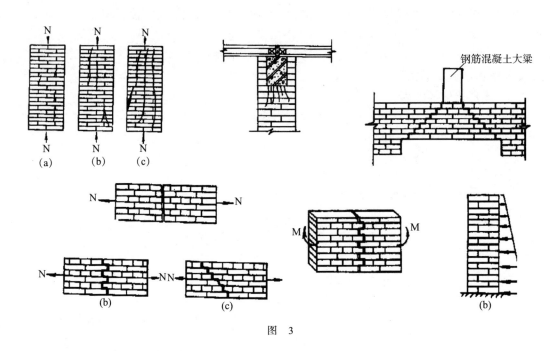

图　3

以上是常见的三种裂缝形式，除此之外还有：机械振动和施工时砌筑质量差异、地震作用、材料质量差异引起的裂缝，设计构造不当引起的裂缝。

2　产生砌体房屋裂缝的原因分析

2.1　新型材料的大量使用和对材料的认识不足

"禁实"和"禁粘"工作以来，新型墙材得到了长足的发展，在我国中东部地区应用非常广泛，成为替代黏土砖的主要承重墙体材料之一，由于设计与施工对新型墙材性能的掌握不够以及生产监管力度不到位，致使建筑物建成后墙体开裂渗漏问题较多。

蒸压粉煤灰砖、蒸压灰砂砖、混凝土小型空心砌块、混凝土多孔砖和实心砖等由于轻质砌块容重轻，用作非承重墙体时较红砖有较大优越性。但也应看到它的缺点，一是收缩率比黏土砖大，随着含水量的降低，材料会产生较大的干缩变形，这类干缩变形会在建筑引起不同程度的裂缝；二是砌块受潮后会出现二次收缩，干缩后的材料受潮后会发生膨胀，脱水后会再发生干缩变形，引起墙体发生裂缝；三是砌块砌体的抗拉及抗剪切强度只有黏土砖的50%；四是砌块质量的不稳定。由于砌块自身的一些缺陷，引起一些裂缝，如房屋内外纵墙中间对称分布的倒八字裂缝；在建筑底部一至二层窗台边出现的斜裂缝或竖向裂缝；在屋顶圈梁下出现的水平缝和水平包角裂缝；在大片墙面上出现的底部重、上部较轻的竖向裂缝。另外不同材料和构件的差异变形也会导致墙体开裂。如楼板错层处或高低层连接处常出现的裂缝，框架填充墙或柱间墙因不同材料的差异变形出现的裂缝。这些都是材质问题所致。

2.2　建筑设计方面的原因

2.2.1　设计者重视强度设计而忽略抗裂构造措施

长期以来，人们对砌体结构的各种裂缝习以为常，设计者一般认为砌体的选用比较简单，在强度方面作必要的计算后，针对构造措施，绝大部分引用国家标准或标准图集，很少单独提出有关防裂要求和措施，更没有对这些措施的可行性进行调查或总结。因为裂缝的危险仅为潜在的，不影响结构的安全，没有涉及责任问题。

2.2.2　设计者对新材料砌块的应用不熟悉

设计单位对新材料砌块的性能和新标准的应用尚在认识探索之中，对设计技巧、裂缝预防缺少经验，因此存在或多或少存在设计缺陷。主要有以下一些问题：

（1）非承重混凝土砌块墙是后砌填充围护结构。当墙体的尺寸与砌块规格不配时，难以用砌块完全填满，造成砌体与混凝土框架结构的梁板柱连接部位孔隙过大容易开裂。

（2）门窗洞及预留洞边等部位是应力集中区，没有采取有效的拉结加强措施时，会由于撞击振动容易开裂。

（3）墙厚过小及砌筑砂浆强度过低，会使墙体刚度不足也容易开裂。

（4）墙面开洞安装管线或吊挂重物均引起墙体变形开裂。

（5）与水接触墙面未考虑防排水及泛水和滴水等构造措施使墙体渗漏。

2.3　施工方面的原因

由于以往施工单位一直以砌筑黏土砖墙为主，对采用新型轻质砖砌块后砌筑和抹灰施工方法没有掌握，又缺少培训和实践，施工方法、工具、砂浆等都沿用了黏土烧结砖的一贯做法，对日砌筑高度、湿度控制都缺乏经验，加上施工过程中水平灰缝、竖向灰缝不饱满，减弱了墙体的抗拉抗剪的能力以及工人砌筑水平的不稳定都导致墙体出现裂缝。

2.4　使用方面的原因

由于近年来外墙保温节能材料的应用，原采暖设计标准较高冬季室内温度过高可达30～35℃，而其室外温度仅为（−15）～（−5）℃，如此大的温差，加上混凝土线膨胀系数比砖砌体近似大一倍，则温差引起的砌体主拉应力大于砌体本身抵抗力的50%～300%，又加上房屋两端为"自由端"，水平约束力小，因此造成墙体裂缝。

2.5.　认识上的误差

老百姓对房屋质量要求过高，对裂缝本身有误解，消费者权益意思逐渐提高。

3　防止和减轻墙体裂缝的主要措施

3.1　设计措施

（1）由于蒸压粉煤灰砖、蒸压灰砂砖、混凝土小型空心砌块、混凝土多孔砖和实心砖均属于非烧结砖，采用混凝土多孔砖或实心砖砌体建造房屋伸缩缝的最大间距（m）建议按照按现行《砌体结构设计规范》表6.3注1中对蒸压灰砂砖、蒸压粉煤灰砖和混凝土砌块砌体房屋的规定采用，伸缩缝的最大间距（m）取《砌体结构设计规范》表6.3中数值乘以0.8；

（2）对新型墙体材料采用黏结好的专用砂浆砌筑；

（3）对蒸压粉煤灰砖、蒸压灰砂砖、混凝土小型空心砌块、混凝土多孔砖和实心砖等非烧结砖宜在各层门、窗过梁上方的水平灰缝内及窗台下第一和第二道水平灰缝内设置钢筋网片或水平钢筋；

（4）对蒸压粉煤灰砖、蒸压灰砂砖、混凝土小型空心砌块、混凝土多孔砖和实心砖等非烧结砖实体墙长大于 5m 时，应在每层墙高度中部设钢筋网片或水平钢筋，或水平钢筋混凝土现浇带。

3.2　为防止或减轻房屋顶层墙体的裂缝，可采取的措施

（1）屋面和墙体应设置保温、隔热层；

（2）屋面保温（隔热）层及砂浆找平层应设置分隔缝；

（3）顶层屋面板下设置沿内外墙拉通的圈梁，圈梁下墙体内适当设置水平筋；

（4）女儿墙应设置构造柱，房屋顶层端部墙体内适当增设构造柱；

（5）在房屋面板处增设温度伸缩缝，将整个屋面板用伸缩缝（缝宽 20mm）分成几个长度较小的独立单元，以减少屋面板的总变形值，使得砌体因屋面板温度变形产生的推力小于砌体的抗拉强度，防止砌体裂缝。

设置原则如下：

①当房屋实际长度 $L \leqslant 30m$ 时，分别在建筑物两端第二道横墙上设 20cm 宽的温度伸缩缝。

②当 $30m < L \leqslant 50m$ 时，还要在中间横墙上设的三道温度伸缩缝。

必要时，在温度伸缩缝的横墙上圈梁亦可断开，设置 120mm 宽的两道圈梁，温度伸缩缝用塑料油膏封填。

3.3　为防止或减轻房屋底层墙体的裂缝，可采取的措施

（1）增大基础圈梁的刚度；

（2）在底层的窗台下墙体水平灰缝内设置钢筋网片或水平钢筋，或设钢筋混凝土窗台板。

3.4　其他防裂措施

（1）当房屋刚度较大时，可在窗台下或窗台角处墙体内设置竖向控制缝；

（2）采用预应力砌体结构的抗裂措施。

4　裂缝加固补强

砖砌体结构一旦出现了裂缝，应首先分析裂缝产生的主要原因，迅速采取有效措施，针对裂缝发生的原因、部位、严重程度和对建筑物的影响程度，对裂缝进行加固与修复。常见的方法有以下几种。

4.1　屋面保温达不到节能设计要求

当屋面保温层未达到热工要求和节能标准时，应重做屋面保温层，使裂缝稳定，因为对温度裂缝仅做一般性的回固补强是无济于事的，必须从减少温度应力入手。保温层使用的绝热材料要满足表观密度、粒经、导热系数与含水率等各顶技术指标的要求，在施工中要严格按照设计和现行施工规范的要求施工，力求达到设计的保温效果。

4.2　对地基不均匀沉降引起的砌体裂缝

应首先处理地基和加固基础。常用的方法有：灰土挤密桩加固法、水泥浆灌注法和旋喷桩加固法。然后再对上部结构进行加固修复。

4.3　墙体裂缝处理

对外纵墙、横墙、内纵墙的裂缝采用钢筋网水泥砂浆抹面加固法，剔灰缝深 12cm，胀锚栓 @500，呈梅花型分布。挂钢筋网 ϕ 6@250，M10 水泥砂浆 40mm 厚，3 道成活，施工完后，要注意喷水养护预防空鼓。

对于轻微裂缝可用压力灌浆补缝法，由灰浆泵把水玻璃胶泥或掺有其他胶合材料的水泥砂浆，水泥浆灌入裂缝内，把砌体重新胶结成为整体。

5　结束语

控制裂缝的产生和扩展，是建筑工程中必不可少的一个重要环节，应引起足够重视，尤其在当前新型墙体材料的广泛应用的情况下，制定一项统一的规范和技术标准已迫在眉捷。控制裂缝，重点在防，并需要从设计、施工、使用等方面，采取有针对性的防裂措施，加大主动控制的力度，才能提高新建房屋质量的可靠性。只要严格执行规定，做到设计与施工紧密配合，减轻或防止墙体裂缝是完全可以做到的。

参 考 文 献

[1]　浅谈平板网架结构.建筑与工程，2007

[2]　胡勇，黄正荣.基于 ANSYS 的网架优化设计 [J].山西建筑，2006

[3]　简洪平，刘光宗，蔡文豪，由敬舜.大跨度空间网架结构优化设计 [J].设计与研究，2001

[4]　田昱峰，冯霞.导致网架事故的设计原因分析山西建筑，2007

框架结构柱基础沉降后的修复加固

杜 勇

（太钢设计院；山西威德睦方设计院）

[摘 要]框架结构柱基础发生塌陷或沉降后，可通过合理的计算来确认其构件是否满足规范要求，若满足可不需修复和加固继续使用，反之按计算要求经加固后仍可继续使用。这样可节省时间和资金。

[关键词]柱基础；沉降；计算；加固；使用

1 前 言

任何建筑物遭受自然灾害后都会受到不同程度的损坏。各种受损灾害中最常见的就是地基土受到外界因素的侵蚀，使地基土塌陷，引起基础的下沉，导致建筑物中的各种构件受损。沉降量小的，构件受损不明显，反之会引起构件表面出现裂缝、混凝土脱落、受力筋弯折，最后会构件破坏、结构整体倒塌。对于沉降量小的结构，我们可以通过计算求出各构件能否承受沉降产生的附加应力来确定构件的加固修复法。

2 基础沉降前的结构计算

建筑结构的沉降类型较多。如条基、筏基、桩基、独柱基础的沉降。其引起的附加应力计算法是不同的，而且比较复杂。这里以独立柱基的沉降计算为例进行论述。

2.1 框架柱基础沉降前的结构内力

目前多层或高层建筑的结构形式多以框架形式为主。该种结构的沉降多以边柱、端柱或角柱的沉降类型较多。沉降前的内力计算法常规是取出一榀沉降量较大的标准框架来计算由外部荷载引起的内力。

2.1.1 框架承受的外部荷载

框架承受的外部荷载多以恒载、活载、雪载、风载及地震荷载为主。这些荷载基本上分为竖向荷载和水平荷载，前三项为竖向，后两项为水平。恒载可由建筑形式及建筑构件的重量求出，活载、雪载、风载可由《建筑荷载设计规范》查出。地震荷载却要经过计算方可求出。各种荷载见图1。

2.1.2 框架结构的内力

结构所承受的内力可由外部荷载通过结构力学计算出。

（1）竖向恒载的内力。

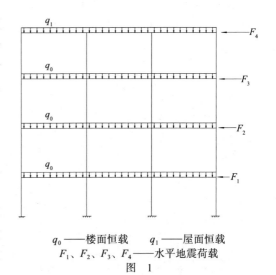

q_0——楼面恒载　　q_1——屋面恒载
F_1、F_2、F_3、F_4——水平地震荷载
图　1

由于框架的恒载比较均匀，构件截面的线刚度变化不大，各杆端的固端弯矩可由恒载经查表求出，然后再通过弯矩分配法求出其他部位的弯矩值。求出杆件的弯矩值后，便可求出该杆件各部位的轴力值和剪力值。

对于层数较少的框架可用上述法，而对于层数较多的框架，为计算简捷，可用弯矩法和分层迭加法来进行计算其内力。

所谓分层迭加法就是（1）将框架梁和上下层柱组成开口框架分离出，此时除底层外其他层柱的线刚度应乘以 0.9，传递系数为 1/3；（2）用力矩分配法求出各层框架内力；（3）将各开口框架算得各杆端弯矩叠加便得到整个框架弯矩图。

（2）活载下的内力。

各层楼板作用到框架梁上的荷载为梯形荷载，通过柱传至基础。因此，活载作用到框架上的内力同样可用分层迭加法来计算出其弯矩、轴力、剪力。

（3）地震荷载下内力。

地震荷载作用到框架上的作用力是倒 ∇。该作用力在框架中产生的内力一般采用"D"值法。即地荷作用到各层各柱的力是通过各层的侧移刚度 D_{ij} 乘以侧移刚度系数 a_{cij} 后进行分配，见公式（1）：

$$V_{ij}=(D_{ij}a_{cij})V_i/(\Sigma D_{ij}a_{cij}) \tag{1}$$

式中　V_{ii}——第 i 层第 j 柱的剪力；

　　　V_i——第 i 层剪力；

　　　D_{ij}——第 i 层第 j 柱的剪力侧移刚度

　　　　　　$a_{cij}=K/（2+K）$（中柱），$a_{cij}=(0.5+K)/(2+K)$（边柱）

　　　　　　$K=(i_1+i_2+i_3+i_4)/2i_c$

i_1, i_2, i_3, i_4——柱上、下端梁的抗弯刚度；

　　　i_c——柱的抗弯刚度。

求出各柱端剪力后再通过 K 及框架的总层数和各柱所在的层数查表后便可求出该柱的反弯点高度比 y_0 和反弯点高度修正值 y_1、y_2、y_3，从而反弯点高度值 $y=(y_0+y_1+y_2+y_3)h_{i0}$ 也就求出。柱的端弯矩由下式求出：

$$M_{上}=V_{ii}（1-y） \tag{2}$$
$$M_{下}=V_{ii}y \tag{3}$$

式中　h_{i0}——第 i 层的层高。

再由 $M_{上}$、$M_{下}$ 和梁柱的抗弯刚度便求出各杆件的最终弯矩、剪力、轴力值。

（4）各种荷载下的内力基本组合。

各种荷载下的内力基本组合值由下式求出：

$$S_0=\gamma_g S_g+\gamma_q S_q+\gamma_e S_e \tag{4}$$

式中　γ_g, γ_q, γ_e——荷、活、地震荷载的分项系数；

　　　S_g, S_q, S_e——荷、活、地震荷载的效应值；

　　　S_0——荷载效应组合设计值。

2.2　框架结构内力的配筋

根据框架结构的内力图 M_0、N_0、V_0 及各杆件的混凝土标号和截面尺寸便求出各杆件的配筋值 A 计。再根据杆件相应的实际配筋值 A_0 与 $A_{计}$ 比较。若基础沉降后的框架杆件相应部位的附加应力值的计算配筋量 $\Delta A_0 < A_0 - A_{计}$ 时该结构可不需修复加固，反之需加固。

3 基础沉降后的附加应力

基础沉降后的附加应力计算可用结构力学中的位移法求解。

3.1 基础沉降的计算简图（见图 2）

该图中各个杆件的内力按位移法计算时将各节点设为不转动的角，共 16 个未知数，可列出 16 个方程式，另加上 D 点的下沉量 "Δ" 共 17 个方程式组成的方程组。这 17 个方程式中有 16 个角位移，一个线位移，，若用一般方法求解是比较烦琐。从实际上看，D 基础的下沉，各杆件受力最大的是 CD 跨间的杆件，AB、BC 跨间的杆件受力较小，可以忽略不计。这样可以减少 8 个未知数，方程式可减少到 9 个。

3.2 计算简图中的方程组（见图 3）

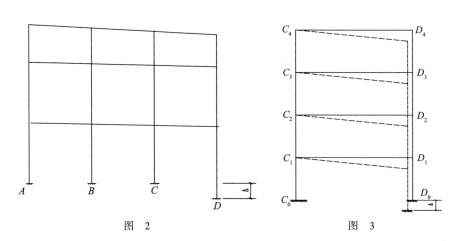

图 2   图 3

3.2.1 建立方程组

设 C_1、C_2、C_3、C_4、D_1、D_2、D_3、D_4 点的角位移为，$X_1 \sim X_8$

列出方程组：

$$
\begin{cases}
\gamma_{11} X_1 + \gamma_{12} X_2 + \gamma_{13} X_3 + \ldots + \gamma_{18} X_8 + \gamma_{19}\Delta = 0 \\
\gamma_{21} X_1 + \gamma_{22} X_2 + \gamma_{23} X_3 + \ldots + \gamma_{28} X_8 + \gamma_{29}\Delta = 0 \\
\qquad\qquad\qquad \ldots \\
\gamma_{81} X_1 + \gamma_{82} X_2 + \gamma_{83} X_3 + \ldots + \gamma_{88} X_8 + \gamma_{89}\Delta = 0 \\
\gamma_{91} X_1 + \gamma_{92} X_2 + \gamma_{93} X_3 + \ldots + \gamma_{98} X_8 + \gamma_{99}\Delta = P_{总}
\end{cases}
\tag{5}
$$

式中　　　　　　　γ_{ij}——j 节点的单位角位移在 i 节点产生的弯矩值（系数）；

　　　　　　$P_{总}$——$D_1 D_2$ 下沉量为△时杆件上产生的总拉力；

$\gamma_{91}, \gamma_{92}, \gamma_{93}, \ldots, \gamma_{98}$——1 至 8 点的单位角位移在 $D_1 D_4$ 杆件上产生的拉力（系数）；

　　　　　　γ_{99}——D_4 点的单位位移在各个横梁产生的总拉力。

3.2.2 方程组的解法

（1）γ_{ij} 的求解。

γ_{ij} 可根据位移法求出 j 结点的单位转角在其他杆件上产生弯矩 M_{j0} 图中得出。根据 M_{j0} 便可求出 V_{j0}、N_{j0} 图，见图 4。

（2）常数项 $P_{总}$ 的求解。

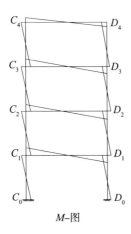
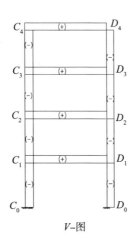
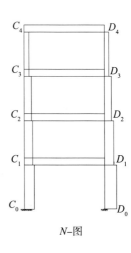

M–图　　　　　　　V–图　　　　　　　N–图

图　4

D_1 结点沉降所引起其他梁上的力同样可用位移法求出的 M_{P0} 图中将 D_1D_4 杆件截取出，并按 $\Sigma Fi=0$ 便可求出 $P_{总}$。

（3）将以上各种系数及常数代入原方程组中便求出未知数 X_i。

（4）杆件的最终弯矩值。

框架各杆件上的最终弯矩值可根据下式求出：

$$M_{i总} = \Sigma M_{ij0}X_j + M_{ip0} X_9 \tag{6}$$

式中　M_{ij0}——M_{j0} 单位转角弯矩图中 i 点处的弯矩值；

　　　M_{ip0}——M_{p0} 单位沉降弯矩图中 i 点处的弯矩值；

　　　求出 $M_{i总}$ 后便可求出轴力 $N_{i总}$、剪力 $V_{i总}$。

3.3　基础、框架梁、框架柱的加固

将上面计算的附加应力与原框架承受的内力相迭加后对原框架的承载力进行校核。若误差量不大于 0.05 时基本满足，反之需对构件进行加固。强度不足需增加配筋量；裂缝不足可局部加大构件截面；挠度不足可在杆件中增加支撑杆。所增加量必须进行严格计算。具体施工法这里不赘述。

4　算　例

某一两层两跨的框架，其截面尺寸、跨度荷载见图 5-1。梁截面为 $hb = 400 \times 300$，柱截面 $hb = 300 \times 300$。全部为 C25 混凝土。由于（A）轴线柱基础土质较软，被破裂的污水管中的污水冲刷，使基础下沉 5cm，从而导致横梁出现裂缝，钢筋露出，现将开裂的梁柱进行加固。

答案：

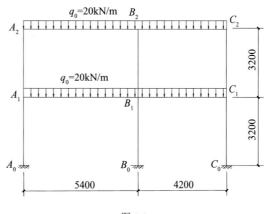

图 5-1

4.1　根据原图纸查阅

该框架配筋；所有梁的截面上部为4Φ16(二级钢)、下部3Φ16(二级钢)，箍筋：$\phi 6 @ 180$；所有柱的纵筋为3Φ16，箍筋$\phi 6 @ 150$。

4.2　原结构的内力

根据作用到原框架梁上的均布荷载设计值 $q_0 = 20\text{kN/m}$，按照上述法计算出各杆件上的弯矩值如表1。

表1

杆端	A_0A_1	A_1A_{10}	A_1B_1	A_1A_2	A_2A_1	A_2B_2	B_1A_1	B_1C_1
弯矩值（kN·m）	5.73	11.46	−33.6	11.46	24.64	−24.6	51.56	−53.6
杆端	B_1B_0	B_1B_2	B_2B_1	B_2A_2	B_2C_2	C_0C_1	C_1C_0	C_1C_2
弯矩值（kN·m）	−2.36	−6.28	−5.46	51.8	−46.36	3.26	6.52	11.08
杆端	C_1B_1	C_2C_1	C_2B_2					
弯矩值（kN·m）	17.64	−9.14	9.16					

4.3　框架结构的简化

原结构中有 6 个角位移，1 个线位移。柱基 A_0 沉降后将产生 A_0A_2 柱的线位移，它对 A_0A_2 柱和 A_1B_1 梁和 A_2B_2 梁的影响对大。其他梁柱的影响可忽略不计，为计算方便，只考虑杆 A_0A_2 柱的线位移，A_1 结点和 A_2 结点的角位移。于是方程组变为：

$$\gamma_{11} X_1 + \gamma_{12} X_2 + \gamma_{13}\Delta = 0$$
$$\gamma_{21} X_1 + \gamma_{22} X_2 + \gamma_{23}\Delta = 0$$
$$\gamma_{31} X_1 + \gamma_{32} X_2 + \gamma_{93}\Delta = P_总$$

计算简图可简化为图 5-2。

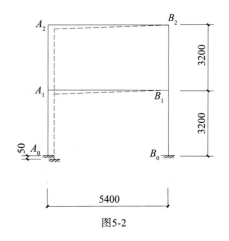

图5-2

4.4　系数 γ_{ij} 的求法

各杆端的分配系数见表2。

表2

杆　端	A_1A_0	A_1B_1	A_1A_2	A_2A	A_2B_2
分配系数	0.294	0.412	0.294	0.46	0.54

4.5　单位转角、单位位移产生弯矩

（1）A_1 点。根据位移法 A_1 结点的单位转角的弯矩为：

$M_{A_1B_1} = 4i_1$ ；$M_{A_1A_2} = M_{A_1A_0} = 4i_2$

由各点传递分配后得：

$M_{B_1A_1} = 2i_1$ ；$M_{A_0A_1} = 2i_2$ ；$M_{A_2A_1} = M_{A_2B_2} = 1.08i_2$ ；

$M_{B_1A_1} = 0.54i_2$

由图 5-3 得：$\gamma_{11} = 8i_2 + 4i_1$ ；$\gamma_{21} = 1.08i_2$

（2）A_2 点。根据前面的计算法由图 5-4 得：

$\gamma_{12} + 1.412i_2$ ；$\gamma_{22} = 4(i_1 + i_2)$

$M_{A_2B_2} = 4i_1$ ；$M_{B_2A_1} = 2i_1$ ；$M_{B_2A_1} = 4i_2$

$M_{A_1A_2} = 2i_2 \times (1 - 0.294) = 1.412\,i_2$

$M_{A_1B_1} = 2i_2 \times (-0.412) = -0.824$ ；$M_{B_1A_1} = -0.412i_2$

$M_{A_1A_0} = -0.588\,i_2$ ；$M_{A_0A_1} = -0.294\,i_2$

（3）A_2 点的下沉单位位移后引起的弯矩。

根据结构力学知 A_0A_1 沉降单位位移后各杆件的弯矩力见图 5-5。经计算知：

$\gamma_{13} = 0.76\Delta/m$ ；$\gamma_{23} = -0.51\Delta/m$ ；$\gamma_{31} = 0.81i_1$ ；$\gamma_{32} = 0.88i_1$ ；$\gamma_{33} = 0.352P_总$

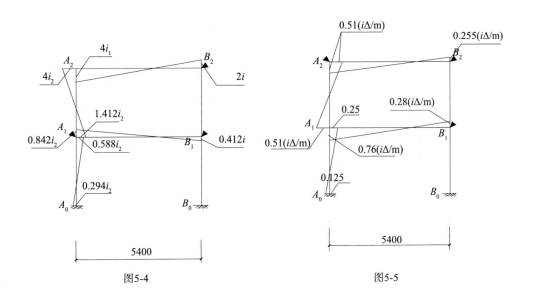

图5-3

图5-4　　　　　图5-5

4.6　将系数代入方程求解

将上述系数代入原方程组得：

$(8i_2 + 4i_1)X_1 + 1.08i_2X_2 + 0.76i_1\Delta/m = 0$

$1.08i_2X_1 + 4(i_1 + i_2)X_2 + 0.51i_1\Delta/m = 0$

$0.81\,i_1X_1/m + 0.88i_1X_2/m + 0.352\,P_总\Delta/m = P_总$

这里，$i_1 = EJ_梁/A_1B_1 = 0.96 \times 10^{-4}E$

$\qquad i_2 = EJ_柱/A_1A_0 = 2.11 \times 10^{-4}E$

将上述值代入方程组化解得：

$20.72\,X_1 + 2.98X_2 + 0.73\Delta/m = 0（10^{-4}E）$

$2.28X_1 + 12.28X_2 + 0.49\Delta/m = 0（10^{-4}E）$

$$0.78X_1 + 0.84X_2 + 0.352 P_总 \Delta /m = P_总 (10^{-4}E)$$

解此方程得：

$$D = (20.72 \times 12.28 – 2.98 \times 2.28) = 247.64 (10^{-8}E^2)$$

$$X_1 = (–0.73 \times 12.28 – 2.98 \times 0.49)/247.64 = 0.042 \Delta /m$$

$$X_2 = (20.72 \times 0.49 + 0.73 \times 2.28)/247.64 = 0.048 \Delta /m$$

4.7 各杆件的最终弯矩

各杆端的最终弯矩可用（6）式求出，见表 3。

表3

杆 端	A_0A_1	A_1A_0	A_1B_1	A_1A_2	A_2A_1	A_2B_2	B_1A_1	B_2A_2
弯矩值 $10^{-4}E \Delta m^2$	0.0273	–0.394	–0.85	–0.578	–0.575	0.63	0.444	0.328

将 $\Delta = 0.05\text{m}$，$E = 28\text{kN} \times 10^6/\text{m}^2$ 代入表中得：

$$10^{-4} E \Delta \text{m}^2 = 10^{-4} \times 0.05 \times 28 \times 10 = 140^6 \text{ kN} \cdot \text{m}（见表 4）$$

表4

杆 端	A_0A_1	A_1A_0	A_1A_2	A_2A_1	A_1B_1	A_2B_2	B_1A_1	B_2A_2
弯矩值（kN·m）	3.82 左拉	55.16 右拉	80.92 右拉	80.5 右拉	119 上拉	88.2 下拉	62.16 上拉	45.92 上拉

4.8 将框架的沉降弯矩值与自重弯矩值进行组合

组合值见表 5。

表5

杆 端	A_0A_1	A_1A_0	A_1A_2	A_2A_1	A_1B_1	A_2B_2	B_1A_1	B_2A_2
M_g（kN·m）	5.93 右拉	11.46 左拉	11.46 右拉	24.64 左拉	–33.6 上拉	24.64 上拉	51.56 上拉	51.8 上拉
M_Δ（kN·m）	3.82 左拉	55.16 右拉	80.92 右拉	80.5 右拉	119 上拉	88.2 下拉	62.16 上拉	45.92 上拉
$M_总$（kN·m）	2.11 右拉	43.7 右拉	92.38 右拉	55.86 右拉	152.6 上拉	63.56 下拉	113.72 上拉	97.72 上拉

4.9 配筋值比较

根据上述组合值经计算，其配筋值与构件配筋值进行比较（见表 6），表中按计算配筋值若小于构造配筋时，按构造配筋计：

$$A_{柱构} = 0.23\% \times 300^2 = 207\text{mm}^2 \quad （一侧 2 \Phi 12）$$

$$A_{梁构} = 0.23\% \times 400 \times 300 = 276\text{mm}^2 \quad （一侧 2 \Phi 14）$$

表6

杆端	A_0A_1	A_1A_0	A_1A_2	A_2A_1	A_1B_1	A_2B_2	B_1A_1	B_2A_2
应配筋值（mm²）	26.14 右侧	542 右侧	1145 右侧	692.7 右侧	1388（上部）838（下部）	276（上部）1076（下部）	1039（上部）276（下部）	893（上部）276（下部）
原配筋值	3Φ16 603	3Φ16 603	3Φ16 603	3Φ16 603	4Φ16（804）3Φ16（603）	4Φ16（804）3Φ16（603）	4Φ16（804）3Φ16（603）	4Φ16（804）3Φ16（603）
增量值（mm²）	−482	−61	542	90	584 235	−528 473	235 −327	90 −327
所选筋	不需	不需	3Φ16 603	1Φ14 154	3Φ16 2Φ14 308	不需 3Φ16	2Φ14 不需	1Φ14 不需

4.10　梁柱的加固

根据上述计算值需要对 A_1A_2 柱、A_1B_1、A_2B_2 梁进行加固，加固的方法如下：

在 A_1A_2 柱的下端右侧加 3Φ16 筋，上端右侧加 2Φ14 筋。该筋的下端锚固在梁内 400，上端筋锚固到上部梁内 350。考虑到筋的腐蚀，可将原柱面凿毛后刷粘接剂，然后浇筑 300×100 的 C30 混凝土柱，并将新增的纵筋用箍筋与原柱内的纵筋联接。

A_1B_1 梁的上部增加 3Φ16 筋，下部增加 3Φ14。筋的两端应锚固到柱内 350~400。加固法同柱的外侧筋加固法相同。筋梁的上下两侧 C30 混凝土附加层，厚度各 100，宽度与梁相同并增设附加箍筋与梁内纵筋绑扎连接。A_2B_2 下部增设 3Φ14 筋，增设法与上述法相同。上述所增筋全部为二级钢。

5　结束语

基础沉降和加固法是建筑物受损后的一种修复方法。该方法简单方便其计算法是一种刚架位移后的内力计算法。实际上任意建筑物受损后只要分析透受损原理，再经过一定的理论计算符合规范要求后就可进行修复加固，这样就可大大节省时间各资金。

参 考 文 献

[1] 杨太文.混凝土结构的植筋加固法 [D].河北工程学院硕士学位论文，2005.6~7

[2] 万墨林.建筑结构胶应用中的若干问题及建议 [J].建筑结构，2006（9）22~23

[3] GB 50367—2006 混凝土结构加固设计规范 [S].北京：中国建筑工业出版社，2006

[4] JGJ 145—2004 混凝土结构后锚固技术规程 [S].北京：中国建筑工业出版社，2004

砖混结构抗震加固技术研究

王立昌

（大连万达集团股份有限公司，北京 100022）

［摘 要］本文从地震对砖混结构的危害入手，全面阐明了抗震加固设计原则、内容、加固方法选择及配套项目等内容，以供同行读者应用时参考。

［关键词］砖混结构；抗震加固；配套技术应用；开裂墙体；承载力验算

1 概 述

现有砖混结构抗震加固技术现状：

1976 年唐山地震以后，我国科技界广泛开展了抗震防灾技术的研究。重新制定了全国地震烈度区划。设定了全国范围内系统的地震检测台，获得了一批地震运动曲线。全国主要大中城市编制了抗震防灾规划，修订了各类结构的抗震技术规范、系统开展并取得了大量地震工程理论、工程抗震分析及设计方法、抗震加固技术的研究成果。

2008 年汶川地震后一年以来，结合地震危害的调查与分析，取得了一系列的工程抗震及抗震加固技术方向的研究成果，重新修订并发布实施了《建筑抗震鉴定标准》GB 50023—2009 和《建筑抗震加固技术规程》JGJ 116—2009 等标准规范。

上述标准规范等给出了房屋使用年限的要求和对应鉴定方法；归纳了一些新的抗震加固技术的应用方法和使用条件。但是由于抗震鉴定与加固工作的迫切需要，加快了上述标准规范的修编步伐，致使一些研究工作深入程度受影响。一些研究成果未能纳入其中。

本文进行了抗震加固技术的综合应用及合理配套的研究。

2 抗震加固设计的依据和原则

2.1 抗震鉴定结果是抗震加固的依据

《建筑抗震加固技术规范》JGJ116—2009 的总则第 1.0.3 规定，现有建筑抗震加固前应依据其设防烈度、抗震设防类别、后续使用年限和结构类型，按现行国家标准《建筑抗震鉴定标准》GB 50023 的相应规定进行抗震鉴定。

抗震鉴定结果是抗震加固设计的主要依据。根据结构抗震鉴定分析结果，在如下五个等级中给出鉴定结论：合格、维修、加固、改变用途和更新。其中的判定为加固的结构要给出具体的内容和加固工作范围。

2.2 现有砖混结构抗震加固的设计原则

根据结构抗震鉴定后确定为需加固的房屋，应从房屋整体加固、区段加固、构件加固、加强整体性，改善构件的受力状态、提高综合抗震能力等六方面分析确定抗震加固设计方案。

针对砖混结构的抗震加固设计应遵循如下原则：

（1）对不符合抗震鉴定要求的建筑进行抗震加固，一般采用提高承载力、提高变形能力或既提高承载力又提高可变形能力的方法，需同时对房屋存在的质量缺陷进行加固的情况，可先确定缺陷处理方法然后结合抗震加固方法综合分析，以提高结构综合抗震能力为目标予以确定。

（2）需要提高承载力同时提高结构刚度时，以扩大原结构截面、新增部分构件为基本方法。

（3）需要提高承载力而不提高刚度，则以外包钢构套、粘钢或碳纤维加固为基本方法、外包钢构套等为基本方法。

（4）当原结构的结构体系明显不合理时，若条件许可，应采用增设构件的方法予以改善；否则，需要采取同时提高承载力和变形能力的方法，以使其综合抗震能力能满足抗震鉴定的要求。

（5）当结构的整体性连接不符合要求时，应采取提高变形能力的方法。

（6）当局部构件的构造不符合要求时，应采取不使薄弱部位转移的局部处理方法；或通过结构体系的改变，使地震作用由增设的构件承担，从而保护局部构件。

（7）为减少加固施工对生活、工作在现有房屋内的人们的环境影响，还需采取专门对策。例如，在房屋内部加固和外部加固的效果想当时，应采用外部加固；干作业与湿作业相比，造价高、施工进度快且影响面小，有条件时尽量采用；需要钻房屋内部祖业加固时，选择集中加固的方案，也可减少对内部环境的影响。

（8）震害和理论分析都表明，建筑的结构体型、场地情况及构件受力情况，对建筑结构的抗震性能有显著的影响。现有房屋建筑的抗震加固也应考虑概念设计。抗震加固的概念设计，主要包括：加固结构体系、新旧构建连接、抗震分析中的内力和承载力调整、加固材料和加固施工的特殊要求等方面。

（9）同一楼层中，自承重墙体加固后的抗震能力不应超过承重墙体加固后的抗震能力。

（10）对非刚性结构体系的房屋，应选用有利于消除不利因素的抗震加固方案；当采用加固柱或墙垛，增设支撑或支架等保持非刚性结构体系的加固措施时，应控制层间位移和提高其变形能力。

3　抗震加固内容

本节讨论根据抗震鉴定结果来确定抗震加固内容的方法。

砖混结构（A类或B类）的抗震鉴定分为抗震措施鉴定和抗震承载力验算两部分。当鉴定结果为不满足要求时应进行抗震加固或采取相应措施。

3.1　不满足抗震措施鉴定的情况

3.1.1　重点加固处理的情况

A类砌体结构通过抗震措施鉴定判为综合抗震能力不满足抗震鉴定要求的结构应作为重点处理情况采取加固措施。

（1）房屋高宽比或横强间距过大超过刚性体系最大值4m；

（2）纵横墙交接处不符合要求；

（3）梁板构件支承长度少于规定值75%。

3.1.2　A、B类砌体房屋抗震措施鉴定不满足要求的情况

抗震措施鉴定的内容，当鉴定不满足要求时，即是抗震加固的内容。

（1）结构总体布置。

结构刚性体系不符合抗震措施鉴定要求

结构规则性不符合抗震措施鉴定要求

（2）抗震墙体。

（a）砖及砌块强度等级不符合抗震措施鉴定要求；

（b）砂浆强度等级不符合抗震措施鉴定要求。

3.1.3 结构连接和整体性

（1）墙体布置及纵横墙交接处不满足抗震措施鉴定要求；

（2）圈梁设置和连接构造不符合抗震措施鉴定要求；

（3）结构支撑长度不符合抗震措施鉴定要求；

（4）构造柱设置（A 类砌体房屋及仅乙类设防时考虑）不符合抗震措施鉴定要求；

3.1.4 局部尺寸

（1）门高间墙及外墙尽端到门窗洞边距离不符合抗震措施鉴定要求；

（2）楼梯间及门厅大梁长度不满足抗震措施鉴定要求。

3.1.5 易倒塌部件

（1）宽出屋面楼梯间、电梯间、水箱间不符合抗震措施鉴定要求；

（2）出入口处女儿墙及挑檐、雨棚、阳台挑梁等悬挑结构不符合抗震措施鉴定要求。

3.2 抗震承载力验算不满足要求情况

A 类、B 类砌体房屋经过抗震承载力不满足要求需要的加固措施的情况有所不同。

3.2.1 A 类砌体房屋

不满足楼层平均抗震能力鉴定要求；

不满足楼层综合抗震能力鉴定要求；

不满足墙段综合抗震能力鉴定要求。

3.2.2 B 类砌体房屋

当 B 类砌体房屋比较规则均匀各层高相当按 A 类砌体房屋的面积率方法鉴定时其需抗震加固的内容同 A 类砌体房屋。

当采取抗震分析方法时，针对从属面积较大或竖向应力较小的墙段进行抗震承载力验算。经验算达不到鉴定要求的房屋墙体则应采取抗震承载力加固的技术措施。

4 砖混结构抗震加固技术综合运用

4.1 抗震加固的基本原则

4.1.1. 砖混结构抗震方案分类

抗震加固方案和措施可分为如下几大类：

（1）房屋整体加固方案；

（2）区段加固方案；

（3）构件加固方案；

（4）结构整体性的措施；

（5）改善构件受力状况措施；

（6）提出综合抗震能力措施；

4.1.2 抗震加固的基本要求

（1）新旧结构的连接要求。

新加结构与原结构间应有可连接，新加结构应防止局部加强导致结构刚度和强度的突变，新加结构材料类型与原结构相同时其强度等级应提高一级。

（2）加固方法的适用性。

加固方法的选择应结合原结构的特点，确保加固有效并进行技术经济比较分析，力争做到尽量美观和减少对生产、生活的影响。

对原结构的抗震薄弱部位、易损部位和不同类型结构的连接部位的承载力和变形能力加固应采取比一般部位增强的措施。

4.2 结构总体布置不满足的加固

结构总体布置不满足抗震鉴定要求时加固技术综合运用及配套选择如下：

4.2.1 结构刚性体系抗震加固

（1）房屋高度（层数）超过限值。

1）总高度超高但层数不超限时，应采取高于一般房屋的承载力且加强墙体约束的有效措施。

2）当砌体房屋层数超过规定限值时：

①改变结构体系。

具体做法为在两个方向增设一定数量的混凝土剪力墙，新增混凝土剪力墙应计入竖向压应力滞后的影响并承担结构的地震作用。

a. 在原墙体双面现浇钢筋混凝土板墙加固，当双面板墙合计厚度大于 140mm 时，可按增设钢筋混凝土剪力墙计算。

b. 新增加足够数量的混凝土剪力墙。

②改变用途做到降低设防类别（乙类降为丙类）。

③减少层数，拆除顶层，使层数符合要求。

3）当丙类设防且横墙较少的房屋，超出限值 1 层或 3m 以内，应采用提高墙体承载力方法且新增构造柱、圈梁等。

（2）房屋抗震横墙间距超过限值。

1）A 类砌体房屋。

A 类砌体房屋抗震横墙间距超过限值但在 4m 以内时，分别根据楼层平均抗震能力指数法或墙段综合抗震能力指数法计算，得指数小于 1.0 时，需采取加固措施。

当超过限值 4m 时，应采取抗震加固措施。

抗震横墙间距超限的抗震加固措施为增加抗震横墙。

2）B 类砌体房屋。

对多层层高相当且较规整的房屋，其抗震横墙超标时可与 A 类砌体房屋采用同样的措施。

通常情况下，对横墙间距超标的 B 类砌体房屋首先采取增设抗震横墙的加固措施解决超标问题，然后根据抗震承载力验算确定承载力加固问题。

（3）房屋高宽比超过限值。

1）砌体房屋的高宽比≥3 时，应采取减少高度的办法。

2）砌体房屋高宽比在 2.2～3.0 之间是按抗震承载力验算结构确认。

抗震承载力不满足时采取的加固技术如下：

①面层或板墙加固技术；

②表面粘贴法加固技术；

③外加构造柱加固技术。

4.2.2　结构规则性

结构规则性不满足抗震鉴定要求时，抗震加固措施为：

（1）立面高度变化超过一层。

采取减低或加层调整方法。

（2）同一楼层楼板高差超过 500mm。

用外加圈梁方法和局部夹板墙方法增加错层处的结构整体性。

（3）楼层质心和抗震墙布置计算刚心不满足要求。

当具有明显的扭转效应时，结合抗震承载力验算结果可在薄弱部位增砌砖墙或现浇混凝土墙，或对原墙采取加固措施，也可采取分割平面单元等减少扭转效应措施。

4.3 房屋结构连接及整体性不满足的加固

房屋的整体性不满足要求时，应选择下列加固方法：

（1）当墙体布置在平面内不闭合时，可增设墙段或在开口处增设现浇钢筋混凝土框形成闭合。

（2）当纵横墙连接较差时，可采用高效预应力拉杆、长锚杆、外加圈梁和外加构造柱等加固。

（3）楼、屋盖构件支承长度不满足要求时，可增设托梁或采取措施增强楼、屋盖整体性。

（4）当构造柱或芯柱设置不符合鉴定要求时，应增设外加构造柱；或对墙体采用双面钢筋网砂浆面层或钢筋混凝土板墙加固，且在墙体交接处增设相互可靠接续的配筋加强带。

（5）当圈梁设置不符合鉴定要求时，外墙圈梁宜采用外加现浇钢筋混凝土，内墙圈梁可用高效预应力拉杆代替；也可采用双面钢筋网砂浆面层或钢筋混凝土板墙加固，且在上下两端增设配筋加强带。

（6）当预制楼、屋盖不满足抗震鉴定要求时，可增设钢筋混凝土现浇层或增设托梁加固楼、屋盖，钢筋混凝土现浇层做法应符合规程 JGJ116-2009 中第 7.3.4 条的规定。

4.4 局部尺寸或易倒塌部件不满足时加固

对房屋中易倒塌的部位，可选择下列加固方法：

（1）窗间墙宽过小或抗震能力不满足要求时，可增设钢筋混凝土窗框或采用钢筋网砂浆面层、板墙等加固。

（2）支承悬挑构件的墙体不符合鉴定要求时，在悬挑构件根部下增设外加构造柱或砌体组合柱加固，并对悬挑构件进行复核。

（3）隔墙无拉结或拉结不牢，可采用镶边、埋设钢夹套、锚筋或高效预应力拉杆加固；当隔墙过长、过高时，可采用钢筋网砂浆面层进行加固。

（4）出屋面的楼梯间、电梯间和水箱间不符合鉴定要求时。可采用钢筋网砂浆面层或外加构造柱加固，其上部应与屋盖构件有可靠连接，下部应与主体结构的加固措施相连。

（5）出屋面的烟囱、无拉结女儿墙、门脸等超过规定的高度时，宜拆除、降低高度或采用型钢、高效预应力拉杆加固。

（6）悬挑构件的锚固长度不满足要求时，可采用高效预应力加固法或采取减少悬挑长度的措施。

4.5　房屋抗震承载力（包括材料强度）不满足加固

房屋抗震承载力不满足要求时，可选择下列加固方法：

（1）拆砌或增设抗震墙：对局部的强度过低的原墙体可拆除重砌；重砌和增设抗震墙的结构材料宜采用与原结构相同的砖或砌块，也可采用现浇钢筋混凝土。

（2）修补和灌浆：对已开裂的墙体，可采用压力灌浆修补，对砌筑砂浆饱满度差且砌筑砂浆强度等级偏低的墙体，应凿除原砂浆（1/3）后用钢筋网砂浆面层加固。

修补后墙体的刚度和抗震能力，可按原砌筑砂浆强度等级计算。

（3）钢筋网砂浆面层或板墙加固：在墙体的一侧或两侧采用水泥砂浆面层、钢筋网砂浆面层、钢绞线网 – 聚合物砂浆面层或现浇钢筋混凝土板墙加固。

（4）外加构造柱加固：在墙体交接处增设外加构造柱加固。外加构造柱应与外加圈梁、高效预应力拉杆连成整体或与现浇钢筋混凝土楼、屋盖可靠连接。

（5）包角或镶边加固：在柱、墙角或门窗洞边用型钢或钢筋混凝土包角或镶边；柱、墙垛还可用现浇钢筋混凝土套加固。

（6）支撑或支架加固：对刚度差的房屋，可增设型钢或钢筋混凝土支撑或支架加固。

5　砖混结构抗震加固方法的合理配套

经过分析和工程实践，砌体结构的抗震加固方法选择和合理配套方法见表1、表2、表3、表4。

结构总体布置不满足的处理措施　　　　　　表1

序号	存在问题	处 理 措 施
1	（1）房屋高度超过限值但层数不超限	（1）加强墙体之间的有效约束；全部补齐圈梁构造柱（采用外加） （2）加强上部结构与基础的连接； （3）加固墙体成为抗震墙结构
	（2）砌体房屋层数超过限值	（1）改变传力体系，新增抗震墙或将原墙加固为抗震墙； （2）减少层数； （3）改变用途（起到降低设防类别作用）
2	抗震横墙间距超过限值	（1）超限值过4m以上时，增设抗震墙； （2）超限值在4m以内时，先验算抗震能力指数，当不满足时采用混凝土板墙方法或粘贴钢板及纤维布方法，外加构造柱等加固墙体
3	房屋高宽比超限	（1）高宽比≥3时，采用减少高度的办法； （2）高宽比在2.2～3.0之间时，先进行抗震承载力验算，当不满足时可采用夹板墙、粘贴钢板、纤维布以及钢绞线网—聚合物砂浆法
4	结构规则性不满足	（1）拆除超限部分； （2）楼板间高差500mm以上，用外加圈梁进行整体性加固

房屋整体性加固时加固方法选择及合理配套　　　　　　表2

序号	加固内容	加固方法选择及合理配套
1	墙体布置平面内不闭合，不满足抗震鉴定要求	（1）增设墙段使其闭合； （2）在开口处增设混凝土框达到闭合目的
2	纵横墙连接不满足抗震鉴定要求	（1）内横墙处采用高效预应力拉杆，长锚杆； （2）外墙处采用外加圈梁和外加构造柱； （3）内墙的高效预应力拉杆应锚固在外加圈梁和构造柱交接处

（续表）

序号	加固内容	加固方法选择及合理配套
3	（1）楼层面板支承长度不满足抗震鉴定要求	（1）增设角钢（板下墙顶处双侧设置）； （2）增设托梁； （3）沿墙体方向在板底根部增加高效预应力拉杆； （4）采取措施增强楼屋盖的整体性
	（2）楼屋盖混凝土梁支承长度不满足抗震鉴定要求时	增设支承结构 （1）外加构造柱（施工时做好安全支承）； （2）砖砌扶壁柱或钢筋混凝土扶壁柱
4	当构造柱或芯柱设置不符合抗震鉴定要求时	（1）增设外加构造柱； （2）相应墙体采用双面钢筋网夹板墙； （3）相应墙体采用双面钢筋混凝土板墙
5	当圈梁设置不符合抗震鉴定要求时	（1）外墙处采用外加圈梁和内墙处采用高效预应力拉杆； （2）相应墙体采用双面钢筋网夹板墙； （3）相应墙体采用双面钢筋混凝土板墙
6	预制板结构	（1）增设整体钢筋混凝土面层； （2）采用板底加固法； （3）采用高效预应力加固法； （4）板端上下粘钢加固法

房屋易倒塌部位加固方法选择及合理配套　　　　　　　　　表3

序号	加固内容	加固方法选择及合理配套
1	承重窗间墙宽度过小或抗震能力不满足抗震鉴定要求	（1）钢筋网夹板墙； （2）钢筋混凝土板墙； （3）增设钢筋混凝土窗框
2	（1）支承悬挑梁构件墙体不符合抗震鉴定要求时	（1）墙体采用钢筋网夹板墙加固并在悬挑构件根部下墙端包角钢加强； （2）在悬挑构件根部下增设外加构造柱或外加钢筋混凝土柱
	（2）悬挑构件锚固长度不满足要求或抗倾覆不满足时	（1）采用高效预应力加固法； （2）悬挑构件下增支承结构
3	（1）隔墙无拉结或拉结不牢	（1）高效预应力拉杆加固； （2）锚筋法加固
	（2）隔墙过长	（1）钢筋网夹板墙加固； （2）墙中部增设外加构造柱
	（3）隔墙过高	钢筋网夹板墙加固
4	出屋面结构不满足抗震鉴定要求	（1）拆除； （2）针对具体情况采用可靠构造连接方法

房屋抗震承载力加固方法选择及合理配套　　　　　　　　　表4

序号	加固内容	加固方法选择及合理配套
1	局部强度过低有墙体	（1）拆除重砌墙； （2）双面钢筋混凝土板墙
2	开裂墙体	（1）灌浆加固； （2）封闭裂缝后粘贴纤维布方法
3	墙体抗震承载力验算不满足要求	（1）夹板墙加固； （2）钢筋混凝土板墙加固； （3）增设外加构造柱； （4）粘贴钢板，纤维布加固； （5）钢绞线网（钢筋网）——聚合物砂浆

参 考 文 献

[1] 魏琏，等.地震工程及房屋抗震.中国建筑工业出版社，1984.5

[2] 叶耀先.中国唐山地震十周年.中国建筑工业出版社，1986.6

[3] 清华大学，等，汶川地震 建筑震害调查与灾后重建分析报告，北京中国建筑工业出版社，2008

[4] 姚谦峰，苏三庆.地震工程 [M].西安：陕西科学技术出版社，2000

[5] 鲍雷，普里斯特利著.钢筋混凝土和砌体结构的抗震设计 [M].戴瑞同，等译.北京：中国建筑工业出版社，1999

[6] 张煦光，王骏孙，刘惠珊.建筑抗震鉴定加固手册 [S].北京，中国建筑工业出版社，2001.6

[7] 崔莹.低层砌体结构房屋的抗震性能评析 [C].科学技术与工程.2007，13（7）：3307-3310

[8] 吴漫新.多层砖砌体房屋的抗震加固技术 [J].建筑结构.2002.3：56-57

[9] 王红海，张方.砌体结构抗震加固中若干问题研究 [J].焦作工学院学报，2003，22（3）：211-213

[10] 刘卫国.碳纤维布在砖砌体结构抗震加固中的试验和应用 [J].建筑技术，2004，6（35）：417-419

[11] 聂力军，等.砖混结构抗震加固在实际工程中的应用 [J].河北工业大学学报，2004，4（33）：88-92

[12] 邸小坛，王安坤，邱平.结构的检测与加固技术 [Z].建筑设计网，2005.4.19

[13] JGJ l16—98 建筑抗震加固技术规程.北京：中国建筑工业出版社，1998

[14] GB 5003—95 建筑抗震鉴定标准.北京：中国建筑工业出版社，1995

楼面施工过程中荷载的逐层传递与模板支撑试验研究

王　国　李国建　胡铁毅　孟峰伟　邵志刚

（苏州二建建筑集团有限公司）

[摘　要] 施工现场模板支撑架的搭设通常与事先经审核的施工方案有出入，存在着一定的安全隐患。本文通过对苏州供电公司生产营业调度综合用房工程（主楼）的 10、11、12、13 连续四层楼面模板支撑体系的现场动态监测，研究在楼面混凝土浇筑过程中，模板支撑体系中立杆轴力实测值与设计值的比较、框架梁下中立杆与边立杆轴力之间的差异以及支撑力沿竖向楼层传递的规律。

[关键词] 扣件式钢管支撑架；荷载传递；现场监测；支撑轴力；偏离系数

目前，在我公司所有工程中使用最广泛的模板支撑体系为扣件式钢管模板支撑体系，这种支撑体系有如下特点：受外界荷载的变异性大；现场搭设质量差异性大；杆件连接处扣件的拧紧程度随意性大；杆件本身质量和受力形式变化性大，如杆件的初弯曲、锈蚀以及偏心受压等等；由于这些特点的存在对支撑体系的安全性有着很大影响，因此，对公司工程项目中所采用的扣件式钢管模板支撑体系进行一次现场监测显得尤为必要。

1　工程概况

本次试验依托工程为苏州供电公司生产营业调度综合用房工程（主楼），地下 2 层，地上 22 层，试验选取 10、11、12、13 连续四层标准层楼面（⑥～⑧）作为试验楼层。楼板厚度 110 mm，框架梁截面尺寸 600 mm×750 mm，梁长 10900 mm，楼层层高 4.0m。现场混凝土浇筑采用固定泵浇筑，混凝土强度等级 C40，现场施工进度 6 天一楼层。模板支撑体系采用扣件式钢管（Φ48mm×3.0mm）支撑架，10、11、12、13 层楼面模板支撑架搭设方案[1] 如下：

（1）立杆间距以 900mm×900mm 的原则布置，根据结构的现场实际情况尽量平均分配。框架梁底三立杆支撑，横向间距 750mm，通过小横杆将梁侧立杆与梁底中间支顶立杆连接，次梁底中间不设支顶立杆。

（2）楼板面支撑架步距底部 1800mm，顶部 2200mm，水平杆横向（6A 轴线方向）连续设置，纵向（6A～7A）隔一设置；扫地杆距楼面 250mm，框架梁下两侧设置，其他部位未设置。

2　测试内容及方法

2.1　测试内容

在楼面混凝土浇筑过程中，模板支撑体系中各立杆轴力实测值与设计值的比较、框架梁下中立杆与边立杆轴力之间的差异以及支撑力沿竖向传递的规律。图1、图2是监测单元结构与支撑系统应变测点布置图。

2.2　测试方法

在10、11、12、13四层楼面下模板支撑架的立杆上贴应变片，测定每根立杆在楼面混凝土浇筑过程中轴力的变化情况。

2.3　仪器及测点布设

仪器采用江苏省东华测试技术有限公司生产的静态应变测试系统（60通道，4台），应变传感器(共240测点)，应变片粘贴于钢管表面。每层共布设测点35个，其中梁下11个，板下24个。测点时间从浇筑混凝土开始至结束的整个过程，测点记录时间每10分钟记录一次。

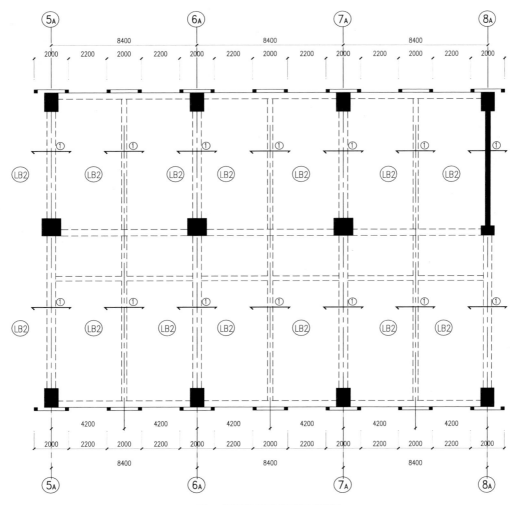

图1　监测单元结构平面布置图

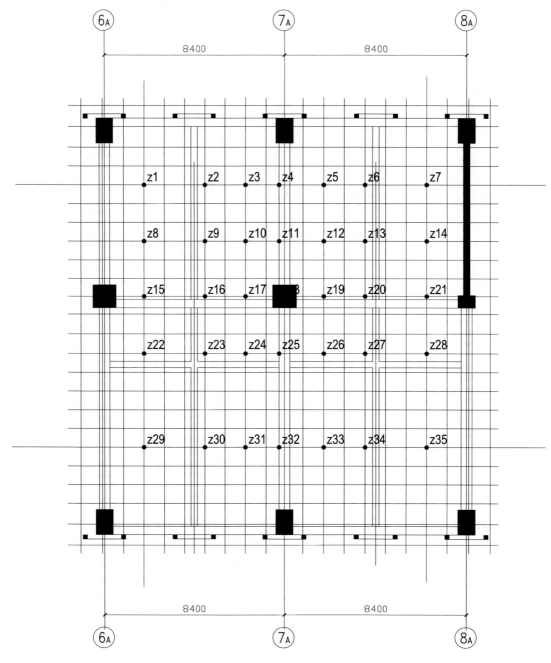

图2 支撑系统应变测点布置图（各层相同）

2.4 施工监测过程、进度及人员组织

施工监测过程、施工进度及人员组织情况如表1所示。

施工监测过程、进度及人员安排表　　　　　　　　　　表1

楼层	序号	具体工作	时间	人　员
钢筋应变片粘贴	1	加工端子和连接导线，并编写号码	2天	
	2	楼板和梁钢筋上贴应变片，并作好保护（一次制作或分批制作）	2天	

（续表）

楼层	序号	具体工作	时间	人　员
10层	1	安装10层楼面支撑系统和模板		施工方应提前2天通知检测方布置应变片和采集数据的时间
	2	在10层支撑系统布置应变传感器	1天	
	3	采集10层应变初值	1天	
	4	浇筑10层楼面系统	—	
	5	浇筑完毕后，采集10层应变值	1天	
	6*	拆除7层支撑系统和模板后，采集10层应变值	1天	
	7	数据整理	1天	
11层	1	安装11层楼面支撑系统和模板		施工方应提前2天通知检测方布置应变片和采集数据的时间
	2	在11层支撑系统布置应变传感器	1天	
	3	在11层楼板和梁钢筋上贴应变片，并作好保护	1天	
	4	采集10、11层应变初值	1天	
	5	浇筑11层楼面系统	—	
	6	浇筑完毕后，采集10、11层应变值	1天	
	7*	拆除8层支撑系统和模板后，采集10、11层应变值	1天	
	8	数据整理	2天	
12层	1	安装12层楼面支撑系统和模板		施工方应提前2天通知检测方布置应变片和采集数据的时间
	2	在12层支撑系统布置应变传感器	1天	
	3	在12层楼板和梁钢筋上贴应变片，并作好保护	1天	
	4	采集10、11、12层应变初值	1天	
	5	浇筑12层楼面系统	—	
	6	浇筑完毕后，采集10、11、12层应变值	1天	
	7	拆除9层支撑系统和模板后，采集10、11、12层应变值	1天	
	8	数据整理	2天	
13层	1	安装13层楼面支撑系统和模板		施工方应提前2天通知检测方布置应变片和采集数据的时间
	2	在13层支撑系统布置应变传感器	1天	
	3	在13层楼板和梁钢筋上贴应变片，并作好保护	1天	
	4	采集10、11、12、13层应变初值	1天	
	5	浇筑13层楼面系统		
	6	浇筑完毕后，采集10、11、12、13层应变值	1天	
	7	数据整理	3天	
数据整理和撰写报告	1	数据汇总		
	2	对比分析		
	3	撰写报告		

3　实测结果分析

本次试验采集了10层楼面35个测点199时段计6965个测试数据，11层楼面35个测点130时段计4550个测试数据，12层楼面35个测点125时段计4375个测试数据，13层楼面35个测点69时段计2415个测试数据。

3.1 支撑架各立杆轴力实测值与设计值的比较

以在浇筑混凝土过程中每层所有梁或板下立杆轴力的设计值为基准，可得到浇筑过程中各立杆实际轴力相对于设计轴力值的偏离系数。该系数可反映各立杆轴力的偏离设计值的程度，体现出各立杆轴力的真实安全储备，可为支撑的安全设计提供参考。

3.1.1 梁下立杆轴力偏离程度

该 10～13 层楼梁下立杆轴力偏离程度如图 3～6 所示。

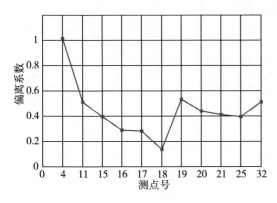

图3　10层梁下立杆轴力偏离图

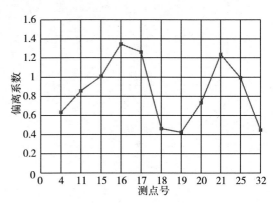

图4　11层梁下立杆轴力偏离图

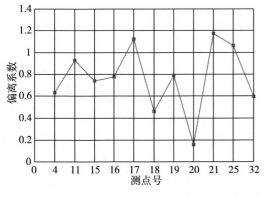

图5　12层梁下立杆轴力偏离图

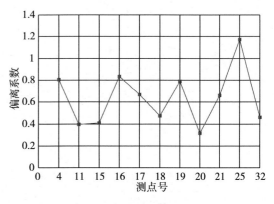

图6　13层梁下立杆轴力偏离图

3.1.2 板下立杆轴力偏离程度

该 10～13 层楼板下立杆轴力偏离程度如图 7～10 所示。

由以上图中可见，梁下立杆轴力的实测值相对设计值（−11.82kN）偏离较小，偏离系数最大达 1.4，偏离系数大于 1.0 占 20%，平均偏离系数 0.67；板下立杆轴力的实测值较设计值（−6.69kN）偏离较大，偏离系数最大可达 2.3，偏离系数大于 1.0 占 29%，平均偏离系数 0.79。

3.2 梁中立杆与梁边立杆实测轴力的比较

由图 5 可见，12 层楼面梁中立杆轴力明显大于梁边立杆轴力，本次试验在梁边立杆距梁侧 450mm 的条件下现场监测，结论为梁中立杆 2 倍于梁边立杆。其中，梁下立杆设计值为

–11.82kN（应变 –139），立杆容许值 –10.06kN。

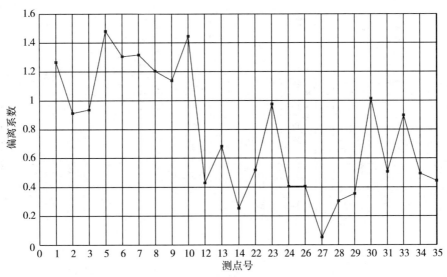

图7　10层板下立杆轴力偏离图

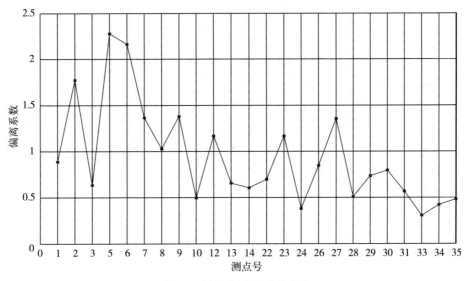

图8　11层板下立杆轴力偏离图

3.3　支撑力沿竖向楼层传递规律分析

近似认为支撑杆件截面积均相等，则其压力大小与相应的应变量成线性关系，上层楼面施工引起的下层支撑应变的增量与该层楼面支撑应变增量的比值可反应出荷载在这两层支撑中的分配比例。

3.3.1　具体计算可按下述方法确定

计算 10 层楼面浇筑混凝土前后 10 层楼面支撑应变差值，并将其作为 10 层楼面支撑应变的基准值；

同理可计算 11 层楼面、12 层楼面、13 层楼面支撑应变的基准值；

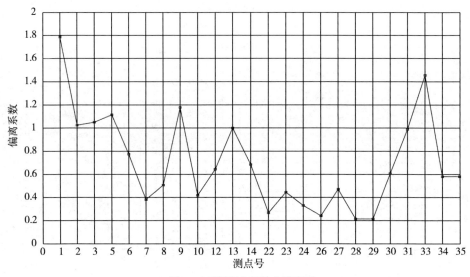

图9 12层板下立杆轴力偏离图

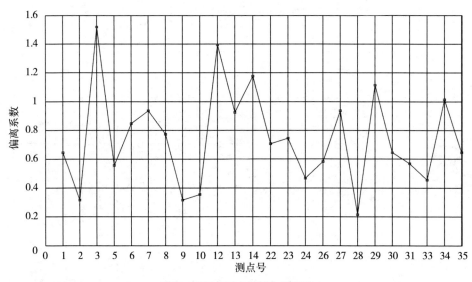

图10 13层板下立杆轴力偏离图

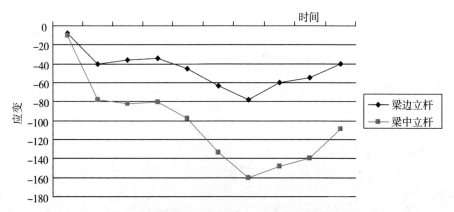

图11 12层框架梁边立杆与梁中立杆应变变化曲线图

　　计算 11 层楼面浇筑混凝土前后 10 层楼面支撑应变差值，与 11 层基准值的比，即为 11 层楼面浇筑混凝土过程中传递到 10 层楼面支撑的比例 n11/10；

　　同理，计算 12 楼面、13 楼面浇筑混凝土过程中传递到 10 层楼面支撑的比例 n12/10、n13/10；n12/11、n13/11；n13/12。

　　由上述比例系数可构成表 2 所示的分配系数表。

分配系数表

表2

10层楼面	1. 0			
11层楼面	$n11/10$	1. 0		
12层楼面	$n12/10$	$n12/11$	1. 0	
13层楼面	$n13/10$	$n13/11$	$n13/12$	1. 0

　　由表 2 比例系数可见：表中的每一列反映了不同层浇筑过程中在下部某一层引起的支撑力与该浇筑层支撑力的比例关系；表中的每一行反映了某一层浇筑时下部各层支撑力的分配比例关系。

3.3.2　各测点分配系数表

　　各监测点分配系数如表 3 所列。

各测点分配系数表

表3

NO	n11/10	n12/10	n13/10	n12/11	n13/11	n13/12
Z2	0. 134454	0. 045455	−0. 0303	0. 606061	0. 181818	0. 287879
Z3	0. 371429	0. 074074	−0. 01695	0. 037037	0	0. 076271
Z5	0. 116279	0	0. 044444	19	−0. 2	0. 488889
Z6	0. 131579	−0. 18182	0. 103448	0. 454545	0. 137931	0. 5
Z7	0. 4	−0. 23077	0. 52381	−1. 07692	0. 714286	0. 142857
Z8	0. 327273	−0. 25	0. 137255	−1. 375	0. 176471	0. 235294
Z10	3. 333333	2	0. 5	5	0. 388889	0. 777778
Z12	0. 135593	0. 166667	−0. 05952	0. 055556	0. 095238	0. 047619
Z13	0. 27907	0. 078431	−0. 05263	0. 058824	−0. 01754	0. 263158
Z14	0. 305556	0. 245283	0. 052632	0. 490566	0. 368421	0. 394737
Z15	0. 115789	0. 061224	0. 047619	0. 122449	0. 071429	0. 452381
Z16	0. 190184	0. 148515	0. 021505	0. 49505	0. 182796	0. 107527
Z17	0. 083333	0. 050725	0. 015625	0. 217391	0. 21875	0. 5
Z18	−0. 08333	0. 056604	−0. 02564	0. 075472	0. 051282	−0. 02564
Z19	0. 605263	0. 193548	0. 024096	0	0	0. 168675
Z20	0. 333333	−0. 32558	0. 071429	−0. 18605	0. 214286	−0. 07143
Z21	0. 177966	0. 12766	0. 068966	0. 446809	0. 137931	0. 333333
Z22	0. 029851	0. 058824	0. 078947	1. 117647	0. 315789	−0. 02632
Z23	0. 548387	−0. 52	0. 15625	−0. 72	0. 21875	0. 125
Z24	0. 25	−0. 04	0. 057143	−0. 56	0. 085714	−0. 17143
Z25	0. 10084	0. 043165	0. 019481	0. 266187	0. 084416	0. 253247
Z26	0. 015873	0. 285714	0. 034483	1. 285714	0. 206897	−0. 10345

（续表）

NO	n11/10	n12/10	n13/10	n12/11	n13/11	n13/12
Z27	-0.0099	0.029412	0.015625	0.941176	0.28125	0.375
Z28	-0.3	0.041667	0.285714	0.291667	0.857143	-1
Z29	-0.07692	1	0.078947	2	0.184211	0.092105
Z30	1.171429	0.325581	0.2	0.325581	0.257143	0.428571
Z31	0.585366	0.153846	-0.4	0.230769	-0.3	-1.5
Z32	-0.5	0.291139	0.26087	-0.24051	-0.02174	0.586957
Z33	-1.375	0.093458	0.222222	0.214953	0.5	1.111111
Z34	-0.8125	0.190476	0.056338	0.071429	-0.07042	0.084507
Z35	0.066667	0.25	0.055556	0	0.111111	0.527778

3.3.3　支撑力竖向分布规律

支撑力竖向分配系数表 表4

分层楼面	10层楼面	11层楼面	12层楼面	13层楼面
10层楼面	1.0			
11层楼面	0.214554	1.0		
12层楼面	0.143977	0.956336	1.0	
13层楼面	0.082173	0.175234	0.176207	1.0

由3.3.3中的表4可见：

（1）由13层楼面浇筑混凝土时引起的13层、12层、11层、10层支撑应变增量比值为1.0∶0.176207∶0.175234∶0.082173；由12层楼面引起的12层、11层、10层支撑应变增量比值为1.0∶0.956336∶0.14397；由11层楼面引起的11层、10层支撑应变增量比值为1.0∶0.214554。可见：上部荷载在向下部传递过程中，呈现出逐层递减的趋势；

（2）由13层楼面、12层楼面、11层楼面浇筑引起10层应变增量分别为0.082173、0.143977和0.214554。即10层以上楼层浇筑过程中，13层有8.2%传递到第十层支撑，12层有14.4%传递到第十层支撑，11层有21.4%传递到第十层支撑。可见：该层距离浇筑楼层越远，对其荷载影响越小；

（3）由13层楼面浇筑混凝土时引起的12层楼面支撑应变增量比值为0.176207，由12层楼面浇筑混凝土时引起的11层楼面支撑应变增量比值为0.956336（因数据明显异常，不参与统计，剔除），由11层楼面浇筑混凝土时引起的10层楼面支撑应变增量比值为0.214554。可见：上部楼层混凝土浇筑时荷载传递到下部第一楼层取平均值

$$19.5\% = (0.176207 + 0.214554)/2$$

（4）由13层楼面浇筑混凝土时引起的11层楼面支撑应变增量比值为0.175234，由12层楼面浇筑混凝土时引起的10层楼面支撑应变增量比值为0.143977，可见：上部楼层混凝土浇筑时荷载传递到下部第二楼层时取平均值

$$15.9\% = (0.175234 + 0.143977)/2$$

（5）由13层楼面浇筑混凝土时引起的10层楼面支撑应变增量比值为0.082173，可见：上部楼层混凝土浇筑时荷载传递到下部第三楼层为8.2%。

4　结论与建议

通过本次监测可以得到如下结论：

（1）整个楼面浇筑过程中，各立杆轴力呈现出有规律的发展和变化；

（2）楼面混凝土浇筑过程中，上部楼层荷载传递到下部第一楼层时有 20% 左右，传递到下部第二楼层时 15% 左右，传递到下部第三楼层时 10% 左右。可见：当前施工现场的模板支撑留置层数较为合理。

（3）梁下立杆轴力的实测值相对设计值（-11.82kN）偏离较小，偏离系数最大达 1.4，偏离系数大于 1.0 占 20%，平均偏离系数 0.67；板下立杆轴力的实测值较设计值（-6.69kN）偏离较大，偏离系数最大可达 2.3，偏离系数大于 1.0 占 29%，平均偏离系数 0.79。可见，现场的钢管模板支架承受荷载很不均匀，存在着一定的安全隐患；建议现场模板支架的水平牵杆必须纵横向连续设置，不宜一隔一设置，保证整体受力。

（4）测试过程中，12 层楼面梁中立杆轴力 2 倍于梁边立杆轴力；由于小横杆刚度有限，承受荷载时中间变形大，两端变形小，导致梁中立杆受力远大于梁边立杆；考虑到目前现场施工的实际情况，建议尽量少采用梁下三立杆支撑，若采用三立杆，应禁止后加设梁中立杆，并保证梁中立杆有纵横向水平杆牵通。

参 考 文 献

[1]　邵志刚，沙萍，等.苏州供电公司生产营业调度综合用房工程（主楼）主体结构模板施工方案 2009

[2]　JGJ 162—2008 建筑施工模板安全技术规范

[3]　林璋璋，杨俊杰.多层模板支撑体系的实测分析.施工技术，2005

[4]　杜荣军，扣件式钢管模板支撑架的设计与使用安全.施工技术，2002

钢筋混凝土受弯构件加固计算的统一公式法

裔 博[1] 李延和[1] 任生元[2]

（1. 南京工业大学土木工程学院，南京 210009；

2. 常州市鼎达建筑新技术有限公司，常州 213016）

［摘 要］本文建立了受弯构件正截面承载力加固计算的统一公式，给出了统一公式法在各种加固方法计算中的显示表达。通过案例，体现了统一公式法在结构加固计算及方案比较方面具有简洁，快速和准确的特点。

［关键词］统一公式法；弯矩加固量；显式表达；高效预应力加固法

1 概 述

钢筋混凝土结构加固工程中，梁板结构的加固是最主要的工作量。这类受弯构件往往由于正截面承载力不满足要求，而需要加固。对于现有的各类加固方法中，增大截面加固法，高效预应力加固法，粘贴纤维复合材加固法，钢丝绳网片 – 聚合物砂浆外加层加固法等均可用于这类受弯构件的加固。

但是，由于不同加固法采用不同的加固材料，建立加固设计计算公式时侧重点不同，思路不同得出的公式表达式也均不同。以至于工程师门在使用这些公式时易搞混，普遍感觉到公式繁杂，概念混乱。

事实上，对受弯构件正截面强度的计算，实质上是正截面计算的两个平衡方程—水平力和弯矩的平衡方程。直接以加固弯矩来描述受弯构件正截面计算，将涉及原梁承载力 M_0 和需满足的承载力 M，代入推导过程和计算中相关参数太多，很难整理出一套简洁公式。

本文采用"弯矩加固量"的概念[1]，通过合理选取平衡轴线推导出受弯构件正截面承载力加固计算的统一公式。

定义 ΔM 为受弯构件正截面承载力（弯矩）加固量，则：

$$\Delta M = \eta M - M_0 \tag{1}$$

式中 η——考虑加固后梁的纵向弯曲不得作用之偏心增大系数，高效预应力加固时 $\eta=1.05$，其余加固法时 $\eta=1.0$；

M_0——被加固梁原有的承载力（弯矩）；

M——梁加固后要求达到的承载力（弯矩）。

2 正截面承载力加固计算统一公式的建立

2.1 基本公式推导

设被加固梁在极限破坏时混凝土的极限压应变 $\varepsilon_{cu}=0.0033$，梁的变形符合平截面假定，极限状态下加固材料产生的拉力用 N_t 表示，则极限状态下加固梁正截面承载力计算简图如图 1 所示。

根据水平力平衡条件：

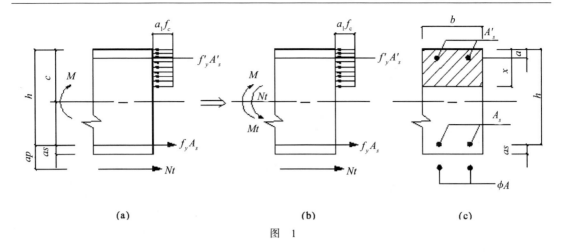

图　1

$$N_t = \alpha_1 f_c bx + f'_y A'_s - f_y A_s \qquad （2）$$

对梁截面中性轴取矩：

$$\eta(M - M_t) = \alpha_1 f_c bx(c - x/2) f'_y A'_s(c - a'_s) + f_y A_s(h_0 - c) \qquad （3）$$

式中　M_t——极限状态下加固材料产生的拉力引起的计算截面等效弯矩；

$$M_t = N_t(h + a_p - c)$$

a_p——加固材料到受拉钢筋形心的距离；

c——中性轴高度，取中性轴与截面受压边缘的距离，对梁高为 h 的矩形截面，$c = h/2$，

设 $H_{op} = c + \eta(h + a_p - c) - x_0$

H_{op}——经过偏心增大影响修正后的梁截面等效高度。

解得：
$$N_t = \alpha_1 f_c b(H_{op} \pm [H_{op}^2 - 2\Delta M/(\alpha_1 f_c b)]^{1/2})$$

式中根号内数值为零，$N_t = \alpha_1 f_c b H_{op}$ 则表示通过加固材料的作用，使梁全截面混凝土受压，实际上这不可能，所以式中正负号只能取负号，即

$$N_t = \alpha_1 f_c b(H_{op} - [H_{op}^2 - 2\Delta M/(\alpha_1 f_c b)]^{1/2}) \qquad （4）$$

令 $X_p = H_{op} - [H_{op}^2 - 2\Delta M/(\alpha_1 f_c b)]^{1/2}$

上式变为
$$N_t = \alpha_1 f_c b X_p \qquad （5）$$

根据式（2）和式（5）可推导出加固后截面混凝土受压面高度计算公式

$$X = X_p + X_0 \qquad （6）$$

（4）式建立了极限状态下加固材料拉力 N_t 与弯矩加固量 ΔM 的关系。式（6）为加固后截面的受压区高度计算公式。针对不同的加固方法，若给出加固材料截面积与极限拉力的关系，则受弯构件加固设计的计算过程就通过上述公式计算完成。

3　统一公式法在各种加固方法计算中的显式表达

式（7）为加固设计计算的统一显式表达

$$N_t = afA_s \qquad （7）$$

$$A_s = N_t/(af) \tag{8}$$

式中　a——材料强度利用系数

　　　　f——材料强度设计值

　　　　A_s——材料截面积

以下为统一公式在各加固方法中的显式表达：

3.1　受拉区加大截面法

文献［3］给出了受拉区加大截面法的计算公式，其为隐式表达。采用 Nt 来表示加固材料的作用

　　　　A_s——扩大截面法中，新增钢筋截面积；

　　　　f——新增钢筋的设计强度，取 =0.9。

3.2　黏结碳纤维布加固法

　　　　A_s——碳纤维布的有效截面积；

　　　　f——碳纤维布的抗拉强度设计值；

　　　　a——考虑碳纤维布达不到设计值时的强度利用系数，$a=\psi_f$

文献[3]给出

$$\psi_f = (0.8\varepsilon_{cu}h/X - \varepsilon_{cu} - \varepsilon_{f0})/\varepsilon_f \tag{9}$$

式中　ε——混凝土极限压应变，取为 0.0033；

　　　　h——矩形截面高度；

　　　　ε_{f0}——考虑二次受力影响时，纤维复合材的滞后应变，按文献［3］9.2.8 条的规定计算；

　　　　ε_f——纤维复合材拉应变设计值，按文献［3］表 9.1.6–1 及表 9.1.6–2 采用；

　　　　X——加固后混凝土受压区高度，$x=x_p+x_0$。

3.3　粘贴钢板加固法

　　　　A_s——受拉钢板的截面积；

　　　　f——加固钢板的抗拉强度设计值 $f_{sp}=f$；

　　　　a——考虑二次受力影响时，受拉钢板抗拉强度有可能达不到设计值而引用的折减系数；当 $a>0.1$ 时，取 $a=1.0$；$a=\Psi_{sp}$

$$\psi_{sp} = (0.8\varepsilon_{cu}h/X - \varepsilon_{cu} - \varepsilon_{sp,0})E_{sp}/f_{sp} \tag{10}$$

式中　E_{sp}——钢板的弹性模量；

　　　　$\varepsilon_{sp,0}$——考虑二次受力影响时，受拉钢板的滞后应变，按文献［3］10.2.6 条的规定计算。

3.4　钢丝绳网片 – 聚合物砂浆加固法（也可用于钢筋网片 – 聚合物砂浆）

　　　　A_s——钢丝绳网片或钢筋网片受拉截面面积；

　　　　f——钢丝绳网片或钢筋网片抗拉强度设计值 $f_{rw}=f$；

　　　　a——材料强度利用系数；$a = \eta_{r1}\Psi_{rw}$

　　　　η_{r1}——考虑梁侧面套圈 h_{r1} 高度范围内配有与梁底部相同的收拉钢丝绳网片时，该部分网片对承载力提高的系数；

$$\Psi_{rw} = (0.8\varepsilon_{cu}h / X - \varepsilon_{cu} - \varepsilon_{rw,0}) E_{rw} / f_{rw} \tag{11}$$

式中　Ψ_{rw}——考虑受拉钢丝绳网片的实际拉应变可能达不到设计值而引入的强度利用系数；
　　　　　　当 $\Psi_{rw} > 1.0$ 时，取 $\Psi_{rw} = 1.0$；

　　　E_{rw}——钢丝绳网片的弹性模量；

　　　$\varepsilon_{rw,0}$——考虑二次受力影响时，钢丝绳网片的滞后应变，按文献［3］附录第 P. 3. 4 条的规定计算。

3. 5　高效预应力加固法

根据文献［2］给出的预应力筋水平拉力 N_t 与极限应力 σ_{pu} 的关系为

$$N_t = \sigma_{pu}A_p \tag{12}$$

即：

$$A_p = N_t / \sigma_{pi} \tag{13}$$

式中　A_p——加固所用预应力筋截面积；

　　　σ_{pe}——加固所用预应力筋的有效预应力；

　　　$\Delta\sigma_p$——加固所用预应力筋的应力增量。

　　　$\sigma_{pe} = \sigma_{pe} + \Delta\sigma_p$ 的 计算过程如下：

（1）有效预应力 σ_{pe} 的计算

$$\sigma_{pe} = \sigma_{con} - (\sigma_{11} + \sigma_{12} + \sigma_{15}) \tag{14}$$

其中 σ_{con} 为张拉控制应力。高效预应力加固时，由于钢绞线弯曲后产生内应力以及转向块对钢绞线的横向挤压作用会使钢绞线的极限强度降低。因此，取钢绞线强度标准值 $f_{pk} = 0.80 f_{ptk}$

$$0.5 f_{pk} \leqslant \sigma_{con} \leqslant 0.65 f_{pk} \text{（梁加固时）}$$

$$0.4 f_{pk} \leqslant \sigma_{con} \leqslant 0.55 f_{pk} \text{（板加固时）}$$

$\sigma_{11} + \sigma_{12} + \sigma_{15}$ 为预应力损失值总和。

（2）锚固损失 σ_{11} 的计算

$$\sigma_{11} = (a / l) E_t \tag{15}$$

式中　E_p——预应力钢绞线弹性模量；

　　　l——当用千斤顶在一端张拉时，表示预应力筋的有效长度；当在两端张拉时表示预应力筋有效长度的一半；

　　　a——张拉处的锚具变形和钢筋的内缩值，夹片式锚具时，$a=5mm$。

（3）弯折点摩擦损失 σ_{12} 的计算

$$\sigma_{12} = \sigma_{con}(1 - e^{-\mu\theta}) \tag{16}$$

式中　θ——预应力筋轴线之间的空间夹角 $\theta = \sqrt{\theta_x^2 + \theta_y^2}$；

　　　μ——摩擦系数。

（4）混凝土收缩，徐变损失 σ_{15} 的计算

对使用年限小于等于5年的混凝土构件进行加固时，其混凝土收缩与徐变损失可以按文献［4］中的规定采用。对具有一定使用年限（5年以上）的构件，由于在加固前构件混凝土收缩，徐变已基本完成，而加固后截面内混凝土的应力方向一般不会改变，因此 σ_{15} 可以忽略不计。

（5）预应力筋应力增量 $\Delta\sigma_p$ 的计算

采用简化计算法

$$\Delta \sigma_p = \begin{cases} 100\text{MPa(简支梁时)} \\ 70\text{MPa(梁抗剪情况时)} \\ 50\text{MPa（悬臂梁，连续梁，框架梁时）} \end{cases} \quad (17)$$

4 统一公式法加固计算的步骤及案例比较

4.1 统一公式法计算步骤

第一步：基本参数的确定

根据现场检测结果，原设计施工图以及加固要求确定被加固受弯构件的几何参数，材料力学参数，加固荷载值以及计算加固弯矩值。

第二步：加固量 ΔM 计算

$$\Delta M = \eta M - M_0$$

其中，按加固要求计算确定，且预应力加固时，$\eta = 1.05$，其他方法加固时取 $\eta = 1.0$，M_0 按原梁参数计算。

第三步：计算 H_{op}

$$H_{op} = c + \eta(h + \alpha_p - c) - X_0$$

式中 c ——中性轴高度；

a_p ——加固材料受力合力点到原梁受拉边缘的距离，加固材料合力点在原梁截面外时取正直（例如体外预应力加固法），在原梁截面内时取负值（极大截面法时可能出现）；

X_0 ——原梁混凝土受压区高度，计算 M_0 时已算出。

第四步：计算 X_p

$$X_p = H_{op} - \left[H_{op}^2 - 2\Delta M / (\alpha_1 f_c b) \right]^{1/2}$$

其中，α_1, f_c, b 为原梁参数

第五步：计算 N_t

$$N_t = \alpha_1 f_c b X_p$$

第六步：计算加固材料截面积

$$A_s = N_t / (\alpha f)$$

在高效预应力计算法中，$\alpha f = \sigma_{pu}$

其余加固方法的计算，见第 3 节。

4.2 案例比较

某钢筋混凝土梁，截面尺寸 $b \times h$=250mm×500mm，混凝土的强度等级为 C30，跨中截面受拉区配置了 HRB335 级钢筋 3ϕ25，受压区配置了 HRB335 级钢筋 2ϕ18，由于该梁上部需增加设备，梁跨中截面的设计弯矩值增大为 M=2.4×108N·mm. 采用统一公式法计算，计算对比结果见表 1、表 2。

各种加固方法计算结果　　　　　　　　　　　　　　　　　　表1

加固方法	高效预应力法	增大截面加固法	黏贴碳纤维布加固法	符合砂浆钢筋网加固法	粘钢加固
材料用量	预应力筋截面积（mm²）	新增钢筋截面积（mm²）	碳纤维布截面积（mm²）	钢筋网片受拉截面积（mm²）	受拉钢板截面积（mm²）
	242	282	255	220	726

加固方案经济分析比较表 表2

加固方法	加固设计方案	直接成本分析（元）			直接成本小计
		材料费	人工机械费	表面防护费	（元）
加固法一： 粘碳纤维布加固	0.167厚Ⅰ级布 3T-250 1U-150@300（2000）/450 1Y-100	1265	600	150	2015
加固法二： 复合砂浆 钢筋网加固	250×500（35/35-0/35） 梁侧125mm高同梁底配 6⊈8，其他部位4⊈8 箍筋⊈6@100/200销钉⊈6@500， 梁底一道梁侧各两道	1090	1130	/	2220
加固方法三： 粘钢加固	梁底粘-8000×250×3 居中M12@500化学锚栓	640	368	150	1158
加固法四： 增大截面加固	250×500（0/0-0/200） 2⊈16（两端植筋锚固） ⊈8@100（2000）/200 （与原梁侧箍筋焊接） 无收缩混凝土C35	641	1300	/	1941
加固法五：高效 预应力加固	2根（φ15.2）1860级 高强低松弛钢绞线	320	600	200	1120

通过以上加固工程实例，对某钢筋混凝土梁采用五种常用的加固方法进行加固设计计算，并对其加固施工的直接成本进行分析，结论为：高效预应力加固法和粘钢加固法的工程直接成本较低，是比较经济和高效率的加固方法。

参 考 文 献

［1］ 李延和. 我国建筑结构加固技术的新发展［C］. 现代工程与环境优化技术最新研究与应用. 知识产权出版社，2008

［2］ 李延和，陈贵，李树林，等. 高效预应力加固法理论及应用［M］. 科学技术出版社，2008

［3］ GB 50367—2006 混凝土结构加固设计规范［S］. 中国建工出版社，2006

［4］ GB 0010—2002 混凝土结构设计规范［S］. 中国建工出版社，2006

基坑土坡失稳的原因与防治

马德建[1]　张利娟[2]

（1. 五洋建设集团成都分公司，成都　610036；

2. 公安海警高等专科学校，宁波　315801）

[摘　要] 基坑土坡失隐会造成巨大的工期、经济损失，甚至人员伤亡。落后的设计手段，忽视基坑的土坡稳定，是引起基坑土坡失隐的主要原因。应用计算机辅助设计软件 TPS 可高效准确地设计出安全的基坑土坡，有效地预防基坑土坡失稳事故。现行国家规范《建筑地基基础工程施工质量验收规范》GB50202-2002 有关边坡稳定的要求已不能适应日异增多的深大基坑，建议在修订时增加土坡稳定计算内容。

[关键词] 土坡失稳；基坑工程；安全系数；计算机辅助设计；TPS

软土地基大面积深基坑开挖常发生土坡失稳事故，已成为工程技术界的突出问题。引起土坡失稳的主要原因是什么？如何有效的预防？这是工程技术界关心的问题。

1　轧机基土坡失隐事故

某引进国外设备的重点工程，自地表向下约 25m 深度范围内绝大部分为天然高含水量、低强度的淤泥质亚黏土、黏土和粉质黏土、黏土层，地层分布情况（表1）。主厂房及轧机基础采用桩基础，桩尖支承在强度较高的暗绿色粉质黏土层上。工程桩采用截面为 40cm×40cm 钢筋混凝土预制桩，桩长约 21m，分上、下两段，采用硫磺胶泥接桩，采用柴油打桩机沉桩，送桩深度约 6.7m。为防止因打桩挤土使桩身位移，对每日打桩数进行了控制。打桩结束后 15d 进行轧机基础基坑挖土，挖土深度 7.8m，挖土前进方向基坑土坡坡度 1:0.5。挖土间隙 2d 后，土坡前地面出现裂缝，土体向基坑内滑动。桩身随土体滑动出现倾斜。轧机基础 130 根工程桩中，桩头偏移 2m 以上的有 3 根；偏移 1.5～2.0m 的 2 根；偏移 1.0～1.5m 的 25 根；偏移 0.5～1.0m 的 60 根；偏移 0.5m 以下的 38 根。

轧机基础工程地质及土性指标　　　　　　　表1

土层名称	土层厚度（m）	含水率 ω（%）	重度 γ（kN/m³）	内摩擦角 φ（°）	粘聚力（kPa）
褐黄色粉质黏土	2.7	27.65	19.6	15	20
灰色淤泥质粉质黏土	5.35	41.45	18.1	9.2	9
灰色淤泥质黏土	9.75	48.95	17.3	7.2	9
灰色黏土	7	46.2	17.3	9	14
暗绿色粉质黏土	2.5	24.12	20.1	24	29
青灰色粉砂	1.5	27.6	19.4	22.3	5
草黄色粉砂	10.5	28.09	19.1	25	2

为处理事故，随机抽取桩头偏移量不等的 7 根桩检测桩的裂缝和承载力。采用水平-回转耦合强迫振动试验及声波法对偏移桩进行检测，对偏移量不等的桩承载力作出评价，根据

检测结果补桩 17 根。因处理事故工程停工 4 个月。

2　支护基坑内土坡失稳事故

徐家汇地铁车站是上海地铁 1 号线中间折返站和路网规划中环线的换车站，地处闹市区。该地基为饱和淤泥质黏土和粉质黏土，基坑采用地下连续墙作为围护结构。基坑长 600m，宽 22m，竖向采用 5 道 $\phi600$ 壁厚 15mm 钢管支撑，支撑纵向间距为 3m。基坑地质剖面（图 1）。

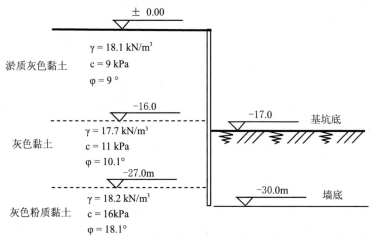

图1　地铁车站地质情况

1991 年雨季施工中，槽坑在进行纵向开挖时，先后发生几次土坡失稳，滑移破坏，以致冲毁横向钢管支撑，连续墙向基坑内最大变位达 80cm，墙体变形范围扩大到 40m，基坑失稳。

为保持墙体稳定，施工单位委托上海铁道学院作槽坑离心模拟试验，测试地面沉降、坑底隆起和基坑稳定、墙体在开挖过程中的走动以及支撑杆的内力、开挖过程中掘进前方土坡稳定情况。槽坑开挖采用迎面放坡，边掘进边铺砌反压的方式，迎面坡 1:4 时的试验结果：加速度 180g（$N=180$）时，坡顶开裂，光标明显显示浅层坡脚园，园弧切深相当原型 $16\sim17m$，光标最大水平位移 1.4m，最大垂直位移 0.63m，均位于坡脚附近，坡顶下沉和坡脚挤起约 53cm，处于失稳状态。上海铁道学院用毕肖普（Bishop, A. W）计算稳定系数 $K_{min}=0.991$。试验结论：槽坑开挖时迎面坡不得陡于 1:4。

3　小高层商住楼工程桩基事故

阳东县某小高层商住楼工程，设计一层地下室，基础采用预应力混凝土管桩，桩长 31m，管桩外径 $\phi600$，内径 $\phi340$。工程地处阳东县东湖地段，拟建场地主要分为四层，即：

（1）层耕填土，黄褐一灰褐色，饱和，可塑；

（2）层黏土，黄褐色，湿，软；可塑；

（3）层淤泥质粉质黏土，灰褐色，饱和，流塑；

（4）层粉细砂，青灰色，稍密。

桩基施工完成后不足二周便开始进行地下室基坑开挖工作，基坑开挖深度 4m，一次性开挖到标高，一天后就出现了静压管桩大面积倾斜情况。对已发生倾斜的管桩进行倾斜角度测量和小应变检测，测量和检测结果如下：有 53% 的管桩桩身发生向西 4° 左右的倾斜，小应变判断判定为 Ⅱ 类桩；有 42% 管桩桩身发生西南向的倾斜，倾斜角度实测为 6° 左右；小应变判定为Ⅲ类桩；有 5% 的管桩桩身朝西南向发生倾斜，倾斜角度实测为 7～9° 之间，小应变判断桩身在桩顶下 5m、9m 处出现裂缝，并被判定为Ⅲ类桩。

倾斜管桩处理措施：对倾斜角度大于 7° 的断桩，采取补桩处理；对检测为Ⅲ类桩，倾斜角度在 6° 以内的管桩作加筋压密注浆处理。

4　多层楼房桩基事故

浙江省临海市某 5 层楼房，底层为商铺，二层为办公楼，3～5 层为住宅，地下室 1 层为车库和人防，建筑面积为 25000 ㎡，框架结构。该建筑场地地貌为海积平原，土质属海陆相土层。桩基设计采用预应力钢筋混凝土空心管桩。以第七层粉质黏土为持力层，桩端进入持力层 4m 以上。施工桩长约为 25～35m 左右，桩径分别为 φ500、φ600，桩身采用 C60 混凝土。因挖土措施不当引起土坡失稳，使桩出现与开挖方向相反的不同程度的位移和倾斜。倾斜（2～20°）、移位（100～2200mm），不符合要求的倾斜、移位桩占桩总数的 52.3%。较多柱倾斜、移位后出现微裂、断裂等情况，部分桩出现了两次断裂。对断裂的空心管桩的桩身补强以及基础底板整体加固方法来弥补因斜桩损失的承载力，处理费用 160 万元。

5　高层商住楼桩基事故

某高层商住楼，基础采用 φ500 管桩，地下室开挖时由于局部高差过大，导致开挖土坡面滑动失稳，106 根桩被推斜，花费补强金额近 100 万元，耗时约半年，严重影响了对工期和投资的控制。

6　治理方法

当出现边坡失稳迹象时，可采用削坡、坡顶减载、坡脚压载、暂停打桩、加设防滑板或设置防滑桩、降低地下水位、减小开挖面、加快施工进度尽可级缩基坑暴露时间和早日回填等措施。

某初轧厂 4 号铁皮坑基底平面尺寸为 17.9m×36.4m，基坑深 −13.6m，采取大开挖施工，由于基坑坡顶地面受已建仓库限制，其最大放坡只能放到折算坡度 1:2.7，并分三段台阶放坡。采用二级井点降水（图 2）。

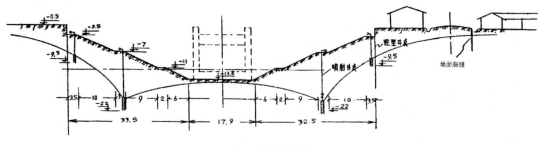

图2　基坑剖面图

开挖期间连续降雨，土体位移坡顶地面裂缝宽度达到 45mm。当开挖至基坑底部时，地面出现多条裂缝，并将原有地面（机场跑道地坪）拉裂，随时可能发生大滑坡。多方案对比研究，如采用坡顶卸载，首先就得拆除已建仓库，损失较大。后决定在基坑开挖一半时即暂停挖土，缩小开挖临空面，抢灌半段底板混凝土，并随即回填压载。控制裂缝发展，消除滑坡险情。这是一个通过坡脚压载，减少开挖临空面，加快施工进度缩短基坑暴露时间，早日回填，是处理边坡失稳的成功实例。

7　事故原因分析

土坡稳定计算已有多部地方法规作出明确的规定，上海、北京、浙江、福建及港口工程技术规范均采用园弧滑动面条分法（瑞典法）。有了明确的计算方法后仍然不断出现基坑土坡失稳事故的原因是计算工作量太大，在编好计算程序后我们曾用 8 位数的袖珍计算机计量过一道凹凸状坡底的设计题，耗时三昼夜，因此，手工计算实在难以胜任如此巨量的计算工作。

《建筑地基基础工程施工质量验收规范》GB 50202—2002 第 6.2.3 条有关边坡坡度的要求：临时性挖方的边坡值应符合表 6.2.3 的规定（图 3）。

临时性挖方边坡值　　　　　　　　　　　表6.2.3

土的类别		边坡值（高：宽）
砂土（不包括细沙）		1:1.25～1:1.50
一般性黏土	硬	1:0.75～1:1.00
	硬、塑	1:1.00～1:1.25
	软	1:1.50或更缓
碎石类土	充填坚硬、硬塑粘性上	1:0.50～1:1.00
	充填砂土	1:1.00～1:1.50

注：1　设计有要求时，应符合设计标准；
　　2　如采用降水或其他加固措施，可以不受本表限制，但应计算复核查；
　　3　开挖深度，对软土不应该超过4m，对硬土不超过8m。

第 7.1.3 条有关土方开挖的顺序、方法的要求：土方开挖的顺序、方法必须与设计工况相一致，并遵循"开槽支撑，先撑后挖，分层开挖，严禁超挖"的原则。在不同的土质情况下分层多大？分层多厚？表 6.2.3 中土的类别没有定量指标，如何正确区分？徐家汇地铁车站基坑长 600m 必须分段开挖，这要涉及分段开挖的土坡稳定问题。因此，施工管理人员只能依据经验估算。

改革开放以来我国城市的高层建筑、大型公用工程拔地而起，国有企业每年竣工的建筑面积中，高层已占 20%。城市中深基坑工程常处于密集的既有建筑物、道路桥梁、地下管线、地铁隧道或人防工程的近旁，虽属临时性工程，但其技术复杂性却远甚于永久性的基础结构或上部结构，稍有不慎，不仅将危及基坑本身安全，而且会殃及临近的建构筑物、道路桥梁和各种地下设施，造成巨大损失。从另一方面讲，深基坑工程设计需以开挖施工时的诸多技术参数为依据，但开挖施工过程中往往会引起支护结构内力和位移以及基坑内外土体变形发生种种意外变化，传统的设计方法难以事先设定或事后处理。面对千变万化的工程地质、开挖深度、坡顶荷载、地下水位、施工条件，现行国家规范有关边坡的要求已不能适应。一方面现行规范要求不严密，一方面手工计算难度大，基坑施工出现大量的土坡失隐事故也就不难理解。

8　防范措施

基坑施工一旦出现土坡失事故造成的经济损失巨大，要有效地预防失稳事故，只有做好前期施工组织设计，根据现场实际情况计算出安全稳定的土坡，施工期间加强监测，如发现土坡失稳迹象应及时采取措施控制危情。

设计安全稳定的土坡需用圆弧滑动面条分法计算稳定安全系数。要找出最危险的滑弧计算工作量很大，在历经数次土坡失稳事故后，我们认识到解决土坡稳定计算难问题，只有走计算机辅助设计这条路，开发拥有自主知识产权的应用软件。

土坡稳定分析属于土力学中的稳定问题，目的是在给定条件下合理地选择断面尺寸，或验算已拟定土坡的断面尺寸是否稳定合理。（瑞典法）按公式（1）计算稳定安全系数。

$$K = \frac{\sum C_i L_i + \sum (q_i b_i + w_i) \cos \alpha_i \tan \varphi_i}{\sum_i (q_i b_i + w_i) \sin \alpha_i} \tag{1}$$

式中　C_i——第 i 条土条滑动面上的粘聚力（kPa）；

L_i——第 i 条土条弧长，$L_i = bi \sec \alpha i$（m）；

q_i——第 i 条土条顶面作用的荷载（kPa）；

b_i——第 i 条土条宽度（m）；

W_i——第 i 条土条重力，无渗流作用时，地下水位以上用土的自然重度计算；地下水位以下用土的浮重度计算（kN/m³）；

α_i——第 i 条土条弧线中点切线与水平线夹角（°）；

φ_i——第 i 条土条滑动面上的内摩擦角（°）。

当有渗流时，用公式（1）计算圆弧滑动面上稳定安全系数时，用替代重度法计算渗透力的作用，即计算滑动力矩（分母）时，浸润线下，下游水位以上部分的土体用饱和重度；计算抗滑力矩（分子）时用浮重度。

当土坡局部有较大荷载，滑动范围受限制或局部有软土层及基坑开挖考虑侧面土坡的约束作用时，稳定安全系按公式（2）计算。

$$K' = K \left(1 + \frac{A}{2L_s L_f}\right) \tag{2}$$

式中　A——滑动体两侧面积之和（m²）；

L_s——滑弧长度（m）；

L_f——滑动体长度（m），指局部较大荷载区段，滑动受限制区段或有软土区段的长度

经过多年努力我们在国内最先开发出土坡设计软件 TPS。软件为微机 Windows 版，图文并茂，输入方便，输出详细，已校核多个实际工程及国外考题。该软件能快速准确地计算出安全合理的土坡。

9　结　语

基坑土坡失隐会造成巨大的经济损失。落后的设计手段，忽视基坑的土坡稳定，是引起基坑土坡失隐的主要原因。应用计算机辅助设计软件可高效准确地设计出安全的基坑土坡，有效地预防基坑土坡失稳事故。

面对千变万化的土质、开挖深度、坡顶荷载、地下水位、施工条件，现行国家规范《建筑地基基础工程施工质量验收规范》GB 50202—2002 有关边坡稳定的要求已不能适应日异增多的深大基坑，为了更好的指导施工，避免土坡失隐事故，建议在修订《建筑地基基础工程施工质量验收规范》GB 50202 时增加土坡稳定计算的内容。

参 考 文 献

［1］ 张惠甸.宝钢4#铁皮坑基坑开挖与边坡稳定问题.中国力学学会岩土力学专业委员会.城镇建设有关的岩土力学专业委员会.城镇建设有关的岩土工程实例讨论会，1984.12

［2］ 包启明.低温建筑技术，2006，（5）：147

［3］ 日本《土木施工》，93，5；

［4］ GB 50202—2002 建筑地基基础工程施工质量验收规范

［5］ DGJ 08—11—2010 上海市工程设计规范.地基基础设计规范

华侨大厦改扩建工程的加层改造设计

付修兵

（南京长江都市建筑设计股份有限公司，南京 210002）

[摘 要] 某16层的框架－剪力墙综合楼，因其使用功能改变，须在顶层再增加一层办公空间及一层结构构架。依据现行规范，对原结构进行了检测鉴定和抗震验算，结果表明原结构总体抗震能力符合现行各规范要求；针对结构加层以及新老规范不同带来的梁、板承载力不足、柱加密区体积配箍率不足等问题，采用了不同的加固方法。

[关键词] 框架－剪力墙结构；检测鉴定；抗震；加层；加固

1 工程概况

南京华侨大厦位于中山北路南侧，原为3503厂建造的高层综合楼，主楼塔楼以酒店为主业，地下一层，地上十六层；主楼裙房三层（无地下室）。原工程1986年进行设计，1990年建成并投入使用。主楼塔楼为现浇框架－剪力墙结构，基础采用桩筏基础，预制桩。裙楼为现浇框架结构。主楼与裙楼设置抗震缝隔开。

原有结构设计遵循的是20世纪70年代的系列规范，按抗震设防烈度7度进行抗震设计。

华侨大厦闲置一段时间后，2011年被省某政府机关买下作为办公楼，需要进行改扩建，建筑改造内容如下：（1）塔楼部分保留原有建筑的结构体系，并在顶层再增加一层办公空间及一层结构构架；（2）塔楼原宾馆标准层的客房变成为办公室，二层～十七层利用建筑边角空间设置公共洗手间，使用功能发生变化；（3）裙楼建筑使用功能及层高发生变化，除局部基础保留外，其余全部拆除，重新设计。

2 设计依据

2.1 对原结构的检测鉴定

在加层改造前，由业主方委托具备相关资质的专业单位对原有建筑进行检测和鉴定。着重检测构件的混凝土强度等级，钢筋配置情况、锈蚀、裂缝和变形情况，混凝土保护层的碳化深度，表面是否有明显的蜂窝麻面、缺损等情况。并出具正式的检测报告，提出加固修补的建议，作为结构设计的重要依据之一。鉴定检测结果如下：（1）结构整体未发现不均匀沉降，未出现明显开裂、变形等等危及建筑物安全的现象。结构设置情况符合设计要求；（2）上部结构混凝土抗压强度检测基本满足原设计要求，个别构件稍微不足；（3）混凝土构件截面尺寸，梁柱满足设计要求，个别板厚不满足。部分构件存在破损、露筋、钢筋锈蚀等缺陷；（4）梁、柱、板钢筋配置情况基本符合原设计要求；（5）塔楼结构整体基本满足抗震验算的要求；建议采取相应的加固处理措施对部分构件加固处理。

通过以上鉴定检测的结果可知，本工程现有结构符合国家相关规范规程，满足原设计要求，可以按照原设计图纸的内容进行后续的设计工作。

2.2 设计使用年限

根据 GB 50023—2009 第 1.0.4 条，在 80 年代建造的现有建筑，后续使用年限宜采用 40 年或者更长，且不得小于 30 年。考虑到塔楼是框架 – 剪力墙结构，整体基本满足抗震验算的要求，故加固后结构设计使用年限取 40 年。根据 JGJ116—2009 第 3.0.4 条，而且考虑到建筑功能的特殊性和重要性，地震效应未按照后期使用年限的缩短而进行折减，依然按照 50 年的要求进行设计取值（即承载力抗震调整系数按现行国家标准 GB 510011 选用）。

2.3 设计荷载

楼面活荷载：办公、会议室：$2.0\ kN/m^2$；走廊：$2.5\ kN/m^2$；楼梯：$3.5\ kN/m^2$；公共洗手间：$4.0\ kN/m^2$。风荷载：$0.40kN/m^2$；雪荷载：$0.65kN/m^2$。

为减少地震反应和避免对原有基础进行加固处理，室内隔墙均改用加气混凝土砌快轻质材料。同时，由于室内重新装修，为尽量增加净高，不增加楼面荷载，拆除原楼面的建筑面层、找平层。

2.4 设计规范

本工程 2011 年 8 月开始设计，故均采用现行的规范，如：《混凝土结构设计规范》GB 50010—2010、《建筑抗震设计规范》GB 50011—2010、《高层建筑混凝土结构设计规程》JGJ 3—2010 等。

3 计算分析

3.1 参数取值

本次计算采用中国建筑科学研究院研制的多层及高层建筑结构空间有限元分析与设计软件－SATWE 进行整体计算。

梁柱混凝土强度按检测鉴定单位建议值，新扩建部分的混凝土强度等级选用 C30。板厚按检测结构取值。结构中的新扩建部分与原结构的连接按整体现浇考虑。

结构计算分为两种工况：一种工况为对结构直接加层，即不改变原结构梁、柱截面尺寸，也不对梁、柱进行加固；另一种为对结构进行加固后处理，采用增加截面加固法的构件，按加固后的尺寸输入，采用其他方法加固的，根据刚度等效的原则，换算成等刚度的混混凝土梁、柱截面尺寸输入。以上计算均不考虑原结构中施工缺陷、钢筋锈蚀等不利因素的影响。设计主要参数见表 1。

设计主要计算参数 表1

模型总层数	20层	抗震等级	剪力墙：二级 框架：三级
抗震设防烈度	7度（0.10g）	阻尼比	0.05
设计地震分组	第一组	竖向荷载计算信息	模拟施工加载3
特征周期T_g	0.38s	是否考虑偶然偏心	是
多遇水平地震影响系数最大值	0.08	是否考虑双向地震扭转效应	是

（续表）

抗震设防水平地震影响系数最大值	0.23	计算振型数	18
罕遇水平地震影响系数最大值	0.50	场地类别	II类
是否考虑P-DELTA效应	是	周期折减系数	0.8
连梁刚度折减系数	0.7	中梁刚度放大系数	2.0
楼层框架总剪力调整	考虑	楼层水平地震剪力调整	考虑

3.2 整体计算指标（直接加层，未加固）

计算结果如下　　　　　　　　　　　　　　　　　　　　　　　表2

			规范控制值
周期/S	T_1（X向平动）	1.50	—
	T_2（Y向平动）	1.38	
	T_3（Y扭转）	1.14	
周期比	T_3/T^1	0.76	0.90
剪重比（%）	Vx/Ge	1.81	1.60
	Vy/Ge	2.01	1.60
刚重比	X向	7.56	>1.4，整体稳定满足；>2.7，不需要考虑重力二阶效应
	Y向	8.32	
有效质量系数（%）	X向	99.50	不小于90
	Y向	99.50	
地震最大层间位移角	X向（层数）	1/1817（10层）	1/800
	Y向（层数）	1/1471（12层）	
风荷载最大层间位移角	X向（层数）	1/7356（10层）	1/800
	Y向（层数）	1/4350（12层）	
最大层间位移比	X向地震	1.29	不大于1.4
	Y向地震	1.36	
楼层刚度比最小值及所在层数	X向（层数）	1.17	本层与相邻上层的比值不宜小于0.9
	Y向（层数）	1.18	
楼层抗剪承载力比最小值	X向（层数）	0.88	不小于0.80
	Y向（层数）	0.91	

框架柱地震倾覆弯矩百分比　　　　　　　　　　　　　　　　　表3

	柱承担倾覆弯矩（KN·m）	墙承担倾覆弯矩（KN·m）	柱抗倾覆弯矩百分比（%）
X向地震	44660.7	81446.9	35.27%
Y向地震	24169.1	111909.6	17.30%

通过以上计算结果，可以看出，原结构整体抗震性能较好，各项指标均可满足现行规范的要求，不需要对结构体系进行整体加固处理。

3.3　加层后的结构分析

3.3.1　地基基础

主楼塔楼：鉴于房屋在接近 20 年使用过程中未发生明显差异沉降，基础为桩筏基础，整体性好，荷载增量只有 6.5%，故认为原地基基础能够满足加层后的使用要求。

主楼裙楼：由于上部结构全新设计，只保留基础；局部两桩承台承载力不足，须进行加固。

3.3.2　框架梁

通过原梁实际配筋与计算结果对比，加层后各层有部分框架梁支座纵筋和跨中钢筋不足需要加固。主要原因是：（1）加层后，建筑质量和高度增加，导致风荷载和地震效应增大，进而导致梁内力增加；（2）各层框架总剪力小于 $0.2 V_0$，须进行调整，导致梁端部弯矩值增加；）（3）公共卫生间处，使用荷载增加较多。除二层外，其余层框架梁没有显示超筋信息，说明框架梁的截面大小满足抗震设计要求。

3.3.3　框架柱、剪力墙

计算表明，底层只有一个框架柱的最大轴压比为 0.90，其余框架柱的轴压比均小于 0.8，满足规范 0.9 的限值。由于采用 20 世纪 70 年代的系列规范，一～十二层大部分框架柱加密区的体积配箍率小于规范要求，且小于计算值。框架柱纵筋不小于计算值且满足现行规范和规程的要求。由上可知，框架柱需要抗剪加固处理。

计算表明，剪力墙配筋均不小于计算值；剪力墙两端均有框架柱，其楼层处设置了 400 高的暗梁，结构构造满足现行规范和规程的要求。

3.2.4　楼板

由于二、三层公共洗手间活荷载 4.0 kN/m² 远大于原设计活荷载 1.5kN/m²，此处楼板板面板底需要加固；根据原结构的检测鉴定报告，部分楼层实际板厚 70mm 或 80mm，小于原设计 100mm，也需要进行加固。其余楼板配筋满足承载力要求。

4　加固设计

根据以上分析，对结构不同的构件，采用了不同的加固方法。

4.1　基础加固

对于承载力不足的裙房两桩承台，采用扩大承台，预留孔并压入多节锚杆静压桩的加固方案。锚杆静压桩选用预制钢筋混凝土方桩，尺寸为 250mm×250mm，桩编号为 JAZHb-525-2.5×5A。单桩极限承载力设计值为 250kN。做法如如图 1 所示。

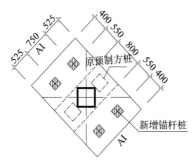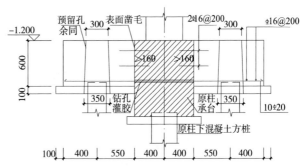

图1　锚杆静压桩补强大样

4.2　框架柱加固

框架柱经过验算，其纵筋满足要求，但箍筋加密区不满足。考虑施工的方便、快捷，以及尽量减少对建筑空间的影响，因此选用在柱上粘环形碳纤维布箍的方法补强箍筋。采用高强Ⅰ级碳纤维布，碳布箍宽 b_f =200 mm，间距 s_f = 300 mm，每层厚度 t_f = 0.16 mm，层数 n_f = 3，加固范围：楼层上下1200mm高范围内。选用的碳纤维布材料及其施工方法需满足相应的规范要求。

碳纤维布加固柱节点大样如图2所示。

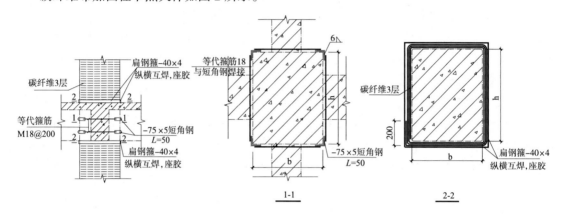

图2　碳纤维加固柱节点大样

4.3　框架梁加固

4.3.1　加大截面法加固

底层，由于层高4.8m（标准层2.95m）较大，计算下来部分框架梁截面纵筋超筋，其他梁实际配筋与计算配筋也相差较大。故只能采用加大截面的方法进行加固，如对截面300×450的框架梁，两侧各扩50mm，底面扩150mm，加大成截面400×600。按增大截面后的尺寸重新计算，计算出梁下部跨中所需要的纵筋。同时，如加大截面后梁支座纵筋仍不足，则采用粘帖碳纤维布或者粘钢的方法加固。

4.3.2　粘碳纤维布或粘钢板加固

对其他楼层，局部框架梁其正截面受弯承载力不足，需提高，但提高的幅度不超过40%。考虑标准层层高只有2.950m，为尽可能提高建筑净高，故优先选用粘碳纤维布加固，施工方便快捷，对原结构承载能力的损伤小。如所需碳纤维布的层数超过三层，为了碳纤维布的可靠锚固以及节约材料，则改用粘钢加固。

当对框架梁支座进行正截面加固时，如梁上有现浇板，且允许绕过柱位时，将碳纤维布或钢板粘帖在两侧4倍板厚范围内。如梁上无现浇板，则采取如图3所示的锚固措施。

为减少加固量，结构计算时，框架梁端部考虑了受压钢筋的作用，所以当对框架梁跨中进行正截面加固时，碳纤维布或钢板在框架柱处采用如如图4所示的锚固措施。

4.4　楼板加固

4.4.1　加大截面法加固

对二层（6~7）×（K~J）处楼板，检测下来实际板厚只有78mm（设计100mm）；此

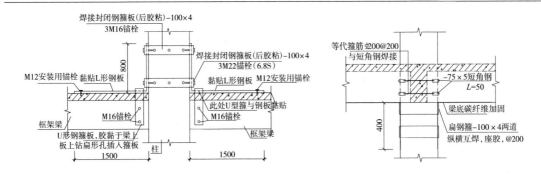

图3　梁顶粘钢锚固构造大样　　　　　　　图4　梁底粘碳纤维下翻大样

处又作为公共卫生间,荷载增大。经复核,不仅板配筋远远不够,挠度也不满足要求。故只能采用加大截面的方法进行加固。

从施工的方便考虑,在原现浇板顶浇注一层钢筋混凝土叠合层比较好,但由于建筑功能需要,只能在板底增加板厚。板厚从78mm增加到130mm,只增加了52mm,且在板底,如采用普通混凝土不好振捣,无法密实,施工质量得不到保证。改用具有较大流动性、早强、无收缩、微膨胀、防离析的灌浆料,通过楼板四周新开的200×200的灌浆孔流进模板中。

4.4.2　粘碳纤维布加固

对其他处楼板,仅仅是支座或跨中配筋不足,裂缝及挠度均满足要求,采用粘帖碳纤维布的方法加固。采用高强Ⅰ级碳纤维布,碳布箍宽 b_f =200 mm,间距 b_f = 400mm,每层厚度 t_f = 0.16mm,不超过两层。

4.5　混凝土缺陷修复

4.5.1　混凝土疏松、破损、严重碳化等缺陷修复

原结构混凝土出现疏松、破损、严重碳化等缺陷应进行修复处理,首先清理缺陷部位至坚实基层,并清洁干净,经洒水充分浸润后采用修补砂浆进行修复。对于大体积缺陷,采用灌浆料浇筑进行修复。

4.5.2　露筋、钢筋锈蚀等缺陷修复

对露筋、钢筋锈蚀等现象,应首先清除钢筋周边破损混凝土,对钢筋进行除锈和清洁处理,再采用聚合物砂浆进行修复。混凝土保护层不足时应对保护层进行修复。

4.5.3　裂缝缺陷修复

对裂缝采用如下方法处理:(1)裂缝宽度不小于0.2mm时,采用环氧树脂浆液灌注处理。(2)缝宽度小于0.2mm时,采用表面封闭法处理。

5　加固施工

加固改造工程的施工比一般新建工程的难度要大,应由具备相关资质和一定工程经验的单位来进行。施工要注意以下四点:

(1)对结构进行卸荷:①拆除屋面上的找坡、防水、找平层、屋面女儿墙等不需要的部分。②凿除2～16层楼面的找平层,拆除2～16层的室内黏土砖隔墙。

(2)新老混凝土交接处,要凿除原有建筑面层,混凝土表面凿毛,吹净清洗,填补原有缺陷,并用水泥浆或界面剂处理表面。

（3）由于原结构需加固的梁、柱主要是为了弥补抗震能力的不足，在正常使用状态下，原有结构构件能够满足承载能力的要求。故上部结构加层施工装不必等到下部加固完成后再进行，可以同时进行施工，加快施工进度，节省工期。

（4）为提高加固材料的耐久性，加固完成后，对碳纤维布加固表面应采用 25 厚 1:3 水泥砂浆防护；粘钢加固表面应首先进行除锈和清洁处理，涂刷防锈漆两道后采用 25mm 后 1:3 水泥砂浆防护。

6 结 语

（1）在加层改造前应先确定后续使用年限，并以此对原结构进行检测鉴定。确定原结构主要承重构件的实际强度、不均匀沉降及构件缺陷，并进行抗震验算；将检测及计算结果作为选择加固方案的依据。

（2）加层设计时须考虑加层部分对原结构的影响。应先对结构进行整体验算，各项指标是否满足现行规范的要求；再在对加层后不满足要求的构件采用相应的加固措施。

（3）加固改造方案选取，在满足承载力要求的基础上，应尽量采用施工方便、快捷，对原结构损伤小、对建筑空间的影响小的加固方法。

参 考 文 献

[1] GB 50223—2008 建筑抗震设防分类标准
[2] GB 50011—2010 建筑抗震设计规范
[3] JGJ 116—2009 建筑抗震加固技术规程
[4] GB 50023—2009 建筑抗震鉴定标准
[5] JGJ 116—2009 建筑抗震加固技术规程
[6] GB 50367—2006 混凝土结构加固设计规范
[7] JGJ 123—2000 既有建筑地基基础加固技术规范
[8] 程绍革，史铁花，戴国莹. 既有建筑地基基础加固技术规范 // 现有建筑抗震加固的基本规定 [J]. 建筑结构

预制装配式 RC 结构震害分析与研究进展

梁书亭[1]　朱筱俊[2]　陈德文[3]　庞　瑞[1]

（1. 东南大学土木工程学院；2. 东南大学建筑设计研究院；

3. 江苏省建设工程设计施工图审核中心，南京　210096）

[摘　要] 预制装配式混凝土结构是工业化建筑的重要形式，有着较好的结构性能和优越的经济、环境和社会效益，目前在全球经济较发达地区的已被普遍应用。介绍了国内外现有预制混凝土结构体系的主要形式和工程应用进展，总结了预制结构在历次大地震中的表现，并对震害进行了分析和探讨。介绍了近期在预制混凝土结构应用方面的研究进展。

[关键词] 预制混凝土；装配式楼盖；震害分析；设计方法

0　前　言

预制装配式建筑是工业化建筑的重要形式，其结构、经济、社会和环境等效益极为显著[1, 2]。建筑工业化始于第二次世界大战以后的欧洲，由于战争的破坏和劳动力的匮乏，加之各国经济的发展和城市人口的激增，住房问题一度变得极为严峻。工业化建筑节约劳动力，建造速度快，可快速解决住房问题，因此率先在欧洲国家得到发展和应用。

由于适应钢筋混凝土装配式建筑的结构方案、预制过程、构件运输和安装等的不断完善和发展，预制的钢筋混凝土结构即使在富有钢材的国家里，也有和钢结构竞争的能力。预制方式早已不再是应急的办法，而是钢筋混凝土结构的一个现代化的生产方式。我国于1995年4月印发了建 [1995] 188 号文件《建筑工业化发展纲要》，文件中也明确指出了建筑工业化是我国建筑业的发展方向[3]。

1　预制混凝土的特点

1.1　预制混凝土结构的优点

预制混凝土和现浇混凝土相比主要有以下优点：

（1）产品质量好。

预制混凝土产品大部分在工厂制作，生产条件好，质量易于控制。调查结果表明预制混凝土工厂生产的混凝土强度变异系数为7%，而施工现场生产的现浇混凝土强度变异系数为17%[4]。

（2）生产效率高。

预制混凝土产品大部分在工厂用机械化、自动化的方式生产，生产效率高于现场浇筑混凝土的生产方式。预制构件现场安装也多采用机械化方式施工，不需要或只需要很少的现浇混凝土作业，减少了现浇混凝土的养护时间，施工方便，受季节和天气的影响较小。

（3）工人劳动条件好。

在工厂中生产预制混凝土构件多采用机械化和自动化的生产设备，工人劳动条件和劳动强度都好于现场现浇混凝土的施工方式。现场安装阶段多采用机械化的施工方式，湿作业少，工人劳动条件得到改善。在劳动力成本逐渐增高和以人为本的社会要求下，这些优点有着重要的意义。

（4）对环境影响小。

预制混凝土构件在工厂制作，可以严格控制废水、废料和噪声污染。现场安装时湿作业少，施工工期短，这些都减少了对施工现场及周围环境的污染，在一些跨越交通线的工程采用预制构件可以基本不对既有交通造成影响。

（5）有利于社会的可持续发展。

由于工厂生产预制混凝土多采用高强材料和预应力技术，因此和普通现浇混凝土相比可以节省材料。调查表明，通过精心设计和施工，预制混凝土结构比现浇混凝土结构可节省55% 的混凝土和 40% 的钢筋用量[2]。工厂生产还可以大量利用废旧混凝土、矿渣、粉煤灰、工业废料等原料来生产预制混凝土产品。同时预制混凝土结构的拆除也相对容易，一些预制混凝土墙板还可以修复后重复利用。

1.2　预制混凝土的缺点

预制混凝土和现浇混凝土相比较主要有以下缺点：

（1）整体性较差。

预制混凝土结构由预制构件在现场拼装而成，如果未能精心设计连接节点并保证施工质量，很容易出现结构整体性和冗余度差的问题。在过去发生的几次地震中发现部分预制混凝土结构破坏严重，如图 1 所示。预制混凝土结构的抗震问题在一定程度上限制了其在地震区的推广应用。

图1　地震中预制结构破坏情况

（2）设计难度较大。

一般结构工程师比较熟悉现浇混凝土结构的设计方法，对预制混凝土结构的设计方法、特点和构造不熟悉。美国预制混凝土行业的调查表明[5, 6]，缺乏熟练的预制混凝土结构设计人员和施工技术人员是限制预制混凝土结构推广应用的一个重要原因。

（3）运输安装问题。

预制构件一般在预制工厂制作，然后运输到现场安装，这一方面需要大型运输和安装设备，另一方面也增加了运输成本，因此预制构件一般在施工现场附近的预制工厂制作，避免长途运输。对运输困难的大尺寸构件也可以在施工现场预制，但这种情况下预制构件的质量和生产效率又无法像在专业工厂中那样得到很好的保证。

（4）初期设备投资大，经济指标优势不明显。

建设预制构件厂，需要很大的初期投资，在运输和安装过程中也需要大型的运输和安装设备，而且预制混凝土设计、生产和安装都要求有较高的技术，这些都提高了预制混凝土应用的门槛。美国预制混凝土行业的调查表明[5]，大约一半的承包商认为采用预制混凝土不能降低工程造价颇，这也是限制预制混凝土推广的一个原因。

2 预制混凝土的应用形式

目前，预制混凝土在土木工程中的主要应用领域有：

（1）建筑工程——用于建筑结构和非结构构件；

（2）桥梁工程——用于各类桥梁的梁、桥面板、桥墩、基础等；

（3）交通工程——用于轨枕、护栏、隔声屏障，防护墙、隔离带、行道板、塔架等；

（4）岩土工程——用于桩、基础、涵洞、隧道衬砌、挡土墙等；

（5）水工工程——用于管道、容器、水塔、水渠、码头、海岸防波系统等；

（6）构筑物和城市小品—用于花架、小品、雕塑等。

预制混凝土结构可以分为墙板结构和框架结构。墙板结构由预制墙板和预制楼板组成，连接方式可采用后浇整体式连接或装配式连接，也有采用整个房间预制好在现场搭积木组装的方式，如苏联的盒子建筑因运输不便已逐渐淘汰。预制混凝土墙板结构主要用于不需要大空间的住宅，宾馆等建筑，工程实例如图2和图3所示。

图2 预制墙板建筑　　　　图3 预制盒子建筑　　　　图4 预制框架结构

预制混凝土框架结构一般由预制柱、预制梁、预制楼板和非承重墙板组成，也有采用预制框架的形式因运输不便目前应用较少。构件的连接可以采用后浇整体式、预应力拼接等等效现浇节点或全装配式节点。预制框架结构主要用于需要开敞大空间的厂房、商场、停车场等建筑，见图4。

根据建筑的美观和实际需要，预制混凝土墙板可以浇筑成各种颜色、形状和纹理，因此，预制混凝土墙板可以为建筑效果的表达提供广阔的空间。采用工厂化生产,成本低,质量可靠,安装方便,可有效提高房屋建设速度。预制墙板的制作、运输和安装见图5。

（a）预制墙板实物图　　　　（b）预制墙板运输　　　　（c）预制墙板安装

图5 预制墙板

预制混凝土非结构构件包括非承重墙板，装饰构件，这是预制混凝土在建筑工程中最早的应用形式，目前仍被广泛应用。

预制混凝土永久模板用于叠合构件，最常用的形式是叠合楼板，相对现浇混凝土来说可以省去模板，不用拆模其整体性又好于全预制结构，适于在地震区应用。

2.2　预制混凝土在国外的应用

1875 年 6 月 11 日，英国人 William Henry Lascell 在英国获得 2151 号发明专利"Improvement in the Construction of Buildings"，提出了在结构承重骨架上安装预制混凝土墙板的建筑方案，学者认为这一事件标志着预制混凝土的起源[7]。

1976 年，联合国经济社会事务部在对欧洲各国建筑工业化状况进行调查研究后指出，建筑工业化是 20 世纪不可逆转的潮流。1989 年国际建筑研究与文献委员会第十一届大会将建筑工业化视为建筑技术发展趋势之一。在美国，预制混凝土结构发挥着其他体系无法替代的作用。在 1991 年 PCI 年会上，Ben C. Gerwick 把预制混凝土结构的发展视为美国乃至全球建筑业发展的新契机。

目前，装配式混凝土结构在西欧和美国的应用已相当广泛，日本在亚洲处于领先地位。各工业大国在住宅建筑方面已大部分走工业化的道路，发达国家装配式混凝土结构在土木工程中的应用比例为：美国 35%，俄罗斯 51%，欧洲 35%～40%。

2.2　预制混凝土在我国的应用

我国预制混凝土起源于 20 世纪 50 年代。早期预制混凝土受前苏联预制混凝土建筑模式的影响，主要应用在工业厂房、住宅、办公楼等建筑领域。20 世纪 50 年代后期到 20 世纪 80 年代中期，绝大部分单层工业厂房都采用预制混凝土建造。20 世纪 80 年代中期以前，在多层住宅和办公建筑中也大量采用预制混凝土技术，主要结构形式有装配式大板结构、盒子结构、框架轻板结构和叠合式框架结构。20 世纪 70 年代以后我国政府曾提倡建筑实现三化，即工厂化，装配化，标准化，在这一时期，预制混凝土在我国发展迅速，在许多建筑领域被普遍采用，为我国建造了几十亿平米的工业和民用建筑。

从 20 世纪 80 年代中期以后，我国预制混凝土建筑步入衰退期。据统计，我国装配式大板建筑的竣工面积从 1983 年到 1991 年逐年下降，20 世纪 80 年代中期以后我国装配式大板厂相继倒闭，1992 年以后便荡然无存了。

进入 21 世纪后，预制混凝土由于其固有的优点在我国又重新受到重视。我国预制混凝土的研究和应用也有回暖的趋势，国内相继开展了一些预制混凝土节点和整体结构的研究工作。

近 10 年来，预制混凝土结构得到了长足的发展，一方面预制混凝土结构的应用越来越广泛、研究更加深入；另一方面人们发现其潜力还待进一步挖掘，尤其材料工业的发展、加工机具的进步为其提供了很好的条件。

3　预制混凝土的结构形式

3.1　预制混凝土框架结构

预制混凝土框架结构具有产品质量高、室内布置灵活、施工方便、可大量节省模板和支撑等优点，具有显著的节能环保效益，是一种可满足持续发展要求的结构形式，因此在国内外的应用都比较普遍。

　　NEHRP2000（美国国家防灾减灾纲要）将预制结构体系分为两大类，即等效现浇体系和预制装配式体系。图6为目前常用的预制框架结构体系，其中图（a）和图（b）为等效现浇体系，图（c）和图（d）为预制装配式体系。

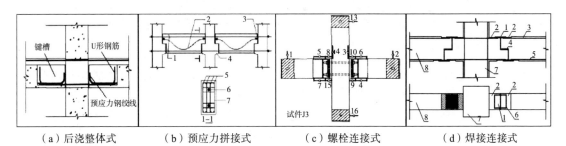

| （a）后浇整体式 | （b）预应力拼接式 | （c）螺栓连接式 | （d）焊接连接式 |

图6　预制框架结构形式

3.2 预制混凝土剪力墙结构

　　最早的预制混凝土剪力墙结构形式为预制混凝土大板结构（预制钢筋混凝土墙板结构），随后发展为无黏结后张拉预应力预制混凝土剪力墙结构（见图7（a））。后来，结合预制混凝土结构和现浇混凝土结构的特点，提出了预制叠合剪力墙的结构形式（见图（b））。在美国等国家，采用焊接连接形式的全干式剪力墙结构也有不少应用，如图（c）所示。

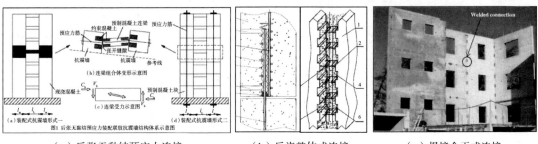

| （a）后张无黏结预应力连接 | （b）后浇整体式连接 | （c）焊接全干式连接 |

图7　预制剪力墙结构形式

4　预制混凝土结构的震害调查和分析

4.1　预制混凝土结构的震害调查

　　1976年发生在我国的7.8级唐山地震，可谓是第一次对预制混凝土结构抗震性能检验的大地震（见图8（a））。唐山地震的一个重要特点是位于震中区的建筑（包括预制结构和现浇结构）普遍倒塌[8]。建筑物在地震中的破坏和倒塌大致可分为两类：一是由于地基失效所致，二是结构自身的振动所致。唐山市大量倒塌的建筑物属于后者。由结构本身的振动所引起的倒塌又可分为两类：一是结构丧失了整体性造成的倒塌，二是由于主要承重结构的破坏而造成的倒塌，而结构的全面倒塌又往往是结构丧失整体性和主要承重结构破坏共同作用的结果。笔者认为，造成这一现象的原因有三点：（1）地震烈度较大，超过了抗震设防标准；（2）抗震设计经验不足；（3）施工时，构造规定没有较好地执行。

（a）1976年唐山地震　　　　　（b）1994年美国北岭地震　　　　　（c）2008年汶川地震

图8　地震中建筑物的破坏情况

1977 年发生在罗马尼亚的 7.2 级地震中，预制框架和预制剪力墙结构在地震中都表现良好，几乎没有或很少有结构破坏[9]。

1985 年发生的墨西哥地震及其余震分别为 8.1 级及 7.5 级，大多数带有预制混凝土构件的建筑和停车车库建筑都在地震中表现良好，距震中 30 km 处的预制大板工业建筑也表现良好[10]。

1988 年亚美尼亚 6.9 级大地震中，该地区 78 栋预制混凝土大板建筑均未发生倒塌或破坏，而超过 1/3 的预制混凝土框架结构和砌体结构却破坏严重[9]。

1994 年发生在美国洛杉矶北岭的 6.8 级地震中，大多数带有预制混凝土构件的建筑都表现良好。而停车库不论采用何种结构体系都表现很差，尽管这些结构的竖向抗侧力体系承载力足够，但其楼屋盖，尤其具有大面积楼屋盖的结构在地震中破坏较为严重[11]。（见图 8（b））

1995 年 6.9 级 Kobe 地震中预制混凝土框架结构和墙板结构在也表现良好。这些建筑通常都是 2～5 层的建筑，预制构件没有出现任何损坏，只有接缝处的现浇混凝土发生了细小的剥落或裂缝的出现[12]。

1999 年发生在土耳其的 Marmara 地震中部分预制混凝土结构的也发生了严重的破坏情况[6]。

2008 年我国的汶川地震中，大量的建筑发生了破坏，甚至倒塌，有大量采用预制楼盖的建筑发生不同程度的破坏（见图 8（c））。徐有邻经过全面的震害调查提出造成预制板破坏的根本原因为[13]：（1）墙体自身承载力不足；（2）墙体构造不符合要求；（3）预制装配式楼盖没有做好连接和拼装构造，整体性差；（4）采用冷加工钢筋的预制板延性差或者制作质量没有保证。

4.2　预制混凝土结构的震害分析

（1）地震中建筑物破坏、倒塌的原因分析。

研究结果表明：结构方案缺陷、设计方法不当和整体稳固性不足是造成倒塌的根本原因；构件间连接构造措施缺失导致结构解体；而结构材料的脆性和施工质量失控，造成结构综合抗力不足。具体表现为：结构体系头重脚轻，刚度不均；没有合理考虑预制楼盖的平面内刚度对结构地震响应的影响，造成楼盖平面内变形超过预制板的支撑长度而垮塌；传力途径单薄，缺乏冗余约束；关键传力部位严重削弱，缺乏抵抗水平作用的能力；墙体缺乏圈梁 - 构造柱约束；预制板没有任何连接构造措施；材料（混凝土、砌体、冷加工钢筋）强度不足或延性很差；任意加层改造等。

（2）预制混凝土楼盖的适用性。

在装配式结构破坏较为严重的地震中，都可看到预制混凝土楼板的身影，一些地方甚至出台规定，限制预制板在地震区的使用。汶川地震中预制板破坏的四条根本原因中，前两条属于主要承重结构的破坏（即笔者常说的：皮之不存毛将焉附）（见图 8（c）），后两条属于结构丧失整体性。调查表明[13]：塌垮的楼盖基本上没有吸取唐山震害的教训，都仍在采用传统拼接方法，未能形成整体受力，整体牢固性很差，地震时难免解体、倒塌。而近年根据规范及标准图设计施工的预制板装配整体式楼盖房屋，即使在强震区也能满足"大震不倒"，见图 9。这说明关键不在是否采用预制板，而在于构造措施缺失。由图 10 可知，只要能保证预制板有足够的支撑和连接，即便是在主要承重结构严重破坏的情况下，依然能保持良好的工作性能。而对于现浇楼盖来讲，地震时现浇整体楼盖在墙体倾覆时失去依托，同样也会一垮到底，而且其重量大、刚度大，在灾后实施救援将更为困难，见图 11。

图9　规范设计的预制楼盖建　　　图10　预制楼板在支撑　　　图11　现浇混凝土结构的破坏

（3）大地震给预制混凝土结构带来的思考。

①重视预制楼盖结构的研究。历次大地震下采用预制楼盖的结构破坏较为严重，因此预制楼盖的形式、连接构造和楼盖的抗震设计方法等方面的研究显得尤为重要。

②应提倡新型轻质结构体系的开发。地震倒塌的宏观现象表明，罕有倒塌物离原物位置较远的情况。据此可以认为，水平地震运动的往复作用破坏了结构，而最后倒塌则主要是结构丧失了承受竖向荷载的能力所致。结构重量大不仅使水平地震作用大，对抗震不利，而且会增大重力效应，对抗震也不利。因此，减轻结构重量对防止大震下的倒塌有着重要意义。

③重视预制结构和连接节点的延性。由于地震的很大的不确定性，出现概率很小的意外大震，单靠提高强度来抗御是不经济也是不现实的。预制混凝土结构合理的截面和连接构造设计，是延长最后破坏点和在多次反复变形下耗能能力不致有过多衰退的重要环节。

④预制楼盖结构的抗震设计方法的亟待解决。我国规范对预制楼盖的抗震设计和采用预制楼盖的建筑结构的抗震设计没有提出系统的设计方法，仅在构造上进行了一些条文规定，在设计方法上简单地取柔性楼盖和刚性楼盖计算结果平均值，这在较大程度上限制了预制楼盖结构的应用。

5　在预制混凝土结构方面近期的研究工作

5.1　新型预制装配式楼盖体系的研发

本课题组 2004 年起开始了致力于新型预制装配式混凝土框架结构体系的研究，从 2007 年起，开始了对全预制装配式混凝土楼盖体系的研究，提出了以企口梁和企口板为基本构件，梁－板之间和板－板之间采用分离式机械连接件加以连接的全干式楼盖体系（以下简称新型楼盖），见图 12。已经成功申报了新型楼盖体系和焊接式板缝连接节点两个国家发明专利^[14, 15]。

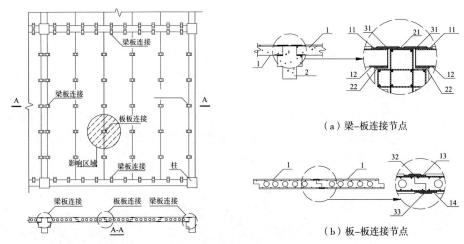

(a) 梁-板连接节点

(b) 板-板连接节点

图12　新型楼盖体系示意图

新型楼盖体系的研发主要遵循以下指导思想：

（1）结构合理、安全、工业化程度高。

我国混凝土规范 GB 50010—2002 第 10.10.7 条规定"单层房屋或高度不大于 20m 的多层房屋，其装配式楼盖的预制板、屋面板的板侧边宜做成双齿边或其他能够传递剪力的形式……。对要求传递水平荷载的装配式楼盖、屋盖以及高度大于 20m 多层房屋的装配式楼盖、屋盖，应采取提高其整体性的措施。"

根据这一指导思想，并基于预制混凝土结构的发展规律，本课题组提出了全干式的新型楼盖。特点如下：①在竖向荷载作用下，企口板相互搭接的构造并配合上下启口板中的预埋机械连接件可以传递相邻预制板间的剪力作用，同时下启口板中的预埋件可以传递横板向弯矩，起到双向受力的作用；②在水平向地震作用和风荷载作用下，企口板中的预埋件可以传递平面内剪力、弯矩和轴力等，将水平地震作用和风荷载传递给各抗侧力体系，起到良好的隔板作用。

（2）轻质、大跨和高承载力。

新型楼盖结构采用的预制预应力混凝土空心板或加层板等预制混凝土平板。采用空心板或加层板可满足轻质的要求，从而减小了地震作用和结构在地震作用下的重力效应；采用预应力钢筋和高强混凝土，同时结合新型楼盖的横板双向传力构造，可达到大跨度和重载的现代楼盖要求。

（3）延性性能好。

充分利用延性较好的钢材形成塑性铰或发展塑性变形，并且尽量使塑性铰区在离开节点核心区的地方产生，这样可以保证节点核心区的受力安全和结构不发生脆性破坏。

5.2　新型预制装配式楼盖体系的研究

在目前的结构抗震设计中装配式楼盖体系的力学性能是最为复杂而人们对其了解最少的方面之一。分析表明，预制楼盖板缝节点在地震作用下将处于复杂的受力状态，包括平面内剪力、拉力和压力。虽然全装配式楼盖有着工业化程度高等优点，但也存在这诸如楼盖平面内刚度是有限的，在地震作用下将发生显著的平面内变形，不能沿袭现有结构抗震设计方法进行结构设计等不利因素，极大地限制了新型楼盖的推广使用。近期研究工作总结如下：

图13 抗剪试验实景图

图14 抗拉试验实景图

图15 拉剪复合试验

（1）新型楼盖板缝节点的研究。

主要进行了节点的平面内抗剪性能、抗拉性能和拉剪复合作用下的力学性能试验。见图13～图15。

通过试验、参数分析和数值模拟分析，提出了适用于新型楼盖的板缝节点构造形式及其承载力计算方法。

（2）新型楼盖平面内力学性能的研究。

对于平面内抗推刚度较小的楼盖而言，在水平地震（或风）作用下，楼盖本身将发生显著的平面内变形。当楼盖的平面内变形大于支撑体系的侧向变形时，楼盖将发生垮塌现象，

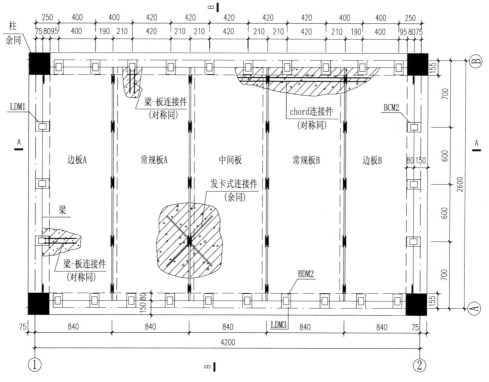

图16 模型楼盖平面布置图

图17　加载装置实景图

这一现象在美国北岭地震、我国的唐山地震和汶川地震中多有发生。因此，如何计算楼盖的刚度及其在水平地震作用下的变形就显得尤为重要。本课题组进行了新型楼盖在平面内荷载作用下的低周反复荷载试验和理论分析，提出了基于等效梁模型理论的平面内变形和刚度计算方法。见图16、图17。

研究发现：新型楼盖在平面内具有较大的刚度和承载力，但楼盖的耗能能力和位移延性较差，因此采用弹性楼盖的设计方法是科学的和必要的；提出了新型楼盖平面内变形和刚度的计算方法，与试验结果具有较高的吻合度。

（3）新型楼盖竖向受力性能的研究。

竖向受力性能是新型预制装配式混凝土楼盖结构体系的另一个重要力学性能。为了系统研究新型楼盖体系在竖向荷载作用下的力学性能，课题组首次进行了新型楼盖的竖向受力性能的研究。见图18、图19。

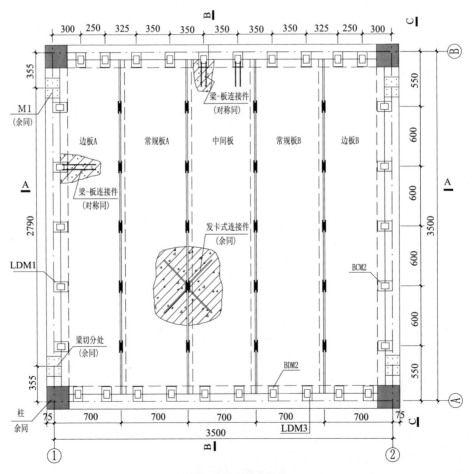

图18　模型平面布置图

图19 试验加载现场实景图

研究发现：在整个加载过程中，新型楼盖中的梁－板连接件和板缝连接件都表现出良好的传力性能。新型楼盖的跨中挠度是同条件下普通双向板楼盖跨中挠度的 1.43 倍，仅为相同条件下普通单向板楼盖跨中挠度的 0.45 倍；新型楼盖跨中两个方向弯矩比为 4.64，均说明新型楼盖是具有双向受力特征。从新型楼盖特殊构造上来讲，新型楼盖在顺板向和横板向的受力性能存在明显差异，因此，新型楼盖属于正交各向异性双向楼盖。提出了新型楼盖基于弹性薄板小挠度理论和正交各向异性板理论的承载力计算方法。

（4）新型楼盖竖体系抗震设计方法的研究。

根据新型楼盖平面内力学特征，提出了新型楼盖的抗震设计方法和设计流程。进行了采用新型楼盖的多、高层建筑动力特性分析和多遇烈度下的时程响应分析。采用 14 层框架剪力墙结构作为实例分析的结构原型，结构的平面布置图如图 20 所示，地震烈度为八度，场地土为 II 类。

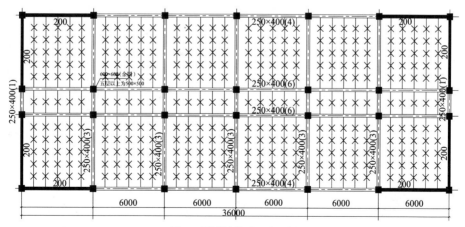

图20 原型结构平面布置图

由结构的位移响应分析可知（见图 21），在采用新型楼盖的结构中，中间榀抗侧力结构的侧移值与边榀抗侧力结构侧移值存在较大的差异，表现为楼盖发生了平面内变形，且底部楼层的平面内变形值较为明显。

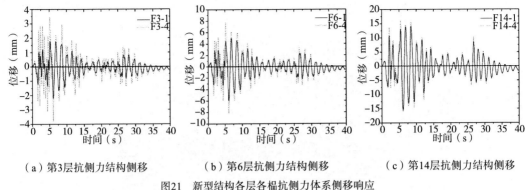

（a）第3层抗侧力结构侧移　　　　（b）第6层抗侧力结构侧移　　　　（c）第14层抗侧力结构侧移

图21　新型结构各层各榀抗侧力体系侧移响应

由结构的基底剪力响应的对比分析可知（见图22），由图可知，采用新型楼盖的结构和现浇结构的基底剪力响应存在这较大的差异。表现为：现浇结构边榀抗侧力结构（剪力墙）的基底剪力大于新型结构，而现浇结构中间各榀抗侧力结构（框架）的基底剪力小于新型结构。这一现象应该在设计中给予高度重视。

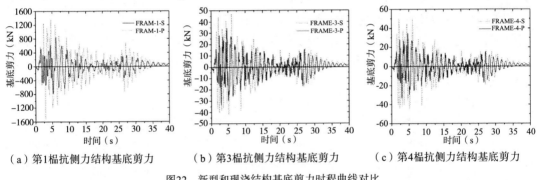

（a）第1榀抗侧力结构基底剪力　　　（b）第3榀抗侧力结构基底剪力　　　（c）第4榀抗侧力结构基底剪力

图22　新型和现浇结构基底剪力时程曲线对比

由结构的楼层加速度响应分析可知（见图23），采用新型楼盖的结构边榀和中间榀抗侧力结构的加速度时程响应差异较大，表现为，中间榀抗侧力结构的加速度值大于边榀抗侧力结构。现浇结构各榀抗侧力体系的顶层加速度时程响应相差不大。新型结构和原型结构的楼层加速度量值均大于地面输入最大加速度值，这一现象对结构中的非结构构件及设备装置的意思较大，同时对于新型全预制装配式楼盖的设计荷载取值的意义也很重大，应该引起人们的重视。

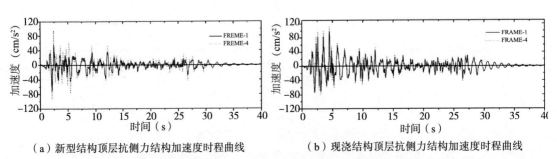

（a）新型结构顶层抗侧力结构加速度时程曲线　　　　（b）现浇结构顶层抗侧力结构加速度时程曲线

图23　新型结构和现浇结构顶层边榀与中间榀抗侧力体系加速度时程曲线

6 结 语

（1）首先，介绍了预制混凝土结构的特点、预制混凝土和预制混凝土结构的应用形式及其在国内外的应用形式。

（2）其次，总结了预制混凝土结构在历次大地震中的震害情况，并对地震中建筑物破坏的原因、预制混凝土楼盖的适用性进行了分析和探讨，并对预制混凝土结构未来应用中应注意的问题进行了展望。

（3）最后，介绍了本课题组近期在预制混凝土结构方面所做的工作。

参 考 文 献

[1] Yee A A. Social and environmental benefits of precast concrete technology[J]. PCI Journal, 2001, 46（3）: 14-19

[2] Yee A A. Structural and economic benefits of precast/prestressed concrete construction [J]. PCI Journal, 2001, 46（3）: 34-42

[3] 建设部文件. 建筑工业化发展纲要 [J]. 施工技术，1995, 8 : 1-3

[4] Bertero, V V. State of the art report : based structural design. Proceedings of 9th world Conference on Earthquake Engineering, Tokyo Kyoto, Japan, Aug. 1988, Ⅷ : 673-686

[5] Arditi, David, Uluc Ergin, Suat Gunhan. Factors affecting the use of precast concrete systems [J]. Journal of Architectural Engineering, 2000, 47（3）: 70-88

[6] Gul Polat. Factors Affecting the Use of Precast Concrete Systems in the United States [J]. Journal of Construction Engineering and Management, , 2008, 134（3）: 169-178

[7] Morris A EJ. Precast Concrete in Architecture [M]. London : George Godwin Limited, 1987

[8] 陈耽. 唐山地震中的倒塌现象和结构的抗震概念分析 [J]. 工程抗震，1986, 2 : 47-49

[9] Fintel M. Performance of Buildings with ShearWalls in Earthquakes of the Last Thirty Years [J]. PCI Journal, 1995, 40（3）: 62-80

[10] Fintel M. Performance of Precast and Prestressed Concrete in Mexico Earthquake [J]. PCI Journal, 1986, 31（1）: 18-42

[11] Hall J F. Northridge Earthquake of January 17, 1994, Reconnaissance Report, vol. 1 [J]. Earthquake Spectra, Supplement C to vol. 11, Publication 95- 03, 1995; 523

[12] Ghosh S K. Observations on the Performance of Structures in the Kobe Earthquake of January 17, 1995[J]. PCI Journal, 1995, 40（2）: 14-22

[13] 徐有邻. 汶川地震中教学楼倒塌调查分析——5·12汶川地震三周年祭 [J]. 建筑结构学报，2011, 32（5）: 9-16

[14] 梁书亭，庞瑞，朱筱俊. 全预制装配式钢筋混凝土楼盖体系. 中国发明专利，ZL 200910263394.9 [P]. 授权日：2011. 06. 22

[15] 梁书亭，庞瑞，朱筱俊. 预制装配式楼盖焊接式板缝连接节点. 中国发明专利，ZL 200910263393. 4 [P]. 授权日：2011. 09. 07

第四章　　绿色建材与灾后修复技术

建设工程利用建筑垃圾新技术及产业链规划

韩选江[1] 陆海阳[2]

（1. 南京工业大学，南京 210009； 2. 招商局地产（南京）有限公司，南京 210005）

[摘　要]本文从建筑垃圾的基本概念入手，阐明了建筑垃圾资源化利用的重大意义、国内外建筑垃圾的处理利用现状，以及现有建筑垃圾处理利用系列产品、建筑垃圾在房屋和道路地基基础工程中应用的新技术，并对建筑垃圾处理产业链问题加以深入思考，展现了建筑垃圾资源化利用的广阔前景。

[关键词]建筑垃圾；资源化利用；粉碎与筛分机械；再生骨料；再生砖系列；散粒材料静压桩；予力变刚度夯扩桩

图1 建筑垃圾场地

1 建筑垃圾基本概念

1.1 定义

建筑垃圾是建设工程施工及装修过程中或建（构）筑物的维修与拆除过程中产生的废料、废渣等固体废弃物。参见图 1 的建筑垃圾堆场。

1.2 来源

（1）建设场地（包括建筑工程、道路工程、市政工程及桥梁工程等）的开挖土方弃土（参见图 2）；

（2）建设场地的砌体工程、钢筋混凝土工程等分部工程产生的废弃物，房屋单位工程竣工时清扫出的残渣；

（3）旧房维修改造工程及房屋装饰工程施工中留下的废弃物及清扫出的残渣；

（4）旧城改造房屋拆除工程抛下的大量废弃物；

（5）建筑材料堆场清扫时的少量残留物等；

图2　开挖土方弃土成建筑垃圾

（6）破旧房屋及城墙倒塌即成为建筑垃圾（参见图 3）。

1.3 特性

（1）一般丧失直接再利用价值；

（2）一般不具有腐蚀性；

（3）面广量大，占用场地大；

（4）除钢材、木材、竹材及塑料制品外，都

图3　旧城墙倒塌成建筑垃圾

具有粉碎性，并可分选形成粗、细颗粒；

（5）经过粉碎的建筑垃圾可作为再生粗、细骨料加以资源化利用；

（6）它是破坏影响环境的因素，也是弄脏城市道路、产生粉尘的污染源之一。

1.4　分类

根据建筑垃圾的回收利用特性，可将其分为：

（1）可直接利用的材料：对于场地开挖土方的弃土，可直接作为回填地基土使用；

（2）可作为再生资源材料：如建设场地残留的砖、瓦、砂、石、砂浆及混凝土废料等，可粉碎与筛选后加以利用；

（3）可进行回收处理材料：如建设场地残留的钢筋、木材和塑料制品等，可回收后使用；

（4）没有利用价值的废料：如木屑、粉尘、竹条、油漆玷污物等。

2　建筑垃圾的资源化利用重大意义

建筑垃圾的资源化利用是符合可持续发展战略的重大措施之一。这个重大而深远的意义表现在以下三方面。

2.1　解决人类面临的生存问题

20世纪人类社会经济的高速发展与过度消费的模式导致了人类面临生存危机。

吃祖宗饭、断子孙路，以牺牲环境为代价去谋求暂时快速发展的急功近利的思想引起自然界频发各种灾害，给人类带来了生存危机。

2.2　解决社会面临的发展问题

沉痛教训使我们认识到：推行清洁生产和循环经济的方式已成为必须遵循的社会经济发展道路。

"清洁生产"主要要求从生产的源头，包括产品和工艺设计、原材料使用、生产过程、产品和产品使用寿命结束以后对人体和环境的影响等各个环节都采取清洁措施，预防污染产生或者把污染危害控制在最低限度。简言之，即低消耗、低污染和高产出的生产模式。

"循环经济"主要是实行资源和废物的综合利用和循环利用，使废弃物资源化、减量化和无害化，把有害环境的废弃物减少到最低限度。

2.3　解决人类与环境长久相安的共融和生问题

地球不属于人类，但人类属于地球，人类生存在地球的生物圈中。地球上要是没有人，它可能继续运转下去；但是地球上如果没有昆虫、微生物和植物，那人类至多只能存活几个月。

保护地球上的自然环境，维持地球上的生态平衡，让地球上的所有生物（包括动、植物）都与人类一样，共同享受太阳能转变成的地球的有效能量和地下宝藏，让人与自然环境相互依存、相互促进、共存共融地和谐相处下去，人类的物质文明和精神文明将会永恒地大放光彩！

总而言之，治理建筑垃圾危害，就是治理被广泛污染的生态环境；利用建筑垃圾资源，就是充分而有效地保护地球资源。

2.4　人类理性认识的转变

2.4.1　长时期束缚人思想的"人类中心主义"

长时期以来，人们只强调人是宇宙之灵、万物之主，一切都要从人的利益出发，一切都要为人的利益服务。这就是"人类中心主义"。

在这个主义指导下，就产生了人类对自然资源进行无限度、无休止、肆无忌惮地索取和掠夺。

发达国家人口只占世界人口总数的1/4，消耗掉的能源却占世界能源总量的3/4、木材的85%、钢材的72%，其人均消耗量是发展中国家的9～12倍。与此同时，他们的工业化过程严重地污染了地球环境。

发展中国家虽迈步工业化进程滞后于发达国家几十年甚至上百年，然而也迅速步入杀鸡取卵和竭泽而渔的开发途径，重走了发达国家"先污染后治理"的老路。

2.4.2　"人类中心主义"带来的恶果

在"人类中心主义"的指导下，人类无节制地开发利用地球资源，使大自然扭曲变形，地球的生态平衡被严重打破了，由此给人类带来了灾难恶果！

地球生物圈的失衡大致表现为以下七个方面：

（1）酸雨蔓延，"酸度"超常；

（2）温室气体增加和全球变暖；

（3）同温层臭氧损耗加剧和紫外线辐射增强；

（4）森林资源锐减，水土流失日趋严重；

（5）大面积土地退化和沙漠化；

（6）水资源匮乏和清新空气成为奢侈品；

（7）固体废物排放堆积与日俱增，地球表层不堪重负！

2.4.3　走出"人类中心主义"阴影

（1）1972年6月5～16日在瑞典斯德哥尔摩召开了113个国家和地区的1300多名代表参加的人类环境会议。以此大会为标志，在世界范围内掀起了环境保护的高潮。此次大会上，通过了《人类环境宣言》。

图4　世界环境日图标

此时，人类才清醒地认识到环境污染对人类和生态平衡产生的严重后果、人类生存的整体性危机以及地球资源的有限性。

当年联合国27届大会通过决议，确定每年的6月5日为"世界环境日"。参见图4的世界环境日图标。

"只有一个地球"是世界环境日的永恒主题。《人类环境宣言》向当时世界上40多亿人发出呼吁："如果人类继续增殖人口，掠夺性地开发自然资源、肆意污染和破坏环境，人类赖以生存的地球，必将出现资源匮乏，污染泛滥，生态破坏的灾难。"

在此期间，罗马俱乐部提出的《增长的极限》和《人类处于转折点》的报告，提出了"有机发展"的概念，提醒人类树立协调发展的观念。

（2）1982年5月10～18日联合国环境规划署在肯尼亚首都内罗毕召开了国际人类环境问题特别大会，以纪念1972年联合国人类环境会议10周年。参加会议的有105个国家和149个国际组织的代表3000多人。

会上通过了具有全球意义的《内罗毕宣言》，表明了人类社会经济发展必须以保护全球环境为基础的鲜明观点，从而深刻认识到我们地球家园——大自然的完整性和互相依存性。至此，世界各国环保组织迅速增加，并开展了多种有效的环保行动。参见图5。

1983年第38届联合国大会通过了161号决议，成立了世界环境与发展委员会。该委员会于1987年发表了《我们共同的未来》的长篇报告。

图5　世界环保组织的绿色行动

参见图6。该报告中的第一句话是："地球只有一个，但世界却不是。"

（3）1992年6月3～14日在巴西里约热内卢召开了由183个国家代表团、102个国家元首或政府首脑出席的联合国环境与发展大会，通过了《里约环境与发展宣言》（又称《地球宪章》）（Earth Charter）以及《21世纪议程》等纲领性文件，标志着环境保护进入了全新的时期。我国前总理李鹏出席大会并签署文件。

（4）2002年8月19～23日，国际生态城市大会在我国深圳市召开，讨论通过了生态城市建设的《深圳宣言》，将城市建设全面纳入可持续发展轨道，对生态城市建设产生了深远影

图6　地球只有一个，关心我们共同的未来

响。联合国还将该宣言纳入当年9月在南非召开的第三届世界环境与发展首脑会议的行动计划中。

正是在这样的历史环境背景下，建筑垃圾的资源化回收利用显得意义十分重大！全人类都在呵护地球，拯救地球！广大科技人员应该在此领域有更大的作为（参见图7）。

3　国内外建筑垃圾的处理利用现状

3.1　国外建筑垃圾处理利用现状

3.1.1　日本：立法实现建筑垃圾循环利用

日本从20世纪60年代末就着手建筑垃圾的管理并制定相应的法律、法规及政策措施，

图7 我们需要呵护地球家园

以促进建筑垃圾的转化和利用。1977年，日本政府制定了《再生骨料和再生混凝土使用规范》。1991年，日本政府又推出了《资源重新利用促进法》。日本对于建筑垃圾的主导方针是：尽量不从施工现场排出建筑垃圾，建筑垃圾要尽可能重新利用，对于重新利用有困难的则应适当予以处理。早在1988年，东京的建筑垃圾再利用率就达到了56%。在日本很多地区，建筑垃圾再利用率已达100%。

3.1.2 美国：5%的建筑骨料是建筑垃圾再生骨料

美国每年有1亿吨废弃混凝土被加工成骨料用于工程建设，通过这种方式实现了再利用，再生骨料占美国建筑骨料使用总量的5%。在美国，68%的再生骨料被用于道路基础建设，6%被用于搅拌混凝土，9%被用于搅拌沥青混凝土，3%被用于边坡防护，7%被用于回填基坑，7%被用在其他地方。美国政府1980年制定的《超级基金法》规定：任何生产有工业废弃物的企业，必须自行妥善处理。该法规从源头上限制了建筑垃圾的产生量，促使各企业自觉寻求建筑垃圾资源化利用途径。

3.1.3 韩国：立法要求使用建筑垃圾再生产品

韩国政府2003年制定了《建设废弃物再生促进法》，明确了政府、排放者和建筑垃圾处理商的义务和对建筑垃圾处理企业资本、规模、设施、设备、技术能力的要求。更重要的是，规定了建设工程义务使用建筑垃圾再生产品的范围和数量，明确了未按规定使用建筑垃圾再生产品将受到哪些处罚。据了解，目前韩国已有建筑垃圾处理企业373家。

3.1.4 德国：建筑垃圾处理企业年营业额20亿欧元

德国是世界上最早开展循环经济立法的国家，它在1978年推出了"蓝色天使"计划后制定了《废物处理法》等法规。而该国于1994年制定的《循环经济和废物清除法》（1998年被修订）在世界上有广泛影响。1955年至今，德国的建筑垃圾再生工厂已加工约1150万立方米再生骨料，并用这些再生骨料建造了17.5万套住房。同时，德国对未处理利用的建筑垃圾按每吨500欧元的标准征收处理费。据悉，世界上生产规模最大的建筑垃圾处理厂就在德国，该厂每小时可生产1200t建筑垃圾再生材料。德国约有200家建筑垃圾处理企业，年营业额达20亿欧元。

3.1.5 奥地利：建筑垃圾生成企业自行购置处理设备

奥地利对建筑垃圾收取高额的处理费，从而提高资源消耗成本。另外，所有生成建筑垃圾的企业几乎都购置了建筑垃圾移动处理设备，全国约有130台（套）。

3.1.6 荷兰：有效分类建筑垃圾

在荷兰，目前已有70%的建筑垃圾可以被循环再利用，但是荷兰政府希望将这一比例增加到90%。因此，他们制定了一系列法规，建立限制建筑垃圾的倾倒处理、强制再循环运行的质量控制制度。荷兰建筑垃圾循环再利用的重要副产品是筛砂。由于砂很容易被污染，其再利用是有限制的。针对于此，荷兰采用了砂再循环网络，由拣分公司负责有效筛砂，即依照其污染水平进行分类，储存干净的砂，清理被污染的砂。

3.2　国内建筑垃圾处理利用现状

3.2.1　我国建筑垃圾的数量及危害

目前，我国的建筑垃圾已占到城市垃圾总量的 30%～40%。

对于新建工程来说，到 2020 年，我国还将新增建筑面积约 300 亿平方米。以 500～600 吨/万平方米的建筑垃圾产生量推算，每年平均新建约 30 亿平方米建筑面积，则每年可产生 1.5～1.8 亿吨建筑垃圾。

对于旧城改造工程来说，近 10 年我国平均每年拆迁约 6 亿平方米建筑物，拆迁房以 2000～2400t/万平方米的建筑垃圾产生量推算，则每年又可产生 1.2～1.44 亿吨建筑垃圾。

另外，我国每年新入住或二次搬迁等进行的民用室内外装修工程，还将产生上亿吨建筑垃圾。综合起来，我国工程建设中每年可产生近 4 亿吨建筑垃圾！这是一个十分惊人的数字！

我国现有建筑垃圾的绝大部分未经处理即被施工单位运往城郊的乡村，进行露天堆放或填埋，由此造成：

（1）耗用大量征用土地费；

（2）耗用大量垃圾清运费；

（3）在清运和堆放过程中的遗撒、粉尘及灰砂飞扬，又造成了严重的环境污染；

（4）建筑垃圾中的建筑用胶、涂料、油漆等属高分子聚合物，且含有害重金属元素，对人体及水体等环境危害更大。

3.2.2　国家建设部的管理办法

原建设部颁发的《城市建筑垃圾管理规定》在 2005 年 6 月 1 日起已开始施行。

该规定要求任何单位和个人不得随意倾倒、抛撒或者堆放建筑垃圾。居民应当将装饰装修房屋过程中产生的建筑垃圾与生活垃圾分别收集，并堆放到指定地点。建筑垃圾中转站的设置应当方便群众。还对不按规定处置建筑垃圾的单位和个人，给予重罚，以此来加强城市建筑垃圾的管理，保障城市市容和环境卫生。

3.2.3　建筑垃圾的分类处理利用

建筑垃圾经分栋、剔除或粉碎后，大多可以作为再生资源重新加以利用。图 8 是常用的破碎与筛分处理机械。

（1）废钢筋、废铁线、废电线和各种废钢配件等金属，经过分选、集中、重新回炉后，可以再加工成各种规格的钢材。

（2）废竹条、木材边料等则可以制造人造木材。

（3）废水管、废电线管、废塑钢料等塑料残留物，可以回收处理回炉后，重新生产新的塑料制品。

（4）砖、瓦、砂、石、磁砖碎片及混凝土残余物等废料经粉碎后，可分选为再生粗、细骨料，仍可用于砌筑砂浆、抹灰砂浆及浇注混凝土垫层等工程施工中。还可以用于制作砌块、铺道砖、花格砖等建筑制品。图 9～图 13 是常见的再生资源化产品。

3.2.4　存在问题及近期发展动向

我国建筑垃圾资源化再生利用尚处在探索阶段，资源化率仅为 5%。

当前我国对建筑垃圾的处理中存在以下问题：（1）建筑垃圾分类收集的程度不高，绝大部分依然是混合收集，增大了垃圾资源化、无害化处理的难度；（2）建筑垃圾回收利用率低，

给料机

颚式破碎机

反击破碎机

筛分系统

皮带机

图8　破碎与筛分建筑垃圾的处理机械

混凝土再生骨料

| 3-4再生骨料 | 1-3再生骨料 | 06-1再生骨料 | 细粉再生骨料 |
| (3-4石) | (1-3石) | | |

优点：硬度完全符合建筑标准。

应用：粗骨料应用于市政道路建设，桥梁工程等。
　　　　细粉骨料可以代替细砂，用于沫灰批烫砂浆。

图9　建筑垃圾再利用产品——混凝土再生骨料

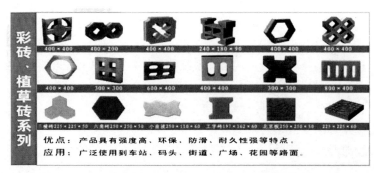

优点：产品具有强度高、环保、防滑、耐久性强等特点。
应用：广泛使用到车站、码头、街道、广场、花园等路面。

图10　建筑垃圾再利用产品——彩砖、植草砖系列

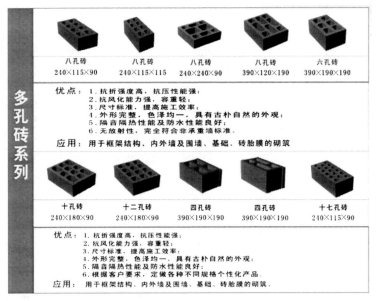

图11　建筑垃圾再利用产品——多孔砖系列

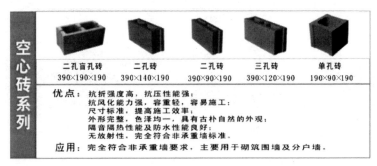

图12　建筑垃圾再利用产品——空心砖系列

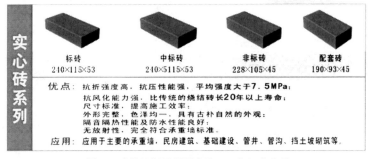

图13　建筑垃圾再利用产品——实心砖系列

全国大多数城市对每年产生的大量建筑垃圾至今没有专业的回收机构，大多数可以回收的资源被白白浪费掉了；（3）建筑垃圾处理及资源化利用技术水平落后；（4）建筑垃圾处理投资少，法规不健全，建设工作者的环境意识不高。

　　近年来，我国一些地方政府、科研院所和有远见卓识的企业已经逐步认识到了科学处置和综合利用建筑垃圾对于节约资源、净化环境、美化城市的重要性，同时意识到了潜在的市场前景，相继开展了建筑垃圾资源化再生利用技术的研究及应用实践，并取得了一定的成绩。

科研院所作为中国建筑垃圾资源化再生利用探索的急先锋，为企业和政府在建筑垃圾处理方面行动的展开提供了技术支持。据了解，设立在昆明理工大学的国家固体废弃物资源化利用研究中心，已有一套成熟的建筑垃圾资源化利用成果，可以将建筑垃圾制成道路结构层材料、墙体材料、市政设施等新型环保节能产品用于城市建设，并已经得到生产应用。

此外，由同济大学、上海建材工业设计研究院等单位组成的建筑建材业技术创新联盟，也已经开发出封闭模块组合式建筑垃圾处理再生骨料回收系统，探索解决建筑垃圾资源化纯化技术、大型化技术、环保化技术三大技术瓶颈，建筑垃圾年处理能力为 100 万吨。

目前，河北省邯郸市、陕西省西安市、云南省昆明市、广东省深圳市等城市已经出台了建筑垃圾资源化综合利用的一系列举措，推动了建筑垃圾资源化利用的步伐，而北京市等城市也开始出台一些政策。随着各地对建筑垃圾的重视以及相关政策的出台，当前建筑垃圾处理落后、资源化利用率低的状况有望得到明显改观。

3.2.5 苏州市建筑垃圾处理状况

苏州市正处于新一轮城市大规模建设周期中，建筑垃圾产生量随之也进入高峰期。根据苏州市市容市政管理局的测算，市内三区每年产生的建筑垃圾量约为 500 万吨，不含大规模拆迁量。实际上，苏州市建筑垃圾仍然处于无序乱倒状态，更谈不上资源化利用。

2011 年 1 月苏州市"两会"期间，民革苏州市委副主委章念翔提交了一份《关于加强苏州市城区建筑垃圾管理的建议》，建议苏州高起点建设市区建筑垃圾综合处置场。

2011 年 5 月，苏州市府市政协召开重点督办关于建筑垃圾管理提案座谈会，尽快落实建筑垃圾消纳场所选址规划工作，推动市区建筑垃圾规范管理。2011 年 8 月，苏州 6 个建筑垃圾临时消纳场所已选定。下一步，苏州市将筹划建立建筑垃圾处理及资源化利用工厂。

4 我国建筑垃圾处理机械新进展

郑州一帆机械设备有限公司（中德合资）作为国内领先的破碎筛分设备的成套设备制造商，可提供高效、可靠、移动方便的 PP 系列轮胎移动式破碎站，大大提高了收集处理建筑垃圾的生产效率，有利于施工现场的建筑垃圾的加工处理和利用。相关设备参见图14～图20。

该公司还在研制立式破碎站，可以节约占地面积，更方便在大型场地上应用。

图14　移动式破碎站配套设备之一　　　　图15　移动式破碎站配套设备之二

5 地基基础工程中应用建筑垃圾新技术

建筑垃圾经过粉碎筛选加工以后，即成为再生粗、细骨料，既可生产再生空心砖、再生实心砖和再生彩砖等制品系列，也可用做墙砌体材料及砌筑砂浆；还可配制再生混凝土，用做混凝土垫层材料。

图16　移动式破碎站配套设备之三

图17　移动式破碎站配套设备之四

图18　移动式破碎站配套设备之五

图19　移动式破碎站配套设备之六

图20　移动式破碎站配套设备之七

这里，介绍建筑垃圾再生粗、细骨料作为散粒材料在建筑物和道路的地基基础工程中应用的两项新技术工法。

5.1 由建筑垃圾再生骨料施工的散粒材料静压桩复合地基

5.1.1 基本原理

该工法是利用静压桩机形成的予力作用，将建筑垃圾再生粗、细骨料按相应配比并掺入设计的掺加料，投入桩孔借助静力挤压送入被加固土体中，以形成散粒材料静压桩复合地基。

该工法先将静压桩机的压桩管按"设计桩长"压入土体中成孔，然后按设计的"予力度"标准一段一段地投料，并一次一次地静压成桩。即先压桩管形成桩孔，再分段在桩孔中投料并逐段静压成桩体。这是按散粒材料柔性桩复合地基的原理来承受建筑物及路基的使用荷载。

由于在投料压桩时，投入的骨料中配制了设计的适量生石灰块（也是粗、细骨料匹配），它在成桩后从土体中吸水膨胀，故对桩周地基土体具有二次挤密效应，所以这类散粒材料桩具有较好的二次扩径挤土作用。同时，该生石灰块在压力作用下吸水膨胀，就能较好地实现胶结固化，故形成的复合地基受荷后的变形小，其地基承载力相对较高。

该静压桩可根据工程需要，制作直桩与斜桩，更能方便病理事故工程应用。

5.1.2 适用土类

这种散粒材料静压桩适用于饱和软黏土、松散粉细砂土、素填土、杂填土、湿陷性黄土等软弱地基或不良地基的地基加固处理。

5.1.3 应用工程

（1）建（构）筑物条形基础或板式基础下的地基加固工程；

（2）建筑仓库堆场及道路路基工程；

（3）桥涵工程两侧地基土加固；

（4）开裂或差异沉降过大的病理事故房屋的加固纠偏工程（可将该静压直桩与静压斜桩配合使用）。

5.1.4 施工方法

本工法使用的静力压桩机，按其工作性能，具有两种压桩功能的施工工艺：

（1）静压散粒材料柔性桩的工艺特征：

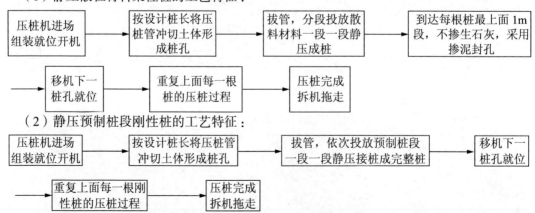

（2）静压预制桩段刚性桩的工艺特征：

（3）本静压桩复合地基工法，无论是静压散粒材料柔性桩，还是静压预制桩段刚性桩（仍采用建筑垃圾再生粗、细骨料进行预制生产），都能制成直桩和斜桩以适应不同工程需要加以应用。其斜桩的俯角可控制在 10°～40° 之间范围。

（4）散粒材料静压桩成桩过程中的投料控制要求：对于直孔为每投料 0.6～1.2m 施加一次静压力；对于斜孔为每投料 0.4～0.8m 施加一次静压力，确保"予力度"控制到位就能以较好质量满足实际工程需求。

（5）该散粒材料静压桩复合地基予力工法，施工时可单机作业，"跳孔"施工；或双机作业，错开施工，实现设计预定的排列布桩形式。

（6）对于静压散粒材料柔性桩复合地基，当桩体施工完成后，要按规范要求在桩顶部分铺设 200～500mm 厚的地基褥垫层，以调整该柔性桩复合地基变形。

（7）付诸施工前，还要按照"信息施工"原则，事先制定好施工监测方案和施工进度实施计划，确保有条不紊地组织施工实施。

特别在处理病理事故工程时，往往需要根据实际情况变化及时调整设计方案和施工实施计划，也才能收到更好的技术经济效益。参见图 21 处理事故工程事例。

图21　应用散粒材料静压桩在某小学事故处理的现场施工场面（直、斜桩并用）

5.1.5　关键技术

关于利用散粒材料静压桩来实施柔性桩复合地基工法的施工作业过程，其关键技术是认真做好以下五大控制：

（1）投料配比和杂质（<6%）控制；

（2）每延长米桩长的投料量控制；

（3）区别直桩与斜桩，按投料量施加的压力控制；

（4）区别拟建场地土层特点的"有效桩长"控制；

（5）按设计桩长的总的"予力度"控制。

利用静压预制桩段刚性桩来处理病理事故工程时，也可参照以上关键技术加以调控。

5.2　由建筑垃圾再生骨料施工的予力变刚度夯扩桩复合地基

5.2.1　基本原理

该工法是利用予力变刚度夯扩桩机形成的予力作用，将建筑垃圾再生粗、细骨料按相应配比并掺入设计的掺加料，投入桩孔借助冲击挤压动力送入被加固土体中，并分段扩头，以形成多节葫芦头的变刚度散粒材料柔性桩复合地基。

该工法是先将予力变刚度夯扩桩机的桩管按"设计桩长"沉入土体中成孔，然后按设计的"予力度"标准一段一段地投料，并一次一次地冲击挤压和扩径，一段一段地形成多节葫芦头的散粒材料柔性桩。

虽然该工法也是利用柔性桩复合地基的特性来承受建筑物及路基的使用荷载，但由于"予力度"的施加控制形成了多节扩径的变刚度柔性桩，其承载性能和抵抗地基变形的能力都更加优越于一般的散粒材料柔性桩复合地基。

由于在投料夯击时，投入桩管的散粒料中配制了适量的生石灰块（也是粗、细骨料匹配），它在成桩后从土体中吸水膨胀，故对桩周地基土体具有二次挤密作用。同时，该生石灰块在压力作用下的吸水膨胀，就能较好地实现胶结固化，加之又是多次扩径的散粒材料夯扩桩，则具有较好的受力特性和挤土效果，形成的复合地基受荷后的变形很小，地基承载力亦高。

该予力变刚度散粒材料夯扩桩，可根据工程需要，制作直桩与斜桩，更能方便病理事故工程应用。

5.2.2 适用土类

这种予力变刚度夯扩桩适用于夹层状软黏土、松散粉细砂土、素填土、杂填土、湿陷性黄土等软弱地基或不良地基的地基加固处理。

5.2.3 应用工程

（1）建（构）筑物条形基础或板式基础下的地基加固工程；

（2）建筑仓库堆场及道路路基工程；

（3）桥涵工程两侧地基土加固；

（4）开裂或差异沉降过大的病理事故房屋的加固纠偏工程（可将该夯扩制成的直桩与夯扩制成的斜桩配合使用，还可将上段桩体制成灌注混凝土刚性桩，其承载性能将会更好）。

5.2.4 施工方法

本工法使用的予力变刚度夯扩桩机（即动力压桩机），按其工作性能，具有两种成桩功能的施工工艺：

（1）夯扩散粒材料柔性桩的工艺特征：

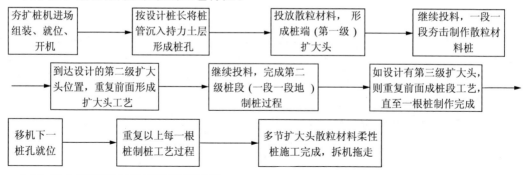

（2）予力变刚度夯扩桩的工艺特征：

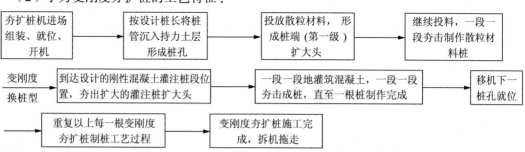

（3）本夯扩散粒材料桩予力工法，无论是夯扩散粒材料柔性桩，还是夯扩变刚度上接灌注混凝土刚性桩，都采用建筑垃圾再生粗、细骨粒制作桩体，都能制成直桩和斜桩以适应不同工程需要加以应用。其斜桩的俯角可控制在10°～20°之间范围。

（4）散粒材料夯扩桩成桩过程中的投粒控制要求：对于直孔为每投料0.8～1.4m施加一次夯击力；对于斜孔为每投料0.6～1.0m施加一次夯击力，确保"予力度"控制到位就能以较好质量满足实际工程需要。

（5）该予力变刚度夯扩桩施工作业时，可单桩作业，沿半工字形"跳孔"施工；也可双机作业，并行错开行进方向，仍沿各自的半工字形"跳孔"施工。

（6）对于夯扩散粒材料柔性桩复合地基，当桩体施工完成后，要按规范要求在桩顶部分铺设 200～500mm 褥垫层，以调整该柔性桩复合地基变形。

（7）付诸施工前，还要按照"信息施工"原则，事先制定好施工监测方案和施工进度实施计划，确保有条不紊地组织施工实施。

特别在处理病理事故工程时，往往需要根据实际情况变化及时调整设计方案和施工实施计划，也才能收到更好的技术经济效益。

5.2.5　关键技术

关于利用散粒材料夯扩桩来实施柔性桩复合地基工法的施工作业过程，其关键技术是认真作好以下五大控制：

（1）投料配比和杂质（<6%）控制；

（2）每延长米桩长的投料量控制；

（3）直桩与斜桩按投料量夯压的压力控制；

（4）区别拟建场地土层特点的"有效桩长"控制；

（5）按设计桩长的总的"予力度"控制。

对于利用带有上部灌注桩段的变刚度夯扩桩来处理病理事故工程时，也可按照以上关键技术加以调控。

6　对建筑垃圾资源利用课题的深入构思

建筑垃圾的资源化利用新技术，可以有机组合，形成建筑垃圾处理的产业链，使这项产业发展能够清洁城市和减少建筑垃圾对城市的污染和危害，有利于城市居民的健康安居生活。

对建筑垃圾的处理利用，采取专业化和产业化的管理模式，将是一种有效的、从根本上改变过去处理建筑垃圾主要靠堆、填、埋的落后耗能浪费途径。

建筑垃圾处理专业化、产业化是指建筑垃圾在产生之前有专业的拆除公司对待拆除的建筑物进行预测评估，以确定有关的回收应用程序，从而提高废物回收率；在建筑垃圾产生之后，建筑垃圾不直接运往垃圾填埋场，而是运往专门的建筑垃圾处理厂，或工地现场移动处理站，由那里具有专业知识和技能的工人采用科学合理的方式和先进的机械来处理建筑垃圾的全过程管理方式。而且，使这种专门化的处理方式能在全国展开并使之形成一种产业。

为此，建筑垃圾的资源化利用需要通过政府的协调和支持，将建筑垃圾的收集、清运和处置利用逐渐推向市场，探索出一条政府不投资、企业有效益、建筑垃圾得到无害化处理和资源化再利用的新路。可以参考国外的经验，先靠政府出台政策强制推行，然后再慢慢形成产业链，稳步走入市场化阶段。

在建筑垃圾产业化过程中，要实行全过程的建筑垃圾管理模式。这种全过程的管理模式，就是根据一个建设项目的生命周期——可行性研究阶段——设计阶段——施工阶段——运行维护阶段——拆除阶段逐一来划分阶段，用不同的技术手段来分解、处理和回收利用好建筑垃圾。

这全过程的建筑垃圾管理模式，将更加有利于建筑垃圾的处理和建筑业管理公司的运营。也就是把西方建筑垃圾源头削减策略与建筑垃圾产生后的后期处理结合起来，形成综合处理。这也使这项更好地纳入可持续发展战略轨道，即减少新生资源的使用量和对垃圾废物资源化的循环利用。

7　结　语

随着我国经济建设和旧城改造的规模扩大，建筑垃圾数量迅速增加，已超过城市垃圾总量的40%。这不仅浪费了许多工程建设资金，还成为一个巨大的污染源，日渐成为城市市民生活的一大公害了。

建筑垃圾的资源化利用，虽然在墙体材料和垫层材料上已建有一批生产企业工厂，但对建筑垃圾的用量至今还仅有5%左右，加之这种利用还需倒运回工厂进行生产，故几次搬运造成应用成本也增加不少。这还算不上最佳的资源化利用建筑垃圾的方法。

本文介绍的两种地基基础工程处理新技术工法，是直接在工程建设现场进行就地施工处理建筑垃圾的新技术，无论在节省建设资金和节省工期方面都将带来较好的技术经济效益。文中的深入思考，急待形成处理利用建筑垃圾产业链，并稳步走入市场化阶段，使建筑垃圾的资源化利用在工程建设自身领域中大放光彩，为建筑工地真正能做到工完场清做出积极贡献。

参 考 文 献

[1]　韩选江.“予力平衡理论”原理和它的普遍应用 [J].未来与发展，2010（11）：16-21

[2]　韩选江.在城市化进程中完善生态城市建设新机制 [A] // 工程优化与防灾减灾技术原理及应用 [C].北京：知识产权出版社，2010 年 11 月

[3]　曹伟著.城市生态安全导论 [M].北京，中国建筑工业出版社，2004 年 9 月

[4]　百度网站上搜索信息

钢筋锈蚀的检测与判定

洪延源　唐秋琴

（建湖县住房和城乡建设局　江苏方建工程质量鉴定检测有限公司）

[摘　要] 本文论述了混凝土钢筋锈蚀的电化学氧化还原反应的基本原理及形成阳极和阴极电场的几种类型，简要介绍了检测方法及结果判定。

[关键词] 氧化还原反应；电化学腐蚀；电位检测

混凝土钢筋腐蚀速度的检测，是结构的耐久性评估、可靠性、剩余寿命预测以及工程加固的前提。对于钢筋锈蚀测定，采用剔凿法检测钢筋剩余直径，是最直接和准确的方法。但剔凿法是一种局部破坏性检测方法，无法满足大规模、大范围的检测工作。

《建筑结构检测技术标准》GB/T 50344—2004 附录 D.0.4 条中规定：钢筋锈蚀状况的电化学测定可采用极化电极原理的检测方法，测定钢筋锈蚀电流和测定混凝土的电阻率，也可采用半电池原理的检测方法，测定钢筋的电位。

1　基本原理

混凝土中钢筋锈蚀实质上是一个电化学反应过程，当钢筋保护层的混凝土受到碳化影响而碱度降低后，在湿度和氧气得到满足的条件下，钢筋表面就会发生电化学腐蚀，表面铁原子转变为阳离子（Fe^{2+}）并释放出电子，通过与氧的活动进一步形成 Fe_2O_3，导致钢筋锈蚀。

很明显，钢筋锈蚀的过程，是一个典型的氧化还原反应过程。众所周知，发生氧化还原反应的物体可看做一个电池，其中发生氧化反应的一端为阳极，还原方的一端为阴极。阳极金属表面因不断地失去电子，发生氧化反应，使金属原子转化为正离子，形成以氢氧化物为主的化合物，也就是说阳极遭到了腐蚀；而阴极则相反，它不断地从阳极处得到电子，其表面富集了电子而发生还原反应。只要有电子活动，两个电极之间必然产生电位差，电流通过导体或电解质形成回路；钢筋锈蚀越严重，两种电极之间的电位差就越大，则电路产生的电压越大。这就是利用电位测量钢筋锈蚀的基本原理。钢筋锈蚀过程中，产生氧化还原反应，在钢筋混凝土中形成电场的几种典型电位状态如图 1～图 3 所示：

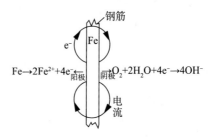

图1　阳极与阴极在水平方向垂直于钢筋展布

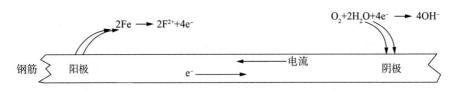

图2　阳极与阴极在水平方向沿钢筋走向展布

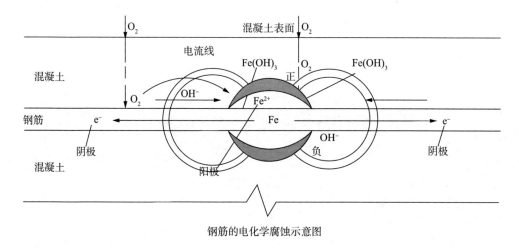

钢筋的电化学腐蚀示意图

图3 阳极与阴极在钢筋垂直方向展布

在一定的条件下才能够形成上述不同的状态。不管上述那一种状态，都为电化学电位测量钢筋锈蚀提供了充分的依据。

2 检测方法

2.1 混凝土电阻率的测量方法

混凝土电阻率测量方法，是根据钢筋氧化反应后，在钢筋周围的铁离子产生氧化亚铁，使混凝土的视电阻率降低的原理。主要是四电极法，由欧姆定律根据所测得的供电电流大小，同时测定电位差，来计算钢筋混凝土的视电阻率。在混凝土表面测定视电阻率变化规律，来判定钢筋锈蚀的程度。

2.2 电位检测方法

电位检测，是在一个远离钢筋锈蚀的位置选择一个参考点，测量钢筋锈蚀附近各网格结点处相对于参考点的电位。

测量电阻率和电位，宜在湿度80%以下，混凝土干燥的环境下进行检测。需要用不极化电极与混凝土进行良好接触，并需要用接地阻抗超过2M的自动补偿电位测量仪。

2.3 腐蚀电流检测方法

腐蚀电流检测方法是用恒电流仪测定钢筋锈蚀处与大地或零电位的电流，根据所测定的电流变化规律性，来分析和判定钢筋锈蚀的程度。

2.4 测区及测点布置

(1)根据构件和环境差异及外观检查的结果来确定测区，测区应能代表不同环境条件和不同的锈蚀外观表征，每种条件的测区数量不宜少于3个。

（2）测区中布置网格，网格结点作为测点，网格间距可为：200mm×200mm、300mm×300mm、200mm×100mm、100mm×100mm、100mm×50mm等，根据构件尺寸和仪器功能而定。

测点与构件边部的距离应大于 50mm。

（3）根据测点上的电位值、混凝土电阻率值和钢筋锈蚀电流值，按照内插法来绘制平面等值线图。

3 检测结果判定

根据《建筑结构检测技术标准》GB/T 50344—2004 附录 D 的规定：

（1）混凝土电阻率与钢筋锈蚀状况的判定：

序号	混凝土电阻率（kΩ·cm）	钢筋锈蚀状态判定
1	>100	钢筋不锈蚀
2	50~100	低锈蚀速率
3	10~50	中等锈蚀速率
4	<10	电阻率无法控制锈蚀

（2）电位与钢筋锈蚀状况的判定：

序号	电位（mV）	钢筋锈蚀状况
1	−350~500	钢筋锈蚀概率90%
2	−200~−350	钢筋锈蚀概率50%，可能存在坑蚀现象
3	−200或高于−200	无锈蚀或锈蚀不确定

（3）锈蚀电流与钢筋锈蚀速率和构件损伤年限判定：

序号	锈蚀电流（μA/cm²）	锈蚀速率	保护层出现损伤年限
1	<0.2	纯化状态	—
2	0.2~0.5	低锈蚀速率	>15年
3	0.5~1.0	中等锈蚀速率	10~15年
4	1.0~10	高锈蚀速率	2~10年
5	>10	极高锈蚀速率	<2年

最后，可以根据钢筋锈蚀电位、电阻率、锈蚀电流的平面等值线图，在平面上勾画出定性判定的钢筋锈蚀速率、钢筋锈蚀范围、损伤年限的范围，并作为检测报告的重要成果之一。

4 结束语

在钢筋混凝土结构的耐久性问题处理中，结构的耐久性检测是一个十分重要的问题，而钢筋锈蚀的检测是重中之重。混凝土钢筋锈蚀程度的准确诊断，可以及时掌握结构耐久性实际损伤情况，是钢筋混凝土结构质量评定、剩余使用寿命预测和维修方案选择的重要前提。

胶砂比对高性能水泥基灌浆料强度影响

胡 胜[1] 韩 彰[2] 何沛祥[1]

（1. 合肥工业大学 土木与水利工程学院，合肥 230009；

2. 安徽交通职业技术学院土木工程系，合肥 230051）

[摘 要]本文对高性能水泥基灌浆料（OCGM）在不同胶砂比下的强度变化情况进行研究，通过试验探究胶砂比对高性能水泥基灌浆料强度的影响情况。试验结果表明，随着胶砂比的增大，OCGM抗压、抗折强度均先增大后减小。在此实验基础上，文中给出了合理的胶砂比。

[关键词]水泥基灌浆料；胶砂比；强度；配合比

水泥基灌浆料（cement grouting material）是一种由水泥、集料（或不含集料）、外加剂和矿物掺合料等原材料，经工业化生产的具有合理级分的干混料，加水拌和均匀后具有可灌注的流动性、微膨胀、高的早期和后期强度、不泌水等性能[1]。水泥基灌浆料起源于美国[2]，迄今为止有近50年的历史。由于其本身材料的粒径小又具有流动性强、微膨胀、早期强度高等优点，起初主要是在大型设备安装过程中灌注设备基础底板的缝隙以及地锚螺栓等，它能顺利地灌入狭小的空间里，灌浆部位密实性好。由于微膨胀性使其接触面良好，荷载传递均匀有效，减少了设备安装时间，延长了设备的使用寿命。随着科学技术的发展，水泥基灌浆料的用途已经由传统的设备基础的二次灌浆[3,4]、工程结构的加固补强发展到工程抢修堵漏、预应力孔道灌浆核废料封装及铁路桥梁等许多领域，具有广阔的发展前景。鉴于水泥基灌浆料广泛的应用前景，国内外许多学者对于水泥基灌浆料的研究做了努力，配制出多种适合不同工程需求的灌浆料。其功能也由传统的高强灌浆料逐步向高性能多功能灌浆料方向发展[5]。

1 试验原材料

水泥为安徽滁州产的"皖珍珠"牌P. O 42.5级普通硅酸盐水泥；粉煤灰为安徽皖能集团合肥电厂生产的Ⅰ级粉煤灰；石英砂为南京产，细度模数为2.93，堆积密度1750kg/m²；安徽巢湖产膨胀剂，细度0.08mm筛余余量小于10%,比重2.90；聚羧酸型高性能减水剂；地开石粉有180目和400目两种,安徽巢湖产;普通砂为安徽六安舒城县产天然河砂,细度模数为2.05；水为城市自来水。

2 试验目的及配合比

本试验主要是通过研究胶砂比对高性能水泥基灌浆料抗压、抗折的影响情况，探索水泥基灌浆料的力学性能及施工可行性。胶砂比是指灌浆料中胶凝材料与砂的质量之比，其中胶凝材料包含水泥、矿物掺合料与膨胀剂。配合比前期已经通过正交试验法经大量试配实验得到。采用固定水胶比、减水剂掺量、膨胀剂掺量，编号OCGM3-1~3分别表示灌浆料胶砂比为0.9、0.99、1.1时的配合比。

3　试验过程

灌浆料的制备及抗压、抗折试验按照《水泥胶砂强度检验方法（ISO法）》GB/T 17671—1999进行。将拌合料一次灌入试模至砂浆流出，免振捣，按规定条件养护至相应龄期，制成40mm×40mm×160mm棱柱体试件，抗折试验后产生的两个半棱柱体用于抗压试验。抗压、抗折试验使用的是AEC-201型水泥强度试验机，分别采用规定的加荷速度，直至试件破坏[6]。试验机如图1所示。

图1　AEC-201型水泥强度试验机

4　试验结果

以胶砂比为变化参数，考察OCGM的强度受其影响情况。用该种灌浆料制作的棱柱体试块进行抗折、抗压试验。由试验数据再按照抗压强度计算公式（式1）和抗折强度计算公式（式2）得到其1天、3天、7天、28天抗压强度和抗折强度，并且称量每块试块的质量，计算出表观密度，测试结果记录在表1中。

$$R_c = \frac{F_c}{A}$$

（1）

式中　F_c——受压破坏时的最大荷载（N）；

　　　A——受压部分面积（mm²）（40mm×40mm=1600mm²）

$$R_f = \frac{1.5F_f L}{b^3}$$

（2）

式中　F_f——棱柱体折断时施加于棱柱体中部的荷载（N）；

　　　L——抗折试验机支撑圆柱之间的距离（mm）；

　　　b——棱柱体正方形截面的边长（mm）。

仅胶砂比变化下的强度试验结果　　　　　　　　　　　　　　表1

编号	抗压强度（MPa）				抗折强度（MPa）				折压比	表观密度（kg/m²）
	1天	3天	7天	28天	1天	3天	7天	28天		
OCGM3-1	18.3	33.57	50.12	58.31	1.75	4.28	7.86	10.62	0.182	2382

（续表）

编号	抗压强度（MPa）				抗折强度（MPa）				折压比	表观密度（kg/m²）
	1天	3天	7天	28天	1天	3天	7天	28天		
OCGM3-2	23.2	46.11	56.62	63.76	4.32	7.96	12.16	13.55	0.213	2371
OCGM3-3	22.1	41.26	54.2	64.5	3.21	6.62	9.88	13.5	0.209	2339

5 试验结果分析

以 OCGM 进行抗压、抗折试验获得的数据绘制呈曲线图，图 2 为抗压强度随龄期变化的曲线，图 3 为抗折强度随龄期变化的曲线。从对灌浆料抗压强度的试验结果来看，胶砂比为 0.9 时 OCGM 1 天、3 天、28 天抗压强度均没有达到《水泥基灌浆材料应用技术规范》GB/T 50448—2008 的规定标准。分析原因是胶凝材料较少，细骨料被水泥浆体包裹不充分，降低了颗粒间的黏结性能，使得新拌砂浆的和易性减低，导致灌浆料内部孔隙较多，结合不密实，从而降低了强度。OCGM 胶砂比为 0.99、1.1 时的 1 天、3 天、28 天抗压强度满足 GB/T 50448—2008 规范标准，证明这两种胶砂比是合理的，且 OCGM3-2 的抗压强度值要比 OCGM3-3 大些。分析是因为随着胶凝材料增加，砂粒得以悬浮在水泥浆体中，填充效果好，形成的骨架结构强度高、韧性好。随着胶砂比的进一步增大，浆体过多，砂粒不够，骨架不密实，水泥水化形成的水泥石不能较好形成强度，所以强度有所减小。从图 2 还可以看出，抗压强度随时间而增大，早期强度发展快，后期强度发展相对缓慢。OCGM3-2 和 OCGM3-3 灌浆料 3 天抗压强度可达到 28 天强度的 72.3% 和 64.0%，已经具有早强的性能。

对于抗折强度，《水泥基灌浆材料应用技术规范》GB/T 50448—2008 没有强制性的规定。从灌浆料抗折强度曲线图 3 可以看出，也是早期强度发展很快，7 天之后强度发展缓慢，OCGM3-2 抗折强度为三者中最高。

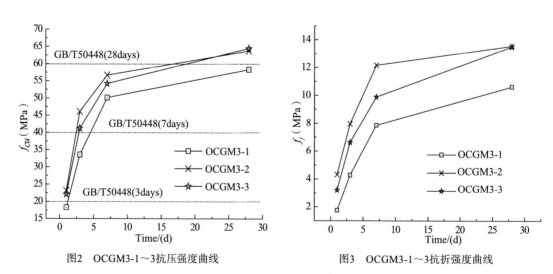

图2 OCGM3-1～3抗压强度曲线　　　　图3 OCGM3-1～3抗折强度曲线

6 结 论

（1）对 OCGM 型灌浆料，胶砂比为 0.9 时灌浆料 28d 抗压强度不够，胶砂比为 0.99 和 1.1 时灌浆料抗压强度均能满足 GB/T 50448—2008 的要求，但 0.99 胶砂比下的抗压强度更高一些，抗折强度也是 0.99 下的最高，试验过程中观测其流动性也较好，建议采用 0.99 为合理胶砂比。

（2）对 OCGM 型灌浆料，强度发展为早期发展快，后期变慢，具有早强性。说明将 OCGM 型灌浆料推广应用，满足灌浆料早强、高强的要求。

参 考 文 献

［1］ GB/T 50448—2008 水泥基灌浆料应用技术规范［S］

［2］ 邵正明,王强,邹新,等.国标《水泥基灌浆材料施工技术规范》编制背景介绍[J].混凝土,2009(9)：10-13

［3］ 屠立玫.我国建筑砂浆的发展方向［J].新型建筑材料,1997（11）：13-15

［4］ 朱永杰.自流平灌浆料在大型设备基础中的应用［J].建筑技术开发,2002（8）：37-38

［5］ 黄月文,区晖.高分子灌浆材料应用研究进展［J].高分子通报,2000（4）：73-78

［6］ GB/T 17671—1999 水泥胶砂强度检验方法（ISO 法）［S］

地铁基坑工程中特殊问题方案比较的探讨

安 晶[1] 陈家冬[2] 吴 亮[2]

（1. 无锡城市职业技术学院； 2. 无锡市大筑岩土技术有限公司）

[摘 要]地铁基坑工程中联络线通道是一个狭长而很深的基坑。根据该基坑的特点，结合土层周围环境对联络线通道基坑进行了各种方案比较，在确保基坑安全可靠的前提下，选定钻孔灌注桩＋高压旋喷止水桩作为支护体，体现了优选方案施工灵活方便、工期与造价更优的特点，在地铁深基坑工程中，各种设计方案的优选比较是必要的。

[关键词]地铁车站；联络线通道；基坑；方案比较

1 工程概述

无锡市地铁控制中心基坑工程位于无锡新老城区结合部的中心地块，金城路与清扬路交汇处之西北地块，其东面为清扬路，南靠金城高架路，其南侧为无锡市人民医院，西侧紧靠"沁园新村"居民区，楼房为6～7层砖混结构，西北侧和北侧紧邻"辅仁中学"操场用地。拟建场地原为居民住宅，现状场地地势为东高西低，自然地形标高3.0～4.5m。场地较相邻东侧清扬路路面标高略低。

控制中心基坑面积约为19737m²，其中A基坑约15600m²，B基坑为4137m²，基坑标准区域深11.45m，B基坑中联络线基坑深约16～19m，基坑安全等级为一级，基坑变形控制等级为一级。

本工程A基坑支护结构主要采用的是钻孔灌注桩，外围三轴搅拌桩止水，两道钢筋混凝土内支撑，B基坑有一侧紧靠A基坑，另一侧紧靠已建金城路地铁站，B基坑内有一条联络线通道是连接一号线与四号线的联络通道，其长度约为75m，宽度为8.5m，深度为坑中地面再挖下去4.55～7.55m，见图1。

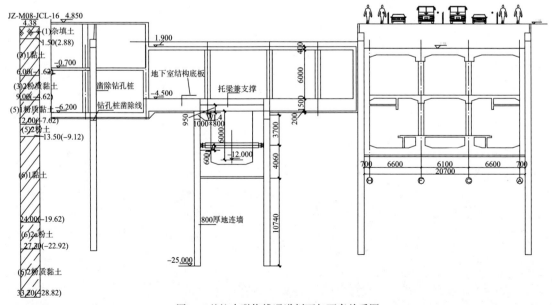

图1 B基坑中联络线通道剖面与两旁关系图

整个基坑所影响的土层叙述如下（见图2）：

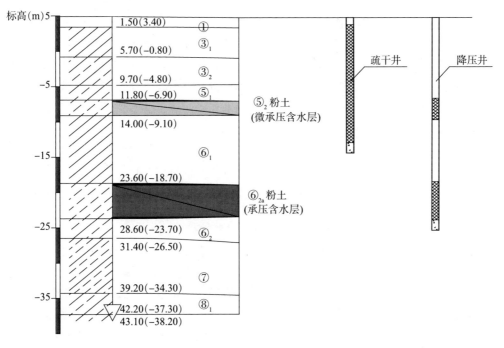

图2 基坑典型地质剖面图

①层杂填土：杂色，土层结构松散，夹植物根茎以及碎石和碎砖，碎石粒径在1.0～6.0cm之间，含量约20%～50%，局部夹大块石，下部以软塑状黏性土为主。

③₁层黏土：局部为粉质黏土，灰黄色～黄色，硬塑～可塑，含铁锰质结核及其氧化物，夹少量高岭土条纹。切面光滑，有光泽，无摇震反应，干强度高，韧性高。

③₂层粉质黏土：灰黄色，可塑～软塑，含铁锰质氧化物，土质欠均匀，局部粉粒含量较高，夹粉土团块及薄层，薄层厚度0.5mm左右。

⑤₁层粉质黏土：灰色，软塑，局部流塑。夹贝壳碎片和腐植物，土质欠均匀。

⑤₂层粉土：灰色，中密，局部为松散、稍密状，很湿，含云母碎屑，局部夹粉质黏土薄层，薄层厚约0.1～0.4cm，含量约占20%。本层为微承压水主要含水层，水位标高2.17～2.74m、平均2.52m。

⑥₁层黏土：局部为粉质黏土，青灰色～灰黄色，硬塑，局部可塑，含少量铁锰质结核及其氧化物，夹高岭土条纹，土质较均匀。

⑥₂ₐ层粉土：灰色，中密，局部稍密，湿～很湿，含云母碎屑，底部夹大量软塑状粉质黏土薄层，薄层厚约0.3～0.5cm。摇震反应中等，干强度低，韧性低。本层为承压水主要含水层，该层地下水水位标高0.98m。

⑥₂层粉质黏土：灰黄色～青灰色，可塑～硬塑，含铁锰质氧化物，该层上部夹少量的粉土团块。切面较光滑，有光泽，韧性高，干强度高。

⑦层粉质黏土夹粉土：灰色，软塑～流塑，局部夹贝壳碎片，土质欠均匀，该层中部夹大量粉土薄层，局部夹粉砂薄层，薄层厚约0.5～1.0cm。

⑧₁层粉质黏土：青灰色～黄灰色，可塑～硬塑，含钙质结核，结核粒径0.2～2.0cm，局部较富集。

2　B 基坑联络线通道支护方案的选取

联络线通道在地铁基坑中比较普遍，它是连接两条线或多个车站之间的交通通道，一般情况下是一个狭长的地下结构体，根据其特点采用支护体加支撑形式较为合理。支护体可采用地下连续墙、钻孔灌注桩、钢板桩等多种形式，通过综合性比较，在确保安全的前提下选取施工方便、经济、技术合理的某种支护体作为施工方案，在确保之前分析比较是必须的，只有通过分析比较才能选取合理的方案。

2.1　地下连续墙支护体

由于地下连续墙的抗弯刚度较大，加上本身结构的止水性，在地铁基坑工程中得到了普遍使用，其安全性与事故不发生率都是比较高的，采用该支护还存在以下问题需重视分析。

（1）影响已开挖 A 基坑安全。

联络线地下连续墙施工对 A 基坑安全性影响主要有如下两方面：

一是紧贴 A 基坑围护结构的地下连续墙成槽。成槽形成连续数米长的空段，对 A 基坑围护结构墙后土体扰动，可能会对局部围护体系受力产生一定不利影响。

二是施工荷载超限。从地下连续墙与 A 基坑的位置关系看（见图 3），大约有 1/3 的地下连续墙位于 A 基坑 1 倍深度范围以内，此范围内的地面荷载对围护结构影响剧烈。另有超过 1/3 的地下连续墙位于 A 基坑 1~2 倍深度范围以内，此范围的地面荷载对围护结构也有较大影响。对地下连续墙成套施工设备在施工期间产生的地面荷载简单估算如下：

①液压抓斗式成槽机：

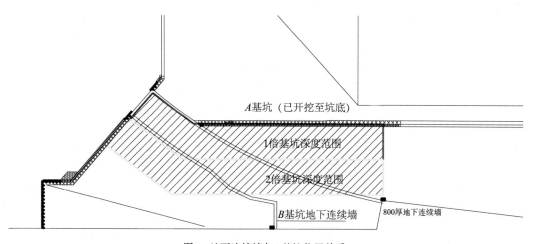

图3　地下连续墙与A基坑位置关系

局部平均压力：

$$p = 1.1 \frac{G}{A} = 1.1 \times \frac{900 \text{kN}}{1.0 \times 4.5 \times 2 \text{m}^2} = 110 \text{kPa}$$

②150t 履带吊：

局部平均压力：

$$p = 1.1 \frac{G}{A} = 1.1 \times \frac{800\text{kN}}{1.2 \times 8.5 \times 2\text{m}^2} = 43\text{kPa}$$

③75t 履带吊：

局部平均压力：

$$p = 1.1 \frac{G}{A} = 1.1 \times \frac{420\text{kN}}{1.2 \times 7.5 \times 2\text{m}^2} = 27\text{kPa}$$

而设计地面荷载为 20kPa，上述地下连续墙施工荷载远大于设计地面荷载，将影响 A 基坑的安全。

（2）流水作业展开困难，对工期造成影响。

地下连续墙施工均为大型机械，占用场地较大，在其施工作业影响范围内会阻碍其他工种的施工搭接。具体分析如下：地下连续墙和钻孔灌注桩理论上可以同时施工，但在地下连续墙施工影响范围的灌注桩势必会受影响。如果先施工该处灌注桩，则需要在该处灌注桩养护达到设计强度后方可进场施工地下连续墙，而其他部位灌注桩若能同时施工完成，则后施工地下连续墙及其养护时间将对总工期造成一定影响。如果先施工地下连续墙，则地下连续墙影响范围内的灌注桩需要后施工，如其他部位灌注桩与地下连续墙同时或者早于地下连续墙施工完成，则受影响的灌注桩施工及其养护时间将对总工期造成一定影响。因此，如果能将地下连续墙改为灌注桩，则可与工程桩和其余部位灌注桩同时施工，在一定程度上可减少施工等待时间，加快进度（见图 4）。

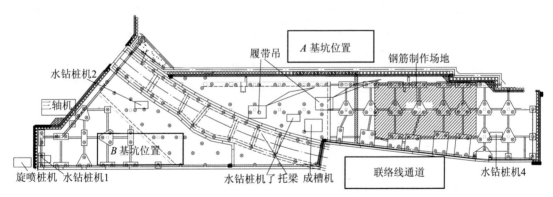

图4　地下连续墙施工平面布置图

（3）施工场地受限。

就 B 基坑本身而言，总面积仅约 4500m²，场地较小，对于地下连续墙施工的成套大型机械设备展开困难。就场地问题更为不利的情况是，西侧 A 基坑已经开挖完成，且紧邻 B 基坑，因此在 A 基坑侧大型机械设备不能靠边；而南侧为金城路站，同样如此，因此 B 基坑的施工作业场地就仅限其 4500m² 的范围以内，非常紧张，最好能减少大型机械设备数量，如改为灌注桩等较小机械则有利于在有限场地内展开施工。

（4）大型设备进出场消耗较大。

由于场地原因及地下连续墙成套施工设备庞大，进出场一次消耗巨大，从节能降耗方面考虑，希望能尽量减少机械进出场种类，特别是大型机械设备。

2.2 钻孔灌注桩加止水桩支护

考虑到本联络线通道基坑深度狭长性的特点，采用钻孔灌注桩支护其安全性也是能得到保证的，特点是钻孔机械较小、较轻，对已施工好的 A 基坑不构成荷载超重的影响，且施工的灵活性增加了。在本基坑方案中它唯一的缺点是止水桩不能用三轴搅拌桩止水，因为联络通道近旁都有上部房屋的工程桩，施工间距不够，而只能用高压旋喷桩进行止水，考虑到这一因素，故还要考虑到采用深井降水来防备止水引起的问题。

（1）竖向支护结构分析。

本工程联络线部位基本相当于一个局部坑中坑，最深支护部位约 19.5m，仅端部约 8m 宽度；其余两侧均位于基坑内，坑中坑高差 8～9m。而该场地土质条件较好，同时分布有无锡地区典型的第一硬土层和第二硬土层，尤其坑中坑部位正好位于厚度 10m 左右的第二硬土层中，对开挖非常有利，变形容易控制。就无锡地区该类基坑成熟及典型的围护方案即为钻孔灌注桩结合支撑或锚杆，应用效果良好。因此希望能采用钻孔灌注桩取代地下连续墙作为竖向支护结构。钻孔灌注桩施工机械小，配置灵活，同时可有效解决上述地下连续墙施工带来的安全及工期影响。

采用该方案（见图 5），我们分析了几个问题并作出了相应处理。

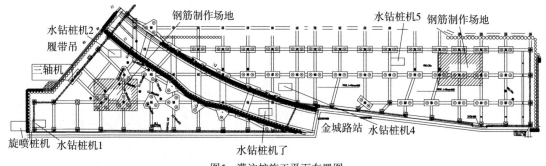

图5 灌注桩施工平面布置图

（2）地下水治理方案分析。

对本基坑开挖有影响的主要含水层为⑤$_2$层粉土和⑥$_{2a}$层粉土中的承压水，其中⑤$_2$层粉土位于基坑侧壁，因此需要截断处理；而⑥$_{2a}$层位于基坑底部以下 5m 左右，隔水层为第二硬土层，在不考虑土体强度的情况下验算抗突涌是不满足要求的，从偏于安全的角度看，宜将其隔断，坑内减压，避免对周围环境造成影响。考虑到施工可行性，因此可考虑高压旋喷桩止水，并在主要含水层分布段进行复喷，以确保旋喷止水效果。

（3）地下结构外防水处理。

采用钻孔灌注桩围护后可将桩间土进行锚喷保护，同时将锚喷作为一层附加防水结构，另外对锚喷面层可采用砂浆抹平后再按设计要求施工防水层。

3 B 基坑联络线通道支护体安全可靠性、工期、造价的分析比较

3.1 安全与可靠性对比

B 基坑联络线地下连续墙方案，根据现场环境及地质条件分析，地下连续墙以后的安全

性与可靠度是较高的，但在地下连续墙体施工时的风险性较大。因为在地下连续墙施工时 A 基坑正在进行地下室底板的施工，此时的工况是 A 基坑深度正在进行地下室底板的施工，此时的工况是 A 基坑正好在最深处，而联络线地下连续墙有 1/3 位置在 A 基坑 1 倍深度范围内，地下连续墙大型机械的重载正好压在 A 基坑的边侧，这样对 A 基坑支撑系统会产生一个较大的侧向附加压力，从而对支撑体系产生不稳定的影响。其次由于地下连续墙一幅的宽度达 6m 左右，当地下连续墙成槽后未浇筑混凝土之前，紧靠 A 基坑的地下连续墙形成了一个超长的临空面，此时 B 基坑地下连续墙处难以承受 A 基坑支撑力的传递，从而可能引起 A 基坑支撑体系局部失稳造成工程事故。

B 基坑联络线钻孔灌注桩方案，因钻孔灌注桩施工机械较小，每根桩又是单根隔开施工，加之桩内钢筋笼是分段连接，故上述施工中对 A 基坑影响的两个问题基本不存在。钻孔灌注桩成桩后的安全性与可靠度略低于地下连续墙支护，但根据本工程的特点，联络线是在大基坑中的一个沟槽，该沟槽的实际支护深度为 8~9m，故采用钻孔灌注桩作支护也是恰当的，安全性与可靠度是恰到好处的（见表 1）。

联络线两种支护方案安全与可靠性分析表 表1

施工方法	成孔与成槽对A基坑的影响	施工机械对A基坑的影响	作为支护的可靠性
地下连续墙	有影响	有影响	非常可靠
钻孔灌注桩+旋喷桩	基本无影响	基本无影响	可靠

3.2 工期对比

B 基坑联络线地下连续墙方案，由于地下连续墙施工占场地很大，地下连续墙中部分钢筋笼 30 多米，需 1 台 150t 主吊车和 1 台 75t 副吊车才能放入。故地下连续墙在场地上施工时，其他钻孔工程桩都不能施工，必须要待地下连续墙做完后才能施工其他钻孔工程桩，扣除已做好的 4 幅地下连续墙，还剩 24 幅地下连续墙，包括机械进场准备、做导墙、制作钢筋笼、成模、浇筑混凝土、机械出场，总施工时间需要约 50 天。地下连续墙结束后，工程桩及基坑围护桩及止水约 50 天工期，整个桩基工程完成总工期需要 108 天。

B 基坑联络线由地下连续墙改为钻孔灌注桩加止水桩，由于钻孔灌注桩机械较地下连续墙机械小得多，加之钢筋笼是分段施工所占场地不大，故联络线钻孔围护桩可与其他工程桩同时进行施工，故总工期约需 50 天 +15 天 =65 天。两种方案的工期比较见表 2。

联络线两种支护施工方案的工期比较表 表2

施工方法	整个工期	提前天数	备 注
地下连续墙	108天		
钻孔灌注桩	65天	43天	

3.3 造价对比

B 基坑联络线地下连续墙方案，一般地下连续墙的用钢量还是很大的，由于地下连续墙是连续的，一块厚墙混凝土的方量也是较大的，加之每幅间用的都是型钢接头，另外成槽时要做导墙，成槽机械施工费也是很贵的。相对来讲其工程造价在支护结构中是最贵的一种支护形式。

　　B 基坑联络线钻孔灌注桩支护方案，钻孔灌注桩支护是基坑支护中一种常用的支护形式，其支护深度一般情况下可到 10 多米，如采用多道支撑其深度可达 16～17m（如无锡地铁车站梅园站，采用的是钻孔灌注桩加止水作为支护）。由于围护体系的不连续及用钢量较低，其经济性是显而易见的（见表 3）。

联络线两种支护施工方案的造价比较表　　　表3

施工方法	每一延米指标	造价比	备注
地下连续墙	31383.1元	1.75	
钻孔灌注桩+旋喷桩	17904.7元	1	

备注：以上价格为直接工程费。

4　支护体内力变形的对比分析（见表4、图6、图7）

内力值与变形的数值表　　　表4

名称	最大弯矩值（kN·m）	第一道支撑轴力（kN）	第二道支撑轴力（kN）	支护体最大变形值（mm）	周边地坪的最大变形值（mm）
地下连续墙	149.3	74.9	119.0	5.12	7
钻孔灌注桩	131.4	76.3	127.8	6.15	8

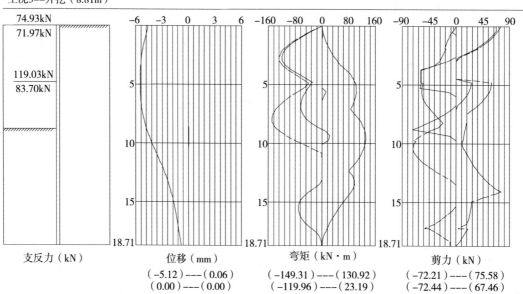

图6　地下连续墙内力值与变形曲线

　　通过上述计算分析与比较，两种支护体的内力和变形都较小，均能满足要求，但地下连续墙的变形较钻孔灌注桩稍小。

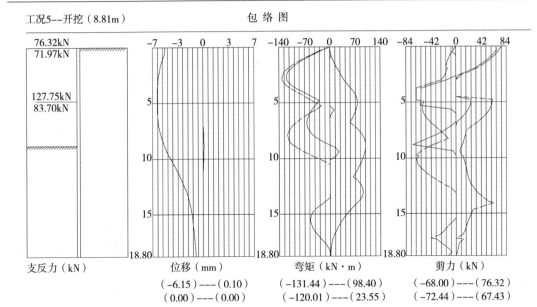

工况5--开挖（8.81m）　　　　　　　　包 络 图

支反力（kN）　位移（mm）　弯矩（kN·m）　剪力（kN）
　　　　　　　（−6.15）---（0.10）　（−131.44）---（98.40）　（−68.00）---（76.32）
　　　　　　　（0.00）---（0.00）　（−120.01）---（23.55）　（−72.44）---（67.43）

图7　钻孔灌注桩内力值与变形曲线

5　结　语

联络通道基坑是地铁车站基坑工程一种常见的交通形式，它的工程特性是狭长而较深，大部分位置处于坑中坑的位置，设计方案应根据它的特点，进行针对性的设计，并进行多方案的设计比较，在保证安全的前提下，选取工期快、造价低、施工灵活方便的设计方案作为施工方案。

本文通过对 B 基坑联络线通道两种支护体方案的比较，确定支护体采用钻孔灌注桩＋旋喷桩止水是合理的，它的优点如下：

（1）机械小，施工灵活；

（2）施工时不会对已施工到底的 A 基坑造成安全影响；

（3）能比地下连续墙节约工程造价约 40%；

（4）能比地下连续墙缩短工期约 40%；

（5）能够替代地下连续墙挡土与止水的功能，且达到同样的效果。

参 考 文 献

[1]　JGJ 120—1999 建筑基坑支护技术规程［S］.北京：中国建筑工业出版社，1999

[2]　地下建筑结构设计［M］.2 版 .北京：清华大学出版社，2009

[3]　城市轨道交通标准汇编［M］.北京：中国计划出版社，2009

聚氨酯灌浆料堵漏应用技术

马德建

（五洋建设成都分公司，成都 610091）

［摘　要］聚氨酯灌浆料是处理渗漏通病的一种优良材料，介绍了聚氨酯灌浆料的性能及配制，封堵裂缝与孔洞的方法，微渗漏的处理，堵漏后的补强及施工中的安全防护。

［关键词］渗漏；聚氨酯；溶剂；化学反应；灌浆应用技术

聚氨酯灌浆料属于聚氨甲酸酯类高聚合物，基本原料是多异氰酸脂和含羟基的化合物。浆料中未反应的异氰酸基（–NCO）很活泼，遇水发生化学反应生成胺，同时产生二氧化碳，使浆液发泡膨胀，向四周伸展扩散。剩余的异氰酸基与胺反应形成脲键，成为网状结构的凝胶体，堵塞渗水孔道。

聚氨酯灌浆料分溶剂型和水溶型两种。

1　溶剂型聚氨酯灌浆料

溶剂型聚氨酯灌浆料也称氰凝。溶剂型聚氨酯常用甲苯二异氰酸酯（TDI）和多苯基多异氰酸酯（PAPI）这两种异氰酸酯，与羟值在480～600（牌号 N–303）和羟值为56（牌号 N–330）的三羟基聚醚制成预聚体。使用前，将预聚体与一定量的副剂（表面活性剂、乳化剂、增塑剂、催化剂），混合均匀即成灌浆液。

预聚体一般由专业厂生产，市场供应的品种性能见表1。

溶剂型预聚体品种性能　　　　表1

性　能	TT-1	TT-2	TM-1	TP-330	T-830
外型	浅黄色透明液体	浅黄色透明液体	棕黑色半透明液体	褐色液体	棕黄色液体
相对密度	1.057～1.125	1.036～1.086	1.088～1.125	1.1	1.125
黏度（Pa·s）	0.006～0.05	0.012～0.07	0.1～0.3	0.282	0.024
混凝土堵漏抗渗性能（MPa）	>0.9	>0.1	>0.9	0.8	0.4

如果不能买到市售品，可按表2自配。

自配预聚体成份、品种规格　　　　表2

类　型	预聚体名称	材料名称	重量比	外　观	重力密度	黏度25℃（Pa·s）	NCO（%）	抗渗性（MPa）	备　注
聚醚型	TP-330	TDI PAPI N-330 N-303 二甲苯 二丁酯	200 433 200 100 333 67	褐色液体	1.1	0.282	20	0.8	存放性能稳定性好，适宜于使用量大的灌浆堵漏

（续表）

类　型	预聚体名称	材料名称	重量比	外　观	重力密度	黏度 25℃（Pa·s）	NCO（％）	抗渗性（MPa）	备　注
聚硫型	T-830	TDI 聚硫JLY-124 N-303 二甲苯	540 400 100 547	棕黄色液体	1.125	0.024	20	0.4	弹性好，适应变形能力强。

1.1　聚醚型 TP-330 预聚体配制的方法

首先将甲苯二异氰酸酯（TDI）、多苯基多异氰酸酯（PAPI）和二甲苯、二丁酯投入反应器（带有液封的三颈瓶），在剧烈搅拌情况下，慢慢加入聚醚树脂 N-330，再加入 N-303，温度控制在 50～55℃，反应 1.5h 左右，冷却出料，24h 后即可使用。

1.2　聚硫型 T-830 预聚体配制方法

将甲苯二异氰酸酯（TDI）和二甲苯投入反应器，然后加入二甲苯稀释聚硫，再加聚醚树脂 N-303，升温至 90℃，搅拌反应 45min 即可冷却出料。

预聚体应装入密封的桶内，贮放于干燥通风处，应防潮、隔热、防冻，切忌曝晒以免自聚。存放期为半年，不宜久藏。

1.3　溶剂型聚氨酯灌浆液在施工现场配制

配制浆液的副剂及作用见表 3。

副剂名称及作用　　　　　　　　　　　　　　　　　　　　　　　　表3

种　类	名　称	作　用
催化剂	二乙胺、三乙胺、二甲胺、基乙醇胺、二甲基环乙胺、三乙烯二胺、二月桂酸二丁基锡（有基锡）	调整浆液凝结时间
溶剂	丙酮、二甲苯	调整浆液黏度
增塑剂	邻苯二甲酸二丁酯	提高催化剂在浆液的分散性能及浆液在水中的分散性
乳化剂	聚山梨酯80（吐温-80）	表面活性剂提高催化剂在浆液的分散性及浆液在水中的分散性
表面活性剂	硅油	提高泡沫的稳定性和改善泡沫结构
缓凝剂	对甲苯磺酰氯	调整浆液凝胶时间

常用溶剂型聚氨酯灌浆液配合比及加料顺序见表 4。

浆液配合比及加料顺序　　　　　　　　　　　　　　　　　　　　　表4

材料名称	规　格	重量配合比					加料顺序
		Ⅰ	Ⅱ	Ⅲ	Ⅳ	Ⅴ	
预聚体		100	100	100	100	100	1
硅油	201-50号	1		1		8	2
聚山梨酯	80号	1			1	8	3
邻苯二甲酸二丁酯	工业用	10	1～5		10	80	4
丙酮	工业用	5～20		20	10	160	5
二甲苯	工业用		1～5				6

（续表）

| 材料名称 | 规　格 | 重量配合比 | | | | | 加料顺序 |
		Ⅰ	Ⅱ	Ⅲ	Ⅳ	Ⅴ	
三乙胺	试剂	0.7~3	0.3~1	0.4	0.5	16	7
有机锡	工业用		0.15~0.5	0.5			8

表4中，配合比所用单位为：

Ⅲ——有色金属第二建设公司二公司（预聚体采用规格901）；

Ⅳ——北京市第三建筑工程公司二工区（预聚体为两种，TT-1占70%、TP-2占30%）；

Ⅴ——第三冶金建设公司四公司。

溶剂型聚氨脂灌浆液凝胶时间可由几秒至几十分钟。凝胶时间的长短与催化剂用量、温度、水pH值有关。催化剂用量大，凝胶时间短；温度高，浆液的粘度变小，反应速度加快，凝胶时间缩短，水的pH值为酸性，凝胶速度加快。

浆液凝结如太快，可加入少量的对甲苯磺酰氯缓凝。

凝胶体抗压强度与灌浆压力和膨胀系数有关，浆液压力越大，膨胀受到限制越大，强度会随之提高，凝胶体抗渗性能相应提高。

凝胶体抗渗性与灌浆液中溶剂用量有关，浆液配合比中溶剂用量大，浆液的黏度变小，渗透性好，可灌缝隙小，但溶剂用量大于20%后，凝胶抗渗能力显著下降。

浆液配比中催化剂用量增加，凝胶体抗渗能力随之提高，但用量超过3%时，抗渗能力下降。

掺入催化剂的浆液不能久存，应在30min内用完。

2　水性聚氨酯灌浆料

水溶性聚氨酯灌浆料是由水溶性聚醚（环氧乙烷、环氧丙烷或环氧乙烷及环氧丙烷共聚的聚醚），与异氰酸酯（一般采用甲苯二异氰酸酯）反应生成预聚体。预聚体呈蜡状，把预聚体加热熔化，加入二丁酯与稀释剂丙酮，为调节凝胶时间加入催化剂或缓凝剂，为提高泡沫稳定性，还要加入表面活性剂硅油，即成灌浆液。

预聚体分子末端都是异氰酸基（-NCO），它是亲油的，而较长的分子键段本身是亲水的。因此浆液具有显著的表面活性，当浆液遇到水，便立即分散成均质的乳液能与水很快反应生成凝胶。

凝胶过程中产生的二氧化碳能使浆液产生二次渗透。在常压下，水量较少时凝胶体会显著发泡膨胀。由于二氧化碳能溶于水，当水量多，压力较大时，发泡量减少。

南京钟山化工厂生产的水溶性聚氨酯WPU-1、WPU—2与日本产品OH-1A性能见表5。

南京与日本产水溶性聚氨脂性能对比　　　　　　　　　　表5

性　　能	WPU-1	WPU-2	OH-1A
外观	淡黄色透明液体	淡黄色透明液体	淡黄色透明液体
相对密度	1.05~1.10	1.05~1.10	1.11
黏度20℃（Pa·s）	0.400~0.500	0.300~0.400	0.400
凝固点（℃）	0~5	8~10	-5
凝胶包水倍数	15~20	6~7.5	

（续表）

性　能	WPU-1	WPU-2	OH-1A
抗压强度（MPa）	1.0❶	1.5❷	0.1～5.0

❶40%的浆液和标准砂混合后的固结体；
❷20%的浆液注入河砂中所得的固结体。

南京钟山化工厂生产的WPU-1凝胶块，包水量大，堵水性能好。WPU-2凝胶慢、固结体强度高。上海隧道综合服务社防水材料厂生产的水溶性聚氨酯灌浆料（上海称821）性能见表6。

水溶性聚氨酯灌浆料为单组分，浆液已在生产厂配制好，注浆前不需配浆。浆液必须密封储藏在阴凉干燥处，切勿碰到水与潮气，以防失效。浆液在良好的条件下密闭贮存一年，性能无明显变化。浆液严禁接触明火，以防燃烧，高温季节勿放在阳光下曝晒。不掺稀释剂的原料，不会燃烧，能安全运输。灌浆时在施工现场掺入稀释剂。

水溶性聚氨酯灌浆液无腐蚀性。

3　灌浆堵漏

聚氨酯类灌浆液常用风压罐和手压泵两种机具注浆，现在又有高压堵漏注浆机。这三种机具的系统示意图分别见图1～图3。

上海821产品性能表　　　　表6

项　目	指　标	备　注
外观	淡黄色透明液体	
相对密度	1.03	
黏　度	约104cP（25℃）	
凝胶时间	几十秒～数十分钟	可由配合比调节
膨胀率	2～3倍	可由配合比调节
抗拉强度（MPa）	2 1.5 0.8	100% 掺水量250% 500%
黏接强度（MPa）	1.8～2（干燥） 0.6～0.8（潮湿）	混凝土光洁面
延伸率	200%（固体含量17.5%） 300%（固体含量10%）	按水量300% 500%
水质适应性	pH 3～13	
干湿循环	阴干5天，水浸2天，50个循环无变化	干缩不裂，水浸不酥

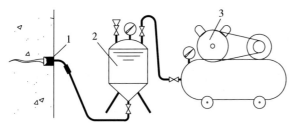

图1　风压罐灌浆系统
1—注浆嘴　2—风压罐　3—空气压缩机

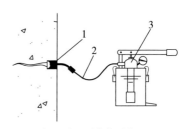

图2　手压泵灌浆系统
1—注浆嘴　2—出浆管　3—手压泵

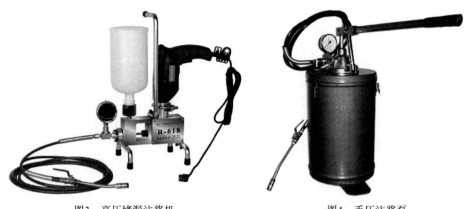

图3　高压堵漏注浆机　　　　　　　　图4　手压注浆泵

手压泵结构简单使用方便。高压注浆机工作压力高，压力持续，省时省力。见图 4。

3.1　裂缝堵漏

注浆堵漏前应先查明漏水部位。如为裂缝漏水，应选择在漏水严重处及裂缝交叉处凿孔埋设注浆嘴。注嘴间距 0.5～1m。裂缝应开深 50mm、宽 30mm 的槽，槽底用半圆铁皮盖缝，然后用快凝水泥胶浆封闭裂缝。注浆嘴用 φ10 铁管或胶管。铁管应与槽底盖缝铁皮焊接。如用胶管也应在铁皮上开孔焊一短管，胶管用铁丝与短管扎牢。

现在有成品高压止水针头出售，使用方便性能好（见图 5）。高压止水针头利用环压紧固的原理。头部设有单向截止阀，可防止浆液在高压推挤下倒喷。环压膨胀部分是橡胶套管，直径为 13mm，塞入孔径为 13mm 的注浆孔上，旋转环压螺栓，压缩橡胶套管，使橡胶膨胀注浆嘴固定在注浆孔内。注浆嘴的单向阀在 0.4kN 以上压力才能打开，因此注浆压力必须高于这个数值。高压止水针头目前共有四种类型：铜嘴、铝嘴、钢嘴、塑

图5　高压灌注止水针头

料嘴，前三种为环压紧固式，属于前止水型，即灌浆嘴进料口的逆止阀门设在进口处；塑料嘴为后止水型，即进料口的逆止阀门设在出口处，可视具体情况进行选择。前止水型埋设好注浆嘴后，可将前端旋转下来进行泄压排水，待灌浆时再拧上去；后止水型埋好嘴，就不能排水泄压了，但施工完毕即可拆除灌浆嘴进行下道工序的施工。常用灌浆嘴的橡胶密封部分直径为 13mm，需配 13mm 钻头。对密实型结构选用长度为 7～8cm 的灌浆嘴即可；对松散型结构，可选用长度为 10～15cm 的灌浆嘴。

待封闭裂缝的快凝水泥胶浆的强度达到 1.5MPa 后即可用颜色水试灌。试灌是为了检查封堵及埋嘴连通情况，杜绝跑浆、漏浆，提高灌浆成功率。

试灌合格后即可选漏水量较大的埋嘴灌浆。待其余埋嘴见浆后，关闭见浆孔，仍继续压浆，灌浆压力应大于地下水压力 0.05～0.1MPa，使浆液沿漏水通道逆向推进，直到不再进浆为止（压力 0.3MPa 左右），随即关闭注浆口。灌浆过程中往往由于局部通路被暂时堵塞，会引起压力上升，高压下堵塞物被冲开，压力复而下降，此属正常现象。

灌浆后,应立即清洗灌浆机具,便于下次再用。溶剂型聚氨酯需用溶剂丙酮或二甲苯清洗,水溶性聚氨酯可直接用水冲洗。见图6～图9。

图6　地下管道高压注浆堵漏

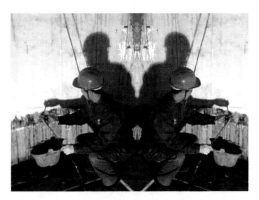

图7　地下室注浆

图8　顶板注浆

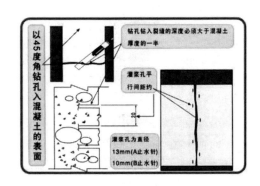

图9　高压注浆示意图

3.2　孔洞堵漏

当混凝土墙面有明显漏水孔洞时,可用聚氨酯灌浆料拌水泥制成胶泥堵洞。堵洞前,先将漏水孔洞四周疏松的混凝土凿掉,孔洞尽可能凿成里大外小的倒喇叭形。用木块、棉纱等堵住大量涌水。根据孔洞的大小拌制所需的胶泥,拌制胶泥的方法如揉面团。胶泥拌制量应足够一次堵满孔洞。拌好的胶泥迅速堵入洞内,用木棍捣塞密实,直到塞满整个孔洞。洞口盖上一块胶皮或用塑料布包成的软垫,外面再盖上木板,然后用预备好的支撑顶紧。聚氨酯灌浆料拌成的胶泥遇水膨胀,如洞口外顶压不紧就不能完全封住漏水。4h后就可拆除支撑。

用聚氨酯胶泥堵漏时,如在胶泥外面垫块油毡,油毡外面再填塞用水泥速凝剂拌制的速凝胶泥。堵漏胶泥填塞至洞口约20mm,速凝胶泥填至洞口平,外面垫胶板、木板,顶支撑。堵漏效果更好。

4　涂层防渗

当混凝土结构出现微渗时,背水混凝土面呈现潮湿、冒汗现象,可用聚氨酯涂刷液进行处理。涂刷前混凝土或砂浆基层用107胶、水为1∶4的胶水拌素水泥浆嵌补平。油污用有机溶剂或碱性溶液擦洗干净,基层烘干。

聚氨酯涂刷液配方见表7。

聚氨酯涂刷液配方

表7

材　料	规　格	第一遍	第二遍
预聚体	TP-1	100	100
丙　酮	工业用	10～5	7～10
聚山梨酯	80号	1	1

聚氨酯涂刷液可采用喷涂法或涂刷法施工。第一遍浆液黏度低，薄涂，使浆液渗进混凝土基层，增强涂膜黏结力，24h后再表涂第二遍。第二遍也不宜太厚。涂层薄，层与层间才能很好地固结。如涂层过厚，硬化条件差，可能因涂层发泡而降低防渗效果。

也可以用聚氨酯涂刷液作为堵漏后的防渗补强层。

5　堵漏后的防渗补强

混凝土结构用聚氨酯灌浆液堵漏后，为增强抗渗性、达到长期防水目的，应在封堵处作防渗补强层。补强材料可采用焦油聚氨酯（851涂膜橡胶）、环氧树脂、水泥砂浆刚性防水层等。

焦油聚氨酯是新型双组分防水材料：甲组分是以甲苯二异氰酸酯与多元醇制的预聚体；乙组分是以焦油、改性剂、稳定剂等制成的交联剂。焦油聚氨酯技术性能见表8。

使用时，甲组分、乙组分按 1：1.8 拌合，当料液由暗蓝色变成黑亮，即表明已拌匀。如黏度偏高，流动性差，可加入少于10%的二甲苯。

焦油聚氨酯采用涂刷法。当确认已堵住渗漏后，先烘干渗漏修补面，然后涂刷一道掺入4～5倍溶剂（甲苯或二甲苯）的打底料，待底料干燥后，涂刷焦油聚氨酯胶液，涂层厚度 1.5～2mm，两层胶液间加一层玻璃纤维布增强。

焦油聚氨酯技术性能

表8

项　目		指　标	备　注
外　观	甲组	棕黄色黏液	
	乙组	黑色黏液	
黏度（20℃，cP）	甲组	4000	
	乙组	10000	
重力密度（16kN/m³）	甲组	1.07～1.08	
	乙组	1.02	
硬度（邵氏）		>35	涂膜指标，以下相同
黏结强度		>0.5MPa	
抗拉强度		>1.5MPa	
不透水性		>0.8MPa	
延伸串		>200%	
耐热抗寒性		-40.300℃	
耐酸性		1%H_2SO_4溶液中浸泡15d，涂膜无变化	
耐碱性		饱和Ca(OH)₂溶液中浸泡15d，涂膜无变化	
指触干时间		1～6h（随气温高低而变）	手摸不黏时间
可叠时间		12～24h（随气温高低而变）	可步行时间

甲、乙二组分混合后应及时使用，一般应在 30min 内用完。

由于焦油聚氨酯甲组分活泼，因此容器必须清洁干燥、贮存应绝对密封防止漏气，并避免阳光直射，保存期为半年。

乙组分较稳定，但存放同样应密封，避免混入水分，以免两液混合时产生气泡而降低防水效果。

环氧树脂、水泥砂浆刚性防水层的施工方法可参考有关资料，不再赘述。

6 安全与防护

稀释剂具有可燃性，施工现场应禁火。

灌浆材料大都具有不同程度的毒性，对人体的健康和安全会造成危害。聚氨酯灌浆料中的有毒物质及危害情况见表 9。

聚氨酯灌浆材料中的有毒物质　　　　　　　　　　　　　　　表9

化合物名称	用 途	毒性及危害
异氰酸酯	配制聚氨酯浆液	散发出气体对眼、鼻、口腔、气管等黏膜有强烈刺激作用，可引起皮炎、上呼吸道炎、眼结膜炎，催泪
有机锡	配制聚氨酯浆液	有腐败青草味，强烈刺激性，毒性大，经皮肤、呼吸道、消化道吸收，在体内有积蓄作用
三乙醇胺	配制聚氨酯浆液	有刺激臭味的液体，刺激皮肤引起过敏症
三乙胺	配制聚氨酯浆液	有刺激臭味的液体，常接触易患眼角膜炎症
二甲基乙醇胺	配制聚氨酯浆液	有氨味的液体，刺激中枢神经
丙 酮	聚氨酯、环氧树脂浆液的稀释剂	有特殊香味的液体，长期吸入有麻醉作用，毒性不大
二甲苯	聚氨酯、环氧树脂浆液的稀释剂	芳香味液体，有毒性，可引起血管扩张和麻醉作用

灌浆材料中的有毒物质，无论是固体、液体或气体都能经呼吸道、消化道和皮肤接触等吸收进入人体，引起中毒。有些药品，短期、小剂量接触无明显影响，但长期、大剂量接触时，在人体内有积聚作用，也会形成严重伤害。因此在接触这些有毒药品时，要采取以下有效的防护措施。

6.1 有效通风

在生产、贮存、运输、浆液配制和施工过程中应采取有效通风措施，降低空气中有害成分。

6.2 劳动保护

按材料的不同毒性穿戴防护服、防护眼镜、防护口罩、有活性炭过滤器的防护口罩或乳胶手套及专用袖套。按规定给予必要的保健待遇，定期进行体格检查。

6.3 禁食

在生产和施工现场应禁食，以防止有害物质通过食道进入人体。

6.4 污染处理

当皮肤沾有浆液时可用热水、肥皂、酒精溶剂或液体除污剂及时擦洗。皮肤沾有异氰酸酯，用水和肥皂洗后，再用稀氨水冲洗，洗净后敷上油脂膏。若沾有有机锡化合物，应立即用高锰酸钾溶液浸洗。

当眼部进入浆液时，应立即用大量清水或生理盐水冲洗，然后用硼砂水溶液清洗。严重者要送医院治疗。

衣服受到污染后立即用液体除污剂处理，然后用水彻底清洗。

7　聚氨酯灌浆液的特点及评论

聚氨酯灌浆料为单组分灌注液，操作工艺简单；注入裂缝的浆液与水混溶后能膨胀产生二次渗透压，使凝胶体抗渗性能良好；特别适宜于伸缩缝的堵漏。

水溶型聚氨酯能与水混溶，亲水性强，黏结强度高，潮湿情况下水溶型的黏结强度更高于溶剂型；水溶型聚氨酯灌浆液不必像溶剂型需在施工现场配制浆液，简化了施工工艺；水溶型聚氨酯灌浆液一次灌注不完，可回收备用，有利于节约浆料；灌注水溶型浆液的机具可用水冲洗，而溶剂型需用溶剂冲洗。因此积极推广水溶性聚氨酯材料堵漏，具有重要意义。

聚氨酯灌浆料价格较高，因此要根据工程量的大小来配制用量，在施工时应注意节约浆料，降低成本。

在处理宝钢及闵行铝材厂地下混凝土结构漏水时，大量采用水溶型聚氨酯灌浆料取得良好效果。

参 考 文 献

[1] 王赫，等.建筑工程事故处理手册 [M].北京：中国建筑工业出版社，1994

[2] 贝效良，等.建筑施工 [M].北京：中国建筑工业出版社，1980

[3] 江正荣，等.简明施工手册 [M].北京：中国建筑工业出版社，1986

[4] 建筑施工手册 [M].北京：中国建筑工业出版社，1999

超长无桩靴预应力空心方管桩承载力案例分析

陈家冬[1]　朱剑峰[2]

（1. 无锡市大筑岩土技术有限公司；　2. 江阴兴澄特种钢铁有限公司）

［摘　要］本文针对某些超长无桩靴预应力空心方管桩设计试桩与工程桩检测试桩的承载力特征值存在很大差异进行分析，提出如果桩端坐落在粉土粉砂类承压水层中，桩端内土芯涌动会引起承载力较大幅度的降低；另外深基坑中攻城桩试桩若在自然地面试压，应把送桩深度的摩阻力扣除，从而较为精确地得出桩的承载力特征值。

［关键词］无桩靴预应力空心方桩；承载力特征值；桩端内土芯涌动；摩阻力降低

1　工程概况

无锡某工程为一个大型的城市综合体，该项目由 1 栋 5 层的购物中心、1～3 层的沿街商业及其配套建筑、8 栋 33 层的高层住宅楼、1 栋 43 层的超高层公寓式酒店。整个综合体有一个大的二层地下室，地下室占地面积为 53710m²，地上部分建筑面积约为 225349m²，总建筑面积约 30 万平方米。

其中 2 号房为一幢 33 层的高层住宅楼，桩基采用先张法预应力混凝土空心方桩，按苏 G/T 17—2008 图集选用断面为 450mm×450mm、型号为 KFZ–AB450（250）–15、14、13 的桩。基础为桩筏板基础，桩距为大于 4.5 倍桩径的梅花形布桩，片筏板基础下共布置 150 根长 42m 的空心方桩，片筏基础长约 30m、宽约 18m，布桩面积置换率约为 5.6%，设计要求的单桩承载力特征值为 2500kN。

正式施工前先做 6 根设计试桩(均达到设计要求 6500kN)，其中 4–K 号桩位于 2 号房附近，工程桩施工前为了防止桩挤压，先对桩位处进行引孔，引孔直径 Φ350，深度为 20m。工程检测桩先在各个位置处打下去，然后再施工其他的工程桩，工程桩的施工标高面为 –8m，桩顶标高为 –14.65m，即送桩 6.65m。

设计试桩与工程检测桩检测情况见表 1。

设计试桩与工程检测桩检测情况　　　　　　　　　　　表1

桩　号	有　关　情　况								
	施工终压值（t）	完成日期	检测日期	土层结构恢复时间	加载终压值	终压沉降量（mm）	桩长（m）	桩径（mm×mm）	备　注
设计试桩4-K	301.7	2010.9.8	2010.11.10	63天	6500	34.96	48	450×450	
工程检测桩135号	295.3	2010.12.5 复压2010.12.22	2011.1.14	23天	4520	110	48	450×450	
工程检测桩22号	311.7	2010.12.5 复压2010.12.22	2011.1.16	25天	4520	126	48	450×450	

2 工程地质情况

以 2 号房所处地质情况为例，其中 5-5 剖面 G7 孔，该处的自然地面标高为相对标高 -2.85m，此处桩要穿过 11 层土层到达 7-2 层粉土夹粉质黏土中，各土层简易物理力学指标与土质情况见表 2。

各土层简易物理力学指标与土质情况   表2

土层编号	土层名称	土层描述	极限侧阻力标准值（kPa）	极限端阻力标准值（kPa）	地基承载力特征值（kPa）	压缩模量 E_s（MPa）	孔隙比 e	饱和度 S_r（%）	土层厚度（m）
2-1	粉质黏土	上部可塑下部硬塑	72		210	8.0	0.72	96.6	4.5
2-2	粉质黏土	可塑状土局部粉性强	55		165	7.0	0.814	98.0	3
3-1	粉质黏土	软塑状土局部夹粉土	36		125	6.0	0.949	97.9	4.8
3-2	粉土	松散、稍密状	40		140	11.0	0.935	97.9	
4-1	粉质黏土	可塑状为主局部硬塑	72		210	10.0	0.729	96.9	2.7
4-2	粉质黏土+黏土	硬塑状土	80	4200	260	13.0	0.692	97.4	6.2
4-3	粉质黏土	可塑状局部硬塑	40		150	9.0	0.846	97.8	1.8
4-4	粉质黏土	可塑状土	60	3000	200	12.5	0.785	97.8	5.2
5-1	粉质黏土	可塑状土	40		130	12.0	0.865	98.9	1.8
5-2	粉质黏土	软塑～流塑状	35		115	11.0	0.974	98.2	8
6-1	粉质黏土	可塑状土	70	4000	220	17.0	0.768	97.8	4.5
7-1	粉质黏土	软塑～流塑状	75	4200	230	20.0	0.740	97.6	5.5
7-2a	粉质黏土	软塑状土	38	2000	140	16.0	0.9	97.7	
7-2	粉土夹粉质黏土	粉土稍密～中密夹软塑状高粉粒的粉质黏土	45	2500	170	21.0	0.913	97.7	8.1
7-3	粉质黏土	软塑状土夹粉土	40	2100	130	17.0	0.963	99	3.5
8-1	粉质黏土	可塑状态为主	72	4000	200	22.0	0.773	97.2	7.9

3 根据静荷载试验分析承载能力的差异特性

根据中华人民共和国行业标准《建筑基桩检测技术规范》JGJ 106—2003 对两根静载荷试桩进行分析，可以看出，设计试桩极限值可达到 6500kN，而工程检测桩当加荷到 4520kN 时，沉降量急剧加大，故它的前级荷载 3955kN 为陡降型 Q—S 曲线发生陡降的起始点，所以该荷载为 135 号桩的极限荷载。在第 4 级荷载之前两根桩荷载与沉降曲线走向都比较正常；从第 4 级荷载到第 6 级荷载工程检测桩沉降速率开始变大；第 6 级荷载往下工程检测桩沉降量变得十分大，到达第 7 级荷载时，沉降量已达到 121.6mm（累计值）。

按地质报告的数据计算该桩的单桩承载力极限值。

$$P_a = 4 \times 0.45 \times (3 \times 55 + 4.8 \times 36 + 2.7 \times 72 + 6.2 \times 80 + 1.8 \times 40 + 5.2 \times 60 + 1.8 \times 40 + 8 \times 35$$
$$+ 4.5 \times 70 + 5.5 \times 75 + 4.5 \times 45) + 0.45 \times 0.45 \times 2100 = 5274 \text{kN}$$

以上计算值比较接近设计要求的 5400kN，静荷载是此基础上扩大 1.2 倍后再加载。

工程检测桩承载试验结果见表 3。

4-K号桩及135号桩加载与位移关系　　　　　　　　　表3

编　号	设计试桩4-K				工程检测桩135号			
	荷载（kN）	本级位移	累计位移（mm）	历时（本级）	荷载（kN）	本级位移	累计位移（mm）	历时（本级）
1	1182	3.55	3.55	120	1130	1.12	1.12	120
2	1773	2.01	5.56	120	1690	0.76	1.88	120
3	2364	2.40	7.96	120	2260	4.79	6.67	120
4	2955	1.78	9.74	120	2825	6.3	12.97	120
5	3546	1.78	11.52	120	3390	5.75	18.72	120
6	4137	3.79	15.31	120	3955	9.62	28.34	120
7	4728	3.40	18.71	120	4520	93.26	121.60	150
8	5319	3.49	22.20	120	5058	0	121.6	0
9	5910	3.71	25.91	120	3390	1.56	123.16	60
10	6500	9.05	34.96	120	2260	−0.30	122.86	60
11	5319	−0.23	34.73	60	1130	−8.80	114.06	60
12	4137	−0.78	33.95	60	0	−25.99	88.07	120
	最大加载量6500kN 最大位移量34.96mm 回弹率58.2%				最大加载量5085kN 最大位移量123.16mm 回弹率28.5%			

4　工程检测桩承载试验达不到设计要求值的原因分析

（1）由于打桩挤压引起桩上浮。

打桩前做了适当引孔，并在静荷载实验前的 20 多天对该试验桩进行了复压，复压的压桩力值为 459t，比正常打桩的压桩力 295t 大 164t，复压的位移值为 3.1mm，故该桩承载达不到设计要求，与桩上浮关系不大。但压桩力值小于静荷载试验是一种较为反常的现象。

（2）工程检测桩施打顺序。

3 根工程检测桩是先施打的，打好这 3 根桩后再进行其他工程桩的施工，这样施工会造成工程检测桩周土体的扰动，较为严重，造成超孔隙水压力的增加。

根据库伦定律桩端与桩侧土层的抗剪强度应满足下式：

$$\tau = C_S + \sigma' \tan\varphi_S$$

式中　τ，σ'——土抗剪强度和有效应力；

　　　C_S，φ_S——桩端附近土的内聚力和内摩擦角。

而有效应力公式为　　　　　　　　$\sigma' = \sigma - \mu$

式中　σ，μ——土的总应力和孔隙水压力，压桩施工顺序对其孔隙水压力和有效应力的发展
　　　　　　　路径有很大的关系。

根据上述公式可以分析出再透水性较差的土层中，打桩引起的超孔隙水压力在消散之前，土的有效应力 σ' 要降低，从而使土的抗剪强度下降。本工程抗侧土层均为透水性较差的土层，

故超孔隙水压力消散较慢，必然会引起桩侧土的抗剪强度降低，使桩的承载能力下降。

（3）工程检测桩周土体已遭破坏。

除工程检测桩外，其他工程桩顶均送桩 6m，桩周土体均已掏空，工程检测桩周土体的摩阻力折减很大，甚至有的基本丧失摩阻力，故这部分摩阻力 $P_a = 4 \times 0.45 \times (3 \times 55 + 3 \times 36) = 491kN$ 应扣除。

（4）2 号房周围桩基施工的影响。

在 2 号房进行静荷载试压时，其周围的静压桩均在施工，由于周围桩的布桩密度较密，会产生一定的挤土效应，也会引起土中超孔隙水压力增加，降低土的抗剪强度，从而引起桩的承载力下降。

（5）桩内土芯涌动问题。

桩端为开口桩，施工时，会有土芯塞入管桩孔内，本工程桩端进入 7-2 层粉土层约 4.5m，桩端下还有 3.6m 的粉土层。由于该层土渗透性较大，且为承压水土层，在桩端渗透压力作用下，冲破土芯与管壁的摩阻力，并带动粉土土粒向管内继续上涌，从而会扰动破坏持力层及该层土桩周土的抗剪强度，降低整个单桩的承载能力。桩端承载力的损失值 $P_a = 0.45 \times 0.452100 = 425kN$，桩端处桩周摩阻力的损失值 $P_a = 4 \times 0.45 \times 4.5 \times 45 = 324kN$。见图1。

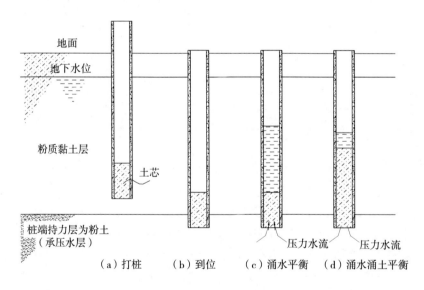

图1　桩内土芯涌动示意图

（6）桩身材料质量问题。

桩头破碎，但测桩前后均测小应变，这种情况可排除；桩身破碎，测桩后测小应变，该情况亦可排除；焊接接桩断裂，施工时焊缝质量较好，均拍了隐蔽工程的照片，基本也可排除这种情况。

根据上述原因，笔者认为：第一点原因可排除，第二点经过一段时间可排除，第三点是承载力降低的原因，第四点经过一段时间也可恢复，第五点也是承载力降低的原因，第六点基本可排除。两个主要原因的数值扣除后，其计算承载力 $P_a = 5174 - 491 - 425 - 324 = 4034kN$，与工程检测桩极限承载力 3955kN 比较接近。

5　工程的处理

由于工程检测桩未达到设计要求，故根据上述原因分析后，建议把土挖到 –14.65m 标高处再做静荷载试压，这样第三点的原因也可以排除。这样处理后第五点原因是否可以排除呢？这就要看送桩到 –14.65m 后地下水或上部土能否灌到孔内压住桩端承压水渗透上涌，如果能压住则承载力就可达到设计要求，如果桩孔内没有水或土进去，压不住则桩端土上涌后仍会引起单桩承载力的降低。

如果由于第五点原因再做检测达不到设计要求，可采取桩端压力注浆提高其承载力，或在结构上采取桩土共同工作的结构处理方法解决。

6　结　语

工程桩承载力检测是桩基工程的最后一道关口，承载力特征值是否能满足设计要求是关系到工程能否继续进行的一个重大问题。在相同地质及环境条件下，某些工程的工程试桩达不到设计试桩的承载力特征值，在这种异常情况下，应作出详细分析。特别是开口管桩桩端坐落在承压水压力较大的粉土粉砂类土层中，应重视空心管桩桩端土芯涌动引起的桩端处承载力大幅度降低的问题。另外，在深基坑工程中，工程桩的送桩深度较深，而工程桩为了试桩方便让标高留在自然地坪处，这时检测试桩周围土体均已破坏，土的摩阻系数大大降低，有的几乎完全丧失，故解决第一个问题应在设计时考虑采用有桩靴的施工工艺。第二个问题应把送桩这段长度内的摩阻力扣除，以便较为精确地得出桩的承载力特征值。

参 考 文 献

[1]　王怀忠．宝钢工程长桩理论与实践 [M]．上海：上海科学技术出版社，2010
[2]　中国建筑科学研究院．JGJ 94—2008 建筑桩基技术规范 [M]．北京：中国建筑工业出版社，2008

应用超声波法检测预应力管桩接头内部混凝土强度

朱昌胜　韩晓健

（南京工业大学土木工程学院，南京　210009）

[摘　要]通过采用超声波法测量管桩内部现浇混凝土的强度，来评价管桩内部填充混凝土的灌注质量及密实程度，为检测工程实际中的预应力管桩与承台接头质量提供了一个新的手段和方法。

[关键词]超声波；混凝土；波速；弹性模量

1　前　言

建筑地基基础的质量检测是建筑结构施工质量监控的一个重要环节，也是建筑结构可靠性鉴定的一个重要指标。桩基是常用的基础类型之一。近几年来，预应力管桩由于其具有施工工期短、单桩承载力高以及造价低等优点，已广泛用于建筑中。由于桩基是一项隐蔽工程，在施工过程中容易出现堵管、夹泥、蜂窝、少灌等质量问题，对于这些施工质量问题，常用的传统检测方法是对现场桩基混凝土进行非破坏试验。目前我国对混凝土结构进行非破损检测的方法主要有回弹法、超声回弹综合法以及局部破损的钻芯法、拔出法等，但相关的技术规范都具有一定的条件限制，尤其对于预应力的接头质量检测，由于灌注桩本身构造的特殊性，桩身混凝土往往和内填混凝土强度不一样，因此没有合适的规范可循，给质量评估等带来较大困难。本文通过超声波在混凝土中传播的速度及其他参量来推定混凝土的强度。通过对现场混凝土管桩进行超声波试验，测量相应的混凝土管桩声时值来获取预应力管桩与承台接头处填充混凝土的强度及缺陷情况，为这类混凝土预制管桩的质量监控提供一种切实可行的方法。

2　超声波检测原理

超声波是一种频率超过 20kHz 的机械波。超声法检测的基本原理是超声波在介质中传播时，通过不同介质的传播速度不同，遇到反射面会产生反射、折射、绕射、衰减等现象，传播的时间、幅值、波形、频率等会发生相应变化。测定这些变化，便可得到材料的某些性质与内部构造情况。

超声波检测混凝土强度的基本依据就是通过超声波在混凝土内部传播的声速值和频率变化等来判定。通常混凝土标号越高，弹性模量越高，混凝土越密实，测得的声速值也越高。因此，由于不同强度的混凝土弹性模量和密实度的差异，测得的声速值也不同。此外，超声波通过缺陷部位时，声速会降低。当管桩混凝土内部存蜂窝、孔洞等缺陷时，缺陷处声阻抗值明显地低于正常密实混凝土的声阻抗值。超声波要穿过缺陷或绕过缺陷到达接收探头，致使声时值增大，声速降低。

2.1　波速与混凝土强度的关系

混凝土强度与其弹性模量、密度等密切相关。根据弹性波动理论，超声波在弹性介质中的传播速度又与弹性模量、密度这些参数存在以下关系：

$$v^2 = \frac{E_d(1-v)}{\rho(1+\lambda)(1-2\lambda)} \qquad (1)$$

式中　E_d——利用超声波测定的混凝土动弹性模量，GPa；

ρ——混凝土密度，2.5～2.6 kg/m³；

v——超声波在混凝土中的传播速度，km/s；

λ——泊松比，混凝土取 0.2。

从公式（1）中可以看出，混凝土的弹性模量与混凝土自身的密度、泊松比以及超声波通过混凝土的速度有关。

2.2　波速与弹性模量的关系

超声波波速受混凝土内部骨料分布、水含量、孔隙等多种因素的影响，从而导致不同类型混凝土弹性模量测定值有所差异。

根据公式（1），可得到弹性模量的公式如下：

$$E = \frac{v^2 \rho(1+\lambda)(1-2\lambda)}{1-\lambda} \qquad (2)$$

式中　E——混凝土的弹性模量，MPa；

v——混凝土中的声速，km/s；

ρ——介质的密度，C30 混凝土取 25kN/m³；

λ——介质的泊松比，C30 混凝土取 0.2。

从公式（2）中可以看出：影响混凝土弹性模量的参数有混凝土的泊松比、声速和密度。混凝土自身密度和泊松比对混凝土弹性模量产生的影响较小，而超声波波速对弹性模量的影响最大[2]。

3　工程实测

实测的工程为某住宅楼，上部为六层框架，基础为预应力混凝土管桩，桩长为 10m，直径为 400mm，管壁混凝土为 C60，壁厚为 40mm。内填 C30 混凝土，与承台混凝土一起浇筑。被测试件表面为光洁，风干状态。

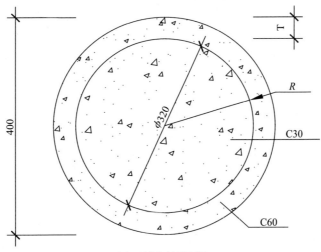

图1　灌注桩平面图

3.1 测试方法

根据超声波穿过的路径，按如下的公式计算声速：

$$t = \frac{\phi}{V_{60}} + \frac{T}{V_{30}} \qquad (3)$$

式中 t ——超声波在试件中传播的声时，μs；

V_{30} ——C30 混凝土中的声速值，km/s；

V_{60} ——C60 混凝土中的声速值，km/s；

ϕ ——管的内径 $2 \times R$，mm；

T ——管的壁厚，mm；

已知超声波在 C60 混凝土试块中的声速为 4.2km/s，测得超声波穿过整个管桩的声时数据如下表 1。

桩号和声时（μs）　　　　　　　　　　　　　　　　表1

桩　号	测　点		
	1	2	3
G3	101.7	112	101.8
F3	101.8	105.8	99.8
G5	105.8	101	98.6
F5	94.4	94.8	93
G16	95.9	102.9	99.9
F16	104.8	101	107
G18	95.9	95.8	98.8
F18	107.8	114.8	114

3.2 计算结果

根据在实验室里做的混凝土抗压强度和声速关系的试验结果，C30 对应的声速是 3.5～3.75km/s。为了更加准确评价试验结果，在分析声速时，通过计算平均声速与桩基工程手册中的声速范围进行比较，考虑三个值：最大误差率、最小误差率、平均误差率，来分析计算结果。

运用公式（3）算得超声波穿过各管桩内部的 C30 混凝土的声速，如表 2 所示。

C30中的声速（km/s）　　　　　　　　　　　　　　　　表2

桩号	测　点			平均声速	最大误差率（%）	最小误差率（%）	平均误差率（%）
	1	2	3				
G3	3.82	3.40	3.82	3.67	−2.14	4.85	1.94
F3	3.82	3.64	3.91	3.79	0.99	8.20	5.19
G5	3.64	3.86	3.97	3.82	1.83	9.10	6.07
F5	4.19	4.17	4.27	4.20	12.13	20.14	16.81
G16	4.11	3.77	3.91	3.92	4.58	12.04	8.93
F16	3.69	3.86	3.60	3.71	−1.12	5.94	3.00

（续表）

桩号	测点			平均声速	最大误差率（%）	最小误差率（%）	平均误差率（%）
	1	2	3				
G18	4.11	4.11	3.96	4.06	8.29	16.03	12.80
F18	3.56	3.31	3.33	3.40	-9.41	-2.94	-5.64

分析上表计算结果，从最大误差率可以看出，F18桩的相对误差率高达9.4%,说明实测C30混凝土的声速值与正常范围值相差较大；最小误差率中，F18桩的相对误差率为2.94%,与C30混凝土中声速最小值有一定的偏差；从平均误差率分析，F18桩的误差率超过5%。所以可以判断F18桩灌注桩内部混凝土的有缺陷或是强度没有达到C30的标准。

根据《混凝土结构设计规范》GB 50010—2002第4.1.5条。C30混凝土受压和受拉时的弹性模量为3.0×10^4 MPa。我们通过公式（3）计算出当弹性模量取规范值时，其声速为3.7km/s。而实际情况中超声波在C30混凝土的声速范围为3.5～3.75km/s,所以规范中的弹性模量值为一个上限值。当声速为3.5km/s时，根据公式（3）算出的弹性模量为2.76×10^4MPa。为了准确评价试验结果，在分析弹性模量时，通过和规范值比较，利用最大误差、平均误差来分析计算结果。

C30混凝土弹性模量的计算结果如表3所示。

C30混凝土弹性模量（$\times 10^4$ MPa）　　　　　　　　　表3

桩号	测点			平均弹性模量	最大误差率（%）	最小误差率（%）	平均误差率（%）
	1	2	3				
G3	3.29	2.61	3.28	3.03	4.07	19.16	13.02
F3	3.28	2.99	3.44	3.23	3.83	18.87	12.75
G5	2.99	3.34	3.55	3.28	-5.42	8.29	2.71
F5	3.95	3.91	4.10	3.98	24.91	43.02	35.64
G16	3.80	3.20	3.43	3.46	20.15	37.56	30.47
F16	3.06	3.34	2.91	3.09	-3.23	10.80	5.09
G18	3.80	3.81	3.53	3.71	20.15	37.56	30.47
F18	2.86	2.46	2.50	2.60	-9.58	3.52	-1.82

分析上表计算结果，从最大误差率可以看出G5、F18桩的误差率都超过5%,与规范值相差较大；从平均误差率来看，只有F18桩的相对误差为1.82%,所以可以判断F18灌注桩内部的混凝土有缺陷或是强度没有达到C30的标准。

4　结论

从以上分析结果可知，F18桩内部混凝土有缺陷或是强度没有达到C30的标准。分析造成灌注桩混凝土强度缺陷的原因主要有以下几种可能：

（1）混凝土配合比不正确，造成混凝土强度没有达到要求。

（2）灌筑过程因故中途停止，造成二次浇筑。

（3）混凝土浇筑过程中，混入从孔壁坍落的泥、砂等。

（4）灌筑过程中振捣不实。

超声波法测定混凝土强度与弹性模量是一种简单而有效的方法，但因影响混凝土超声测强的因素较多, 所以如能与其他方法 (如回弹法、取芯法) 综合运用, 则将会取得更好的效果。

参 考 文 献

[1] 湖南大学, 等 . 建筑结构试验 [M]. 2 版 . 北京 : 中国建筑工业出版社, 1999

[2] 刘宏伟 . 混凝土早龄期弹性模量无损检测初探 [D]. 南京 : 河海大学, 2006

[3] CESC21 : 90 超声法检测混凝土缺陷技术规程 [S]. 中国工程建设标准化协会, 1990

[4] 桩基工程手册编委会 . 桩基工程手册 [M]. 中国建筑工业出版社, 1995

[5] 国家建筑工程质量检测中心 . 混凝土无损检测技术 [M]. 中国建材工业出版社, 1996

某桩基严重倾斜事故分析与处理

朱连勇[1]　郑志远[2]

（1. 无锡市上城建筑设计有限公司，无锡　214021；

2. 南京工业大学土木工程学院，南京　210009）

[摘　要]针对某深厚软土场地的建筑桩基严重事故，结合有限元、桩基设计施工方案及工程地质条件阐述了事故的原因，然后对倾斜桩的承载力进行了分析，提出了几种加固补强的技术措施。本工程处理的经验可供类似事故处理参考。

[关键词]倾斜桩；有限元；处理；锚杆静压桩

近年来，沉管灌注桩以其工效高、机械比较简单、节约钢材、造价低廉、施工速度快、适应性强，并且对周围环境影响比其他型式打入桩要小得多、几乎无污染问题等优点，在业内越来越受到重视，并被广泛采用。

然而，对于下部为深厚软土的场地，在采用沉管灌注桩基础时，由于堆土或增加上部荷载从而加剧挤土效应，使工程桩严重倾斜。如何处理和避免类似事故，是工程技术人员十分关注的问题。

本文以某沉管灌注桩倾斜事故为例，对其倾斜成因及倾斜桩竖向承载力进行了分析，并介绍了该事故的加固处理经验，供类似工程参考。

1　工程概况

南京某小区4#、7#楼为六层砖混结构住宅，采用沉管灌注桩基础。4#楼采用单打，桩径 Φ425mm，桩长 14.9～18.0m；7#楼采用复打，桩径 Φ377mm，复打至 Φ425mm，桩长14.9～18.0m。4#、7#楼北面三幢小高层（见图1），采用人工挖孔灌注桩基础，三幢小高层设一大型地下室，施工时为一大型基坑，基坑深4.5m。场地各土层的主要物理力学指标见表1。

图1　建筑物的相对位置

土层物理力学性质指标　　　　　　　　　　表1

土　层	厚度（m）	W（%）	γ（kN/m）	e	E_S（MPa）	f_{ak}（kPa）
①素填土	1.0～2.1	30	18.5	0.884	3.95	75
②1黏土	0.9～2.2	32.9	18.4	0.933	4.66	110
②2淤泥质粉质黏土	1.7～10.2	37	17.9	1.044	3.39	70
③1粉质粉土	2.5～10.4	24.1	19.6	0.7	7.34	210
③2粉质黏土	0～17.5	23.2	19.8	0.673	7.39	220

2　事故情况

4#、7#楼及三幢小高层桩基施工完毕后，业主做了四根桩的静载荷试验，承载力均符合设计要求。业主提供的资料也反映了桩基放线位置正确。

桩基施工结束半年后，土方队对三幢小高层进行无支撑土方开挖。由于考虑回填，土方单位将土堆在旁边4#、7#楼桩基上，堆土高度5～8m。在基坑基本成型后，基坑靠4#、7#楼一边出现塌方，基坑底部土方出现上涨现象。经综合考虑，减压释放荷载把堆在4#、7#楼桩基上的土方让到距坑边15～20m以外，此时发现4#、7#楼桩都发生不同程度的偏位：4#楼桩顶最小偏移0.1m，最大达到3.2m；7#楼桩顶最大偏移5.0m，已经远远超过200mm[1]。桩基主要向基坑一侧倾斜。图2、图3分别为4#、7#楼场地现状。

图2　4#楼基桩桩端发生倾斜

图3　7#楼基桩发生大范围偏移

3　桩基事故有限元分析

本文应用大型商用有限元软件Plaxis对边坡土体、边坡土体中的沉管灌注桩及基坑中的人工挖孔灌注桩的受力性能进行分析。

实际工程中布置了数量较多的桩，根据以往经验，该基坑将发生浅层和深层滑动，这些桩的存在对增加土坡的稳定性并无太大的作用，在具体建模时，只在基坑中布置了一根人工挖孔灌注桩、边坡中布置了两根沉管灌注桩。

整个分析过程分三种工况进行。工况一：无支撑开挖、无堆载情况；工况二：无支撑开挖、5m堆载情况；工况三：无支撑开挖、8m堆载情况（说明：按该工况计算，有限元程序由于变形巨大，土体已经滑动无法收敛。因此该工况图例均不是最后结果，而是中间过程）；三种工况模型网格划分及变形分别见图4、图5、图6。有限元模拟结果见表2。

根据有限元模拟结果以及类似工程处理经验，造成本次桩基事故的原因大致如下：

（1）地质条件的复杂性。本工程地质条件特殊，基坑下卧深厚软土地区，基坑可能同时出现浅层和深层滑动。这也是为什么本工程基坑破坏导致基桩滑移最大达5m的原因。

（2）基坑支护方式不合理。本工程开挖方式采取无支护放坡，在无堆载情况下，虽不致发生大面积滑坡事故，但是基坑边紧邻4#、7#楼桩基，土体位移已经较大，对桩带来较大的影响。因此原基坑支护方式不合理。

（3）土方施工方案的不合理。基坑开挖，在坡顶堆载8m高的土方显然是不能接受，且肯定会对基坑稳定性带来很大影响的。所以土方施工方案不合理是导致本次事故的重要原因。

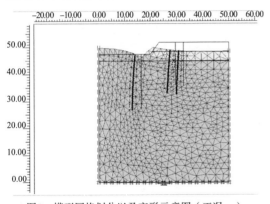

图4　模型网格划分以及变形示意图（工况一）

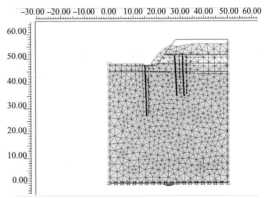

图5　模型网格划分以及变形示意图（工况二）

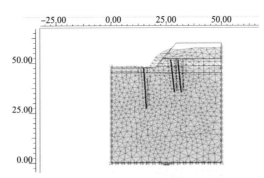

图6　模型网格划分以及变形示意图（工况三）

表2　有限元模拟结果

工　况	桩身最大弯矩（kN·m）		桩身最大水平位移（m）		
	人工挖孔桩	沉管灌注桩	人工挖孔桩	沉管灌注桩（左）	沉管灌注桩（右）
一	210	42.73	0.176	0.157	0.134
二	–	152.94	0.648	0.9	0.798
三	–	1010	1.6	2.53	2.25

4　桩基事故的处理

4.1　竖向承载力分析

　　为了查清桩身的完整性，对所有桩进行低应变检测，检测结果如下：4#楼Ⅰ类桩137根，所占比例68.5%，Ⅱ类桩49根，所占比例24.5%，Ⅲ类桩14根，所占比例7%；7#楼Ⅰ类桩50根，所占比例29.6%，Ⅱ类桩95根，所占比例56.2%，Ⅲ类桩24根，所占比例14.2%。

　　在进行桩基事故处理之前，对4#、7#楼部分典型桩开挖探坑，以观测上部桩身的完整性以及倾斜情况。

　　由于桩基偏移较大，而且施工现场的复杂性，无法对每根桩进行静载试验，经讨论采取以下方法来计算原桩基折减的承载力：

　　（1）4#楼：偏移范围在0~0.2m之间的桩不考虑桩的折减，大于1.0m的不考虑其原有承载力，中间按线性比例计算折减承载力，折减率公式为：

$$\beta = \frac{\alpha - 200}{800} \times 100\%$$

式中 β ——原桩承载力折减率，即原桩剩余承载力 $P = P_0(1-\beta)$；

α ——原桩的偏移量（$200 \leqslant \alpha \leqslant 1000$，单位 mm）。

经计算折减的承载力为 18843.5kN。

（2）7# 楼桩基偏移较大，不考虑原桩基的承载力。

两幢建筑物的偏移情况不同，现分别采取不同的处理措施。

4.2 4# 楼处理方案

经现场调查计算分析，可充分利用的桩占绝大部分，根据桩的具体偏移情况，将部分基础梁扩大截面，在梁翼缘处布置锚杆静压桩、在建筑物中间偏移大的部位布置钢管桩，由锚杆静压混凝土桩和钢管桩来承担原桩基折减的承载能力。本幢建筑共布置锚杆静压混凝土方桩 85 根（250mm × 250mm），钢管桩 8 根（273mm × 6mm），补偿承载力 23530 kN，满足要求。

4.3 7# 楼处理方案

建筑物南面基础下原桩基已基本不存在，故先对该处地基土进行夯实，以保证房屋建到三层、锚杆静压桩施工前地基土的承载力；将原桩上条形基础改为梁板式基础，整体做法为：建筑物外基础梁不变，内基础梁调整为 400mm × 600mm，板厚 400mm，在梁板式基础下布置锚杆静压混凝土桩并且在建筑物南北面布置钢管桩以防止土体水平滑移，原桩基折减的承载能力主要由锚杆静压混凝土方桩和钢管桩来承担。本幢建筑共布置锚杆静压混凝土方桩 115 根（250mm × 250mm），钢管桩 24 根（273mm × 6mm），补偿承载力 71180 kN，满足要求。

4.4 处理效果分析

沉降监测在事故处理中具有十分重要的作用，其结果既可作为分析处理效果的依据，又可以指导施工。因此，在每幢建筑周围各布置 18 个沉降观测点。

目前工程已经基本装修完毕，沉降观测记录显示，平均沉降 10mm，差异沉降极小。监测资料说明本工程的加固处理是成功的，可以保证该建筑的安全使用。

5 结 语

（1）本工程采用锚杆静压桩进行加固，不占用绝对工期，取得了较好的效果。

（2）有深厚软土的场地条件下，由于堆载加剧挤土效应并引起桩基倾斜的事故屡见不鲜，在设计施工过程中应该采取有效措施减少挤土效应。

（3）逆作法[2] 桩筏基础施工设备简便，不占用绝对工期，同时可以有效利用天然地基承载力，在类似场地条件的工程中可以推广应用。

（4）工程各方应正确处理好质量、进度、成本三者的关系。业主为了压缩总工期，要求施工单位加快施工进度，施工单位面对激烈的竞争不得不迎合业主。但是在成本、进度和质量三者中间，质量目标最容易受到损害。本工程中若合理安排压桩顺序和进度，事故是可以避免的。

参 考 文 献

［1］ JGJ 94—94 建筑桩基技术规范［S］.北京：中国建筑工业出版社，1995
［2］ 龚维明，等.高层建筑桩基逆作法应用研究［J］.建筑结构学报，2000（3）

关于确定建构筑物倾斜率方法的几点研究

郑志远　李延和

（南京工业大学土木工程学院，南京　210009）

[摘　要]本文依照规范归纳了确定建筑物倾斜率的几种方法，结合实例工程分别按规范方法和提出的最小二乘拟合方法计算了该建筑物的倾斜率，比较分析最小二乘拟合方法的合理性，并说明对于矩形建筑物主体倾斜率不宜按矢量合成方法计算：上部结构倾斜观测的倾斜率应按建筑物结构角点棱线单向最大水平位移值或中轴线水平偏移值确定；对于从基础观测倾斜的建构筑物的倾斜率应按最小二乘拟合方法计算各观测点的沉降量，拟合直线的斜率即为建构物的倾斜率。同时对基础倾斜观测和上部结构倾斜观测两种方法作了详细介绍。

[关键词]沉降量；倾斜率；规范方法；最小二乘拟合方法

1　建筑物倾斜的概念

1.1　各规范关于建筑物倾斜的概念

（1）《建筑地基基础设计规范》GB 50007—2011 定义了倾斜的概念，将地基的变形特征可分为沉降量、沉降差、倾斜、局部倾斜。倾斜指基础倾斜方向两端点的沉降差与其距离的比值，局部倾斜指砌体承重结构沿纵向 6～10m 内基础两点的沉降差与其距离的比值。建筑物倾斜的控制范围、砌体承重结构应由局部倾斜控制，框架结构和单层排架结构应由相邻柱基的沉降差控制。

（2）《建筑变形测量规范》JGJ 8—2007 和江苏省工程建设标准《建筑物沉降观测方法》DGJ 32J18—2006 将基础倾斜方向两端点沉降量的差值与其距离的比值称为基础倾斜 α 和局部倾斜 α。

（3）《工程测量规范》GB 50026—2007 定义了建构筑物主体倾斜率 i、按差异沉降推算主体倾斜值 ΔD 及基础相对倾斜值 ΔS_{AB} 的公式，建构筑物主体倾斜率 i 为建构筑物顶部观测点相对于底部观测点的偏移值 ΔD 与建构筑物高度的比值；按差异沉降推算主体倾斜值 ΔD 为基础两端点的沉降差与基础两端点水平距离之间的比值；基础相对倾斜值 ΔS_{AB} 为倾斜段两端观测点的沉降量之间的差值与 A、B 两端点距离的比值。

（4）《建筑物移位纠倾增层改造技术规范》CECS 225—2007 规定建筑物的倾斜按其结构角点棱线单向最大水平位移值或中轴线顶点水平偏移值 S_H 符合该规范规定的纠倾标准。

1.2　本文统一的建筑物倾斜的概念

以上各规范定义的观测方法不同，是因为参照的标准不同。从基础不均匀沉降观测得出的倾斜有些规范定义为倾斜，有的定义为基础倾斜 α，从建筑物顶部观测点相对于底部观测点测出的倾斜则定义为倾斜率。本文统一称为倾斜率。

2　建筑物倾斜的观测及计算方法

2.1　基础倾斜观测

《建筑变形测量规范》和《工程测量规范》公式计算基础相对倾斜值 ΔS_{AB} 亦即倾斜率 i，当为砌体承重结构基础局部倾斜值沿纵墙 $6\sim10m$ 内基础上两观测点 A、B 的沉降量为 ΔS_A、ΔS_B，两点间的距离为 L ，即：

$$\Delta S_{AB} = (\Delta S_A - \Delta S_B)/L \tag{1}$$

2.2　上部倾斜观测

（1）经纬仪投测法：利用经纬仪在两个相互垂直的方向投测，将建筑物外墙的上部角点借助经纬仪望远镜在铅垂方向投影至建筑物底部观测点在底部观测点位置安置的量侧设施（如水平读数尺等）量取倾斜位移值 ΔD。按《建筑物移位纠倾增层改造技术规范》规定考虑实际工程各方面的因素，如建筑物立面的砌筑质量、建筑物各个方向的刚度等，确定建筑物的倾斜值的标准不宜按两个方向倾斜值进行矢量合成，如图 1 所示。同时根据《工程测量规范》附录 F 建构筑物主体倾斜率：

$$i = \tan\alpha = \Delta D/H \tag{2}$$

式中　i——主体倾斜率；

　　ΔD——建构筑物顶部观测点相对于底部观测点的偏移值；

　　H——建构筑物的高度；

　　α——倾斜角。

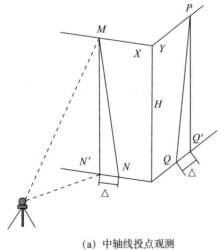
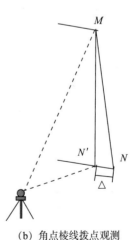

（a）中轴线投点观测　　　　　　　　　　（b）角点棱线拨点观测

图1　建筑物的倾斜观测

（2）吊垂球法：此方法与用经纬仪中轴线投点观测方法一样，利用建筑物的与底部之间一定竖向通视条件进行观测，在顶部或需要的高度处观测点位置上，直接在顶部悬挂适当重量的垂珠，在垂线下的底部固定读教设备（如毫米格网读数板），直接量出上部观侧点相对底部观测点的水平位移量 ΔD。

由基础沉降的沉降差计算得出的倾斜率可以推算出从上部观测计算出的倾斜率按《工程测量规范》附录 F 按差异沉降推算主体倾斜率的计算公式：

$$\Delta D = \frac{\Delta S}{L} H \tag{3}$$

式中　ΔD ——倾斜值；

　　　ΔS ——基础两端点的沉降差；

　　　L ——基础两端点的水平距离；

　　　H ——建构筑物的高度。

3　倾斜确定方法中值得研究的问题

3.1　按各测点沉降差的方法确定倾斜率

存在的问题：施工中的沉降观测点布置在房屋四周外墙（或柱），测点较多，分别按南北、东西等的沉降差（倾斜值）可出现许多组，如何组合方能得出于相关规范对应的值。

（1）本文提出利用各点的沉降量 Δy 和各测点之间的距离 x 按数据的最小二乘拟合方法拟合出 Δy–x 直线，直线的斜率即为建筑物的倾斜率。

（2）江苏省工程建设标准《建筑物沉降观测方法》给出基础整体倾斜的平均值计算公式

$$\overline{\alpha} = \frac{1}{N} \sum_{K=1}^{N} \frac{S_{ik} - S_{jk}}{L_k}$$

式中　N——整体倾斜点的组数；

S_{ik}、S_{jk}——第 k 组基础倾斜方向点 i、j 的倾斜量；

　　L_k——第 k 组基础倾斜方向端点 i、j 间的距离。

3.2　按垂直度测量的方法

（1）存在的问题：如何确定原始状态及原始参考点？因为当下建筑物是粉刷完成后的状态，那么按此时测出的倾斜仅指粉刷表层当下的状态。

1）如果建筑物在主体阶段已经倾斜，装饰粉刷时又进行过垂直度调整，则现在测出的倾斜偏小，所得结果是不安全的。

2）如果建筑物在主体阶段没有倾斜，而外装及粉刷施工时存在较大的垂直度误差，外装粉刷后测得的垂直度结果偏于安全；在外粉刷是内倾偏差时，当下的测得结果偏于不安全。

（2）对于以上存在的问题首先要确定建筑物在主体阶段就已经倾斜还是主体阶段时没有倾斜，由外装及粉刷施工时存在较大的垂直度误差导致的倾斜，总和分析有以下两种情况：

1）如果建筑物在顶部和底部安置了倾斜观测点，外装及粉刷对我们测出建构筑物顶部观测点相对于底部观测点的偏移值是没有影响的，我们可以按照上述的基础倾斜观测法或上部倾斜观测法，计算出主体倾斜率。

2）如果建筑物只在底部安置了沉降观测点或根本就没有安置任何观测点，外装及粉刷对我们测出建构筑物顶部观测点相对于底部观测点的偏移值就有很大的影响，此时按测点沉降差的方法确定倾斜值：如果建筑物没有倾斜，则是建筑物在主体阶段时没有倾斜而是外装及粉刷施工时存在较大的垂直度误差；如果建筑物在主体阶段已经倾斜，此时我们只有按测点沉降差的方法确定倾斜率。

4　实例计算

　　某住宅小区15#住宅楼上部结构为砌体结构，基础形式为整板基础的，六层、局部五层，主体结构建成后经过沉降观测发现整体出现不均匀沉降现象，该建筑长58.34m，宽12.50m，建筑总高度18.6m。沿房屋四周共布置14个沉降观测点，沉降观测点的布置见图2，用水准仪观测各点的两次沉降差见表1，各观测点之间的距离见表2。

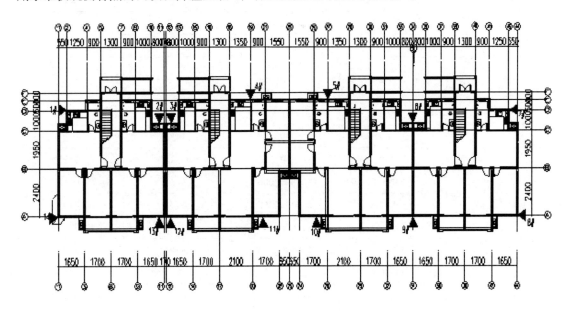

图2　沉降观测点的布置图

连续两次沉降差　　　　　　　　　　　　　　　　　　　　　　　表1

点　号	1	2	3	4	5	6	7
沉降差Δhi（mm）	13.2	10.9	8.7	4.9	3.8	1.8	0.1
点　号	8	9	10	11	12	13	14
沉降差Δhi（mm）	0.4	3.1	3.7	4.9	11.0	10.2	14.8

各观测点之间的距离　　　　　　　　　　　　　　　　　　　　　　表2

点　号	1,2	2,3	3,4	4,5	5,6	6,7	7,8
距离L_{ij}（mm）	6150	800	5350	4900	5350	6150	5350
点　号	8,9	9,10	10,11	11,12	12,13	13,14	14,1
距离L_{ij}（mm）	6150	5350	4000	6150	800	6150	5350

　　（1）按公式$\overline{\alpha}=\dfrac{1}{N}\sum\limits_{K=1}^{N}\dfrac{S_{ik}-S_{jk}}{L_k}$计算得：$\overline{\alpha}=\dfrac{0.003361}{14}=0.00024<0.004$，查《建筑物沉降观测方法》规定的基础整体倾斜的平均值允许表H_g=18.6m<24m，满足规范要求。

　　（2）根据数据的最小二乘拟合函数公式$y=a_ix+b_i$，根据分离未知数a_i、b_i公式：

$$\begin{cases} a\sum\limits_{i=1}^{n} x_i^2 + b\sum\limits_{i=1}^{n} x_i = \sum\limits_{i=1}^{n} y_i x_i \\ a\sum\limits_{i=1}^{n} x_i + 8b = \sum\limits_{i=1}^{n} y_i \end{cases}$$

令 $y_i = \Delta h_i$、$X_i = L_{i,j}$，由以上方程根据建筑物的四个边分别拟合出倾斜率 a_1、a_2、a_3、a_4。

各观测点数据　　　　　　　　　　　　　　　　　　表3

观测点号	X_i	X_i^2	y_i	$y_i x_i$
1	6150	37822500	13.2	81180
2	6950	48302500	10.9	75755
3	12300	151290000	8.7	107010
4	17200	295840000	4.9	84280
5	22550	508502500	3.8	85690
6	28700	823690000	1.8	51660
7	34050	1159402500	0.1	3405
8	40200	1616040000	0.4	16080
9	45550	2074802500	3.1	141205
10	49550	2455202500	3.7	183335
11	55700	3102490000	4.9	272930
12	56500	3192250000	11	621500
13	62650	3925022500	10.2	639030
14	68000	4624000000	14.8	1006400
1	73350	5380222500	13.2	968220
$\sum(1, 7)$	127900	3024850000	43.4	488980
$\sum(7, 8)$	74250	2775442500	0.5	19485
$\sum(8, 14)$	377350	20900047500	42	2531910
$\sum(14, 1)$	141350	10004222500	28	1974620

把上面四组数分别代入上述方程组，得到四个方程组，解 a_1、b_1 的方程组如下：

$$3024850000a_1 + 127900b_1 = 488980$$

$$127900a_1 + 8b_1 = 43.4$$

解此方程组得 $a_1 = -0.000209$，同理得 $a_2 = 0.000007$、$a_3 = 0.000178$、$a_4 = 0.000197$，取绝对值最大者作为控制值，$|a_1| = 0.000209 < 0.004$ 满足规范要求。规范的计算方法是取平均值的方法得出的倾斜率不能反映实际情况，增加纠偏难度，可能使建筑物在局部出现偏不安全，对于砌体结构的建筑物尤为不利。与规范方法比较，此拟合倾斜的方法拟合出纵横四个方向的倾斜率，能反映建筑物局部的倾斜情况，并且我们还可以根据 a 的正负符号判断建筑物的倾斜方向和个观测点沉降的程度，直观明确，符合建筑物的实际情况。

参 考 文 献

［1］ JGJ—T8—97 建筑变形测量规程

［2］ GB 50007—2002 建筑地基基础设计规范

［3］ GB 50026—2007 工程测量规范

［4］ CECS 225：2007 建筑物移位纠倾增层改造技术规范

［5］ DGJ 32J18—2006 建筑物沉降观测方法．江苏省工程建设标准

［6］ 林成森．数值分析．北京：科学出版社，2007

浅谈钢管混凝土结构的发展

惠飞[1] 丁石[2]

（1. 南京工业大学土木工程学院，南京 210009；2. 南京溧水建筑设计院，南京 210000）

[摘 要]通过对钢管混凝土结构近年来理论研究和工程应用的介绍，对钢管混凝土力学特性、动力性能和耐火特性等研究成果进行概述，并对这种结构下一步的研究方向和发展前景进行展望。

[关键词]钢管混凝土结构；理论研究；工程应用；性能研究

"钢管混凝土"是"钢管套箍混凝土"的简称。它是将混凝土填入薄壁圆形钢管内而形成的组合结构材料，是套箍混凝土的一种特殊形式。其基本原理是借助钢管对核心混凝土的套箍约束作用，使核心混凝土处于三向受压状态，能够充分发挥两种材料的优点，使混凝土的强度、塑性和韧性大为改善，可以避免或延缓钢管发生局部屈曲。因此，它具有了很多优点，如强度高、重量轻、延性好、耐疲劳、耐冲击等优越的力学性能和省工省料、架设轻便、施工快速等良好的施工条件。

钢管混凝土在国内的研究是从 1959 年开始的，由原中科院哈尔滨土建研究所首先对圆管混凝土的基本力学性能及应用技术作了研究。因此，我国对钢管混凝土结构技术的开发利用也已有近 40 年的历史，研究主要集中在钢管中灌素混凝土的内填型钢管混凝土结构，而且研究方向主要集中在圆管混凝土的形式，这些研究成果在国际上也处于领先水平。目前我国经济正处于高速发展期，钢管混凝土结构不断应用于各种大型项目，在工程应用方面取得了很大的发展，为国家和企业带来了巨大的经济效益。

1 近年钢管混凝土结构理论研究进展

1.1 钢管与混凝土相互约束效应理论

钢管混凝土结构的研究重点是钢管和混凝土在受力过程中的相互作用，这种相互作用很复杂，可以从不同的出发点研究，形成了不同的研究方法，其区别就在于计算钢管和混凝土之间相互约束而产生的"效应"的方法不同，它们之间不可避免会产生一定的误差。这种效应的存在，形成了钢管混凝土构件的固有特性，从而导致了其力学性能的复杂性。

因此，如何合理地估计这种相互作用的"效应"，成为迫切需要解决的理论研究热点课题。从广大设计部门的角度，不仅希望这一问题在理论上取得较透彻的解决，而且更希望能进一步提供便于工程设计人员使用的实用设计方法。从研究者的角度来说，在工程技术领域从事理论研究，其最终目的也应该是更好地为实际应用服务。各国的研究者从不同的角度对上述问题进行了研究，由于对钢管和混凝土之间紧箍效应理解不同，所获计算方法和计算结果也就会有所出入。但无论采用那种办法，都有其合理性的一面。

以"约束效应系数"为基本参数来描述钢管对其核心混凝土的约束理论较为被大家接受，其表达式如下：

$$\xi=A_sf_y/A_cf_{ck}=af_y/f_{ck}$$

式中　A_s，A_c——钢材和混凝土的截面积；

　　　　$\alpha=A_s/A_c$——钢管混凝土截面含钢率；

　　　　　f_y——钢材屈服强度；

　　　　　f_{ck}——混凝土抗压强度。

对于某一特定的钢管混凝土截面，约束效应系数可以反映出组成钢管混凝土截面的钢材和核心混凝土的几何特性和物理特性参数的影响。约束效应系数对钢管混凝土性能的影响主要表现在：约束效应系数与构件承载力近似呈线性关系，极限应变、弹性模量和变形模量、泊松比均随约束效应系数增加而增大，约束效应系数越大，组合构件在受力过程中进入塑性变形阶段越晚。也就是说，以"约束效应系数"为基本参数可较准确地描述钢管混凝土截面的"组合作用效应"，使进行钢管混凝土结构的设计得到简化。

1.2　钢管混凝土的动力性能研究

20 世纪 80 年代，国外学者对钢管混凝土结构进行了一系列动力试验分析研究，结果表明，钢管中填充混凝土能够显著提高结构的延性和耗能性能。近些年，我国也进行了一些相关研究。但目前国内外对钢管混凝土的动力性能研究基本上只限于试验研究，且对双向压弯构件模拟动力试验研究较少。因此，对钢管混凝土动力性能研究尚没有提供可供规范使用的计算理论和设计公式。在没有进行更多的专门研究之前，对由钢管混凝土柱和钢筋混凝土横梁组成的框架结构，其抗震等级的划分和计算参数在设计中一般仅粗略地按钢筋混凝土结构的有关规定执行，这样的处理显然是偏于保守的。

1.3　钢管混凝土结构的徐变特性研究

钢管混凝土结构在长期荷载作用下的力学性能研究目前主要集中在对钢管混凝土柱的徐变特性研究上。钢管混凝土的徐变特性是由混凝土的徐变特性与核心混凝土和钢管之间的应力重分布相互作用的结果。由于混凝土的徐变机理非常复杂，影响因素众多且程度各异，不少学者就此提出过黏弹性理论、渗出理论以及黏性流动理论等。也因为混凝土徐变过程的复杂性和不定性，以及引起的材料的非线性特性，使得所有关于混凝土徐变分析理论都不是既简单又精确的，而其相应的数学模型也存在着一定的分歧和不确定性。大家较为普遍接受的继效流动理论由于能够较为全面地描述混凝土的构成、机理及混凝土在多轴应力状态下徐变的特点，能够较细致分析混凝土徐变的组成因素，适合计算像钢管混凝土构件中的核心混凝土这样处于卸载状态的混凝土的徐变，从而较多地应用于钢管混凝土徐变问题的计算。在对不同受力状态下构件徐变特性分析的基础上，目前对于承压状态下徐变对构件紧箍应力的影响及徐变引起构件截面应力重分布的问题也有了相关的研究。并且发现，在承受偏心受压荷载的钢管混凝土构件中，其紧箍力与轴心受压构件的紧箍力是不同的。在偏心受压构件中，由于截面上的应力分布不均匀，紧箍力的分布也是不均匀的。

1.4　钢管混凝土的耐火性能及火灾后剩余承载力的研究

近年来，我国的科研工作者开展了对圆形和方形截面的钢管混凝土结构耐火性能的研究工作，主要从两个方面入手：一是研究钢管混凝土结构火灾下的力学性能，用于确定其耐火极限，为制订钢管混凝土的防火设计规范做准备工作；二是研究钢管混凝土结构火灾后的力学性能，用来确定钢管混凝土火灾后的剩余承载力，为钢管混凝土结构火灾后的维修与加固提供理论依据。

由于钢管内填有混凝土，能吸收大量的热能，遭受火灾时管柱截面温度场的分布很不均匀，增加了柱子的耐火时间，减慢了钢柱的升温速度，并且一旦钢柱屈服，混凝土可以承受大部分轴向荷载，防止结构倒塌。因此，钢管混凝土结构具有优于钢结构的耐火性能。

目前国内尚未制定该类结构防火方面的规定，不但制约了该结构的推广，而且对于已建成结构的耐火极限也缺乏必要的科学依据。有的按照钢筋混凝土结构的要求外包以混凝土，有的则按钢结构的要求涂以防火涂料。这样做虽然可能保证防火要求和结构的安全性，但大都偏于保守而造成浪费。近年来，国内学者对在高温、恒高温、标准升温曲线等不同情况下钢管混凝土结构的耐火性能和耐火极限做了大量的研究，已取得可喜的成果，并形成了一套实用的耐火设计方法，成功地应用在工程实践中，收到了良好的效果。

由于钢管混凝土耐火性能好，建筑物在遭受火灾后往往还具有一定的承载能力，如何评估和维修加固火灾后的结构是工程中面临的新问题。因此很有必要研究火灾后钢管混凝土结构的承载力，建立其剩余承载力的计算理论和方法，为合理制定火灾后该类结构的修复加固提供决策的依据。火灾后钢管混凝土压弯构件力学性能的理论分析和试验研究结果表明，火灾作用对钢管混凝土构件承载力的影响系数（为考虑火灾作用影响时的承载力和常温下的承载力之比），主要受构件的受火时间、截面尺寸、含钢率、构件长细比和防火保护层厚度等的影响。

1.5　钢管混凝土结构的节点研究

钢管混凝土结构的节点不论是设计还是施工都是重点和难点。目前的设计规程中虽然也给出了一些节点连接形式，但形式偏少，同时也缺乏较充分的试验依据。目前对于钢管混凝土结构节点的设计是遵循"强柱弱梁，节点更强"的原则，对于节点的定量研究和分析尚不很充分。在规程建议的节点形式基础上，近年来有不少研究者也提出了一些新型的节点形式，并对梁贯通、柱贯通等节点进行了有关试验研究和分析，为钢管混凝土结构的推广应用提供了一定基础。

2　钢管混凝土的工程应用

目前，钢管混凝土已在单层和多层工业厂房、地下工程、高炉和锅炉构架、各种支架及送变电构架、地铁站台柱结构等方面得到较为广泛应用，全国采用钢管混凝土的重大工程项目已有 200 多项，取得了长足的发展。钢管混凝土结构宜用做轴心受压或偏心较小的受压柱，偏心较大时宜采用格构式柱。根据其自身的特点，钢管混凝土结构对拱桥和高层、超高层建筑尤为适用，由于其具有良好的耗能性能，适宜于地震区的建筑物和构筑物。

2.1　大跨度桥梁

钢管混凝土结构作为大跨度桥梁特别是拱桥的主要承重构件，符合拱桥设计中要求材料高强、拱圈无支架施工及轻型化的发展方向。钢管混凝土拱桥一般分为两类，一种是将钢管混凝土直接用做拱桥结构的主要受力部分，同时也作为结构施工时的劲性骨架，截面设计由前者控制；另一种是先将钢管用于施工时的劲性骨架，然后再内灌混凝土并与外包混凝土共同形成断面，钢管混凝土参与拱桥建成后的受力、截面设计以及施工阶段控制。自 1990 年四川旺苍县东河大桥首先采用悬索吊装、无支架施工法建成国内第一座采用钢管混凝土拱肋的公路拱桥起，近十几年以来，钢管混凝土拱桥在我国公路和城市桥梁中发展十分迅速。较有代表性的有广西三岸邕江大桥（跨度270m）、广州丫髻沙大桥（跨度360m）、万县长江公路大桥（跨度420m）等。

近年来，在斜拉桥和梁式桥中也开始采用钢管混凝土结构，同样取得良好的经济效益。例如，广东南海市紫洞大桥、湖北株归县向家坝大桥和四川万县万洲大桥都采用了钢管混凝土空间桁架组合梁式结构，减轻了结构恒载，提高了结构承载力利用系数，同时简化了施工程序，减少了施工设备，加快了施工进度，降低了工程造价。

2.2　高层和超高层建筑

钢管混凝土结构用于高层和超高层建筑具有很强的优势，既可以在钢筋混凝土结构体系中取代钢筋混凝土柱，减小构件截面，解决高强混凝土的脆性破坏问题，又可以在钢结构体系中取代钢柱，减少用钢量，增加结构侧向刚度。同时，钢管混凝土抗震性能、耐火性能良好；施工期间钢管还可作为临时支架，从而可采用"逆作法"或"半逆作法"的施工方法，大大加快施工速度，降低施工费用。

目前全国已有20多座高层建筑中采用钢管混凝土结构，如1990年建成的泉州市邮电局大楼，地上15层，高87.5m；1994年建成的厦门阜康大厦，地上25层，高87m；1996年建成的广州好世界广场大厦，地上33层，高116m；深圳地王大厦，地上79层，高325m，1997年建成的福建南安邮电大厦，地上32层，高99m；天津晚报大厦，地上38层，高137m，台湾高雄国际广场大厦，地上85层，高342m；1998年建成的北京世界金融中心大厦，地上33层，高120m，广州冠军大厦，地上38层，高140m；珠海华银广场大厦，地上30层，高99.6m；1999年在广州建成的广州新中国大厦，地上51层，高201.8m，广州南方航空大厦，地上61层，高189m；深圳塞格广场大厦，地上72层，高292m，沈阳专网局大楼，地上13层，高87.5m；2000年建成的广州新达成广场大厦，地上30层，高100m，广州合银广场大厦，地上56层，高208m；2001年动工兴建的中福成高层住宅，地上18层，高60m。这些高层建筑均在不同程度上采用了钢管混凝土结构。

2.3　地铁车站工程

钢管混凝土柱在我国最早的应用实例就是1966年的北京地铁车站。最初采用钢管混凝土柱主要是利用其承载力高的特点，以减小柱子的截面尺寸，有效地利用空间。近年来，由于在城市中心地区修建的地铁车站受空间的限制，发展出浅埋盖挖逆作法等施工工艺，以尽量减少对城市正常生活的干扰以及对地面交通和邻近建筑的影响。在这种先施工地下结构的顶盖，按照从顶到底的顺序进行施工的工艺中，钢管混凝土柱可将施工阶段的临时柱和结构的永久柱合二为一，是竖向承重构件的最好结构形式，因此在近年大规模开展的地铁建设中得到了较多的应用。北京地铁工程中，采用钢管混凝土柱盖挖逆作法建成了"天安门东站"、"大北窑站"和"永安里站"；南京地铁的"三山街站"也采用钢管混凝土结构。

3　亟待解决的关键问题

综上所述，国内外学者对钢管混凝土的工作机理和力学性能研究方面已取得了一系列的重要成果，为进一步深入研究创造了条件。但是，相对与钢筋混凝土结构和钢结构来说，目前钢管混凝土结构的研究还远远不够，在设计和施工中碰到的一些具体问题还需要不断探索和研究。需要进一步解决的主要理论和实践关键问题有：

（1）通过对钢管高强混凝土构件力学性能的理论分析和实验研究结果表明，钢管高强混凝土构件的基本力学性能与钢管普通强度混凝土有所不同，在设计时，不能简单地套用钢管普通强度混凝土结构的设计方法，而是应该形成一套独立的计算方法，使计算结果更接近真实情况。

（2）钢管混凝土结构动力性能研究中对双向压弯构件的研究较少，对整体结构的动力性能试验更是鲜有涉及。且动力性能研究主要以实验为主，这不利于深入系统地了解动力荷载作用下的结构性能。

（3）随着钢管混凝土组合结构体系的应用愈来愈广泛，钢管混凝土还常用于结构的受拉部位，如钢管混凝土空间桁架的下弦及受拉腹杆、大跨度拱桥的水平拉杆和挡土墙的锚杆等。因此，有必要对预应力钢管混凝土结构（即对钢管混凝土构件施加预应力，以提高结构的承载力）进行研究和探索。

（4）钢管混凝土防火设计规程的制定及防火设计方法的推广应进一步加快步伐，以利于统一设计思想，明确设计思路。

（5）钢管混凝土构件及梁柱连接节点制造及构造的标准化和工业化也应进一步推进。

（6）钢管混凝土中核心混凝土质量问题的控制和检测，目前还没有明确和可行的理论和方法。

4 结 语

钢管混凝土中由于钢管及核心混凝土两种材料在受力过程中的相互作用，使其具备了一系列优越的力学特性，也构成了其力学性能的复杂性。与钢筋混凝土结构和钢结构相比，钢管混凝土结构是一种相对较新的结构体系。近年来这种结构在不断发展和完善的过程中应用日趋广泛。然而，不论是理论研究还是施工工艺、方法的探索都还滞后于工程实践的需要。因此，还需更加深入系统地研究、不断总结工程经验，为钢管混凝土结构的进一步发展应用创造条件。

参 考 文 献

[1] 蔡绍怀. 现代钢管混凝土结构 [M]. 北京：人民交通出版社，2003

[2] 蔡绍怀. 我国钢管混凝土结构技术的最新进展 [J]. 土木工程学报，1999（4）：16-26

[3] 黄明奎，李斌，闻洋. 约束效应系数对钢管混凝土构件力学性能影响分析 [J]. 重庆建筑大学学报，2008（2）：90-93

[4] 卢辉，韩林海. 钢管混凝土动力性能研究的新进展 [J]. 中国钢协钢 - 混凝土组合结构分会第九次年会论文集，2003：67 - 70

[5] 曾彦. 钢管混凝土徐变研究发展概述 [J]. 公路交通技术，2005（2）：73 - 75

[6] 韩林海，徐蕾，冯九斌，杨有福. 钢管混凝土柱耐火极限和防火设计实用方法

[7] 韩林海，霍静思. 火灾作用后钢管混凝土柱的承载力研究 [J]. 土木工程学报，2002（4）：25 - 35

[8] 汤文锋，王毅红，史耀华. 新型钢管混凝土节点的非线性有限元分析 [J]. 长安大学学报（自然科学版），2004（5）：60 - 63

[9] 韩林海. 钢管混凝土的特点及发展[J]. 工业建筑，1998，28（10）：1-4. 研究[J]. 土木工程学报，2002（6）：6-13.

"框架—抗震墙"结构的改造加固设计与施工

任生元

（江苏鼎达建筑新技术有限公司，常州　213015）

［摘　要］常州某高新科技园展览中心办公楼为底部两层框架—抗震墙结构，因功能改变需对原结构进行综合改造加固，加固处理方案为：底部混凝土框架梁采用加大截面加固，承重墙上梁采用两面粘钢加固，窗间墙采用高性能复合砂浆钢筋网加固。

［关键词］加大截面法；粘贴钢板；墙体加固；高性能复合砂浆钢筋网

0　引　言

常州某高新科技园展览中心办公楼始建于1994年，六层，底部两层框架—抗震墙结构。该建筑呈"一"，建筑总长约91.5m，总宽约16m，建筑面积约9100m²。由于功能改变，需要对三层以上大部分承重墙及非承重墙进行拆除。2007年，业主在准备装修时拆除吊顶后发现三层结构平面部分框架梁有大量裂缝，拆除四层局部墙体时发现墙上梁是以隔墙为底模浇筑混凝土，同时发现承重墙梁底混凝土出现大量蜂窝，梁底钢筋露筋严重。通过重点对一至二层框架梁柱、三层结平框架梁和四至屋面承重墙上梁经超声回弹法及钻芯法综合评定后，发现原混凝土设计强度等级为C30的部分大部分强度约为C20，一二层框架柱和二层结平框架梁检测结果正常。为确保该结构能够满足安全使用的要求，需对本工程进行加固处理。

1　加固设计方法的选择

1.1　一二层框架柱加固

一二层框架柱按二层结平框架梁检测结果推定值计算，轴压比基本能满足89规范设计要求，不需做加固处理。

1.2　二三层结平框架梁加固

（1）三层结平框架梁强度较低，考虑本结构为框架—抗震墙，三层结平框架梁的加固直接关系到本结构的安全，是本次加固设计改造的关键部位。常用的加固方案有加大截面加固法、置换混凝土加固法、外粘型钢加固法、粘钢加固法、外加预应力加固法、粘贴纤维复合材加固法、增设支点加固法等，经比较采用加大截面加固法。

（2）二层结平梁检测结果正常，仅需要对梁上裂缝进行修补处理。

（3）二三层结平框架梁上裂缝大多数属于混凝土收缩裂缝，但需对梁上出现的宽度大于等于0.3mm和贯穿的裂缝采用环氧树脂浆液压力灌浆处理，其余裂缝则用采用环氧树脂浆液封闭处理。

1.3　四层至屋面层承重墙梁加固

由于需要较大幅度提高承重墙梁的截面承载能力和抗震能力，先修补梁底蜂窝再两侧粘贴钢板加固。

1.4　三层至屋面层窗间墙加固

由于承重墙拆除，经计算，窗间墙承载力已不满足安全要求，对已拆除承重墙的窗间墙采用 M30 高性能复合砂浆两面钢筋网加固。

2　加固改造施工要点及注意事项

2.1　二三层结平框架梁加大截面加固

（1）在预制板底搭设临时卸荷顶撑，开浇筑孔。

在梁两侧预制板上开凿混凝土浇筑孔，浇筑孔直径约 100mm，间距控制在 500mm 左右；在空心板端头凿浇筑孔时，每块空心板凿孔不得多于 2 个；当孔凿在孔道中间时，不得打断空心板的肋和板内钢筋。

（2）新旧混凝土界面处理。

用电锤将梁被包的混凝土棱角打掉，并将梁侧面和底面凿毛并露出骨料，人工凹凸度大于等于 10mm，再用清水冲洗干净并喷涂水性环氧界面剂。为保证原梁与新增外包混凝土的可靠连接，使两者协同工作，新旧混凝土结合面的处理是加固效果的关键。

（3）绑扎安装钢筋骨架。

新增纵向钢筋两端植入框架柱或主梁中，并与上端植入梁内的 U 形箍筋绑扎固定，梁侧连接筋植入梁内并与腰筋绑扎固定，梁侧钢筋遇次梁时植筋或是在次梁上打贯穿孔连续通过（见图 1）。

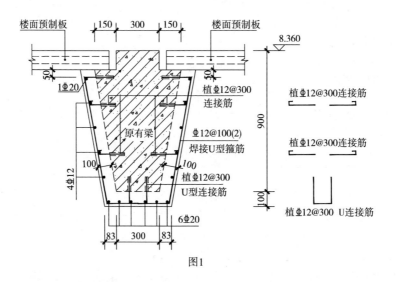

图1

（4）安装模板。

（5）浇筑 C30 无收缩混凝土。

（6）混凝土养护不少于 14 天。

2.2　四层至屋面层承重墙梁两侧粘钢加固

（1）搭设临时卸荷顶撑，拆除梁下砌体。

（2）用靠尺检查梁侧和梁底的平整度，对凸出部分用电锤凿除，凹陷部分采用环氧砂浆或 M30 高性能复合砂浆修补平整，再用电动磨光机打磨梁混凝土表面，确保粘钢混凝土面干燥、平整、干净和坚实。

（3）采用电动角磨机对钢板粘接面进行除锈和粗糙打磨处理。钢板表面由于空气中氧化作用形成氧化铁等氧化物，质地疏松，强度较低，黏结后易剥落，必须将其打磨掉，同时打磨纹路与受力方向垂直，钢板表面越粗糙越有利机械咬合作用。

（4）粘贴钢板并加压，安装对穿螺栓，并对对穿螺栓孔道采用化学压力灌浆处理（见图 2）。

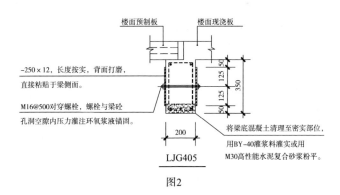

图2

（5）固化后卸压，钢板外表面粉刷水泥砂浆保护层。

（6）养护 3 天后即可拆除临时卸荷顶撑。

2.3 三层至屋面层窗间墙 M30 高性能复合砂浆两面钢筋网加固

（1）在需加固的窗间墙两侧的窗内侧均采用短钢管（$\Phi 48 \times 3.5mm$）和木条板（100mm × 50mm）做临时支撑窗过梁卸荷，并用木楔嵌塞紧密。

（2）将加固范围内墙体（含钢窗与墙体间）的粉刷层及面砖层凿除或切割掉，并将墙体表面毛化处理，灰缝凿进 10mm 深，用清水将墙面冲洗干净。

（3）墙体两面绑扎钢筋。

竖向钢筋下端植入三层结平梁内，上端植入屋顶结平梁内，在四至六层楼面处遇原梁植筋，遇板打孔连续通过；再在墙体中打孔穿入钢筋对两面钢筋网进行拉结，外道焊接封闭矩形箍约束窗间墙墙体（见图 3）。

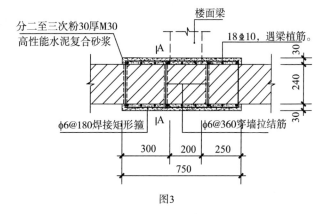

图3

（4）粉刷 M30 高性能复合砂浆。

提前 24h 浇水湿透待加固的墙体，并保持湿润，粉刷前约半小时内喷涂界面剂；刮底糙时必须用力揉搓，使进入钢筋网架内侧的砂浆密实，并与墙体表面黏结牢固，且底糙的厚度应覆盖钢筋网，以钢筋不露出为宜；第二遍面层可在底糙粉刷层养护约 3 天（20℃左右），底糙粉刷层收缩变形基本完成后，二至三次压光，以增强密实度；浇水保湿养护，7 天即可达到设计要求的 M30 强度。

3　加固改造体会

（1）对于本例"框架—抗震墙"结构的加固改造所采用的加固方法，对 20 世纪 90 年代初期或中期设计的混合结构房屋的加固改造设计和施工提供了值得参考的经验。

（2）在对原结构进行全面的检测鉴定，充分利用原结构的承载潜力，通过专家论证会进行加固改造方案的可行性论证，选择既安全可靠又经济合理的加固方法。

（3）在加固改造过程中，除做好加固改造常规项目（如拆除临时用电及脚手架等）施工过程的安全控制外，还特别重视采取足够的安全技术保护措施以避免加固改造施工对原建筑结构的损伤和破坏；如对窗间墙加固前必须先对窗过梁临时支撑卸荷。

（4）在采用 M30 高性能复合砂浆两面钢筋网加固窗间墙施工前，由于它是一种新型加固技术，且对 M30 高性能复合砂浆的物理力学性能及施工方法不熟悉，我们采取多做试验，样板开路，最后取得较好的效果。加固已完成一年，经此种加固方法处理的墙面没有出现一处空鼓和裂缝，得到了业主、设计和监理单位的好评。

参 考 文 献

［1］卜良桃 . 高性能复合砂浆钢筋网加固钢筋混凝土梁的性能研究［J］. 湖南大学土木工程学院学报，2006：120-125

［2］卜良桃，叶蓁，高伟 . 高性能复合砂浆钢筋网加固框架梁的设计与施工［J］. 建筑技术，2007，38（6）：455-456

［3］吕西林 . 建筑结构加固设计［M］. 北京：科学出版社，2001

干混自密实混凝土工作性能试验研究

吴 元[1] 李延和[2]

（1. 东南大学土木工程学院，南京 210096；
2. 南京工业大学工程鉴定与加固中心，南京 210009）

［摘 要］自从水泥基材料应用于工业部门以来，其已经从最初的设备基础二次灌浆逐步发展到结构加固修补，并且受到越来越多的关注。究其原因，除了水泥基材料具有早强、高强、耐疲劳等优良力学性能之外，更主要的是其突出的工作性能。本文以笔者研发的干混自密实混凝土为研究对象，以加水量和粗骨料含量为研究参数，考察了上述参数对干混自密实混凝土坍落扩展度、T_{500} 流动时间等工作指标的影响。

［关键词］干混自密实混凝土；工作性能；坍落扩展度；T_{500} 流动时间；L 型仪高度比

1 前 言

干混自密实混凝土（见图 1）是一种由水泥、集料（或不含集料）、外加剂和矿物掺合料等原材料，经工业化生产的具有合理分级的干混料，在施工现场只需加入一定量的水，搅拌均匀后即可使用，具有早强、高强、高流态、耐热、耐疲劳等特性的新型混凝土材料。20 世纪 50 年代，以水泥基材料配制的灌浆料[1] 应用于工业部门，主要用于设备基础的二次灌浆。目前，灌浆料被越来越多地用于工程结构的加固修补，目前有关灌浆料工作性能的研究还基本都是从二次灌浆角度出发[2-5]，真正涉及工程结构工作性能的研究还没有相关报道。另外，灌浆料含有膨胀剂，在其膨胀剂作用消失后会对结构混凝土产生裂缝，因此《建筑结构加固工程施工质量验收规范》GB 50550—2010 对灌浆料用于结构加固提出了限值和改性要求，灌浆料直接用于加固工程是不妥的，特此笔者研发了干混自密实混凝土。本文以干混自密实混凝土为研究对象，以加水量和粗骨料含量为研究参数，考察上述参数对干混自密实混凝土坍落扩展度（SF）、流动时间（T_{500}）、L 型仪高度比（H_2/H_1）这三个工作指标的影响，确定干混自密实混凝土的合理配比。

干混料

拌合物

图1 干混自密实混凝土

2　试验研究

2.1　试验原材料

基料：江苏建华建设有限公司自强特种材料厂生产的 JH 干混自密实混凝土，详细技术指标见表 1。

粗骨料：南京汤山采石场生产的天然变质岩质碎石，5～16mm 连续级配，压碎指标 14.1%，针片状含量 5.3%，含泥量 0.9%。

水：自来水。

干混自密实混凝土技术指标　　　　　　　　　　　　　　　　　　表1

型号	抗压强度（MPa）			加水量（%）（水：基料）	流动度（mm）	竖向膨胀率（%）	容重（kg/m³）
	1d	3d	28d				
JH-1A	≥22	≥38	≥55	12～14	≥240	≥0.02	2100

注：基料是指不包括砖质量的干混料的质量。

2.2　试验配比

试验配比就是三种原材料的相对比例，本文采用相对质量比，以干混自密实混凝土基料质量为基准确定其他原料的用量。在结构加固改造时，干混自密实混凝土加水量是关系到工作性能的指标。因此，本次试验选定加水量为 12%、13%、14%，豆石含量为 15%、25%、35%，进行全面工作性能试验。

2.3　试验方法

本次试验按照自密实混凝土相关工作性能要求进行测试。

自密实混凝土的工作性能主要包括：填充能力、间隙通过能力和抗离析能力[7]。填充能力也称流动性，是自密实混凝土的重要特点，即在没有振捣的情况下，均匀密实成型的能力。其动力主要来自于混凝土的自重和浇注时的能量。一般自密实混凝土的填充能力是指自由填充条件下充满模板的能力。间隙通过能力为受限条件下的填充能力，也称穿越能力，即在狭窄截面或钢筋密集配筋条件下，各种成分在障碍附近均匀分布，不发生阻塞和离析的能力。间隙通过能力对保证自密实混凝土在密筋结构或狭窄区域的成功应用有重要意义。间隙通过能力较填充能力对自密实混凝土的工作性提出了更高的要求，当自密实混凝土用在狭窄间隙或密集配筋的情况下时，仅仅测试填充能力是不够的，必须对其间隙通过能力进行测试。此外，限制条件不同，对间隙通过能力的要求也不同，一般根据构件尺寸、配筋特点、混凝土流经路径等对穿越能力提出具体的指标[7, 8]。抗离析能力也称稳定性，指混凝土从搅拌到入模、硬化成型期间，各种组分始终保持均匀的能力。抗离析能力不仅与自密实混凝土拌和物本身的稳定性有关，也跟施工方法、混凝土流经路径以及出机到入模的时间有关。自密实混凝土的稳定性，是保证其成功应用的关键，缺乏稳定性的自密实混凝土难以保证硬化后的匀质性，在施工中也极易失去自密实能力，因此对自密实混凝土稳定性的测试和判断非常重要。

自密实混凝土工作性评价是进行配合比设计和现场质量检验的基础。为方便有效地评价自密实混凝土的工作性能，国内外提出了很多试验方法[7-10]，如坍落度筒法、L型仪法、U型仪法、J环试验、稳定性过筛试验、V型漏斗试验等，但其中没有哪种方法能全面反映拌合物的工作性，因此，一般需要同时采用两种以上试验方法来评价流动性、稳定性和穿越能力。根据文献[7]的论述，本文采用坍落扩展度、T_{500}流动时间及L型仪法综合评价灌浆料工作性，具体为：填充能力通过坍落扩展度、T_{500}流动时间检测（见图2）；间隙通过能力和抗离析能力通过L型仪检测（见图3）。具体操作步骤及量测数据参见文献[7]附录。

图2　SF及T_{500}测量

图3　L型仪试验

2.4　试验结果及分析

图4给出了拌合物坍落扩展度随加水量的变化曲线。由图可知，干混自密实混凝土的坍落扩展度随水量的增大而增大，随粗骨料含量的增大而减小。分析其中原因，前者主要因为干混自密实混凝土中含有高效减水剂，对加水量敏感，在其他组分相对含量不变的情况下，增加用水量，将大大增大拌合物的流动性，从而使坍落扩展度也随之增大；后者则由于豆石用量的增加，导致拌合物中用于润湿豆石的水量增加，包裹豆石的砂浆厚度减小，这两个因素都将降低拌合物的流动性，引起坍落扩展度的减小。根据文献[7]对自密实混凝土拌合物坍落扩展度的指标要求（550mm≤SF≤750mm），得到仅13%的加水量符合要求。当加水量较小时，拌合物黏度较大，扩展半径较小，不能满足坍落扩展度的下限要求；当加水量较大时，由于高效减水剂的作用，拌合物流动性很大，扩展半径超过了上限要求，也不能满足要求。

因此，就坍落扩展度分析，13% 的加水量对于本文干混自密实混凝土是一个比较合理的数值。

图 5 为 T_{500} 流动时间试验结果。由图可得，流动时间随加水量的增大而减小，随豆石含量的增大而增大。其中原因与坍落扩展度的分析一致。需要说明的是，加水量对流动时间的影响较大，豆石含量对流动时间的影响取决于加水量，具体为：当加水量较小时（12%），豆石含量对流动时间的影响较大；当加水量较大时（13%、14%），豆石含量对流动时间的影响较小。这主要还是与干混自密实混凝土对加水量敏感有关。由试验数据可知，在同一加水量下，豆石含量引起的流动时间差从 12% 加水量的 2.23s 急剧减小到 13% 加水量的 0.39s，然后再减小到 14% 加水量的 0.22s。这种流动时间的变化也直接影响测量难度。在加水量为 12% 时，拌合物流动性较小，流动时间测量较为方便；而在加水量为 13% 或 14% 时，拌合物流动性很大，要精确测量流动时间较为困难，但总体趋势可以预测，那就是各种豆石含量的灌浆料流动时间趋于一致，如图 5 所示。从文献 [7] 规定的 T_{500} 流动时间的合理范围看，仍然是 13% 的加水量符合要求。

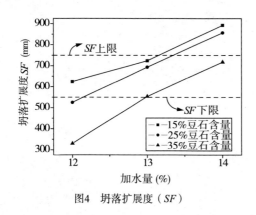

图4　坍落扩展度（SF）

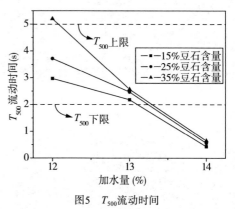

图5　T_{500}流动时间

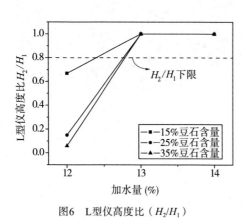

图6　L型仪高度比（H_2/H_1）

图 6 为 L 型仪试验结果，其给出了 L 型仪前后槽两端拌合物高度比。由图可得，仅当加水量为 12% 时，L 型仪存在高度差，且随着豆石含量的增加而急剧增大。这一现象再次表明，灌浆料对加水量相当敏感，水量的微小改变将引起干混自密实混凝土工作性能的巨大改变。实际施工时应根据产品说明，严格控制加水量。根据文献 [7] 对高度比的下限要求，13% 的加水量仍然符合要求。

综上所述，13% 的加水量对于本文所研究的干混自密实混凝土是一个比较合理的加水量，在此加水量下拌制的干混自密实混凝土符合文献 [7] 规定的工作性要求，可以在工程中作为自密实混凝土使用。此外，需要说明的是，其他配比的灌浆料虽没有满足文献 [7] 的要求，但仍可作为普通混凝土一样使用。

3　小　结

通过文献 [7] 建议的坍落扩展度、T_{500} 流动时间及 L 型仪试验，研究了加水量和粗骨料含量对干混自密实混凝土工作性能的影响，得到以下结论：

（1）干混自密实混凝土的坍落扩展度随加水量的增加而增大，随粗骨料含量的增加而减小，两者基本都呈线性关系；

（2）干混自密实混凝土的 T_{500} 流动时间随加水量的增加而减小，随粗骨料含量的增加而增大；

（3）当加水量为 12% 时，L 型仪前后槽拌合物高度比随豆石含量的增加而减小；当加水量达到 13% 或以上时，L 型仪前后槽高差消失，即高度比为 1.0；

（4）加水量对干混自密实混凝土工作性能的影响程度较豆石含量要大得多，因此，在实际工程中应根据产品说明，严格控制加水量；

（5）13% 的加水量对于本文所研究的干混自密实混凝土是一个比较合理的加水量，在此加水量下拌合物具有优良的工作性能，满足文献［7］对自密实混凝土工作性的相关要求。

参 考 文 献

［1］ 中国冶金建设协会 . GB/T 50448—2008 水泥基灌浆材料应用技术规范［S］. 北京：中国计划出版社，2008

［2］ 仲晓林，孙跃生 . CGM 高强无收缩灌浆料系列产品的研究与性能［A］// 第三届全国混凝土膨胀剂学术交流会［C］. 重庆：中国建材工业出版社，2002：144-154

［3］ 邵正明，任恩平，仲晓林 . NVCGM 高性能灌浆料的研究及应用［A］// 中国硅酸盐学会混凝土与水泥制品分会七届二次理事会议暨学术交流会［C］. 宁波，2007

［4］ 邵正明，周建启，仲晓林 . CGM 高性能水泥基灌浆材料的性能研究［A］// 第十届全国水泥和混凝土化学及应用技术会议［C］. 南京：2007

［5］ 邵正明，王强，邹新，等 . 国标《水泥基灌浆材料施工技术规范》编制背景介绍［J］. 混凝土，2009（9）：1-4

［6］ 冶金工业部建筑研究总院 . YB/T9261—98 水泥基灌浆材料施工技术规程［S］. 北京：冶金工业出版社，1998

［7］ 中南大学，福州大学 . CCES 02—2004 自密实混凝土设计与施工指南［S］. 北京：中国建筑工业出版社，2005

［8］ 中国建筑标准设计研究院，清华大学 . CECS 203：2006 自密实混凝土应用技术规程［S］. 北京：中国计划出版社，2006

［9］ EFNARC. Specification and Guidelines for Self-Compacting Concrete［S］

［10］ EFNARC, BIBM, CEMBUREA, et al. The European Guidelines for Self-Compacting Concrete［S］

地下连续墙橡胶止水接头施工技术

孙保林　彭小林　钟显奇　邵孟新

（广东省基础工程公司，广州　510620）

［摘　要］本文介绍了地下连续墙新型接头施工技术，橡胶止水接头综合锁口管和工字钢接头的优点，接头凹凸形使Ⅰ、Ⅱ期槽段咬合更加紧密，加上在墙中位置嵌入橡胶止水带，延长了或阻断地下水渗透路径，止水效果更好。橡胶止水接头为柔性接头，抗变形性能强。

［关键词］地下连续墙；橡胶；止水；接头

1　前　言

随着我国经济的迅速发展，城市规模的不断扩大，对地下空间的利用也不断加强，城市地下空间设施类型繁多，包括地下商场、地下娱乐场所、地下停车场、地下仓库、地铁、隧道、地下人防工程、高层建筑的地基、地下管网等。所以深基坑工程越来越多。其中地下连续墙能适用于不同的地层，止水效果也是各种围护结构中最好的，在深基坑中得到广泛的应用，是目前深基坑施工的一种主要围护结构形式。地下连续墙接头工艺对地下连续墙整体性、防渗漏性能、协调变形性能以及工程造价等影响较大，目前较成熟的接头工艺是锁口管接头和工字钢接头。

锁口管接头是应用较多的一种接头形式，它把光滑的接头管放到槽段的两端或一端，用来挡住混凝土并形成一个半圆形的弧形墙面。所以说接头管和浇筑普通混凝土的滑动钢模板的作用是一样的，它把流态混凝土限制在一定空间之内并形成所需的墙面。工字钢接头在施工现场用钢板焊成工字形，一期槽段水平筋与工字钢翼板焊接，二期槽段钢筋笼做成鱼尾伸入工字钢内。

圆形锁口管接头的优点是接头管可以重复利用，造价较低，但这种接头仍然存在渗透路径不够长、接头处比较平滑的不足之处，止水效果相对较差。工字钢接头具有较好的止水效果，施工较方便，不用拔管这一工序，但是这种接头形式造价过高、工字钢加工时间长、焊接量大。

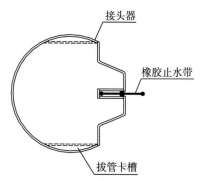

图1　凹凸形橡胶止水接头示意图

2　橡胶止水接头

地下连续墙橡胶止水接头是在传统接头的基础上研制出一种新的接头形式，综合以上两种的接头的优点，接头凹凸形使Ⅰ、Ⅱ期槽段咬合更加紧密，加上在墙中位置嵌入橡胶止水带，延长或阻断地下水渗透路径，止水效果更好。橡胶止水接头为柔性接头，抗变形性能强。其接头器如图1所示。

3　橡胶止水接头工艺特点

（1）凹凸形橡胶止水接头使地下连续墙Ⅰ、Ⅱ期单元槽段接头处呈凹凸形，Ⅰ期单元槽段往内凹，Ⅱ期单元槽段往外凸，形成榫接，使Ⅰ、Ⅱ期单元槽能够互相咬合，结合更加紧密，地下连续墙整体性好。

（2）凹凸形橡胶止水接头凹凸形、再加上在墙中嵌套橡胶止水带，延长或阻断了地下水渗透路径，止水效果较好。

圆形锁锁口管接头、工字钢接头、凹凸形橡胶止水接头三种接头形式的渗透示意如图2~图4所示。圆形锁口管接头渗透路径最短，接头处最平顺；工字钢接头次之，工字钢接头如第一期泥浆控制不理想，工字钢两侧会有两条渗透路径；凹凸形橡胶止水接头的渗透路径最长。

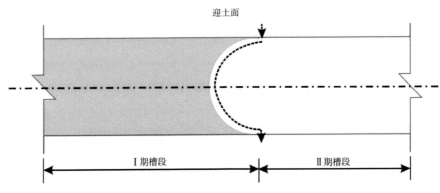

图2 圆形锁口管接头渗透路径示意图

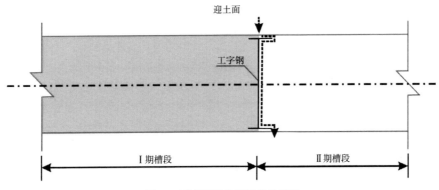

图3 工字钢接头渗透路径示意图

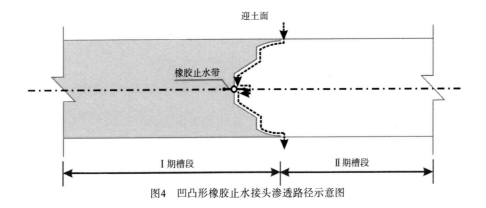

图4 凹凸形橡胶止水接头渗透路径示意图

图5　槽段接头处开挖效果图

为了检验凹凸形橡胶止水带接头的实际形状是否符合设计要求，有效延长或阻断了地下水渗透路径。我们对其中的一个接头进行开挖检验，因安全考虑，开挖深度为3.5m左右，上面有1m左右的空孔。从开挖检查情况来看，效果比较理想，如图5所示。接头形状与凹凸形接头器吻合，表面无蜂窝、狗洞，橡胶止水带安放在连续墙中间，有一半埋入一期槽段内，一半露出，这样就延长了地下水渗透路径，改善了接头止水效果。

（3）地下连续凹凸形接头器与圆形锁口管接头一样，可以重复利用，同工字钢接头相比，要降低工程造价。

（4）适应变形能力强，新型接头在墙中间位置嵌入橡胶止水带，由工字钢的刚性接头变为柔性接头，因橡胶止水带较好的延展性，在相邻单元槽段变形不协调时，不会因接头错位而渗漏。

在实际施工中，相邻槽段一般不会有比较大的不同步位移。但从理论上讲，采用橡胶止水带接头为柔性接头，因橡胶止水带柔软、延展性好，在两幅墙体变形不统一时，仍可保证接头之间有橡胶止水带阻隔水渗透过墙体。而采用工字钢接头，当两幅墙体变形不统一时，接头错开，形成止水通道，接头处出现渗漏，这主要发生在支撑没有及时跟进或土质突变、基坑局部开挖暴露时间过长的情况下。（见图6、图7）

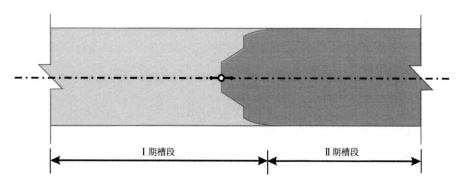

Ⅰ期槽段　　　　　Ⅱ期槽段

图6　地下连续墙未错位时接头情况

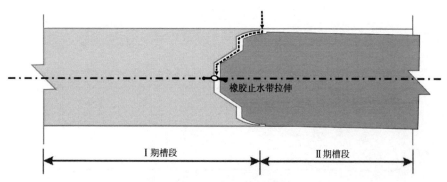

橡胶止水带拉伸

Ⅰ期槽段　　　　　Ⅱ期槽段

图7　地下连续墙错位时渗漏情况

（5）节约资源。

地下连续凹凸形接头器与圆形锁口管接头一样，可以重复利用，同工字钢接头相比，可以降低工程造价。就本工程 20m 左右深的地下连续墙，如果采用工字钢接头，一个接头钢板用量约为 2.4t，深度越大，用钢量越多。凹凸形橡胶止水带接头可以减少钢材用量，节约资源，对工程规模较大、应用橡胶止水接头越多的项目，节约的钢材量比较明显。

（6）减少环境污染。

采用工字钢接头在现场用钢板加工焊接而成，施焊量大，焊接释放大量的有害气体，对操作人员身体和环境有害。采用工字钢接头，传统施工工艺接头处Ⅱ期槽段位置要贴泡沫材料，防止Ⅰ期槽段施工时混凝土进入Ⅱ期槽段内；施工中需大量使用泡沫，这种泡沫材料难以降解，对环境造成"白色污染"。而采用橡胶止水接头，接头器阻止混凝土进入Ⅱ期槽段内，不再使用泡沫塑料，减少对环境的污染。

4　施工步骤

凹凸形橡胶止水接头的施工步骤如图 8～图 12 所示。

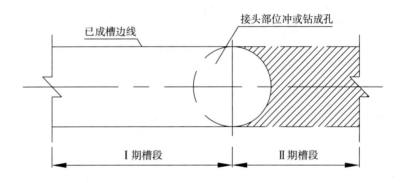

图8　步骤一

说明：Ⅰ期槽段成孔，接头部位采用冲或钻成孔，以便于放入接头器。

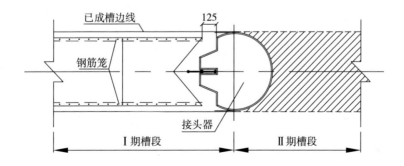

图9　步骤二

说明：1）清孔完毕后放入带橡胶止水带的凹凸形的接头器；2）接着放入Ⅰ期槽段钢筋笼。

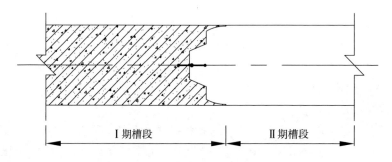

图10　步骤三

说明：1）浇筑Ⅰ期槽段混凝土；2）在浇筑过程中，在底部混凝土初凝后，间断地拔动接头器，使之不被混凝土粘住，并在全槽的混凝土终凝后，将接头器拔出；3）Ⅱ期槽段成孔。

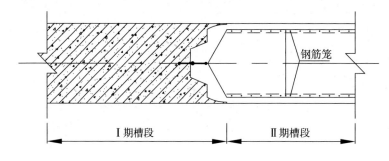

图11　步骤四

说明：1）Ⅱ期槽段清孔；2）放入Ⅱ期槽段钢筋笼；3）浇筑Ⅱ期槽段混凝土。

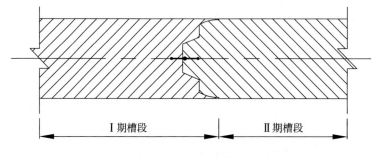

图12　步骤五

说明：地下连续墙完成后接头处示意图

5　应用情况

地下连续墙凹凸形橡胶止水接头应用于广州市轨道交通五号线三溪站至鱼珠站区间明挖段土建工程项目，于 2006 年 12 月 11 日进行了第一个接头的试验，试验槽段接头位置为 YQ69 与 YQ70 的接头位置。地下连续墙墙厚 800mm，墙深约 20m，拔管顺利，橡胶止水带未被带出来，试验效果理想。至 2007 年 5 月 4 日共完成 26 个接头的应用研究，为了便于和原设计的工字钢接头作比较，接头应用于不同的位置，同一槽段既有工字钢接头，也有橡胶止水接头，也有连续几个接头都是应用橡胶止水接头的。左线应用 17 个接头，右线应 9 个接头，单独使用接头 10 处，连续应用接头为 7 处（见图13）。

在三鱼区间项目有一个接头位于正线与出入线段交接处，该处接头挖开以后，橡胶止水带效果。

6　结　论

（1）地下连续墙凹凸形橡胶止水接头已经成功应用于广州市轨道交通五号线三溪站至鱼珠站区间明挖段土建工程项目。作为一种新型接头，由于其止水效果较好，造价相对较低，对地下连续墙接头形式多了一种选择，有很好的推广应用前景。

（2）由于该接头形式更不规则，与混凝土接触面同圆形近管相比要大大加大，约是圆管的 1.5 倍。因此起拔力也要大很多，对拔管器的要求更高。对接头器焊缝也要进行打磨，尽量减少起拔力。

（3）选用的橡胶止水带厚度要厚一些，硬度要大一些的材质。

（4）些接头形式考虑到拔管机起拔力、吊机起吊能力，不宜用于地下连续墙深度较大的项目，一般控制在 25m 以内。

图13　凹凸形橡胶止水接头的施工步骤

参 考 文 献

［1］ JGJ/T 8—1997 建筑变形测量规程
［2］ GB 50007—2002 建筑地基基础设计规范
［3］ GB 50026—2007 工程测量规范
［4］ CECS 225：2007 建筑物移位纠倾增层改造技术规范

双向密肋楼盖施工技术在海外工程中的应用

成卫国　张　鲲　黄　锐

（南通四建集团有限公司，南通　226000）

[摘　要] 本文结合本公司在安哥拉首都罗安达承建的 GIKA 商贸中心工程施工实例，介绍了高层楼面双向密肋楼盖施工技术，对双向密肋楼盖的构造和钢筋、混凝土、模板施工技术进行了比较详细的描述实践证明。本文介绍的施工技术确保了该工程施工的质量、安全和进度。

[关键词] 海外工程；双向密肋楼盖；施工技术；性能优点

1　工程介绍

混凝土楼盖是整个建筑结构中的主要组成部分，是衡量整个建筑总经济指标的重要因素。双向密肋楼盖作为楼盖的一种，采用成品塑料模壳作为胎模，形成一种新的由加强柱帽和双向密肋板组成的无明梁楼盖结构。利用塑料模壳形成的双向密肋楼盖整体性能好、刚度大、抗震性能好；增加室内净有效高度，增加柱网的跨度；同时还起到隔声、隔热、保温的作用。

本公司在安哥拉首都罗安达承建的 GIKA 商贸中心，总建筑面积 40 万平方米，地下 5 层，地上 5～20 层，包括地下停车场、办公楼、宾馆、娱乐城、公寓楼、超市。所有楼盖全部采用了双向密肋板楼盖，楼板厚度 5～10cm，肋梁高度 30～70cm（含板厚），塑料模壳规格为 80cm×80cm，柱网间距 6～8m，混凝土强度等级为 C25～C30。

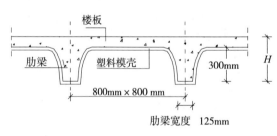

剖面图

2　双向密肋楼盖的施工

2.1　双向密肋楼盖的结构形式

双向密肋楼盖的结构形式如图 1 所示。它是由柱帽、肋梁和楼板组成。柱帽为实心板，厚度等于肋梁高度，肋梁的截面尺寸比较小，间距一般小于 1m，楼板的厚度一般在 5～10cm。这种双向密肋楼盖，两个方向交叉肋梁没有主次之分，相互共同承受楼板上传来的荷载，并进一步传递给柱帽，再传到柱。双向密肋楼盖不仅楼板是四边支承的双向板，整个交叉梁格也是四边支承的双向受弯结构体系。这种结构体系大大增加了整个楼盖的整体性能。

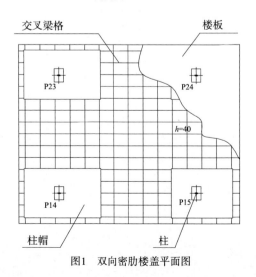

图1　双向密肋楼盖平面图

2.2 双向密肋楼盖模板体系施工

双向密肋楼盖的模板体系有多种形式。支撑体系主要有国内常用钢管排架支撑体系、国外流行可调节高度的成品钢支撑体系和早拆模体系；楼盖底模主要有满铺胶合板模板上铺设塑料模壳、肋梁底木方底模上搁置塑料模壳。根据国外现场钢管量不足的实际情况，同时考虑到支撑体系的整体稳定性和施工过程中的安全性，在本工程中采用了可调节成品钢支撑（上部可调节段直径 Φ50，下部固定段直径 Φ60）作为支撑体系，立杆间距0.8~1m；钢管水平拉管；22cm×8cm工字木主梁用铁钉与支撑连结，间距0.8~1m；10cm×5cm木方次梁，间距0.3m；满铺1.8cm厚胶合板，在胶合板上铺设塑料模壳（见图2）。塑料模壳铺设前，应根据图纸在胶合板上用墨斗弹出分格控制墨线，根据控制墨线铺设塑料模壳，塑料模壳铺设必须横平竖直，每个区域边缘用铁钉固定于胶合板上，以防侧移（见图3）。塑料模壳铺设完在钢筋绑扎前应刷一道碱性脱模剂。如果条件许可采用早拆模体系将可节约模板量的投入。

图2 模板支撑体系

图3 塑料模壳铺设图

2.3 钢筋施工

钢筋在楼面上的堆放不宜太多，并要用长木方垫在塑料模壳上，防止钢筋荷载过大压扁塑料模壳。因为密肋楼盖底部基本不做粉刷或吊顶，所以除按照图纸和相关规程执行外，还要注意钢筋脚头不可接触塑料模壳，扎丝甩头朝向梁板内，使其不致暴露出混凝土表面而产生锈斑，影响美观。

2.4 混凝土施工

混凝土在满足设计要求的前提下，水泥用量不宜高，以节约水泥，避免出现收缩裂缝。浇筑时布料应均匀，不能集中堆载，应由肋梁至板面的顺序进行。在肋梁部位采用插入式振动棒加强振捣，以保证肋梁部位混凝土的密实性；板面用平板振捣器并随即用木蟹抹平。

混凝土的养护，在本工程中显得更为重要，因安哥拉全年处于夏季高温，另外双向密肋楼盖的楼板厚度只有5~10cm。一旦养护不好，很容易产生收缩裂缝。采用专人负责洒水覆盖养护，保持混凝土表面湿润。

2.5 拆模

拆模分两步进行。混凝土浇筑一周时，将支撑一根隔一根的拆除周转使用；其余支撑及模板待混凝土强度达到设计强度的70%时拆除，如果采用早拆模体系达到设计强度50%时

图4 拆模后密肋楼盖效果图

即可拆模。拆模时应严格按规范要求进行拆模，严禁大面积一次性拆除，严禁抛扔，应多人组合，分步进行拆模。在拆除塑料模壳时，楼面应铺垫麻袋等缓冲物，以防跌坏塑料模壳（见图4）。

3 与普通楼盖的比较

密肋楼盖在结构性能及技术经济上要优于普通楼盖，特别在大跨度的商场、超市、写字楼等建筑中尤其明显。

（1）结构性能。

密肋楼盖相对于普通楼盖，有可以除低层次、提高室内空间利用率，减轻楼面的自重、从而减轻建筑物的自身重量，整体钢度大、承受荷载大，整体性能好、抗震性能强等优点。

（2）技术经济。

通过对现场施工统计分析，密肋楼盖的经济指标见表1。

密肋楼盖经济指标　　　　　　　　　　　　　　表1

混凝土用量	钢筋用量	模板消耗用量	塑料模壳用量
0.31m³	42kg	2.5m²	0.58只

注：以上数据为密肋楼盖体系每平方米的经济指标。其中模板、塑料模壳只计算了一次使用的摊消量，要根据实际情况除以周转次数才为实际消耗量。

根据国内普通楼盖施工的统计分析，其经济指标见表2。

普通楼盖经济指标　　　　　　　　　　　　　　表2

混凝土用量	钢筋用量	模板消耗用量	
0.42m³	58kg	3m²	

注：以上数据为普通楼盖体系每平方米的经济指标。其中模板只计算了一次使用的摊消量，要根据实际情况除以周转次数才为实际消耗量。

表1和表2选择大跨度框架结构作为统计分析对象，对于小型的混合结构不一定适用。由表1和表2可以明显看出，密肋楼盖所耗用的材料只占普通楼盖70%左右，很大程度地节约了材料，除低工程成本。

4 施工体会

通过近两年的主体结构施工，并与普通梁板式楼盖的比较且参考相关文献。双向密肋楼盖在材料节约和结构性能上都优于普通梁板楼盖。但在国内双向密肋楼盖使用并不多，尚处于推广期。有待从设计方面进一步优化完善，在设计和施工中不断总结和积累，从而得到进一步的推广和提高。

参 考 文 献

[1] GB 50011—2010建筑抗震设计规范［S］.北京：中国建筑工业出版社

[2] 任利民，吴元.某高层钢筋钢筋混凝土框架节点配箍率不足加固方法探讨［J］.建筑结构，2009（增刊）

某冷冻机房升级改造加固设计与施工

茆宏新[1] 王发斌[2]

(1. 江苏建华建设有限公司 南京 210009；2. 南京第一建设事务所 南京 210000)

[摘 要]某冷冻机房因公用、动力、电力等设施需扩容加层改造。依据现行规范，对原结构进行了检测鉴定和加固设计验算，结果表明原结构柱、梁及基础不满足承载力要求，采用了不同的加固方法。现场施工精心安排，效果良好。

[关键词]框架结构；检测鉴定；加层；加固

1 工程概况

某冷冻机房位于南京市江宁区，建于1997年，因公用、动力、电力等设施需扩容，（1~6）/（A~F）范围屋面增加六个水箱及冷却塔，每个水箱约50t。另（6~8）/（A~C）轴范围原结构为一层，现改建为二层，东北角（7~8）/（D~F）轴扩建一层。现因增加荷载过大，业主委托南京工业大学工程检测鉴定与加固中心对原结构进行了全面的检测鉴定，基本能达到原设计要求。

该建筑结构型式为二层（局部单层）钢筋混凝土框架结构，一、二层层高均为6.6m，平面呈矩形，东西方向长度为39.8m，南北方向总宽度为26m，柱距为6.6m、5m，跨度为10m+6m+10m。屋面和楼面采用100厚钢筋混凝土现浇楼板、20厚水泥砂浆面层，墙体采用MU7.5标准砖，M5.0混合砂浆砌筑。改造后的机房结构安全等级为二级，抗震设防类别为丙类，抗震设防烈度为7度，框架和结构的抗震等级为三级，场地类别Ⅱ类。

2 加固设计方案

2.1 柱

轴压比及承载力不满足要求，采用增大截面的方法进行加固。

2.2 梁

（1）支座负弯矩筋配筋不足及抗弯纵筋配筋不足需加固的梁，采用预应力加固法加固。

（2）超筋梁采用增大截面的方式进行加固。

2.3 基础

采用增大截面的方法进行加固。

3 加固设计计算

3.1 柱加固计算

采用PKPM结构设计软件对改造结构进行计算复核。计算结果表明原结构在改造后，各层柱的轴压比大幅度提高，部分柱承载力不满足要求，部分柱轴压比不满足规范要求，如表 1 所示。

鉴于加层后，部分柱轴压比不满足规范要求以及部分柱承载力不满足要求，采用改性混凝土增大截面法加固部分柱，使其能够满足现行规范的标准和使用要求。加固后，柱轴压比大幅度降低。

加固前后底层柱轴压比比较 表1

柱位置	原设计截面（mm）	轴压比	加固后截面（mm）	轴压比
2轴交A轴柱	400 × 500	1.30	600 × 600	0.69
3轴交A轴柱	400 × 500	1.11	600 × 600	0.59
4轴交A轴柱	400 × 500	1.13	600 × 600	0.61
5轴交A轴柱	400 × 500	1.02	600 × 600	0.54
6轴交A轴柱	400 × 500	1.17	600 × 600	0.62
7轴交A轴柱	400 × 500	0.98	600 × 600	0.53
2轴交B轴柱	400 × 600	1.86	800 × 800	0.88
3轴交B轴柱	400 × 600	1.56	700 × 700	0.72
4轴交B轴柱	400 × 600	1.63	800 × 800	0.82
5轴交C轴柱	400 × 500	1.35	600 × 600	0.69
6轴交C轴柱	400 × 500	1.58	700 × 700	0.85
7轴交C轴柱	400 × 500	1.30	600 × 600	0.68
5轴交D轴柱	400 × 500	1.19	600 × 600	0.62
6轴交D轴柱	400 × 500	1.39	700 × 700	0.75
7轴交D轴柱	400 × 500	0.98	600 × 600	0.53
2轴交E轴柱	400 × 600	1.83	800 × 800	0.88
3轴交E轴柱	400 × 600	1.56	700 × 700	0.72
4轴交E轴柱	400 × 600	1.56	800 × 800	0.82
2轴交F轴柱	400 × 500	1.29	600 × 600	0.69
3轴交F轴柱	400 × 500	1.10	600 × 600	0.59
4轴交F轴柱	400 × 500	1.10	600 × 600	0.61
5轴交F轴柱	400 × 500	0.94	600 × 600	0.54
6轴交F轴柱	400 × 500	1.09	600 × 600	0.62

例：框架底层 2 轴交 B 轴柱截面尺寸 400mm × 600mm，计算高度 7200mm，原混凝土强度 C15，截面纵向受力钢筋配置 12ϕ22，改造后柱需承受的荷载增至 4282kN。采用改性 C30 混凝土增大截面法加固，偏于安全采用 C15 代入试算，截面增大为 700mm × 700mm 可满足轴压比要求。

下面按轴心受压验算：

l_0/b=7200/700=14.4，查表得 $\varphi = 0.98$

设计已知条件：$f_{c0} = 7.2\text{N/mm}^2$，$f_c = 14.3\text{kN/mm}^2$，$A_{s0}' = 4562\text{mm}^2$，$f_y' = 300\text{N/mm}^2$，$f_{y0}' = 300\text{N/mm}^2$，$A_c = 250000\text{mm}^2$

截面承载力按《混凝土结构加固设计规范》式（5.4.1）计算 4282000≤0.9 × 0.98 × [7.2 × 400 × 600 + 300 × 4562 + 0.8 × （14.3 × 250000）]，不需配纵向受力钢筋，仅需按构造配筋即可。

3.2 梁加固计算

例：二层楼面梁①/（Ⓐ～Ⓑ），截面尺寸 $b \times h$=300mm × 1000mm，跨度 L=10m，混凝土按 C20 考虑，钢筋为 HRB335，原配上部筋 2 ⾦ 25，A'_{so}=982mm²，下部筋 6 ⾦ 25，A_{so}=2945mm²，钢筋保护层厚度 a_s=a_s'=25mm。

改造后梁计算内力为 909kN·m，采用高效预应力加固法加固（两点张拉上张模式），计算所需钢绞线数量，见图 1。

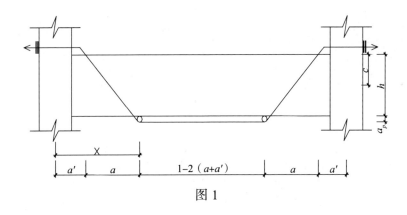

图 1

3.2.1 基本参数确定

采用高效预应力加固法加固（两点张拉上张模式），a'=0，a=L/5=2m，a_p=50mm。选用 1860 级高强低松弛无黏结预应力钢绞线，f_{ptk}=1860MPa，f_{pk}=0.8f_{ptk}=1488MPa，ϕ^s15.24 单根钢绞线截面面积 A_{po}=140mm²。

混凝土强度等级为 C20，α_1=1.0，β_1=0.8；截面有效高度 h_0=1000–25=975mm，ξ_b=0.55，偏心矩增大系数 η=1.05。

3.2.2 加固量计算

（1）原构件承载力计算

$$x_0 = \frac{f_y A_s - f_y' A_s'}{\alpha_1 f_c b} = \frac{300 \times (2945 - 982)}{1.0 \times 9.6 \times 300} = 204\text{mm}$$

$$2a_s' = 2 \times 25 = 50\text{mm} < x_0$$

$$\xi_b h_0 = 0.550 \times 975 = 536\text{mm} > x_0$$

$$M_0 = \alpha_1 f_c b x_0 (h_0 - x_0/2) + f_s' A_s' (h_0 - a_s')$$

$$= 9.6 \times 300 \times 204 \times (975 - 204/2) + 300 \times 982 \times (975 - 25)$$

$$= 792\text{kN} \cdot \text{m}$$

（2）改造后梁计算内力 M=909kN·m

$$\Delta M = \eta M - M_0 = 1.05 \times 909 - 792 = 162.45\text{kN} \cdot \text{m}$$

3.2.3 计算与预应力筋对应的等效受压区高度 x_p

等效梁高：$H_{0p} = c + \eta(h + a_p - c) - x_0$

$$= 500 + 1.05 \times (1000 + 50 - 500) - 204 = 874 \text{ mm}$$

$$x_p = H_{0p} - \sqrt{H_{0p}^2 - 2\Delta M/(\alpha_1 f_c b)}$$

$$= 874 - \sqrt{874^2 - 2 \times 162 \times 10^6/(1.0 \times 9.6 \times 300)} = 67 \text{ mm}$$

从而得到预应力所提供的纵向压力

$$N_t = \alpha_1 f_c b x_p = 1.0 \times 9.6 \times 300 \times 67 = 192960 \text{N}$$

3.2.4　计算有效预应力 σ_{pe}

（1）取张拉控制应力：$\sigma_{con} = 0.6 f_{pk} = 0.6 \times 1488 = 893$

（2）计算锚固损失 σ_{l1}

$$L_p = 10000 - 2 \times 2000 + 2 \times \sqrt{2000^2 + 1050^2} = 10518 \text{ mm}$$

$$l = L_p / 2 = 5259 \text{ mm}$$

$$\sigma_{l1} = \frac{a E_p}{l} = \frac{5 \times 1.95 \times 10^5}{5259} = 185$$

（3）计算弯折点摩擦损失 σ_{l2}

采用涂抹油脂的钢绞线，取摩擦系数 μ=0.2

$$\theta = \arctan(\frac{1050}{2000}) = 0.48 \text{rad}$$

$$\sigma_{l2} = \sigma_{con}(1 - e^{-\mu\theta}) = 893 \times (1 - \frac{1}{1.0942}) = 77$$

（4）计算混凝土收缩、徐变损失 σ_{l5}

对具有 5 年以上使用年限的构件，由于在加固前构件混凝土收缩、徐变已基本完成，而加固后截面内混凝土的应力方向一般不会改变，因此 σ_{l5} 忽略不计。

$$\sigma_{pe} = \sigma_{con} - (\sigma_{l1} + \sigma_{l2} + \sigma_{l5}) = 893 - (185+77+0) = 631$$

3.2.5　计算预应力筋截面面积

简化计算，取预应力筋应力增量 $\Delta\sigma_p$=100MPa

预应力筋截面面积：$A_p = \dfrac{N_t}{\sigma_{pe} + \Delta\sigma_p} = \dfrac{\alpha_1 f_c b x_p}{\sigma_{pe} + \Delta\sigma_p} = \dfrac{192960}{631 + 100} = 294 \text{mm}^2$

预应力钢绞线数量：$n = \dfrac{A_p}{140} = 2.1$

建议取钢绞线的数量为 4，截面面积为 560mm^2。

3.3　基础加固计算

例：2 轴交 A 轴基础

（1）已知条件及计算要求：

1）已知条件：

类型：阶梯形

柱数：单柱

阶数：3

基础尺寸：

b_1=2800mm，b_{11}=1400mm，a_1=3200mm，a_{11}=1600mm，h_1=600mm

b_2=1740mm，b_{21}=870mm，a_2=2000mm，a_{21}=1000mm，h_2=600mm

d_{x1}=50mm，d_{x2}=50mm，d_{y1}=50mm，d_{y2}=50mm，h_3=100mm

柱：方柱，A=700mm，B=500mm

设计值：N=2892.90kN，M_x=119.60kN·m，V_x=6.00kN，M_y=15.50kN·m，V_y=50.00kN

标准值：N_k=2142.89kN，M_{xk}=88.59kN·m，V_{xk}=4.44kN，

M_{yk}=11.48kN·m，V_{yk}=37.04kN

混凝土强度等级：C25，f_c=11.90N/mm^2

钢筋级别：HRB335，f_y=300N/mm^2

基础混凝土保护层厚度：40mm

基础与覆土的平均容重：20.00kN/m^3

地基承载力设计值：300kPa

基础埋深：1.50m

作用力位置标高：0.000m

剪力作用附加弯矩 $M'=V \times h$（力臂 h=1.500m）：

M_y'=9.00kN·m M_x'=−75.00kN·m

M_{yk}'=6.67kN·m M_{xk}'=−55.56kN·m

2）计算要求：

a. 基础抗弯计算；

b. 基础抗剪验算；

c. 基础抗冲切验算；

d. 地基承载力验算。

（2）基底反力计算：

1）承载力验算时，底板总反力标准值（相应于荷载效应标准组合）

$p_k=(N_k+G_k)/A$ = 269.16kPa

$p_{kmax}=(N_k+G_k)/A + M_{kx}/W_x + M_{ky}/W_y$ = 280.42kPa

$p_{kmin}=(N_k+G_k)/A - M_{kx}/W_x - M_{ky}/W_y$ = 257.91kPa

各角点反力 p_1=271.73kPa，p_2=280.42kPa，p_3=266.59kPa，p_4=257.91kPa

2）强度计算时，底板净反力设计值（相应于荷载效应基本组合）

$p = N/A$ = 322.87kPa

$p_{max} = N/A + M_x/W_x + M_y/W_y$ = 338.06kPa

$p_{min} = N/A - M_x/W_x - M_y/W_y$ = 307.68kPa

各角点反力 p_1=326.34kPa，p_2=338.06kPa，p_3=319.39kPa，p_4=307.68kPa

（3）地基承载力验算：

p_k=269.16＜f_a=300.00kPa，满足

p_{kmax}=280.42＜1.2×f_a=360.00kPa，满足

（4）基础抗剪验算：

抗剪验算公式 $V \leqslant 0.7 \times \beta_h \times f_t \times A_c$（GB 50010–2002 第7.5.3条）

（剪力 V 根据最大净反力 p_{max} 计算）

第1阶：$V_{下}$=567.94kN，$V_{右}$=573.35kN，$V_{上}$=567.94kN，$V_{左}$=573.35kN

混凝土抗剪面积：$A_{c_下}$=1.55m^2，$A_{c_右}$=1.78m^2，$A_{c_上}$=1.55m^2，$A_{c_左}$=1.78m^2

第2阶：$V_{下}$=1135.88kN，$V_{右}$=1189.97kN，$V_{上}$=1135.88kN，$V_{左}$=1189.97kN

混凝土抗剪面积：$A_{c_下}$=2.60m^2，$A_{c_右}$=2.98m^2，$A_{c_上}$=2.60m^2，$A_{c_左}$=2.98m^2

第3阶：$V_{下}$=1183.21kN，$V_{右}$=1244.06kN，$V_{上}$=1183.21kN，$V_{左}$=1244.06kN

混凝土抗剪面积：$A_{c_下}$=2.66m^2，$A_{c_右}$=3.06m^2，$A_{c_上}$=2.66m^2，$A_{c_左}$=3.06m^2

抗剪满足。

（5）基础抗冲切验算：

抗冲切验算公式 $F_L \leq 0.7\beta_{hp}f_t A_q$（GB 50007–2002 第 8.2.7 条）

（冲切力 F_l 根据最大净反力 p_{max} 计算）

第 1 阶：$F_{l_下}$=42.60kN，$F_{l_右}$=0.00kN，$F_{l_上}$=42.60kN，$F_{l_左}$=0.00kN

混凝土抗冲面积：$A_{q_下}$=1.27m²，$A_{q_右}$=0.00m²，$A_{q_上}$=1.27m²，$A_{q_左}$=0.00m²

第 2 阶：$F_{l_下}$=42.60kN，$F_{l_右}$=0.00kN，$F_{l_上}$=42.60kN，$F_{l_左}$=0.00kN

混凝土抗冲面积：$A_{q_下}$=2.02m²，$A_{q_右}$=0.00m²，$A_{q_上}$=2.02m²，$A_{q_左}$=0.00m²

第 3 阶：$F_{l_下}$=0.00kN，$F_{l_右}$=0.00kN，$F_{l_上}$=0.00kN，$F_{l_左}$=0.00kN

混凝土抗冲面积：$A_{q_下}$=0.00m²，$A_{q_右}$=0.00m²，$A_{q_上}$=0.00m²，$A_{q_左}$=0.00m²

抗冲切满足。

（6）基础受弯计算：

弯矩计算公式 $M=1/6 \times l_a 2 \times (2b+b') \times p_{max}$（$l_a$= 计算截面处底板悬挑长度）

配筋计算公式 $A_s=M/(0.9 \times f_y \times h_0)$

第 1 阶：$M_下$=148.88kN·m，$M_右$=132.95kN·m，$M_上$=148.88kN·m，$M_左$=132.95kN·m

计算 A_s：$A_{s_下}$=355mm²/m，$A_{s_右}$=277mm²/m，$A_{s_上}$=355mm²/m，$A_{s_左}$=277mm²/m

第 2 阶：$M_下$=503.03kN·m，$M_右$=490.86kN·m，$M_上$=503.03kN·m，$M_左$=490.86kN·m

计算 A_s：$A_{s_下}$=576mm²/m，$A_{s_右}$=492mm²/m，$A_{s_上}$=576mm²/m，$A_{s_左}$=492mm²/m

第 3 阶：$M_下$=537.02kN·m，$M_右$=529.05kN·m，$M_上$=537.02kN·m，$M_左$=529.05kN·m

计算 A_s：$A_{s_下}$=566mm²/m，$A_{s_右}$=488mm²/m，$A_{s_上}$=566mm²/m，$A_{s_左}$=488mm²/m

抗弯计算满足。

（7）底板配筋：

X 向实配 D12@200（565mm²/m）≥A_s=565mm²/m

Y 向实配 D12@160（707mm²/m）≥A_s=576mm²/m

4　加固施工

4.1　植筋施工

（1）植筋前将原结构表面人工凿除至结构层（露出表面钢筋）并进行凿毛处理，同时应除去浮渣尘土。

（2）施工工艺流程。

植筋工艺分为钻孔、清孔、干燥孔壁、称量配比、机械搅拌、注胶、钢筋准备、植入钢筋 8 个工序步骤。

（3）施工过程。

1）钻孔。

a.钻孔直径：钢筋直径小于等于 16mm 时，孔径为 d+4mm；钢筋直径大于 16mm 时，孔径为 d+6mm（d 为钢筋直径）；钢筋采用进口喜力得电动锤钻钻孔。

b.钻孔深度：严格按照施工图纸进行施工。

c.钻孔位置：在露出的钢筋空隙内进行钻孔以防止损伤原有钢筋。

2）清孔。

a. 首先须用压缩空气除去粉尘；

b. 用脱脂棉沾丙酮擦拭干净；

c. 清洗后保证孔内无灰尘。

3）干燥孔壁。

a. 用气泵深入孔内复吹，吹净后堵塞干净棉球待注胶。

b. 如果孔内潮湿，须采用吹风法使孔壁干燥。

4）称量配比。

a. 用棍棒将桶底沉淀胶搅起（也可采用机械搅动），反复搅匀，再行倒出称量。

b. 按产品使用说明书，严格称量配胶。

c. 称量用容器要保持洁净、干燥。

5）搅拌。

a. 将称量好的胶倒入开口桶中，采用搅拌方法搅至颜色均匀，无色带色差之分，一次搅拌量不要太多，以免造成浪费。

b. 搅拌桶内须洁净，不得加入任何有机常溶剂或其他任何化学药品。

6）注胶。

a. 水平向植筋，可用玻璃管或PVC管盛胶，用铁丝一端缠上纱布将胶顶入孔内。注意，纱布不得留在孔内。

b. 竖直向下植筋，可用玻璃管或PVC管将胶顶入。也可直接将胶灌入孔内，但要保证灌入胶量的充盈。

c. 注入孔内胶量为孔长2/3注满量，在预先3～5孔注入量发现盈余较多时，可适当减少，但必须要求植筋后，孔内胶浆充盈充分，使钢筋与孔壁无孔隙。

d. 注胶须一次完成，不得使用前后两次搅拌的胶。

e. 成孔、清孔后经监理验收合格注胶、植入钢筋。

7）钢筋准备。

a. 植入部分钢筋，须清洗晾干。不得使用生锈钢筋，如无新出厂的钢筋，钢筋表面仅有一层浮锈，则须除锈干净。

b. 在钢筋植入部分出截面处作植入深度的标志。

8）植入钢筋。

a. 洁净的钢筋植入长度范围，须将结构胶涂抹于钢筋表面，并反复涂抹均匀，不留空白。

b. 植入钢筋应慢慢旋转把钢筋插到孔底，此时四周应刚好溢出结构胶，要手扶持2～3min，结构胶凝固后方可放手。

（4）植筋后续施工注意事项。

1）植筋后说明书规定的时间内，不得扰动、碰撞钢筋。

2）植筋达到说明书规定的时间后，方可进行后续工序施工。

3）与植筋接头为焊接时，须用冰水浸渍的湿毛巾包裹植筋外露部分的根部作降温处理保护措施。

4.2 体外预应力施工

体外预应力机理与一般非预应力加固方法有明显不同，它是一种"主动"的加固方法，在加固施工中对被加固混凝土构件起到卸荷作用，加固后新旧结构共同作用。而一般加固方法仅对新增部分荷载发挥作用。

（1）张拉施工准备：

1）锚具钢绞线进场及验收；

2）张拉设备进场及标定验收；

3）张拉配套设备及工具的准备；

4）张拉控制力值的计算及油压换算；

5）预应力筋编号，钢绞线编号后穿入相应的孔中，不得扭结；

6）预应力弯折处预处理；

7）张拉顺序的确定；

8）张拉班组的安全教育、技术交底及工作分配；

9）张拉记录表的准备；

10）外露端垫板和钢绞线清理、检查，发现钢绞线破皮处，对其用环氧树脂进行封闭处理；

11）张拉操作台或操作空间的准备；

12）动力电源及照明设施准备。

（2）张拉施工工艺：

锚具安装→顶压器限位板或变角块安装→千斤顶安装→支承板、护角角钢→千斤顶进油张拉→持荷顶压→卸荷锚固→记录。

（3）张拉工序技术要求及质量要求。

1）穿放预应力钢绞线。

体外预应力钢绞线在穿梁时应悬吊在梁附近，避免扭结和过度悬垂。注意不得穿错孔道，钢绞线在梁底和梁面要分别进行交叉。

在穿预应力筋以前，应将锚固板表面清理干净，确保锚具能很好地贴在锚固板上。

为了确保穿束作业的顺利进行，应注意解决好以下问题：

a．梁的穿线孔道在安装以前应先开凿修整到位。

b．安装时必须保证各穿线孔道不被遮挡，现浇板的穿线要排列整齐。

2）装锚具：套入锚环，锚环应紧贴构件锚固板。

3）装千斤顶：千斤顶的中轴线对准张拉束的孔道轴线，并调与锚固板垂直后开动油泵。

4）张拉：先将钢绞线收紧。无异常情况时，则按照张拉应力控制对应压力表数值张拉到位；若有异常情况时，则应研究后确定是否可以继续进行张拉作业。

张拉至给定拉力后，应继续张拉5%设计张拉值。张拉到位后，记录张拉吨位对应下的油压表压力值。

5）卸千斤顶：开动油泵反向阀门卸载，卸下千斤顶，至此张拉完毕。

（4）张拉作业中应注意以下几种情况：

1）严格检验锚具，不合格的锚具绝对不能使用。

2）避免产生断丝，在张拉时操作人员不允许站在钢绞线束的迎面位置上。

3）确保构件的强度，适当增大锚固板面积和刚度。张拉过程中，需要对构件进行监控。

5　结　语

本工程通过以上方法加固，经验收能达到原设计的使用要求，效果良好，在两个月内完成加固为业主争取到时间，投产使用以来，经观察，一切正常。

参 考 文 献

［1］ CECS 25：90 混凝土结构加固技术规范
［2］ GB 50010—2002 混凝土结构设计规范
［3］ GB 5009—2001 建筑结构荷载规范
［4］ GB 50292—1999 民用建筑可靠性鉴定标准
［5］ GB 50204—2002 混凝土结构工程质量验收规范
［6］ GB 50367—2006 混凝土结构加固设计规范

第五章 　　　　　　　　绿色建筑施工技术　○

先张法预应力混凝土 U 形板桩施工技术

韩树山　程月红　陈　赟　周海斌

（苏州二建建筑集团有限公司，苏州　215131）

[摘　要]先张法预应力混凝土 U 形板桩作为新施工工艺，目前正处于推广阶段，本文重点介绍了 U 形板桩的施工过程和施工重点。

[关键词]U 形板桩；施工工艺；沉桩；质量控制

1　前　言

先张法预应力混凝土 U 形板桩（以下简称 U 形板桩）是为满足挡土支护需要而设计制作的一种新型桩型。与传统钻孔灌注桩相比，U 形板桩具有桩身质量可靠、施工方便快捷、工程造价低及施工无污染等优点。与一般承受竖向荷载的预应力混凝土管桩相比，其抗弯及抗剪性能更好，适宜于承受水平荷载。板桩结构形状见图1。

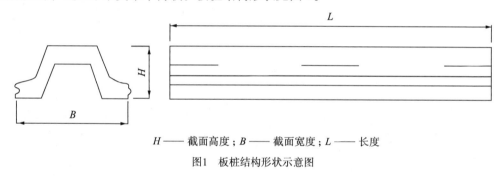

H —— 截面高度；B —— 截面宽度；L —— 长度

图1　板桩结构形状示意图

2　U 形板桩特点

（1）挡土截面大。U 形板桩单桩挡土面积长度为 1～1.5m，远高于传统板桩和普通预制桩型。

（2）截面形式受力性能优良。U 形板桩采用 U 形结构截面形式，不但提高了挡土截面，而且有效提高了结构高度，使截面惯性矩大大增加，抗弯、抗剪性能显著提升。

（3）经济效益明显。U 形板桩采用预应力混凝土结构，使结构的配筋率大大降低；截面结构形式先进，单桩挡土截面面积大，比传统板桩造价降低30%以上，具有良好的经济效益。

（4）型号种类齐全。U 形板桩可以根据受力性能的要求，采用不同的截面高度、配筋数量和配筋形式满足工程需要，实现截面结构最优化、经济效益最大化。

（5）施工工期短。U 形板桩采用工厂化预制模式、工地机械化施工成型，相比块石砌筑、现场浇筑混凝土墙、钻孔桩等施工形式，施工工期能大大缩减。

（6）施工工艺先进、适用地质范围广、成桩后截面美观。U 形板桩能根据现场地质条件，采用静压、振动、钻孔植桩等施工工艺。采用排桩成型工艺，严格控制施工质量，保证单桩之间的结合，使成型后桩墙质量优良、结构截面错落有致，用于基坑支护的同时具备止水功能。

3　适用范围

（1）基于挡土、挡水的作用，U形板桩主要用于基坑支护和边坡支护等方面；

（2）在土地的改良、污染的控制中，U形板桩主要用作水槽围场、顶端的斜坡保护；

（3）在临时性结构物上，U形板桩可用于大型管道铺设临时沟渠开挖的挡土、挡水、挡沙墙等；

（4）U形板桩还用于水力工程的码头、卸货场、堤防护岸、护墙、挡土墙、防波堤、导流堤、船坞、闸门等。

4　工艺原理

（1）U形板桩作为挡土支护结构，主要承受水平荷载，其截面惯性矩为传统钻孔灌注桩的2.5倍左右，截面刚度大，用于支护结构受力合理。

（2）U形板桩生产制作采用先张法预应力工艺，采用普通振捣或自密实混凝土成型，成型后的板桩采用热介质散热快速养护或自然养护。

（3）U形板桩材料用量少，截面形式合理，挤土效应不明显，主要采用振动沉桩方法施工，同时根据不同地质条件可采用高压射水、螺旋取土等不同辅助引孔法配合沉桩施工。

5　施工工艺流程及操作要点

5.1　施工工艺流程（见图2）

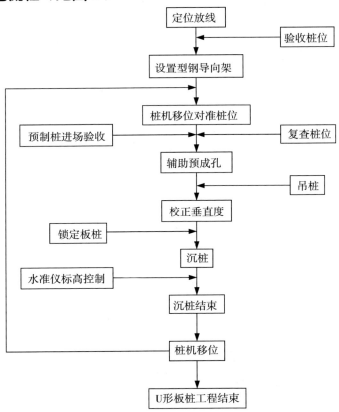

图2　U形板桩施工流程图

5.2 U形板桩施工操作要点

5.2.1 测量放线

根据建设单位提供的测量控制点及设计图纸，初步定出排桩中心线位置，开挖沟槽后，精确测量标定出排桩中心线，架设钢围檩，根据板桩尺寸定出每根桩中心点，经建设单位等有关单位人员复核验线后即可开始施工。要求测量人员高度负责地记录各个桩位中心点以及水平标高，确保桩位准确和桩顶标高基本符合要求。施工过程中测量人员也应对桩位经常复核，以免桩位发生偏差。

5.2.2 桩身质量验收

（1）板桩外观质量及尺寸允许偏差、抗弯试验和检验规则均按企业标准的规定执行。

（2）工地验收应具有下列资料：原材料质量试验报告；钢筋试验报告；混凝土试块强度报告；板桩出厂时附产品合格证。

5.2.3 桩的运输与堆放

（1）板桩混凝土强度等级达到100%后才能出厂。

（2）板桩的吊装宜采用两支点吊法，吊钩与桩身水平夹角不得小于45°。两吊点距离两桩端不宜大于 $0.21L$（L 为桩段长度）。装卸时应轻起轻放，严禁抛掷、碰撞、滚落。

（3）板桩在运输过程中应满足两支点法的位置要求（支点距离桩端不宜大于 $0.21L$），并垫以垫块防止滑动，严禁层与层之间的垫块与桩端的距离不等造成错位。汽车运输时堆放层数不宜超过3层。

（4）板桩的堆放场地应压实平整，有排水措施。堆放按两支点法进行，最下层支点宜在垫块上，且支点应在同一水平面。堆放层数应根据板桩强度、地面承载力、垫块及堆垛稳定性等综合分析确定，并不得超过4层。

5.2.4 导向架架设

施工导向架采用H型钢制作，架设过程中应保证板桩位置准确，桩与桩之间紧密，同时导向架自身应满足稳定等要求。

5.2.5 沉桩（振动法）

板桩沉桩方式优先采用振动沉桩方式，施工锤采用电振动和液压振动锤，桩锤功率及频率大小根据工程地质条件及桩大小型号综合选用。沉桩机械一般选用履带式吊车、步履式桩架、履带式桩架等施工机械。

5.2.6 止水措施

U形板桩的一个特点就是关系到止水和挡土，对于板桩止水的要求，主要是保证沉桩过程中桩与桩之间的咬合紧密，采用桩接口处的橡胶条进行止水（见图3）。

5.2.7 辅助预成孔

遇有地质条件比较复杂，一般沉桩方式难以顺利穿透土层沉桩时，导向架架设后，采用辅助预成孔方式辅助沉桩，成孔方式根据地质情况而定：

（1）在砂层土层中，采用高压射水成孔方式，桩体内预埋射水管，接入高压注浆泵，沉桩过程中通过高压射水辅助成孔（见图4）。

（2）在硬塑性黏土层中，直接采用螺旋钻孔取土辅助引孔沉桩。

采用辅助引孔沉桩时，应根据地质土层实际情况，不同辅助沉桩方法综合运用，达到最佳的辅助效果。

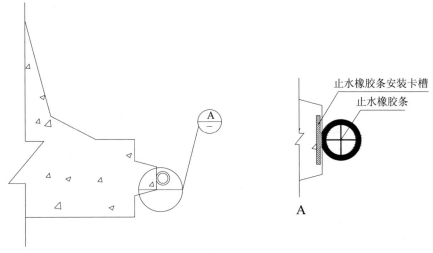

图3　止水橡胶条安装截面示意图

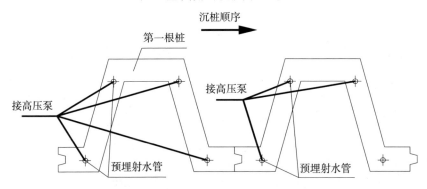

说明：采用高压射水辅助沉桩法时，第一根桩沉桩时射水孔全部接入高压泵，均匀射水沉桩；紧接沉桩根据沉桩顺序，靠接口处射水孔射水沉桩，防止扩孔过大导致桩与桩咬合不紧密。

图4　高压射水成孔辅助沉桩示意图

5.2.8　桩顶处理

为保证 U 形板桩围护体系整体刚度，在桩顶处应设置冠梁将板桩连成整体，板桩桩头破除使主筋外伸与冠梁钢筋锚固。

5.3　施工中注意问题

（1）在桩身混凝土强度达到 100% 设计强度条件下，方可进行沉桩作业。

（2）沉桩时桩身应垂直，应在距桩机不受影响范围内，设置相关的校准仪器，出现偏差时应及时加以调整。

（3）振动锤上夹持器应与桩身夹持部位尺寸相匹配，并应有足够的夹持长度，避免振动锤转动造成混凝土夹碎或滑动。

（4）每根桩应一次连续沉桩到底，尽量减小中间停歇时间。当沉桩至设计高度时，应复核桩顶标高；当桩顶标高低于自然地面，需送桩时，施工至桩露出自然地面约 1000mm 时应复核桩顶定位偏差并记录。

（5）沉桩时，出现下沉量反常、桩身倾斜、位移过大、桩身或桩顶破损等异常情况时，应停止沉桩，待查明原因并进行必要处理后方可继续施工。

（6）在透水性不强的土层中沉桩时，应保证橡胶止水条不严重损坏、脱落。

5.4　施工常见问题的技术措施

U 形板桩施工过程中，由于地质条件的复杂及施工操作的不当，往往会出现偏桩、断桩等常见施工质量问题，亦应制订相应的技术施工措施，以保证施工质量。

5.4.1　断桩及处理措施

（1）对到场的桩进行严格检查，保证有缺陷的桩不使用。

（2）桩身发生倾斜或弯曲时停止施工，严禁野蛮施工。

（3）遇到障碍物或特殊情况桩无进尺时，不得擅自沉桩，应及时向有关人员汇报，待处理后再施工。

5.4.2　偏位及处理措施

（1）必须待桩吊装到位，与导向架吻合，桩与桩之间咬合紧密后才能沉桩。

（2）检查过垂直度满足施工要求才可继续施打。在沉桩过程并随时检查桩身垂直度。

5.4.3　截桩措施

U 形板桩一般不宜截桩，如遇特殊情况确要截桩时，应采用有效措施以确保截桩后板桩的质量。截桩应采用锯桩器，严禁采用大锤横向敲击截桩或强行扳拉截桩。

6　沉桩施工过程的质量管理

（1）沉桩时振动锤与桩头之间应有弹性衬垫（如纸皮、麻袋等）缓冲桩头的压力使之不易损坏。

（2）桩身垂直度的控制。

通过在沉桩设备边上两个相垂直方向架设经纬仪。当桩在两个方向都已经垂直的情况下方允许沉桩，而且在沉桩过程中要经常检查桩身垂直度。始终保持桩头、桩身保持在同一直线上。若发现倾斜，应立即调整。垂直度允许偏差详见表 1。

U 形板桩沉桩允许偏差表堆放　　　　　　　　　　　表1

序号	项　目		允许偏差	
			陆上沉桩	水上沉桩
1	桩顶在设计标高处的平面位置	垂直于板桩轴线方向	±50mm	±100mm
		沿板桩墙轴线方向	±20mm	
2	垂直度	垂直于板桩轴线方向	1%	
3		沿板桩墙轴线方向	0.8%	
4	桩端高程		±100mm	
5	板桩间缝宽		25mm	

（3）沉桩过程的施工记录。

为了便于控制，终止沉桩，必须详细记录沉桩过程的贯入度，了解桩端是否已达到设计标高。

（4）成桩的质量检查。

桩身垂直度可以用经纬仪来量测，对不符合规范要求，应及时报送设计单位，由设计单位提出补强修改意见。桩身完整性可用低应变检测法检测。

（5）桩顶标高及偏位情况的检查。

由于U形板桩外形与拉森钢板桩相似，在沉桩过程中如果出现桩位偏差，很容易导致桩与桩之间的锁口开裂，因此采用的索具必须保证两桩的咬合紧密，在沉桩时出现偏差应立即停止施工，调整至符合要求后方可继续。U形板桩沉桩允许偏差应符合表1的规定。

7　安全措施

（1）操纵机械人员要有熟练的操作技能，了解U形板桩施工全过程及振动锤的性能，严禁违章操作。

（2）班前进行安全教育，建立安全台账，进行员工安全培训，制定专项安全施工方案，必须进行安全技术交底，安全技术交底的内容包括：

a）施工时，对U形板桩的外观要认真检查，破损的桩严禁使用；

b）桩边锁口应保证完整，止水橡胶条不应出现脱落情况；

c）振动锤应定期检查，如有损坏，及时维修。

（3）特殊工种上岗时必须持有特殊工种操作证，随时接受有关部门的检查，非机械人员和非电工，不得动用机械设备和电器设备。

（4）加强现场施工用电管理，安全用电。

（5）在老黏土和砂层较厚的土层中沉桩，必须先进行引孔辅助沉桩。

（6）作业中，设专人负责监护电缆，如遇停电，应将各控制器归于零位，先切断电源，将钻头接触地面，作业时，发生振动锤摇晃、移动、偏斜等，应立即停钻，查明原因，处理后再行作业。

8　环保措施

施工前应编制专项环境管理方案，内容包括：

（1）出入车辆应清洗车轮及挡泥板，不允许带泥上路，特别是在雨期，应在出场路口铺设清洗设施，派专人负责清扫干净后方可出场。

（2）做好施工道路的规划和设置，临时施工道路基层要夯实，路面硬化，并随时清扫洒水，减少道路扬尘。

（3）现场施工、结构洒水养护等产生的污水，禁止随地排放，作业时严格控制污水流向，在合理位置设置沉淀池，经沉淀后方可排入市政污水管网。

（4）提倡文明施工，尽量减少人为的大声喧哗，增强全体施工人员的防噪声扰民的意识，现场对噪声机械的使用应采用有效的隔音措施，施工现场的强噪声机械（如振动锤等）应设置封闭的机械棚，以减少强噪声的扩散，根据现场实际情况优先选用低噪声的成孔方法和机械设备等。

9　结语

先张法预应力混凝土U形板桩先后在宁波行政文化中心项目挡墙围护工程、大丰市刘大线航道整治工程航道围护工程、嘉善县姚庄区整治工程中得到运用，开挖后质量良好，取得了较好的经济效益，同时为后续U形板桩的推广积累了施工经验。

参 考 文 献

［1］ 李红兵 . 建设项目集成化管理理论与方法研究 ［D］. 武汉：武汉理工大学，2004

［2］ 陈家冬 . 深基坑支护专家评审步骤分析 ［J］. 南通大学学报：自然科学版，2006. 11

［3］ JGJ 99—98 高层民用建筑钢结构技术规程 ［S］. 北京：中国建筑工业出版社，1998

爆破挤淤及超高堆填工法在前海海堤施工中的应用

陈世聪　陈逸群　崔翠文

（深圳市建筑工务署土地投资开发中心）

[摘　要] 介绍了在前海海堤施工过程中，成功采用爆破挤淤及超高堆填工法解决了清淤难度大、海堤施工整体推进及落底效果差的技术问题。

[关键词] 爆破挤淤；超高堆填；海堤；技术问题

1　前　言

爆破挤淤及超高堆填施工工法，是普通爆破挤淤施工技术的新的发展，通过采用堤头清淤与超高堆填，提高了爆破挤淤施工技术对复杂地质条件的适用性，进一步加强了海堤整体推进及落底的效果，满足高标准海堤建设的质量要求。该工法技术新颖先进,在缩短工程工期、降低造价、确保质量、安全以及环境保护控制等方面取得了良好的效果，具有较好的应用前景与推广价值。

2　工程概况

2.1　地质水文情况

填筑区域位于深圳市南山区前海湾，原始地貌为滨海滩涂，现状地形包括海域和陆域，海域主要海产养殖区，淤泥厚度较大达 8.0～16.0m,未填筑前水深 0～2m,个别地段无水且淤泥表面结壳。

2.2　海堤设计情况

设计海堤总长 2370m，海堤顶宽为 20m，设计标准为重现期 100 年，海堤的级别为 1 级。设计要求以淤泥底的粉质黏性土为持力层，设计交工面标高为 4.0m，项目工期为七个月。

3　工程方案的选定

项目工期较紧，且海堤工程范围表面固结结壳，抛石挤淤等常规施工方案实施难度较大，实施效果不佳。在试验段采用爆破挤淤及超高堆填施工工法即取得了较好的效果。与抛石挤淤和压载挤淤比较，该工法能大大提高挤淤的厚度与挤淤的效果；与普通的爆破挤淤比较，该工法由于改进普通爆破的大药量为小药量的群炮，安全性及可操作性高，对于周围的影响可减少到较低限度，对海水不会造成污染，环境效益良好，同时改善了一次性用药量过大、使落底及推进效果不理想的缺陷；与插板固结或其他软基处理技术比较（插板需 6～12 个月堆载预压期），该工法落底效果较好，工期短；与施打搅拌桩或其他工程桩比较，该工法工程造价与海堤稳定性具有明显的优势。

另外，项目利用留仙洞的开山石材超高填筑海堤，可使落底及推进效果更好，超高填筑的石材卸载后用于前海的市政建设，使开山造地与填海及堤防建设相结合，一举多得。

4　工艺原理

工艺原理是：在抛石体外缘一定距离和一定深度的淤泥地基中埋放炸药包群，实施控制外爆，使淤泥按一定方式扰动并丧失强度，同时起爆瞬间在淤泥中形成空腔，即被抛石体外缘所填充，经多次向前推进及侧向外爆，使堤心石逐步沉落在持力层上；本工法在此基础上进行延伸和创新，对影响爆破挤淤效果的海堤淤泥地基中存在的表面结壳或砂砾沉积层，或爆破挤淤过程中引起堤头产生隆起的淤泥包，采用长臂反铲挖土机在堤身上进行堤头清淤给予排除；同时采取堤头超高堆填，提高堤头石材的势能，在进一步发挥石材自重的同时配合爆破挤淤，大大提高了爆破定向滑移的效果，确保了海堤的整体推进和充分落底，满足高标准海堤的设计要求。

5　施工工艺及操作要点

5.1　施工主要工艺流程（见图1）

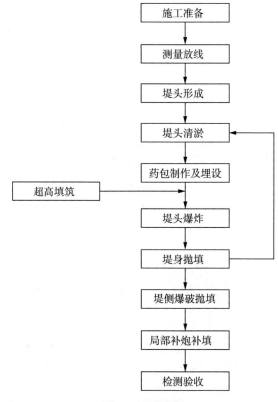

图1　工艺流程图

5.2　施工主要操作要点

（1）堤头清淤。

利用稳定性良好的堤身作为施工通道和工作面，采用履带式长臂挖掘机行至堤头位置，在堤头上用长臂挖掘机，对影响爆破挤淤效果的海堤淤泥地基中存在的表面结壳或砂砾沉积层，或爆破挤淤过程中引起堤头产生隆起的淤泥包进行清淤，自卸汽车配合外运到指定地方。

（2）药包制作及埋设。

1）药包制作：药包配重制作在爆炸处理作业施工前，将药包配重（水泥砼）预先制作完成。主要材料为水泥、砂、石料等。爆炸处理作业前计算药包数量、总药量，并通知炸药库在指定时间运到工地。

2）炸药品种：爆炸处理软基施工通常采用散装乳化炸药，主要是考虑炸药的防水，而且乳化炸药在药包加工过程中不易散落，乳化炸药的性能要满足出厂时的性能参数，防止乳化炸药时间过长，性能减低；导爆索选用防水塑料导爆索，导爆索每米含TNT量为1.5g。

3）药包防护：采用塑料编织袋防护，编织袋要求有一定的抗拉强度，外形尺寸按与装药器的大小相匹配；药包结构：爆炸处理软基爆破采用集中药包，单个药包的重量根据设计选取。将称量好的炸药装到塑料编织袋内；将导爆索的一段做成起爆头，插入炸药内部；用细麻绳捆扎袋口。导爆索的另一端用塑料防水胶布包扎。

4）药包重量计量：单个药包的重量按淤泥层厚度计算选取，药包重量的计量用台秤称重。单药包的重量误差为5%。

线药量 q（kg/m）：

$$q = (0.2\sim0.6) L_H H_M \tag{1}$$

式中　L_H——单循环进尺量（m），一般为4～7m；

　　　H_M——淤泥深度（m）。

一次爆炸药量 Q：

$$Q = (0.8\sim1.2) Bq \tag{2}$$

式中　B——堤头处宽度（m）。

如果爆炸场地附近有重要建筑物时，一次爆炸总药量应根据爆炸振动公式进行验算。

药包埋深 H_B（m）：

$$H_B = (0.2\sim0.45) H_M \tag{3}$$

药包间距 b（m）：一般取为1.0～2.5m

群药包宽度 L_B（m）：

$$L_B = (0.8\sim1.2) B \tag{4}$$

5）爆破网路的设置。

堤头爆破共布置8～11个药包，爆破挤淤的爆破网路有起爆器、电雷管、起炮线、主导爆索、支导爆索和药包联成。单个药包内不放置电雷管，导爆索起爆药包靠起爆头激发能量。起爆电雷管的集中穴应朝向导爆索传爆方向，导爆索端部伸出电雷管的长度应大于15cm。

6）药包群埋。

选用陆上成孔和装药的装药工艺，该工艺是在陆上用挖掘机和装药器成孔，陆（水）上装药。该装药机具组成主要为一台履带式挖掘机和装药圆管组成。320型挖掘机；管内径为280mm，管长12.5m（可加长），装药量为24kg/m。改装CAT320B挖掘机布药如图2所示。

装药操作时履带式长臂挖掘机行至指定位置，在堤头上用长臂挖掘机，配备连接加长杆（根据淤泥深度配置）的装药器，将药包（连上支导爆线）置于装药器内，通过挖掘机的行走和旋转将装药器定位，在设计的药包埋置位置上用长臂挖掘机把连接加长杆的装药器压入淤泥内进入设计埋置深度，挖掘机臂上提，药包在配重和淤泥、水压作用下落至设计深度位置，只由支导爆线在地面与主导爆线连接。提起装药器进行下一循环作业。本工艺埋设一个单药包约5min。

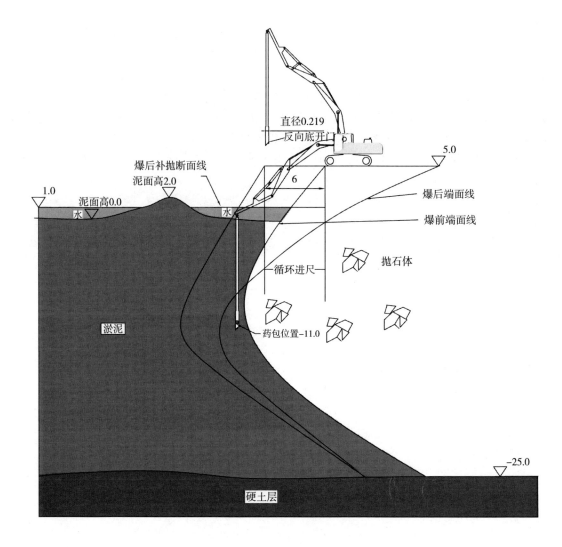

图2 改装CAT320B挖掘机布药图示

（3）超高填筑。

为了使堤身的石材能利用其自重充分下沉，装好炸药包群后，在推进方向的堤头位置应超高填筑一定的石方，宽度与推进的堤身相同，高度约4～5m，沿推进方向长度约10m，具体由淤泥的厚度与单循环进尺以及爆破系统的选择计算，再通过试验调整确定。当爆破时随着淤泥强度的瞬间减弱与爆坑的形成以及爆破的震动作用，该超高填筑部分在自身重力作用下，迅速向前定向滑移，加强了定向滑移爆破挤淤的效果。

6　应用工法效果情况

由于采用定向滑移爆破，海堤截面可控度高，前海填海区海堤填筑及软基处理工程质量达优，能满足设计的断面要求；通过雷达扫描及抽芯检验，海堤落底效果较好，芯样的泥石混合层厚度为0～30cm，海堤沉底效果十分理想，远低于设计要求的堤底泥石混合层小于1.0m的标准（见图3，图4）。

图3　海堤爆破图

图4　海堤效果图

7　几点体会

（1）采取堤头超高堆填措施，提高了堤头石材的势能，在进一步发挥石材自重的同时配合爆破挤淤，大大提高了爆破定向滑移的效果，海堤的整体推进和落底的效果大为提高。

（2）该工法利用群炮同步爆破使石堤整体推进，可改进普通爆破挤淤方法中单次堤头炮用药量过大、抛石推进效果不理想的不足，在经济性、适用性和可操作性上具有较大的优势。

（3）采用长臂反铲挖土机及时进行堤头清淤，对淤泥表面的结壳层或表面砂砾沉积层以及实施爆破挤淤时引起的堤头产生隆起的淤泥包进行清除，提高爆破挤淤的效果，增强了爆破挤淤对复杂地质条件的适用性。

（4）采用石材进行泥、石的置换，形成的稳定性良好的堆石体既是堤身材料也提供了施工工作面，可节省铺设施工辅道或采用其他施工机械或施工措施的费用。

（5）由于没有现成的规范可循，所以在施工过程的工艺、质量控制、安全保证措施、环境影响监控及评估等均必须制定严谨的方案并严格地执行。在周围环境复杂的特殊地段的实施应适当考虑爆破振动对于周围环境的影响。

参 考 文 献

[1]　中华人民共和国交通运输部 . JTS/204—2008 水运工程爆破技术规范［S］.北京：人民交通出版社，2009

[2]　王田等，王峰，张阳 .大进尺爆破挤淤筑堤施工方法的探讨［J］，爆破，2011.09

[3]　张建勋，汪旭光，黄良材 .关于规范中爆破排淤填石的爆破设计若干问题探讨［J］.水运工程，2010

[4]　张翠兵 .厚层淤泥中采用爆炸定向滑移法修筑防波堤机理研究［D］.北京：铁道部科学研究院，2001

[5]　李婉群，孙凌姣，易先长 .防波堤工程软基爆破挤淤设计与施工［J］.水力发电，2010

浅谈几种新型钢—混凝土组合梁剪力连接件

苏辅磊

（南京工业大学，南京　210009）

[摘　要]钢—混凝土组合梁是组合结构中应用最为广泛的结构形式之一。其共同工作的能力决定于钢梁和混凝土之间的组合程度，而钢梁与混凝土之间的组合程度又主要取决于剪力连接件的连接作用。本文对近年来出现的一些新型剪力连接件进行了总结，并归纳了它们的构造特点以及受力性能，以促进新型连接件在组合结构中的应用。

[关键词]新型；钢—混凝土组合梁；剪力连接件；受力性能

0　引　言

组合结构是指由两种或两种以上结构材料组成，并且材料之间能以某种方式有效传递内力，以整体形式产生抗力的结构[1]。钢—混凝土组合梁是在组合结构中应用最为广泛，也最具代表性的结构形式。其受力优势体现在混凝土和钢的组合作用，而剪力连接件是钢梁与混凝土板实现组合作用发挥的关键。

国内外很多学者对钢—混凝土组合梁的连接件做了大量深入的研究，从早期的弯筋连接件、槽钢连接件和方钢连接件到后来的栓钉连接件，并且各国都将其写入规范和规程中。目前工程界使用较多的剪力连接件为栓钉，但是栓钉连接件需要一定的焊接设备和工艺要求，焊接作业量大，焊接质量受人为因素影响大。然而随着建筑技术的发展，新型的组合梁和抗剪连接件不断出现。文章从构造及力学性能等方面对各种新型连接件作简要介绍。

1　新型连接件形式的分类及其特点

剪力连接件的主要作用是传递钢梁和混凝土翼缘板之间的纵向剪力，同时也起到抵抗混凝土板和钢梁之间的掀起作用。剪力连接件的形式很多，按连接件的变形能力可以分为柔性连接件和刚性连接件两大类。前者在极限状态时既限制钢梁和混凝土板之间的相对滑移，又允许有一定的相对滑移；而后者完全不允许有相对滑移。

随着建筑技术的发展，人们已不再局限于常规的剪力连接件，经常将各种刚性连接件与柔性连接件结合在一起使用。近年来出现的几种新型连接件，按照连接件形式分类，分别为：PBL连接件、埋入式连接件、无上翼缘腹板开孔连接件、翼缘型开孔波折板连接件、半圆形连接件、H型钢连接件、锯齿形连接件、销式剪力连接件。

1.1　PBL连接件

1.1.1　PBL连接件的构造及作用原理

20世纪80年代，德国斯图加特大学Otto-Graf学院对一片试验连续结合梁进行了试验，在钢梁上翼缘叠焊钢板，钢板上开孔，这样在浇注混凝土板时，钢板孔洞中会产生混凝土榫来抵抗剪力流，这是PBL连接件的雏形[2]。

普通PBL连接件即开孔直钢板抗剪连接件是利用钢板圆孔中的混凝土榫承担钢与混凝土

间的作用力,它沿钢梁的纵向布置,钢板上的孔洞中可设贯通钢筋,也可不设。开孔钢板抗剪连接件的形式经过发展,形成了 Twin-PBL 抗剪连接件和 S-PBL 抗剪连接件形式,见图1。

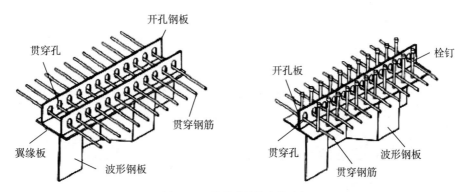

图1　PBL 抗剪连接件连接示意

1.1.2　PBL 连接件的受力性能

PBL 连接件的受力性能主要取决于混凝土和穿孔钢筋。钢板开孔中的混凝土榫起着重要的作用,它能抵抗钢板与外包混凝土间的作用力,加强了钢板与混凝土间的接合,而 PBL 剪力键贯通钢筋的存在,使得混凝土处于三向受压状态,混凝土强度得到提高,明显提高了试件的受力性能。

1.1.3　PBL 连接件的破换模式

关于 PBL 连接件的破坏模式可分为以下3种情况[3]:

(1)贯通钢筋出现屈服现象;

(2)钢板孔中的混凝土发生破坏;

(3)钢板两孔之间的钢板发生剪切破坏。

PBL 剪力连接件破坏模式如图2所示。当设置穿孔钢筋时,最终是混凝土压坏,钢筋屈服。

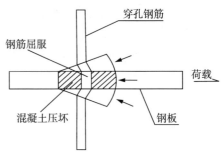

图2　PBL 连接件(带穿孔钢筋)破坏模式

1.2　埋入式连接件

1.2.1　埋入式连接件的构造及作用原理

埋入式连接件,实际上是在 PBL 连接件的基础上对波纹腹板与混凝土翼缘板的连接进行了优化处理。传统的钢—混凝土组合桥的钢梁总是有上翼缘的,而它是直接在波纹腹板上打孔,孔内可穿钢筋,见图3。

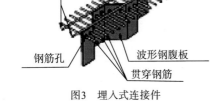

图3　埋入式连接件

其优点就是避免了连接件与钢梁之间连接焊缝的疲劳破坏,且连接件与钢梁本身就为一体;另外由波纹腹板的斜钢板承担一部分剪力,这对于孔间钢板的受力无疑是一种贡献。埋入式连接件能在钢梁与混凝土之间提供强大的连接作用,因而钢梁的上翼缘可以取消。由于剪力连接件中斜向钢板抗剪能力较强,从这一点来说,埋入式连接件更不易发生孔内的混凝土榫被剪坏。

1.2.2　埋入式连接件模型分析结果

根据2007年张霞,向中富[4]对栓钉连接件,PBL 连接件以及埋入式连接件的有限元模型对比分析可知：

（1）变形：埋入式连接件是刚度最小的，它承载能力比前两种小，且波纹腹板的相对变形却要大得多，其原因是埋入式连接件没有前两种连接件的底钢板，缺少纵向约束，使其刚度大大减小。

（2）正应力：埋入式连接件的正应力分布很有规律，在连接件的根部承受较大的压应力，随后随着连接件的高度变化，呈线性地逐渐降低，在连接件的顶部会有较小的拉应力存在。

（3）纵向抗剪：埋入式连接件由于是直接采用波纹钢腹板的顶部作为连接件，直接与混凝土板连接起来，并无焊接钢板。这里就充分利用了波纹板的优点，从横向刚度来看具有很大优势，同时波纹钢板的剪切能力也较平钢板有很大的提高；且孔间板的剪应力分布较 PBL连接件更均匀，只是在梁端出现较大值。

1.3　无上翼缘腹板开孔连接件

1.3.1　无上翼缘腹板开孔连接件的构造及作用原理

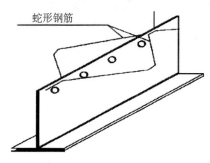

蛇形钢筋

图4　无上翼缘腹板开孔连接件

2010 年张兴虎、杨威[5]等提出了一种新型连接件，即在倒 T 形截面钢梁腹板上边缘部分开孔，钢梁腹板开孔上边缘布置连续的蛇形钢筋，并将混凝土浇入其中从而形成连接件传递剪力。该型连接件主要是通过蛇形钢筋与混凝土榫来抵抗沿梁纵向的剪切作用，而且由于蛇形钢筋和混凝土榫的存在使连接件与混凝土结合更加紧密从而能有效的抵抗"掀起"作用。为了取得更大的抗剪能力，也可在孔洞内布置贯通钢筋。具体连接件形式见图 4。

1.3.2　无上翼缘腹板开孔连接件受力性能

采用推出实验的方法对这种连接件受力性能进行了研究。

（1）从破坏形式上，试件的破坏均为混凝土压碎；从破坏形态上，试件在加载过程中不仅出现纵向主裂缝，而且在布置贯通钢筋与蛇形钢筋位置的混凝土表面也出现裂缝，说明二者受力明显。

（2）根据实验测得的数据，可得推出试件的荷载—滑移曲线。从荷载—滑移曲线形态来看，由于设置蛇形钢筋，试件在达到极限荷载后表现出了明显的延性，说明蛇形钢筋能较大程度的改善连接件的受力性能。

（3）设置了贯通钢筋的连接中，构件的承载能力有所提高。

通过考虑各种因素，做出多种有差异的试验构件，研究其承载能力，最终得到影响此类抗剪连接承载能力的因素。腹板开孔，配置横向箍筋，在腹板孔洞中设贯穿钢筋以及蛇形钢筋都能提高抗剪连接的承载能力，其中蛇形钢筋与封闭箍筋能较大幅度的提高连接件抗剪承载力，并有较好的延性。

1.4　翼缘型开孔波折板连接件

1.4.1　翼缘型开孔波折板连接件的构造及作用原理

开孔波折板连接件即在 Twin-PBL 和 S-PBL 抗剪连接件的基础上，通过研究及改进，提出一种新型开孔波折板抗剪连接件[6]。即将 Twin - PBL 抗剪连接件（见图1）中的开孔直钢板用开孔波折钢板代替，见图5。波折钢板孔中的混凝土和钢筋一起形成钢筋混凝土抗剪榫。水平剪力由波折钢板的斜折板以及钢筋混凝土抗剪榫共同抵抗。

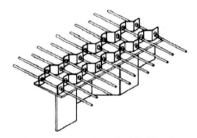

图5 开孔波折板抗剪连接件示意

1.4.2 翼缘型开孔波折板连接件的特点

（1）波折钢板上设置有孔，焊接在翼缘板上，不需要专用的焊接设备，加工方便；开孔波折板沿翼缘板纵向布置，可以起到加劲板的作用。

（2）波折钢板与翼缘板的焊缝为折线，在沿梁纵向的单位长度上，比开孔平钢板与翼缘板之间的焊缝要长，所以在剪力一定的情况下，波折钢板与翼缘板之间的焊缝剪应力比开孔平钢板与翼缘板之间焊缝上的剪应力低。

（3）水平剪力由波折钢板的斜折板以及波折钢板上带钢筋的混凝土销来共同抵抗，因而具有比开孔平钢板连接件更强的抗剪性能。

1.5 半圆形连接件与 H 型钢连接件

1.5.1 两种连接件的构造及作用原理

从目前常用的抗剪连接件的缺点可以看到，要提高抗剪连接件的承载力，寻找更有效的新型抗剪连接件，首先要从增加连接件的承压面着手，同时还要增加其抗弯刚度，以减小由过大的变形而引起的压应力过度的集中。图6给出了两种在这一思路上初步设想出来的新型抗剪连接件，即半圆形连接件和 H 型钢连接件[7, 8]。它们具有承压面积大、刚度大的特点，其中设置的钢筋用以提高抗剪连接件在混凝土中的抗拔能力，以提高延性，争取做到在增强刚度的同时也能保证具有足够的变形能力。

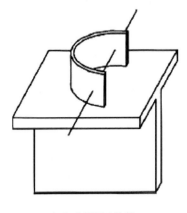

（a）半圆形连接件

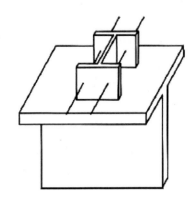

（b）H型钢连接件

图6 两种新型连接件

1.5.2 两种新型连接件的受力性能

（1）通过相关试验我们可以知道，混凝土的强度的大小决定了抗剪连接件的破坏形式，若混凝土标号较高，抗压强度较大，即抗剪连接件相对于混凝土较弱，那么抗剪连接件呈现拉剪破坏；若混凝土强度较低，抗剪连接件较强，抗剪连接件在受力时，前方的混凝土受压，连接件根部的混凝土产生压应力集中现象，发生局部受压破碎。

（2）抗剪连接件的大小决定了抗剪面积的大小，抗剪连接件截面积越大，抗剪面积也越大，抗剪性能越好，若试件中混凝土强度较大，相对于抗剪连接件较强，那么抗剪连接件较容易出现剪断破坏，此时，若抗剪面积较大，则其被剪坏的可能性就较小，承载能力也越高。

（3）钢筋在其中起到了较大的抗拔作用，而且，试件在受压的过程中，抗剪连接件中穿的钢筋卡在了混凝土块中的钢筋笼里面，因此增大了抗剪连接件的抗拔能力。

1.6 锯齿形连接件

1.6.1 锯齿形连接件的构造及作用原理

锯齿形连接件钢—混凝土组合梁，即将钢梁腹板一边做成锯齿形，锯齿通过钢板剖分或工字钢、H 型钢的腹板剖分形成，锯齿部分充当剪力连接件[9, 10]。由于钢梁上翼缘的主要作用是为剪力连接件提供安装位置及与下翼缘、腹板一起构成钢梁，在浇筑混凝土板时承受施工荷载及提供施工时的稳定性；而在正常使用阶段由于组合梁中和轴与钢梁上翼缘很接近，钢梁上翼缘对组合梁的强度和刚度作用很小，所以可以考虑取消钢梁上翼缘。见图 7。

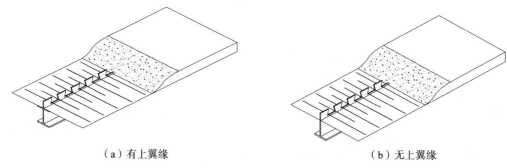

（a）有上翼缘   （b）无上翼缘

图7　新型锯齿形连接件组合梁

1.6.2 锯齿形连接件的破坏模式

锯齿形连接件较栓钉剪力连接件是一种相对刚性的连接件，在纵向剪力作用下连接件的变形很小，容易引起周围混凝土的应力集中，造成混凝土的局压破坏。试件破坏主要表现为在荷载作用下混凝土板内连接件后的混凝土大片脱落，同时出现滑移，最终在极限荷载作用下，在混凝土板内连接件根部的混凝土被局部压碎，但若连接件尺寸较小且混凝土强度较高，连接件根部也会被拉裂。

1.6.3 锯齿形连接件的受力性能

（1）这种新型钢—混凝土组合梁具有较好的刚度、承载力和延性。

（2）钢梁上翼缘对组合梁的抗弯、抗剪承载力及刚度影响很小，几乎可以忽略，因此可以考虑适当减小或取消钢梁上翼缘。锯齿形连接件在组合梁中的工作状态基本处于弹性阶段，钢与混凝土之间的滑移很小，钢与混凝土板之间有良好的整体工作性能与良好的组合效应。

（3）在弹性阶段，混凝土板和钢梁之间几乎不产生相对滑移，符合平截面假定，但混凝土纵向开裂和试件屈服后，混凝土板和钢梁之间产生相对滑移，无上翼缘钢板的组合梁相对滑移略大。

（4）横向钢筋对延缓混凝土板纵向裂缝的发生和开展起非常重要的作用，若横向钢筋不足，则混凝土板会发生纵向劈裂破坏。

1.7　销式剪力连接件

1.7.1　销式剪力连接件的构造及作用原理

基于钢—混凝土组合空腹板架及空腹梁结构[9, 10]（见图8），提出了一种销式剪力连接件。销式剪力连接件（见图9）是将两块槽钢焊接于空腹板架结构腹部钢管短柱的上盖板上或组合梁的钢梁上，用以抵抗钢板或钢梁与混凝土

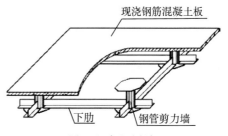

图8　组合空腹板架

板交界面处的纵向水平剪力，其中槽钢翼缘还可承受竖直向上的掀起作用。

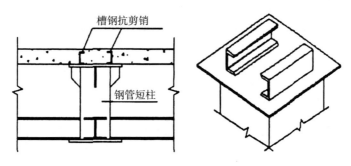

图9　销式剪力连接件

1.7.2　销式剪力连接件的受力性能及改进

对于此种连接，同时采用了有限元分析和试验研究，结果表明剪力连接的破坏形态和理论分析吻合较好。销式剪力连接件属柔性抗剪连接，通过槽钢与混凝土之间的局部承压来平衡水平剪力，由于槽钢腹板较柔，混凝土的局部承压抵抗仅限于槽钢根部附近区域，该区域应力集度非常大；理论分析及试件试验很好地验证了这一点。从试验破坏形态可以看到，销式剪力连接件靠近承压端的槽钢应力水平远高于较远的槽钢，若混凝土强度过低将导致较远槽钢无法很好地参与工作，此时可考虑在销式剪力连接件两相扣的槽钢内部或上翼缘间或腹板上部打孔设置附加钢筋，联系两个分离布置的槽钢，提高其整体工作性能（见图10）。

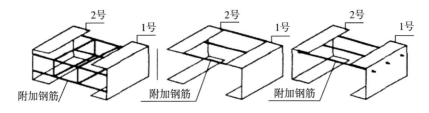

图10　销式剪力连接件改进示意图

2　结　语

近些年来，业界一直在致力于研究更为新型、高强、方便、安全以及廉价的剪力连接件。研发新型剪切连接件至关重要，这些剪切连接件应具有承载力高、塑性变形能力强、延性好、可用通常材料和生产、施工方便、又省材等特点。本文提到的几种剪力连接件并非完善，有些已经在工程中得到应用，有些还处于初步的研究阶段。所以，对于一些新型剪力连接件，

需要进一步研究此设想的可行性，有待于在今后的实验和理论分析及计算中证实、完善、掌握和发展。

参 考 文 献

[1] 陈忠汉，胡夏闽．钢—混凝土组合结构设计［M］．北京：中国建筑工业出版社，2009

[2] 谢红兵，柯在田，林广元，等．在动载作用下的连续结合梁的设计［J］．国外桥梁，1998（4）：12-20

[3] 赵成栋．PBL键机理与实验研究［D］．西安：长安大学，2010

[4] 张霞，向中富．钢—混凝土组合梁中两种新型连接件的有限元分析［J］．重庆交通学院学报，2007，2（4）：5-8，35

[5] 张兴虎，杨威，姜维山，李亚莉．组合梁新型连接件抗剪性能试验研究［J］．西安建筑科技大学学报，2010，42（4）：492-498

[6] 李淑琴，万水，陈建兵．一种新型抗剪连接件试验研究［J］．桥梁建设，2009，（4）：17-19

[7] 刘秋华，周东华．新型抗剪连接件的性能分析［J］．工程结构，2010，30（5）：158-159，166

[8] 刘秋华．新型抗剪连接件的实验研究［D］．昆明：昆明理工大学，2010

[9] 黄炳生，黄顾忠．新型剪力连接件钢—混凝土组合梁静力试验［J］．哈尔滨工业大学学报，2007（39）：283-286

[10] 黄顾忠．新型剪力连接件钢—混凝土组合梁静力性能研究［D］．南京：南京工业大学，2007

[11] 黄勇，任伟鑫，吕晓，宋佳．组合结构中两类新型剪力连接件的研究分析［J］．贵州大学学报（自然科学版），2010，27（3）：97-100

[12] 宋佳．钢—混凝土组合空腹板架结构中新型剪力连接件研究［D］．贵阳：贵州大学，2008

[13] 李国强，司林军，李现辉，李亮．腹板嵌入式组合梁抗剪性能试验［J］．同济大学学报（自然科学版），2011，39（4）：482-487

[14] 李国强，李亮，李现辉，司林军．腹板嵌入式组合梁抗弯性能理论和试验研究［J］．土木建筑与环境工程，2011，33（3）：1-8

岩土工程贯彻环保节能理念新思考

陈家冬[1] 吴 亮[1] 汪小健[1] 别小勇[2] 刘建忠[2]

（1. 无锡市大筑岩土技术有限公司；2. 无锡市建筑设计研究院有限责任公司）

[摘 要] 本文论述了岩土工程中的环保节能低碳及可持续发展的一些技术与理念，并着重提出了在岩土工程中建立以碳排放量及耗能耗材最低的评价指标体系，对于环境保护、节约能源有着非常重要的意义。

[关键词] 环保；节能；碳排放量；土与水的合理利用

1 概述

保护人类生存的环境，实施可持续发展战略，已成为 21 世纪国际社会"环境与发展"的重要课题之一，低碳、环保、节能、可持续发展已成为岩土工程师在其建筑活动中必须去重视与思考的课题内容。建筑工程中大量使用的水资源及钢铁在其生产及冶炼中将耗去大量的煤炭及石油，并排放出大量的温室气体，而温室气体是引起地球温室效应的主要元凶，温室气体有很多种类，其中最主要是 CO_2 温室效应会促使全球变暖，从而引起地球发生灾难性的事件，如海平面升高、世界粮食减产，现存的生态环境将受到严重破坏。

人类的活动离不开建筑、居住、工业生产、商业活动等，而这些都需要建造大量的房屋及构筑物，尤其近几年来大量的地下空间的开发利用，使得岩土工程也成了大量耗能、耗资源的一个行业。

近年来，国家在建筑节能方面制定了许多法规、条文及导则，大多数集中在建筑物或构筑物建造后的使用方面，而在建造过程中，采用节能环保的施工方法、建筑材料、设计理念等方面有所缺失。在岩土工程领域中，岩土工程师中的有识之士提出了比较碳排放量建造工程的概念，这一概念的实现可使岩土工程师在完成他的作品过程中，使得碳排放量达到最低（每生产一吨水泥要排放出 0.75～1t 二氧化碳，每生产 1t 钢材要拍出 1.8～2.0t 二氧化碳），为了达到减少碳排放量的指标，我国拟在 2012 年开始征收二氧化碳排放税。目的是减少碳的排放量以保护人类共同生活的地球。

2 岩土工程设计中的环保节能技术理念

岩土工程设计中是达到环保节能目标的第一个步骤，岩土工程师在每一个设计步骤中，都应该充分考虑低碳、节能、环保的设计方案，在设计思路、材料选取、能源利用上尽量采用低碳零排放理念的手段进行设计。

2.1 浅基坑

深度 5m 以内，充分利用土层的自身特性，设计中应用 C、ϕ 值，或采取降水提高 C、ϕ 值，在基坑土体稳定的前提下，采用彩条布等简易覆盖。从低碳角度考虑也可采用打木桩稳定坡脚坡体的方法，也可采用图 1 所示的竹筋喷锚技术（一种用竹子代替钢筋的岩土工程技术）进行支护，采用喷锚支护时，尽量减薄其厚度，在计算许可的前提下，减小钢筋直径，减短

图1　竹筋喷锚技术应用实例

钢筋长度，尽量少用钢材、水泥及矿物料。在结构计算允许的条件下喷锚工程中的加强筋放在喷锚面层的外侧以便可回收。

2.2　中等深度基坑

深度5～10m之间，如上部土层较好，可尽量采取上半部放坡，下半部考虑刚性桩作支护，这样支护桩的长度可大大减少。如计算条件许可，尽可能采用耗能、耗材少的管桩作为支护结构，而不采用耗能多、耗材多又排污多的钻孔灌注桩，如图2。即使采用钻孔桩，尽量考虑采用干钻法或旋挖法施工的灌注桩；用干钻法或旋挖钻机施工的桩，排污量极少，特别是没有泥浆排出，符合环保施工的要求，如图3。

图2　中等深度基坑管桩支护

图3　干钻法施工灌注桩

2.3　较深深度基坑

深度10m以上，根据深基坑内力值的计算特点，其弯矩值一般较大，抵抗弯矩最有效的方法是增加配筋量，故可选用合适的混凝土标号，而不是要加大混凝土标号。因为加大混凝土标号会增加大量水泥，而此时的配筋量又不会减少。在地质条件许可情况下，施工时应优先采用干钻法或旋挖法的环保节能施工方法，以上两种施工非常省电又非常省水，从表1中可以看出其节能环保的效果。

几种不同钻孔法施工桩的耗能表　　　　　　　　　　　　　　表1

钻孔方法	使用电功率	每立方混凝土耗电	每立方混凝土耗水	每立方混凝土排干（污）泥
水钻孔法	60kW	6kW·h	4.5t	5m³泥浆
干钻孔法	25kW	3kW·h	1t	1m³泥浆
旋挖钻孔法	45kW	4kW·h	1t	1m³泥浆

较深深度基坑一般都要考虑地下结构的抗浮，故设计时应充分利用其支护桩作为地下结构的抗浮桩，这下地下结构中可以少布置抗浮桩，减少钢筋及混凝土的用量，以达到环保节能的目标。

如特别深的基坑（超过 20m 深度），如采用地下连续墙支护结构的，应尽量考虑采用逆作法的结构体系，这样可不用钢筋混凝土支撑。结构设计时应尽量使用围护结构的地下连续墙作为地下室的外墙，减少地下结构的钢筋混凝土用量。

2.4 桩基础

在同等设计承载力条件下采用耗材量最少的桩型作为设计实施方案，如选用预应力管桩，预应力空心方管桩，从保护环境角度可选用预制型桩，少用排污量大的水钻孔桩；如必须要选用钻孔型桩，则在施工机具选型上尽量选用干挖钻机或旋挖钻机施工方法，以降低耗能及减少对环境的污染。

在多层建筑中，应尽量采用木桩作为首选桩型，并制定相应的木桩标准图集，从上海国际饭店选用木桩的经验来看，木桩的使用寿命已超出我国一般建筑物使用期限 50 年以上，故选用木桩其使用寿命能满足建筑物使用期的要求。

在设计过程中应采用比较方法进行设计，即对桩径、桩长、桩数进行设计比较，以达到耗能耗材最优的方案作为可选方案。

在设计中应尽量选用薄壁筒桩等高性能、高承载力桩型。

2.5 地基处理

在设计中首先要考虑因地制宜，充分利用当地的现成资源，其次所选方法应是耗能、耗材最少，在有填料的地基处理方案中，应优先使用拆除下来的废旧混凝土、废旧砖及瓦作为填料；在大面积软土地基处理中，应优先采用强夯、真空预压等耗材少的设计方法。

2.6 设计中的一些环保节能的新思路

（1）在结构安全度得到保证的前提下，建立以碳排放量最少为评价指标体系的设计方案作为可施工方案。

（2）在结构安全度得到保证的前提下，选用耗能、耗材（资源）最优作为评价体系的设计方案。

（3）桩基、地基处理设计中充分利用可再生材料作为结构体，这样可大大减少矿产的开采，最大限度保护矿产资源。

（4）最大限度的减少使用冶炼及烧结的材料，多使用竹木等自然生长的材料，以减少碳排放量。

（5）多选用可循环使用的材料，如基坑支护中的型钢支撑、SMW 工法中的工字钢等。

（6）在基坑支护中尽量多选用 SMW 工法桩作为支护。

（7）在设计可能的情况下，不设置抗拔桩，充分利用降水管井建立自渗流体系的装置，可永久利用渗上来的地下水。

（8）轻型井点降水体系中，尽量采用竹管或 PVC 管代替钢管作为降水管使用。

3 岩土工程施工中的环保节能技术理念

岩土工程的施工是一个大量耗能、耗材及对环境产生一定破坏力的过程，在此过程中怎样达到低碳及对环境少破坏是岩土施工人员必须追求的目标。

3.1　土的合理利用

岩土工程一般情况下都需要挖除大量的土方，而这些土方除一部分用作填方外，余下的都必须堆放在地表上，这样就占用了大量的堆置土地，极大的浪费了土地资源。故在大量挖土的区域及城市，可建立一定量的砖瓦厂，消耗掉挖出的无处可堆的土，这些弃土烧成的砖又可用在房屋上，这样就充分利用弃土资源，又可大大减少堆置场地。

以区为单位建立挖填土的管理信息网络（如土方"银行"、"堆山"、回填信息的管理、回填垃圾分类），尽量做到挖填土平衡，挖出多少土方就能平衡利用多少土方。

3.2　地下水的合理利用

地下工程大多数工程都要采取降低地下水，在整个施工期间通过管井或轻型井点将有大量地下水排出，这些排出的水可用管网及沉淀池沉淀再次使用到工程中去，如可以利用此水作为生活用水、冲洗场地用水或排入钻孔桩的清水池中用作钻孔桩施工用水等。这样每个工程可大大减少城市自来水的使用量，达到节约水资源的目的。在地下水合理利用中，切不可将污水回灌造成地下水的污染。

图4　现场管理项目部利用太阳能

3.3　太阳能的合理利用

工地员工洗澡尽量安装太阳能热水器，少用或者不用电热水器，在天气阳光好的时候，可采用太阳能灶烧饭做菜，如图4；在经济条件许可情况下，可采用太阳能硅板发电作为照明用电。

3.4　地热泵的合理利用

冬天可采用地源热泵技术进行采暖，尽量不用电空调；减少电能的消耗。

3.5　泥浆固化

水钻孔法施工会产生大量的泥浆，每浇筑一立方混凝土就要排出 4.5m³ 泥浆，此大量的泥浆造成了对环境的污染，故应用泥浆固化技术对排出的泥浆进行固化，固化后形成干泥，减少了对环境的污染。

3.6　节电

工地的照明用电应尽量采用 LED 灯或节能灯，以达到节电的目标。

3.7　雨水的利用

特别是较大面积的基坑，应把基坑排水与雨水的合理利用结合起来，把下雨后的雨水集中在集水坑与池子中，简单过滤后可作为工地的生活用水（非饮用水）使用。

3.8　施工机械的选取

在满足设计与规范要求的前提下，应选用用电用水量最节约的施工机械进行施工，在施工技术方案中，应列出水电消耗比较的结果，以便确定选取哪种机械施工。

3.9　施工材料的选取

在满足设计与规范要求的前提下，应尽量使用自然生长的竹、木等材料；尽量使用可再生利用的材料，如再生混凝土、再生砂浆等材料；尽量使用可反复循环使用的材料，如SMW 法中的型钢、基坑中的型钢支撑等。

3.10　施工资料的无纸化

因做施工资料需要大量的纸张，可建立一套完整的电子文档标准，实现工地无纸化工作，这样可节约大量的纸，减少森林木材的用量。

4　岩土工程环保节能尚需进一步探索的问题

岩土工程是土木工程的一个分支，岩土工程实施过程中对环境的影响以及实施过程中耗能、耗资源也是巨大的，怎样来减少对环境的破坏并以最小耗能耗资源的方式来实现工程目标是每个岩土工程工作者追求的目标，也是每个岩土工程工作者的责任。

（1）在岩土工程的设计与施工中建立以碳排放量为指标的评价体系，并以定量的指标来划分，编制分析评价软件，确定分数值。

（2）建立耗能、耗资源的评价体系，并以定量的指标来划分，编制分析评价软件，确定分数值。

（3）在基坑喷锚支护技术中，采用秸秆喷射混凝土技术，即在喷射混凝土中掺合一定量的秸秆材料，这样可以消耗掉一定量的农村秸秆（农村中的秸秆大部分在田里烧掉，影响环境），达到环保的目的。在达到喷射混凝土强度的前提下，秸秆的掺合量应做一定的实验。

（4）目前泥浆固化技术比较耗能，应进一步探索最低耗能并可靠的泥浆固化技术，并进一步探索固化后的泥浆再利用的课题。

（5）基坑抽出的地下水，除可利用一部分外，大部分排入地下水道一起流入城市的污水处理厂进行处理，实际上地下抽出的水比较清洁，可否通过敷设一些临时管网直接排入河道，这样可节约一定量的污水处理费用。

5　结语

环保、节能、低碳及可持续发展的理念逐渐被人们所接受，岩土工程是土木工程中大量耗能耗材、并对环境产生一定破坏的一个分支，在达到工程建设目标的前提下，以最低耗能耗材、最低排碳量的设计与施工方法是岩土工程师所追求的目标，也是岩土工程师的责任。

岩土工程设计与施工的可持续发展是指循环利用能源、水和材料，利用大自然简单可取、价格低、可循环再生的资源，把对资源的索取和对自然的破坏降到最低。

以碳排放量和耗能耗材作为岩土工程设计与施工的评价体系是值得探索的课题，在岩土工程领域尽量多使用竹、木、秸秆等可循环使用的建筑材料，尽量多利用太阳能、多节约水资源、多节约电能，对于能源和环境保护有着非常重要的意义。

参 考 文 献

[1] 马光.环境与可持续发展导论[M].2版.北京：科学出版社，2006

[2] 钦佩，安树青.生态工程学[M].南京：南京大学出版社，1998

[3] 张坤民.生态城市评估与指标体系[M].北京：化学工业出版社，2003

[4] 韩选江.现代结构工程技术开发应用与展望[M].北京：中国水利水电出版社，2003

[5] 韩选江.现代工程与环境优化技术最新研究与应用[M].北京：知识产权出版社，2008

[6] 周朝晖.低碳生态建筑设计策略与实证分析[J].建筑，2011（9）：75-76

建设工程质量与安全监督的集成管理研究

杨太文[1]　刘金灿[2]

（1. 鹤壁市住房和城乡建设局，鹤壁　458030；

2. 同济大学城市建设与工程管理系，上海　200070）

[摘　要]为解决建设工程质量和安全监督的"双轨制"问题，文章在集成和集成管理思想的指导下，以霍尔"三维结构体系"为分析框架，对建设工程质量和安全监督组织集成、过程集成、知识集成的实施进行了研究，从而为建设工程质量与安全监督的集成管理实施建立了基本的理论框架。

[关键词]质量监督；安全监督；集成管理；双轨制

1　引　言

建设工程质量和安全监督分别依据不同的法规和工作导则，在监督实践中，就相应的形成了质量和安全监督工作分别由不同的监督机构组织实施的局面。由于组织分离、流程分离、技术屏蔽、信息孤岛，造成了质量和安全监督工作的割裂，形成了质量和安全监督的"双轨制"。这两个监督体系在各自的职责范围内，对一个过程的两个方面实施监督，互不搭界，互不沟通。质量和安全监督的"双轨制"不仅造成了具有质量或安全隐患的"带病"工程仍能继续施工，还将本可以一次完成的监督工作分成两次进行，影响了现有监督资源优势的充分发挥，同时还造成了对施工过程多头监督的局面。而严峻的建设工程质量和安全生产形势，迫切需要政府改变质量和安全监督的工作局面，因此，在建设工程质量与安全监督实施集成管理，提高政府监督的效率，更好地完成政府监督的使命，便成为当务之急。

2　集成与集成管理的概念与涵义

所谓集成，是将两个或两个以上的集成单元集合成为一个有机整体的过程，集成的目的在于更大程度地提高集成体的整体功能、适应环境的要求，以更加有效的实现集成体的目标，具有互异性、相容性、互补性、无序性等特征。而集成管理是对生产要素的集成活动以及集成体的形成、维持及发展变化，进行能动的计划、组织、指挥、协调、控制，以达到整合增效的目的。或者说，集成管理就是集成主体以集成思想为指导，将集成的基本原理和方法创造性地运用于管理实践，并将组织内外的各种集成要素按照一定的集成模式进行整合，综合运用各种不同的方法、手段、工具，促进各集成要素功能匹配、优势互补、流程重组，从而产生新的系统并使得系统整体功效倍增的过程。

3　建设工程质量与安全监督集成管理的实施

3.1　建设工程质量与安全监督集成管理系统的"三维结构体系"

1969 年，美国系统工程学者霍尔提出了系统工程三维结构，并将活动的三个方面用空间直角坐标系形象地表示出来，为解决大规模、复杂系统提供了比较科学的思想方法。在建设工程质量与安全监督集成管理中，逻辑维的实质就是要将参与建设工程监督的质量和安全监督机构形成一个集成化的管理组织，这个集成管理组织要对一个项目从开工到竣工整个施工阶段的质量和安全监督进行全过程的统筹规划与动态管理。建设工程施工阶段也是按时间顺序展开的，因此，质量与安全监督集成管理系统的时间维实质就是建设工程的施工进程。对于质量与安全监督集成管理，知识维主要包括质量和安全方面的监督业务知识、监督业务技能和监督信息。建设工程质量与安全监督集成管理系统的"三维结构体系"如图1所示。

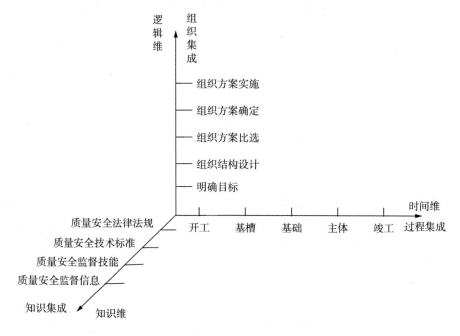

图1　质量与安全监督集成管理系统的"三维结构体系"

3.2　建设工程质量与安全监督的组织集成

界面为表述事物相互联结、相互作用的状态，可以表现为有形体，但在管理界面中大多数是无形的。集成管理的本质在于整合，于是导致界面泛化的出现，即界面越来越趋于宽泛、淡化和与结合部融为一体，表现在纵向界面上，是指结合的要素呈一体化发展，表现在横向界面上，是指结合的要素交融更紧密，界面渐趋模糊。横向界面的模糊控制通常需要作到跨职能整合、充分沟通、协商合作等几点。

建设工程质量与安全监督组织集成是指在整合增效思想的指导下，以界面管理理论为组织集成的原则，把质量和安全监督机构联合起来，组成一个协调统一的对整个施工阶段质量和安全实施监督的组织机构。根据监督界面的性质和集成的程度，建设工程质量与安全监督的组织集成有两种类型。

组织集成类型I，建设行政主管部门将质量和安全监督任务分别委托给不同的监督机构，但委托机关可以以文件、行政命令等方式要求监督机构之间进行交流与合作，很明显，这种组织集成的界面在监督机构之间。两个监督机构虽然权力来自于同一个主管部门，但由于受委托的职能不同，他们在各自的职能权限内开展工作，分别对自己权限内的工作承担责任，二者在平时的监督工作中很难形成自觉的有效互动。在这种组织集成类型中，建设行政主管部门实际承担着集成组织这一重任，质量和安全监督机构之间的业务交流与合作都需要通过委托机关才能实现，因此，这种形式的组织集成对监督效果的影响不大。

组织集成类型II，建设行政主管部门将质量和安全监督职能委托给同一个监督机构，即成立质量与安全监督机构，质量与安全监督机构又将质量和安全监督工作交给同一个监督科室组织实施，监督科室再将质量和安全监督工作交给同一个监督小组负责实施。根据我国的有关规定，监督人员在履行监督责任时，不得少于两人，并确定一人为监督负责人。根据目前的监督任务量和监督人员的比例，一个质量与安全监督小组通常由两名监督人员组成，即一名质量监督人员和一名安全监督人员。由于一个监督小组要同时监督多项工程，可以安排两个监督人员分别作为其中一部分工程的监督负责人。组织集成类型II使监督机构、监督科室、监督小组三者都成为质量和安全责任的同一体，将监督界面尽可能的缩小至监督人员之间，再通过对监督人员的任务分配，实现监督人员之间充分的交流与协作。因此，组织集成类型II在各种监督集成组织形式中具有相对的优越性，是比较理想的监督集成组织模式。下面将以组织集成类型II作为监督集成管理的组织形式展开讨论。

3.3　建设工程质量与安全监督的过程集成

建设工程质量和安全监督工作都可以分解为实体检查、行为检查、监督处理和项目管理四个元素，行为检查、实体检查和监督处理是一次监督活动的三个内容，项目管理元素是对监督活动的支持。对质量和安全监督的过程集成可以从项目管理内容的整合、实体检查活动的整合、行为检查活动的整合和监督处理活动的整合四个方面来进行实施。

3.3.1　项目管理活动的整合

本着简化手续、提高效率的原则，将两次监督注册合并为一次，要求建设单位同时提交质量和安全的相关资料，监督机构一次审查完毕，既方便了建设单位，又提高了政府的行政效率。在对工程项目实施监督前，质量与安全监督机构根据工程特点及监理、施工等单位的管理水平等情况，编制《建设工程质量与安全监督方案》，明确监督内容、监督重点、监督方式、监督频率和监督控制点等。监督机构应就编写好的《建设工程质量与安全监督方案》在规定的时间内进行监督交底，将《监督方案》的主要内容书面告知工程建设参建各方责任主体，并填写《建设工程质量与安全监督交底记录》。监督机构可将《质量监督报告》和《安全信用档案》合并，形成《建设工程监督报告》并在竣工验收后，提交给建设行政主管部门，作为其进行建筑市场管理和工程备案的重要依据。

3.3.2　实体检查活动的整合

施工现场监督活动的整合就是在满足质量监督和安全监督要求的前提下，尽可能地将质量和安全检查工作放在一起进行，作到质量和安全监督在检查活动中时时、事事的统一。在办理质量和安全监督手续前，监督机构都需要对施工现场的状况进行查看。由于质量监督现场查看的内容是安全监督现场查看内容的一部分，因此可以将两次现场查看一次完成。监督机构还可以将基槽验收监督检查与基础施工阶段的安全生产评价，主体施工阶段、装饰装修阶段的安全生产评价监督检查与关键部位、关键工序质量核查进行整合。监督人员在设置关键部位关键工序的质量核查点时，应尽量满足安全生产评价部位设置的要求，在完成安全生产评价实体核查的同时，对关键部位关键工序的质量进行抽查。此外，在实施基础、主体分部工程质量验收监督时，要注意抽查相关部位的安全措施情况。要将重大危险源的核查贯穿于每次施工现场的检查活动中，并根据重大危险源的具体情况，适当安排相应的巡查活动。

3.3.3　监督处理活动的整合

建设工程质量和安全监督处理都包括限期整改、停工整改、记不良行为记录、上报行政处罚建议书等四种方式。实施质量与安全监督集成管理后，监督人员会遇到对质量问题所应采取的行政措施与对安全问题所应采取的行政措施不同的局面，如对施工现场存在的质量和安全问题应分别采取限期整改和停工整改时，此时应采取其中比较严格的行政措施，督促有关责任单位认真整改，以减少施工隐患的危害程度。针对有关责任主体质量和安全方面的不良行为，监督人员要如实记录，全面反映。对质量和安全同时存在问题，需要实施行政罚款时，监督机构可以将质量和安全的违法事实、处罚建议等填写在一份行政处罚建议书里，一并提交给建设行政主管部门。

3.4　质量与安全监督的知识集成

建设工程质量与安全监督的知识集成是指在监督实践基础上的监督知识的共享过程，包括监督人员之间的知识共享、个体知识结构化为监督机构的知识、监督信息的共享三个方面。

3.4.1　监督人员之间的知识共享

监督工作所涉及的监督知识包括法律知识、技术标准知识等监督业务知识，以及监督业务技能等，法律知识和技术标准知识属于显形知识，可以通过业务学习予以掌握。而监督业务技能则更多的呈现隐性知识的特征，是监督人员根据自身的监督实践和学习体会在监督工作中发现问题的能力，以及对发现的问题所形成判断和作出处理的能力。监督机构的组织方式为监督知识的共享提供了重要的组织平台，合理的组织结构可以加速知识的扩散和共享。在监督集成组织类型II中，通过将质量和安全监督任务交给同一个监督小组实施，实现了监督小组质量与安全责任的同一体，这是监督人员之间相互学习、知识共享的外在压力。在监督小组中，两个监督人员分别担任不同工程的监督负责人，成为质量与安全监督的主要责任人，这是监督人员之间相互学习的内在动力。在监督工作中，监督小组为质量和安全监督人员提供了面对面观察、学习和交流的平台，不仅有利于监督人员学习和完善质量或安全方面的法律法规和技术标准知识，还有利于监督人员通过近距离的观察、交谈心得等方式，实现监督业务技能等隐性知识的相互学习。

3.4.2　个体知识结构化为监督机构的知识

监督科室要经常性的组织召开本科室内部的业务交流会，及时总结各监督小组的经验，研究监督工作中出现的新问题，并将监督经验以工作总结的方式提交全站予以交流。监督机构要根据监督科室提供的信息，定期召开业务讨论会，将好的监督经验形成文件，上升成制度，并在监督实践予以贯彻落实。因此，从层次的角度，就形成了个体之间的知识共享，个体知识集成为科室知识，科室知识再上升为监督机构的知识，监督机构以制度的方式将其融入到日常的监督工作中的知识流动共享的格局。监督知识的流动如图2所示。

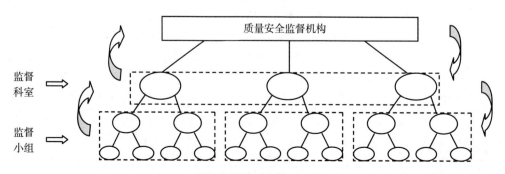

图2　监督知识的流动

3.4.3　监督信息的共享

监督信息是指监督人员在监督过程中所获得的有关项目部和企业的质量与安全行为以及实体质量的相关信息。监督人员在监督过程中发现责任主体存在严重的违法违规行为，或实体质量存在严重隐患时，要及时以简报或网络监督平台的方式向全站和社会予以通报，以便其他监督小组及时调整监督方案，加大对违法违规企业其他工程的监督力度。工程竣工后，监督科室要形成对参建各方主体行为的评价报告，当该企业或项目负责人在承接下一个工程时，监督人员可以根据他们的历史记录，制定监督方案，合理分配监督力量，提高监督工作的效率。

4　结　论

建设工程质量和安全监督的"双轨制"严重影响了现有监督资源优势的充分发挥，造成了对施工过程多头监督的局面，而严峻的建设工程质量和安全生产形势，迫切需要政府改变质量和安全监督的工作局面。本文在集成和集成管理思想的指导下，以霍尔"三维结构体系"为分析框架，完成了建设工程质量和安全监督组织集成的结构构造，过程集成的流程再造，知识的共享，从而为建设工程质量与安全监督的集成管理实施建立了基本的理论框架。

参 考 文 献

［1］　李红兵．建设项目集成化管理理论与方法研究［D］．武汉：武汉理工大学，2004

［2］　吴秋明．集成管理理论研究［M］．北京：经济科学出版社，2004

深基础回转清障法施工技术

王青辉 吴 静 孟 军

（江苏省华建建设股份有限公司（沪））

[摘 要]在历史建筑、交通干道和管线分布密集的周边，采用全回转清障机将地下35米范围内的钢筋混凝土整板基础和灌注桩清除。本文主要围绕保证周边建筑、道路和管线安全的前提下来阐述深基础障碍物清除技术。

[关键词]深基础；全回转清障机；安全监测；清除技术

1　工程概况

由上海洛克菲勒集团外滩源综合开发有限公司投资兴建的黄浦区174街坊项目位于上海市外滩历史文化风貌保护区的核心地块，东起圆明园路，西至虎丘路，北邻南苏州河路，南至北京东路。场地内分布有国泰大楼、文汇报大楼、第一百货商店仓库等建筑物，这些建筑物将拆除后重建为其他功能的新建筑。新建建筑物由三层地下室和四幢塔楼组成，基础埋深17m，沿虎丘路围护结构采用33.5m深800厚地下连续墙与结构墙"二墙合一"，围护结构和工程桩施工前应将原建筑物的基础清除。其中文汇报大楼西侧紧邻虎丘路，南侧为历史保护建筑亚洲文会大楼，地下一层，基础形式为灌注桩＋整板基础。因此清除难度较大，稍有不慎就可能会引起周边道路、管线的变形。地理位置如图1所示。

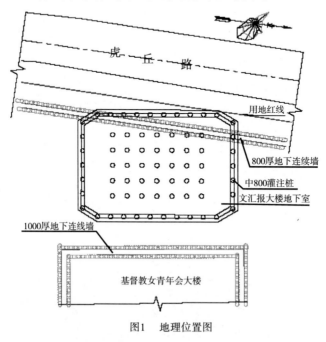

图1　地理位置图

2　周边环境及地下障碍物情况调查

地下障碍物调查主要分两方面同时进行，一方面是到上海市档案馆调查原房屋的设计图纸，另一方面是现场挖探。通过调查文汇报大楼地下室具体资料如表1。

文汇报大楼地下室具体资料 表1

顶板厚度（mm）	底板厚度（mm）	垫层厚度（mm）/底面标高（mm）	基础形式	灌注桩顶标高（m）/灌注桩底标高（m）
300	1500	370/–7.25	φ800钻孔灌注桩	–6.55/–58.60

通过资料和现场分析可知，文汇报大楼地下室大部分位于新建基坑内部，其中西北角部分在基坑围护外部。地下室结构与新建基坑围护的地下连续墙发生冲突，为保证围护结构正常施工及基坑开挖顺利进行，必须在基坑围护施工前将新建建筑范围内的钢筋混凝土基础和灌注桩清除。

文汇报地下室拆除施工场地狭小，西侧是虎丘路，虎丘路下有多条地下管线，其中距离地下室基础外边线2.0m范围内有较多的煤气、上、下等地下管道，埋深1.20～2.0m左右，对变形要求较高。虎丘路上车辆较多，不能作为施工机械的施工平台。可见，本次清除施工场地狭小，周围环境对变形要求较高，清除难度大。

3 地下深基础障碍物清除方案设计

常规的清除方法是开槽施工，但本案例中清除深度达35m，周边道路、管线情况复杂，因此开槽前的围护至关重要。普通的围护已起不了作用，如采用钻孔灌注桩、工法桩甚至地下连续墙来作为开槽围护不仅工期长，而且造价昂贵。因此，本案例主要从不开深槽的角度出发，通过一些特殊的机械达到清除地下障碍物的目的。

3.1 清除方案一

（1）局部开槽加冲孔钻机破碎法。

根据现场勘探和资料分析得知文汇报大楼原地下室沿虎丘路有一排拉森桩，本次拆除可利用原拉森桩（局部利用地下室外墙）作为围护结构，并设置两道钢支撑的支撑围护体系，先将基础底板的混凝土破碎后挖除，并测出每根灌注桩的坐标，然后进行土方回填，最后用冲孔桩机清除灌注桩。

（2）冲孔钻机破碎法简介。

冲孔钻机破碎法是利用冲孔钻机配和大质量锤头将灌注桩的钢筋混凝土打碎，混凝土碎屑通过正循环泥浆冲出的拔桩方法。其施工流程为：拆除地下室底板后回填素土至场地标高→作业平台就位→吊装设备就位→不断落锤将混凝土桩砸碎同时利用正循环泥浆将混凝土碎屑带出→重复第4、5步直至拔桩直设计标高→回填桩孔→主机台定位销撤除→转场至下一根待拔桩基→进行拔桩→清场、竣工、撤离。

（3）方案评价。

该方案在理论上是可行的，但通过深入分析，发现仍然存在一定的隐患：

①原有地下室外围的拉森桩是否完整、原有刚度削减了多少等，最终能否作为局部开槽的围护还有待进一步的检测和考证。

②冲孔钻机破碎法具有设备简单、成本低等优点，但镐头机破碎底板混凝土及冲孔机清桩均存在施工噪声大、对周边扰动较大等缺点，本项目周边均为居民小区，采用该方案存在一定的扰民隐患。

③施工周期长。由于该方案有一定的噪声，不具备夜间施工条件，经过测算从开槽破碎底板至冲孔机破桩结束，大概工期为 150 天，为后续施工的工期带来较大的难度。

3.2 清除设计方案二

（1）全回转分离减摩法。

在不开槽的情况下，利用全回转清障机将与新建筑有冲突处的钢筋混凝土墙板、底板和灌注桩清除。

图2 RTP-350E全回转清障机

（2）全回转分离减摩法介绍。

全回转分离减摩法利用全回转清障机（RTP–350E）配置比桩径略大的钢套管边旋转边切割边钻进，沉入深度超过原桩长后就能够实现对桩有效的分离减摩，减小桩侧摩阻力，从而达到拔桩的目的。见图 2。

（3）方案评价。

①该施工方法是利用先进的施工机械在不开槽的情况下达到清除地下障碍物的目的，控制的要点是在地下障碍物清除后的回填，如回填不好可能会导致地基的变形从而影响周边环境。

②施工时只需配置一台 120t 履带吊（QUY120），这使得地下障碍物清除不需要占太大的工作面，对其他工作没有影响。

③该方案施工过程中噪声低，对周围环境影响小。

④施工周期短，但机械台班费较高。

3.3 设计方案选择

上述两种方案均能达到清除地下障碍物的目的，但本项目要求春节前完成新建建筑地下连续墙的施工，如采用方案一，工期不能保证，第二种方案虽然造价相对较高，但其实用性、安全性、可靠性及工期均优于第一种方案，最终确定采用全回转分离减摩法进行清障。

4 施工方法

4.1 施工流程

场地硬化→新建地下室围护区域、工程桩定位→清障机就位→吊装设备就位→套管回旋压入→回旋偏心切削→槽内抽水、清土→全断面回旋切断→吊运障碍物→孔内回填水泥土→压密注浆→移机进行下一孔清除→重复 5～15 步骤至清障完毕→清场、机械撤离。

4.2 施工准备

采用清障机清障前，首先将清除区域内的场地采用 200 厚 C20 配筋混凝土硬化，以满足清障机和履带吊行走需要。然后将新建筑的围护区域及工程桩在硬化地坪上测量后做好标志，便于清障机有目的的清除。

4.3 机械就位

RTP-350E 全回转清障机主要由底板、回旋机、反力架、配重等形成支座，控制室和液压装置就近布置。首先用 120t 履带吊（QUY120）将底板安放在清障部位，底板清障孔对准需清障处。然后将 31t 的回旋机固定在底板上，并在回旋钻机上套上反力架，将专用配重吊运就位后安装控制室和液压控制装置并与回旋钻机连接完毕。参见图 3。

图3 底座就位

4.4 放入端部套管

用 120t 履带吊将 10m 长、直径为 1.5m 的套管对准回旋钻机中心放入，本案例中清障深度为 35m，套管由四节组成，其中第一节套管起到切削障碍物的作用，故顶部有合金钢尖齿。

在套管插入前应将清障机支座调平，否则会对以后套管的垂直度有很大影响。加紧套管时，用起重机将套管吊起在悬空的状态下抓紧。套管前端插入辅助夹盘之前，先用主夹盘抓住套管，收缩推力油缸落下套管，以防止套管与辅助夹盘发生碰撞。参见图 4。

图4 端部套就位

利用自重压入套管，首先将发动机设置在高速状态，回旋速度设置为中等程度，高速时速度调整盘为 6，底速时速度调整盘为 10，将液压动力站的"压入调整盘"向左旋转到底，液压回路打开，保持压按钮在"压入"的状态，此时因为不向推力油缸供油，套管凭借自重持续下降，在此状态下，套管可以持续下降到推力油缸的最大行程。

插入初期不要过度使套管上下动作，应积极配合自重进行下压，在挖掘初期反复上下动作使地基松动。容易造成钻机下方地基坍塌，从而威胁到周边道路的稳定。只有当自重进行压入速度变慢时，方可逐步增加压力。采用自重压入时，压入力计算公式为：

$$压入力（自重）F = 钻机的一部分自重（W_1）+ 套管自重（W_2）$$

4.5 套管静压回转

全套管全回转钻机采用锲型夹型机构将回转钻机的回转支承环与套管固定，锲型加紧机构与套管的咬合与松开由油缸控制，当加紧油缸向上提升时，锲型块跟着上升，加紧机构松开；当加紧油缸向下收缩时，锲型块也随之下降，而牢靠地将套管和回旋支承装置咬合。

套管回旋由液压马达驱动，回旋时，液压马达的动力由主动小齿轮传递至回旋支承外圈的环形齿轮带动回转支承在套管周围回转，回转支承旋转产生的扭矩通过锲型夹紧装置传递到套管上，带动齿轮进行回转。夹紧油缸位于钻机的固定部分，由于不与套管一起回转，从而液压管可以一直处于接续状态，回转时无需将夹紧装置液压管分离，可以大为提高钻进的效率。

进入挖掘中期，当采用自重压入速度变慢时将液压动力站"压入力调整盘"向右旋转，液压会逐步上升，此时压按钮在置于"压入"状态时，液压油缸向推力油缸供油，此时压入模式转为液压压入，此时压入力计算公式为：

$$压入力 F = 机的一部分自重（W_1）+ 套管自重（W_2）+ 液压力（P）$$
$$> 周边摩阻力（R）+ 前端阻力（D）$$

当单个钻头负载为 4t 左右时，钻头处于过载状态，此时将产生强烈的冲击及振动，因此在施工的过程中必须对钻头负载进行控制，这时需要将套管稍稍提起，实现这种功能的机构称为"B-CON 机构"。通过 B-CON 机构的刻度仪可设定钻头负荷，给拉拔油缸供油、从而将套管稍稍提起。此时测量套管自重 W_c、本体的一部分重量 W_m（RTP-350E 为 20t）及周围表面阻力 F 的合理，则加于钻头的负荷为零。接下来把拉拔油缸的压力卸掉，钻头负荷就增大。当达到设定负荷时，就能保持设定负荷并开始自动切削。参见图 5。

图5 清 障

4.6　接长套管、套管内挖掘

单节套管为10m，根据2#坑初步设计地下连续墙最深为32.6m，需清除的钻孔灌注桩的长度将达到35m左右，因此套管长度37m，需再接两根10m、一根7m的套管，接套管时用履带吊将套管起吊后在全回转钻机上对接，对接采用高强度螺丝连接。

渣土排出采用冲抓斗，根据本工程配备的φ1500的套管，选用配套抓斗来排出回旋机钻进产生的渣土。冲抓斗对于回转产生的渣土以及破碎的障碍物都有较好的适应性，可以排出大型的地下障碍物。

4.7　钻孔灌注桩破碎、清除

将套管逐节压入土中后，用高压水枪对桩与护筒之间的土体进行冲刷，并用泥浆泵将冲刷的泥浆抽出。直接将需要拔除的钻孔灌注桩全部暴露出来。顶部桩的拔除采用锲型工具卡在套管和钻孔灌注桩之间，利用套管旋转的扭力将顶部15~20cm左右的钻孔灌注桩拧断后整体拔出，裂断处至地下连续墙标高处的桩基考虑采用重锤破除法进行破除：用吊车将8t重锤调入套管内，脱钩后依靠重锤自重以及下坠加速度双重作用，将钻孔灌注桩从上至下破碎，如因渣土太多无法用重锤破碎后，吊车换冲抓斗将套管内的多余渣土挖除，暴露出桩顶后继续用重锤破碎钻孔灌注桩，多次循环后直至将整个钻孔灌注桩需要拔除的部分拔除。参见图6。

图6　吊运障碍物

4.8　回填、拔除套管

套管回旋钻进到预定标高并将套管内渣土及障碍物全部清除后完成第一孔的清障。套管拔除采用回旋装置反向回旋进行，拔除应与孔内回填同步进行，这样才能把土体变形的风险降到最低。具体做法为：在套管反向回旋上升的同时，用挖机将拌制好的水泥土放入孔内，每次回填高度控制在2m左右，然后停止回转用重锤夯实。重复上步骤至套管全部拔出。见图7。

图7　孔内回填

5　监测方案

本案例监测的重点为虎丘路本体及沿虎丘路布置的煤气、通信等管线。由于地理位置特殊，本次监测委托专业监测单位进行全过程跟踪。监测点布置分为历史建筑物沉降观测点（F，共5处）、地表沉降观测点（D，沿虎丘路每15m布置一个）、雨水沉降观测点（YS，沿最近管线布置，共3处）上水沉降观测点（SS，沿最近管线布置，共十处）、煤气沉降观测点（MQ，沿最近管线布置，共四处）、电力沉降观测点（DL，共五处）。

5.1　监测初始值测定

为取得基准数据，各观测点在施工前，随施工进度及时设置，并及时测得初始值，观测次数不少于2次，直至稳定后作为动态观测的初始测值。

测量基准点在施工前埋设，经观测确定其已稳定时方可投入使用。稳定标准为两次观测值不超过2倍观测点精度。基准点不少于3个，并设在施工影响范围外。监测期间定期联测以检验其稳定性。并采用有效保护措施，保证其在整个监测期间的正常使用。

5.2　施工监测频率

根据工况合理安排监测时间间隔，做到既经济又安全。根据以往同类工程的经验，设定监测频率为：每点一天两次，靠近正在施工处的观测点每两小时一次。

5.3　报警指标

历史建筑沉降累计20mm，速率2mm/d；

管线沉降累计10mm，速率3mm/d；

地表沉降累计20mm，速率3mm/d。

5.4　监测结果

通过全过程监测，累计沉降值和变形速率均在受控范围内，在本项目新建建筑深基础浇筑时曾出现过个别监测点的沉降速率接近报警值，分析认为是浇筑过程中混凝土搅拌车从虎丘路行走过多所至，采取了清障机暂停施工保证浇筑的连续性，并对接近虎丘路大门的几个清障孔采取了压密注浆进行补救。

6　结　语

本次地下障碍物的清除为外滩源174街坊工程的后续建筑的顺利施工打下了坚实的基础，从方案设计至清障完成实际施工70天，相当于采用方案一的一半时间，同时整个施工过程无太大的噪声和扬尘，并保证了周边历史建筑和管线的安全。通过该案例的实施，为类似项目的地下障碍物清除提供了借鉴。

参 考 文 献

[1]　郭正兴，李金根 . 建筑施工 [M]. 南京：东南大学出版社，1996

[2]　GB 50202—2002 建筑地基基础工程施工质量验收规范

超长钢筋混凝土结构无缝施工技术

佘远健

（江苏南通六建建设集团有限公司）

［摘　要］介绍了无锡会展中心一期超长钢筋混凝土结构无缝施工的设计和施工技术。

［关键词］超长超宽；钢筋混凝土结构；后浇带；加强带；设计；施工

1　前　言

无锡市会展中心一期展厅工程位于无锡市华庄镇太湖新城，由地下车库、设备用房及地上一、二层展厅组成（见图1）。本工程南北长308m，东西宽105m，地下室深10.7m，上部层高12m，梁跨度最大18m、最高2m。地下室底板、外墙混凝土强度等级为C35，顶板为C40，抗渗等级为S6，±0.000设置了后张预应力温度筋。原设计南北方向设置了两条后浇带，东西方向设置了

图1

七条后浇带，将整个结构分成了24块，后浇带总长度达到5000多米。本工程跨度大，梁柱截面大，配筋密，后浇带的施工成本很大，后浇带处的施工质量控制难度很大，后期清理更是困难。本工程国家定额工期790天，现中标工期为210天，后浇带封闭前此跨模板不能拆除，将要严重影响后续工序的施工连续性，对工程工期造成较大的影响。

2　无缝施工方案的确定

本工程结构尺寸超长超宽，为解决混凝土收缩引起裂缝，原设计采用留设后浇带方法，将整个底板用后浇带分成24块，采用普通混凝土先将后浇带以外部分浇筑完成，待42天后再用膨胀混凝土将后浇带填充封闭。这种施工方法工艺繁琐，对混凝土的整体性不利。同时，

图2

施工周期长，综合成本高，弊端很多：影响工程质量、进度；后浇带不回填，地下室降水就不能停止，增加大量的降水费用；后浇带封闭前该跨模板支撑不得拆除，增加模板费用；增加预应力施工锚具和张拉次数，影响后续施工工序；地下结构后浇带处要设置止水钢板或止水条，后浇带封闭前要花费大量的时间和人工清理；后浇带处钢筋长期暴露，易锈蚀，需防锈保护，增加了大量施工成本。参见图2方案研究确定。

根据国内多个工程的实践，采用补偿收缩混凝土施工是提高混凝土自身的抗裂防渗性能的有效方法，其原理是通过设置膨胀加强带方法（取消后浇带），利用专门设计的不同膨胀性能的混凝土对整体结构不同的部位、不同的收缩进行有效补偿，施工时可连续或间歇浇注，

达到连续、无缝施工的目的（具有沉降功能的后浇带不能取消）。

通过利用膨胀剂配制补偿收缩混凝土，采取"超长结构钢筋混凝土无缝设计施工技术"方法应用于本工程，达到结构无缝（少缝）、连续施工的目的，使得工程综合造价降低、合同工期得到保证。

无缝设计是相对的，根据工程结构具体情况，可无缝或少缝。这里的"缝"指的是释放收缩应力的后浇带或永久伸缩缝，不包括沉降缝。其设计思路是"抗放兼施，以抗为主"。即用掺膨胀剂的补偿收缩混凝土作为结构材料，其在水化硬化过程中产生膨胀作用，该膨胀由于受到钢筋和邻位的约束，能在结构中建立一定的预压应力 σ_c，由此来抵抗收缩变形时产生的拉应力，防止混凝土开裂。膨胀混凝土用于超长结构无缝抗裂施工，其限制膨胀率（ε_2）的设定至为重要。ε_2 偏小，则补偿收缩能力不足，无缝施工难以实现；ε_2 过大，对混凝土强度有明显影响。由于底板、墙板、顶板、楼板及膨胀加强带的结构不同，所处环境不一样，其收缩大小也有所不同，因此，其各部位的混凝土须分别配制；根据国内多个工程实践经验，地下室底板混凝土的膨胀率一般应控制在 1.5/ 万～2/ 万，墙板、顶板控制在 2/ 万～2.5/ 万，膨胀加强带膨胀率控制在 2.5/ 万～3/ 万左右，上部楼板同地下室顶板。由于膨胀剂的大量掺入对混凝土的强度有一定的影响，加强带的膨胀剂掺量最大，故将加强带内混凝土标号提高一级，以达到硬化后不影响整体强度的目的；另加强带处应力最大，还需增配一定数量的钢筋加强。

在施工过程中，底板部分混凝土可连续浇筑，浇筑到膨胀加强带时换成膨胀加强带专用混凝土浇筑，然后再用底板混凝土继续浇筑。墙板、顶板、楼板由于结构较薄，受环境影响较大，因此将此处膨胀加强带浇筑时间延长 3～7 天。

由于施工工艺原因，可进行间歇施工，即每次停止施工时，应停留在膨胀加强带之前，下次浇筑时先将膨胀加强带浇筑完成再对其他部位浇筑。也可将整个部位浇筑完一次性浇筑膨胀加强带混凝土，不受时间限制（墙板、顶板、楼板除外）。

3 钢筋混凝土抗裂计算分析

3.1 补偿收缩混凝土结构自防水计算分析

根据我国著名的水泥混凝土专家，中国工程院院士吴中伟教授关于膨胀混凝土的基本理论和观点，防止混凝土开裂，有如下判据：

$$| \varepsilon_2 - S_t - \varepsilon_y(t) | \leqslant S_K$$

式中　ε_2——混凝土的限制膨胀率；

　　　S_t——混凝土的冷缩率；

　　$\varepsilon_y(t)$——混凝土在任意时间的收缩率；

　　　S_K——混凝土的极限延伸率。

若满足上述判据，就不必设伸缩缝；若不满足上述判据，则混凝土就会开裂。为避免开裂，不满足时必须设伸缩缝。

根据试验底板混凝土中膨胀剂的掺量为 8% 时，混凝土限制膨胀率变化曲线 90 天后趋于稳定，混凝土水中 90 天限制膨胀率为 $\varepsilon_2=3.5 \times 10^{-4}$；故可以认为掺 8% 的膨胀剂后，标养状态下混凝土的永久限制膨胀率为 $\varepsilon_2=3.5 \times 10^{-4}$；剪力墙和顶板混凝土混凝土掺量为 10%，根据实验室实验结果，补偿收缩混凝土限制膨胀率稳定在 $\varepsilon_3=3.8 \times 10^{-4}$。

3.1.1 混凝土综合温差的计算

$$T=T_0+T_1+T_2$$

式中 T_0——施工时天气平均温差；

　　　T_1——由水泥水化热引起的温差；

　　　T_2——混凝土收缩当量温差；

施工时天气平均温差 T_0 的计算：

本工程位于无锡市，取当地施工时的温度变化在 5～15℃ 之间，故施工时天气平均温差：$T_0=$（15-5）/2=5.0 ℃。

由水泥水化热引起的温差 T_1 的计算：

本工程混凝土标号为 C35，由大马巷混凝土站试配确定配合比，混凝土配比中，胶凝材料为 405 kg/m³，则 P.O42.5 水泥 345kg/m³，粉煤灰 60 kg/m³，膨胀剂的掺量底板为 8%，即掺 32kg/m³，顶板和剪力墙 SY-G 掺量为 10%，即掺 40 kg/m³，则由水泥水化热引起的混凝土绝热最高温升按下式计算：

$$T_{max}=（W_1Q_1+W_2Q_2+W_3Q_3）/（R_h \cdot C）\tag{1}$$

式中 T_{max}——绝热温升（℃），是指在基础四周无任何散热条件、无任何热损耗的条件下，水泥与水化合后产生的反应热（水化热）全部转化为温升后的最高温度；

　　　W_1——单位水泥用量（kg/m³）；

　　　W_2——单位 SY-G 膨胀剂用量（kg/m³）；

　　　W_3——单位粉煤灰用量（kg/m³）；

　　　Q_1——水泥水化热，P.O 42.5 水泥取 350kJ/kg；

　　　Q_2——SY-G 膨胀剂水化热，取 246kJ/kg；

　　　Q_3——粉煤灰水化热，取 150kJ/kg；

　　　R_h——混凝土的容重，实际是 2400 kg/m³；

　　　C——混凝土的比热，取 0.96kJ/kg·℃。

$T_{max}=$（345×350+60×246+32×150）/（2400×0.96）=61℃

$T_{max}=$（345×350+60×246+40×150）/（2400×0.96）=61.4℃

两者升温基本接近，忽略钢筋混凝土底板沿长度和宽度方面的散热，只考虑沿上下表面一维散热，散热影响系数约为 0.60，则由水泥水化热引起的温升值：

$$T_1=61×0.60=36.5℃$$

混凝土收缩当量温差 T_2 的计算：

混凝土随着多余水分的蒸发必将引起体积的收缩，其收缩量甚大，机理比较复杂，随着许多具体条件的差异而变化，根据国内外统计资料，可用下列指数函数表达式进行收缩值的计算。即按下式计算混凝土干燥收缩值：混凝土 15 天最大收缩值 $\varepsilon_y(t)$ 按式（2）计算：

$$\varepsilon_y(t)=\varepsilon_y^0（1-e^{-0.01t}）m_1m_2\cdots m_{10}\tag{2}$$

式中　　　$\varepsilon_y(t)$——任意时间的收缩（mm/mm）；

　　　　　t——由浇灌时至计算时，以天为单位的时间值；

　　　　　ε_y^0——标准状态下最终收缩值（mm/mm），取 $3.24×10^{-4}$；

m_1，m_2，m_3，…，m_{10}——为各种非标准态的修正系数，其中水泥浆量取 1.20，环境温度取 0.54，水泥细度 4900 孔取 1.35，其他系数取 1.0。

$$\begin{aligned}
\varepsilon_y(t) &= \varepsilon_y^0 M_1 \times M_2 \times M_3 \times \cdots \times M_{10}\ (1-e^{-0.01t}) \\
&= 3.24 \times 10^{-4} \times 1.0 \times 1.20 \times 0.54 \times 1.35 \times\ (1-e^{-0.01 \times 15}) \\
&= 2.83 \times 10^{-4} \times\ (1-e^{-0.01 \times 15}) \\
&= 2.83 \times 10^{-4} \times\ (1-0.86) \\
&= 0.397 \times 10^{-4}
\end{aligned}$$

混凝土内的水分蒸发引起体积收缩，这种收缩过程总是由表及里，逐步发展的。由于湿度不均匀，收缩变形也随之不均匀，基础的平均收缩变形助长了温度变形引起的应力，可能导致混凝土开裂，因此在温度应力计算中必须把收缩这个因素考虑进去。为了计算方便，把收缩换算成"收缩当量温差"。就是说收缩产生的变形，相当于引起同样变形所需要的温度。由此可得：混凝土 15d 的收缩当量温差为：

$$\begin{aligned}
T_2 &= \varepsilon_y(t)\ /\alpha \\
&= 0.397 \times 10^{-4}/1 \times 10^{-5} \\
&= 3.9℃
\end{aligned}$$

混凝土综合温差：$T=T_0+T_1+T_2=5.0+36.5+3.9=45.4℃$

3.1.2 混凝土最大冷缩值计算

混凝土结构在升温时内部产生压应力，而降温过程中产生拉应力，由于混凝土受到钢筋和基础的约束，取约束系数 $R = 0.6$，最不利的情况是混凝土中心最高温度降至环境温度，此时产生冷缩最大值为：

$$\begin{aligned}
S_t &= 1.0 \times 10^{-5} \times 45.4 \times R \\
&= 1.0 \times 10^{-5} \times 45.4 \times 0.6 \\
&= 2.7 \times 10^{-4}
\end{aligned} \tag{3}$$

3.1.3 混凝土结构抗裂分析计算

求混凝土极限延伸率：

在抗裂计算中，混凝土的极限延伸值通常采用如下经验公式：

$$S_k = 0.5R_f\ (1+\mu/d) \times 10^{-4} \tag{4}$$

式中　S_k——混凝土极限延伸值；

R_f——混凝土的抗拉强度标准值；

μ——配筋率；

d——钢筋直径。

徐变产生应力松弛，有利于提高混凝土的极限拉伸能力。在计算混凝土的抗裂性时，可把徐变考虑进去，一般情况下，偏于安全考虑取混凝土的松弛系数为 0.5，即混凝土的极限延伸值在考虑徐变的情况下增加了 50%，实用的经验公式：

$$S_k = 0.5R_f\ (1+\mu/d) \times\ (1+0.5) \times 10^{-4} \tag{5}$$

从式（4）可见，混凝土的极限延伸值与抗拉强度 R_f 和配筋率 μ 成正比，而与钢筋直径 d 成反比。工程实际中提高 R_f 很难，在结构设计中，水平构造筋采用细而密的配筋原则，对提高结构抗裂能力 S_k 十分有利。本工程混凝土 C35，混凝土 R_f =2.20MPa，配筋率 μ=0.6%，底板钢筋直径 d =1.6cm。

将底板钢筋直径 d =1.6cm 代入式（4）求得：

底板混凝土的极限延伸值：

$$S'_k = 0.5R_f\ (1+\mu/d) \times 10^{-4} = 0.5 \times 2.20 \times\ (1+0.6/1.6) \times 10^{-4} = 1.5 \times 10^{-4}$$

徐变使混凝土的极限延伸增加，提高混凝土的极限变形能力。用式（5）计算混凝土的实际极限延伸值。

楼板混凝土的极限延伸值：

$$S_k = 0.5R_f(1+\mu/d)\times(1+0.5)\times10^{-4}$$
$$=2.25\times10^{-4}$$

混凝土最终变形值。

补偿收缩混凝土最终收缩变形：

$D=\varepsilon_2-S_t-\varepsilon_y(t)=3.5\times10^{-4}-2.7\times10^{-4}-0.397\times10^{-4}=0.4\times10^{-4}$。而极限延伸率 $S_k=2.25\times10^{-4}$，这说明，掺入 SY-G 膨胀抗裂剂后，混凝土的剩余变形值小于混凝土极限延伸率。

即 $D=\varepsilon_2-S_t-\varepsilon_y(t)\leqslant S_k$，故采用补偿收缩混凝土不会开裂。

对于普通混凝土而言，最终收缩变形：

$$D=(S_t+\varepsilon_y(t))=(2.7\times10^{-4}+0.397\times10^{-4})=3.1\times10^{-4}$$

即 $D>S_k=2.25\times10^{-4}$，混凝土的最大变形值大于混凝土的极限延伸值，故普通混凝土会开裂，要防止开裂就必须设置伸缩缝。

4 连续无缝施工伸缩缝设置间距的计算

我国著名的裂缝专家王铁梦教授通过对结构物应力—应变分析与计算，求得了平均伸缩缝间距（或裂缝间距），计算公式如下（详见《工程结构裂缝控制》一书）：

$$L=1.5\sqrt{H\cdot E/C_x}\,\text{arcosh}[|\alpha T'|/(|\alpha T'|-S_K)]$$

式中，H——板或墙的计算厚度地梁或基础的间距、楼板的梁间距，侧墙的高度；基础梁、楼板梁的间距取 8000mm，侧墙的高度取 4000。

E——混凝土弹性模量（MPa），C35 混凝土的弹性模量为 3.15×10^4；

C_x——基础的水平阻力系数 MPa/mm，考虑地梁或基础对底板混凝土的约束，故底板混凝土 C_x 取 1.0MPa/mm，底板钢筋混凝土对侧墙混凝土、梁对楼板混凝土的约束，故侧墙混凝土、楼板混凝土的 C_X 均取 1.5MPa/mm；

α——混凝土的线性膨胀系数，取 1.0×10^{-5}；

T'——为综合温差，$T'=T-T_3=T_0+T_1+T_2-T_3$，其中 T_3 为混凝土膨胀补偿当量温差：$T_3=(\varepsilon_2\beta_1\beta_2\cdots\cdots\beta_9)/\alpha$，对于底板、楼板混凝土，水灰比系数取 1.00，养护系数取 0.80，尺寸系数取 0.54，配筋系数取 0.85，其他为 1。

该公式是用极限变形计算伸缩缝间距。这表明王铁梦的裂缝间距计算公式在极限状态下其本质同吴中伟的防止混凝土开裂的判据公式完全一致。

故 $T_3=3.5\times10^{-4}\times0.80\times0.54\times0.85/1.0\times10^{-5}=12.8℃$，$T'=T-T_3=45.4-12.8=32.6℃$；

采用补偿收缩混凝土时 $L_{底板}=1.5\times\sqrt{8000\times3.15\times10000/1}\times\text{arcosh}[|1.0\times10^{-5}\times32.6|/(|1.0\times10^{-5}\times32.6|-2.25\times10^{-4})]=42.8m$

$T_3=3.8\times10^{-4}\times0.80\times0.54\times0.85/1.0\times10^{-5}=14℃$，故 $T'=T-T_3=45.4-14=31.4℃$；

$L_{楼板}=1.5\times\sqrt{8000\times3.15\times10000/1.5}\times\text{arcosh}[|1.0\times10^{-5}\times31.4|/(|1.0\times10^{-5}\times31.4|-2.25\times10^{-4})]=36.9m$

对于侧墙，水灰比系数取 1.00，养护系数取 1.15，尺寸系数取 0.54，配筋系数取 0.85，其他为 1。

故 $T_3=3.8\times10^{-4}\times1.15\times0.54\times0.85/1.0\times10^{-5}=20.1℃$，故 $T'=T-T_3=45.4-20.1=25.3℃$；

$L_{侧墙} =1.5 \times \sqrt{4000 \times 3.15 \times 10000/1.5} \times \mathrm{arcosh}\left[|1.0 \times 10^{-5} \times 25.3|/\left(|1.0 \times 10^{-5} \times 25.3|-2.25 \times 10^{-4}\right)\right] =39.7\mathrm{m}$

　　经计算本工程加强带间距在 40m 左右，与原设计后浇带间距基本一致，因此将膨胀加强带设在原后浇带的位置上，带宽增宽为 2m，在带的两侧用密孔铁丝网将带内混凝土与带外混凝土分隔开（参见图 3）。

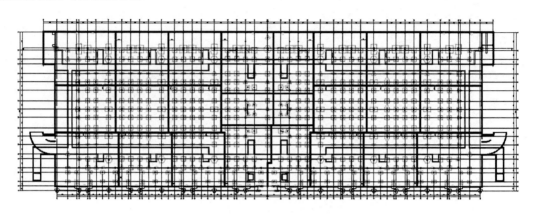

图3　加强带位置布置图

5　膨胀加强带的构造（见图 4）

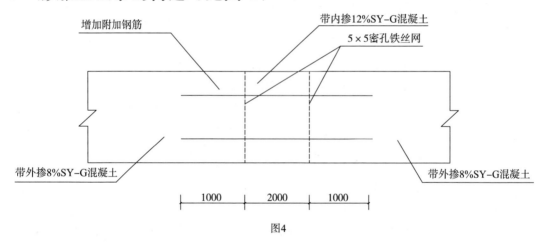

图4

6　加强带的施工方法

图5　底板加强带钢丝网施工

　　"连续式"浇筑方法（底板），即整体混凝土连续浇筑，到膨胀加强带位置时更换混凝土配合比，膨胀加强带两侧为软接茬，不留施工缝（参见图5、图6）。膨胀加强带设置宽度为 2m，带的两侧分别架设密孔铁丝网，并用 Φ8～10@50～100 短筋加固。防止不同配合比的混凝土流入加强带内，施工时，带外先用小膨胀混凝土（掺入 8%SY-G）浇注。浇至加强带时，改用大膨胀混凝土（掺入 12% SY-G），混凝土提高一强度等级，浇完后再用小膨胀混凝土（掺入 8%SY-G）浇另一侧底板，混凝土为 C35，如此循环下去，可连续浇筑 100m 左右的超长结构。

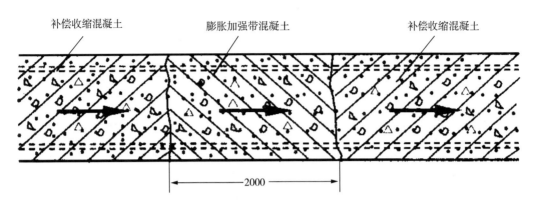

图6　连续式膨胀加强带示意图

"间隙式"浇筑方法，即先同用小膨胀混凝土（掺入 10%SY-G）浇注膨胀加强带的两侧，3～7 天后，把施工缝清理干净，凿去部分保护层，充分湿润混凝土界面，改用大膨胀混凝土（掺入 12%SY-G）回填，混凝土的强度等级比带外两侧高一级；地下室楼板外墙板的加强带加强带采用此浇筑方式。参见图 7、图 8。

图7　浇筑完成的楼层加强带

7　混凝土配合比

补偿收缩混凝土配合比设计要求：

根据本工程实际情况和补偿收缩混凝土施工实践经验，地下室外墙浇筑和养护难度比较困难，受天气影响大，容易出现竖向裂缝，是裂缝控制的关键所在。本工程底板混凝土限制膨胀率控制在 0.017%～0.020%，SY-G 膨胀剂掺量为 8%，剪力墙和顶板、楼板混凝土限制膨胀率控制在 0.023%～0.025%，SY-G 掺量为 10%，膨胀加强带混凝土限制膨胀率控制在 0.027%～0.030%，SY-G 掺量为 12%；根据 2009-3-28 无锡专家论证会意见，在外墙和膨胀加强带混凝土中加入 0.6～0.9 kg /m³ 聚炳烯抗裂短纤维，增加混凝土的抗拉能力。

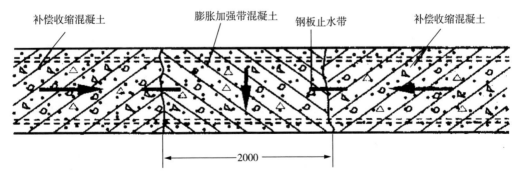

图8　后浇式膨胀加强带示意图

注：地下防水结构要设置止水带，止水带也可用缓胀型遇水膨胀止水条。

考虑到气候的特点，根据在相关工程的施工实践，补偿收缩混凝土应达到以下技术要求：

（1）混凝土坍落度：入泵坍落度（160±20）mm；

（2）混凝土凝结时间：初凝7～9h，终凝13～15h；

（3）用水量：不宜大于180kg/m³，混凝土水胶比不大于0.50；

（4）粉煤灰掺量不大于胶凝材料总量的20%。

8 混凝土的施工

8.1 混凝土搅拌

混凝土搅拌时间：用强制式搅拌机比不掺外加剂的普通混凝土搅拌时间延长30s以上，应严格控制搅拌时间，确保混凝土拌和均匀。

8.2 混凝土浇筑

补偿收缩自防水混凝土振捣必须密实，不能漏振、欠振、也不可过振。振捣手开动振动棒，握住振捣棒上端的软轴胶管，快速插入混凝土内部，振捣时，振动棒上下略为抽动，振捣时间为20～30s，但以混凝土面不再出现气泡、不再显著下沉、表面泛浆和表面形成水平面为准。使用插入式振动器应做到快插慢拔，插点要均匀排列，逐点移动，按顺序进行，不得遗漏，做到均匀振实。移动间距不大于振动棒作用半径的1.5倍（一般为300～400mm）。振捣上一层时应插入下层混凝土面50～100mm，以消除两层间的接缝。平板振动器的移动间距应能保证振动器的平板覆盖已振实部分边缘。

对浇筑后的混凝土，在振动界限以前给予二次振捣，能排除混凝土因泌水在粗骨料、水平钢筋下部生成的水分和空隙，提高混凝土与钢筋的握裹力，防止因混凝土沉落而出现的裂缝，减小内部裂缝，增加混凝土的密实度，可使混凝土强度提高10%～20%左右，从而提高抗裂性。由于采用二次振捣的最佳时间与水泥品种、水灰比、塌落度、气温和振捣条件等有关。因此，在实际工程使用前做些试验是必要的。同时在最后确定二次振捣时间时，既要考虑技术上的合理，又要满足分层浇筑、循环周期的安排，在操作时间上要留有余地，避免由于这些失误而造成"冷接头"等质量问题。

在混凝土初凝前，采用刮尺将混凝土表面刮平，然后用铁滚碾压数遍，用木蟹打磨压实，最后用混凝土抹光机打磨，消除表面缩水裂缝，初凝前再用铁抹子收光，并用扫帚拉毛，减少混凝土早期表面收缩裂缝。

8.3 混凝土养护

混凝土养护的原则是保温保湿，在实际的施工过程中，针对不同的建筑部位，采用不同的养护方法。参见图9。

底板及楼板：采用麻袋覆盖混凝土表面，然后淋水养护，保持麻袋24h都处于潮湿状态，养护14d后去掉麻袋转入自然养护或浇水后用薄膜覆盖，保持薄膜内有凝结水。

墙体：墙体浇筑完二天后，松动模板的对拉螺丝，让模板离混凝土墙体有间隙，顶部接好DN20塑料管，

图9 膨胀混凝土覆盖养护

并接通自来水,塑料管迎墙面每隔 20～30cm 刺一小孔,使能形成喷淋小水幕,带模养护 5～7 天以后,拆除模板,用麻袋片紧贴墙体表面,继续淋水养护 14d。

9　结束语

无锡会展中心一期工程现已施工结束,经过施工期间几个月的检查观测,整个钢筋混凝土结构无有害裂缝出现,裂缝现象很少,超长结构无缝施工技术的运用,保证了后续施工的连续性,确保了合同工期的实现,取得了较好的经济效益和社会效益。

参 考 文 献

[1]　YJGF22-92 UEA 补偿收缩混凝土防水工法
[2]　GB 50202-2002 建筑地基基础工程施工质量验收规范

某现浇空心板工程质量问题的处理方法

李树林　王雨舟

（南京工业大学，江苏建华建设有限公司）

［摘　要］某实际工程中现浇空心板出现质量问题。局部拆模时发现由于施工操作不当使得现浇空心板底无混凝土，钢筋裸露，因此需要对其进行加固。对本加固工程设计了创新型的双向拱结构加固方案。在板内部双向每隔一定距离浇筑方形混凝土墩台，使得相邻墩台和墩台间上部混凝土组成拱结构承受压力，下部原受拉钢筋承担拉力。预应力钢绞线承担混凝土墩台的自重同时形成空腹式预应力空心板。给出了加固方案的基本流程和计算过程。此加固方案很好地解决了实际工程质量问题，避免了拆除重建引起的工程造价的浪费。

［关键词］现浇空心板；加固；混凝土墩台；拱结构；预应力

1　工程概况

某现浇空心板工程为框架五层，总面积8300m²，其中空心板面积为3300 m²，空心板尺寸主要为8.4m×8.1m，空心板厚度250mm，空心板上部板厚70mm，下部板厚60mm，填充的块体材料为EPS泡沫实心块体，长度1000mm，宽×高为120mm×120mm，混凝土采用C30商品混凝土，板中配筋为上部双向C10@200，下部双向C10@150。建筑平面详见图1。

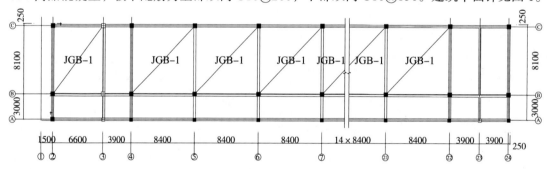

图1　建筑平面

该工程施工到第四层时，局部拆开二层楼面板的底模，发现EPS泡沫块体直接压在钢筋上，并且挤在一起，钢筋裸露，板四周紧邻框架梁形实心板带，实心板带宽在1.0～2.0m左右，板中央下部无混凝土。其原因是施工过程中，EPS块体未按设计要求设置上下限位钢筋，混凝土浇筑工艺不当，致使EPS块体直接被混凝土压至板底钢筋上，块体之间也未设置间隔钢筋，致使四周框架梁预先浇筑的混凝土一齐向板面流动挤压，将EPS块体挤压到板的中央部位。其结果是，板中央部位板底无混凝土，钢筋与EPS块体直接接触，板上面混凝土厚达100～130mm。

2　处理方案选择

方案一：板混凝土拆除，重新做出空心板；

方案二：板混凝土拆除，直接做成实心板；

方案三：针对现有结构情况，采取加固措施。

方案一造价较高，工期较长；方案二楼面荷载增大较多，四周的框架梁需相应加固；方案三造价和工期均能保证，加固技术要求较高。

方案二仅对板加固，对框架不能增加其荷载效应，不改变框架梁的受力方式，即原设计为双向板，加固后仍要成为双向受力构件。具体加固方案为：沿板面两个方向每隔一定距离，凿出一个方洞，布置混凝土墩台，由墩台和板上面的混凝土面层连接形成拱结构，板下部的钢筋作为拉杆，构成双向连续的多跨带拉杆的双铰拱结构，在墩台下方纵横向布置预应力钢绞线，钢绞线和板面混凝土构成空腹式预应力空心板，钢绞线锚固于四周框架梁上。板下部钢筋网和新布置的钢绞线上连接钢丝网片，粉刷高标号水泥砂浆层保护。对紧压在钢筋网上的 EPS 块体采取火烫法，使其有一定的收缩，空出一定空间，保证砂浆面层能够包裹住钢筋网片，使其与预应力钢绞线形成整体结构，共同工作。

3　加固计算方法和应用

3.1　带拉杆的双铰拱计算

原设计板面厚度 70mm，板底厚度 50mm，现混凝土位于楼板顶部，实际厚度在 100～120mm 之间，现计算时为确保安全，偏安全考虑，作为拱顶壁厚取 70mm 设计值，双铰拱中轴线方程 $y=30x^2/550^2$。

双铰拱墩台尺寸取 400×400，板面混凝土上口 300×300，下口 400×400；纵横向间距 1.5m，墩台内配竖向纵筋 $4\phi8$，箍筋 $\phi8@100$，混凝土 C30。

双铰拱计算简图详见图 2。

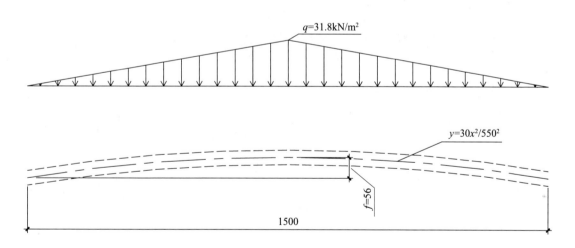

图2　双铰拱计算简图

计算参数：双铰拱宽 $b=400$mm，跨度 $l=1500$mm，总高度 $f=56$mm，$h=40$mm，$A_c=40\times400=16000$mm^2，混凝土 C30，$E_c=3.0\times10^4$N/mm^2，钢筋采用 HRB400 级钢筋，3C10，$A_s=236$mm^2；原有板面设计荷载：活载 $1.4\times2=2.8$kN/m^2，恒载 $1.2\times7.8=9.36$kN/m^2，$q_0=11.16$kN/m^2；按最不利考虑，将原有 1500mm 范围内荷载转移至 400mm 范围内，即三角形荷载最高点处荷载为 $q=11.2\times1500/400=31.8$kN/m^2。

竖向荷载作用下的轴向力变形修正系数：

$$K = \cfrac{1}{1 + \cfrac{I_n n}{A_c f^2} + \cfrac{15}{8f^2}\cfrac{E_c I_c}{E_s A_s}}$$

其中：

$$n = \frac{15}{8l}\int \sqrt[3]{\frac{1}{[1+\frac{16f^2}{l^2}(1-2\frac{x}{l})]^2}}\,\mathrm{d}_x$$

支座处水平拉力：

$$H = \frac{61ql^2}{768f}K = 53.5\ \mathrm{kN}$$

支座处竖向反力：

$$R = \frac{ql}{4} = 11.93\ \mathrm{kN}$$

顶部弯矩：

$$M_0 = \frac{64-61K}{768}ql^2 = 2.9\ \mathrm{kN\cdot m}$$

底部水平拉力由原部分钢筋网片承担（400mm 宽范围内至少有 3 φ 10）T=3×78.5×360=84.8kN > H=53.5kN，满足。

拱顶内弯矩：$M = \alpha_1 f_c b x(h_0 - \frac{x}{2}) + f_y A_s(h_0 - a_s') = 45\mathrm{kN\cdot m} > M_0 = 2.9\mathrm{kN\cdot m}$，满足。

3.2 拱结构边缘处的抗剪验算

$V \leqslant 0.7\beta_h f_t b h_0 = 16.52\mathrm{kN} > \frac{1}{4}ql^2 = 3.39\mathrm{kN}$，满足。

3.3 墩台边缘处抗冲切验算

板厚 70mm，$h_0 = 50$，冲切线长度 400 + 70=470mm（每边）。$f_t = 1.43\,\mathrm{N/mm^2}$，$\sigma_{pc,m} = 3\,\mathrm{N/mm^2}$，$u_m = 470 \times 4 = 1880\,\mathrm{mm}$。

$$\eta_1 = 0.4\frac{1.2}{\beta_s} = 1.0$$

$$\eta_2 = 0.5\frac{\alpha_s h_0}{4\mu_m} = 0.51$$

取较小值，故 $\eta = 0.51$。

$(0.7\beta_h f_t + 0.15\sigma_{pc,m})\eta\mu_m h_0 = 69.56\mathrm{kN} > F_l = ql^2 = 25.2\mathrm{kN}$，满足。

3.4 双向板整体受力计算：索—拱结构中预应力索计算

板面结构简化成连续的单元拱结构之后，墩台支撑拱的竖向力通过布置折线型预应力钢绞线产生的竖向分力来平衡，这样就形成了索—拱结构。

3.4.1 索—拱结构中预应力筋计算

每个墩台下方纵横方向各布置2φ^{s}15.24，$A_p = 280\ \mathrm{mm^2}$，无黏结 $f_{ptk} = 1860$ 级钢绞线。每

一墩台竖向力 11.93kN，单向 $p=5.97$ kN。计算简图详见图 3。

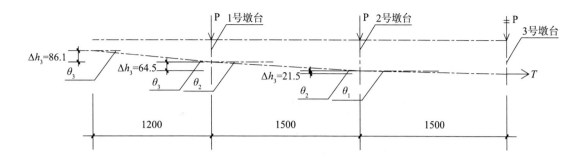

图3 锁拱结构计算简图

板跨长度以 8.4m 计算为例。预应力钢绞线索设计值 $\sigma_{pu}=0.4\times1860=744N/$mm^2，索拉力 $T=2\times0.4\times1860\times140/1000=208.32$kN。

3 号墩台，按力三角形，钢绞线轴水平夹角：$\theta_1=\arcsin\dfrac{5.97}{2\times208.32}=0.82°$，3 号墩台与相邻 2 号墩台的高差 $\Delta h_1=1500\times\tan0.82°=21.5$mm。

2 号墩台处，线轴夹角 θ_2，由力三角形 $T\xi\theta_2-T\xi\theta_1=5.97$，得 $\theta=2.46°$，1 号与 2 号墩台的高差 $\Delta h_2=64.5$ mm。

同样，$\theta_3=4.10°$，$\Delta h_3=86.1$ mm。

预应力损失：

$$\sigma_l=\sigma_{l1}+\sigma_{l2}+\sigma_{l3}$$

$$\sigma_{l1}=\frac{a}{l}E_s=116\text{N}/\text{mm}^2$$

$\sigma_{l2}=(Kx+\mu\theta)\sigma_{con}$，此值影响较小，按 $\sigma_{con}=0.5f_{ptk}$ 计：

$$\sigma_{l2}=(0.004\times2.0+0.09\times4.10°\times\pi/180)\times0.5\times1860=13.42\text{N}/\text{mm}^2$$

$$\sigma_{l5}=\frac{55+300\dfrac{\sigma_{pe}}{f'_{cu}}}{1+15\rho}=84.36\text{N}/\text{mm}^2$$

$$\sigma_l=215.13\text{N}/\text{mm}^2$$

预应力增量：

$$\Delta\sigma_p=100\text{N}/\text{mm}^2$$

张拉控制应力：

$$\sigma_{con}=\sigma_{pe}+\sigma_l=\sigma_{pu}-\Delta\sigma_p+\sigma_l=859.13\text{N}/\text{mm}^2$$

施工时，张拉控制应力为 $\sigma_{con}=0.46f_{ptk}$。

预应力索布置总高度 $h_p=\Delta h_1+\Delta h_2+\Delta h_3=172.1$ mm，板面厚度 70mm，索—拱结构高度为 172+70+20/2=252mm（钢绞线径取 20mm）。

4 结 语

本文针对现浇空心板中出现的问题提出了加固处理方案并结合实际工程进行了设计计算和分析。

拱结构是古老的结构，预应力技术是一种现代结构技术，我们让古老的结构概念与现代结构技术结合，用于结构加固工程中是一次有益的尝试。

参 考 文 献

［1］ GB50010—2010 混凝土结构设计规范

［2］ JGJ92—2001，J409—2005 无黏结预应力混凝土结构技术规程

［3］ JGJ/T279—2012 建筑结构体外预应力加固技术规程

［4］《建筑结构静力计算手册》编写组 . 建筑结构静力计算手册（第二版）. 北京：中国建筑工业出版社，1998

47m跨钢连廊整体提升施工技术

朱张峰[1] 郭正兴[2]

（1. 南京工业大学土木工程学院，南京 211816；
2. 东南大学土木工程学院，南京 210096）

[摘 要]南京移动通信综合楼和附楼之间的连廊，采用钢结构桁架体系，跨度为47m，总重约为170t。施工采用了"地面拼装，整体提升"的安装方法，论述了该方案的设计及相关验算工作，解决了滑动支座端临时锚固作为提升牛腿的难题，成功实施了重、大钢连廊快速提升就位。

[关键词]钢连廊；整体提升；设计；滑动支座

南京移动通信综合楼和附楼之间的连廊，采用钢结构桁架体系，楼板采用压型钢板组合楼板。钢结构连廊在6～7轴线之间，M轴线与F轴线连接通廊，上下弦为L1a（H1100mm×400mm×24mm×35mm）、L-1（H1100mm×400mm×20mm×24mm）；水平杆件分别为L-2（H600mm×250mm×10mm×14mm）、L-3（H750mm×250mm×12mm×14mm）、L-4（H1164mm×300mm×18mm×14mm）、L-5、L-6（H600mm×250mm×10mm×14mm）、L-7（H414mm×200mm×10mm×14mm）、ZC（H600mm×250×10mm×14mm）；竖杆FG（□400mm×250mm×14mm×14mm）。

钢连廊跨度为47m，宽度为8.375m，拼装时需有预起拱措施，起拱符合设计要求的起拱值，总重约为170t。下弦标高为15.41m，上弦标高为20.41m，桁架两端与混凝土牛腿结构连接，上弦在M轴线采用橡胶垫块与弧形垫块支座连接，在F轴线与混凝土预埋螺栓连接，下弦通过连接板连接。

钢连廊平面布置示意图及结构示意图见图1。

本工程高度高，H钢梁截面大，最大截面为H1100mm×400mm×24mm×35mm，拼装难度大；跨度大，跨度为47m，宽度为8.375m；总重约为170t，地下室的顶板的荷载均为20.0kN/m²，地下室的顶板可承载小吨位汽车吊的重量，可进行汽车吊地面拼装钢结构连廊。经分析讨论，连廊钢结构采用整体提升，提升的连廊在地面整体拼装的施工方法。

1 工程难点

（1）钢结构连廊跨度47m，总重约170t，安装高度20.41m，体量较大，施工困难；

（2）整体提升施工中，将利用钢结构上弦梁作为提升牛腿，因此，对于提升点的设置以及钢结构的截断应慎重考虑；

（3）对于滑动支座端，如何进行合理的构造加强以保证提升牛腿具有足够的承载力和刚度；

（4）钢结构截断后，在提升过程中其受力与设计状况有所区别，应探讨各杆件在提升过程中的受力及变形安全；

（5）采用多点同步提升，如何保证各点提升的同步性。

2 施工方案

本工程采用四点同步提升方案，提升点设置在与混凝土牛腿可靠连接的连廊钢结构上弦悬臂短工字钢上，提升下锚点设置在连廊钢结构下弦工字钢端部，提升示意图及钢结构截断图分别见图 2、图 3。

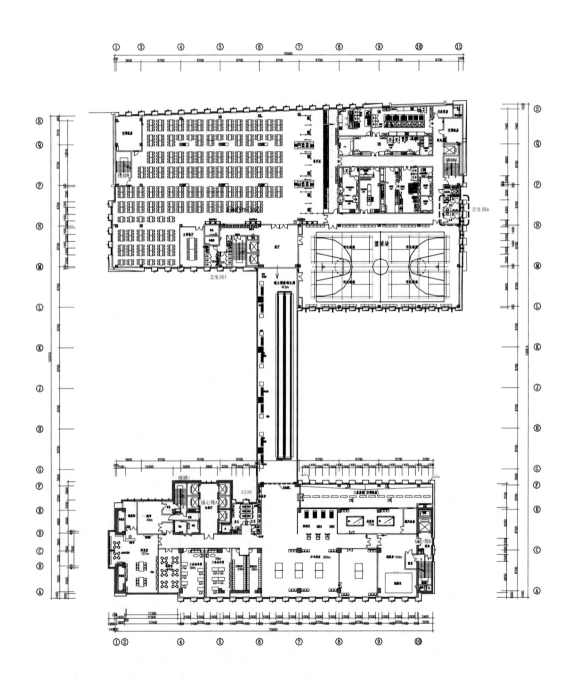

（a）钢连廊平面布置图

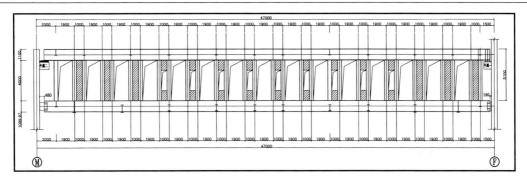

（b）钢结构立面图

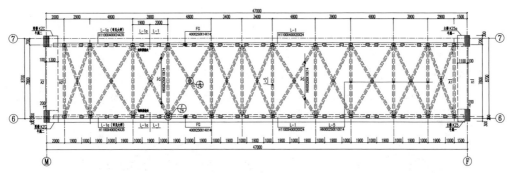

（c）钢结构平面图

图1　钢连廊设计详图

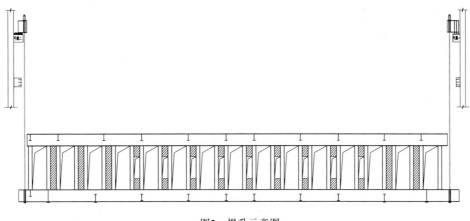

图2　提升示意图

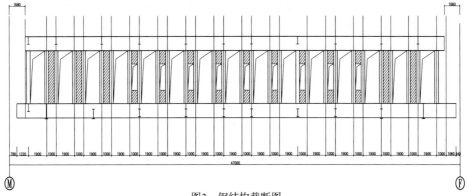

图3　钢结构截断图

本工程采用四点同步提升方案，每个提升点将承受 42.5t 荷载。于每个提升点设置两台千斤顶，并通过钢绞线拉结连廊钢结构下弦徐徐提升。每台千斤顶穿过 4 根 ϕ 15.2 的 1860 级钢绞线作为提升索，并且采用 2 根左旋，2 根右旋的方式搭配，钢绞线要有材质单及复试报告；每个下提升点有两个 4 孔锚盘，锚板采用 OVM.M15–4 型号，尺寸为 101mm × 48mm。

3　方案设计与验算

3.1　滑动支座端设计与验算

采用附加盖板与原设计的挡板共同形成对支座工字钢的可靠锚固。附加盖板将作为提升过程中支座工字钢的重要支撑点，为保证盖板的承载力及其与挡板或混凝土牛腿的连接满足提升要求，本方案采取了以下措施：①采用双向加劲肋加强盖板；②盖板于挡板腹板对应位置处设置双侧短钢板，与挡板腹板通过螺栓连接。提升装置详见图 4。

采用 ANSYS 建立滑动支座端提升装置的有限元模型，根据施工荷载进行受力及变形计算，计算结果见图 5。最大挠度为 11.38mm，最大主拉应力为 194MPa，最大主压应力为 208MPa，均能保证施工安全及安装要求。

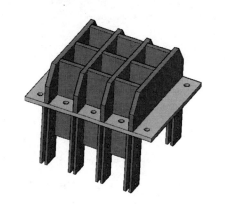

图4　滑动支座端提升装置

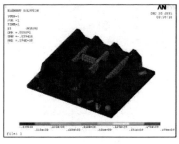

（a）挠度图　　　　　　　（b）主拉应力图　　　　　　　（c）主压应力图

图5　滑动支座端提升装置计算结果

3.2　固定支座端设计与验算

固定支座端悬臂短工字钢在提升过程中将承受较大的剪力和弯矩，同时，为保证提升控制精度，需验算悬臂工字钢在提升过程中的变形。另外，在提升点即支座工字钢悬臂端加焊加劲肋板（t=20mm），以改善其受力性能。

采用 ANSYS 建立滑动支座端提升装置的有限元模型，根据施工荷载进行受力及变形计算，计算结果见图 6。最大挠度为 1.913mm，最大主拉应力为 232MPa，最大主压应力为 310MPa，均能保证施工安全及安装要求。

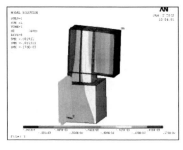 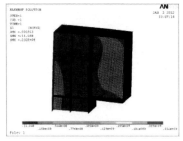 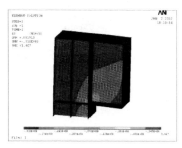

（a）挠度图　　　　　　　　（b）主拉应力图　　　　　　　（c）主压应力图

图6　固定支座端提升装置计算结果

3.3　连廊验算

根据提升方案，连廊钢结构的固定支座端未形成最终拼接状态，为保证提升安全，对连廊在提升过程中的受力和变形进行验算，确保施工安全。

为保证连廊提升过程中的平面外稳定性，在两端提升点处连廊钢结构横断面加设"人"字撑各一道，采用 Q345、HW 250×250×9/14 型钢，与连廊腹杆及上横梁采用焊接连接，h_f 为 10mm，加固示意图见图 7。

根据连廊设计图纸，在满足计算精度要求，同时考虑建模方便，采用 Midas 软件建立连廊的有限元模型，四个提升点作为连廊提升过程中的临时支点，连廊主要承受自身重量，并偏安全地考虑了 1.5 的安全系数。计算结果见图 7。最大挠度为 50.92mm，各构件截面上翼缘最大压应力为 174.1MPa，下翼缘最大拉应力为 146.3MPa，均能保证施工安全及安装要求。

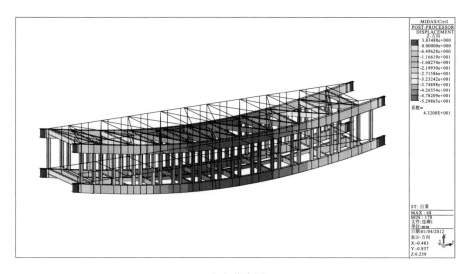

（a）挠度图

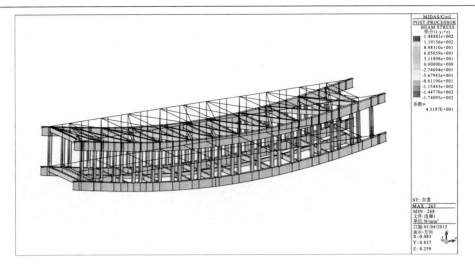

（b）上翼缘应力图

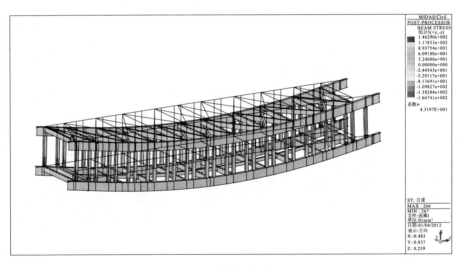

（c）下翼缘应力图

图7 连廊验算

3.4 提升同步性控制

提升的同步性控制是提升法施工的关键。本工程设备简单，没有计算机的同步控制，属于土法提升，主要从以下几个方面进行同步提升的控制：

（1）在钢绞线上做好刻度标记，每隔 1m 做一标记，并在提升前记录下各个千斤顶上夹片到最近刻度的距离，作为同步性控制的基准；

（2）油泵控制人员采用对讲机，在统一的指挥下进行提升。提升时，每个千斤顶位置均有施工人员观测千斤顶上度量尺，油缸提升 200mm 后及时通知油泵控制人员关闭油阀；

（3）夹具的回缩量因千斤顶而异，在提升一定数量的缸数后（1m 刻度再次出现时），测量夹片到刻度的距离，依据提升前的记录分析各提升点的同步性，对存在偏差的提升点进行个别调整；

（4）采用一台油泵同时给 2 台千斤顶输油，保证同一侧的 2 台千斤顶的提升速度可以完全一致。

（5）在钢连廊上绑扎钢丝束，钢连廊的提升带动钢丝束的移动，经测量钢丝束的移动距离，检验提升的同步性。

现场提升装置及提升过程见图8。

图8 提升装置及提升过程

4 结 语

通过合理的方案设计及详细的构造加强处理与验算，保证了施工方案的可行性及安全性。整个提升过程历时约5个小时，施工快速，提升设备简单，经济性好，安全性高，顺利完成了预期目标。

参 考 文 献

[1] 郭正兴，李金根 . 建筑施工 [M] . 南京：东南大学出版社，1996.

[2] 常瀚，郭正兴，胡明坡，等 . 30m跨钢连廊整体提升施工技术 [J] . 施工技术，2009，38（10）：18-20.

高效预应力加固法加固现浇楼板的施工工艺

杨　阳[1]　肖进如[2]

（1. 广州南方建筑设计院南京分院；2. 江苏建华建设有限公司）

[摘　要]本工程为六层砖混结构,因楼面板承载力要求不满足,需对其楼板进行加固处理。现对其楼板主要采用高效预应力加固法进行加固。高效预应力加固楼面板的工艺流程有楼板放线、开槽处理，锚固板、护角块、转向块加工，预埋锚固板、锚固位置开孔，预埋锚固板、锚固位置开孔，穿索、布置转向块和护角块，分级张拉锚固，封锚，钢绞线隐蔽施工。

[关键词]高效预应力；预应力加固楼面板；锚固；钢绞线

1　工程概况

淮安某新建住宅楼为六层砖混结构，因施工原因导致部分现浇楼板混凝土强度低于设计强度。经设计单位计算，原有楼面板不满足承载力要求。需进行加固处理。

高效预应力法作为一种20世纪90年代以来广泛研究与应用的主动加固方法，可以较大地提高被加固构件的承载力[1, 2]。在加固的同时，可以对原结构进行卸载，较好地使新加预应力筋与原结构共同工作。本工程采用高效预应力法对楼面板进行了加固。加固详图见图1。

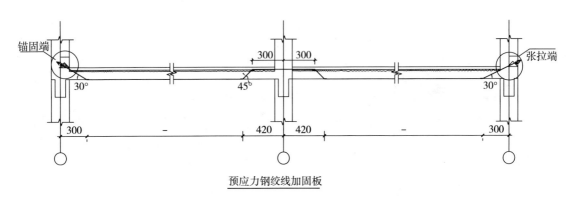

图1　预应力加固楼面板详图

2　预应力加固楼面板工艺流程

2.1　楼板放线、开槽处理

当建筑物对室内净高有要求时，预应力钢绞线应尽量隐蔽。本工程为住宅楼,采用在板底、板面开设凹槽布置钢绞线的处理方法。

开槽前先根据图纸上钢绞线所在的位置结合现场实际测量结果，用墨线定位（见图2）。并用切割机切出槽边（见图3）。然后用电锤将开槽范围内混凝土打碎、剥除。开槽深度根据预应力钢绞线的直径及粉刷厚度现场控制，避免损伤原楼板钢筋。对槽壁应修平处理并清理干净（见图4～图7）。

2.2　锚固板、护角块、转向块加工

锚固板、护角块、转向块尺寸根据设计要求结合现场实际情况下料制作（见图8）。

本工程预应力锚固端为梁顶，钢绞线从梁穿出时会与梁表面产生斜角。在施工中采用在锚固板一端焊接钢筋的方式使钢绞线能够与锚固板垂直（见图9）。同时增强了锚固板的抗弯能力。

图2　放线

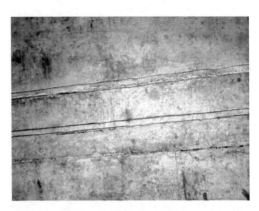

图3　切槽

图4　电锤开槽

图5　槽壁修平处理

图6　板面开槽

图7　板底开槽

图8 钢板下料

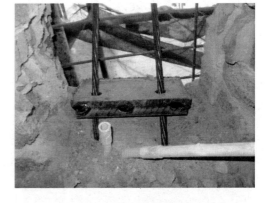

图9 锚固板坡度控制

护角块、转向块边角磨圆，避免对钢绞线产生损伤（见图 10），并涂刷防锈漆处理（见图 11）。

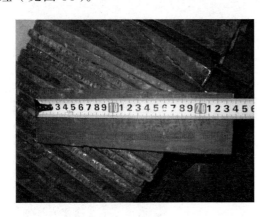

图10 转向块

图11 防锈处理

2.3 预埋锚固板、锚固位置开孔

因钢绞线锚固于梁顶，所以在锚固端需凿出墙洞（见图 12），留出工作面后，调整锚固板位置，确定孔位。

在梁侧按照锚固板孔位钻出与水平成 30°～45° 角斜孔（见图 13、图 14）。

图12 墙洞

图13 开斜孔

2.4 穿索、布置转向块和护角块

根据楼板跨度估算预应力钢绞线下料长度，将钢绞线两端穿过楼板斜孔（见图14、图15），用锚具与锚固板固定（见图16、图17）。

图14 穿索

图15 穿索

图16 端头固定

图17 端头固定

将转向块和护角块固定在预定位置后，收紧钢绞线，使钢绞线纳入槽中（见图18）。同时调整转向块和护角块位置，使其与钢绞线可靠连接（见图19）。

图18 收紧

图19 调整转向块位置

2.5　分级张拉锚固

本工程设计要求张拉控制应力 σ_{con}=0.4f_{ptk}，使用油压千斤顶张拉施工。

张拉前，应根据千斤顶标定的回归公式计算张拉控制应力设计值所对应的油压表读数。在张拉过程中，应测量记录钢绞线的收缩量与仪表盘读数（见图20），分级张拉（见图21）。

图20　仪表盘读数　　　　　　　　　　　图21　分级张拉锚固

2.6　封锚

钢绞线张拉完毕后，对锚固端封闭处理。方法为在锚固端凿开的墙洞中立模（见图22），浇筑C40灌浆料（见图23）。当灌浆料达到一定强度后，将墙洞砌砖填补。

图22　立模　　　　　　　　　　　　　图23　灌浆料封锚

2.7　钢绞线隐蔽施工

对于经过防腐处理的带有套管的钢绞线（无黏结预应力钢绞线），可直接采用1∶2水泥砂浆粉刷保护。对于无套管保护的钢绞线（有黏结预应力钢绞线），应采用环氧树脂封闭、拍干砂的方式进行防腐防锈处理后，再粉刷砂浆（见图24）。本工程采用1860级 s12.7 低松弛有黏结预应力钢绞线。

当气温较低时，环氧不易与钢绞线粘连。所以在刷环氧前需加热处理（见图25）。加热时应配有专人看守，防止火灾。

图24 钢绞线采用环氧防腐处理

图25 环氧树脂加热

3 结 语

本文介绍了高效预应力加固法加固楼板的施工工艺。具体的从施工放样开槽,锚固及转向系统制作安装到钢绞线的布索张拉,及最后的封锚保护等进行了全过程研究和实施。本工程已竣工使用一年多,加固效果很好。

参 考 文 献

[1] 李延和,陈贵,李树林,等.高效预应力加固法理论及应用[M].北京:科学出版社,2008
[2] 吴元.单向体外预应力加固RC双向板的试验研究[D].南京:东南大学,2009

随机介质理论在射水排土纠偏工程中的应用

潘　秀[1]　李延和[2]　郑志远[2]

（1. 四川工程职业技术学院建筑系，德阳　618000；

2. 南京工业大学土木学院，南京　210009）

[摘　要] 射水纠偏作为一种常用的纠偏纠倾方法，在纠偏工程中被广泛使用，但射水量的控制及纠偏结果难以预计，鲜见有专门理论能够预测射水纠偏工程的结果。作者针对这一现状，利用随机介质理论对射水排土进行数学建模并对一具体工程实例进行射水效果的数值模拟预测。

[关键词] 射水纠偏；随机介质；房屋倾斜；控制

1　射水沉降的概述

射水纠偏是纠偏工程中常用的一种纠偏方法，属于迫降纠倾的一种，一般的射水迫降纠倾的方法有辐射井射水取土纠倾法、浸水纠倾法、降水纠倾法[1]。

辐射井射水取土纠倾法：在倾斜建筑物原沉降较小的一侧的全部或部分开间内设置沉井，在建筑物基下一定深度处的沉井壁上预留射水孔和回水孔，通过高压射水，在原沉降较小的基础下的地基土中形成若干水平孔洞，使部分地基应力解除，引起周围地基土一系列变形，产生沉降，达到建筑物纠倾目的[2]。

浸水纠倾法：在建筑物原沉降较小的一侧地基中注水，引起地基土湿陷的纠倾方法，浸水纠倾可选用注水坑、注水孔、注水槽等不同方式进行注水。

降水纠倾法：在原沉降较小的一侧，通过降低地下水位，使其地基土失水固结，从而产生新的沉降，达到纠倾目的。降水纠倾可选用降水井。

2　随机介质理论的发展

对于介质中大量的、随机分布的小尺度异常，可以用统计的方法来描述，这就是随机介质模型。随机介质模型由大、小两种尺度的非均匀性所组成：大尺度上的非均匀性描述介质的平均特性，即传统意义上的地质模型；而小尺度上的非均匀性是加在上述平均值上的随机扰动。

1957 年，波兰科学院院 J. Litwiniszyn 首先提出了随机介质理论的概念，并推导出岩土体在地下开采引起的移动规律的基本方程，即二阶抛物线型偏微分方程[3]。由于其方程在形式上与随机过程的方程相同，由此定义为：介质的移动方程可以用随机过程来描述的介质，即为随机介质。散体石英砂、碎石堆、开挖影响下的岩土体等均可看作为随机介质。其从概率统计理论出发，把整个开挖分解成无限多个微元开挖的总和。

随后，刘宝琛院士发现该理论存在一些问题[4]：一是仅考虑了岩土的固有属性，没有考虑由于时间和空间上的变化而产生的多变性；二是没有解决生产实践中的应用问题。在此基础上，他开始从力学的角度研究岩层地表的移动理论。通过对波兰几十个矿山的实地考察和对大量数据资料进行计算分析的基础上，提出了考虑流变的时空统一随机理论方法。

　　随着随机介质理论不断地成熟与完善，逐渐拓展应用于边坡稳定分析、深基坑开挖等领域中。目前，随机介质理论已在近地表开挖等岩土工程中得到推广应用且其预测的结果可以达到较高的精度，已成为准确预测地下开挖引起地表沉降的最有效方法之一。与纠偏工程的日渐普及不同，纠偏工程的理论仍停滞在一个只凭经验施工的空白状态。为此笔者开展此项理论研究，以期随机介质理论能在纠偏领域内也能收到良好的理论预测效果。

3　随机介质理论的原理

　　岩土体的形成是一个极其复杂的过程，致使其赋存大量的孔隙、空隙、气体、地下水等，而使其成为一种由多种介质构成的非连续体。如果将岩土体内属于完全连续的部分视为一个介质单元，则非连续岩土体就可看做是一个由许多介质单元构成的离散系统。岩土体开挖后导致的二次应力场将岩土体沿着开挖体的径向划分为：松动区、塑性区和弹性区。地下空间开挖施工对周围土体的影响主要分为两个方面：土体的应力扰动和应变扰动。

　　（1）它从统计学的观点，将整个岩土体的开挖分解为对一个个无限小单元体的开挖，整个开挖对地表下沉的影响等于构成这一开挖的许多无限小开挖对地表下沉影响的总和；

　　（2）根据概率论的观点，单元开挖引起的地表下沉具有某一概率的随机事件；

　　（3）根据岩土体的不可压缩性假设，单元开挖引起的地表下沉的最终体积近似等于开挖单元岩体的体积；

　　（4）单元的开挖被视为是在瞬间完成。岩土体的单元被开挖出的瞬间，周围岩土体尚处在原来的位置上，周围岩土体瞬间完成微小的弹性变形，随后周围岩土体向开挖单元产生运动，地表下沉盆地随着开挖的推进逐渐形成；

　　（5）它适用于在表土或风化岩体等散体介质（如砂、土、岩块体）的地质条件下的岩土体开挖引起的地表沉降预测，因为这些松散介质在开挖土体周围的成拱作用可忽略不计；

　　（6）它忽略了排水固结作用对地表沉降的影响以及假设开挖单元是完全塌落的。

4　随机介质理论对射水纠偏的沉降计算

4.1　机介质理论算法的实现

　　一般情况下随机过程不存在傅立叶变换，但可从自相关函数的功率谱（自相关函数的傅立叶变换）来描述，也就是可从已知功率谱作谱展开来描述这种随机过程，其算法原理如下：

　　（1）选择自相关函数 $\phi(x_1, z_1)$；

　　（2）对自相关函数作二维傅立叶变换，得到 $\phi(k_x, k_z)$；

　　（3）用随机数发生器产生在 $[0, 2\pi]$ 服从独立均值分布的二维随机场 $\theta(k_x, k_z)$；

　　（4）计算随机功率谱函数 $\sigma(k_x, k_z) = \sqrt{\phi(k_x, k_z) \cdot W(k_x, k_z)} \exp[i\theta(k_x, k_z)]$，这里加入的窗函数 $W(k_x, k_z)$ 可用来消除空间离散所产生的误差；

　　（5）计算 $\sigma(k_x, k_z)$ 的二维反傅立叶变换，得到 $\sigma(k_x, k_z)$；

　　（6）计算均值 $\mu = <\sigma(x, y)>$ 和方差 $d^2 = <[\sigma(x, y) - \mu]^2>$；

　　（7）由上式和 $v(x, z) = v_0(1+\sigma)$ 得到需要的随机介质模型。

4.2　工程实例

　　某住宅小区内 58#、59#、60# 三幢住宅楼，为三层框架结构，采用柱下条形基础。建成后经过一年的沉降观察发现，该三幢楼出现不均匀沉降现象，整体向北倾斜。倾斜最大值分别为 12.86‰、17.75‰、7.69‰，并且部分墙体出现少许裂缝，已超过规范要求，因此对该房屋采取必要的纠偏加固措施。按均匀纠偏考虑，射水孔在建筑物四周均匀分布，孔间距 1.5m，均匀布置有 19 个射水孔。三幢住宅楼倾斜实测值见图 1。

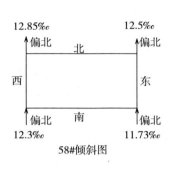
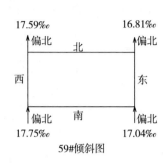
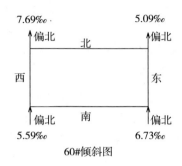

图1　倾斜实测值

表1　纠偏前后倾斜值

	纠偏前（mm）			纠偏后（mm）		
	58#	59#	60#	58#	59#	60#
西北	87	121	52	17	12.5	19
东北	85	105	35	20	12.5	7
东南	79	115	46	19	15.5	17
西南	83	120	37	15	17.3	15

在随机介质模型中，波的散射形式强烈地依赖于随机介质的统计特征，这已被许多学者研究，那么我们研究随机介质统计特征就可以更加精细的刻画地下介质的非均匀特性。

随机介质理论使用一个均值为零的平稳的空间随机过程来表示介质在小尺度上的非均匀性。这样介质的弹性参数在小尺度上的空间扰动就可以用很少的几个统计量来描述，它们是：空间自相关函数、相关长度、均值及标准差等。高斯型、指数型及 Von Karman 型自相关函数被广泛地用于对散射现象的研究。目前，国内外许多学者主要采用混合型自相关函数（包括指数型和高斯型）制作随机孔洞介质模型，以描述地下介质小尺度上的非均匀特性。

通常椭圆型自相关函数用来制作随机介质模型，其表达式为：

$$f(x,z) = \exp\left[-(\frac{x^2}{a^2} + \frac{z^2}{b^2})^{\frac{1}{1+r}}\right] \tag{1}$$

式中，a、b 分别代表 x、z 方向的自相关长度，r 代表模糊度因子，当 $r=0$ 时，为高斯型椭圆自相关函数，当 $r=1$ 时，为指数型椭圆自相关函数，介于两者之间的为混合型自相关函数。

对式（1）做二维傅氏正变换得到能量谱密度函数：

$$R(k) = \| F(k) \|^2$$

其中，$k=(k_x, k_y, k_z)T$，对能量谱密度函数 $R(k)$ 加入随机相位 $\phi(k)$，变换后有：

$$F'(k) = \sqrt{R(k)}\exp\left[i\phi(k)\right] \tag{2}$$

对该式做二维傅氏逆变换，再根据均值：

$$<f(x)> = 0 \tag{3}$$

方差：

$$\leq f^2(x)\geq =\varepsilon^2 \tag{4}$$

就可得到相应尺度的复杂随机介质模型，同时还可以将计算得到的各种随机介质模型进行不同加权因子叠加，来构建多尺度的随机介质模型。由于假定$f(x)$是二阶平稳过程，则可通过给定的均值和方差来计算空间的随机扰动$f(x)$，由此构造的介质为平稳随机介质[5]。

根据该工程地层介质的变化特征，建立各种自相关长度（即不同尺度）的随机介质模型库，在这些规则或不规则的局部扰动区域以及整个大尺度区域进行不同程度、不同比例的随机介质充填。笔者选择椭圆形状随机扰动区域来构建复杂的随机介质模型，其函数关系如下：

$$\left[\frac{(x-x_0)\cos\theta+(z-z_0)\sin\theta}{m}\right]^2+\left[\frac{-(x-x_0)\sin\theta+(z-z_0)\cos\theta}{n}\right]^2=1 \tag{5}$$

式中，θ为局部扰动角度x_0、z_0为局部扰动中心位置；x、z为扰动区域内的任何一个点的位置；m、n为局部扰动半径。

于是，从这个连续型随机介质模型出发，只要通过选择局部扰动半径m、n和局部扰动角度θ这两个统计物理量，按以上步骤即可构造出各种不同形式的随机溶洞介质模型。从不同的连续型随机介质模型出发，给出不同的局部扰动半径和θ，就可以获得描述各种复杂介质特征的随机模型。理论计算与实测结果对比如表2。

对比分析　　　　　　　　　　　　　　　　表2

	实测值	理论计算		设计沉降	有限元模拟
		理想状态	根据土体损失理论		
沉降值（mm）	180.07	146.74	165	168.15	203.4
误差率（%）		18.5	8.37	6.62	12.9

5　结　论

（1）基于随机介质理论的分析计算中，未能考虑上部建筑物的整体刚度作用，如果能在以后研究中，考虑上部建筑物与基础、地基的共同作用，则会得到更为理想的计算结果。

（2）由于建筑物纠偏是一项实践性很强的工程，通过对该方法的数值模拟分析，提高了对纠偏工程中一些现象的机理分析与认识的深度、广度，更有利于岩土工程师指导纠偏实践工程的顺利完成。

（3）随机介质模型能准确地描述实际地层介质，能够很好的应用到土木工程尤其是纠偏工程中，对纠偏方案的选择有着指导意义。

（4）针对实际地层建模，可以选择人机交互编辑的方法来制作，从而能够达到更为准确、更加逼近实际地层的效果。

参 考 文 献

[1] 刘毓氚，陈卫东，朱长歧，等.建筑物倾斜的纠偏加固综合治理实践 [J].岩土力学，2000，21（4）：420-422

[2] 庞玲，何茂，吴如军.射水排砂法在特殊地基建筑纠倾中的应用 [J].施工技术，2007，7：122-123

[3] ZHU Zhonglong，ZHANGQinghe，YI Hongchuan. Stochastic theory for predicting longitudinal settlement

in soft-soil tunnel [J]. Rock and Soil Mechanics, 2001, 22 (1): 56-59.(In Chinese)

[4]　Liu Baochen, Zhang Jiasheng. Stochastic Method For Ground Subsidence Due to Near Surface Excavation [J]. Chinese journal of rock mechanics and engineering, 1995, 14 (4): 289-296

[5]　王金山, 陈可洋. 随机介质模型的一种构造方法 [J]. 物探与化探, 2010, 34 (2)

地下连续墙加锚桩基坑支护技术的探讨

伍学锐

（广东省基础工程公司，广州　510620）

［摘　要］地下连续墙加锚桩基坑支护设计及施工技术的应用研究探讨就是通过创新改变受局限不能设置内支撑或锚索，而悬臂支护位移大的地下连续墙支护形式。目前，此技术已成功应用于佛山岭南天地－1地块商业项目二期，有效控制了基坑位移，并确保了周边古建筑文物的安全，顺利完成了施工承包内容。

［关键词］地下连续墙；锚桩；基坑支护；设计；施工

1　前　言

随着城市建设的发展，基坑工程越来越多。迄今为止，基坑的支护形式有：放坡开挖、悬臂支护、拉锚支护、内支撑、组合型支护等。目前一些基坑工程由于自身形状特点、周边环境、地质条件、技术方案的可靠、施工及经济成本等因素，导致以上常见的几种基坑支护形式的应用受到了局限，比如场地狭窄无法放坡开挖，开挖深度较大无法采用悬臂支护，基坑面积大不宜设置内支撑，地质差以及临近有已建地下室或者岩面过深、过浅都不宜打锚索等。

本文针对以上支护形式的局限，创新了新的支护形式，即地下连续墙加锚桩基坑支护方案。基本原理是：在地下连续墙外侧隔一定距离施工一定间距的锚桩，在桩顶设连梁与地下连续墙冠梁连接，构成大刚度支护型式，控制基坑位移，起到支护的效果。

2　工程概况

2.1　工程概况

佛山岭南天地－1地块商业项目二期位于佛山市禅城区祖庙东华里片区，建新路以北、福贤路以西，由佛山瑞安天地房地产发展有限公司（业主）开发，地下开挖一层，基坑开挖深度为4.75～6.2m。基坑面积约为2827m²，周长240m。采用地下连续墙作为围护结构兼永久结构，部分放坡开挖（开挖深度4.75m部分）。基坑西侧为新建3层建筑物，距离基坑边线约9m，基坑北侧为佛山市重点文物保护建筑物，距离基坑边线约5m。地下连续墙支护部分基坑等级为一级，要求位移、变形控制在30mm内，放坡开挖部分基坑等级为二级，要求位移控制在50mm内。基坑平面布置及周边情况见图1。

2.2　工程地质

本工程根据钻探揭露，场地地基土主要由人工填土（Q_{ml}）、冲淤积土（Q_{al}）、残积土（Q_{el}）和第三系（E）基岩组成。依次为：层1杂填土（Q_{ml}），层2-1粉质黏土（Q_{al}），层2-2淤泥质土（Q_{al}），层2-3粉土（Q_{al}），层2-4粉细砂（Q_{al}），层2-5中粗砂（Q_{al}），层3-2全风化岩（E），层3-3强风化岩（E），层3-4中风化岩带（E）。典型剖面及地质柱状图见图2。

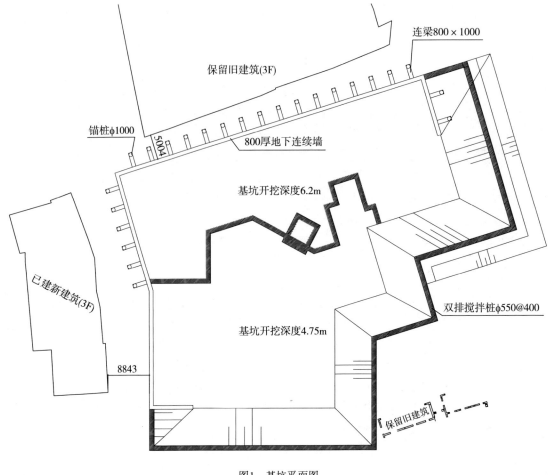

图1　基坑平面图

3　设计方案选型

支护结构方案的选型是从技术可靠、经济合理、施工方便、缩短工期、施工风险等因素综合考虑而确定的。

根据经验初步判断可能用于本工程常用的技术方案有：悬臂地下连续墙，地下连续墙加锚索，地下连续墙加内支撑。

3.1　采用悬臂地下连续墙

经计算，位移为 48.96mm 大于 30mm，无法满足要求，技术上不可行。

3.2　地下连续墙加内支撑

经计算，技术上可行，而且位移得到了较好的控制，但基坑的形状特点不宜设置内支撑，而且要设置支撑立柱，底板在施工完后浇带（需等 60 天）后才能与地下连续墙密贴，起到刚性铰（支撑）作用，才能拆除混凝土支撑，因此在经济合理、施工方便上均无优势，在缩短工期方面存在很大劣势，而且会间接影响工程成本。

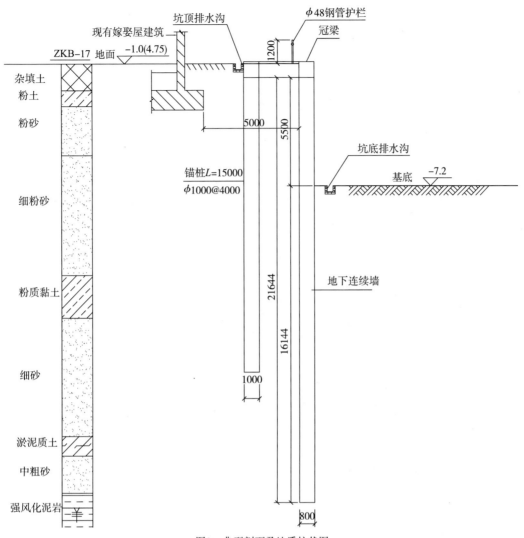

图2 典型剖面及地质柱状图

3.3 地下连续墙加锚索

经计算,技术上可行,但是同样存在拆撑换撑的问题,需等强度、等时间,而且由于砂层厚、岩面较深,锚索设计较长,成孔困难,即使采用套管跟进,在压水钻孔过程中也会涌出大量的砂,造成地面塌陷,无法保证临近基坑北侧5m距离的文物安全。因此此方案在经济合理、缩短工期、施工风险方面存在较大问题。

3.4 地下连续墙加锚桩

由于以上几种常用的支护方案可行性都不高,因此创新出了地下连续墙加锚桩的方案。

地下连续墙加锚桩基坑支护是指先施工地下连续墙及其外侧的锚桩,然后通过连系梁将两者连成一个整体后再进行基坑开挖的一种创新的支护形式。

经计算,技术上可靠,经成本分析对比,经济也合理,锚桩采用常用的钻(冲)孔灌注桩,通过连梁与地下连续墙冠梁连接,无需拆撑、换撑等强度,因此施工也方便,也利于缩短工期,锚桩在施工过程中对北侧文物影响较小,与连续墙连成整体后能控制位移及文物的沉降变形,因此施工风险也非常小。采用地下连续墙加锚桩的方案在"技术可靠、经济合理、施工方便、缩短工期、施工风险"方面都有很大的优势。

4　基坑开挖效果

土方开挖时基坑监测是检验地下连续墙加锚桩方案最有效的方法，而监测结果是最有说服力的依据。

2011 年 5 月 3 日与总包单位进行了中间验收交接手续，查看监测报告结果，5 月 15 日基坑位移出现了在土方开挖至地下室施工回填完成期间的最大值，其值为 24.7mm，小于 30mm，达到了要求，保护了基坑北侧古建筑文物的安全，地下连续墙测斜数据如图 3 所示。从工程照片中可看出，地下连续墙加锚桩的方案效果较好，也没出现渗漏现象（见图 4）。

佛山岭南天地—1地块商业项目二期基坑围护及周边受影响建筑物、管线
沉降位移监测工程

CX3号孔测斜结果表

工程名称：佛山岭南天地—1地块商业项目二期基坑围护及周边受影响建筑物、管线沉降位移监测工程　　观测项目：基坑支护结构测斜
工程地点：佛山市禅城区　　观测仪器：SINCO测斜仪
依据规范：《建筑基坑工程监测技术规范》（GB50497-2009）　　单位：mm

时间 深度(m)	上次位移累计 2011.05.10	本次位移累计 2011.05.15	本次位移	本次位移速率 (mm/d)
-0.5	24.4	24.7	0.3	0.06
-1.0	24.0	24.3	0.3	0.06
-1.5	23.5	23.7	0.2	0.04
-2.0	22.7	23.0	0.3	0.06
-2.5	21.9	22.2	0.3	0.06
-3.0	21.1	21.4	0.3	0.06
-3.5	20.3	20.6	0.3	0.06
-4.0	19.7	19.9	0.2	0.04
-4.5	18.7	18.9	0.2	0.04
-5.0	17.6	17.9	0.3	0.06
-5.5	16.5	16.8	0.3	0.06
-6.0	15.2	15.6	0.4	0.08
-6.5	14.1	14.5	0.4	0.08
-7.0	13.0	13.3	0.3	0.06
-7.5	12.0	12.3	0.3	0.06
-8.0	10.7	11.1	0.4	0.08
-8.5	9.3	9.8	0.5	0.10
-9.0	8.1	8.6	0.5	0.10
-9.5	7.3	7.7	0.4	0.08
-10.0	6.7	6.9	0.2	0.04
-10.5	5.7	5.9	0.2	0.04
-11.0	4.5	4.9	0.4	0.08
-11.5	3.4	3.9	0.5	0.14
-12.0	2.4	3.1	0.7	0.14
-12.5	2.4	2.7	0.3	0.06
-13.0	1.9	2.1	0.2	0.04
-13.5	1.1	1.4	0.3	0.06
-14.0	-0.1	0.5	0.6	0.12
-14.5	-0.2	0.2	0.4	0.08
-15.0	0.3	0.3	0.0	0.00
以	下	空	白	

进度：基坑开挖至设计标高　　基坑开挖至设计标高

备注：1、"+"表示向基坑内位移，"-"表示向基坑外位移。

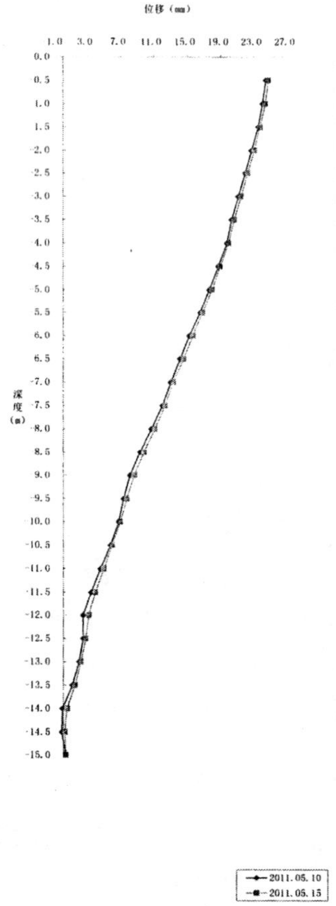

图3　基坑监测测斜位移值最大图

图4 基坑开挖效果图

5 地下连续墙加锚桩方案的适用性及优点

5.1 适用性

地下连续墙加锚桩的支护方案具有较大的适用优势，对于基坑地下水位较高、砂层较厚、岩面较深，或者周边环境复杂、施工场地狭窄，不宜施工锚索，或者基坑面积较大不宜设置内支撑，或者悬臂不能控制位移的较深深基坑等均适用。

5.2 优点

（1）相比悬臂的地下连续墙，基坑开挖深度能更深些，能有效地控制基坑周边的建筑物、构筑物、地下管线、道路的沉降及其变形。

（2）在锚索无法施工的情况下可采用此技术，即使勉强能采用锚索而存在较大隐患风险的情况下，此技术较适用。

（3）无需考虑锚桩及连系梁的拆除，因此不需换撑，基坑支护设计及施工方便，节省费用和施工进度。

（4）锚桩在红线范围内施工，不会侵入红线范围外，影响邻边基坑的施工，具有可持续性。

（5）施工的锚桩及连系梁还可以作为其他附属的用途，如骑楼外侧的基础、围墙的基础、较大型广告牌的基础等。

（6）由于锚桩在基坑外侧，方便土方工程的施工。

6 结 语

地下连续墙加锚桩的支护形式解决了地下水位较高、砂层较厚、岩面较深，或者周边环境复杂、施工场地狭窄，不宜施工锚索，或者基坑面积较大不宜设置内支撑，悬臂支护不能控制位移的较深深基坑及后建基坑工程难选型等技术难题。

设计阶段时要考虑锚桩、土体、连续墙之间的变形协调，基坑开挖时要通过监测数据反馈设计计算的理论参数，随时掌握基坑变化情况，确保基坑安全。

地下连续墙加锚桩的支护形式在其适用范围内具有较好的经济优势和社会效益，能有效的控制基坑位移，确保基坑及其周边环境的安全。

锚桩在红线范围内施工，不会侵入红线范围外，影响邻边基坑的施工，具有可持续性。且采用锚桩后无需拆撑、换撑及等换撑的强度，对整个工程的进度有利。

　　由于此种基坑支护方案应用较少，目前计算理论尚未达成统一的共识，可参考双排桩计算方法，将地下连续墙近似为密排桩，或者分别计算锚桩和连续墙，然后通过变形协调联系起来，各种计算方法必须经过系统的研究，得到大量的试验及实践证明，施工过程中加强监测和信息化施工。

参 考 文 献

［1］　聂庆科，梁金国.深基坑双排桩支护结构设计理论与应用，2008

［2］　赵志缙，应惠清.简明深基坑工程设计施工手册.北京：中国建筑工业出版社，2000

［3］　钟宇彤，陈树坚.深基坑支护结构的计算及设计.暨南大学学报，1999（1）

［4］　中华人民共和国建设部.JGJ94-2008 建筑桩基技术规范

［5］　中华人民共和国建设部.JGJ120-99 建筑基坑支护技术规程

某民国建筑物整体抬升施工技术

李今保　赵启明　胡亮亮

（江苏东南特种技术工程有限公司，南京　210008）

［摘　要］本文介绍了某民国建筑物整体抬升1500mm的施工技术。本工程的特点是采用普通机械式千斤顶成功的高精度完成了建筑物整体抬升工作，由于在施工中采用了有效的监测措施，在抬升全过程中任一点的相对垂直位移差严格的控制在2mm以内。确保了建筑物的安全，为类似工程的施工提供参考依据。

［关键词］民国建筑；同步抬升；监测；结构安全；抬升钢架；结构应变

1　工程概况

常州市某建筑物位于常州市局前街，由前后三进及厢房四幢建筑组成，始建于民国初期，原建筑作为旅店使用（见图1）。根据遗产保护原则，保留主体结构及空间形式，重新梳理流线，并进行结构改造加固，以适应新的功能及规范要求。

该建筑改造后总建筑面积1331m²，基底面积490m²，地上建筑面积1096m²，新增地下室面积235m²。建筑层数：地上3层，建筑高度为13.2m（室外地坪至屋面面层），室内外高差0.40m。该建筑结构形式为内框架结构，改造后建筑结构类型为：钢骨混凝土框架结构和传统木结构。

本方案所涉及的修缮改造内容为：①原结构内部保护性拆除；②原结构修缮加固；③新增钢筋混凝土整板基础；④结构整体抬升1.5m；⑤内部新增钢结构。

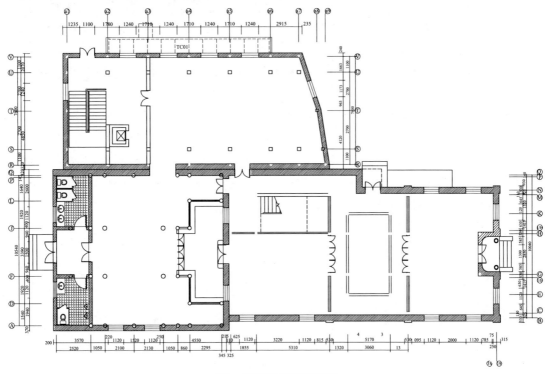

图1　某建筑物建筑平面图

2　结构抬升总体方案

2.1　结构抬升技术要求

结构抬升施工过程中,应确保施工人员和既有结构的安全,防止结构整体或局部突然坍塌。抬升施工时应保证各抬升点竖向位移一致,做到位移同步控制。顶升过程中应控制结构构件的位移、变形和裂缝。抬升施工前应先对既有建筑物进行临时加固处理,保证结构强度、刚度、稳定性满足抬升施工要求。优化设计方案,节约工程费用和工期。

2.2　各分项施工流程

2.2.1　基础施工

根据设计图纸该结构新增整板基础厚40cm,经验收新增底板满足结构抬升荷载要求,可直接用整板基础作为抬升基础。

结构抬升前进行整板基础施工,存在新增基础在墙体部位无法连续的问题。结合本工程具体情况,本次基础施工,在墙体上间隔1.0m剔凿高0.4m,宽0.2m的连接孔,使基础在该部位贯通,其余部分,板内钢筋在砖墙上打孔贯通,待抬升完成后,将该部位砖墙凿除后进行补浇。

2.2.2　上抬升梁施工

上抬升梁采用2道200mm×400mm钢筋混凝土夹梁,在墙体两侧,沿墙体长度方向通长设置,并且每间隔1.0m剔凿连接孔设置200×400钢筋混凝土连梁拉通,连接成整体(见图2)。

2.2.3　结构临时加固

整板基础和上抬升梁施工完成后,结构抬升施工前,为了确保结构抬升施工过程中结构和施工人员安全,保证结构满足抬升施工过程中强度、刚度、整体和局部稳定的要求,需要对结构进行临时加固处理。

为保证结构的整体性,确保抬升过程中结构安全,本次抬升对于原结构采用先抬升后拆除的施工方法,避免对先拆除对结构造成不同程度的损伤,不利于抬升过程中结构安全,抬升前先对结构进行整体检查,拆除结构上的临时及围护结构,利用原结构构件作为抬升支撑构件,同时对原结构薄弱部位采用钢结构进行临时加固,具体加固措施为,对原结构外墙门窗洞口采用砖和高强度砂浆砌筑密实,对墙体表面缺陷、小洞口、疏松部位进行修补、加固,因原结构楼板已拆除,为保证结构平面刚度,在原结构框架梁间设置X钢支撑加强连接。确保临时加固后结构满足抬升施工过的强度和刚度要求(见图3、图4)。

2.2.4　结构抬升钢架制作、安装

考虑到抬升立柱不仅要满足抬升过程中的强度和刚度要求,还要易于施工,便于抬升完成后的拆除,本次抬升将采用型钢柱作为抬升立柱,在浇筑基础时在抬升柱位置预留地脚锚栓,抬升时型钢柱基础螺栓连接,施工完成后直接拆除,施工便捷,并节省工期(见图5、图6)。

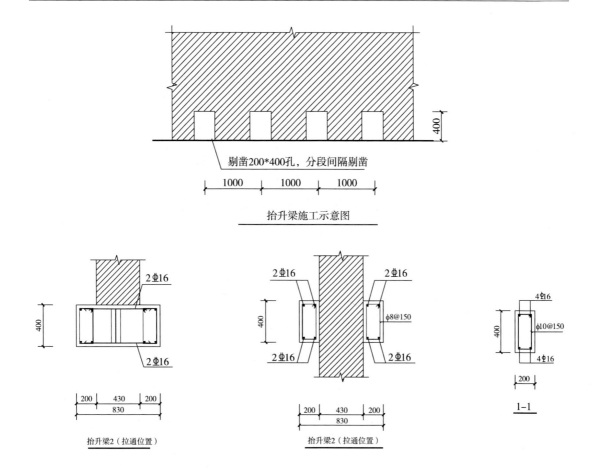

剔凿200*400孔，分段间隔剔凿

抬升梁施工示意图

抬升梁2（拉通位置）

抬升梁2（拉通位置）

1—1

图2　抬升梁施工图

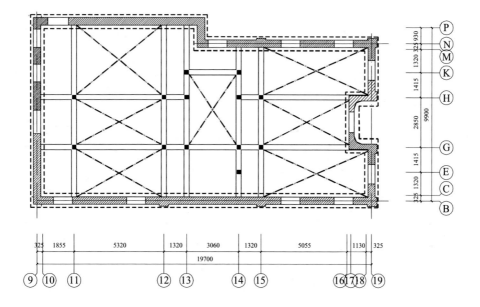

图3　楼层结构临时加固施工图

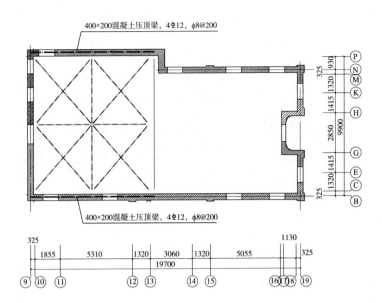

图4 屋面结构临时加固施工图

3 结构抬升关键技术

3.1 抬升竖向位移同步控制

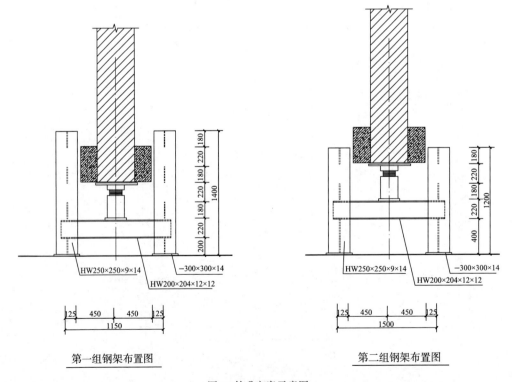

第一组钢架布置图   第二组钢架布置图

图5 抬升方案示意图

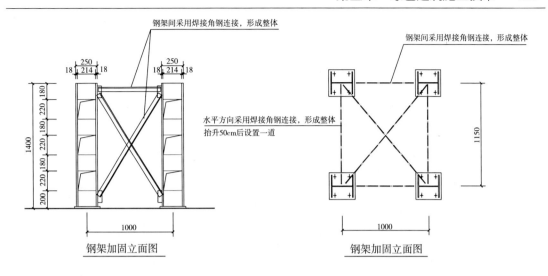

图6　抬升结构施工图

根据本工程实际情况，本次共设置抬升点 72 个，分两批进行，同时作用抬升点 36 个，各个抬升点根据其布置情况，每个点的抬升荷载约为 10～20t，施工过程中必须保证每个抬升点的竖向位移一致，防止墙体开裂、破坏。

考虑到本工程同时抬升时，抬升点较多，并且各点竖向荷载差异较大，如果采用液压式千斤顶同步抬升，存在下列问题：液压千斤顶依靠各千斤顶的油压进行同步控制，主要适用于抬升荷载大、抬升点较少，各抬升点荷载接近的工程。并且油压同步抬升时，抬升加速度较大，要求结构有较好的刚度。同时液压千斤顶存在漏油、泄压等情况，抬升到位后必须立即采取临时固定措施，不能长时间停留等缺陷和安全风险。

根据本工程实际情况，本次抬升采用机械式千斤顶进行抬升施工。机械式千斤顶抬升适用于总体抬升荷载较小，抬升点较多，各抬升点荷载差异较大的工程。其主要优点是：可精确地控制建筑物的竖向位移的精度，所有抬升点的相对位移可控制在 +1mm 以内，能够确保结构施工安全。机械式千斤顶通过其内部齿轮相互传动进行工作，在千斤顶工作荷载内，抬升时与作用在抬升点荷载无关，只与千斤顶齿轮转动距离有关。只要控制好每次的齿轮转动次数，就能精确控制各抬升点的位移同步。并且加载移动时，加速度很小，能保证结构平稳、缓慢的移动，从而确保施工安全。

本次抬升同步控制由结构竖向位移进行控制为主，结构的应力、应变为辅。为保证各个抬升点同步移动，本工程采用以下措施。

3.1.1　均匀加荷

施工前根据抬升点的分布位置及荷载情况计算出每个抬升点所需的抬升力。抬升时由指挥中心统一发号指令，各抬升点同时抬升，通过控制各千斤顶摇柄的转动幅度和转动次数，确保各点千斤顶的竖向位移一致。每次同步抬升距离 1mm，各点位移差控制在 1mm 以内。

同时在加荷前选择在结构荷载作用较大的部位粘贴电阻片对结构的应力应变进行实时监测，保证结构抬升过程中，结构受荷稳定、均匀。

3.1.2　抬升前应安设计量器具

在正式抬升前，应在各抬升点部位安设毫米刻度尺共计 36 个，分别测试各抬升点产生的微小位移。通过标尺的读数精确判断抬升距离是否相同，严格控制竖向位移，确保抬升精度为 1mm。

同时抬升前在结构上设置水平控制线，结构每抬升 50mm，采用测微仪对结构控制线的竖向位移进行复核，若发现偏差，及时进行调整。

3.1.3　严格实时监控

抬升施工过程中采用多种实时监测措施来及时发现抬升竖向位移误差。同时采用计算机应力应变监测，对结构的应力应变进行实时监测，通过结构产生的微小应变及时发现结构竖向位移的误差。

3.2　抬升水平位移控制

在实际抬升施工过程中，结构可能产生微小的水平位移。因此需要对抬升过程中结构的水平位移进行控制。

本工程结构水平位移控制主要采用水平位移限位装置进行控制。

3.2.1　水平位移测量

每次抬升前，要求抬升操作人员对千斤顶安装情况进行复核，要求千斤顶的轴线要和抬升轴线要重合，确保其竖直，误差不得超 2mm。

同时在结构四角纵、横双向安装限位标尺，抬升过程中对结构水平位移实时测量，若发生偏移及时采取措施进行纠正。

3.2.2　水平限位装置

根据以往的施工经验，结构整体水平位移的水平力按竖直力的 3% 进行考虑，经计算最大水平力约为 120kN。

在结构四个角部，纵、横双向设置限位装置。限位装置采用 H 型钢进行焊接，并通过化学锚栓与基础底板进行连接固定，通过顶住结构四角抬升夹梁，限制结构在抬升过程中的水平位移，为了减小限位装置与结构的摩擦，在抬升梁与限位型钢作用面预埋钢板，在钢板与限位型钢间涂抹黄油减小摩擦。

3.3　抬升施工

施工指挥组织机构图（见图 7）。

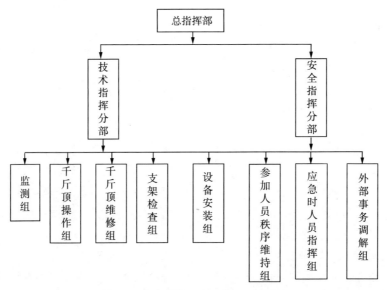

图7　抬升组织机构图

3.3.1　抬升前施工准备

抬升前的施工准备主要包括如下内容：成立安全和技术指挥部；对抬升结构的混凝土质量进行确认；对抬升机械进行调试和对抬升的技术人员和工人进行安全技术交底等。

3.3.2　安全措施

由于抬升工程是一个技术难度高，有一定风险的工程。且抬升时参观的人员较多，必须成立一个总指挥部对建筑抬升过程中有可能出现的技术安全问题和突发事情进行综合协调和应急处理。总指挥部下设一个安全指挥分部和一个技术指挥分部，安全指挥部主要负责抬升过程的治安、交通、人员疏散等安全问题的处理；技术部主要负责抬升的方案编制、抬升过程的参数确定及应急措施的制定和启动应急措施等技术问题。总指挥部设置在抬升现场。具体的人员配置在抬升施工前和监理、业主等相关单位其同协商确定。

3.3.3　责任措施

在抬升正式开始先要对抬升结构的质量和强度进行确认，质量和强度的确认首先要对原材料的送检报告进行检查，对混凝土的强度除了要从试压件的强度报告上确认外还必须采用回弹仪进行强度回弹辅助确认。对抬升的千斤顶进行调式，同时也要对千斤顶的压力进行检查。在操作人员方向必须对作业班组进行技术和安全交底，让工人全面的熟悉操作要求，让工人了解操作过程中可能会出现的异常情况，真真正正做到心中有数，临危不惧。

3.3.4　抬升支座和千斤顶安装

根据抬升要求，抬升所需的千斤顶为50t的机械式千斤顶。千斤顶的安装一端要顶住反力架，千斤顶安装的轴线要和抬升轴线重合，误差不得超20mm。千斤顶的安装既要保证在竖向平面内水平，又要保证在水平平面内水平，以避免千斤顶在施加抬升力时出现向左或向右的分力。前者分力会增加抬升点的倾斜度，千斤顶安装好后可以稍微给千斤顶加上一点压力，顶紧千斤顶，以免千斤顶在安装好后出现偏位。

3.3.5　试抬

在正式抬升之前为检验抬升装置的工作性能、检查千斤顶的工做性能、确定每级抬升完成的距离和所需时间、熟悉抬升千斤顶的同步操作、协调各个操作小组的统一行动等操作细节，确保抬升万无一失，必须要先进行试抬。

3.3.6　试抬的目的

试抬的目的主要是确定各抬升点的抬升压力，并使所有抬升人员熟悉抬升流程加强相互间协作配合，见表1。

试抬的目的

表1

序号	职　务	人数	主要任务
1	操作总指挥	1	发出每级抬升的开始时间和协调各千斤顶的同步操作的指令
2	技术指导	2	对每级试抬的监测数据进行综合分析，提出下级抬升的技术要求和注意事项，制定应急措施并发出启动应急措施的指令
3	建筑的相对变形和应力、应变监测人员	3	对建筑的位抬及应力和应变进行监测，并整理每一级的监测数据上报技术指导
4	千斤顶行程测量员	3	对每级的千斤顶行程进行量测，并上报操作总指挥协助操作指挥对每台千斤顶的加载速度进行控制调整
5	千斤顶操作工	15	按操作总指挥要求对千斤顶进行加载
6	千斤顶维修工	2	负责维修千斤顶、排除千斤顶加载中出现的故码

试抬前先根据以往类似工程经验、建筑的原设计资料，现场条件等实际情况先对试抬的每级抬升的距离、每级抬升时间、千斤顶的压力等参数进行初定。以上各项数据初定值详见表2。

参数取值   表2

级　　数	1	2	3	4	5
抬升距离 （mm）	5	10	20	30	50
每级所需时间 （s）	30	60	120	150	180
抬升荷载 （t）	10～25	10～25	10～25	10～25	10～25

3.3.7 抬升人员配置

根据抬升要求配备足够的人员和机械，统一协调、分工合作并各负其职。

3.3.8 抬升操作

抬升在人员配置到位和各准备工作完成后可以在操作总指挥的统一命令下开始对千斤顶进行加载，千斤顶的加载要均匀同步。第一次加载时千斤顶操作工必须注意各自的千斤顶发生行程时的位移读数，千斤顶无法正常工作时，则要上报告千斤顶行程测量员，由千斤顶行程测量员报告操作总指挥，再由总指挥下令停止加载后所有千斤顶要停止加载，待排除障碍后再重新加载。当本级抬升的距离已达到时可由千斤顶行程测量员向操作指挥汇报，在操作指挥的统一命令下统一同步的开始对千斤顶进行卸载，千斤顶操作工必须在操作总指挥的统一命令下来开始和结束每级千斤顶的卸载。

3.3.9 抬升的信息化施工

由于建筑的抬升是一个动态过程，抬升的各项技术参数影响的因素较多，抬升面的标高差、天气因素（风压）等都是影响抬升各项参确定数的重要因素，因此抬升的操作必须根据抬升过程的建筑沉降观测、应力应变监测、倾斜监测、建筑的轴线偏位监测等监测结果来综合调整各项抬升参数并改进抬升工艺，让监测数据来信息化指导抬升施工，直正做到能预防安全事故的发生，能预见安全事故的发生。通过监测数据来信息化指导抬升施工，做到对抬升的施工有瞻前性和预见性，做到"防患于未然"，确保抬升万无一失。

3.3.10 正式抬升

正式抬升前要根据试抬的监测结果重新确定每级抬升的距离和抬升时间，并根据应力应变和其他变形监测数据来判断试抬的工艺是否合理，抬升的操作是否安全，如发现试抬的工艺有缺陷则采用信息化施工手段来改进抬升工艺，同时也要根据试抬过程同步操作的执行情况重新规定或改进同步操作的细节，重新对各参与人员进行技术安全交底。直正做到抬升过程的每级能同步推进，抬升过程中要对建筑的应力、相对应变、变形、千斤顶行程等监测数据进行无间断的监测如发现有超过安全控制标准时，必须马上向技术指导报告，这时应马上停止加载，再对监测数据进行综合分拆，找出原因，采取有效措施后方可再继续抬升，每一级抬升到位后，都要对千斤顶的行程进行比较，

如建筑物的其他监测项目表明建筑尚处于安全状态，但各千斤顶行程有差别，也必须在下一级抬升时对千斤顶行程进行调整并消除差别，以免造成建筑物损伤。正式抬升的同步操作、千斤顶和垫块的安装方法和质量要求详见试抬的相关内容，在整个抬升过程中要对建筑物进行全方位的监测，并通过信息化施工手段，改进抬升工艺，确保抬升安全。

4 结构应力应变监测

4.1 结构应力应变监测

为保证抬升施工过程中结构和施工人员安全，防止抬升过程中局部结构应力集中，导致结构突然破坏，或局部发生开裂；并及时了解抬升过程中结构整体受力状况，以及时调整抬升方案。本次抬升施工采用计算机应力应变控制法对整个施工过程实行结构应力应变监控，以确保抬升工作顺利进行。

计算机应力应变控制法采用在主要结构构件受力部位粘贴应变片，并连接到应变测试仪和计算机控制系统，通过计算机控制系统对抬升过程中构件的应力应变情况进行实时监测，及时了解抬升过程中结构整体受力状况，从而在结构未发生较大变形前及时调整抬升施工方案。

4.2 监控点布置

结构应力应变监测点的布置应选在能全面反应抬升过程中结构整体倾斜变化而引起的结构应力、应变变化情况。本工程监测监控点的布置主要布置在结构抬升梁上，抬升过程中若出现各点位移不均，使抬升产生相应应力、应变通过应变仪器可以监测到结构应力、应变大小，从而确定结构的受力程度，确保结构安全（见图8）。

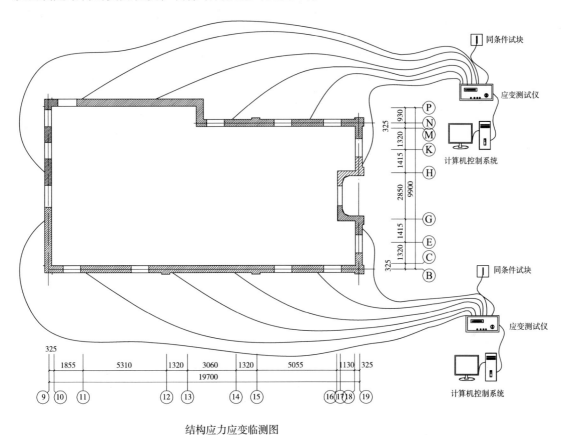

结构应力应变临测图

图8 结构应力应变监测图

4.3　应力、应变控制系统安装

抬升施工前，在设计部位粘贴应变片，同时粘贴同条件补偿片并连接到应变测试仪和计算机监控设备。设置设备参数并调节设备以保证设备连接正常。同时在监测构件顶部或底部安装千分表、测微仪或电子位移计对测试部位竖向位移进行监测。并将测试部位的竖向位移与计算机应变控制设备监测的应变值进行复核。若发现监测数据异常应立即停止抬升施工工作，对异常情况进行分析后及时调整抬升方案。

4.4　监测数据处理

结构应力、应变监测过程中应做好监测数据采集、处理工作，并及时绘制应力、应变曲线图、和测试数据分析资。

5　结　语

本文介绍了某民国建筑物整体抬升的施工、监测技术。其中详细介绍了建筑物的抬升方案、抬升过程的监测措施。本工程的特点是采用普通机械式千斤顶成功的高精度完成了建筑物整体抬升工作，为以后类似工程提供了参考依据。

参 考 文 献

[1] CECS225：2007 建筑物移位、纠倾、增层改造技术规范 [S].北京：中国计划出版社 .2007

[2] 李今保 .计算机应变控制梁柱托换方法 [P].中国 .专利号：200710022247.3,2007.10.17

[3] CECS295：2011 建（构）筑物托换技术规程 [S].北京：中国计划出版社，2011

[4] 李今保，胡亮亮 .某多层综合楼抬升纠倾技术 [J].建筑技术，2010，（09）.803-807

[5] 李今保，赵启明 .某桥梁整体抬升技术 [C].特种工程新技术 .北京：中国建材工业出版社 .2009.10.380-385

钻孔掏土法在某住宅楼纵向纠倾施工中的应用

李今保[1]　潘留顺[2]

（1. 江苏东南特种技术工程有限公司，南京　210008；

2. 盐城明盛建筑加固改造技术工程有限公司，盐城　224000）

[摘　要]本文对某住宅楼纵向纠倾原因进行了分析，制订了切实可行的纠倾方案，并对纠倾后的住宅楼进行基础加固。本工程施工工期共用 60 天的时间，纠倾后该住宅楼垂直度满足现行规范要求，并对该住宅楼继续进行了 3 个月沉降观测，该住宅楼沉降速率完全稳定，符合规范要求，可为同类工程提供参考依据。

[关键词]纵向倾斜；原因分析；纵向纠倾；基础加固；结构监测

1　工程概况

1.1　工程概述

江苏省张家港市某住宅楼为六层框架结构，长 37.44m，宽 10.34m，总建筑面积 2309m²，房屋基础为柱下独立基础（图 1）。

2011 年 10 月该住宅楼建成后，发现一直有不均匀沉降，且未进入稳定阶段。根据业主提供的沉降观测报告中显示，结构整体向西侧发生倾斜，最大沉降值约 420mm，最大倾斜率为 9.03‰，远远大于规范要求，已构成危房。为查明房屋倾斜原因，业主重新委托一家勘探单位对该房屋地质情况进行了重新勘察。

1.2　地质情况

根据静力触探及原有勘察资料，勘探深度范围内土层分为 6 个工程地层及 2 个亚层，其中第 3 层为淤泥质粉质黏土，层厚 0.0～8.8m，层底标高 -11.49～-2.48m。在暗浜部位分布，场地东端缺失，厚度变化大，厚度、强度分布不均匀，强度低，属软土层，工程特性差。

根据静力触探及原有勘察资料，将勘探深度范围土层分为 6 层，分述如下：

第 1 层 素填土：灰黄色，松软，含植物根茎及少量建筑垃圾，主要成分为粘性土。场区普遍分布，厚度：1.4～2.9m；层底标高：-3.05～-1.5m，平均 -1.95m；层厚不稳定，强度不均匀。

第 2 层 粉质黏土：灰黄色，可塑，局部夹薄层稍密状粉土。层厚 0.5～1.4m，层底标高 -3.1～-2.61 米。

第 3 层 淤泥质粉质黏土：灰色，流塑，含腐殖物根茎。层厚 1.2～8.8m，层底标高 -11.7～-3.81m。本层仅在暗浜部位分布，厚度、强度分布不均匀，强度低。

第 4 层 粉质黏土：灰黄色，可硬塑，含少量铁锰结核。层厚未揭穿，强度较高。

第 5 层 粉质黏土：灰 - 灰黄色，可塑，局部夹薄层稍密状粉土。层厚 5.1m 左右，层底标高 -16.8 米左右。强度分布均匀。

第 6 层 粉质黏土：灰色，软 - 可塑，含少量腐殖物茎孔。层厚未揭穿，强度分布均匀。

2　沉降原因分析及解决问题的方法

2.1　不均匀沉降原因分析

根据业主介绍，地质勘探布置勘探点时，由于放线有误，可能漏勘或勘探点布置不足，对部分区域的地质勘探不真实，给设计人员造成分析、判断的错误。

根据补勘成果，场地分布近现代暗浜，暗浜区分布淤泥质软土层，土层自西向东由厚变薄至灭失。该建筑基础为柱下独立基础，引起差异沉降过大，而造成建筑物倾斜。

2.2　解决问题的方法

2.2.1　建筑物纠倾

根据住宅楼的倾斜情况结合其设计资料及地质情况，对该楼进行迫降法进行纠倾。建立信息化纠倾施工控制，并引入结构计算机应力应变控制法对施工过程中结构受力状况实施实时监测，确保施工期间结构和人员安全。根据《建筑物移位、纠倾、增层改造技术规范》CECS 225:2007 及相关规范、标准要求，对该楼进行纠倾施工，使建筑物最大倾斜率回倾至3.0‰以内。

2.2.2　基础加固

对地基承载力不足的基础进行锚杆静压桩局部加固，首先在沉降量大的西侧轴线压入锚杆桩阻止其继续沉降导致更大的倾斜。然后再进行纠倾施工。

2.3　地基加固设计

经计算，地基加固采用 C30 混凝土预制桩，截面 250mm×250mm，桩长 14m，单桩竖向承载力特征值为 300kN。

新加锚杆静压桩布置见图2。

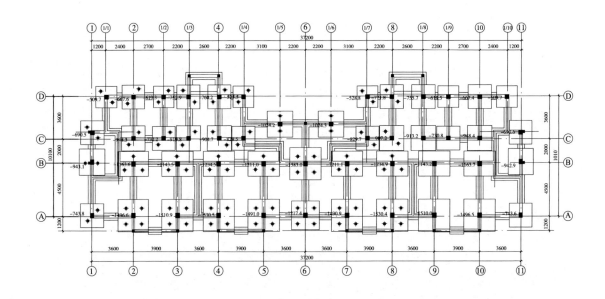

图2　地基加固新增锚杆桩布置图

3 纠倾施工

由于该房屋纵向一侧绝对沉降量大，采用迫降法对建筑物进行纵向纠倾。在纠倾过程中，要加强对建筑物的相对沉降控制，保证建筑物上任意两点的沉降差控制在0.2%以内，否则极易因结构内部应力过大而导致结构开裂，施工难度大，因此对在建筑物在纠倾过程中的监控要求高。

该房屋迫降掏土部位在东侧，作业土层为粉质黏土层，因该土层强度高、黏度大，采用钻机钻孔取土进行纠倾。

3.1 纠倾施工技术参数确定

根据倾斜测量结果、房屋纠倾目标值、房屋沉降观测点布置图计算各沉降观测点的设计迫降量。根据计算的掏土量、掏土范围、深度及操作条件等综合确定掏土孔直径和间距。

本工程采用从房屋北侧一侧掏土的方法施工，掏土孔采用等截面孔，孔径150mm，角度0°（水平），间距为250mm，掏土深度为大于建筑物宽度2m，掏孔距基底高度200mm。

3.2 钻孔掏土施工

3.2.1 工作槽开挖及钻机轨道铺设

工作槽宽度根据施工机械作业要求确定，槽深度为基础向下约1.3m，采用机械开挖，为减小房屋回倾阻力，将槽内侧到基础边土层全部挖除，槽外侧自然放坡。在槽内铺设钻机轨道，并安装钻孔机。

为防止工作槽内积水，影响施工，在工作槽内侧设置排水沟，并设置积水井和排水泵进行排水。

3.2.2 掏土施工

钻孔掏土应均匀分阶段、分批次取间隔进行，每次取土深度应根据监测数据分析结果确定。若地下水位高时，应辅以孔内降水。每批孔每次掏土完成后，至少应观测一天，待纠倾沉降速率低于设计的最大纠倾速率后再进行掏土施工，见图3。

图3 钻孔掏土纠倾施工图片

3.2.3 纠倾过程中的信息化施工

出现异常情况应立即停止施工，查明原因后方可采取措施进行下一步施工。

出现以下情况之一时，即界定为异常情况：

（1）拟纠倾房屋任一沉降观测点线性偏离0.5‰；

（2）回程率超过10mm/天（回程率一般控制在8mm/天以内）；

（3）土体位移观测点沉降速率大于其临近房屋沉降观测点沉降速率；

（4）相邻房屋受到影响——其角点差异沉降速率>0.1倍纠倾房屋邻近点沉降速率；

（5）原有裂缝有扩张现象；

（6）纠倾过程中，房屋主体结构产生新的裂缝；

（7）房屋回倾量同掏土量不吻合；

（8）掏土后，房屋后期沉降无明显减缓。

3.3　纠倾过程中的监测

3.3.1　沉降监测、分析

采用高精度水准仪每天进行一次沉降观测，分析观测结果。出现异常情况立即停工，查明原因、制定对策后施工。

正常情况下，根据观测分析结果调整纠倾计划，控制被纠倾房屋均匀、缓慢、协调地按预定计划回倾。

掏土结束后，跟踪监测房屋后期沉降，指导缮后工作。

沉降监测的设置原则：

（1）建筑物沉降监测应测定建筑物地基的沉降量、沉降差及沉降速度并计算基础倾斜、局部倾斜、相对弯曲及构件倾斜。

（2）观测点的布置，应以能全面反映建筑物地基变形特征并结合地质情况及建筑结构特点确定。点位宜选设在下列位置：

①建筑物的四角、大转角处及沿外墙每 10～15m 处或每隔 2～3 根柱基上。

②高低层建筑物、纵横墙等交接处的两侧。

③建筑物裂缝和沉降缝两侧、基础埋深相差悬殊处、人工地基与天然地基接壤处、不同结构的分界处及填挖方分界处。

④框架结构建筑物的每个或部分柱基上或沿纵横轴线设点。

（3）当建筑物突然发生不均匀沉降或严重裂缝时，应立即进行逐日或一天几次的连续观测。

（4）竖向位移是否进入稳定阶段，应由竖向位移量与时间关系曲线判定。若最后三个周期观测中每周期竖向位移量不大于 $2\sqrt{2}$ 倍测量中误差可认为已进入稳定阶段。一般观测工程，若沉降速度小于 0.01～0.04mm/d，可认为已进入稳定阶段。

（5）每周期观测后，应及时对观测资料进行整理，计算观测点的竖向位移量、竖向位移差以及本周期平均沉降量和竖向位移速度，见图 4。

3.3.2　竖向位移液面水平法辅助监测

为了使本工程竖向位移监测更加直观、并建立结构竖向位移实时预警制度，采用竖向位移液面水平法进行辅助监测，施工前在楼房的四周布设三通水管，要求每道承重墙靠近构造柱位置设有三通水管，作好水位原始标志，纠倾开始后每天测量纪录水位线变化，分析、调整射水参数，动态控制纠倾质量，见图 5。

3.3.3　结构主体倾斜监测

（1）主体倾斜观测点位的布设。

①根据该建筑现场实际情况，主要在该楼四角进行结构主体倾斜观测，观测点沿对应测站点的主体竖直线，对整体倾斜按顶部、底部上下对应布设。

②根据本工程情况，结构主体倾斜测站点（工作基点）的点位设在建筑物外部，选在与照准目标中心连线呈接近正交或呈等分角的方向线上距照准目标 1.5～2.0 倍目标高度的固定位置处。

（2）主体倾斜观测方法。

从建筑物外部采用经纬仪投点观测法进行观测。观测时，应在底部观测点位置安置量测设施（如水平读数尺等）。在每测站安置经纬仪投影时，应按正倒镜法以所测每对上下观测点标志间的水平位移分量，按矢量相加法求得水平位移值（倾斜量）和位移方向（倾斜方向）；

（3）竖向位移间接确定建筑物整体倾斜。

在采用经纬仪观测法进行结构倾斜观测同时，采用测定基础沉降差法对结构倾斜测量结果进行符合。具体操作方法为，在基础上选设观测点，采用水准测量方法，以所测各周期的基础沉降差换算求得建筑物整体倾斜度及倾斜方向。

（4）纠倾后建筑物稳定观测时间为3个月。

（5）垂线法辅助监测。

为了使本工程倾斜监测更加直观，采用垂线法进行辅助监测，施工前在房屋顶部角点设置铅垂线，悬挂至建筑物底部，在建筑物底部固定标尺，并记录初始刻度值，纠倾开始后每天测量纪录房屋倾斜变化，分析、调整纠倾施工各项参数。

3.3.4　结构应力应变监测

为确保纠倾过程中本建筑结构的安全，防止结构在纠倾过程中产生结构应力集中，导致结构损伤；并及时了解纠倾过程中结构整体受力状况，以及时调整纠倾方案。本次纠倾过程中采用计算机应力应变控制法对整个纠倾过程实行结构应力应变监控，以确保纠倾工作顺利进行。

计算机应力应变控制法采用在主要结构构件受力部位粘贴应变片，并连接到应变测试仪和计算机控制系统，通过计算机控制系统对纠倾过程中构件的应力应变情况进行实时监测，及时了解纠倾过程中结构整体受力状况，从而在结构未发生较大变形前及时调查纠倾施工方案。见图6。

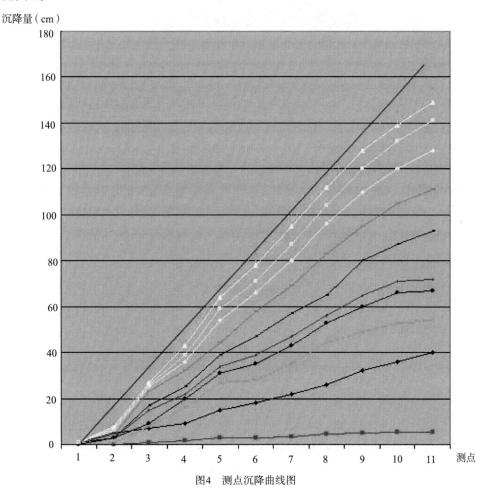

图4　测点沉降曲线图

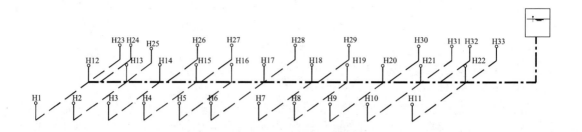

图5　液面水平法监测示意图

图6　计算机应力应变监测

（1）监控点布置。

结构应力应变监测点的布置应选在能全面反应纠倾过程中结构整体倾斜变化而引起的结构应力、应变变化情况。本工程监测监控点的布置主要布置在柱上，纠倾过程中若出现各点沉降不均，使柱产生相应应力、应变通过应变仪器可以监测到结构应力、应变大小，从而确定结构的受力程度，确保结构安全。

（2）应力、应变控制系统安装。

建筑物纠倾前，在设计部位粘贴应变片，同时粘贴同条件补偿片并连接到应变测试仪和计算机监控设备。设置设备参数并调节设备以保证设备连接正常。同时在监测构件顶部或底部安装千分表、测微仪或电子位移计对测试部位竖向位移进行监测。并将测试部位的竖向位移与计算机应变控制设备监测的应变值进行复核。若发现监测数据异常应立即停止纠倾工作，对异常情况进行分析后及时调整纠倾方案。

（3）监测数据处理。

结构应力、应变监测过程中应做好监测数据采集、处理工作，并及时绘制应力、应变曲线图和测试数据分析资料。

将结构应力应变监测结果和纠倾沉降数据进行比照分析，及时调整纠倾施工方案，确保结构安全。

4　基础加固施工

4.1　锚杆静压桩施工工艺流程

定位放线→开凿桩孔→清理桩孔→植入锚杆→桩机就位→吊桩插桩→桩身对中调直→静

压沉桩→接桩→再静压沉桩→送桩→施加预应力（或进入下步施工）→封桩。

4.2　压力封桩的作用

地基加固设计时按原有基础和新加桩共同承载考虑，即桩土的共同作用。

桩基上荷载为一个定值，非压力封桩时，可以将桩土共同工作的过程简化为两个阶段：第一阶段，荷载全部由承台承担，基础地基继续沉降，由于桩端持力层具有一定的可塑性，桩随基础一起向下压入，持力层压缩变形；第二阶段，桩沉降时，持力层压缩变形，桩端承载力逐渐提高，当原基础承载力和各桩承载力之和等于上部荷载时，桩基停止沉降，此时桩土达到共同工作。

压力封桩通过在桩端上施加一定数值的预应力，使桩承载力直接提高到一定的值，可直接跳过桩土共同工作的第一阶段，直接进入第二阶段，有效减小基础的沉降。

4.3　锚杆静压桩预加压力封桩施工

（1）按图示方法安装好压力封桩装置，见图7、图8。

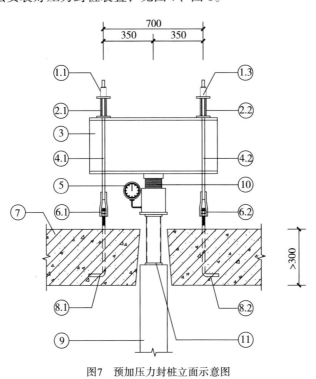

图7　预加压力封桩立面示意图

（2）用数显油压千斤顶向桩施加设计的压桩力。

本工程采用"锚杆静压桩预加压力封桩装置"。当锚杆静压桩的压桩力和桩顶标高达到设计要求后，将压桩架撤去投入到下一处的压桩工作，通过该装置可以进行预加压力封桩，即在桩端部设置一节短钢管，并将预加压力封桩装置连接到压桩孔旁边的反力螺栓上，在短钢管和封桩反力架之间设置带压力表的千斤顶，将桩施压至设计要求的封桩压桩力，同时进行封桩，将短钢管封在承台内，待封桩的混凝土达到设计要求的强度后，再撤去预加压力封桩装置，截取多余的钢管，这时锚杆静压桩就直接承受上部建筑物的既有荷载，从而避免了桩体发生回弹变形和压缩变形,使桩周与桩端下一定范围内的土体建立起预加压力的反力。由此,能够及时很好地控制由于桩体回弹所引起的附加沉降。

图8　封桩装置照片

5　结束语

　　本文对该工程倾斜的原因进行了分析,制订了切实可行的纠倾加固方案。本工程施工工期共用 60 天的时间,纠倾后该住宅楼垂直度满足现行规范要求。纠倾完成后,对该住宅楼继续进行了 3 个月观测,该住宅楼沉降速率完全稳定,符合规范要求。

参 考 文 献

[1]　CECS225：2007 建筑物移位、纠倾、增层改造技术规范［S］.北京：中国计划出版社 . 2007

[2]　李今保,潘留顺,等 . 某小区住宅楼纠偏加固［J］.工业建筑,2004（11）：82-84

[3]　李今保 . 某小高层纠倾加固技术［J］.工业建筑,2010,（3）：128-134

[4]　李今保 . 计算机应变控制梁柱托换方法［P］.中国 . 专利号：200710022247.3, 2007. 10. 17

[5]　张永青,李今保,等 . 某厂房柱纠偏加固技术［J］.工业建筑,2008,（2）. 105-108

[6]　淳庆,李明丁,李今保,等 . 某住宅楼的纠倾加固设计与施工［C］.第八届全国建筑物鉴定与加固改造学术会议 . 2006. 11, 1053-1057

[7]　李今保,胡亮亮 . 某多层综合楼抬升纠倾技术［J］.建筑技术,2010（09）. 803-807

[8]　李今保,赵启明,胡亮亮,等 . 柱基侧移后的排架柱纠偏加固技术［C］.特种工程新技术,中国建材工业出版社 2009. 10

[9]　JGJ 123-2000 既有建筑地基基础加固技术规范［S］.北京：中国建筑工业出版社 . 2000

[10]　CECS295：2011 建（构）筑物托换技术规程［S］.北京：中国计划出版社,2011

[11]　李今保 . 锚杆静压桩预加压力封桩装置［P］.中国 . 专利号：201210094873.4, 2012. 07. 25

第六章　　　　　　　　　　　　　　　　　绿色建筑其他技术问题　○

高效做好芜湖市住房城乡事业大发展的质量卫士

李国方

（芜湖市建设工程质量监督站，芜湖　241000）

[摘　要]安徽芜湖市建筑工程、交通工程和水利工程几家质监站合并为芜湖市建设工程质量监督站，他们员工以深化改革的高效服务为该市城乡建设大发展的工程质量做好了监督卫士。他们的经验可供各地区类似条件的同行参考。

[关键词]建设工程；建筑工程；交通工程；水利工程；质量监督；百年大计，质量第一

1　芜湖市建设的腾飞

芜湖市是一座具有两千五百多年文明历史的滨江城市，历史悠久、独具魅力，境内依山傍水，风景秀丽，曾以中国"四大米市"之一闻名遐迩，素有"长江巨埠、皖之中坚"的美誉。目前，芜湖市已经成为安徽省"开发皖江、呼应浦东"的龙头城市，被国家批准为皖江城市带承接产业转移示范核心城市，同时也是国家技术创新工程试点区和合芜蚌自主创新综合试验区。长江大桥、国家级外贸码头，并随着四条高铁建设贯通后的交通优势和已经形成的产业优势，以及最近的区划调整，使芜湖的发展插上了腾飞的翅膀。

2　适应建设工程需要的多功能质监站

为了更好地为全市工程建设和社会经济发展做好服务，芜湖市建设工程质量监督站坚持深化改革，深入学习科学发展关，全面推进创先争优和创三优工作，按照构建社会主义和谐社会的总体要求，围绕打造"滨江山水园林城市"这一目标，牢固树立"百年大计、质量第一"的思想观念和意识，根据上级的中心工作和对我们的工作要求，全力确保工程结构安全，努力推进工程质量总体水平不断提高、工程品质不断提升。

2008年底，我站改革工作取得新成效。根据芜湖市编办文件精神，我站与市水利工程质量监督站、交通工程质量监督站合并，受市住房城乡建委、市水务局、交通局委托，对全市建设工程、交通工程、水利工程进行质量监督管理工作。整合后，我站进一步加大了工程质量监管工作力度，坚持"一线工作法"，深入基层单位、施工现场；编制了《建设行政执法手册》1～9卷，全面推进依法行政；全力推进建设工程安全质量数字信息的管理体系、宣传教育培训体系、优质高效的服务体系、依法行政的监管体系、清正廉洁的工作体系等"五大体系"建设，加强队伍建设、不断提高全体人员的政治业务素质和工作效能，坚持工作创新、全面扎实做好工程质量监督工作，严格执法、确保工程质量安全，全力保障畅通工程、保障性安居工程、创园工程、放心工程、素质工程五大工程建设；提升依法行政能力、市场监管能力、信息化应用能力、应急处置能力和工作创新能力，为把芜湖建设成为长江流域具有重要影响的现代化大城市作出自己应有的贡献。

3　狠抓建设工程质量的成效与不足

在站全体干部职工的共同努力下，目前，全市工程质量总体受控，工程质量总体水平保持

稳中有升的态势，各方责任主体的质量意识不断提高，质量行为基本规范；全市全年未发生较大及以上工程质量事故；在建水利工程主体结构质量趋于稳定，工程质量处于受控状态，在建工程安全度汛。2010 年全市获安徽省优工程"黄山杯"奖 7 个、芜湖市优工程"鸠兹杯"19 个。

在肯定成绩的同时，我们也清醒地认识到，我市工程质量仍然还存在着一些问题和不足，比如建设单位在执行施工许可制度、质量安全报监制度上仍存在滞后情况；部分参建的责任主体质量行为有待进一步规范，项目经理及总监理工程师存在挂名现象，少数项目合同项目经理及总监理工程师长期不在施工现场；部分工程实体的混凝土、钢筋、砌体依然存在质量问题和缺陷，个别工程发现使用劣质材料现象。

4　迎接"十二五"规划建设的质量控制新目标

2011 年是"十二五"规划的开局之年，我市市委、市政府提出了科学发展、率先崛起、全面转型、富民强市的宏伟目标，进一步加快城市现代化建设、全面推动皖江城市带承接产业转移示范区建设，努力实现"12861"发展目标。我们将按照市委、市政府确定的发展目标，紧紧围绕市住房城乡建委的中心工作，以确保工程结构安全为目的，坚持管理创新和工作创新，强化效能建设、队伍建设和廉政建设，努力提升"五种能力"，着力建设"五大体系"，以推进我市工程质量总体水平不断提高为方向，积极主动地为我市社会经济发展和工程建设、为"五项工程"的顺利实施、为实现我市"十二五"发展目标做好服务。

围绕着我市市委、市政府确定的奋斗目标，以及市住房城乡建委提出的"重点项目、重点任务、重点工作"的"三重"工作任务、全力打造"五大工程"的工作任务，我们明确了全市工程质量监督工作的总体目标，即坚持科学发展，确保结构安全，提高工程品质，推进工程质量整体水平稳中有升，处于全省先进水平；抗震和节能设计施工执行率 100%；住宅工程分户验收率 100%；质量通病得到有效治理；争创鲁班奖；工程质量一次性验收合格率 95% 以上，工程竣工验收备案率达到 100%；逐年减少一般质量事故，杜绝较大及以上工程质量事故。

5　继续狠抓建设质量的决心

为实现上述工作目标，我站以"质量安全巩固年"为主线，以落实工程质量安全责任为核心、以规章制度完善为手段、以保障性住房和重大基础设施工程为重点、以信息化建设为抓手、以"服务、严管、规范、提升"为方针，全面开展质量安全监管工作，通过严格执法、认真开展工程质量监督抽查工作，深化改革、进一步提高工程质量监督工作效率，抓住重点、加强工程质量重点环节的监督力度，切实提高建筑工程质量，全力为我市住房城乡建设事业发展保驾护航。

参 考 文 献

[1]　住房和城乡建设部发展促进中心，西安建筑科技大学，西安交通大学. 绿色建筑的人文理念 [M]. 北京：中国建筑工业出版社，2010

[2]　林宪德. 绿色建筑 [M]. 2 版. 北京：中国建筑工业出版社，2011

[3]　韩选江. 在城市化进程中完善生态城市建设新机制 [A]// 工程优化与防灾减灾技术原理及应用 [C]. 北京：知识产权出版社，2010

[4]　顾海波. "以人为本"与可持续的人居发展观 [N]. 中国建设报，2004-7-30，第 12 版

[5]　王阿敏，李丽静. 节能住宅渐成热点 [N]. 中国建设报，2002-10-21，第 8 版

钢结构焊接质量控制的探讨

张立伟　董　军

（南京工业大学土木学院，南京 210009）

［摘　要］焊接是钢结构工程施工中常见的连接形式，焊接质量的好坏直接影响整个工程的质量。本文主要探讨了钢结构焊接质量控制的方法。

［关键词］钢结构；焊接；质量控制；施工

随着经济的发展，钢结构工程以其强度高、重量轻、施工快、抗震性能好等诸多优点，得到了越来越广泛的应用。焊接作为钢结构工程中最为重要的工序之一，在钢结构工程中起着重要作用。现代钢结构建筑造型日趋新颖多样化，钢结构构件形状多变，节点构造复杂多样且钢板厚度加大，钢结构材料也由低碳钢发展到高强合金钢、铸钢等新型材料，这就对钢结构焊接性能提出了更高的要求，与此同时钢结构焊接质量已成为决定钢结构工程质量的重要因素。

1　焊接设计控制

为了提高钢结构的焊接质量，且符合设计和规范的要求，设计应从减小残余应力和残余变形着手来解决钢结构的焊接质量问题，为此可从以下几方面来保证钢结构的焊接质量。

（1）设计中应采用合理的构造。对焊接接头的设计控制主要是控制接头型式和焊缝布置的合理性。设计合适的焊接接头型式、合理布置焊缝可以减少焊接变形和应力集中，增加结构的安全可靠性。设计接头型式时应尽量避免焊缝集中，以降低应力集中程度；焊缝布置应根据结构形式最好采用对称布置，以减少变形和内应力[1]。

（2）焊缝的设计应符合相关构造要求。设计中宜采用细长焊缝，不用粗而短的焊缝，满足设计要求的前提下，不应随意加大焊脚尺寸。

（3）不宜采用带锐角的板料做成肋板。板料的锐角应切边，避免焊接时锐角处板材被烧损，影响材质。

（4）应避免三向焊缝相交。当三向焊缝相交时，可将次要焊缝中断，主要焊缝连续通过。

2　焊接材料控制

2.1　焊接母材的控制

母材对焊接质量的影响主要体现在金属材料的焊接性上。所选用的钢材除满足结构的强度、塑性、韧性和疲劳性能要求外，应具有良好的可焊性。利用碳当量可以从理论上来间接评价碳素钢和低合金钢产生脆化倾向和冷裂纹的倾向，从而评价母材的可焊性。检验母材可焊性最直接的的方法是进行焊接工艺评定，因此对特殊钢种和首次采用的钢材要进行焊接工艺评定[2]。

2.2　焊接材料的控制

正确的选择焊材是保证焊接质量最基本的条件。工程中所选用的焊接材料一般要求在设计文件中作出规定。焊接材料的选择应遵守以下原则：

（1）按等强度的原则，选择满足接头力学性能要求的焊条。不同强度等级焊接时，应选择强度等级低的作为焊接选用依据。

（2）熔敷金属的合金成分符合或接近母材。

（3）形状复杂和大厚度工作，焊接金属冷却时收缩应力大，容易产生裂缝，因此必须选用抗裂性能好的低氢型焊条。

2.3 焊接焊材管理

焊接材料进场时应具有出场合格证明书和质量保证书，应按其相应的标准检查验收，对材料有怀疑时，应进行复检，合格后方可使用。焊条、焊丝、焊剂应放置于通风、干燥的专设库房内，温度保持在5°以上，相对湿度不大于50%。焊条应由专人保管、烘烤和发放，并应及时做好烘烤实测温度和焊条发放及回收记录，烘焙温度和时间应严格按焊条说明书规定进行[3]。

3 焊接施工控制

3.1 焊前控制措施

首先，要做好焊前检查，选用的焊材强度和母材强度应相符，焊机种类、极性与焊材的焊接要求相匹配。手工电弧焊应检查焊条的保温温度是否在规范范围内，若温度低于规范要求，应进行二次烘焙，但总烘焙次数不得超过两次。对于开设坡口的焊缝，施焊人员应检查坡口各项几何尺寸是否符合图纸设计要求，坡口处氧化渣是否已经清理到位。做好焊前清理工作，认真清除坡口内和垫于坡口背部的衬板表面油污、氧化皮等杂物。引弧板、熄弧板的制作尺寸要规范，安装要合理。合金钢的焊接及厚部件的焊接，要求焊前必须预热。焊前预热能够减缓焊后的冷却速度，有利于焊缝金属中扩散氢的逸出，避免产生氢致裂纹，同时也减少焊缝及热影响区的淬硬程度，提高了焊接接头的抗裂性。均匀地局部预热或整体预热，可以减少焊接区域被焊工件之间的温度差，不仅降低了焊接应力，还降低了焊接应变速率，有利于避免产生焊接裂纹。预热可以降低焊接结构的拘束度，对降低角接头的拘束度尤为明显[4]。

3.2 焊接变形控制

在焊接施工过程中应采取措施控制焊接变形。

（1）反变形法：所谓反变形法就是在构件施焊前，确定其焊接变形的大小和方向，焊后使构件达到设计要求。如采用夹具施加与焊接变形相反的作用力的方法，与焊接变形相抵消，以达到防止变形的目的。

（2）刚性固定法：所谓刚性固定法，就是在没有采取反变形的情况下，将构件固定增加焊件刚度，限制焊接变形。按变形相反方向，用夹具或点焊方式将焊件固定，从而限制焊接变形。

（3）合理地选择焊接方法：选用焊接线能量较低的焊接方法，可以有效地防止焊接变形，如采用CO_2焊代替手工电弧焊，采用多层焊的方式降低焊接参数来降低线能量。

（4）选择合理的装配焊接顺序：这种方式就是使物件在焊接过程中，通过合理的装配焊接顺序，使焊接变形能够互相抵消，从而达到降低变形的目的[5]。

3.3 焊接残余应力控制

设计文件对焊后消除残余应力有要求时，需经疲劳验算的结构中承受拉应力的对接接头或焊缝密集的节点或构件，宜采用电加热器局部退火和加热整体退火等方法进行消除残余应力处理；若仅为稳定结构尺寸，可采用振动法消除残余应力。消除残余应力的方法，应符合下列规定：

（1）使用配有温度自动控制仪的加热设备，其加热、测温、控温性能应符合使用要求。

（2）构件焊缝每侧面加热板的宽度至少为钢板厚的 3 倍，且不小于 200mm。

（3）加热板以外的构件两侧宜用保温材料覆盖。

（4）用锤击法消除中间焊层应力时，应使用圆头手锤或小型振动工具进行，不应对根部焊缝、盖面焊缝或焊缝坡口边缘的母材进行锤击。

（5）采用振动法消除应力时，振动时效工艺参数选择及技术要求应符合规定[6]。

3.4 焊接施工环境控制

能够影响焊接质量的环境因素主要指空气温度、湿度以及风力，焊接件坡口处的清洁程度等。空气温度直接影响焊接热循环过程、焊接熔池冶金化学反应程度、焊缝及热影响区金相组织转变、合金元素和应力的分布而最终影响焊接接头的质量；由于水分是氢元素的主要来源，且氢元素能直接参与熔池的冶金化学反应，其溶解和扩散速度随金属结晶、组织转变而不断发生变化，且其分布能直接影响焊接接头的脆性转变和延迟裂纹的发生及发展；若焊接前坡口部位存在水分、油漆、铁锈等污染物，在焊接过程中其将直接参与冶金反应，并能改变正常的化学反应成分和元素含量而增加了焊缝接头产生缺陷的几率。因此，在焊接施工前应保证坡口区域无水、油漆、铁锈等污物；保证焊接作业区空气相对湿度不大于 90%；保证环境温度保持正常等。具体措施可通过在焊接作业前设置防风、防雨或保暖防护棚，或在作业区准备防水用的铁皮、缓冷用的玻璃棉毡、石棉布等应急遮盖焊缝的防护材料[7]。

4 焊接检验控制

焊接检验是控制焊接质量的重要手段。焊接质量检验分为焊前检验、焊接过程中的检验以及焊后质量检验。焊前检验和焊接过程检验体现在对设计因素、材质因素以及工艺因素的控制。焊后质量检验主要指焊缝外观检验以及无损检测。焊缝外观检验主要控制焊缝成行是否良好，焊道与焊道过渡是否平滑，药皮、焊渣、飞溅物等是否清理干净，其外形尺寸是否符合设计要求。钢结构无损检测主要采用超声波进行探伤，对裂纹、未焊透、未熔合检测灵敏度较高。

由于焊工技术素质差别以及环境影响，难免产生不合格的焊缝。一旦发生不合格的焊缝，必须按返修工艺及时进行修补。对于有害缺陷如裂纹等一定要查明原因，制定返修工艺措施，进行清除后再焊接，严禁焊工自行返工处理，防止缺陷再次发生。对于缺陷的处理应及时，不能将缺陷都留到构件制作完成后再修补。此外，操作者要尽量避免焊接缺陷的产生，减少不必要的焊后修补工作。例如不要在转角处起落弧，要采取围焊的方式。在起落弧处电流、电压不稳易产生焊接缺陷，就应该严格执行工艺要求在引熄弧板上起落弧，避免对接及 T 型等接头端部缺陷的产生[8]。

5 结论

本文从焊接设计控制、焊接材料控制、焊接施工控制和焊接检验控制四个方面对钢结构工程中的焊接质量控制进行了探讨。本文所探讨的内容可以为相关的设计与施工提供一定的参考。

参 考 文 献

[1] 马燕. 钢结构工程焊接质量控制 [J]. 城市建设理论研究（电子版），2011（17）：1
[2] 马燕. 钢结构工程焊接质量控制 [J]. 城市建设理论研究（电子版），2011（17）：1
[3] 王东. 浅谈焊接质量的控制要素 [J]. 江苏钢结构，2011（5）：243
[4] 王东. 浅谈焊接质量的控制要素 [J]. 江苏钢结构，2011（5）：243-244
[5] 陆魏山. 谈建筑钢结构焊接变形的控制 [J]. 城市建设理论研究（电子版），2011（23）：2
[6] 王东. 浅谈焊接质量的控制要素 [J]. 江苏钢结构，2011（5）：244
[7] 韩冰霜. 建筑钢结构焊接质量控制 [J]. 科技创新导报，2010（6）：55
[8] 马燕. 钢结构工程焊接质量控制 [J]. 城市建设理论研究（电子版），2011（17）：2-3

螺栓球节点网架的事故控制及节点优化

张程静

（浙江华展设计院有限公司，宁波　315000）

[摘　要] 螺栓球是螺栓球节点网架的核心零件，它主要用于结构中传递三维力流，其质量好坏不仅直接影响网架的安装质量，而且直接影响网架结构中的内力分布。利用优化后的螺栓球节点对网架进行优化设计，节约网架的用钢量，从而减少资源消耗和能源消耗，降低对环境的污染。

[关键词] 螺栓球网架；螺栓球；节点；焊缝；质量问题；大跨度屋盖；大柱网厂房；优化设计

1　螺栓球节点网架

1.1　网架的发展

空间网架结构是一种利用钢管以及连接钢管的钢球在空间形成类似网状的钢结构，用来支撑大跨度建筑物的屋面。由于其技术比较成熟，工期短、重量轻、造价低、抗震性能好、刚度强等独特优点，网架结构经过近半世纪的研究、开发与应用，已成为大跨度屋盖中最普通的一种结构形式。尤其是被现代大跨度的工业厂房、候机楼、体育馆等广泛接受，但其节点仍存在缺点。

1.2　螺栓球节点网架的特点

螺栓球节点网架结构是一种新型现代化屋盖承重结构，自 20 世纪七八十年代引进我国以来，螺栓球节点网架发展异常迅速，国内相继成立了数百家网架企业，生产和安装了数千座网架工程，为我国空间结构工程的发展起了重要作用。

螺栓球是螺栓球节点网架的核心零件，作为节点，它起着连接汇交杆件、传递屋面荷载和吊车荷载的作用，并对结构安全度、制作安装、工程进度、用钢量以及工程造价都有直接影响。

伴随着螺栓球节点网架在我国的迅速发展，螺栓球从初期的标准型（螺孔夹角相对固定，并按一定规律均布）迅速发展到今天的非标准型球，其类型也由早期的标准平板系列、水雷球系列发展为锻造圆球系列等，从而使各种造型别致、风格各异的建筑不断涌现，极大地提高了我国网架结构水平，促进了我国空间结构工程的发展[1]。但由于螺栓球节点具有角度变化多、精度要求高、检测难、加工难度大及单件小批量的特点，制约了螺栓球的加工质量及效率，因而，对螺栓球节点优化不仅可以节约节点的用钢量，而且可以改变网架结构以及各杆件的受力特点，节约网架杆件的用钢量，达到节约整个网架的结构用钢量。

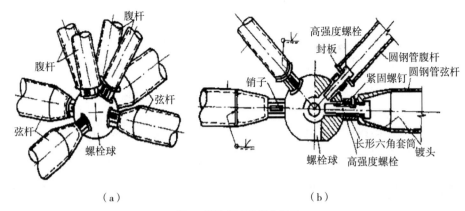

（a）　　　　　　　　　　　　　（b）

图1　螺栓球连接节点图示

2　节点优化的工程意义

近年来，随着电子计算机与运筹学的发展，可采用优化设计方法来确定网格尺寸和网架高度。优化目的是在同一类型网架中，选用最优网格尺寸和网架高度，以达到网架总造价最省。网架结构的优化数学模型是以造价（F_c）作为目标函数，目标函数表达式如下：

$$F_c = C_1W_m + C_2W_j + C_3L_1L_2W_r + C_4L_1L_2W_c + 2C_5(L_1L_2)h \tag{1}$$

式中　C_1，C_2，C_3，C_4，C_5——分别为杆件、节点、檩条（或屋面板钢筋）、屋面板混凝土与围护墙的单位造价；

　　　　W_m，W_j——杆件与节点的重量；

　　　　W_1，W_c——单位面积上屋面钢材与混凝土消耗量（根据大量计算结果以回归分析的经验公式求得）；

　　　　L_1，L_2——网架的长向与短向跨度，它是 G（网格数）的函数；

　　　　h——网架高度。

上式中 G，h 为自变量，$C_1 \sim C_5$ 是常数项，$W_m, W_j, \overline{W}_r, \overline{W}_c$ 随 G，h 而变化。

从式（1）可见，节点形式和尺寸的改变对网架影响很大，国内外学者对其相关技术措施的研究日益完善，但是仍然存在很多问题[5, 7]，比如：网架安装中钢球太小，易导致杆件相碰撞使安装工作受阻。反之，若钢球过大，例如某大型网架及特殊造型网架施工图中，常常出现直径大于 300mm 的螺栓球，也会使安装工作受阻。目前工程中处理这些大直径节点的方法是将杆件端部处理，切除一部分后用一块比母材厚 2～4mm 的钢板补焊，即改螺栓球为焊接球，这样势必影响施工的工业化进程。如果能够对节点进行优化，能够使较小直径的螺栓球解决网架安装中杆件相互碰撞问题和满足结构安全的要求，使其满足实际工程的需要，将具有重要的理论意义和应用价值。

3　国内外螺栓球节点网架优化的研究方法

网架结构传统的设计方法一般是先进行结构假定，在此基础上进行结构内力分析；然后验算杆件的应力是否小于规定的容许应力，杆件的挠度是否在容许范围以内，以及其他种种约束条件是否得到满足。如果计算结果与假定的截面有出入，则重新假定截面进行复算。

截面的假定是经验值，由于这样的修改过程繁琐而不连续，一般只进行很少几次，由此确定的截面，也只能是在给定的设计规划范围内获得相对经济合理的方案。设计的好坏常取决于最初方案的优劣，而最初方案的选定依赖于设计人员的经验和水平。因此实际采用的方案往往并非最佳方案。

目前国内网架结构的优化设计已引入了新的概念，在对杆件截面进行优化时，以杆件截面面积作为设计变量，首先采用了改进的满应力法，而后为加快收敛速度，又用序列二次规划法进行了进一步的优化。并编制了相应的计算程序，利用计算机实现了对截面的自动优选以求得重量最小、用料最省或造价最低的设计方案。研究给出网架优化设计程序，通过工程实例的计算结果，说明研究的优化程序收敛速度快，计算结果可靠，优化设计比原设计节省材料 5%～10%[2, 3]。

4　网架结构存在的问题

4.1　网架事故

但是，近几年来，网架建筑在设计、制造、安装施工等方面的质量问题屡见不鲜，详见表 1。网架结构多半应用于大、中跨度的公共建（构）筑物和大面积大柱网的工业厂房中，在这些建（构）筑物中，从事工作和聚集的人员很多，有昂贵的设备，一旦发生事故，将造成不可设想的人民生命和财产的损失，并产生恶劣的社会影响[6]。

网架结构工程事故实例　　　　　　　　　　　　　　　　　　表1

事故工程	结构尺寸	事故情况	事故主因
某矿区通讯楼棋盘形四角锥焊接球网架	13m×18m	1988年6月在大雨后突然倒塌	设计有严重失误、超载、焊接质量差，腹杆失稳
某玻化厂车间正方四角锥焊接球网架	20.4m×36m	暴雨后1994年5月17日页突然塌落	误用几根40Mn钢管，屋顶超载，部分焊接质量差
某国际博览中心正方四角锥焊接球节点网架	2m×45m×45m	1993年施工时网架下沉约6mm，严重破坏	焊接质量太差，3根下弦杆在钢管与锥头连接处断裂
某供销大厦两向正交正方网架	29.7m×33.88m	1994年在铺设屋面板时大量腹板绕曲，一柱端拉裂	计算假定与实际不符，压杆长细比过大，屋面实际做法超载
某地毯进出口公司仓库正方四角锥焊接球节点网架	48m×72m	1995年12月4日在通过阶段验收后塌落，死1人伤13人	采用的简化设计方法与网架实际不符，螺栓假拧紧，腹杆失稳
某汽车修理车间折板型网架	24m×54m	在铺设混凝土屋面板中大量腹板弯曲	该网架为几何可变体系，设计与施工中未采取措施
某自来水厂净水车间正方四角锥焊接球节点网架	45.6m×45.6m	1994年9月4日整体起吊时网架坠地，死亡3人	绞磨主轴扭断，刹车装置失灵

4.2　事故原因

因为设计方面的失误很难事先被发现，而在施工过程中也无法弥补，因此减少设计失误是避免网架工程事故的首要因素。综合网架事故的情况，设计方面的原因主要是以下几个方面[4]：

（1）材料选择不合理。设计人员欠缺少材料方面的知识，不懂施焊工艺，造成焊接质量低下，埋下安全隐患。

（2）杆件截面匹配不合理，杆件下料尺寸计算不准确。忽视杆件的初弯曲、偏心和次应力的影响。杆件的初始偏差，对于杆件内力的影响可达 20% 左右。

（3）节点形式及构造错误，节点细部考虑不周，造成应力集中、裂缝、强度不足或焊接变形很大。

（4）荷载低算或漏算，荷载组合不当。对自然灾害（如地震、温度变化、积水积雪、火灾、大气或有害气体及物质的腐蚀性等）估计不足或处置不当，或对一些大中型网架结构没有进行必要的非线性分析、稳定性分析，忽略了支座不均匀沉降、不均匀侧移对网架的影响。如有的小设计单位为减小每平方米的含钢量，设计时不按规范选取和组合荷载，将应加载上的活载减小，不加风载，不加地震荷载。

（5）计算方法的选择、假设条件、近似计算法有错误；设计图纸审查不细致；随意套用图纸；简单的认为跨度相同的网架就可不进行详细设计，孰不知工程之间都是千差万别的，没有相同的两个项目。

（6）忽视网架分析的计算模型与网架实际状况之间的差异。结构选型不合理，支撑体系或再分杆体系设计不周，网架尺寸不合理，缺乏对网架结构的机动性分析。

（7）屋面系统的构造及支撑系统的设置中，设计时未能保证其水平力的有效传递；屋面找坡习惯采用上弦节点加小立柱的做法，特别是在大型网架中容易忽视这种做法造成的上弦稳定问题和附加弯矩导致的杆件内力变化问题。

（8）图纸不完备，尺寸不准确，要求不明确或遗漏（如材料、焊接工艺、制造与吊装方法等）。

（9）设计单位无设计资质证、无图签、无签字。设计、施工、质检、监理严重脱节，管理混乱等。

4.3 螺栓球网架质量问题的分析与处理

4.3.1 焊缝不饱满

在很多网架施工中，钢管与封板（或锥头）的焊接不饱满现象最为常见，尤其对一些厚壁的大径管。这样的杆件受力都很大，按规范必须补焊，宜采取多层连续施焊，补焊宜在安装前进行，对安装后的网架，在网架自重作用下可以直接进行，对于屋面已布满静荷的网架，则必须给予合理安全的支撑，避免杆件在高温状态下全截面失效而发生网架整体变形。对于夹渣焊缝可以在原有基础上加大焊缝厚度和宽度，强度可以达到要求强度。

4.3.2 封板（或锥头）中心与管件轴线不同心

管件轴线与封板（或锥头）孔中心偏差大于规范时，杆件处于拉弯或压弯状态，通过对此问题的模拟试验发现，由于封板（或锥头）通过局部承压，底板产生了塑性变化，不同心的偏差有所调整，内力会重分布，应力集中有所缓解，杆件拉断时的荷载满足设计要求，此问题在施工中可不进行返工处理。

4.3.3 节点的楔形缝

球节点网架安装中封板（或锥头）与套筒，套筒与螺栓球接触面之间不密实会出现楔形缝，原因有以下几种：（1）套筒端面与轴心不垂直；（2）封板（或锥头）端面与杆件轴心不垂直；（3）螺栓球相邻螺孔偏差超值；（4）球螺孔与孔面不垂直。在铁科院进行的试验中，螺栓与封板倾斜，在拉力测试中发现螺栓的安全系数大于规范要求的 K=2.8～3.0 表明螺栓在偏拉状态下承载力没有降低；在进行杆件封板（或锥头）偏斜受拉和受压试验中，杆件承载力均大于设计承载力。原因是封板（或锥头）因局压，塑性变形而使偏心距减小，使受力状态接近轴压或轴拉杆件。所以，对施工中出现了楔形缝，可采用管钳旋转钢管使各零部件缝隙达到最小。

4.3.4 杆件在节点处发生碰撞

网架安装中，螺栓球过小可能导致杆件相碰，最好的办法是换大球，但有时条件不足，只能将杆件进行端部处理,切除一部分后用一块比母材厚2～4mm的钢板补焊。在处理杆件时,应清楚各种杆件的受力情况。

以上问题的根本杜绝方法是对零部件加工精度进行严格控制,严格按国家规范进行施工。螺栓球节点网架结构设计的重要原则是,网架结构达到承载力极限状态时,应使破坏都发生在钢管杆件上,而作为连接杆的螺栓不发生破坏。在网架结构设计中选择钢管杆件和螺栓规格时,对于受拉的杆件,应使连接件螺栓的承载力大于杆件的承载力,网架结构发生破坏时,钢管杆件应先达到承载力极限而破坏。

为了保证网架结构的安全性,应在螺栓球节点安装施工前进行杆件及配套承载力检验,并且检验结果要满足有关规定。如何保证螺栓和钢管杆件连接处于最优的可靠度是我们要解决的问题。其次人为的设计因素也是螺栓球节点网架连接件发生破坏的一个重要原因,如何保证设计和施工也是我们面临的一个很大问题。第三,当螺栓球节点网架发生破坏以后,怎么样做好加固工作,也是我们的当务之急。

参 考 文 献

［1］ 浅谈平板网架结构［J］.建筑与工程,2007

［2］ 胡勇,黄正荣.基于ANSYS的网架优化设计［J］.山西建筑,2006

［3］ 简洪平,刘光宗,蔡文豪,由敬舜.大跨度空间网架结构优化设计［J］.设计与研究,2001

［4］ 田昱峰,冯霞.导致网架事故的设计原因分析［J］.山西建筑,2007

［5］ 张俊.浅析螺栓球节点网架施工的质量控制［J］.施工技术研究与应用,2007

［6］ 李奉阁,赵根田.空间网架结构质量控制［J］.钢结构,2007

［7］ 牛书静.对螺栓球节点网架加工与安装质量问题的加固处理［J］.平原大学报,2004

对深基坑支护设计中有关问题的探讨

张国玺　张　迅　周文忠

（杭州兴耀控股集团公司，杭州　310052）

[摘　要]土工实验得出的内摩擦角 φ，凝聚力 C 和实际有较大差别，偏于保守。用库伦理论和朗肯理论计算主动土压力，被动土压力的公式用于支护结构。其前提条件和实际情况也有较大差别，尤其对含水量较低的土，更显的保守。

[关键词]抗剪强度；摩擦角 φ；凝聚力 C；降水

1　前　言

深基坑支护是风险较大的工程，支护结构的事故屡见不鲜。据有关资料介绍，支护工程的事故占基坑工程总数的 3% 左右。造成事故的原因是多方面的，有设计、施工，也有勘察及其他原因。但是由于计算数据取法及实际经验等原因，致使设计方案显的保守而造成人力、物力、时间上的浪费也普遍存在。我们根据多年深基坑支护工程设计，施工的实践经验。对其中的浪费现象进行了初步探讨，偏于保守的原因主要在如下两个方面，并在实际工程中得到验证。

2　土样的试验数据内摩擦角 φ 和凝聚力 C 的可靠程度差

土体的破坏通常是剪切破坏，其中重要的性能指标，就是内摩擦角 φ 和凝聚力 C。计算土体的主动土压力，被动土压力，确定土整体稳定性的弧型滑动面都要用这两个指标。试验室得出的数据和实际情况有较大差别，而且偏于保守。造成差别的原因是：

（1）试件的土样对原状土有扰动。松动的土样引起压力释放，φ 值、C 值肯定减少。

（2）直接剪切试验土样受力是平面的，实地土受力是空间的。一般说来，试件的这个 φ 值、C 值低于实际值。也有做三轴剪切试验的，其将主应力方向简化为垂直和水平向与实际土体受力也相差甚远。

（3）不同的勘探单位对相同的土质，得出的 φ 值、C 值也有差别，有的还比较大。现取三家的数据以表 1、表 2、表 3 表示。对于 φ 值、C 值它们对试验条件的表述也不一致。按照实地土体状况，应给出排水和不排水两组剪切试验数据。以上表中试验数据的可靠程度之差可见一斑。

表一

层号	土类名称	层厚（m）	重（kN/m³）	天然含水量（%）	直接快剪		固结快剪	
					凝聚力 C（kPa）	内摩擦角 $\varphi°$	凝聚力 C（kPa）	内摩擦角 φ（°）
1	杂填土	0.5～2.10						
2-1	粘质粉土	1.1～2.4	18.40	27.4	14.0	29.0	14.0	27.8
2-2	砂质粉土	1.8～3.5	18.6	28.4	14.0	28.8	8.7	27.5
2-3	砂质粉土	1.1～4.9	18.50	28.7	12.0	28.8	12.0	27.5
3-1	於泥质粉质黏土	6.5～9.6	17.00	40.7	7.2	5.4	9.0	8.4

表二

层号	土类名称	层厚（m）	重度（kN/m³）	天然含水量（%）	排水		水下	
					粘聚力 C（kPa）	内摩擦角 φ（°）	粘聚力 C（kPa）	内摩擦角 φ（°）
①	杂填土	0.9～1.3	18.5		10.00	15.0		
②1	砂质粉土	3.20～4.3	19.1		10.00	30.0		
②2	粘质粉土	2.10～3.8	19.3				9.00	32.0
③1	於泥质粉质黏土	4.10～5.6	17.3				8.50	7.40

表三

层号	土类名称	层厚（m）	重度（kN/m³）	天然含水量%	直剪固结	
					凝聚力 C（kPa）	内摩擦角 φ°
①	杂填土	1.2	18.5			
②-1	砂质粉土	3.6	18.8	30.1	5.0	27.0
②-2	砂质粉土	3.8	19.2	28.1	6.0	30.0
②-3	粉砂	3.0	19.4	25.5	5.0	31.0
⑤	淤泥质黏土	5.6	17.4	43.3	8.0	10.0

3 计算主动土压力和被动土压力的理论的前提条件与实地情况不符。

目前的计算理论普遍采用的是库伦理论和朗肯理论，由此理论推导出的主动土压力简化公式是：

$$EA=1/2rH^2\tan^2（45°-φ/2）-2CH\tan^2（45°-φ/2）+2C^2/r \tag{1}$$

（1）该公式推导主动土压力是针对挡土墙。

（2）先筑墙后填土，假定填土是匀质松散、无黏性的，挡土结构与土之间无摩擦力。

（3）挡土墙是平面受力。而支护结构是桩、墙插入老土中，先有土然后结构入土，再逐步卸去结构一边的土。结构承受的土压力由静态逐步变成主动土压力。而这个土是成年老土，有一定强度和凝聚力，土和结构之间存在摩擦力。受力方向是三维的。这样一比较就可明显看出库伦、朗肯理论公式用在支护结构的计算上安全度显然过大。

4 工程实例

下面是三个工程的五张照片，地址均在杭州市滨江区，地质情况见表1、表2、表3，支护方案设计的剖面图和实际施工情况对应剖面图列于图1、图2、图3，分别和照片1、2、3对应。

图1原设计有五排锚杆，实际施工时全部取消且边坡变陡；

图2原设计有一排高压旋喷桩，实际施工时全部取消；

图3原设计有三排锚杆，实际施工时全部取消；

第四张是一个工人挖基坑桩的照片，该土层是砂质粉土含有淤泥成分，降水后，工人身边3m多深的土坡很陡也没垮塌。

第五张照片，开挖深度已7m多，有4m多的坡段，几乎垂直，上面还有挖掘机、运土车，没设支护桩及锚杆，仍然没垮塌。

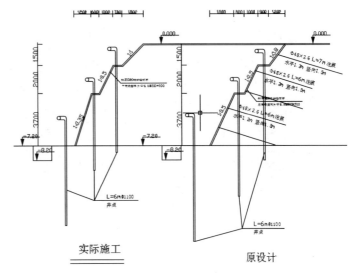

实际施工　　　　　　　　原设计

图1

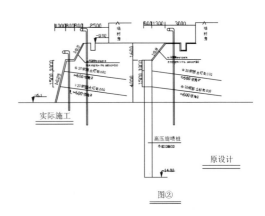

实际施工

原设计

图②

图2

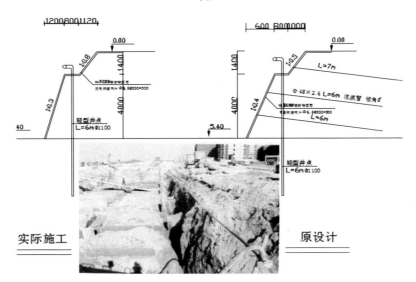

实际施工　　　　　　　　原设计

图3

图4   图5

这几张照片和图示表明在排水后的砂性土的内摩擦角 φ 和凝聚力 C 绝不是表 1、表 2、表 3 所标的 φ 值在 30° 以下，而应在 50° 以上，C 值应在 14kPa 以上。从而验证我们所说实验室给出的 φ 值，C 值小于实际。用库伦·朗肯理论计算主动土压力、被动土压力偏于保守的论断。

5 小 结

（1）基坑支护设计的理论滞后，针对工程现场原位试验获取 φ 值，C 值的手法缺乏；导致存在不合理设计；

（2）由于地质资料和实际土体的有关数据的误差和计算主动土压力、被动土压力的库伦理论的前提条件与实际土体真实情况的不符；导致支护设计偏离实际，偏于保守，造成浪费。

（3）降水是基坑支护成败的关键。上述工程实例基坑是砂质粉土、粘质粉土，在有效降水后，其 φ 值、C 值大大提高，含水量越低，提高的幅度越大，因此对坑外地下水宜降不宜止，止水费用大，且止水帷幕的质量往往不能保证。

（4）对含水量较高的淤泥质土则另当别论。周围建筑物离基坑太近的基坑，坑外降水应十分慎重，有的可能不允许降水。

参 考 文 献

[1] 侍倩.土工试验与测试技术.北京：化学工业出版社，2005

[2] 中国建筑科学研究院.GB5007—2001 建筑地基基础设计规范［S］.北京：中国建筑工业出版社，2001

[3] 中国建筑科学研究院.JGJ120—99 建筑基坑支护技术规程［S］.北京：中国建筑工业出版社，1999

[4] 刘建航，侯学渊.基坑工程手册［M］.北京：中国建筑工业出版社，1997

城市既有建筑的绿色更新改造技术标准与实践

叶　军　方鸿强

（中国汉嘉设计集团股份有限公司，杭州　310005）

[摘　要] 既有建筑的绿色更新改造是一个前沿的、复杂的系统工程，它不仅涉及的领域多、专业广、技术要求高、研究难度大，而且政策性极强。本文通过城市楼宇绿色更新改造的实践，提出了以改善和提高其工作性能与安全性能，提高防御和减轻地震、台风等自然灾害的能力，保护人民生命和财产安全，提高资源利用效率，节能、节地、节水、节材、保护和改善环境，延长既有建筑物整体使用寿命为目标的绿色改造新思路；制定了从勘查、检测、鉴定、评估、设计、施工，到工程验收，以及运营管理等在内的既有建筑物——城市楼宇更新改造的技术标准体系；建立了既有建筑物绿色更新改造的全新模式；经过多年的应用与实践已取得成效。

[关键词] 短命建筑；既有建筑；城市楼宇；绿色更新与改造；更新改造技术标准

1　前言

中国是世界上年新建建筑量最大的国家，每年20亿平方米新建面积消耗了全世界40%的水泥和钢材。而就在这一片造楼热土上，"短命建筑"层出不穷，拆四星盖五星，未完工又推平。"拆一次创造了GDP，再盖一次又创造了GDP"在这种错误政绩观的引导下，大量"青壮年"建筑用浓烟和瓦砾，上演着一场场非正常"死亡"，近五年来10幢典型的"短命建筑"见表1。我国建筑的平均"寿命"只有25～30年。在这个重复建设的过程中，我国创造了两项世界第一：在消耗了全球最多的水泥和钢材的同时，也生产出全球最多的建筑垃圾——每年高达4亿吨，建筑垃圾数量已占到垃圾总量的30%～40%。英国《金融时报》的一篇文章指出："中国可能已经成为全球最大的建筑浪费国"。

近五年来10幢典型的"短命建筑"　　　　　　　　　　　　表1

建筑名称	建成年代	拆除时间	楼龄（年）	建筑特点
包头金融大厦	1988	2011.1	22	曾是包头的地标性建筑。地上13层，高48m
北京凯莱酒店	1990	2010.8	20	曾是北京第一批涉外四星级酒店，京城的地标性建筑。地上16层，高60m
南昌五湖大酒店	1997	2010.2	13	曾是南昌的地标性建筑，四星级酒店。地上22层，高85.7m
沈阳夏宫	1994	2009.2	15	曾是亚洲跨度最大的拱体建筑。曾入选沈阳十大景观、辽宁省五十佳景，是沈阳的地标性建筑之一
无锡市第一人民医院综合楼	2000	2008.4	8	曾是无锡的高标准医院建筑。地上22层，高98m
沈阳五里河体育场	1989	2007.2	18	曾见证了中国男足挺进世界杯决赛圈的历史时刻
青岛铁道大厦	1991	2007.1	16	曾是青岛的地标性建筑之一。地上22层，高73m
浙江大学（原）湖滨校区教学主楼	1991	2007.1	16	曾是杭州西湖周边最高的建筑。地上20层，高67m
青岛大酒店	1986	2006.10	20	曾是山东省的地标性的建筑。主楼地上19层，高61m
重庆永川市渝西会展中心	2000	2005.8	5	曾是永川市行政接待中心，城市的地标性建筑。地上16层，高56m

　　"短命建筑"与建设"节约型社会"的精神相悖，更是与科学发展观严重背离。其后果不止是造成社会资源的巨大浪费，同时产生大量的建筑垃圾被堆放和填埋在城市周围后，占用土地，其中含有各种有害化学物质，严重腐蚀地表和污染地下水源，危害极大，对人类生存环境构成威胁；而且一味拆旧建新割裂了城市历史文脉，削弱了城市文化传承，使得城市风格雷同，千城一面，城市风貌遭到严重的破坏；更严重的是大量的房屋拆迁极易引发社会矛盾，影响社会稳定。实际上也包括了房价的居高不下。

2　城市既有建筑的绿色更新改造方法与实践

　　节能减排，低碳环保是我国的一项基本国策。2009 年 1 月 1 日起我国的《循环经济促进法》颁布实施，第 25 条第 2 款中规定"城市人民政府和建筑物的所有者或者使用者，应当采取措施，加强建筑物维护管理，延长建筑物使用寿命。对符合城市规划和工程建设标准，在合理使用寿命内的建筑物，除为了公共利益的需要外，城市人民政府不得决定拆除"。

　　那么，如何贯彻落实《循环经济促进法》的精神，紧密结合我国实际，通过既有建筑物的更新改造，特别是旧商务写字楼等办公类建筑的城市楼宇更新改造，以改善和提高其工作性能与安全性能，提高防御和减轻地震、台风等自然灾害的能力，保护人民生命和财产安全，提高资源利用效率，节能、节地、节水、节材、保护和改善环境，延长既有建筑物的使用寿命，实现可持续发展已成为普遍关心和急需解决的重要课题。

　　以杭州为例，杭州市人民政府围绕打造"生活品质之城"建设，通过发展"楼宇经济"，推动现代服务业的发展，破解土地制约，提升城市品位，增强城市综合功能。其中：杭州市政府人民提出的"五个一批"[1]中的"更新一批"[2]就是依靠科技进步，将城市楼宇——既有的旧商务写字楼、工业遗存等工业与民用建筑，通过开展注重地方特色和历史文化的传承，完善周边环境的协调与配套，调整和赋予新的使用功能，消除不安全的"病害"，改善工作性能，优化硬件设施，提高智能建筑水平，便于提升物业管理和服务能力的城市楼宇更新改造，使其成为高品质商务写字楼，以满足社会发展的需求。按照杭州市的计划仅 2008 年就更新 33座既有的商务楼宇，总建筑面积达 56 万平方米，2010 年前将更新 168 座[3]。

　　既有建筑的更新改造是一个前沿的、复杂的系统工程，它不仅涉及的领域多、专业广、技术要求高、研究难度大，而且政策性极强。虽然国内外的许多专家、学者和组织都已经关注和开展了既有建筑物的改造研究，但国家现有的标准规范也仅限于既有建筑物的结构检测、加固、补强、鉴定、结构安全的评估，以及立面整治、建筑节能改造、安全装修等个别专业、领域和部门的规定文件，相互之间缺乏合理的衔接。由于缺乏相应的标准，随意性非常强，有些甚至成为了危急既有建筑物安全的"病害"和造成恶性事故的隐患，将"新房"变成了"病房"。为了指导和规范既有建筑的更新改造的建设工作，以保证其更新改造的工程质量和实施效果，笔者于 2008 年在全国率先编制的《杭州市城市楼宇建设和更新改造技术导则》[4]和《杭州城市楼宇更新改造技术标准》[5]，制定了从勘查、检测、鉴定、评估、设计、施工，到工程验收，以及运营管理等在内的，涉及建筑、结构、建筑消防、建筑节能、建筑电气、暖通与空调、给水与排水、建筑智能化、房屋监测与鉴定等多专业的既有建筑物——城市楼宇更新改造的技术标准体系，填补了空白，彻底改变当前的无序、混乱和不规范的局面，使其有章可循。3 年多来，由于颁发了技术标准，制订了实施方案，完善了相关政策，建立了既有建筑物绿色改造的全新模式，延长了既有建筑物的使用寿命，消除或者避免了"短命建筑"的发生，推进了城市楼宇的绿色更新改造，促进了城市建设的可持续发展。目前已在宁波、温州、嘉兴等许多城市得到了推广与应用，外省的许多城市在既有建筑的更新改造中也在借鉴和应用。取得了良好的经济效益、环境效益和社会效益。

3　城市楼宇更新改造的定义

什么是城市楼宇？所谓城市楼宇就是指已建成的，符合更新条件的既有建筑物。

什么是城市楼宇更新改造？所谓城市楼宇更新改造就是依靠科技进步，对城市楼宇注重地方特色和历史文化的传承，完善周边环境的协调与配套，调整和赋予新的使用功能，消除不安全的"病害"，改善工作性能，优化硬件设施，提高智能建筑水平，便于提升物业管理和服务能力，使其成为高品质商务写字楼的过程。

4　城市楼宇更新改造的总则

要按照"科学有序、技术可行、安全适用、经济合理、确保质量、保护环境"的原则，制定从勘查、检测、鉴定、评估、设计、施工，到工程验收，以及运营管理等在内的，全新的城市楼宇更新改造技术标准体系，体现管理创新和制度创新，建立既有建筑物"绿色改造"的全新模式。

城市楼宇的更新改造应符合以下要求：

（1）应贯彻国家关于节能、低碳、环保等方针政策，体现绿色改造，最大限度地节约资源；

（2）应以科学发展观为指导，围绕打造"生活品质之城"，符合城市总体规划，体现地方特色和历史文化的传承，以及周边环境的协调与配套；

（3）应做到安全可靠、技术先进、经济合理、实用健康，体现经济效益、社会效益和环境效益的统一；

（4）应以增强城市楼宇的使用功能和提升城市楼宇的应用价值为目标，以城市楼宇的功能类别、管理需求，以及建设投资为依据，体现"以人为本"，提升楼宇品质，为使用者提供安全、健康、适用和高效的使用空间；

（5）应便于城市楼宇改造完成后的运营管理，体现为提升物业管理和服务水平创造条件。

5　城市楼宇更新改造的基本要求

城市楼宇更新改造前，必须对既有建筑物的结构可靠性、维护使用健康状况、建筑功能与周边公共环境、建筑节能状况，以及消防安全系统、给排水系统、暖通空调系统、供配电与照明系统、智能化系统和安全防范等硬件设施的安全运行状况进行包括安全性鉴定和正常使用性鉴定等在内的可靠性鉴定与评估后，方可进行设计与施工。

对于需要改变原有建筑物使用功能或性质的城市楼宇，更新改造前，应按照国家和各地方建设行政主管部门的有关规定报有关部门审批。

勘查、检测、鉴定、评估、设计、施工和验收，应由具有本标准相应资质的单位和专业技术人员承担。

城市楼宇更新改造应遵循以下原则：

（1）楼宇更新改造前，应进行必要性、可行性、安全性以及投入收益比的科学评估、鉴定和论证；

（2）楼宇更新改造应与"既有建筑节能改造"同步进行，宜与"庭院改善"通盘考虑；

（3）在建筑的安全生命周期内，在确保安全、健康和实用的条件下，结合既有建筑物的特点和楼宇更新改造的需求，坚持"因地制宜、就地取材、最大限度地节约资源"的原则，实现资源的可持续利用，兼顾保护环境，减小建筑对环境的负荷，与自然和谐共生。

（4）应优先选用干扰小、工期短、对环境污染小、工艺便捷、投资收益比高的楼宇更新改造技术；

（5）应依靠科技进步，优化既有建筑物的硬件设施，改善既有建筑物的内在性能质量，提升楼宇品质，提高智能化水平，创造有利于益于身心健康的工作环境。

（6）应使用符合国家"节能、节地、节水、节材和保护环境"的政策，同时绿色、低碳、环保、先进、成熟的建筑技术及节能技术，更新置换或者逐步更新置换高能耗、技术落后、淘汰的设备与产品；

（7）应便于城市楼宇改造完成后的运营管理。

城市楼宇更新改造设计文件（包括设计变更文件）应由具备资格的施工图设计审查机构审查合格后，方可实施。

6 城市楼宇更新改造项目的现场勘查要点

细致周密的现场勘查是城市楼宇更新改造的基础。

城市楼宇更新改造前，必须对既有建筑物进行现场勘查和检测。勘查和检测应按照国家现行的有关标准规范，依据国家和各地方建设行政主管部门的法律法规文件执行。应按照现场勘查和检测不同内容和专业特点，选择有相应的勘查和检测资质，配备有丰富类似工程现场勘查和检测经验的专业技术人员，配备有齐全和性能优良的专用勘查与检测技术装备（仪器），管理规范、信誉良好的单位（或机构）承担。

城市楼宇更新改造前，现场重点勘查应包括以下内容：

（1）根据已有的资料和实物进行现场测量与核对，并对工程施工质量的现场检查和检测；

（2）荷载及使用功能和使用条件变化的情况；结构体系、地基基础及重要的结构构件的质量安全等级，结构构造和连接构造的"病害"状况；

（3）墙体和屋面材料、基本构造做法及墙面侵蚀损坏和屋面渗漏等"病害"状况；墙体热工缺陷状况；门窗、幕墙用材及翘曲、变形、气密性和热工等状况；

（4）机动车和非机动车停放设（或库）的设置和配建标准，以及周边环境与配套设施的状况；

（5）消防车登高面和登高场地，以及消防疏散通道、报警和防灭火等设施的安全运行状况；

（6）给水与排水的管线和设备等设施状况；空调系统年运行工况和运行效果；供配电系统和照明等设施的运行状况；智能建筑的建设标准和运行状况。

7 城市楼宇更新改造项目的鉴定与评估要点

科学的鉴定和合理的评估是城市楼宇更新改造的决策依据。

城市楼宇更新改造前，必须对既有建筑物进行包括安全性鉴定和正常使用性鉴定等在内的可靠性鉴定，对既有建筑物的工程施工质量、维护使用健康状况、建筑功能与周边公共环境、建筑节能状况，以及消防安全系统、给排水系统、暖通空调系统、供配电与照明系统、智能化系统和安全防范等硬件设施的安全运行状况，以及继续使用的可行性、安全性和经济性进行评估，并提出原则性的意见和相应的处理方法。

鉴定和评估应按照国家现行的有关标准规范，依据国家和各地方建设行政主管部门的法律法规文件执行。应按照不同内容和专业特点，选择有相应的鉴定和评估资质，配备有丰富类似工程经验的专业技术人员，配备有齐全和性能优良的专用技术装备（仪器），管理规范、信誉良好的单位（或机构）承担。

既有建筑物的安全性鉴定，以及建筑节能、环境影响评价和交通影响评价均应按照现行的有关标准规范，以及各地方工程建设标准和建设行政主管部门颁发的法律法规文件的要求执行。

对既有建筑物中，工程质量或者产品质量低劣、危及人生安全和影响身体健康、不符合节能和环保技术政策，以及超过使用年限的围护结构和设备，老化的电器、管线和其他设备产品，应提出评估意见。

8　城市楼宇更新改造项目的设计要点

科学规划和精心设计是城市楼宇更新改造的核心。

城市楼宇的更新改造设计不同于一般的新建工程，由于涉及专业多、技术要求高、难度大，因此，必须选择拥有建筑、规划、建筑装饰、建筑智能化、消防设施工程和建筑幕墙等工程设计甲级资质，以及市政行业（给水、排水和风景园林）工程设计甲级资质，具有多专业综合优势，丰富设计和工程经验，技术力量雄厚，设备先进，专业齐全，管理规范、信誉良好的设计单位承担。既有建筑物的原设计单位具备上述条件的可优先考虑，对不具备上述条件的可采取积极配合的其他方式。

设计应依据鉴定和评估报告的结论和建议，结合既有建筑物的特点和楼宇更新改造的需求，按照国家和各地方建设行政主管部门的法律法规文件，以及国家现行的有关标准规范，按照"科学有序、安全适用、技术先进、确保质量、保护环境"的要求进行。

施工前，设计单位参与项目设计的各专业设计人员均应参加建设单位应组织对施工单位、监理单位的工程技术人员进行技术交底，并解答提出的问题。

设计变更不得降低城市楼宇更新改造的建设标准。当设计变更涉及安全、健康和实施效果时，应经原施工图设计审查机构审查，在实施前必须办理好设计变更手续，并获得监理单位和建设单位的确认。

城市楼宇更新改造工程的设计应包括以下内容：

（1）建筑功能优化；

（2）建筑立面整治；

（3）建筑结构的改造与加固（包括抗震加固）；

（4）建筑设备更新；

（5）消防设施完善；

（6）建筑节能改造；

（7）建筑智能化的更新与改造。

9　城市楼宇更新改造项目的施工要点

规范施工和科学管理是城市楼宇更新改造的关键。

城市楼宇的更新改造不同于一般的新建工程，由于技术要求高，场地限制多，施工难度大，工种交叉作业频繁，需要配备各种专用的机具和仪器等技术装备，属于特种工程的施工技术，因此，必须选择有专项施工资质，配备有丰富类似工程施工经验的工程技术人员、工程管理人员和操作技术工人，配备有齐全和优良的专用技术装备，管理规范、信誉良好的施工企业承担。

城市楼宇更新改造应实行全过程监理，监理工作应严格遵守"先审核后实施、先验收后施工（下道工序）"的基本原则，严格按照《建设工程监理规范》的要求执行。

施工前，施工单位应根据改造方案、设计施工图纸以及建筑物现状，认真编制详细的《施工组织设计》，《施工组织设计》必须针对性强，做到"可操作、可控制、可检查、可验收"，符合国家和各地方建设行政主管部门的法律法规文件，以及国家现行的标准规范。

城市楼宇更新改造工程的施工应包括以下内容：

（1）施工与质量控制；

（2）施工与进度控制；

（3）施工与安全管理；

（4）施工与档案管理；

（5）施工与环境；

（6）施工与资源。

10　城市楼宇更新改造项目的验收要点

规范验收是城市楼宇更新改造工程质量的保证。

城市楼宇更新改造的工程质量验收必须依据国家和各地方建设行政主管部门的法律法规文件，严格按照工程设计文件（包括施工图、施工图审查单位意见及技术交底文件、设计变更和技术联系单等）、承包合同文件、《施工组织设计》和相关的技术文件，以及现行有关规范和规定的质量评定程序和验收标准执行。

工程验收应以"有关各方协调一致，共同确认"为基本原则，实行"验评分离、强化验收、完善手段、过程控制"的指导方针，应重点强调施工过程中的第三方中间检测，以及质量评定程序要求的中间检查、分项（或分部）检查和中间验收、分项（或分部）验收，落实各个单位和个人职责，实行终身负责制。

城市楼宇更新改造过程中应充分发挥监理单位和现场监理工程师的作用，特别是强调施工过程中的现场监理检查与验收，如：建筑材料、设备等进场验收和进场复验，现场抽取试样等，严格遵守"先审核后实施、先验收后施工（下道工序）"的基本原则，每一道工序和分项完成后，都必须经过必须现场监理工程师验收认可合格后，才能进行下道工序，并做好记录和档案管理工作，严格按照《建设工程监理规范》的要求执行。

11　城市楼宇更新改造项目的运营管理要点

运营管理是城市楼宇更新改造和"生活品质之城"建设成果的具体体现。

通过整体验收并投入使用的城市楼宇，应建立完整的绿色管理模式，不断提升物业管理和服务水平，物业管理业绩应与经济效益挂钩；

运营管理应包括以下内容：

（1）场地环境和建筑；

（2）能源的合理利用；

（3）水资源管理；

（4）材料设备维修及垃圾处理；

（5）智能化监控与管理。

12　结　论

（1）节能减排，低碳环保是我国的一项基本国策。各级政府和有关部门也要积极地行动起来，以科学发展观为指导，积极支持和鼓励科学地开展既有建筑物的更新和"绿色改造"工作。

（2）既有建筑的更新改造是一个前沿的、复杂的系统工程，它不仅涉及的领域多、专业广、技术要求高、研究难度大，而且政策性极强。虽然国内外的许多专家、学者和组织都已经关注和开展了既有建筑物的改造研究，但国家现有的标准规范也仅限于既有建筑物的结构检测、加固、补强、鉴定、结构安全的评估，以及立面整治、建筑节能改造、安全装修等个别专业、领域和部门的规定文件，相互之间缺乏合理的衔接。由于缺乏相应的标准规范，随意性非常强，有些甚至成为了危急既有建筑物安全的"病害"和造成恶性事故的隐患，将"新房"变成了"病房"，成为新的"短命建筑"。

（3）自主创新的最高层次，就在于以开创性的工作建立广泛遵循的标准。2008年在全国率先编制的《杭州市城市楼宇建设与更新改造技术导则》和《杭州城市楼宇更新改造技术标准》，制定了从勘查、检测、鉴定、评估、设计、施工，到工程验收，以及运营管理等在内的，涉及包括：建筑、结构、建筑消防、建筑节能、建筑电气、暖通与空调、给水与排水、建筑智能化、房屋监测与鉴定等多专业的既有建筑物——城市楼宇更新改造的技术标准，填补了空白，彻底改变当前的无序、混乱和不规范的局面，使其有章可循。经过3年多的应用与实践，建立了既有建筑物绿色改造的全新模式，在指导和规范杭州既有办公建筑类的更新改造中起到了极为重要的作用，目前已宁波、温州、嘉兴等许多城市得到了推广与应用，外省许多城市在既有建筑的更新改造也在借鉴和应用，取得了良好的经济效益、环境效益和社会效益。

（4）在城市楼宇绿色更新改造直接关系到既有建筑物的安全性、适用性和耐久性，直接关系到百姓的生命财产安全，在工程设计中建筑结构专业必须起最主导的作用。

参 考 文 献

［1］　关于杭州市加快楼宇经济发展若干意见.杭州市人民政府办公厅杭政办［2008］12号
［2］　杭州市委办，关于杭州市楼宇经济更新一批的实施意见，［2009］12号
［3］　杭州市楼宇更新实施方案.杭州市建设委员会文件，2008年
［4］　杭州市建设委员会，杭州市城市楼宇建设与更新改造技术导则［S］.2008年
［5］　杭州市建设委员会，杭州城市楼宇更新改造技术标准［S］.2008年

钢结构大跨度提篮拱桥的温度效应分析及实践

芮永昇　顾国忠　李法善　王小平　陈晓亮

（常州第一建筑工程有限公司，常州　223001）

[摘　要]本文以某钢结构提篮拱桥为研究对象，建立其参数化模型，应用有限元分析软件 ANSYS 对其温度效应进行了分析，得到在不同的环境温度下钢结构拱桥的变形和应力情况，根据计算结果提出对拱桥预拱度的修正值，从而为设计和施工提供理论依据和参考。

[关键词]有限元；ANSYS；温度效应；钢结构提篮拱桥；预拱度

1　工程概况

常州市星港路钢结构提篮拱桥，横跨京杭大运河常州区段，全长 198.76m，由主桥与两侧梯坡组成，主桥为单跨提篮拱桥，跨径为 120m（见图 1）。

图1　全桥效果图

钢结构提篮拱桥拱肋轴线为抛物线，弦长 120m，拱轴面上弦高 20m。拱轴面与纵向垂直面夹角 8°（见图 2）。

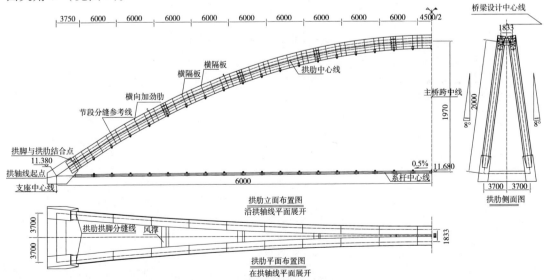

图2　钢结构提篮拱桥拱肋

拱肋采用梯形钢箱型断面，上顶板宽 1.3m，下底板宽 0.8m，高 2.0m，内部设置横向和纵向加劲板（见图 3，倒立时拍摄）。拱肋顶板、底板和腹板厚为 16mm，横向和纵向加劲板厚 12mm。拱肋加工时按二次抛物线设置预拱度，跨中设 60mm 预拱度。设计温度为 25℃，如拼装时温度不能控制在此温度，应修正拱轴线。

图3　拱肋实物图

全桥吊杆共 74 根，间距 3m，上下节点均采用耳板销接。水平拉索共 2 根，每根拱肋下对应 1 根。每个拱脚锚固 1 根拉索，两侧拱脚均为张拉端。

拱桥主梁为中横梁、端横梁、短横梁、纵梁组成的梁格体系。主梁跨中预拱 100mm。

2　有限元模型的建立

本文使用大型有限元分析软件 ANSYS10.0 对钢结构拱桥进行数值仿真分析。

由于桥梁结构比较复杂，这里对模型做了适当的简化。假定钢结构桥梁主结构为两端铰支超静定系杆拱，并且为柔性系杆刚性拱。材料为线性弹性各向同性的。在温度荷载作用下，结构变形很小，符合小变形假设。

桥面跨中设置伸缩缝，因此温度对桥面的影响较小，建模时不予考虑。桥面梁板结构质量均集中到横梁上，这样既不影响计算结果，又能大大减轻模型的复杂度。

建模时拱肋和风撑用 BEAM188 单元，材料采用 Q345C 钢，其弹性模量为 206GPa，泊松比为 0.3，热膨胀系数为 12×10^{-6}。

吊杆和水平拉索用 LINK8 单元，材料采用桥梁缆索用热镀锌钢丝，其弹性模量为 200GPa，泊松比为 0.3，热膨胀系数为 12×10^{-6}。

建模过程即采用 APDL 参数化设计语言（ANSYS Parametric Design Language）编写命令流文件，然后在 ANSYS 中调用该文件执行命令，从而方便地得到拱桥的有限元模型如图 4、图 5 所示。

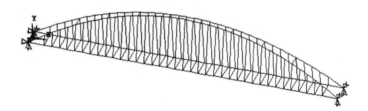

图4　钢结构拱桥有限元整体模型

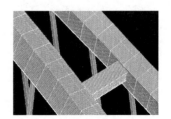

图5　拱肋和风撑的有限元模型

3　计算分析

利用建立的有限元模型，分析钢结构拱桥在环境温度变化为 –40℃时的变形（负值表示温度下降）。通过计算分析，可以得到拱桥变形结果，拱肋跨中位移为 –74.638mm（负号表示方向向下），主梁跨中位移为 –64.88mm（见图 6）。

查看拱桥的 von Mises 等效应力云图可以得到其最大等效应力为 10.0 MPa，产生最大应力的位置在拱肋顶端的下翼缘处（见图 7）。

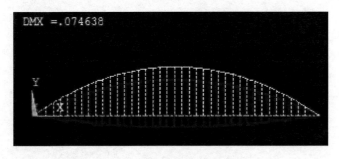

图6　温度载荷为-40℃时的变形　　　　　图7　拱肋单元应力云图

用同样的方法分别计算出温度荷载为-30℃、-20℃、-10℃、10℃、20℃、30℃、40℃的情形，拱肋跨中位移、主梁跨中位移和最大 von Mises 等效应力见表1。

不同温度荷载下拱桥的位移和最大应力　　　　　　　　　　表1

温度荷载（℃）	拱肋跨中位移（mm）	主梁跨中位移（mm）	最大应力（MPa）
-40	-74.638	-64.883	10.0
-30	-58.311	-48.662	7.51
-20	-37.319	-32.441	5.01
-10	-18.660	-16.221	2.50
10	18.660	16.221	2.50
20	37.319	32.441	5.01
30	58.311	48.662	7.51
40	74.638	64.883	10.0

由表1可以得到钢结构拱桥的力学指标最大位移和最大等效应力随温度变化而变化的规律，其变化趋势如图8、图9所示。

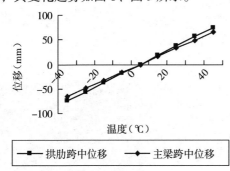

图8　拱桥位移和温度荷载的关系　　　　　图9　最大等效应力和温度荷载的关系

由以上分析可以看出，当钢结构拱桥的环境温度升高时，由于材料的热膨胀，拱肋沿其轴线方向伸长，同时拱肋受到水平拉索的作用而不能自由地向两端伸长，只有向上拱起才能保证其变形的协调；环境温度下降时与之相反。

结构最大等效应力随着环境温度的改变呈线性变化，但是等效应力始终是正值，它只与温度改变的绝对值有关。

4　工程实践

由于环境温度的改变会对钢结构拱桥的形状和应力产生影响，所以在设计和施工过程中就不得不考虑其温度效应。在设计过程中对拱桥力学分析时要把温度作为一种荷载，与其他结构荷载耦合才能得到更符合实际的结果。

2008 年 11 月 13 日星港路钢结构提篮拱桥开始吊装拱肋，当时气温约为 12℃，比设计温度低 13℃。因此，必须修正拱轴线，选择合适的预拱度，以保证拱轴线与设计相吻合。

根据以上的计算结果，施工温度比设计温度低 13℃，拱肋预拱应比设计值减少 24.258mm，主梁预拱比设计值减少 21.087mm，为了施工方便，取整数分别为 25mm、20mm。经修正后，拱肋跨中设 35mm 预拱度，主梁跨中设 80mm 预拱度。

2009 年 4 月 28 日，对拱桥进行了实际测量，此时气温约为 25℃，为设计温度。根据实测结果，拱肋预拱和主梁预拱基本与设计值相吻合，说明施工时的温度效应刚好被预拱度修正值抵消，验证了预拱度修正值的正确性。修正后的预拱度保证了拱桥的安全、适用和美观。

5 结 论

（1）通过钢结构拱桥的有限元分析，可以得出其应力、变形图。温度效应引起的变形不可忽略。施工时环境温度比设计值低 13℃，把拱肋预拱度修正为 35mm，主梁预拱度修正为 80mm。

（2）气温为 25℃时的实测结果说明施工时的温度效应刚好被预拱度修正值抵消，验证了预拱度修正值的正确性。

（3）从等效应力云图中可以清晰地看出，钢结构提篮拱桥在温度效应影响下，应力变化并不是很明显。在温度变化为 40℃的情况下，温度效应引起的应力为 10MPa，只有材料强度的几十分之一。

（4）大型有限元分析软件 ANSYS 能够较好地用于钢结构的有限元分析，而且建模方便，计算结果较准确，可以对结构进行深入地研究。

参 考 文 献

[1] GB 50011—2011 建筑抗震设计规范 [S].北京：中国建筑工业出版社，2011

[2] GB 50017—2003 钢结构设计规范 [S].北京：中国建筑工业出版社，2002

[3] GB 50017—2002 建筑地基基础设计规范 [S].北京：中国建筑工业出版社，2002

[4] 董军，曹平周，等.钢结构原理与设计 [M].北京：中国建筑工业出版，2008

[5] 林同炎，S D 斯多台斯伯利.结构概念与体系 [M].北京：中国建筑工业出版，1998

射水掏土纠偏中土体的移动模型研究

潘 秀[1] 李延和[2] 任亚平[2]

（1. 四川工程职业技术学院建筑系，德阳　618000；

2. 南京工业大学土木工程学院，南京　210009）

[摘　要]将随机介质理论与射水纠偏时土散体颗粒移动的实际物理过程相结合，研究土散体颗粒移动的最基本问题——土颗粒移动的概率方程。发现在射水掏土纠偏作用下土散体颗粒的移动概率可用正态分布函数表示，并由此得出射水掏土作用下同一层土体的沉降及射水孔对上部土体的作用范围。最后，将上述结果应用到实际射水纠偏工程中进行预测。

[关键词]随机介质；射水掏土；土散体颗粒；移动概率方程

1　前　言

射水掏土纠偏法在工程纠偏中广泛应用。射水掏土是这样的过程：在建筑物沉降较小的一侧，设置一条射水坑或设置若干射水沉井，在建筑物基础下的一定深度处的坑内或井壁上布置一定数量的射水孔，通过射水孔用高压水枪伸入基础下进行长时间的连续冲水，使得沉降较小侧地基下的土以泥浆的形式从孔洞排出。该方法适用于土体为黏土或土质较硬不方便掏土纠偏的倾斜房屋。

地基土体经高压水枪的冲蚀成孔后，孔壁的土体继续受到水流的冲刷，孔壁表面的土体源源不断的以泥浆的形式从孔洞排出，孔壁周围未被冲刷的土体在自重作用下补充被冲刷掉的土体，故假定射水纠偏过程中射水冲出的孔洞维持在一个半径稳定的圆孔状态。

土体是一种黏性散粒介质，将地基土体视为体积相同的土颗粒散体的集合，射水掏土导致地基沉降过程可视为一个由底部散粒土体放出导致孔洞上部散体场移动的过程。射水掏土过程是一个复杂的宏观物理过程，土颗粒散体既表现出变化的力学响应，同时又伴随着土颗粒散体本身结构的变化，这给数学建模及计算带来了极大的困难。由于土颗粒散体移动带有极强的随机性质，且土体是连续的，因而将土体简化为连续流动的随机介质，从概率论的观点去描述这类介质既可以避开散体复杂的本构研究，又能在宏观统计意义上建立相互制约的大量颗粒群整体运动的规律。

应用随机介质理论研究散体移动过程最早始于 20 世纪 60 年代。1957 年，波兰科学院院士 J. Litwiniszyn 首先提出了随机介质理论的概念，并推导出岩土体在地下开采引起的移动规律的基本方程，即二阶抛物线型偏微分方程。由于其方程在形式上与随机过程的方程相同，由此定义介质的移动方程可以用随机过程来描述的介质，即为随机介质。散体石英砂、碎石堆、开挖影响下的岩土体等均可看作为随机介质。利用随机介质理论计算射水掏土作用下基础沉降的大致思路为：从概率统计理论出发，把整个射水掏土分解成无限多个微元掏土的总和。应用随机介质理论，通过概率论的方法求出任一微元掏土后土体场内土体颗粒（视为随机介质）的移动概率，基于散体随机移动与移动概率分布的一致性关系这一原则，利用推导的概率式来推测该次微元掏土后土体场内土体颗粒的移动。将各次微元掏土产生的移动效果叠加，即可求得宏观上基础的沉降曲线及沉降量。

2　射水作用下土体散粒移动概率方程

2.1　基本假定

（1）忽略散体土颗粒散体移动过程中出现的碎岩、空洞等偶然现象，将散体简化为连续流动介质，散体移动场具有连续介质流动场的基本特征。

（2）模型边界条件为无限边界条件，其特点是散体场内各处对底部土体的放出的响应可认为不受边界条件限制，移动规律具有轴对称性。

（3）在射水纠偏过程中，地基下土体在射水作用下形成长柱形空洞，射水空洞的横截面积相对于空洞的长度很小，因此可将射水形成的长柱形空洞上部土体的受力视为平面应变问题，射水掏土引起的空洞上部土体位移视为平面位移问题。

（4）实际土体颗粒之间具有较大的黏聚力和摩擦力，同时土体受到上部结构传递的荷载，因此射水掏土难以引起空洞上部土体的松散。故将受掏土作用影响的空洞上部土颗粒散体视为无膨胀散体（即散体颗粒在移动中无二次松散现象），其密度场在射水掏土作用中为均匀场。

2.2　土颗粒散体移动概率密度方程

2.2.1　土颗粒散体移动模型

如图 1 所示，用直角坐标系将土散体堆划分为网格，坐标原点为理想放出口，即网格内的散体均经坐标原点被冲刷放出，理想放出口可同时放出所有同时到达坐标原点的颗粒。任一土散体颗粒经理想放出口移出网格后，其原所在位置形成空位，空位由其上相邻方格里的颗粒随机递补。

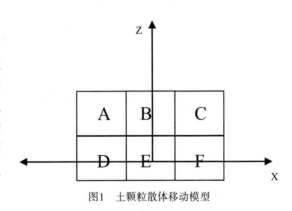

图1　土颗粒散体移动模型

2.2.2　递补概率赋值

对与空位相邻的散体土颗粒递补放出后产生空位的概率有如下假定：

①假设移动中递补模块只受重力作用；

②处于相同层位的模块之间相互不填补；

③以递补模块与空位的距离关系赋概率值；

④将散体简化为连续流动介质，研究矿岩散体的宏观特征，注重统计平均值。

宏观上讲，射水掏土是底部卸载的过程，土颗粒散体发生移动是力系平衡被打破的结果。在散体场中，散体移动应与其受力和空间位置密不可分，以此赋移动概率值建立的概率场则更接近实际散体移动场。如图 1 所示，根据方格内散体静止时受力情况，有平衡方程$\sum F_x = 0$和$\sum F_z = 0$。

如图 1 所示，假设 E 方格内散体放出，则 E 方格空出，形成一个空位，体积为 V。E 方格散体放出使 B、D、F 三个方格的散体产生临空面，打破了 B、D、F 三个方格内散体原有的（静止）力系平衡，B 方格内的散体将在 F_z 的作用下产生侧向移动，而 A、C 方格的散体则处于暂时的平衡态，即 E 方格主要由 B、D、F 三个方格的散体进行填补。显然 B 方格内散体的下移速度要大于 D、F 方格散体的移动速度，即 B 方格内散体的下移填补量要大于 D、F 方格内散体的填补量，设 B 方格内散体的填补量为 $r \cdot V$（$0<r<1$），D、F 方格内散体的填

补量各为 $q \cdot V$（$0<q<1$），则有：

$$r \cdot V + q \cdot V + q \cdot V = V$$

即：

$$r + 2q = 1 \tag{1}$$

根据使 B、D、F 方格散体移动填补的合力做功的大小赋移动概率值，由于 B、D、F 三个方格的形心与 E 方格形心距离相等，即可根据合力大小赋值。设 k 为散体侧向填补系数，k 与散体侧压系数和散体流动特性有关，可根据散体力学试验确定。则有 $q=k\cdot r$，代入式（2-1）可得：

$$r = \frac{1}{1+2k}, q = \frac{k}{1+2k} \tag{2}$$

填补过程中，B、D、F 三个方格的散体向 E 方格的填补是同时进行的，而 A、C 方格的散体向 B 方格的移动是非常小的，向 D、F 方格的下移量则要大得多。A 方格的散体向 D 方格的填补量与 D 方格向 E 方格的填补量相等，同样 C 方格向 F 方格的填补量与 F 方格向 E 方格的填补量相等，即 A、C 方格内散体的移动量也相等。为便于统计和分析方便，可暂设 E 方格是由 A、B、C 三个方格内散体填补，如此从第一层向上类推，当底部放出一个方格的散体量时散体场内各方格内散体由原所在层向下一层移动概率可用下式得出：

$$P(I,J) = \left(\frac{1}{1+2k}\right)^{J} \left[P(I,J-1) + P(I+1,J-1)\cdot k + P(I-1,J-1)\cdot k\right] \tag{3}$$

式中 I，J——方格的形心坐标。

式（3）是离散型概率分布（I，J 为整数，无因次），为研究散体移动规律，须将其连续化。取 x、z 轴与 I，J 轴重合，假设方格足够小，即当 J 趋于无限大时，根据拉普拉斯极限定理，二项分布 $P(I,J)$ 以高斯分布为极限，设以 $p(x,z)$ 表示概率密度，则有：

$$p(x,z) = \frac{1}{\sqrt{2\pi}\sigma}\exp(-\frac{x^2}{2\sigma^2}) \tag{4}$$

用数学归纳法容易证明，当 J 趋向无限大时，离散型概率分布 $P(I,J)$ 的数学期望为 0，方差 $\sigma = \sqrt{kJ}$。若设方格尺寸足够小，并将被方格分割的散体介质视为连续流动介质，方差可写成 $\sigma = \sqrt{kz}$。换成直角坐标系 xoz，散体移动概率密度为：

$$p(x,z) = \frac{1}{\sqrt{2\pi kz}}\exp\left(-\frac{x^2}{2kz}\right) \tag{5}$$

式中 x，z——坐标值；

　　　　k——散体的侧向填补系数，$0<k<1$。

在整个射水掏土过程中，不能用式（5）来表征颗粒的位移量。但是可以用它来表征某一微小时间发生向下的移动量，即可得知某一微小时间发生向下的垂直移动速度 v_z：

$$V_z = \frac{\mathrm{d}Z}{\mathrm{d}t} = \frac{q}{2\sqrt{\pi BZ}}\mathrm{e}^{-\frac{x^2}{4BZ}} \tag{6}$$

式中 q——在原点（放出口）的放出速度；

　　　　B——表征松散体性质的介质常数，$B=k/2$。

式（6）是抛物型偏微分方程

$$\frac{\partial V_z}{\partial Z} = B\frac{\partial^2 V_z}{\partial X^2} \tag{7}$$

的基本解。

在原点以等速 q 放出松散体时，任一点 $P(X,Z)$ 的垂直移动速度可以用式（6）来表示。为求出 p 点的水平移动速度，可利用连续性方程：

$$\mathrm{div}\vec{V}=\frac{\partial V_x}{\partial X}+\frac{\partial V_z}{\partial Z}=0 \tag{8}$$

$\mathrm{div}\vec{V}$ 为速度矢量场的散度，即速度的相对膨胀率，它表征了速度场的发散程度。结合式（7），即可得：

$$V_x=-B\frac{\partial V_z}{\partial X} \tag{9}$$

将（6）代入式（9）可得：

$$V_x=\frac{q_x}{4Z\sqrt{\pi BZ}}\mathrm{e}^{-\frac{x^2}{4BZ}} \tag{10}$$

颗粒沿着移动迹线向原点移动放出。任意颗粒的运动速度必然与其运动迹线相切。设迹线方程为 $Z=f(X)$，则垂直分速和水平分速必须满足微分方程：

$$\frac{\mathrm{d}Z}{\mathrm{d}X}=\frac{V_Z}{V_X} \tag{11}$$

将式（6）及式（10）代入（11）可得：

$$\frac{\mathrm{d}Z}{\mathrm{d}X}=\frac{2Z}{X} \tag{12}$$

将上式分离变量并积分可得到散体移动概率密度为式（5）时颗粒的移动迹线方程：

$$Z=CX^2 \tag{13}$$

式中，C 为积分常数。

设某一颗粒未移动前在 xoz 平面上的坐标为 (z_0,x_0)，其移动迹线满足（13），由此可求出常数 C 值，得到如下迹线方程：

$$Z=\frac{z_0}{x_0^2}x^2 \tag{14}$$

式（5）表示从放出口每放出一个散体单元，散体场内各点的填补概率密度大小。其中方差 σ 是高度 z 的单值函数，$\sigma^2=kz$，并且任一层面的均值为零。由于本模型忽略了填补过程中同分层散体的横向填补，使得散体移动场与概率场不能达到统一，导致方差值明显偏小，即 $\sigma^2=kz$ 不合理，因此需要需求 σ^2 的合理表达式。

2.2.3　方差 σ^2 的合理表达式

（1）颗粒移动迹线。

定义散体场中同时到达放出口的颗粒在射水掏土作用前在地基中所构成的曲面为放出体。先考查散体放出体的极限形态。假设：①颗粒移动只受重力作用；②颗粒之间无摩擦，即颗粒的移动是相互独立的；③坐标原点为理想土体颗粒放出口。如图2，散体场内任意颗粒 $M(x,z)$，OM 与 z 轴夹角为 θ，由于 M 只受重力作用，M 从静止到放出的运动方程为：

$$OM=\sqrt{x^2+z^2}-\frac{1}{2}g\cos\theta\,t_1^2$$

即：

$$t_1=\sqrt{\frac{2\sqrt{x^2+z^2}}{g\cos\theta}}$$

式中　　g——重力加速度

　　　　t_1——颗粒 M 从静止到放出的移动时间。

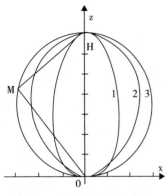

图2　放出体形态的变化

由以上假设可知，处于 z 轴上的任一颗粒，其运动为自由落体运动，设颗粒的形心坐标为（0，H），该颗粒从静止到放出的时间为 t_2 则有：

$$H = \frac{1}{2}gt_2^2 \quad 即：\quad t_2 = \sqrt{\frac{2H}{g}}$$

令 M 点与处于 z 轴的（0，H）处于同一放出体上，即由静止到放出口所用时间相同，即 $t_1=t_2$，可知 $\sqrt{x^2+z^2} = H\cos\theta$，由此可知与 M 同时达到放出口的所有颗粒在平面坐标系 xoz 中的放出体形态为圆（如图 2 中的曲线 3），该圆的表达式为：

$$x^2 + z^2 = Hz \tag{15}$$

但土体颗粒的移动中总是受到相邻土体颗粒的制约，即颗粒之间存在摩擦、碰撞等关系，由此可得：①散体放出体形态以圆为极限；②颗粒移动迹线以直线为极限。

在没有考虑散体横向填补的研究中，所得出的颗粒移动迹线（见式（14））为二次抛物线。可见若忽略同层散体的横向移动填补，颗粒移动迹线应为二次抛物线。但颗粒在实际移动中，同层散体的横向移动填补是存在的。综上可得颗粒移动迹线应介于二次抛物线和直线之间，又由于颗粒须经原点放出，则移动迹线可写成：

$$z^{2-n_0} = \frac{z_0^{2-n_0}}{x_0^2}x^2 \tag{16}$$

式中　x_0，z_0——颗粒的初始坐标值；

　　　n_0——与散体黏结性有关的实验常数。$0 \leqslant n_0 \leqslant 1$，$n_0$ 越大散体黏结性越大，流动性越差，颗粒移动迹线越接近二次抛物线。

（2）方差的合理表达式。

将散体抽象为连续流动介质后，在宏观统计意义上颗粒应严格按其移动迹线由概率小的位置向概率大的位置移动，即向放出口集中。在移动概率场中 σ 反映任一分层移动概率分布分散的程度，σ 是 z 的单值函数，层位越高 σ 越大，移动概率分布越分散。

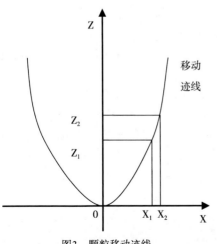

图3　颗粒移动迹线

应用随机介质理论研究散体移动规律，理论基础就是基于散体移动与移动概率分布的一致性关系。因此，颗粒向放出口移动中横坐标绝对值的变小应与 σ 的变小保持统一，即颗粒移动迹线上任意两点横坐标之比等于对应层位方差之比，此关系即为散体移动场与概率场的统一条件。如图（3）设曲线 $z=z(x)$ 为任一移动迹线，σ_2 和 σ_1 分别为 z_2 和 z_1 水平方向上的概率分布的标准偏差，颗粒 M 沿迹线由点（x_2，x_1），则必有：

$$\frac{x_2}{x_1} = \frac{\sigma_2}{\sigma_1} \tag{17}$$

由式（16）可得：

$$\frac{x_2}{x_1} = \frac{z_2^{1-\frac{n_0}{2}}}{z_1^{1-\frac{n_0}{2}}} \qquad (18)$$

将式（18）代入式（17）可得：

$$\frac{\sigma_2}{\sigma_1} = \frac{z_2^{1-\frac{n_0}{2}}}{z_1^{1-\frac{n_0}{2}}} \qquad (19)$$

由式（19）及式（14）即得散体放出时概率密度方程中方差的合理表达式：

$$\sigma^2 = kz^{2-n_0} \qquad (20)$$

上式与任凤玉教授由实际数据回归得出的 $\sigma^2 = 1/2 \beta z \alpha$ 在形式上是一致的。

2.2.4　射水作用中土颗粒散体移动概率密度方程

将式（20）代入式（14）即可得射水截面上，散体的平面移动概率密度方程：

$$p(x,z) = \frac{1}{\sqrt{2\pi k z^{2-n_0}}} \exp\left(\frac{-x^2}{2kz^{2-n_0}}\right) \qquad (21)$$

由 2.1 的平面假定可知：任意散体颗粒在其空间坐标（x，y，z）上的下移概率与 y 的取值无关，只是 x 和 z 的函数。平面应变假定中 y 的实际范围为长柱形空洞在 y 方向上的长度，假设形成的长柱形空洞长 H_0，则 $0 \leqslant y \leqslant H_0$。

由式（21）可直接得出土颗粒散体空间移动的概率密度方程：

$$p(x,y,z) = \frac{1}{\sqrt{2\pi k z^{2-n_0}}} \exp\left(\frac{-x^2}{2kz^{2-n_0}}\right) \qquad (22)$$

上述各参数的意义同前。

2.3　土颗粒散体移动范围的近似确定

实际计算中当散体颗粒位移量小到一定程度时即达到移动边界，即位移再小时已无法测得相应数据。因此需要对最小位移量即散体移动范围进行确定。

工程中常用 σ，2σ，3σ 等来表征样本的取值范围。根据散体下移概率分布，散体发生移动的概率随 x（z 轴对称时）的增大而增大，当 z 值确定时（同一层土体），p（x，y，z）为关于 x 的标准正态分布。由正态分布概率积分表可知，在正态曲线下，±2.58σ 所对应的概率积分面积为 0.9900。

也就是说，在当 $|x| > 2.58\sigma$ 范围之外，散体移动概率的可增加量仅为 0.01，可见在散体移动场内，以 2.58σ 来确定散体移动范围足以满足精度的要求，即散体移动边界可近似为 $x = \pm 2.58\sigma$，将式（20）代入可得移动边界的近似表达式为：

$$x^2 = 6.66kz^{2-n_0} \qquad (23)$$

可见近似移动边界是一条特定的颗粒移动迹线，将射水孔任一横截面上土颗粒散体每层土体的移动边界连接起来，可得一条介于直线和二次抛物线之间的曲线。

3　实例及结论

取江苏省淮安市某射水纠偏工程检验以上公式的实用性。欲使用上述公式推导该工程由射水作用引起的地表沉降量及射水作用对地表的影响范围，首先需要通过实验确定地基土的 n_0 和 k 值。由随机介质放出实验[14]可知该工程地基土的散体黏结性常数 n_0 为 0.61，散体侧向填补系数 k 为 0.13。将实验 n_0 和 k 值代入前文各公式中，最终可绘制出多个射水孔影响下该工程地表沉降形态如图 4，由图可知地表上各点的沉降量最小为 40mm，最大为 60mm。

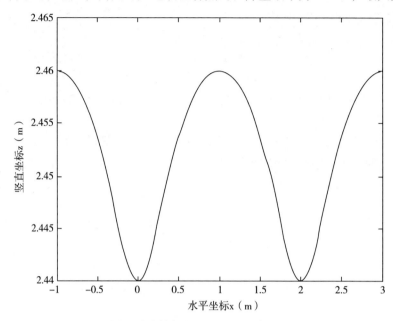

图4　多个射水孔影响下地表沉降形态

注：射水孔A位置为$x=0$，$z=0$；射水孔B位置为$x=2$，$z=0$

曲线为射水作用后地表形态，原地表形态为$z=2.50$

这与实测的房屋受射水纠偏作用引起的沉降量相近[15]，可见运用随机介质理论预测射水掏土纠偏中土体的移动规律是具有很强的实用性的。

由上述分析可知，射水掏土作用可用随机过程阐释，由随机介质理论可知土颗粒散体空间移动的概率密度方程为式（13）。在射水截面上，同一层土体沉降随着放出来 Q_f 增大呈变化的漏斗状。由式（17）能近似确定射水孔作用的影响范围。最后用工程实例验证了随机介质理论公式的实用性。这些推导结果对实际射水纠偏工程射水量的控制、射水后地表沉降效果及射水孔埋设位置的确定有一定的预测指导作用。

参 考 文 献

［1］陈希哲.地基事故与预防［M］北京：清华大学出版社，1996

［2］李惠强.建筑结构诊断鉴定与加固修复［M］.武汉：华中科技大学出版社

［3］胡军.冲淤纠偏加固施工技术［J］建筑技术，2002，33（6）：417-419

［4］吴爱祥.散体动力学理论及应用［M］.冶金工业出版社

［5］王铁行，廖红建.岩土工程数值分析［M］.机械工业出版社，2009.5

［6］HE Yue-guang, LIU Bao-chen. Stochastic Medium Theory in Analyzing the Displacement and Deformation Resulting from Excavating Slope Ground Mass［J］. Journal of Changsha Communications University，2006，22（3）：1-5.（In Chinese）

［7］　徐芝纶.弹性力学［M］.北京：高等教育出版社,1990.5

［8］　黄松元.散体力学［M］.北京：机械工业出版社,1993.4

［9］　王颖喆.概率与数理统计［M］.北京：北京师范大学出版社,2005

［10］　同济大学数学系.高等数学［M］.北京：高等教育出版社,2007.6

［11］　谢树艺.工程数学——矢量分析与场论［M］.北京：高等教育出版社.2005.4

［12］　任凤玉.随机介质放矿理论及其应用［M］.北京：冶金工业出版社,1994.4

［13］　汪荣鑫.数理统计［M］.西安：西安交通大学出版社,2007

［14］　潘秀.土的随机介质理论参数的确定实验［J］（待发表）

［15］　淮安市振淮工程检测有限公司.沉降观测报告（沉降观测类,第2009009号）

测试钢筋混凝土支撑轴力的计算方法探讨

伍学锐

（广东省基础工程公司，广州 510620）

［摘 要］基坑工程中支撑轴力的监测是必不可少一个监测项目，传统的计算方法采用的是基坑工程手册中推荐的弹性方法计算支撑实测轴力，此方法计算偏于保守，导致监测的支撑轴力值大于实际产生的支撑轴力，容易出现报警的情况。本文将支撑工作分为 3 个阶段：弹性阶段、弹塑性阶段、破坏阶段，根据我国《混凝土结构设计规范》GB 50010—2010，混凝土受压的应力与应变关系图，改进了基坑工程手册中推荐混凝土支撑轴力监测的计算方法。改进后的计算方法与设计的支撑轴力值比较接近，说明文中研究成果是比较合理的，为基坑工程中混凝土内支撑轴力监测计算提供了理论依据和指导，并为以后积累了宝贵的经验。

［关键词］基坑；钢筋混凝土；支撑轴力；监测

1 前　言

　　基坑工程是一个古老而又具有时代特点的岩土工程课题。在 20 世纪，随着大量高层、超高层建筑以及地下工程的不断涌现，对基坑工程的要求越来越高，随之出现的问题也越来越多，迫使工程技术人员须从新的角度去审视基坑工程这一古老课题，导致许多新的经验、理论或研究方法得以出现与成熟。

　　支撑轴力监测是基坑工程监测中重要的一项，能够反馈支护体系的安全稳定状态。但由于钢筋混凝土支撑的轴力不能直接观测得到，通常是通过观测钢筋应力间接推算，因此钢筋混凝土支撑轴力监测的计算方法必须符合钢筋混凝土支撑的实际工作状态。

　　本文针对当前现场测试中钢筋混凝土支撑轴力计算方法的现状，分析了钢筋混凝土支撑现场观测中实测钢筋应力推算支撑轴力现有计算方法的缺陷与不足，探讨了影响支撑轴力计算的因素。

2 工程概况

　　广州市轨道交通五号线"三溪站至鱼珠站区间明挖段"土建工程位于广州市中心区的东面，黄埔区西部，区间线路在黄埔大道东路东北侧道路下穿行，往东偏北穿过农田。区间正线起止里程为 YDK26+058～YDK27+136.187，长度为 1077.677m，基坑宽约 15.9～20.5m，深约 14.4～17.3m，围护结构采用 800mm 厚地下连续墙，支撑主要为钢筋混凝土与 ϕ 600 钢管内支撑的多种形式，轨排井部位采用锚索外支。第一道钢筋混凝土支撑设计轴力为 4080kN，混凝土强度等级为 C30，截面尺寸为 600mm×1000mm，上下层主筋都为 6 根 ϕ 28 的 3 级钢。

3 支撑轴力监测

　　钢筋混凝土支撑的轴力监测元件为安装在钢筋混凝土支撑中部的 RMGJ-17 振弦式钢筋测力计。其原理是：当钢筋计受轴向力时，引起弹性钢弦的张力变化，改变钢弦的振动频率，通过频率仪测得钢弦的频率变化即可测出钢筋所受作用力大小，换算而得混凝土结构所受的力。

在钢筋混凝土支撑（方形截面）中，振弦式钢筋计与主筋轴心对焊，在4个角处布置4个钢筋计，见图1。

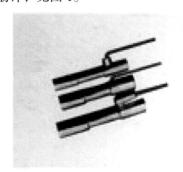 

图1　振弦式钢筋计布置图

4　常规计算方法

我国的基坑工程手册中采用弹性方法计算支撑实测轴力。

假设支撑的截面尺寸为$b \times h$，面积为A，一根钢筋的面积为A_s，总数为n，混凝土的截面面积为A_c。

$$A = nA_s + A_c \tag{1}$$

振弦式钢筋计测试的读数为频率，通过使用的振弦式钢筋计说明书中给出的公式$P=K(F_i-F_0)+B$计算出钢筋计的受力，即为支撑主筋的受力。公式中的K、F_0、B在对应的说明书中均可查出，F_i为测试读书频率的平方除以一千。

在材料弹性阶段，根据虎克定律：

$$\varepsilon = \frac{\sigma}{E} \tag{2}$$

假定钢筋混凝土变形协调，即钢筋的应变ε_s，等于混凝土的应变ε_c，于是：

$$\sigma_c = \frac{E_c}{E_s} \sigma_s \tag{3}$$

支撑轴力为：

$$N = n\sigma_s A_s + \sigma_c A_c \tag{4}$$

$$N = \frac{p_1 + p_2 + p_3 + p_4}{4} \times (n + \frac{E_c A_c}{E_s A_s}) \tag{5}$$

式中，P_1、P_2、P_3、P_4分别为4个钢筋计监测到的钢筋应力。

5　改进计算方法

将支撑工作分为3个阶段：弹性阶段、弹塑性阶段、破坏阶段。见图2。

在轴力N较小时，截面混凝土和钢筋基本处于弹性阶段（第Ⅰ阶段），钢筋应力σ_s和混凝土应力σ_c与N基本呈线性关系；随着轴力N的增大，混凝土进入明显非线性阶段，在相同的应变增量下，混凝土应力增加的速度减缓，而导致钢筋的应力增加速度加快，构件进入弹塑性阶段（第Ⅱ阶段）；当钢筋受压屈服后，构件进入破坏阶段（第Ⅲ阶段），此时钢筋应变增加但应力不增大，反过来导致混凝土压应力迅速增大，直至破坏。

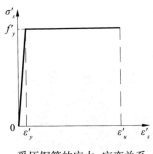
受压钢筋的应力–应变关系

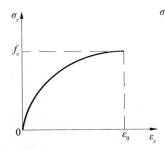
受压混凝土的应力–应变关系

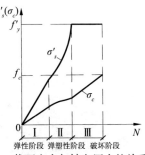
弹性阶段　弹塑性阶段　破坏阶段
截面应力与轴向压力的关系

图2　材料的应力与轴向压力的关系图

根据我国《混凝土结构设计规范》GB 50010—2010，并结合本工程的实际情况，混凝土受压的应力与应变关系如下：

当 $\varepsilon_c \leqslant \varepsilon_0 = 0.02$ 时，

$$\sigma_c = f_c \left[1 - (1 - \frac{\varepsilon_c}{\varepsilon_0})^2 \right] \tag{6}$$

当 $\varepsilon_0 < \varepsilon_c \leqslant \varepsilon_{cu} = 0.0033$ 时，

$$\sigma_c = f_c \tag{7}$$

由于第 3 阶段为构件的破坏阶段，实际工程中一般不会出现，因此支撑的轴力为：

$$N = n\sigma_s A_s + \sigma_c A_c = n\sigma_s A_s + f_c \left[1 - (1 - \frac{\sigma_s}{E_s \varepsilon_0})^2 \right] A_c \tag{8}$$

式中，ε_0 为混凝土压应力达到 f_c 时的混凝土压应变，当计算的 ε_0 值小于 0.002 时，取为 0.002。

6　两种计算方法的结果比较

以测点编号为 D106 的监测数据为例：钢筋计数据如表 1。

钢筋计数据表　　　　　　　　　　　　　　　表1

传感器编号	测试读数 f（Hz）	计算值 P（kN）	模数 F_0	K 值（kN/F）	B 值（kN）	备注
G28874（下）	1033.1	−55.21	1877.99616	0.0681	0.0000	$P=K（F_i-F_0）+B$ $F_i=f^2/1000$ P 值为 "−" 表示受压
G28895（下）	1110.8	−40.86	1833.04521	0.0682	0.0000	
G28881（上）	1097.5	−48.45	1906.60864	0.06900	0.0000	
G28900（上）	1003.4	−57.04	1841.99184	0.0683	0.0000	

6.1　常规计算方法的结果

$$N = \frac{p_1 + p_2 + p_3 + p_4}{4} \left(n + \frac{E_c A_c}{E_s A_s} \right)$$

$$= \frac{55.21 + 40.86 + 48.45 + 57.04}{4} \times [12 + \frac{30 \times (600 \times 1000 - 12 \times 615.75)}{200 \times 615.75}]$$

$$= 7879.1 \text{ kN}$$

6.2 改进计算方法的结果

$$\sigma_s = \frac{p_1 + p_2 + p_3 + p_4}{4A_s} = 81.84 \text{N/mm}^2$$

$$N = n\sigma_s A_s + \sigma_c A_c = n\sigma_s A_s + f_c \left[1 - (1 - \frac{\sigma_s}{E_s \varepsilon_0})^2 \right] A_c$$

$$= 12 \times 81.84 \times 615.75 + 14.3 \left[1 - (1 - \frac{81.84}{200000 \times 0.002})^2 \right] (600 \times 1000 - 12 \times 615.75)$$

$$= 3717.7 \text{ kN}$$

6.3 结论

采用两种不同的计算方法，得出的结果相差甚远：常规计算方法得出的结果为 7879.1 kN，远远大于设计时的支撑轴力 4080 kN，但改进计算方法的结果为 3717.7 kN，与设计的结果比较接近，也比较合理。

7 结 语

目前大部分工程中的计算方法都是采用传统方法，这也是我国相关设计与施工手册中推荐的方法，也有部分工程采用钢筋应力来直接评判支撑的受力状态。本文献的改进方法虽然作了较大修正，但在弹塑性阶段计算比较繁琐，且没有工程实践与相关试验的有力证明，未得到广泛运用。

在钢筋混凝土弹性工作阶段，传统的计算方法基本上符合支撑的实际受力状态。但在混凝土进入弹塑性工作阶段后，钢筋混凝土的应力应变关系非常复杂，非线性变化，虎克定律不再适用，应进行修正。改进后的方法参考了《我国混凝土结构设计规范》GB50010—2010中混凝土受压的应力与应变关系，因此，改进后的计算方法较传统的计算方法在理论上要完善。

但目前基坑工程中支撑轴力的监测还没有系统的规范，只是刚刚起步，其他关于现场支撑轴力的监测研究方法正在研究之中，实测轴力的计算方法研究是基坑工程中支撑观测的当务之急。但是，各种计算方法必须经过系统的研究，得到大量的试验及实践证明。

参 考 文 献

[1] 余志成，施文华.深基坑支护设计与施工 [M].北京：中国建筑工业出版社，1996

[2] 赵志缙，应惠清.简明深基坑工程设计施工手册 [M].北京：中国建筑工业出版社，2000

[3] 钟宇彤，陈树坚.深基坑支护结构的计算及设计 [J].暨南大学学报，1999（1）

[4] 刘二栓.深基坑工程特点及存在的问题 [J].有色金属设计，2004（1）

[5] GB 50010—2010 混凝土结构设计规范

[6] S. K. Al-Oraimi*, R. Taha, H. F. Hassan. The effect of the mineralogy of coarse aggregate on the mechanical properties of high-strength concrete. Construction and Building Materials 20, 2006

地铁深基坑工程专家评审步骤与方法分析

陈家冬　吴　亮

（无锡市大筑岩土技术有限公司；江苏地基工程有限公司　214028）

[摘　要] 地铁车站深基坑是有其自身特点的一个地下工程，由于地铁车站所处的地理位置是在城市交通的要道口或在居民商业繁华密集区，一旦发生事故其后果不堪设想。地铁车站深基坑专家论证制度的建立与实施是确保地铁车站深基坑工程建设合理与安全的措施之一。本文论述了专家论证的细节内容、方法及容易引起工程事故的注意点，并建议有关部门尽快编制《地铁车站深基坑专家评审》规程，以指导我国地铁工程建设。

[关键词] 地铁车站深基坑；专家评审；工程事故；风险源；规程

1　前　言

自在 142 年前英国伦敦建造了世界第一条地铁以来，世界各国都把地铁作为轨道交通的重点来发展。地铁不仅大大缓解了地上交通的压力，也构成了现代城市生活的一个重要特征。

新中国建立后，中国的第一条地铁线 1965 年 7 月 1 日北京地下铁道一期工程正式开工，直到 1981 年通过专家鉴定，批准正式验收并投入运营，至今中国已有北京、上海、南京等 12 个城市已建成地铁线在运营，还有哈尔滨、郑州、无锡等 15 个城市的地铁正在建造之中。

随着中国国力的增强，相信会有更多的城市把发展轨道交通（地铁）作为城市交通的选择目标。

2　地铁深基坑的特点

地铁车站考虑到地下轨道的运营，一般其深基坑深度约在 16～20m 深度范围内，车站的长度在 200～400m 范围，宽度（轨道线部分）为 18～20m，它是一个很狭长且很深的深基坑，一般情况下轨道线是顺着城市公路的走向设置，在某些地段轨道要穿过已建造的房屋，地铁车站一般为 500m 长左右设置一个站。基本考虑设置在交通要道出，故在车站基坑周边会有城市地下管网线，包括煤气、电缆及上下水道，某些地段会有正在使用的民房及商业用房，在地铁车站基坑开挖及施工中，要保证城市生命管道线的正常使用，要保证周边建筑物的变形安全。根据地铁车站基坑的这些特点，在设计与施工过程中其变形控制是一个关键，也是设计与施工的重要指标。

在如此深的基坑中地下水的处理也是一个关键问题，往往深基坑工程事故中，80% 是由水的原因造成，水对土的力学性质起着非常重要的作用。土的两个重要指标 c、φ 值与水有着密切的关系，另外地下暗河砂层中的承压水都是造成工程事故的元凶。

地铁站基坑从结构层面上来说，由于狭长关系故结构的空间受力状况较差，比较接近平面受力状况，由于宽度较小，比较容易用多道对撑（支撑）作为支点，故支护体系的变形较能控制和达到深基坑的安全度。

在地铁站的基坑支护设计中，目前仍应由郎肯及库伦土力学理论来进行结构分析与计算，实际上与实测的土压力有较大的偏差，造成了设计与分析的不正确。

3 地铁基坑专家评审方法与步骤

地铁深基坑支护方案的评审分为二个层次,一个是设计方案的专家评审,另一个是施工层面的专家评审,二个层次的论证都必须获得通过,这样才能确保地铁车站基坑是安全可靠的。

3.1 设计方案的评审

设计资料的齐全:基坑周边环境详细资料,包括周边地下管线,建构筑物的平面位置及埋深情况的文本资料和影响资料、地质详勘文本资料、设计单位经审核后的计算书、详细的设计图纸。

现场踏勘:专家评审应踏勘现场坑深 1~2 倍范围内的周边状况,感性地了解基坑开挖会对周边环境产生的影响。

地质报告:查看设计单位选取地质勘探资料的正确性,对地质报告中内摩擦 φ、内聚力 c 的各种方法试验值确定的合理性,选取地下水位、承压水位的合理性。

概念性问题:地铁基坑支护方案概念设计非常重要,所谓概念设计就是基坑支护的结构布置及结构型式是合理的,这样的设计不会造成安全事故,而且是恰如其分的,既不造成过度浪费及保守,一个完善的设计方案是技术可靠,经济节约,对周围环境影响较小,与主体结构有机结合,并能达到低碳与环保节能的方案。

计算书:所选用的计算模型内力值、变形与实测结果较为接近,各种外加荷载能反映实际荷载情况、安全等级系数、分项系数与基坑安全等级相匹配,计算书中土的物理力学指标值 c,φ 符合基坑开挖的实际受力状况,土的基床系数选取与基坑所处在土层性质接近,由于地铁站基坑长度长,故应分段选取本段范围内的各土层厚度及个土层的土层物理力学参数,各特殊节点及细节部位有没有计算书,并有分析其计算的正确性,基坑变形数据应有详细分析与计算资料,内支撑强度与变形应有计算书,降水应有详细的降水计算书,并应有抽水对环境影响的计算资料,各道工况均应有计算书,特别是换撑等特殊的工况不应遗忘,计算书中稳定性是十分重要的,其中应包括支护结构嵌固稳定性,支护结构整体滑动稳定性,基坑底部抗隆起稳定性,基坑底部渗透稳定性。

工程图纸:基本图纸应齐全,端头井处,盾构始发处,进洞处等的支护结构应有详细交待,垂直相交、斜交轨道线等处应有详细交待,各特殊节点应有详细节点施工图,特别是钢支撑的节点图应考虑施工性并有防脱落措施,图纸中应包括详细的降水施工图纸,详细的基坑监测要求与监测平面布置。

环境影响:设计方案中应有在地铁车站基坑实施过程中,对环境影响的评估分析报告,对周边有特别重要的建构筑物,应进行模拟力学实验分析,以确定基坑实施过程对周边带来的影响程度,另外还应考虑近旁深基坑对已建地铁车站及盾构隧道的影响,也应作出评估与分析。

3.2 施工方案的评审

施工方案的评审包括以下内容:支护结构的施工、基坑开挖支撑体系、降水施工方案、监测方案、高支模施工方案,施工方案应严格按设计方案的要求进行,并应根据地铁深基坑的特点,详细认真地进行编制,在符合设计方案的同时应满足国家的施工规范及规程,结合各地不同的工程地质状况,达到施工方案的安全可靠。

支护结构的施工：地铁车站基坑支护结构形式有以下几种：地下连续墙、SMW 工法、钻孔灌注桩加止水帷幕，施工方案中应说明本基坑采用的支护结构形式的施工要点，质量通病及防止方法，施工安全方法以及防止工程事故的要点与措施。

基坑开挖：基坑开挖方案中应详细说明本基坑开挖分块、分段、分层的具体做法，根据各层土的特性确定每层土的坡比及平台宽度，重点应考虑挖土应力释放的均匀性、对称性，严禁局部超挖造成变形突变。

支撑体系：考虑到支撑体系的安全可靠性，一般情况第一道支撑为钢筋混凝土支撑（支撑边侧的台口梁与围护主体结构可作为今后地铁车站的抗浮结构体），其下第二、三、四道支撑采用 ϕ609mm 钢管（钢管支撑便于拆撑与换撑），对于钢管支撑其节点处理尤为重要，宜采用牛腿搁置方法或有防止钢支撑坠落的抗体措施，钢支撑应有计算书，考虑强度变形与稳定的满足。

降水施工方案：一般情况下设计前设计单位会有一个初步的降水设计方案，并要求降水施工单位根据设计要求做详细的实施降水方案，故施工方案中应有详细的计算书，包括抗突漏、管涌、弄否满足每口井的抽水量，抽水对周边环境影响的分析云图及降水引起周边地坪及建构筑物管线的沉降计算值。

监测方案：监测方案的内容应详细，方法应正确，基准点必须远离基坑深度 3 倍的距离，检测数据应有分析内容并应及时上报，以便指导施工达到信息化施工的要求，针对基坑周边建构筑物及城市生活管线有详细监测要求，监测细则、监测频率，第三方监测也应有监测方案，第三方监测主要是复核施工方监测数据的正确性，以防止数据失真，引起工程事故。

高支模施工方案：按照高支模的定义，支模高度大于 4.5m 为高支模，地铁车站模板均属于高支模，地铁车站钢筋混凝土结构墙及板的厚度都比一般民用结构大，模板及支模撑的受荷都比较大，故模板、次楞、主楞、立杆等都应有计算书，另外在支撑构造上应符合模板支撑施工规范要求，包括扫地杆、水平剪力撑、里面剪刀撑都应按要求设置，特别是在角点加腋处，中间大梁处其立杆与模板都应加强。

地下连续墙中钢筋吊装施工方案：地下连续墙每幅宽度为 4～6m，每幅内的钢筋笼重量很重，且由于地下连续墙很深，故钢筋笼的长度很长，此时对钢筋笼的制作与吊装安放都须有详细施工方案，以确保重大构件吊装的安全。

4　地铁深基坑容易忽略从而引起工程事故的问题

从历次发生的地铁深基坑工程事故中我们可以看到在参与地铁建设的各个方面，如勘察设计、施工、监理、监测、业主都应严格细致认真按规范做好本行业的工作，稍一疏忽都会对地铁建设带来严重的工程事故。

坑底在软土区的被动区加固：坑底在软土区域应在被动区对土体进行地基加固，这样可增加支护结构的被动土压力，减少支护体系失稳的危险性。

重视盾构进出洞口周围土体的加固：若此区域在富含水的砂质类土层中，盾构机进出洞时砂层中的承压水容易沿着缝隙冲出来，故应对进出洞口一定区域内的土层进行加固处理，或采用冻结法冻结住砂层中水，这样才能安全地把管片安装上去。

重视地连墙施工速率（在近旁有建筑物处）问题：由于地连墙很深加之建筑物又在近旁，在地连墙施工时土体被打成泥浆，此时对近旁建筑物来讲旁边相当于挖了一个深坑，不过这个深坑是填满泥浆的深坑，这种情况下近旁建筑物会产生变形，如地连墙施工段过快，近旁建筑物可能会产生更大的变形。

重视挖土随挖随撑：支撑应随挖随撑，对于地连墙建议采用点撑方式进行支撑，这样比较容易做到随挖随撑，如有钢围桥空面不可太大，应及时加围桥及支撑。

重视基坑纵向临时土坡坡比：纵向坡比根据土层不同的物理力学特性一般情况下为1:1.2～1:2，如坡比较小会引起挖土时纵向土体产生塌方，造成人员伤亡及支护结构产生较大的变形。

重视对钢管支撑预加力的补加：由于基坑有多道钢支撑，在压力作用下及下道支撑预加力施工时上道支撑的预加力会松弛损失，此时结构已不符合设计时设定的预加力，结构体内力值会产生很大的变异，产生内力重分布，从而影响结构体的正常使用。

重视对原材料现场检验工作：尤其是结构受力钢管如支撑、立杆等，检查其材质是否符合规范要求，壁厚是否满足设计要求的厚度。

重视关键岗位人员到岗与在位：许多基坑工程事故是有先兆的，如关键人员不到岗不在位，就会失去宝贵的抢险时间，如监测监理人员在整个地铁施工期间都必须在岗在位，观测与监督施工的每一个过程及变化情况。

重视对监测资料的整理与分析：每次监测到的变形数据一定要进行整理与分析，并作出一定的预测，这些经分析与预测的资料应及时送给设计施工及有关部分，以使在信息化施工过程中起到指导作用。

重视对临近建筑的影响与分析：在基坑设计时，如建筑物紧靠基坑（0.5倍坑深范围内）设计中必须对该建筑物进行沉降变形分析与计算，并应有相应的技术措施以便确定对该建筑物的影响程度，从而保证临近建筑物的安全使用。

重视施工时基坑边侧的堆载：由于地铁深基坑一般场地都很紧，故施工企业会把基坑边侧的场地加以利用，去堆放较重的建筑材料，如超出设计要求的堆载量则会引起基坑变形过大，严重的会造成基坑塌陷。

重视对大型施工机械的检查与保养：对于大型机械应进行施工前的日常维护与保养，检查合格后方可投入使用，否则会在施工操作过程中出现故障引起工程事故。

重视对地下水抽水的管理：基坑地下水抽水的主要目的是为了便于把基坑内的土方方便开挖，实际上我们只要把地下水降到开挖面以下1m左右即可，由于不需要大量的猛抽水，所以我们在抽水时间、抽水量、抽水深度上严格管理起来，在已经好挖土和不对周边环境产生影响的框子里做文章，真正做到"按需降水"。

重视对环保节能技术的应用：施工中应尽量选用低碳与环境节能的施工技术，合理利用挖出的泥土，合理利用地下抽水的水资源。

重视抢险方案的可实施：一旦发生工程事故，其抢险方案应是可实施的较佳的方案，应尽量避免人员的二次伤害，建筑构物及地下管线的二次破坏。

5　风险源控制

对于地铁车站深基坑风险源的控制应做到事前考虑周到尽量大可能控制其事故发生，事中应控制事故发生的规模，不让它形成多米诺骨牌效应，事后应迅速有效处理，保护生命与财产，决不能形成二次灾害与事故，有以下风险源应给予重视，并作出相应对策。

（1）基坑周边出现急剧的沉降，对周边建构筑物地下管线造成影响；

（2）基坑纵向土体塌陷与滑坡；

（3）基坑支撑脱落与失稳；

（4）基坑周边地下管线被破坏，造成渗流；

（5）雷雨与暴雨季节对基坑的影响与排水；

（6）基坑突涌与管涌；

（7）地连墙与止水桩接缝失效的处理；

（8）严重事故时人员的保护措施；

（9）盾构机推进过程中遇到障碍物。

6　专家评审意见的汇总

专家对地铁车站深基坑方案进行全方位的评审，从设计方面，包括设计概念、计算书、施工图纸，对环境影响的分析，再从施工方面包括，包括支护施工、挖土、支撑、降水、监测、高支模、大型构件吊装，专家组对论证的方案作出是否可作为实施方案的结论意见，并对评审方案的不足之处提出详细改进意见，方案编制单位应根据专家组的意见逐一修改调整方案，作为设计与施工的实施方案，以确保地铁车站深基坑工程的安全可靠。

7　结　语

地铁车站深基坑是有其自身特点的一个地下工程，由于基坑的深度较深及其一旦发生事故对周边环境产生的破坏影响，使得我们必须在整个建设过程的各个环节作出详细的预防措施。在满足国家规程规范的前提下，充分考虑地下工程的变化性与复杂性，专家论证制度的建立实施对地铁车站基坑工程方案的合理及施工过程的安全起着至关重要的作用。

为了更好地贯彻执行地铁车站深基坑专家论证制度，作者建议有关部门尽快编制《地铁车站深基坑专家评审》规程，以指导我国地铁工程建设。

参 考 文 献

[1]　JGJ 120—99 建筑基坑支护技术规程［S］北京：中国建筑工业出版社，1999

[2]　陈家冬．深基坑支护专家评审步骤分析［J］．南通大学学报：自然科学版，2006.11

[3]　GB 50157—2003 地铁设计规范［S］北京：中国计划出版社，2003

[4]　GB 50299—1999 地下铁道工程施工及验收规范［S］．北京：中国计划出版社，2003

[5]　GB 50446—2008 盾构法隧道施工与验收规范［S］北京：中国计划出版社，2009

某大桥桥桩顶部混凝土质量缺陷加固设计与施工

丁 石 吴 戈 秦 超

（南京溧水建筑设计院，江苏建华建设有限公司）

[摘 要] 本文针对某桥桩顶部混凝土质量存在的孔洞、露筋等严重质量问题提出了加固处理设计，结合该桥梁已使用多年的情况，提出加固处理施工方案并组织实施。

[关键词] 桥梁；桥桩；混凝土；孔洞；露筋

1 工程概况、存在问题及危害性分析

1.1 工程概况

南京某大桥位于仙林大道北侧，桥梁全长 90m，道路法线方向与桥梁中心线顺交 15°，桥面宽 52m。河道无通航要求，无河道规划要求，维持现状河道。地震荷载按 7° 设防。

桥梁上部结构采用 18m 后张法预应力混凝土板梁，下部结构为桥台采用桩柱式桥台，基础采用桩径 1.2m 钻孔灌注桩；桥墩采用桩柱式桥墩，立柱直径 1m，基础采用桩径 1.2m 的钻孔灌注桩；2#、3# 桥墩设置系梁，系梁截面尺寸为 70cm×100cm。

该桥梁于 2006 年 3 月 1 日开工建设，2006 年 11 月 30 日竣工。

1.2 存在问题

该工程投入使用近四年。由于河水长期冲刷，柱式桥墩及系梁下部分桥桩已暴露在水中，至 2010 年 12 月初，河流进入枯水期，原暴露在水中的部分桥桩上部已露出河床，桥桩上部的混凝土外观质量可以从河道中观察到。由此，发现部分桥桩顶部存在蜂窝、孔洞及露筋的情况。

1.3 危害性分析

桥桩是桥梁的主要受力构件，主要承担着桥梁上的交通运输及行人的荷载和桥梁的自重。在地震作用下，桥桩还承担着地震引起的桥梁水平和竖向的地震力。

本工程桥桩存在的混凝土蜂窝、孔洞和露筋的问题主要位于桥桩顶部系梁下部的 1000mm 范围内。该部位的作用主要是传递荷载，是桥梁的受力关键部位，应做到传力可靠。因此，混凝土蜂窝、孔洞问题将影响到桥桩体系的可靠传力能力，露筋问题将影响到桥梁结构的耐久性。

2 处理方案及加固设计

2.1 基本原则

（1）加固处理方案应做到对缺陷部位处理后能够可靠传力，保证该桥梁的安全使用。

（2）加固处理方案应做到施工工期短，处理过程对原结构的影响较小以及处理施工经济

合理等。

（3）加固处理方案应尽量做到经处理后的桥桩外观无明显的处理痕迹并确保结构的耐久性。

2.2 被处理桩分类

（1）确定缺陷范围。

鉴于 2#、3# 共 24 根桥桩中仅有部分桩顶部在外观检查时发现存在蜂窝、孔洞和露筋，其他桩外观还没有发现明显缺陷，建议进一步对 2#、3# 桩中外观没有发现缺陷的桩采取探孔抽查法（探孔直径 ϕ 16，探孔深 250mm，探孔位置及数量现场随机确定）检查桩的相应部位内部是否存在缺陷。

（2）分类。

1）第一类桩：

外观检查发现存在蜂窝、孔洞、露筋的桥桩以及经过探孔抽查发现存在蜂窝、孔洞的桥桩。

2）第二类桩：

外观检查和探孔抽查没有发现缺陷的桩。

2.3 第一类桩的处理方案

（1）缺陷处理。

1）外观检查或探孔抽查发现有明显的蜂窝、孔洞和露筋缺陷的处理。

首先凿除缺陷部位混凝土（该部位混凝土由于缺陷存在，其强度常常达不到原设计要求），清洗干净后，采用高位灌注法灌注 JH 干混自密实混凝土（强度不小于 45MPa）。

2）缺陷较小或经探孔抽查发现混凝土存在轻微裂缝和蜂窝等，采用压力灌注环氧类浆料办法填实。

（2）加固措施。

前述的对明显缺陷采取的处理措施，解决了明显缺陷的问题。但是，明显缺陷的存在已对结构性能产生不利的影响，加上桥桩结构可能存在的内部缺陷也会对桥桩承载能力产生不利影响，为确保桥梁的安全使用，建议对第一类桥桩顶部（系梁以下 1.5m 范围内）采取加固措施。

1）采用粘贴 -100×8@300 钢板条包箍加固、钢板条与庄桥混凝土之间用压力注胶黏结。

2）采用高性能水泥复合砂浆钢筋网加固法。其中钢筋网为 ϕ 10@150（双向），高性能复合砂浆层厚度为 35mm。

2.4 第二类桩处理方案

第二类桩为外观检查和探孔抽查均为发现明显缺陷的 2# 和 3# 桥桩。可能存在的内部缺陷会对桥桩承载能力造成不利影响[1]，从确保安全角度出发应采取加强措施[2]。建议对第二类桥桩顶部（系梁以下 1.2m 范围内）采用高性能水泥复合砂浆钢筋网加固处理法。其中：钢筋网为 ϕ 10@150（双向），高性能水泥复合砂浆厚度为 30mm。

2.5 截面示意图

具体的处理方法加固设计附图，图 1、图 2 为本工程加固设计的。

3　加固处理施工要求

3.1　JH干混自密实混凝土高位灌注填实施工

（1）剔除缺陷部位混凝土，深度不小于50mm，并进入非缺陷混凝土层不少于20mm，若因钢筋重叠，人工打凿很难进行时，则用电锤钻孔，以免灌浆时在中间部位形成气囊，最后用高压水将结合面冲洗干净。不得有碎石、浮浆、灰尘、油污和脱模剂等杂物。

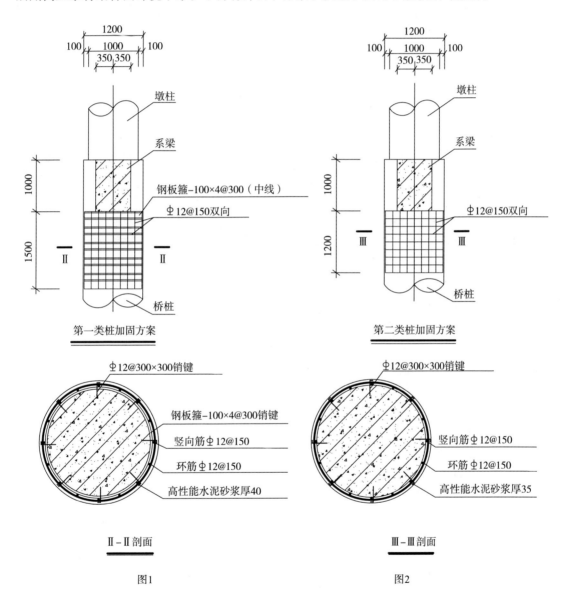

第一类桩加固方案　　　　第二类桩加固方案

图1　　　　　　　图2

（2）在混凝土缺陷部位支模，在两个相对边装成"喇叭"口形状。一个作为进料口，另一个作为检查口。口上边应高出缺陷上平面（最深处）不少于50mm，"喇叭"口宽度离桩侧边不少于都100mm，模板与模板之间在接缝用橡皮条封堵压紧，做到不漏浆、支撑牢固不变形。

（3）模板安装完毕自检合格后进行JH干混自密实混凝土在配制工作。在现场采用机械搅拌，严格按配合比标准称取 JH 料和水，做到充分搅拌均匀。

（4）JH 干混自密实混凝土可自密实成型，若钢筋密度较大，也可人工用手锤在模板侧面稍作敲打和竹纤插捣。浇注时，应从一边灌注至另一边溢出为原则。灌料中如出现模板跑浆，应及时封堵处理。

（5）混凝土灌注完 12h 后开始洒水养护，保证混凝土表面积 24h 呈湿润状态。

3.2　钢板条包箍加固施工

（1）桥桩表面打磨、清洗
（2）钢板条成型焊接安装
（3）高性能水泥复合砂浆粉边并留注浆孔
（4）高压灌注环氧类浆液

3.3　高性能水泥砂浆钢筋网加固施工

（1）构件表面处理。

对原结构的表面进行凿毛露出混凝土新面。用水冲洗混凝土，边冲洗边用钢丝刷刷净表面松动的粉尘。

（2）钢筋网制作。

钢筋下料前在现场准确测量竖、环向网筋尺寸。将制备好的竖、环向网筋在构件表面绑扎定位，并注意将竖向网筋置于内层，环向网筋置于外层，相邻环向网筋的搭接接头在各侧面上彼此错开，竖、环向网筋在各十字交叉网点处绑扎、定位。在环向网筋搭接处焊接。

1）高性能水泥复合砂浆制备。

采用砂浆搅拌机拌制备复合砂浆。

2）将搅拌好的砂浆抹在安装了钢筋网的混凝土的表面。

砂浆分三层粉抹：粉抹第一层砂浆时，注意用比较大的压力来回揉搓，要求砂浆填实钢筋网与混凝土表面的空隙。粉抹第二层砂浆时，注意将钢筋网全部包裹、覆盖。粉抹第三层砂浆时，调整构件的截面尺寸，粉抹至设计厚度。

3）养护。

覆盖于混凝土表面的砂浆层比较薄，失水比较快，复合砂浆在终凝后的 24h 内，要求每 3～4h 湿水一次，冬季施工要做好覆盖保温、保湿措施。

参 考 文 献

［1］　JGJ94-94 建筑桩基技术规范［S］.北京：中国建筑工业出版社，1995

［2］　ZHU Zhonglong, ZHANGQinghe, YI Hongchuan. Stochastic theory for predicting longitudinal settlement in soft-soil tunnel［J］. Rock and Soil Mechanics, 2001, 22（1）: 56–59

某公路过水箱涵顶盖裂缝的鉴定与处理

段名荣 周 佳 贾英杰

（江苏建华建设有限公司，南京 210037）

［摘 要］本文针对某道路过水箱涵顶板裂缝情况进行了全面检查，在此基础上对裂缝原因，裂缝危害性进行了分析鉴定，最后提出了加固处理方案。

［关键词］过水箱涵；混凝土裂缝；鉴定；加固处理

1 工程概况

建设工程过水箱涵共四节，采用 C30 商品混凝土。其中第一节箱涵混凝土浇筑时间为 2010 年 11 月 21 日，第二节箱涵混凝土浇筑时间为 2010 年 11 月 28 日。

2010 年 12 月底，施工单位拟对箱涵进行覆土施工前，对现场同条件预留试块试压，发现该试块混凝土强度值达不到 C30 的设计值要求，同时经现场监理和市政质监站派员现场检查，发现箱涵顶板板面出现部分细裂缝。为此，建设单位委托工程质量检测中心站于 2011 年 1 月 4 日采用钻芯法检测第一、二节箱涵的混凝土强度。其中一节箱涵混凝土强度为 C25，另一节箱涵混凝土强度为 C20。设计单位复算，当混凝土强度为 C20 时，箱涵承载力基本满足要求，但箱涵顶板支座上缘和壁板上缘计算裂缝宽度 >0.2mm，不满足规范要求。同时，混凝土强度为 C20，强度偏低影响结构耐久性而需采取加固措施。

2011 年 3 月 1 日，由建设单位邀请有关高校及设计院教授、高工组成专家组对该箱涵混凝土质量问题及处理方案进行论证。专家组在对箱涵质量问题的危害性和处方案的可行性进行分析研究的基础上，提出了论证意见并建议委托有资质的单位进行了补充检测和鉴定。

2 检测结果

2.1 箱涵混凝土强度检测

鉴于第一节、第二节箱涵的同条件试块达不到设计 C30 要求，南京市栖霞区住建局委托，南京市政公用工程质量检测中心站分别于 2011 年 1 月 4 日和 2011 年 3 月 4 日对第一、二节箱涵的混凝土强度采用钻芯法检测，结果见表 1。

箱涵混凝土强度钻芯法检测结果 表1

箱涵编号	2011 年 1 月 4 日检测结果	2011 年 3 月 3 日检测结果
第一节箱涵	25.0MPa	23.2 MPa
第二节箱涵	20.7 MPa	21.1 MPa

从表 1 的检测结果而知，第一、第二节箱涵的混凝土强度等级均未达到 C30 的设计要求。从检测结果来分析，第一节箱涵混凝土强度第二次检测结果比第一次略低，说明不同位置混凝土强度有差异；第二节箱涵混凝土强度第二次检测结果比第一次检测结果略有提高，但提

高较小，说明混凝土强度随着时间的增长缓慢。

2.2 箱涵混凝土结构裂缝检测

一、二节箱涵顶板表面存在较多裂缝。据调查，2010 年 12 月 30 日前，在第一、二节箱涵顶板表面已存在一些不规则裂缝。2011 年 3 月 1 日我公司派员到现场详细调查，第一节箱涵顶板存在一定裂缝，相比 2010 年 12 月 30 日前的裂缝有少量增加；但是第二节箱涵顶板表面裂缝比 2010 年 12 月 30 日有大量增加裂缝宽度多数超过 0.2mm。第二节箱涵顶板表面的裂缝已严重影响到结构耐久性。图 1、图 2 为典型的裂缝情况，图 3 为裂缝严重程度分类情况（严重、中等、轻微、无）。

2.3 箱涵顶板混凝土密实性和均匀性检测

鉴于箱涵顶板为受弯构件，又是箱涵的主要受力构件，结构混凝土的密实性和均匀性对受力有较大影响，此次检测采用地震雷达技术进行检测。

首先采用 900MHz 天线对第一、二节箱涵顶板进行全面探测，然后采用 1500MHz 对出现大量裂缝的第二节箱涵顶板进行再次探测。

探测结果为第一节箱涵顶板钢筋网上混凝土厚薄较为均匀，第二节箱涵顶板钢筋网上混凝土层相对较薄。从地质雷达图像可以看出裂缝特征，推断表面裂缝有一定的向内部延深现象。

3 计算复核结果

3.1 承载力复核[1]

（1）混凝土强度为 C25 时，经复核箱涵满足承载力要求；

（2）混凝土强度为 C20 时，经复核箱涵满足承载力要求。

3.2 裂缝宽度计算值

（1）混凝土强度为 C25 时，箱涵裂缝宽度计算值 <0.2mm，满足规范要求。

（2）混凝土强度为 C25 时，顶板支座处和壁板上外缘 W_f=0.201mm＞0.2mm，满足规范要求。

（3）C20 顶板支座处和壁板上外缘 W_f=0.231mm＞0.2mm，不满足规范要求；

4 裂缝产生原因分析

4.1 裂缝形态

从裂缝看出，本工程第一、二节箱涵顶板裂缝形态表现为局部不规则，但整体的裂缝走向为沿板的短跨方向延伸，板支座、板跨中等均存在裂缝。该现象与通常受力作用下裂缝为在板支座处沿板长跨方面延伸，而跨中板面不出现裂缝的形态不同。

4.2 裂缝产生的原因

（1）裂缝按产生原因分类。

钢筋混凝土结构裂缝按其产生的原因来分可分为两大类：

第一类称为结构性裂缝或受力裂缝，此类裂缝与荷载及结构受力有关，表示结构承载力不足。由于结构整体变形（例如地基不均匀沉降或相邻大变形等）引起的裂缝也归于结构性裂缝。

第二类为构造性裂缝或非受力裂缝，此类裂缝产生的原因为强度增长过程中混凝土的收缩变形引起或温度变形引起。当混凝土收缩变形或温度变形受到约束，则结构内部将产生自应力，当该自应力超过混凝土的允许拉应力时会引起结构开裂。

（2）本工程箱涵顶板板面裂缝类型及产生原因。

本工程第一、第二节（特别是第二节）箱涵顶板面出现的裂缝，从形态上分析，属于混凝土的收缩裂缝。这些裂缝数量多，裂缝宽度大多数超过 0.2mm，裂缝位于板面的各个部位。

1）混凝土硬化收缩是其本身的属性。收缩变形的大小与水泥品种、水泥用量、水灰比、砂率、骨料品种等有关，从现场箱涵顶板板面混凝土的凝结状态来看，板面存在较多的收光浆料层，说明混凝土的水灰比较大，而水灰比大则混凝土的收缩大。因此，本工程混凝土水灰比较大是产生裂缝的主要原因之一。

2）本工程箱涵顶板长 17.6～18.0m，宽 7.0m，厚度 0.5m，属于体积较大的混凝土结构，根据强度检测结果，第一、二节箱涵的混凝土强度从 2011 年 1 月 4 日到 2011 年 3 月 4 日近 60 天的时间里增长缓慢且达不到设计 C30 强度等级要求。本工程混凝土的收缩变形较大，在板的收缩变形受到约束时产生较大自应力，但是，由于第一、二节箱涵混凝土强度增长缓慢，没有达到 C30 的强度标准，其允许抗拉应力抵抗不了收缩应力，则板面产生大量裂缝，这也是只要原因之一。

3）施工过程中，若混凝土浇筑时的振捣和养护不到位，也可能造成混凝土收缩速率加大，增加混凝土的收缩应力，这是板面产生大量裂缝的原因之一。

参 考 文 献

[1] GB50010-2010 混凝土结构设计规范
[2] 梁书亭，庞瑞，朱筱俊．预制装配式楼盖焊接式板缝连接节点：中国发明专利，ZL 200910263393.4［P］．授权日：2011.09.07

上海地铁引起的地面振动特性研究

苏朝阳[1]　郭昌堉[1]　吴印兔[1]　熊学玉[1,2]

（1. 同济大学建筑工程系，上海 200092；

2. 同济大学先进土木工程材料教育部重点实验室，上海　200092）

[摘　要]本文选取上海市具有代表性的地区进行了地铁引发的地面振动测试。主要测试了该地区距离地铁中心线 60m 范围内，每隔 20m 处的竖向及沿地铁运行方向的水平向振动加速度时程曲线。对各测点的时程曲线进行傅里叶频谱分析，分析结果表明，测试地区地铁诱发的地面振动主要分布在频率 10～40Hz 之间；随与地铁中心线距离增大，各频率成分均有衰减，但是不同频率的衰减程度不同，低频成分在距离地铁中心线 40m 左右有振动回升区。

[关键字]地铁振动；地面振动；衰减特性；傅里叶分析

1　引言

随着我国城市规模的不断扩大和人口的不断增长，为缓解城市交通压力，轨道交通迅猛发展起来。据悉，我国目前准备建设、正在建设和已建成地铁的城市已有 28 个，规划城市轨道交通网总里程达到 4000 多公里，运营里程已达 979km，正在建设的达到 2700 多公里[1]。地铁列车运行引起的隧道结构振动通过地下土层向外传播，进一步诱发附近地下结构以及邻近建筑物（包括室内家具等）的二次振动及噪声，对长期处于近距离振动环境中的建筑物的结构安全，以及其内部的居民和工作人员的工作和日常生活，产生了很大的影响。

为此，大量学者对地铁运行诱发的振动问题进行了广泛而深入的研究。地铁诱发的地面振动可以作为对结构响应分析的输入激励，其重要性是不言而喻的，因而也得到了国内外大量学者的重视。研究表明，地下列车运行诱发的地面振动与地铁的埋深、列车运行速度、轨道条件、隧道结构、土层特性等因素密切相关。而由于各个城市的地理位置不一样，地下土层的性质也有明显的差异，地铁诱发的地面振动特点也有差异。上海地区地下土层以软土为主，其剪切波速较小，土层对高频的过滤作用比较强。本文主要通过现场测试，研究上海地区地铁运行诱发的地面振动的频谱特性及振动强度随距离的衰减特性。

2　轨道交通引起地面振动的过程

地铁列车运行对周围环境的影响过程如图 1 所示。由于轨道不平顺，列车运行时，钢轨产生振动，钢轨的振动通过道床传播给隧道结构，隧道结构又将振动传播给周围土层，通过土层的折射、反射及过滤作用，振动波传播到地面，引起地面的振动，进而诱发地表环境的振动响应。通过上述分析可知，地铁运行的振动产生及传播通过如下子系统：车厢体—钢轨—隧道结构—土层—地面环境（如房屋结构等）。车厢体、钢轨往往耦合振动；通过道床传播到隧道结构的振动，往往又由于隧道结构的特性不同而产生不一样的隧道结构振动，隧道结构的振动传播给土层，土层的特性决定了传播到地面的振动的大小。本文立足于研究地铁振动诱发的地面振动特性，隧道结构以内的系统不是本文所关心的内容，本文只研究由隧道结构振动作为输入激励，通过土层的传播作为输出响应的地面振动特性。

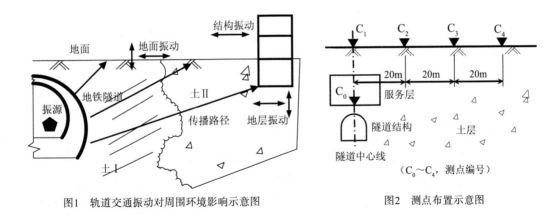

图1　轨道交通振动对周围环境影响示意图　　　　图2　测点布置示意图

3　现场测试及测点布置

3.1　测试标准及仪器

本文采用同济大学自主研发的SVSA振动信号采集分析系统进行振动测试及分析。该系统可同时测量4个通道，各项性能和精度参数均满足要求。文献[2]的研究表明，地铁振动的幅值频率大约在40~80Hz之间，采样频率一般取为待分析频率的3倍，故采样频率取为200Hz。

3.2　测试地点选取

经过调查，选取上海市区内具有代表性的某大学站（代号A）、杨浦区延吉某村（代号B）、虹口区某公寓（代号C）作为振动测试地点。

3.3　测点布置原则

测点布置如图2所示。C_0点表示是在地铁车站服务层地面上测量的振动，这里近似以该振动作为对地层的输入振动（代替前文所述隧道结构振动）。C_1~C_4表示地面上距离轨道中心线60m范围内，每隔20m布置的测点。每个测点有两个传感器，分别记录该点竖向振动和沿轨道延伸方向的水平振动信息。

4　试验结果分析

4.1　典型地铁振动特性

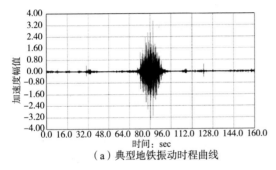

（a）典型地铁振动时程曲线

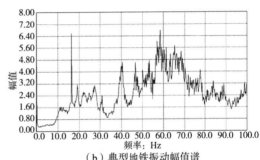

（b）典型地铁振动幅值谱

图3　A地C0点振动时程曲线及幅值谱

　　A 地主要测试地铁服务层的振动，并以该振动近似作为地层的输入振动激励。图 3 为 A 地 C_0 测点的加速度时程曲线及幅值谱曲线。由图可知，加速度幅值在 58Hz 处达到峰值，而且在高频段内的加速度幅值较大，主要振动频率分布在 40～80Hz 之间，与文献[2]的结论一致。图 3 中，在 10～20Hz 之间有一个峰值，初步分析这是由于测点处人流过往密集，尤其是高跟鞋过往的振动干扰比较大。

4.2　地面振动幅值谱特性

　　由图 4、图 5 可知，经过土层的过滤作用，原有如图 3（b）所示的地铁振动幅值谱特性（40～80Hz 占主要地位）几乎不再存在，B 地地面振动的主要频率集中在 0～20Hz 之间。图 4 及图 5 均在频率 12Hz 处出现峰值，在 20Hz 以后频率振动几乎消失殆尽，由此，可以认为 B 地区土层的固有频率为 12Hz 左右。值得一提的是，图 5 中水平方向振动在 70～90Hz 之间还存在另外的峰值点，经过分析研究，本文认为这主要是由于土层的成分并不单一，类似于结构振动有多阶频率一样，土层也可能有多个固有频率，故可能过对不同频率成分进行选择性放大。

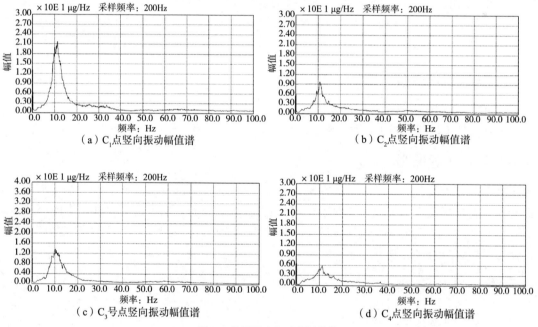

（a）C_1 点竖向振动幅值谱　　　　　　（b）C_2 点竖向振动幅值谱

（c）C_3 号点竖向振动幅值谱　　　　　　（d）C_4 点竖向振动幅值谱

图4　B 地区竖向加速度幅值谱

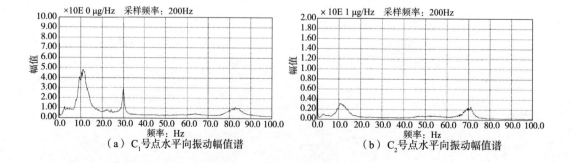

（a）C_1 号点水平向振动幅值谱　　　　　　（b）C_2 号点水平向振动幅值谱

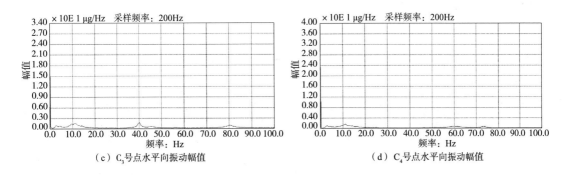

（c）C₃号点水平向振动幅值 （d）C₄号点水平向振动幅值

图5 B地区水平向振动幅值谱

4.3 地面振动衰减特性

图6为振动随距离的衰减图。由图6可知，随着离地铁距离越来越大，各频率成分的幅值总体上随距离衰减，但是在20~50m之间存在一个回升区，这与参考文献［3］中的研究结果相吻合，文献［1］将此现象解释为车头和车尾的行进波的波前作用在离地铁一定距离处叠加的结果。同时可以看出，低频部分衰减的最快，而高频部分幅值本来就不大，基本上没有多少变化，在距离地铁中心20m以外的地方，所有频率段的振动几乎都已衰减到零。

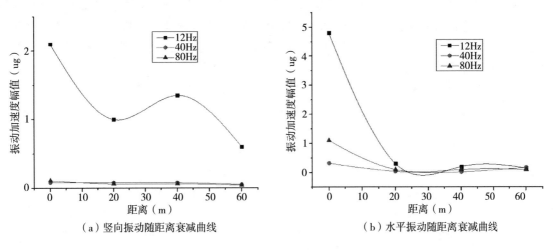

（a）竖向振动随距离衰减曲线 （b）水平振动随距离衰减曲线

图6 振动随距离衰减特性

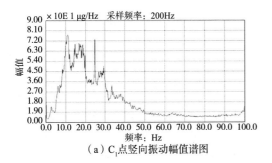

（a）C₁点竖向振动幅值谱图

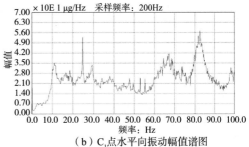

（b）C₁点水平向振动幅值谱图

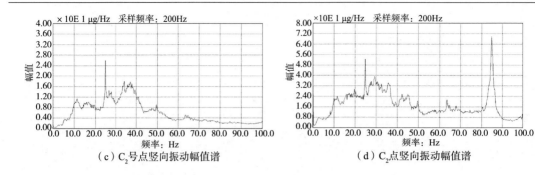

（c）C$_2$号点竖向振动幅值谱　　　　　　　（d）C$_2$点竖向振动幅值谱

图7　C地区振动幅值谱

图 7 为 C 地区 C$_1$、C$_2$ 号点的振动幅值谱。图中反应的现象基本上与 4.2 及 4.3 节中相同。稍有区别的地方是 C 地区较 B 地区的主要竖向振动频率范围更广，在 0～50Hz 之间，且各频率成分对应的幅值均较 B 地区大。而 C 地区土层对水平振动的高频部分过滤作用较弱，水平向振动比衰减较弱。

5　结　论

本文主要选取上海市比较有代表性的地区进行了地铁诱发的地面振动测试，测试结果表明，由于上海地基土多为软土，其对高频振动的过滤作用比较强，高频成分对地面振动的影响几乎可以忽略。但是不同的地方地层组成的差异性较大，故地面振动的差异性也较大。需要对某区域进行振动评估时，应采用相应的现场测试数据作为评估依据。振动的强度随与轨道中心线距离的增大而迅速衰减，不同频率成分的衰减速度不一样，在距离轨道中心线 40 米左右有振动强度的回升区。

参 考 文 献

［1］ 夏禾. 交通环境振动工程［M］.北京：科学出版社，2010

［2］ 田章华，黄春云. 城市轨道交通诱发环境振动的控制措施［J］.科技资讯，2006

［3］ 楼梦麟，贾旭鹏，俞洁勤. 地铁运行引起的地面振动实测及传播规律分析［J］.防灾减灾工程学报，2009

［4］ 刘砚华，张守斌，孙蕾. 环境振动监测技术规范 - 征求意见稿［S］.中国环境监测总站，2010